"十三五"国家重点出版物出版规划项目
现代机械工程系列精品教材
普通高等教育"十一五"国家级规划教材
北京高等教育精品教材
北京高校"优质本科教材课件"(重点)

机械制造技术基础

第4版

主　编　王红军　韩秋实
副主编　谭豫之　张　宾
参　编　宋建丽　栾忠权　王吉芳
　　　　钟建琳　陈　晓　常　城

机械工业出版社

本书对第3版进行了修订，使得全书内容更加系统，知识体系更趋科学、完整。本书在内容的编排上力求经典与现代融合，符合学生的认知规律，涵盖了从机械加工的基础理论、切削原理与刀具、加工方法到制造装备，从加工工艺的制订、工装夹具、制造过程的精度和质量控制到装配过程的设计等方面的内容，并介绍了先进制造技术和绿色制造的发展前沿和趋势。本次修订以系统的观点构建了机械制造技术基础知识体系，使得知识脉络更加清晰。

本书可作为普通高校机械类专业的专业基础课和主干技术基础课的教材，同时可作为工业工程、新能源科学与工程、管理工程和工业设计等有关专业本科生和研究生的参考书，也可作为装备制造企业的工程技术人员的参考资料。

图书在版编目（CIP）数据

机械制造技术基础/王红军，韩秋实主编. —4版. —北京：机械工业出版社，2020.8（2025.1重印）

“十三五”国家重点出版物出版规划项目　现代机械工程系列精品教材　普通高等教育“十一五”国家级规划教材　北京高等教育精品教材

ISBN 978-7-111-65979-2

Ⅰ.①机…　Ⅱ.①王…②韩…　Ⅲ.①机械制造工艺－高等学校－教材　Ⅳ.①TH16

中国版本图书馆CIP数据核字（2020）第113399号

机械工业出版社（北京市百万庄大街22号　邮政编码100037）

策划编辑：刘小慧　责任编辑：刘小慧　王勇哲　戴　琳

责任校对：王明欣　封面设计：张　静

责任印制：单爱军

北京虎彩文化传播有限公司印刷

2025年1月第4版第8次印刷

184mm×260mm·23.25印张·571千字

标准书号：ISBN 978-7-111-65979-2

定价：59.80元

电话服务	网络服务
客服电话：010－88361066	机　工　官　网：www.cmpbook.com
010－88379833	机　工　官　博：weibo.com/cmp1952
010－68326294	金　　书　　网：www.golden－book.com
封底无防伪标均为盗版	机工教育服务网：www.cmpedu.com

第4版前言

本书第3版自2009年出版至今，已超过10年的时间，总共发行了3万余册。在此期间，我们编写了与之配套的《机械制造技术基础习题与学习指导》《机械制造技术基础实验》《机械制造技术基础课程设计》《机械制造技术基础（双语）》《机械制造工程实训教程》等系列教材。这些教材在使用过程中均得到兄弟院校的认可和大力支持，同时这些院校也提出很多宝贵和建设性的意见，为我们进一步修订、完善教材奠定了基础。

“机械制造技术基础”课程是机械类专业的基础课程，内容多，涉及面广，要求教材内容精炼和系统，以帮助学生建立完整的知识体系。本书第3版在内容编排和知识体系方面已经比较合理，但在局部还存在不足，所以再次进行了修订工作。

本次修订从加工方法入手，注重工艺方法的介绍，按照车、铣、钻、镗、磨的顺序进行了重新梳理和调整。主要修订了以下内容：

1）将原来的第五章车床调整为第四章车削加工及普通车床；将原来的第六章调整为第五章其他典型切削加工方法与设备；将第四章调整为第六章磨削，将内容从介绍机床设备调整为介绍加工方法及原理、加工刀具与相关的加工设备。

2）在第五章增加了一节，介绍特种加工，如电加工、超声加工、磁流变抛光等。这样使知识体系的逻辑和层次更加合理，内容更加系统完整。

3）第十三章删除了企业制造信息化现状与发展趋势以及企业采用的计算机辅助工具简介等内容，增加了智能制造关键技术的介绍，并将快速成形技术的内容进行了更新和梳理，介绍了增材制造原理、方法和设备的相关知识，使学生了解新的零件成形方法。

4）对第十四章的内容进一步优化，压缩篇幅，使内容更加精炼。

本书由王红军、韩秋实任主编，谭豫之、张宾任副主编。参加编写的还有宋建丽、栾忠权、王吉芳、钟建琳、陈晓、常城。感谢刘忠和、张怀存和朱永老师的支持和帮助！

本书在修订过程中，听取了一些老专家的意见，并参考了书后参考文献中的部分内容，在此表示感谢！

本书是“十三五”国家重点出版物出版规划项目——现代机械工程系列精品教材、普通高等教育“十一五”国家级规划教材，也是北京高等教育精品教材、北京市精品课程和精品视频课程“机械制造技术基础”的使用教材。在编写过程中，得到了教育部、北京市教育委员会及北京信息科技大学教学改革项目和视频课程建设项目的支持，在此表示诚挚的感谢！

限于编者水平，书中疏漏之处在所难免，恳请读者批评指正。

编　者

第3版前言

随着信息技术、自动化技术和人工智能技术的迅猛发展及其在制造领域中的应用，制造业发生了巨大的变化。信息技术与制造技术进一步融合，制造技术向信息化、系统化、集成化、高速高精高效方向发展，强调节能减排与绿色制造。为适应制造技术的发展，适应新世纪高等教育对于人才培养的要求，在2008年普通高等教育“十一五”国家级规划教材项目的要求和资助下，编者对2005年出版的北京市高等教育精品教材立项教材进行了修订。

修订后的教材继承了1998版和2005版教材将基础理论知识与工程应用技术相结合、传统制造技术与现代制造技术相结合的风格，进一步优化了教学内容，融入了节能减排、绿色制造的概念，突出了现代先进制造技术的内容，以满足学生对制造工程的新理论、新技术学习的需要。本书按70~80学时编写，可供不同专业及专业方向选学。

本书第一章为绪论，介绍了机械制造工业的作用、信息时代的制造业和机械制造系统的概念；第二章为机械加工及设备的基础理论；第三章和第四章为金属切削原理的内容，在切削用量的选择、刀具的选用等方面强调能源节约的原则；第五章至第七章介绍了金属切削机床的加工原理、应用范围、传动系统及结构特点，以及常用的刀具，介绍了数控机床的原理、基本结构和选用原则等内容，压缩了介绍数控机床功能部件的内容；第八章至第十二章叙述了机械加工工艺规程的制订、工件在机床上的安装、机械加工精度和表面质量以及装配工艺的拟订，增加了数控加工工艺设计的内容；第十三章和第十四章针对机械制造领域的新技术，对制造信息化部分内容进行了优化，着重对计算机辅助制造原理和相关工程软件进行讲解，删除了2005版教材中关于计算机网络的部分内容和虚拟制造的内容，突出了绿色制造等内容。

本书可作为高等学校机械设计制造及其自动化专业和机械工程类专业的专业基础课教材，也可作为职工大学、函授大学、高职院校相关专业的教学用书，并可供从事机械制造工作的工程技术人员参考和培训使用。

本书由北京信息科技大学韩秋实任主编，王红军负责统稿并任主编，中国农业大学谭豫之、张宾任副主编。参加编写的人员有李伟、张怀存、孙志永、王吉芳、栾忠权、张康等。

本书由赵继教授和徐小力教授担任主审。

本书在编写过程中，听取了一些老专家的意见，参考了一些教材中的内容和插图，在此表示感谢！

本书是普通高等教育“十一五”国家级规划教材，北京高等教育精品教材，也是北京市精品课程“机械制造技术基础”的使用教材，在编写过程中，得到了教育部、北京市教育委员会以及北京信息科技大学的支持，并得到机械工业出版社的大力支持和协助，在此谨向有关老师与同志表示诚挚的感谢！

限于笔者水平有限，书中难免存在错误和不足之处，恳请读者批评指正。

编　者

第2版前言

近年来，随着信息技术、自动化技术和人工智能技术的迅猛发展及其在制造领域中的应用，制造业发生了巨大的变化。为适应科技的发展和满足市场竞争的需要，根据1998年国家教育部修订的新的本科专业目录，以及国家机电类教学指导委员会机械制造和机械设计专业组工作会议的精神，从增强基础知识、拓宽专业面考虑，从工科院校培养应用型、动手能力强的人才的角度出发，于1998年4月编写出版了《机械制造技术基础》，作为普通高校机械工程类专业的教材。本书使用5年以来，得到了多数院校师生的好评，并于2002年被列为北京市精品教材。随着科学技术的迅速发展，信息技术与制造技术进一步融合，制造技术向信息化、系统化、集成化方向发展，为适应这一新形势以及新世纪高等教育对于人才培养的要求，由北京市精品教材工程资助，编者对1998版《机械制造技术基础》教材进行了修订，供有关院校使用。

修订后的教材继承了1998版教材基础理论知识与工程应用技术相结合、传统制造技术与现代制造技术相结合的风格，并进一步加强了信息技术在机械制造中的应用，突出了现代先进制造技术的内容，以满足学生对制造工程的新理论、新技术学习的需要。本书包括了原《金属切削原理》《金属切削机床概论》和《机械制造工艺学》教材中主要的和基础的内容，并在此基础上增加了先进制造技术、制造信息化、绿色制造等新技术和新知识，特别突出了数控加工设备及数控加工工艺的内容。本书按80学时编写，以供不同专业及专业方向选学。

本书内容：第一章为绪论，介绍了机械制造工业的作用、信息时代的制造业和机械制造系统的概念；第二章为机械加工及设备的基础理论；第三章至第四章为金属切削原理的内容，把原教学要求的内容进行了压缩及删减，保留了基本的和重要的知识；第五章至第七章介绍了金属切削机床的加工原理、应用范围、传动系统及结构特点，以及常用的刀具，并特别突出了数控机床的原理、结构、编程等内容；第八章至第十二章叙述了机械加工工艺规程的制订、工件在机床上的安装、机械加工精度和表面质量以及设备装配工艺，并增加了数控加工工艺设计的内容；第十三章至第十四章介绍了机械制造领域的新技术，包括先进制造技术、制造信息化和绿色制造等内容。

本书可供高等学校机械设计制造及自动化专业和其他机械工程类专业作为专业基础课的教材，也可供职工大学、函授大学、高职学院的相应专业作为教学用书，并可供从事机械制造工作的工程技术人员参考和培训使用。

本书由北京机械工业学院韩秋实教授任主编，北京机械工业学院王红军，中国农业大学张宾、谭豫之任副主编。参加编写的人员有李伟、孙志勇、张怀存、张康、王吉芳、栾忠权等。

本书由徐小力教授任主审。

本书在编写过程中，听取了一些老专家的意见，参考了一些教材中的内容和插图，在此表示感谢。同时也对1998版教材的编者、甘肃工业大学的胡赤兵和谭伟明两位教授表示感谢。感谢郑军等完成了部分文字的编辑和录入工作。

限于编者水平，书中错误在所难免，敬请读者批评指正。

编　者

第1版前言

当前，高等教育改革正在深入发展，为培养人才，增强基础知识、拓宽专业面已成大势所趋。1998年初，国家教委已完成工科本科专业目录的修订工作，并在此基础上，改革和建立了新的课程体系。

1996年9月和1997年4月召开的两次国家机电类教学指导委员会机械制造、机械设计专业组会议上，都提出了设立“机械制造基础”课程作为机械设计制造及自动化专业(新目录)的专业基础课。考虑到课程体系改革的逐步过渡，以及大多数一般工科院校培养应用型、动手能力强的人才的特点，我们编写了这本教材，供有关院校使用。

本书包括了原《金属切削原理》《金属切削机床概论》和《机械制造工艺学》中主要的和基础的内容，并介绍了常用刀具、特种加工、精密加工、先进制造技术等新的技术和知识。本书按80学时编写，以供不同专业及专业方向选学。

本书从系统的角度出发，把全书内容有机地联系起来。在编写中，注意突出了数控加工设备及数控加工工艺等内容。

本书第一章为绪论，介绍了机械制造工业的地位、现状和机械制造系统的一些概念；第二章介绍了机械加工及设备的基础理论；第三章至第五章为切削原理的内容，把原教学大纲要求的内容进行了压缩及删减，保留了基本的和重要的知识；第六章介绍了常用刀具；第七章至第十章介绍了金属切削机床的加工原理、应用范围、传动系统及结构特点等内容，并简要介绍了数控编程的知识；第十一章至第十五章叙述了机械加工工艺规程的制订、工件在机床上的安装、机械加工精度和表面质量以及设备装配工艺；第十六章介绍了机械制造新技术。

本书可作为高等学校机械设计制造及自动化专业和其他机械工程类专业的专业基础课教材，也可作为职工大学、函授大学、专科学校的相关专业的教学用书，并可供从事机械制造工作的工程技术人员参考。

本书由北京机械工业学院韩秋实任主编，中国农业大学李伟、甘肃工业大学胡赤兵任副主编。参加编写的人员有韩秋实、李伟、胡赤兵、都曾泽、张怀存、谭伟明、王红军、张宾、谭豫之、高锦宏、李云洁。

本书由吉林工业大学校长吴博达教授任主审。

本书在编写过程中，听取了一些老专家的意见，参考了一些教材中的内容和插图，在此表示感谢。

限于编者水平，书中错误在所难免，敬请读者批评指正。

编　者

目录

第一章
绪　论

思维导图

第一节　机械制造工业在国民经济中的地位与作用

机械制造工业是国民经济的支柱产业，是国家创造力、竞争力和综合国力的重要体现。它不仅为现代工业社会提供物质基础，为信息与知识社会提供先进装备和技术平台，也是实现国防安全的基础。

机械制造工业是国民经济各部门的装备部，它不仅为传统产业的改造提供现代化的装备，同时也为计算机、通信等新兴的产业群提供基础的或从未有过的新型技术装备。机械制造业的兴衰直接影响和制约了工业、农业、交通、航天、信息和国防各部门的生产技术和整体水平，进而影响着一个国家的综合生产实力甚至综合国力。机械制造工业一直在人类生活中发挥重要的作用。

一、机械的历史与机械制造业的诞生

1.1　绪论

机械制造业是有着悠久历史的行业，早在公元前几个世纪，制造业的萌芽就已经出现了。人们最初是加工木料，后来逐渐过渡到加工金属。在15世纪出现了畜力驱动的铣床，用来加工天文仪器上的铜盘。

17世纪中叶之后，传统的制造技术经历了手工制造时代、18世纪的工业革命、19世纪到20世纪的电气时代，进入到现在的信息人工智能时代。在各个阶段，生产力的发展和科学技术的进步，以及社会需求的提高，都为制造业的发展及其技术提高创造了必要的条件和基础。

机械的大量发明要追溯到18世纪的第一次工业革命及其机器-蒸汽机时代。英国技师瓦特（1736—1819）从1764年起，历时多年，获得了一系列发明专利，改进了蒸汽机，使其实用化。随着瓦特蒸汽机的广泛应用，农业、纺织、交通机械大量出现，信息机械也应运而生，如图1-1所示。1797年莫兹利发明了有移动刀架和导轨的机床，为制造业提供了机械加工的基础装备。随后制造出了满足纺织、矿山、农业、化工、机械制造、交通运输、通信、建筑等不同行业需求的各种机器。

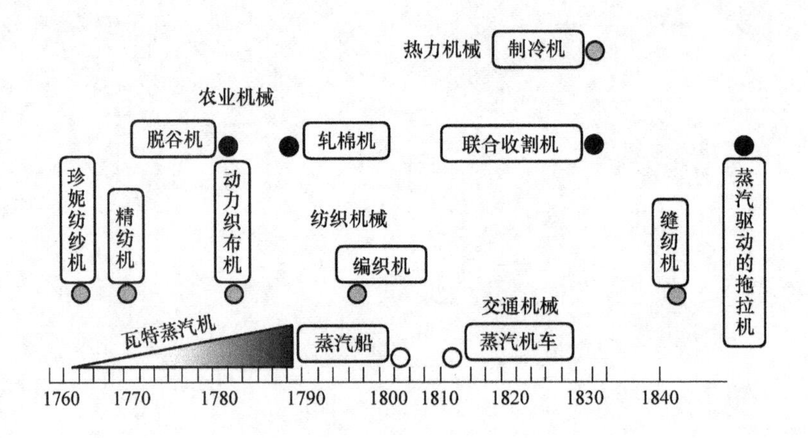

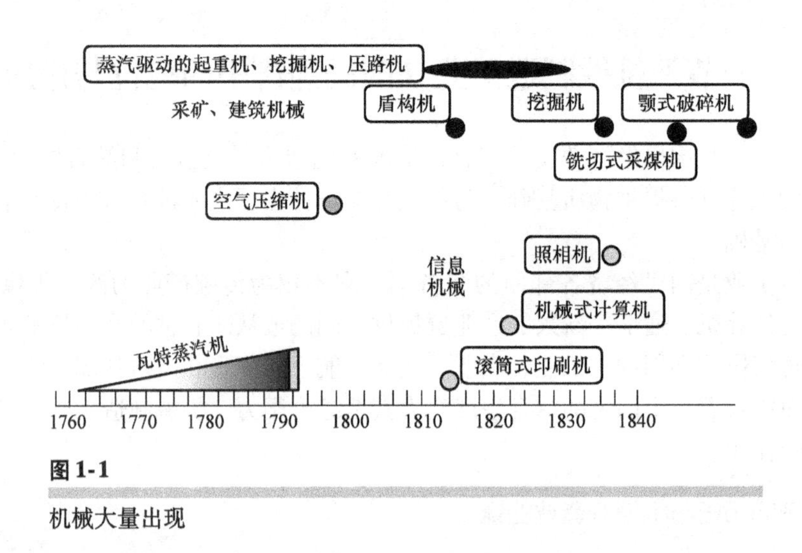

图 1-1

机械大量出现

第一次工业革命后机器的广泛应用催生了机械制造工业。蒸汽机提供了强大的动力，带来了切削加工的进步，推动了机械加工的发展。真正意义上的机械制造业随着蒸汽机的发明而诞生，机器结构材料大量采用金属，切削速度和尺寸精度要求提高，并开始由机器保证。

18、19 世纪相继出现了由蒸汽机和电力驱动的机械动力机床及相应的刀具，加工的范围、精度、效率都达到了一定的水平。随着内燃机技术、电气技术的发明和完善，大规模生产方式和技术的出现，产生了工业技术的全面改革和创新。

19 世纪末，自然科学与工业技术进入了鼎盛发展时期，出现了划时代的科学发现和新技术发明，建立了新的自然科学理论和新的科学体系。如汤姆逊发现电子，20 世纪的量子理论、相对论和量子力学的建立，核裂变的发现、超导的发现等。自然科学的全面进步，促进了新技术的发明和创造，老技术的革新、发展和完善，如产生了新兴材料技术、新的切削技术等，为能量驱动的制造业向信息驱动的制造业发展奠定了基础。

进入 20 世纪以后，社会发展对制造技术也提出了新的需求。随着电子计算机及以计算机为核心的信息技术的产生和发展，20 世纪 40 年代出现了数控机床（NC），以及后来相继出现了计算机数控机床（CNC）、加工中心（MC）、柔性制造单元（FMC）、柔性制造系统（FMS）、计算机集成制造系统（CIMS）等。同时，新的、高效率的硬质合金刀具及新刀具材料也在不断发展，机械制造业已经进入了一个划时代的发展阶段。应该说蒸汽机和电动机奏响了两次工业革命的乐章，信息化革命开启了人类前进的新时代。

社会发展和人民生活水平提高对制造业提出了新的需求，而科学和技术的进步为制造业的革命提供了理论和技术条件。特别是现代数学、系统论、控制论和信息论等理论和学科的创建和发展，新材料技术、数控技术、微电子技术和自动化技术的出现和发展，使传统制造技术体系从20世纪开始向现代制造体系发展。

制造业的变革体现在：制造规模从单件小批—小品种大批量—多品种变批量；生产方式从劳动密集型—设备密集型—信息密集型—知识密集型；制造装备从手工—机械化—单机自动化—刚性自动化线—柔性自动化线—智能自动化；制造技术和工艺方法上更加智能、更加高效、质量更高。

二、机械制造工业在国民经济中的地位

美国曾长期在机械制造技术上领先，但在第二次世界大战之后不重视机械制造工业，新技术研发不力，不重视对机械制造专业人才的培养；日本则与之相反，在第二次世界大战后大力发展机械制造业。两国形成了鲜明的对比。20世纪70年代，美国面临生产衰退、产品的市场竞争力明显下降的局面，日本的汽车、电视机、录音机等产品大量抢占美国市场。20世纪80年代末，美国在接受教训之后明确提出“振兴美国经济的出路在于振兴美国的制造业”以及“经济的竞争归根到底是制造技术和制造能力的竞争”。

在国民经济的各个领域、各个行业中广泛使用着大量的机床、机器、仪器及工具等，这些工艺装备都是由机械制造工业提供的。机械制造工业的主要任务就是研发和提高针对各种工程材料的加工技术，研究其加工工艺并设计和制造各种工艺装备。

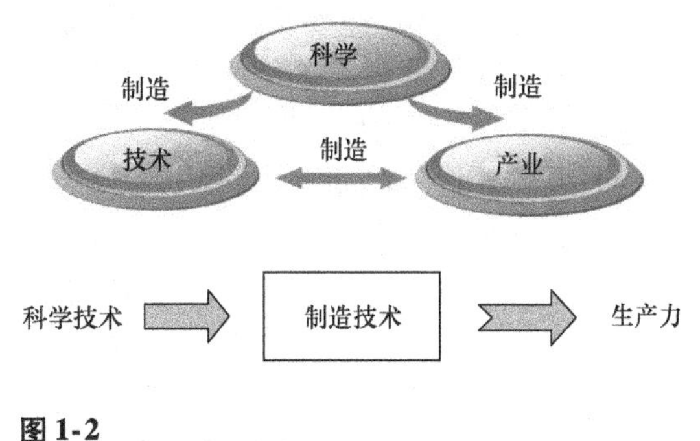

图1-2
科学技术、制造技术与生产力的关系

科学通过制造转化为技术、产业和生产力，如图1-2所示。机械制造工业是国家科学技术水平和经济实力的重要标志，是提高人均收入的财源、国防安全的保障、发展现代文明的物质基础。历史表明：没有制造能力的民族是没有竞争力的。

三、我国机械制造业的发展现状与趋势

我国是世界上科学文化发展最早的国家之一，也是四大文明古国之一。随着农业和手工业技术的发展，我国最早使用各种机械作为生产工具。如公元前2000年前，我国就有了纺织机械；公元260年左右，我国劳动人民就使用木齿轮以及轮系原理制成了水力驱动的谷物加工机械；到明代就有了与铣削加工类似的机械。到了近代，特别是从18世纪初到19世纪40年代，由于封建主义的压迫和帝国主义的侵略等诸多原因，使我国的机械制造业长期处

于停滞状态。在这100多年的时间里，正是西方产业革命时期，机械科学技术得到飞速发展，而我们却大大落后了。

旧中国的机械制造工业基础十分薄弱，从1863年清政府在上海创办江南机械制造局起到1949年这80多年的时间里，全国只有屈指可数的机械厂。新中国成立以来的70年，中国机械工业从小到大，从修配到制造，完成了从制造一般产品到制造高、精、尖产品，从制造单机到制造大型先进成套设备的转变，形成了产业门类齐全、产品品种丰富、具有较大规模、具有相当实力和技术水平、成套水平不断提高的完整产业体系，在全国工业体系中占比超过20%，对我国国民经济的贡献率居全国工业领域的前茅。

建国初期，机械工业基础薄弱，能生产的机械产品甚少，产品水平与世界先进水平无法相比。改革开放以来，经过多年的不懈努力，机械工业规模与实力日益强大，与世界发达国家的差距逐步缩小，在世界机械工业中的比重不断提高。在世界机械工业中的位次，从建国初期的20位，到2009年跃居第一位，至2018年已连续十年居于首位。

我国机械工业生产能力不断增强，为国民经济和国防建设提供了大量装备，机械产品国内市场自给率逐步提高。自新中国成立之初至改革开放初期的相当长一段时间，国民经济发展所需的先进大型成套装备大多依靠进口，国内设备自给率不到60%。而到20世纪90年代，已提升至70%左右，到2009年超过了85%，此后始终保持在85%以上的水平。如今，机械工业许多重要产品已从建国初期的少量生产或不能生产，跃居为世界首位，如汽车、轿车、载重汽车、摩托车、发电设备、输变电设备、变压器、电动机、机床、数控机床、内燃机、矿山机械、起重设备、拖拉机、联合收割机、混凝土机械、挖掘机、装载机、铲土运输机械、水泵、风机、气体分离设备、塑料机械、数码相机、复印机等，为国民经济发展和世界机械工业发展做出了重要贡献。以金属加工机床为例，1949年的产量仅为0.16万台，到2009年达到79.92万台，首次跃居世界第一位；2018年产量为71.86万台，其中数控机床年产达21.33万台，均稳居世界第一。

我国机械工业自主创新，关键设备和重大技术装备水平不断提高。自主设计制造的超超临界火电机组性能指标达到国际先进水平，风电已与世界先进风电技术接轨，自主建设的“华龙一号”三代核电示范工程项目、特高压输变电领域技术水平处于国际领先地位。百万吨乙烯“三机”、20MW电驱天然气长输管线压缩机组、10万m^3/h大型空分设备等均进入国际先进行列。大型伺服压力机及伺服冲压生产线关键设备，打破了发达国家的技术垄断，并出口到美国等发达国家。起吊质量2000t及以上的大型履带起重机等一批工程机械产品，整体技术和性能达到国际先进水平。

2015年国务院和工业和信息化部先后出台了《中国制造2025》《国务院关于积极推进“互联网+”行动的指导意见》《工业和信息化部关于贯彻落实<国务院关于积极推进“互联网+”行动的指导意见>的行动计划（2015~2018年）》等一系列指导性文件，部署全面推进实施制造强国战略；2020年政府工作报告中进一步提出要深入推进“智能制造”，提升我国制造业的整体竞争力。

当代的机械制造业正沿着三个主要方向发展。

1）加工技术向高度信息化、自动化、智能化、复合化方向发展，信息技术、智能制造技术、数控技术、柔性制造系统、计算机集成制造系统及敏捷制造等先进制造技术都在改造传统制造业并迅速向前发展。

2）加工技术向高精度发展，超精密工程以及纳米材料及加工、纳米测量等纳米技术得到广泛应用。精密和超精密加工技术已经成为在国际竞争中取得成功的关键技术。这是因为许多现代技术都需要高精度制造。发展尖端技术、国防工业等都需要用到精密和超精密加工制造出来的仪器设备。目前在工业发达国家，一般工厂能稳定掌握的加工精度是1μm。通常加工精度在0.1～1μm，加工表面粗糙度 Ra 在0.02～0.1μm的加工方法称为精密加工。加工精度在0.1μm，加工表面粗糙度 Ra 小于0.01μm的加工方法称为超精密加工。

现代机械工业致力于提高加工精度，就是因为提高制造精度后可以提高产品的性能和质量，提高其稳定性和可靠性，促进产品小型化，增强零件的互换性，提高装配生产率，进而促进装配自动化。

精密和超精密加工主要包括：超精密切削，如超精密金刚石刀具可加工各种镜面，可以解决高精度陀螺仪、激光反射镜和某些大型反射镜的加工问题；精密和超精密磨削研磨，解决了大规模集成电路基片的加工和高精度硬磁盘的加工问题；精密特种加工，如电子束、离子束加工等，可以使超大规模集成电路的线宽达到0.1μm。

3）材料加工技术最新的发展方向是流程化、低能耗、高柔性、环境友好、成形与组织性能控制一体化的先进技术。目前加工工艺方法进一步完善与开拓，除了传统的切削与磨削技术仍在发展外，特种加工方法也在不断开拓新的工艺可能性与新的技术，如快速成形、激光加工、电加工、射流加工和增材制造等。其中增材制造中的激光立体成形技术是20世纪90年代初期发展起来的一项先进制造技术，能针对结构复杂的金属零件实现高性能的无模具、快速、全致密近净成形。该技术可用于承受大力学载荷的三维实体金属零件的快速制造，也可用于对具有一定深度制造缺陷、误加工损伤或因使用导致损伤的复杂零件进行修复。

同时，机械制造中的计量与测试技术、机械产品的装配技术、工况监测与故障诊断技术、机械设备性能试验技术、机械产品的可靠性保证与质量控制技术、仿生制造技术、微型制造设备技术、网络制造技术、人工智能的应用以及考虑到环境保护、节省能源和可持续发展的绿色制造技术等均有重大的进展。

机械制造业的发展依赖材料学、仿生学、计算机科学、系统论、信息论、控制论等各门学科的基本理论和最新成果，因此，加强学科间的交叉、综合、渗透，探索新的机械制造理论、技术工艺和设计思想，用当代高新技术来改造、武装和提升机械制造行业，是向着自动化、最优化、柔性化、集成化、智能化和精密化的目标前进的最佳途径。

当代社会已进入了全新的信息时代，现代信息技术的飞速发展和广泛应用使各个领域及人类生产、社会生活的各个方面发生了质的变化。以电子计算机和现代通信技术为核心的信息技术为人们提供了新的、更加高效的获取、传输、处理和控制信息的手段。信息技术改变了现代产业结构，不但产生了新的产业——信息产业，而且也给传统产业注入了活力，使传统产业发生了革命性的改变。

机械制造这一具有悠久历史的古老、传统的产业，受到了信息技术及其他高新技术的挑战和促进，信息技术正在把几乎所有的制造业从机械化提升到自动化。在信息时代，随着社会的进步、技术的发展及全球市场竞争的加剧，人类对制造的需求不断更新和提高，制造过程和活动变得愈加复杂。制造所用时间的减少和交货时间的提前，制造成本的降低和质量的提高，产品的多样化和个性化，制造商和用户之间的信息交流，都是现代制造业要面对和解决的问题。制造所用设备、材料、信息、人员理念及制造过程的组织和管理，不但自身要适应这一变化，而且相互之间要形成密切关联的整体。这就要求在硬件上要形成先进的现代制造系统，也要求通过信息交流形成制造系统的理论和技术。

首先，通过电子计算机技术、自动化技术、信息技术，以及仿真加工技术、纳米加工技术、特种加工技术，并借助CAD/CAM技术、柔性制造技术生产大量高度自动化、高度柔性化、高效率、高精密度的各类数控机床、加工中心、柔性制造系统、自动装配线、工业机器人等先进的以信息技术驱动的制造业工作母机。

其次，提升和突出信息在制造系统中的作用和地位。制造系统的三要素是物质、能量和信息，其中的物质部分即加工设备及被加工材料。物质和能量两者在传统的制造系统中曾占据主导地位，受到重视、研究、开发和利用。随着社会生产的发展，信息要素正在迅速上升成为制造系统中的主导因素。信息要素也可实现节省物质和能量。能量驱动型和信息驱动型是传统制造和现代制造的显著区别特征。现代产品是在制造过程中所投入的知识和信息的物化与集成，知识和信息的内容规范了产品使用价值，产品的信息量则影响了其交换价值。

在现代机械制造系统中，设计、制造和运销管理都正在或已经实现自动化、智能化、信息化，用电子计算机控制的机械和生产线代替或减少了劳动者的工作量，提高了效率。计算机虚拟技术的应用加速了产品的设计和生产过程，提高了产品的质量和可靠性，降低了成本。网络通信技术使产品的制造、生产超越了时空和地域的限制，实现跨地域、跨行业、跨国界的合作与集成，并逐步走向全球化。这些都是现代制造业所取得的初步成就。

第二节 机械制造过程及机械制造系统

1.2 绪论

一、机械产品生产过程与机械制造过程

在现代化的制造工业中，机械产品的生产过程是一个大的系统工程。该过程根据内容的不同可分为三个阶段：第一阶段是产品的决策阶段；第二阶段是产品的设计和研究阶段；第三阶段是产品的制造阶段，如图1-3所示。

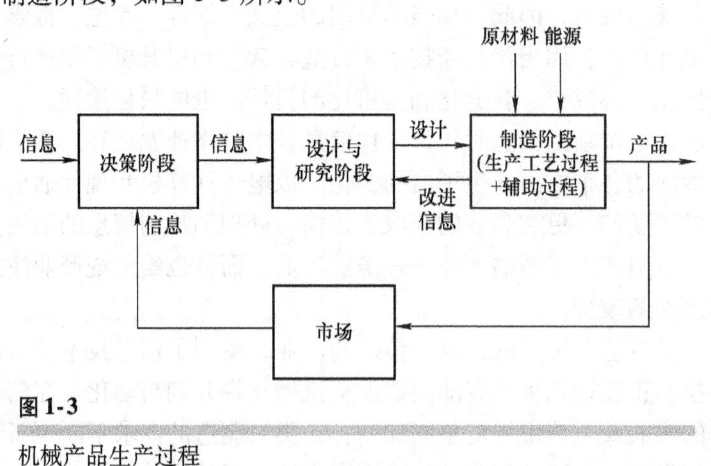

图1-3

机械产品生产过程

产品的制造按照加工前后质量的变化分为减材制造、等量制造与增材制造。假设加工后与加工前的质量差为ΔG，则有如下定义：

1）减材制造：$\Delta G<0$，如机械加工采用的是去除材料的加工方式。

2）等材制造：$\Delta G=0$，如常用的铸造、锻造等。

3）增材制造：$\Delta G>0$，是通过设计数据采用材料逐层累加的方法制造实体零件的技术，基本原理是离散堆积。产品加工后质量增加。

从系统的观点看，生产是将生产要素转变成生产财富并创造效益的输入输出系统。

产品的制造阶段就是把原材料转变为成品的过程，这一过程包括原材料的运输和保管、生产准备、毛坯准备、机械加工、装配与调试、质量检验、成品包装等不同的工作。在这一过程中的运输、保管、准备、包装、检验等称为辅助过程，而毛坯制造、机械加工、热处理、装配等直接改变毛坯或零件的形状、尺寸、材料性能的过程称为生产工艺过程。

生产工艺过程中的机械加工、装配与调试等称为机械制造（工艺）过程。机械加工主要是指通过金属切削的方法改变毛坯的形状、尺寸的过程。这一过程的工作即是对已通过铸造、焊接、锻造等方法得到的毛坯进行机械切削等加工，并装配成机器。

二、机械加工工艺系统与机械制造系统

在产品的机械制造过程中，大部分工作是机械加工。虽然随着加工技术的发展，电火花加工、激光加工、电解加工及快速成形法等特种加工方法开始被用来进行金属的加工，但目前主要应用的仍然是用金属切削刀具来进行加工的方法。图 1-4 是一个典型的金属切削的示例，机床通过夹具装夹工件，同时也夹持切削刀具。加工时，机床根据设定好的切削参数提供工件与刀具间的相对运动，即产生切削加工，由机床（夹具）－刀具－工件组成了机械加工工艺系统。

随着机械制造技术、计算机技术、信息技术的发展，以及为了能更有效地对机械制造过程进行控制，大幅度地提高加工质量和加工效率，人们在机械加工工艺系统的基础上提出了机械制造系统的概念。机械制造系统包括各种机床、刀具、自动装夹搬运装置及制造的工艺方案。输入系统的是一定的材料毛坯及信息等，而输出则为加工后的零件、部件或机械产品。

图 1-5 为由单台机床组成的经典的机械制造系统。其中机床用来向制造过程提供刀具与

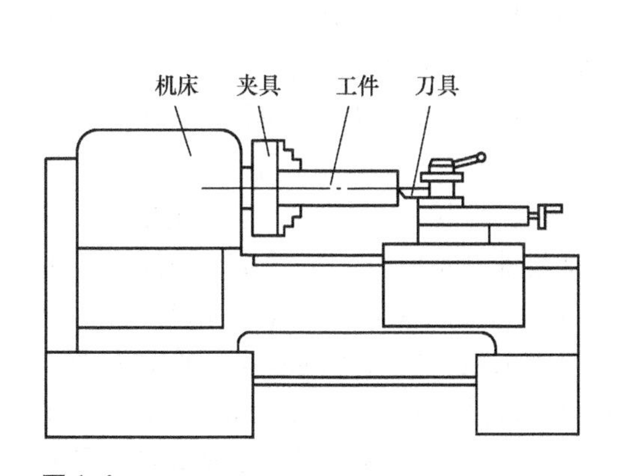

图 1-4

机械加工工艺系统的组成

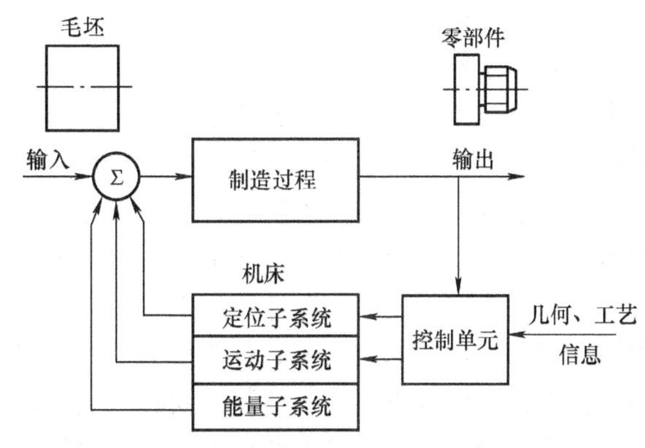

图 1-5

经典机械制造系统的组成

工件之间的相对位置和相对运动，为改变工件形状、质量提供能量。机床可以看成是由三个子系统组成：定位子系统用来确定刀具与工件的相对位置（可通过夹具）；运动子系统为加工提供切削速度和进给量；能量子系统为加工提供能量。刀具与定位子系统相连，并通过运动子系统与工件产生相对运动。输出零件的信息可反馈给控制装置，以便使加工不断地进行。

机械制造系统的自动化加工程度较高，采用计算机对加工过程进行控制，并配有质量监测等手段，同时对加工过程进行先进、科学的管理，如加工中心单级制造系统、多台机床组成的多级计算机集成制造系统。随着制造技术的进一步发展，机械制造系统的概念将扩展为更先进的无人车间或无人工厂。

综上所述，无论是传统的机械加工工艺系统，还是先进的机械制造系统，其基本组成部分均是机床、刀具与工件，并由作为加工、装配过程信息管理基础的机械制造工艺确定其中的联系。可见，切削原理及刀具、金属切削机床及机械制造工艺学等基本理论及相关知识共同形成了机械制造技术的基础。

2022年10月16日，中国共产党第二十次全国代表大会在北京召开。党的二十大为全面建成社会主义现代化强国进行了科学谋划，提出从2020年到2035年基本实现社会主义现代化，从2035年到本世纪中叶把我国建成富强民主文明和谐美丽的社会主义现代化强国。习近平总书记指出制造业是我国经济命脉所系，是立国之本、强国之基，任何时候中国都不能缺少制造业；强调要把制造业高质量发展放到更加突出的位置，要努力发展高端制造业，实现全面提升；指出制造业的核心就是创新，就是掌握关键核心技术，以科技创新推动产业创新；强调打造自主可控、安全可靠、竞争力强的产业链供应链，以智能制造为主攻方向推动技术变革和优化升级，大力发展数字经济；加快建设世界一流企业，做强做优做大国有企业，巩固提高一体化国家战略体系和能力。

在新的时代，现代农业、工业、服务业和国防等一切部门所需要的各种高技术含量装备的设计、制造和批量生产都要靠先进的现代制造业来完成。加快发展新质生产力，实现工业、农业、服务业的机械化、自动化、信息化和智能化也是制造业面临的光荣而艰巨的任务。

为了培养机械制造工业急需的人才，高等学校都开设了工科机械类专业。机械制造技术基础是高等学校工科机械类专业必修的一门专业技术基础课。课程设置的目的是培养学生掌握机械制造技术的基础知识和基本技能，并为学习其他有关课程及以后从事机械设计和加工制造工作打下必要的基础。该课程也是机械类专业中国工程教育认证标准内的核心课程。课程注重基本理论知识的深入学习，强调培养运用基础理论知识解决生产实际问题的能力，兼顾新技术、新工艺及其发展方向的介绍，以培养“厚基础、宽口径、高素质、强能力”的人才。课程的主线是产品零件的加工工艺，宗旨是实现优质、高效、低成本、节能减排。课程注重提高学生的综合素养，使学生通过学习掌握制造工程师应具备的基本理论和专业知识，获得分析和解决有关机械制造问题的基本能力，具有选择切削加工设备和刀具、制订工艺路线的能力，具有解决生产加工实际技术问题的能力，了解机械制造领域的最新成就和发展趋势。作为该课程的配套教材，旨在为我国的机械制造工业培养高水平的人才和提高现有人员的素质，提供学习和掌握当代最先进的科学技术的手段，尽快促使我国的机械制造工业赶上并超过世界先进水平，满足人民日益提高的需求。

第二章
机械加工及设备的基础理论

思维导图

第一节　金属切削基本知识

一、切削运动与切削用量

2.1　金属切削基础知识

（一）切削运动

要使刀具从工件毛坯上切除多余的金属，使其成为具有一定形状和尺寸的零件，刀具和工件之间必须具有一定的相对运动，这种相对运动称为切削运动。切削运动根据其功用不同，可分为主运动和进给运动。这两个运动的矢量和，称为合成切削运动。所有切削运动的速度及方向都是相对于工件定义的。

（1）主运动　主运动使刀具和工件之间产生相对运动，是进行切削的最基本运动。主运动的速度最高，所消耗的功率最大。在切削运动中，主运动只有一个，如图 2-1 所示。在车削外圆时，工件的旋转运动是主运动；在铣削、磨削时，刀具或砂轮的旋转是主运动。

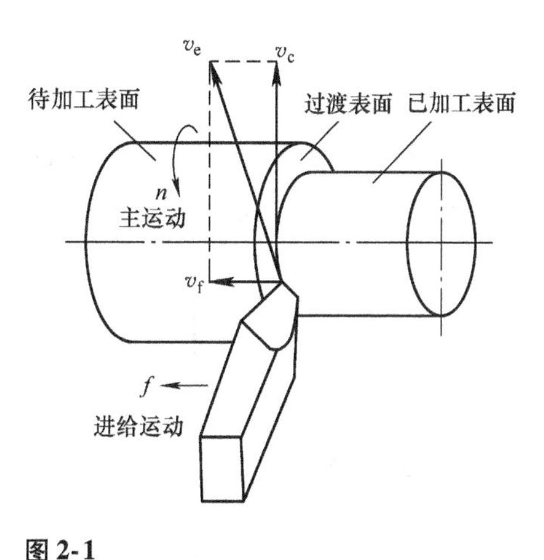

图 2-1

切削运动与工件表面

（2）进给运动　进给运动是不断地把待切金属投入切削过程，从而加工出全部已加工表面的运动。在车削加工中，车刀的纵向或横向移动，即是进给运动。进给运动一般速度较低，消耗的功率较少，可以由一个或多个运动组成。它可以是间歇的，也可以是连续的。

（3）合成切削运动　如图 2-1 所示，合成切削运动是由主运动和进给运动合成的运动。刀具切削刃上选定点相对工件的瞬时合成运动方向称为合成切削运动方向，其速度称为合成切削速度。

（二）切削用量

（1）切削速度 v_c　它是指切削刃选定点相对于工件的主运动的瞬时速度，单位为 m/s 或 m/min。计算时，应以最大的切削速度为准。车削外圆的计算公式如下：

$$v_c = \frac{\pi d_w n}{1000} \tag{2-1}$$

式中　d_w——待加工表面直径（mm）；

n——工件转速（r/s 或者 r/min）。

（2）进给量 f　它是指工件或刀具每旋转一周时，两者沿进给方向的相对位移，单位为 mm/r，如图 2-2 所示。进给速度 v_f 是单位时间的进给量，单位为 mm/s 或 mm/min。

$$v_f = fn \tag{2-2}$$

对多点切削刀具，如钻头、铣刀还规定每一个刀齿的进给量 f_z，即后一个刀齿相对于前一个刀齿的进给量，单位为 mm/齿。

$$f = f_z z \tag{2-3}$$

式中　z——刀齿数。

（3）背吃刀量（切削深度）a_p　它是指工件上已加工表面和待加工表面间的垂直距离，单位为 mm，如图 2-2 所示。车削外圆时：

$$a_p = \frac{d_w - d_m}{2} \tag{2-4}$$

式中　d_w——待加工表面直径（mm）；

d_m——已加工表面直径（mm）。

二、刀具切削部分的基本定义

金属刀具的种类很多，但它们切削部分的几何形状与参数都有着共性，即不论刀具结构如何复杂，它们的切削部分总是近似地以外圆车刀的切削部分为基本形态。

（一）车刀的组成

车刀由刀柄和刀头组成，刀柄是刀具上的夹持部位，刀头则用于切削。图 2-3 所示为车刀切削部分结构要素。切削部分的结构及其定义如下：

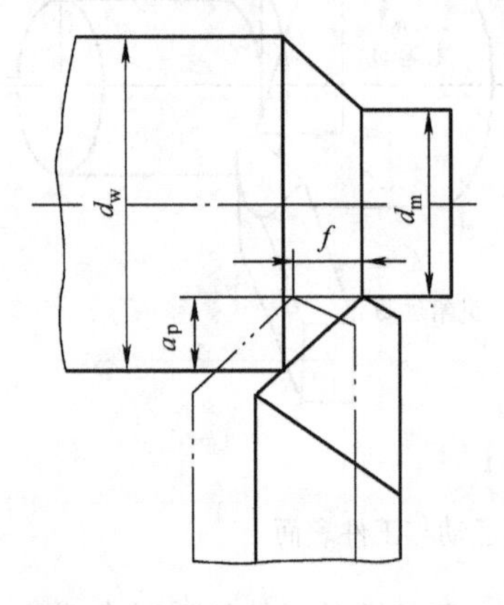

图 2-2

进给量与背吃刀量

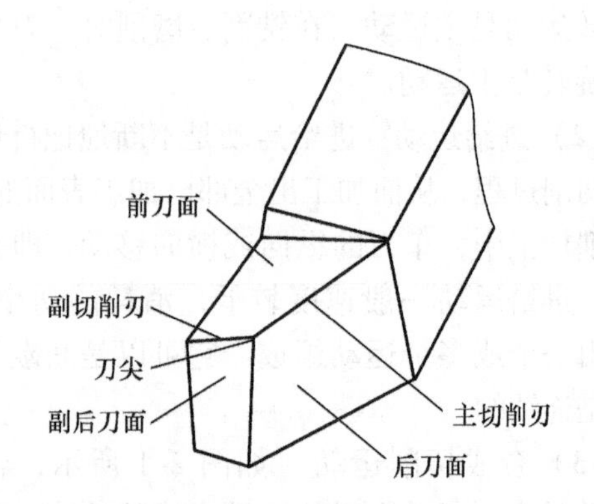

图 2-3

车刀切削部分结构要素

（1）前刀面 A_γ　它是指刀具上切屑流过的刀面。

（2）后刀面 A_α　它是指与工件上过渡表面相对的刀面。

（3）副后刀面 A'_α　它是指与工件上已加工表面相对的刀面。

（4）主切削刃 S　它是指前刀面与后刀面的交线。

（5）副切削刃 S'　它是指前刀面与副后刀面的交线。

（6）刀尖　它是指主切削刃与副切削刃的连接部分，它可以是曲线、直线或实际交点（图 2-4）。

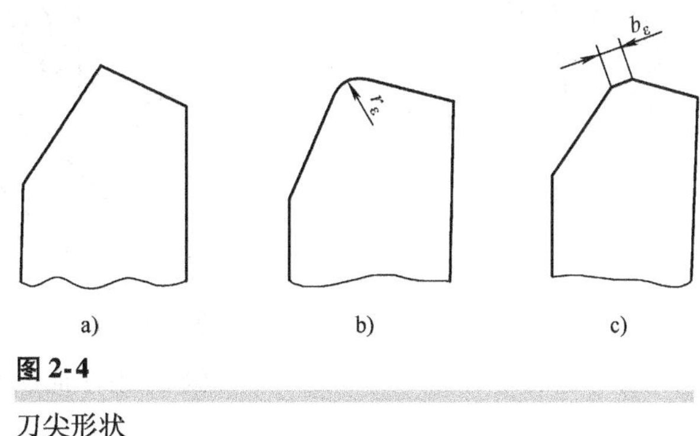

图 2-4

刀尖形状

a）实际交点　b）曲线刃　c）直线刃

（二）刀具角度的参考系

为了确定刀具切削部分各表面和切削刃的空间位置，需要建立平面参考系。按构成参考系时所依据的切削运动的差异，参考系分为刀具静止参考系和刀具工作参考系。前者由主运动方向确定，后者由合成切削运动方向确定。

刀具静止参考系是刀具设计时标注、刃磨和测量的基准，用此定义的刀具角度称为刀具角度。

刀具工作参考系是确定刀具切削工作时角度的基准，用此定义的刀具角度称为工作角度。

1. 正交平面参考系

如图 2-5 所示，正交平面参考系由以下三个平面组成：

（1）基面 p_r　它是指过切削刃上选定点垂直于主运动方向的平面。它平行或垂直于刀具在制造、刃磨及测量时适合于安装的一个平面或轴线。

（2）切削平面 p_s　它是指过切削刃上选定点与切削刃相切并垂直于基面的平面。

（3）正交平面 p_o　它是指过切削刃上选定点并同时垂直于切削平面和基面的平面。

2. 法平面参考系

如图 2-5 所示，法平面参考系由 p_r、p_s、p_n 三个平面组成。

法平面 p_n 是指过切削刃上选定点并垂直于切削刃的平面。

3. 假定工作平面参考系

如图 2-6 所示，假定工作平面参考系由 p_r、p_f、p_p 三个平面组成。

（1）假定工作平面 p_f　它是指过切削刃上选定点平行于假定进给运动方向并垂直于基面 p_r 的平面。

（2）背平面 p_p　它是指过切削刃上选定点同时垂直于基面 p_r 和假定工作平面 p_f 的平面。

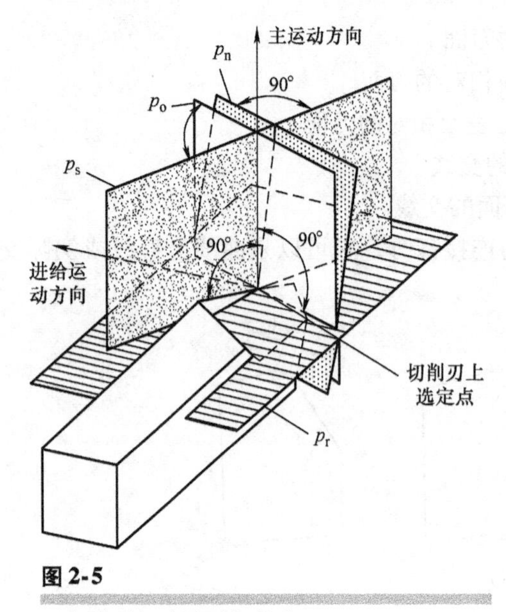

图 2-5

正交平面与法平面参考系

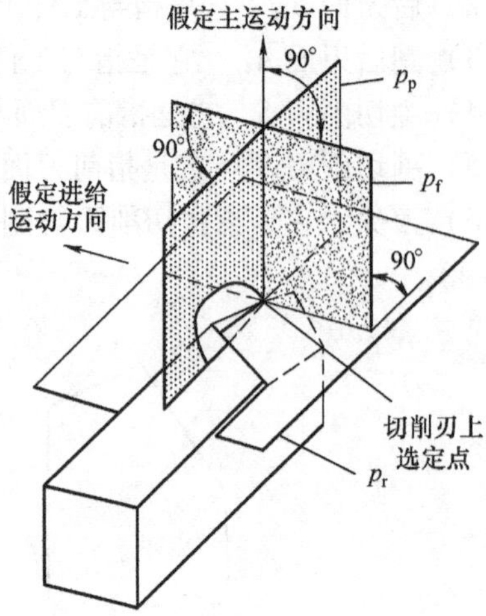

图 2-6

假定工作平面参考系

（三）刀具角度

1. 在正交平面内标注的角度

（1）前角 γ_o　它是指在正交平面内度量的前刀面与基面之间的夹角。

（2）后角 α_o　它是指在正交平面内度量的后刀面与切削平面之间的夹角。

（3）楔角 β_o　它是指在正交平面内度量的前刀面与后刀面之间的夹角。由图 2-7 可知

$$\beta_o = 90° - (\gamma_o + \alpha_o) \tag{2-5}$$

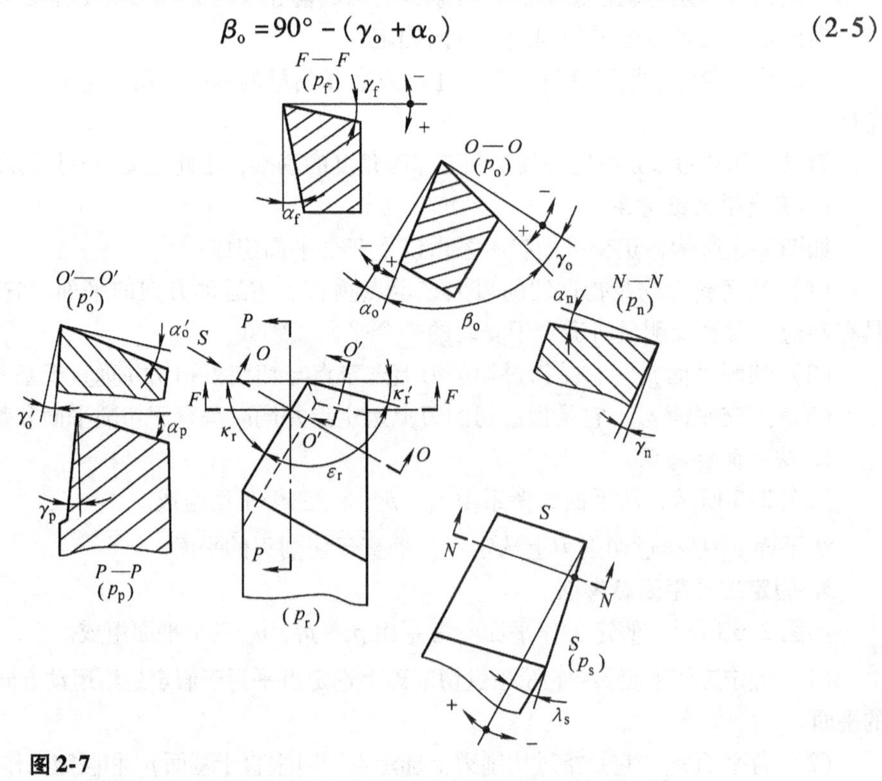

图 2-7

车刀的刀具角度

2. 在切削平面内标注的角度

刃倾角 λ_s 是指在切削平面内度量的主切削刃与基面之间的夹角（刃倾角可正可负）。

3. 在基面内标注的角度

（1）主偏角 κ_r　它是指主切削刃在基面上的投影与进给方向的夹角。

（2）副偏角 κ'_r　它是指副切削刃在基面上的投影与进给方向的夹角。

（3）刀尖角 ε_r　它是指在基面内度量的主切削刃与副切削刃之间的夹角。由图 2-7 可知

$$\varepsilon_r = 180° - (\kappa_r + \kappa'_r) \tag{2-6}$$

上述角度中，β_o 和 ε_r 是派生角度，由前、后刀面磨出的主切削刃只需四个基本角度即可确定它的空间位置，即为 γ_o、α_o、κ_r、λ_s。

对于副切削刃，可采用与上述相同的方法，在副切削刃的选定点上作参考系 $p'_r - p'_s - p'_o$。在过副切削刃作的正交平面 p'_o内标出副前角 γ'_o和副后角 α'_o。如果车刀的主、副切削刃在同一个公共前刀面上，则当主切削刃的四个基本角度 γ_o、α_o、κ_r、λ_s 及副偏角 κ'_r确定之后，副前角 γ'_o和副刃倾角 λ'_s随之而定，图样上也不用标注。这样，一把三个刀面两个切削刃的外圆车刀的刀具角度只有六个，即 γ_o、α_o、κ_r、λ_s 和 α'_o、κ'_r，如图 2-7 所示。

在法平面、假定工作平面参考系中，有法前角 γ_n、法后角 α_n、侧前角 γ_f、侧后角 α_f、背前角 γ_p 和背后角 α_p。可以参照在正交平面参考系下定义刀具角度的方法定义这些角度。

在法平面参考系中，只需标注 γ_n、α_n、κ_r 和 λ_s 四个角度即可确定主切削刃和前、后刀面的方位。在假定工作平面参考系中，只需标注 γ_f、α_f、γ_p、α_p 四个角度便可确定车刀的主切削刃和前、后刀面的方位。

三、刀具的工作角度

工作角度是刀具在工作时的实际切削角度。由于刀具角度是在进给量$f=0$条件下规定的角度，如果考虑合成切削运动和实际安装情况，则刀具的参考系将发生变化。在刀具工作参考系中所确定的角度称为工作角度。

在一般条件下，工作角度与刀具角度相差无几，两者差别不予考虑，只有在角度变化值较大时才需要计算工作角度。

（一）进给运动对工作角度的影响

图 2-8 所示为切断车刀加工时的情况。加工时，车刀做横向进给运动，切削刃相对工件的运动轨迹为一平面阿基米德螺旋线。此时，工作基面 p_{re}和工作切削平面 p_{se}相对于 p_r 和 p_s 转动一个μ 角，从而引起刀具的前角和后角发生变化。其计算公式如下：

$$\gamma_{oe} = \gamma_o + \mu \tag{2-7}$$

$$\alpha_{oe} = \alpha_o - \mu \tag{2-8}$$

$$\mu = \arctan \frac{f}{\pi d} \tag{2-9}$$

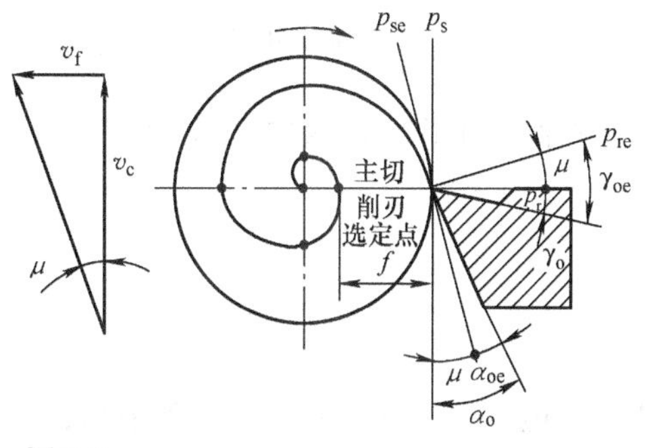

图 2-8

横向进给运动时的工作角度

式中　γ_{oe}、α_{oe}——工作前角和工作后角；

f——进给量（mm/r）；

d——工件切削点处表面直径（mm）；

μ——正交平面内 p_{re} 和 p_r 之间的夹角，即主运动方向与合成切削运动方向的夹角。

由式（2-9）可知，当进给量增大，则 μ 值增大；当瞬时直径 d 减小，μ 值也增大。因此，车削至接近工件中心时，μ 值增大很快，工作后角将由正变负，导致工件被挤断。

图2-9所示为纵车外圆车刀的工作角度。在考虑纵向进给运动时，切削刃相对于工件表面的运动轨迹为螺旋线。此时，基面 p_r 和切削平面 p_s 就会在空间偏转一个 μ 角，从而使刀具的工作前角 γ_{oe} 增大，工作后角 α_{oe} 减小。

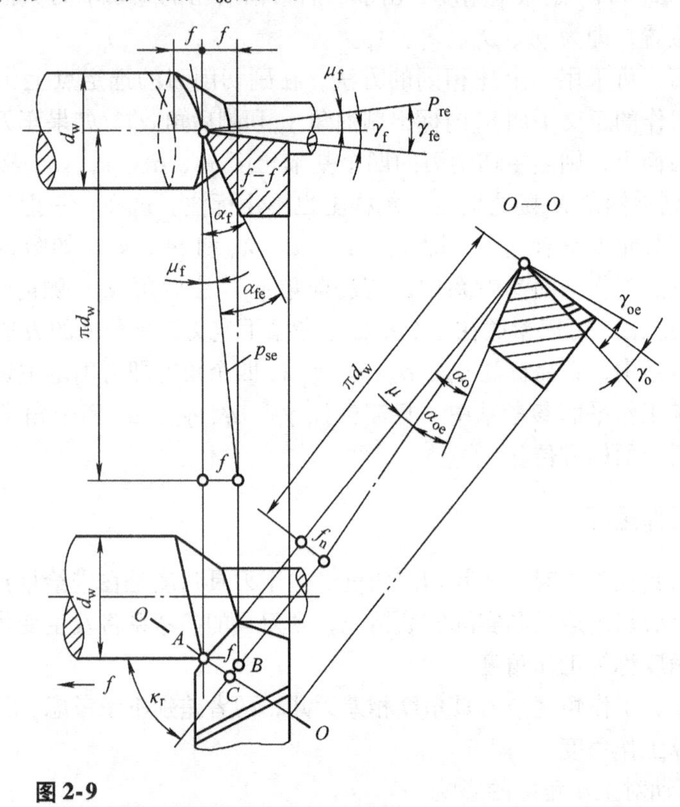

图 2-9

纵车外圆车刀的工作角度

在假定工作平面内的工作角度为

$$\gamma_{fe}=\gamma_f+\mu_f \tag{2-10}$$

$$\alpha_{fe}=\alpha_f-\mu_f \tag{2-11}$$

$$\tan\mu_f=\frac{f}{\pi d_w} \tag{2-12}$$

式中 γ_{fe}——假定工作平面工作前角；

α_{fe}——假定工作平面工作后角；

d_w——工件待加工表面直径（mm）；

μ_f——主运动方向与合成切削运动方向的夹角。

在正交平面内的工作角度为

$$\gamma_{oe}=\gamma_o+\mu \tag{2-13}$$

$$\alpha_{oe}=\alpha_o-\mu \tag{2-14}$$

$$\tan\mu=\frac{f\sin\kappa_r}{\pi d_w} \tag{2-15}$$

式中　μ——正交平面内 p_{se} 和 p_s 之间的夹角。

（二）刀具安装对工作角度的影响

如图 2-10 所示，当刀尖安装高于或低于工件中心时，则此时的切削速度方向发生变化，引起基面和切削平面的位置改变。此时工作角度与刀具角度的换算关系如下：

$$\gamma_{pe}=\gamma_p\pm\theta_p \tag{2-16}$$

$$\alpha_{pe}=\alpha_p\mp\theta_p \tag{2-17}$$

$$\tan\theta_p=\frac{h}{\sqrt{\left(\frac{d}{2}\right)^2-h^2}} \tag{2-18}$$

式中　θ_p——背平面内 p_r 与 p_{re} 的夹角；

h——刀尖高于或低于工件中心的数值（mm）；

d——切削刃上选定点处工件的直径（mm）。

四、切削层参数

切削层为切削部分切过工件的一个单程所切除的工件材料层。切削层的形状和尺寸直接影响着刀具承受的负荷。为简化计算，规定切削层的形状和尺寸在刀具基面中度量。切削层的尺寸称为切削层参数。

现以车削外圆为例来说明切削层参数的定义。车削外圆时，工件旋转一周，主切削刃移动一个进给量 f 所切除的金属层称为切削层。如图 2-11 所示，当主、副切削刃为直线，且 $\lambda_s=0°$时，切削层公称截面为平行四边形。

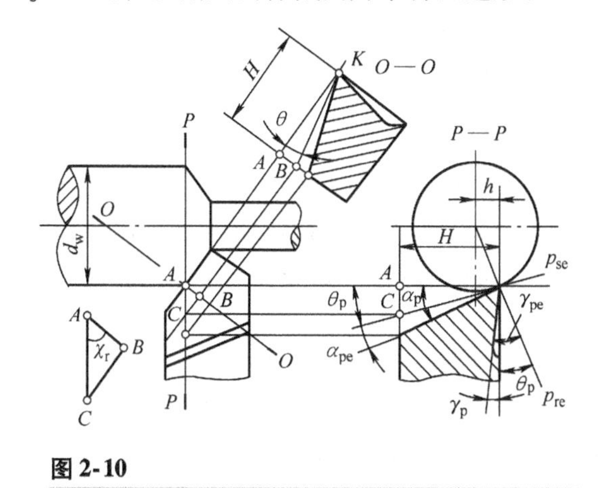

图 2-10

刀尖安装高低对工作角度的影响

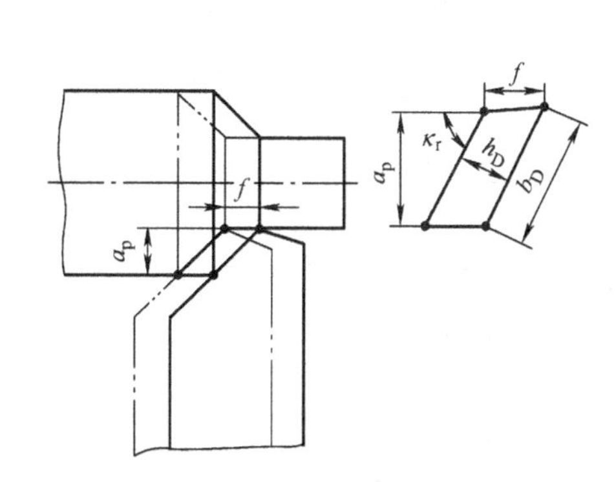

图 2-11

切削层参数

（1）切削层公称厚度 h_D　垂直于过渡表面度量的切削层尺寸称为切削层公称厚度。纵车外圆时：

$$h_D=f\sin\kappa_r \tag{2-19}$$

由式（2-19）可知，f或κ_r增大，则h_D变厚。

（2）切削层公称宽度b_D　沿着过渡表面度量的切削层尺寸称为切削层公称宽度。纵车外圆时：

$$b_D = \frac{a_p}{\sin\kappa_r} \tag{2-20}$$

由式（2-20）可知，a_p减小或κ_r增大，则b_D变短。

图2-12所示为κ_r不同时，h_D与b_D的变化。图2-13所示为当切削刃为曲线刃时，切削层各点的切削层公称厚度。

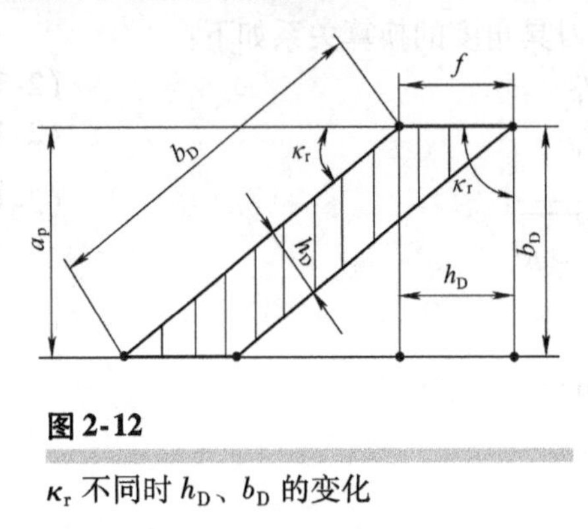

图2-12

κ_r不同时h_D、b_D的变化

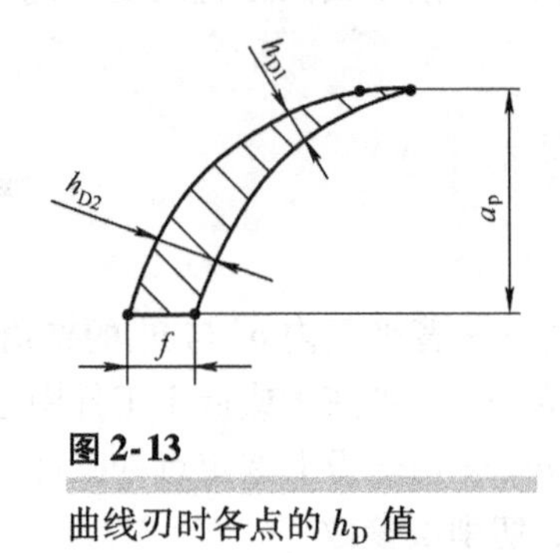

图2-13

曲线刃时各点的h_D值

（3）切削层公称横截面积A_D　切削层在基面上的投影面积称为切削层公称横截面积。

$$A_D = h_D b_D = f a_p \tag{2-21}$$

第二节　金属切削机床的基本知识

金属切削机床（简称机床）是制造机器的机器，也称工具机或工作母机，是机械加工的主要设备。机床的基本功能是为被切削的工件和使用的刀具提供必要的运动、动力和相对位置。

一、机床的分类和型号编制方法

在现代机械制造业中，对于不同的用途和目的，使用的机床品种和规格繁多，机床的名称往往又很长。为了便于区别、管理和使用，须对机床进行分类和编制型号。2008年颁布的国家标准GB/T 15375—2008《金属切削机床 型号编制方法》，对此进行了专门的规定。

（一）机床的分类

机床主要是按加工性质和所使用的刀具进行分类。目前，我国将机床分为11大类：车床、钻床、镗床、磨床、齿轮加工机床、螺纹加工机床、铣床、刨插床、拉床、锯床和其他机床。在每一类机床中，又按工艺范围、布局型式和结构等分为若干组，每一组又分为若干系（系列）。

除上述基本分类方法外，还有其他分类方法。

按照万能性程度，机床可分为：

（1）通用机床　这类机床可以加工多种零件的不同工序，加工范围广，但结构复杂。例如，卧式车床、万能升降台式铣床、万能外圆磨床等均属于通用机床。

（2）专门化机床　它的加工范围较窄，专门用于加工某一类或几类零件的某一道或某几道特定工序。例如，凸轮轴车床、丝杠车床、齿轮加工机床等均属于专门化机床。

（3）专用机床　这类机床加工范围窄，用于加工某一种零件的某一道特定工序，具有专用、高效、自动化程度高和易于保证加工精度的特点，适用于大批大量生产。例如，加工车床床身导轨的专用龙门磨床、各种类型的组合机床等均属于此类机床。

按照自动化程度，机床可分为手动机床、机动机床、半自动机床和自动机床。

按照机床的工作精度，机床可分为普通机床、精密机床和高精度机床。

按照质量和尺寸，机床可分为仪表机床、中型机床、大型机床、重型机床和超重型机床。

按照机床的主要工作部件数目，机床可分为单刀机床、多刀机床、单轴机床和多轴机床等。

按照数控功能，机床可分为非数控机床、一般数控机床、加工中心、柔性制造单元等。

（二）金属切削机床型号编制方法

机床型号亦即机床的代号，用以表明机床的类型、通用和结构特性、主要技术参数等。GB/T 15375—2008《金属切削机床 型号编制方法》规定，我国的机床型号由汉语拼音字母和阿拉伯数字按一定规律组合而成。

1. 通用机床型号

通用机床型号由以下几部分组成：

（1）机床类代号　用该类机床名称汉语拼音的第一个字母（大写）表示，如“车床”用“C”来表示。当需要时，每类又可有若干分类。分类代号用阿拉伯数字表示，放在类代号之前，但第一分类不予表示，如磨床类分为 M、2M、3M 三个分类。机床的类代号见表 2-1。

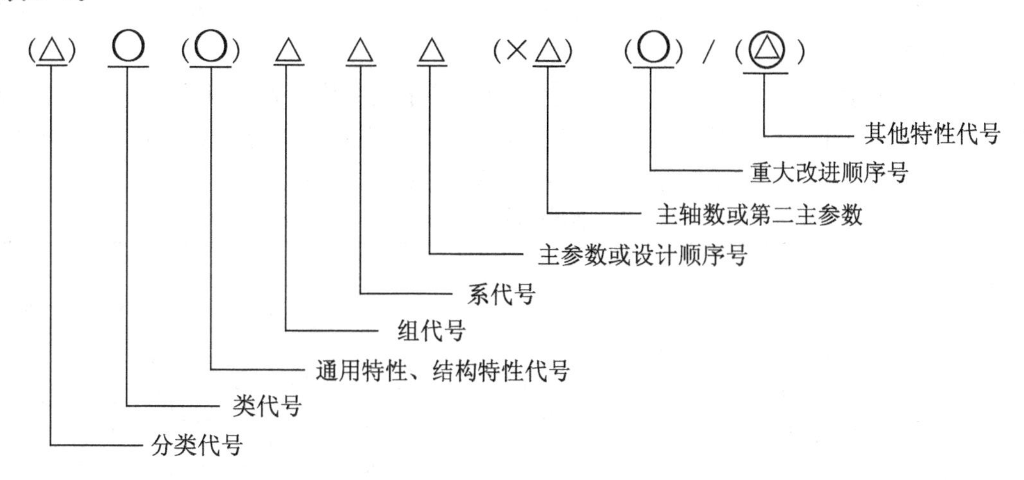

注：1. 有“（　）”的代号或数字，当无内容时，则不表示，若有内容则不带括号；

2. 有“○”符号者，为大写的汉语拼音字母；

3. 有“△”符号者，为阿拉伯数字；

4. 有“◎”符号者，为大写的汉语拼音字母，或阿拉伯数字，或两者兼有之。

表 2-1 通用机床的类别和代号

类别	车床	钻床	镗床	磨床			齿轮加工机床	螺纹加工机床	铣床	刨插床	拉床	锯床	其他机床
代号	C	Z	T	M	2M	3M	Y	S	X	B	L	G	Q

（2）机床的通用特性和结构特性代号

1）通用特性代号。对具有某种通用特性的机床，则在类代号后加上相应的特性代号。通用特性代号可多个同时使用。例如，“XK”表示数控铣床，“MBG”表示半自动高精度磨床。如某类型机床仅有某种通用特性，而无普通型时，则通用特性不必表示。机床的通用特性代号见表 2-2。

表 2-2 机床的通用特性代号

通用特性	高精度	精密	自动	半自动	数控	加工中心（自动换刀）	仿形	轻型	加重型	柔性加工单元	数显	高 速
代号	G	M	Z	B	K	H	F	Q	C	R	X	S

2）结构特性代号。对于主参数相同而结构、性能不同的机床，在型号中加结构特性代号予以区分。结构特性代号用大写的汉语拼音表示。与通用特性代号不同，结构特性代号在型号中没有统一的含义，只在同类机床中起区分机床结构、性能的作用。当机床有通用特性代号时，结构特性代号应排在通用特性代号之后。为避免混淆，通用特性代号已用的字母及“L”“O”都不能作为结构特性代号。例如，CA6140 型卧式车床型号中的“A”，可以理解为这种车床在结构上区别于 C6140 型车床。

（3）机床的组、系代号　它用两位阿拉伯数字表示，前一位表示组别，后一位表示系别。每类机床按其结构性能及使用范围划分为 10 个组，用 0 ~9 表示。每一组又分为 10 个系。系的划分原则：主参数相同，并按一定公比排列，工件和刀具本身的和相对的运动特点基本相同，且主要结构及布局型式相同的机床划分为同一个系。通用机床类、组划分见表 2-3（系的划分可参阅有关文献）。

（4）机床主参数、设计顺序号及第二主参数　机床主参数是表示机床规格大小的一种参数。在机床型号中，用阿拉伯数字给出主参数的折算系数，折算系数一般是1/10 或1/100，也有少数是 1。几种常用机床的主参数及折算系数见表 2- 4。

表 2-3 通用机床类、组划分表

类别	组别									
	0	1	2	3	4	5	6	7	8	9
车床 C	仪表车床	单轴自动、半自动车床	多轴自动、半自动车床	回轮、转塔车床	曲轴及凸轮轴车床	立式车床	落地及卧式车床	仿形及多刀车床	轮、轴、辊、锭及铲齿车床	其他车床
钻床 Z		坐标镗钻床	深孔钻床	摇臂钻床	台式钻床	立式钻床	卧式钻床	钻铣床	中心孔钻床	
镗床 T			深孔镗床		坐标镗床	立式镗床	卧式铣镗床	精镗床	汽车、拖拉机修理用镗床	

（续）

类别		组别									
		0	1	2	3	4	5	6	7	8	9
磨床	M	仪表磨床	外圆磨床	内圆磨床	砂轮机	坐标磨床	导轨磨床	刀具刃磨床	平面及端面磨床	曲轴、凸轮轴、花键轴及轧辊磨床	工具磨床
磨床	2M		超精机	内圆珩磨机	外圆及其他珩磨机	抛光机	砂带抛光及磨削机床	刀具刃磨及研磨机床	可转位刀片磨削机床	研磨机	其他磨床
磨床	3M		球轴承套圈沟磨床	滚子轴承套圈滚道磨床	轴承套圈超精机		叶片磨削机床	滚子加工机床	钢球加工机床	气门、活塞及活塞环磨削机床	汽车、拖拉机修磨机床
齿轮加工机床 Y		仪表齿轮加工机床		锥齿轮加工机床	滚齿及铣齿机	剃齿及珩齿机	插齿机	花键轴铣床	齿轮磨齿机	其他齿轮加工机床	齿轮倒角及检查机
螺纹加工机床 S					套螺纹机	攻螺纹机		螺纹铣床	螺纹磨床	螺纹车床	
铣床 X		仪表铣床	悬臂及滑枕铣床	龙门铣床	平面铣床	仿形铣床	立式升降台式铣床	卧式升降台式铣床	床身铣床	工具铣床	其他铣床
刨插床 B			悬臂刨床	龙门刨床			插床	牛头刨床		边缘及模具刨床	其他刨床
拉床 L				侧拉床	卧式外拉床	连续拉床	立式内拉床	卧式内拉床	立式外拉床	键槽及螺纹拉床	其他拉床
锯床 G				砂轮片锯床		卧式带锯床	立式带锯床	圆锯床	弓锯床	锉锯床	
其他机床 Q		其他仪表机床	管子加工机床	木螺钉加工机		刻线机	切断机				

表 2-4　常用机床的主参数和折算系数

机床类型	主参数名称	折算系数	机床类型	主参数名称	折算系数
卧式车床	床身上最大回转直径	1/10	矩台平面磨床	工作台面宽度	1/10
立式车床	最大车削直径	1/100	齿轮加工机床	最大工件直径	1/10
摇臂钻床	最大钻孔直径	1/1	龙门铣床	工作台面宽度	1/100
卧式镗床	镗轴直径	1/10	升降台式铣床	工作台面宽度	1/10
坐标镗床	工作台面宽度	1/10	龙门刨床	最大刨削宽度	1/100
外圆磨床	最大磨削直径	1/10	插床及牛头刨床	最大插削及刨削长度	1/10
内圆磨床	最大磨削孔径	1/10	拉床	额定拉力（t）	1/1

某些通用机床，当无法用一个主参数表示时，则用设计顺序号来表示。

第二主参数是对主参数的补充，如最大工件长度、最大跨距、工作台工作面长度等，第二主参数一般不给出。

（5）机床的重大改进顺序号　当机床的性能和结构有重大改进，并按新产品重新设计、试制和鉴定时，在原机床型号尾部加重大改进顺序号，如字母A、B、C等。

（6）其他特性代号　它主要用以反映各类机床的特性，如对于数控机床，可以用来反映不同的数控系统；对于一般机床，可以用来反映同一型号机床的变型等。其他特性代号用汉语拼音字母或阿拉伯数字或二者的组合表示。

根据通用机床型号的编制方法，举例如下：

某机床厂生产的MG1432A型高精度万能外圆磨床：

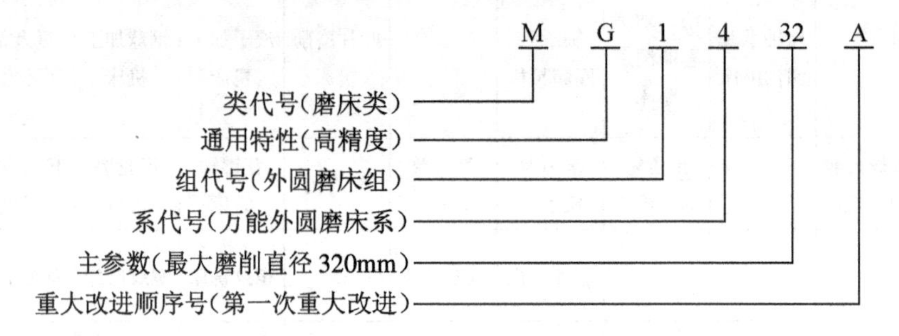

2. 专用机床型号

专用机床型号表示为：

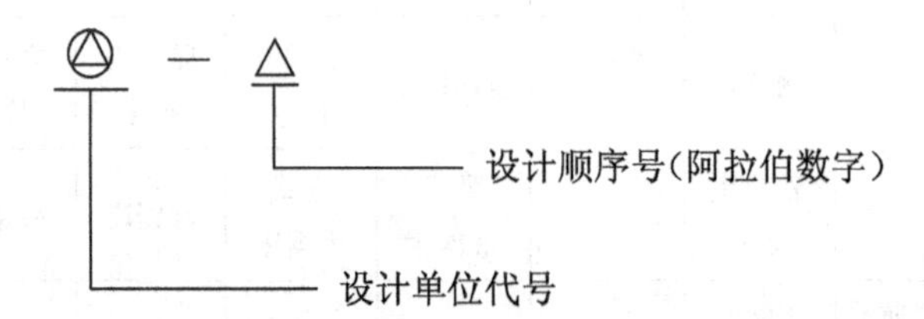

设计单位代号同通用机床型号中的企业代号。专用机床的设计顺序号按各单位设计制造的专用机床的先后顺序排列。

二、机床的运动

（一）工件表面的形成

虽然零件的种类繁多，形状也各不相同，但分析起来，都是由外圆柱表面、内圆柱表面、平面、锥面、球面及成形表面等一些典型特征表面所构成。图2-14所示为机器零件上常见的各种表面。

任何特征表面都可以看作是一条线（母线）沿着另一条线（导线）运动的轨迹。如平面可以看作是一条直线沿另一条与之垂直的直线运动得到的；而圆柱表面则可以看作是一条直线沿一个与之垂直的圆运动而形成的等等。

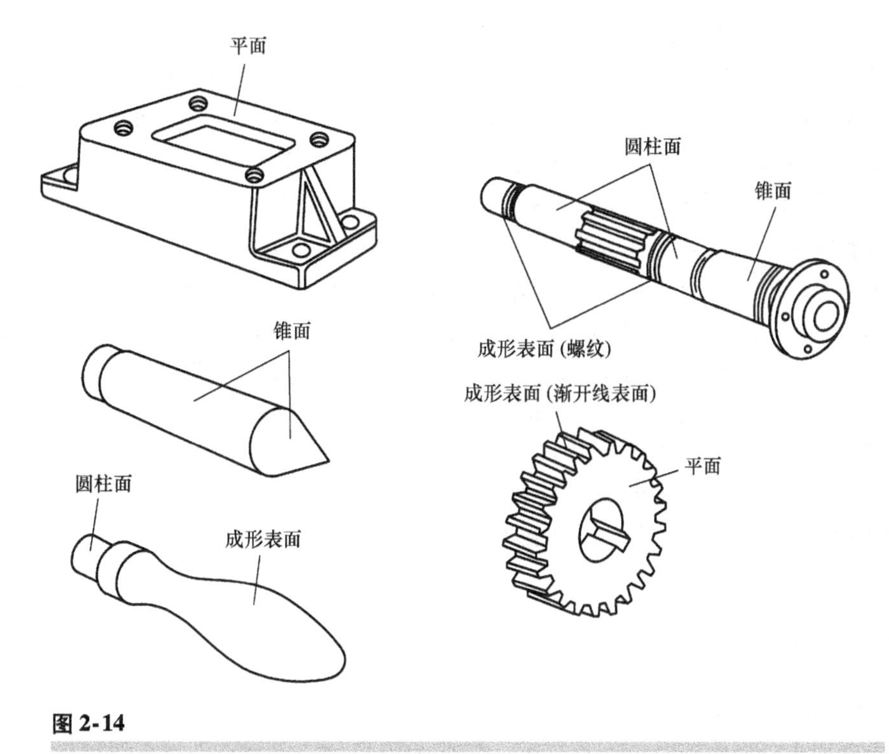

图 2-14

机器零件上常见的各种表面

母线和导线统称为发生线。发生线是由刀具的切削刃与工件间的相对运动得到的。有了两条发生线及所需的相对运动，就可以得到任意的零件表面。这里，刀具和工件间的相对运动都是由机床来提供的。

（二）机床的运动

机床在加工过程中，为了获得所需的工件表面形状，必须完成一定的运动，这种运动称为表面成形运动。此外，还有各种辅助运动。

（1）表面成形运动　这是机床上最基本的运动，它形成所需的发生线，进而形成被加工表面。对于不同类型的机床和不同的被加工表面，成形运动的形式和数目也是不同的。图 2-15 所示为常见的几种工件表面的加工方法及加工时的成形运动。

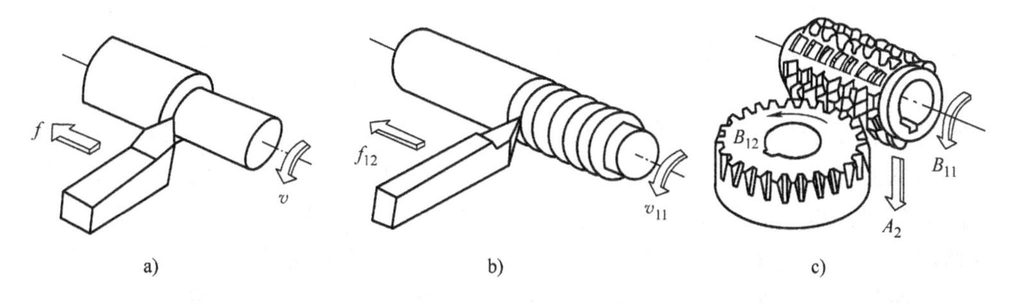

图 2-15

常见表面的加工方法及成形运动

图2-15a是车刀车削外圆柱面。工件的旋转运动v产生圆导线，刀具纵向直线移动f产生直线母线，两者相互配合加工出圆柱表面。运动v和f是两个相互独立的表面成形运动。一般把相互独立的直线运动和旋转运动称为简单成形运动。图2-15b是用螺纹车刀车削螺纹表面。三角形车刀与螺纹轴向剖面的形状一致，利用成形法形成三角形母线，而车刀的直线运动f_{12}与工件的旋转运动v_{11}有规律的相对运动形成了螺旋线导线。三角形母线沿螺旋线导线运动，即形成了螺纹面。形成螺旋线导线的两个简单运动v_{11}、f_{12}，因有螺纹导程的限定而相互不独立，组成一个成形运动——复合成形运动（v_{11}、f_{12}的下标表示一个运动的两个部分）。图2-15c是用齿轮滚刀加工齿轮。它需要一个复合成形运动$B_{11}B_{12}$（展成运动）以形成渐开线母线，又需要一个简单直线运动A_2，以得到整个渐开线齿面。

根据在切削过程中所起的作用不同，表面成形运动也可以分为主运动和进给运动。

（2）辅助运动　机床上除表面成形运动外的所有运动都是辅助运动，其功用是实现机床加工过程中所必需的各种辅助动作。辅助运动的种类很多，如在进给运动前后的快速引进和快速退回运动、使刀具和工件具有正确相对位置的调位运动、切入运动、分度运动和工件的夹紧、松开等操纵控制运动。

三、机床的传动

（一）机床的传动链

为了实现加工过程中所需的各种运动，机床必须具备三个基本部分：执行件、动力源和传动装置。

执行件是执行机床运动的部件，如主轴、刀架、工作台等。动力源是为执行件提供动力的装置，如三相异步交流电动机、直流电动机、直流和交流伺服电动机及交流变频调速电动机等。传动装置是传递动力和运动的装置。机床的传动装置有机械、液压、电气及气动等多种形式。本书重点讲述机械传动装置。

在机床上，为了得到所需的运动，需要通过由一系列传动件构成的传动装置把动力源和执行件，或者把执行件和执行件连接起来，以构成传动联系。构成一个传动联系的一系列传动件称为传动链。传动链两端的元件称为末端件。末端件可以是动力源、执行件，也可以是另一条传动链中间的某个环节。根据传动链的性质，传动链可分为两类。

（1）外联系传动链　它是联系动力源和机床执行件的传动链，它使执行件得到预定速度的运动，并传递一定的动力。外联系传动链中，往往还包括变速机构和改变运动方向的换向机构等。外联系传动链传动比的变化，只影响生产率或表面粗糙度，不影响被加工表面的形状。因此，外联系传动链不要求两末端件之间有严格的传动比关系，如卧式车床从主电动机到机床主轴之间的传动链即是外联系传动链。主轴的转速对加工表面的形状并无影响。

（2）内联系传动链　它是联系两个执行件，以形成复合成形运动的传动链。两个末端件之间的相对速度或相对位移必须有严格的比例关系，否则就不能保证被加工表面的形状和精度。如在卧式车床上车螺纹时，连接机床和刀具之间的传动链就是内联系传动链。为保证所加工的螺纹导程，主轴（工件）每旋转一周，车刀必须移动一个导程。

机床的传动链中使用多种传动机构，常用的有带传动、定比齿轮副、齿轮齿条、丝杠螺母、蜗杆蜗轮、滑移齿轮变速机构、离合器机构、交换齿轮、交换齿轮架以及电、液压、气动和机械无级变速器等传动机构。

（二）机床传动原理图

为了便于研究机床的传动联系，常用一些简明的符号把传动原理和传动路线表示出来，这就是传动原理图。传动机构通常分为两类：一类为固定传动比的机构，简称“定比机构”，如定比齿轮副、丝杠螺母副、蜗杆蜗轮副等；另一类为可变换传动比的机构，简称“换置机构”，如变速箱、交换齿轮架和数控机床中的数控系统等。图 2-16 给出了传动原理图常用的一部分符号。

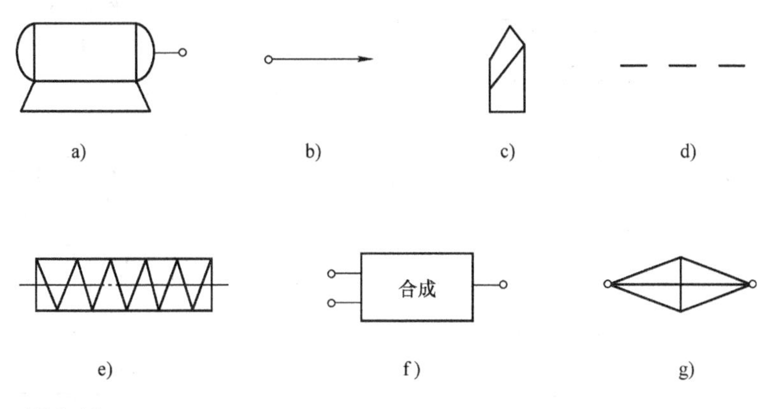

图 2-16

传动原理图常用的一部分符号

a）电动机　b）主轴　c）车刀　d）传动比不变的机械联系　e）滚刀

f）合成机构　g）换置机构

下面举例说明传动原理图的画法和所表示的内容。图 2-17 所示为卧式车床的传动原理图。在车削螺纹时，车床有两条主要传动链。一条是外联系传动链，即从电动机—1—2—u_v—3—4—主轴，亦称主运动传动链。该传动链把电动机的动力和运动传递给主轴。传动链中，u_v 为主轴变速及换向机构。另一条由主轴—4—5—u_f—6—7—丝杠—刀具，得到刀具和工件间的复合运动——螺旋运动。这是一条内联系传动链，调整 u_f 即可得到不同的螺纹导程。在车削外圆或端面时，主轴和刀具之间无严格的比例关系，二者的运动是两个独立的简单成形运动，因此，除了从电动机到主轴的主传动链外，另一条可视为由电动机—1—2—u_v—3—5—u_f—6—7—刀具（通过光杠），这时就是一条外传动链。

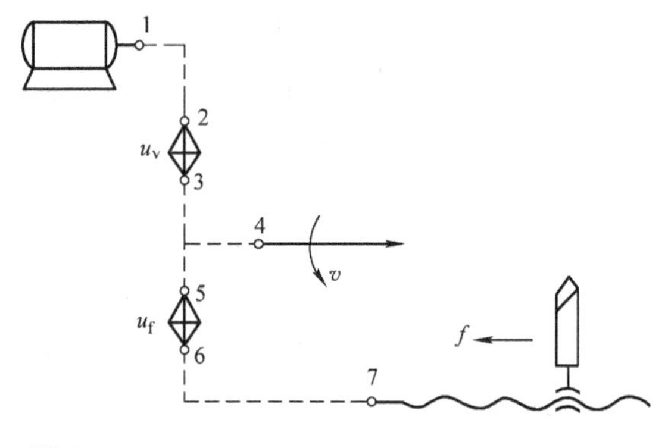

图 2-17

卧式车床的传动原理图

（三）机床传动系统图

机床传动系统图是表示机床全部运动关系的示意图，图中用简单的符号代表各种传动元件。它比传动原理图更准确、更清楚、更全面地表示出机床的传动关系。表 2-5 给出了常用的传动元件符号（详见 GB/T 4460—2013《机械制图　机构运动简图用图形符号》）。

表2-5 常用的传动元件符号

名 称	符 号
轴、杆	
零件与轴的联接	
活动联接（空套）	
导键联接	
固定键联接	
花键联接	
轴承	
向心轴承	
a）滑动轴承	
b）滚动轴承	
推力轴承	
a）单向	
b）双向	
c）滚动轴承	
向心推力轴承	
a）单向	
b）双向	
c）滚动轴承	

名 称	符 号
圆锥齿轮传动	
蜗轮蜗杆传动	
齿轮齿条传动	
带传动——一般符号（不指名类型）	或

（续）

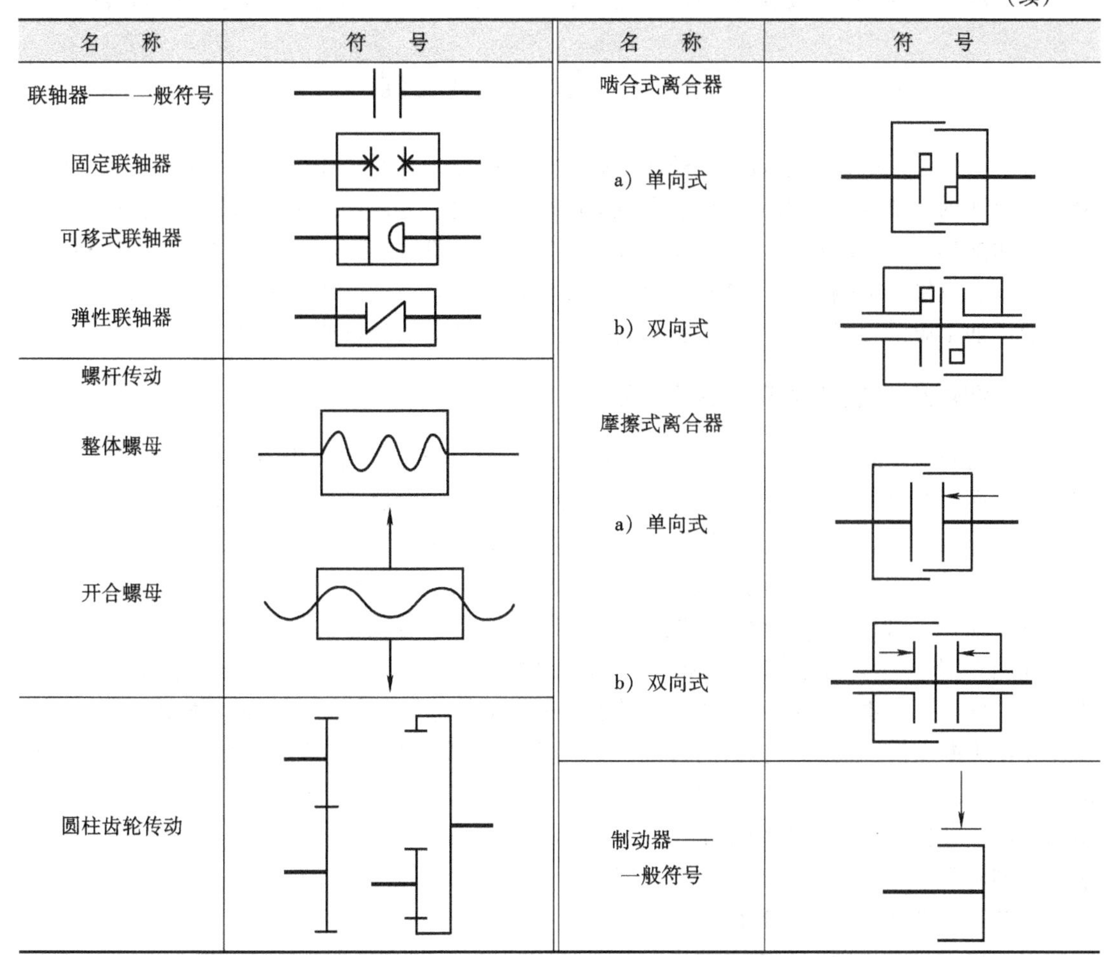

名　称	符　号	名　称	符　号
联轴器——一般符号		啮合式离合器	
固定联轴器		a）单向式	
可移式联轴器		b）双向式	
弹性联轴器		摩擦式离合器	
螺杆传动		a）单向式	
整体螺母		b）双向式	
开合螺母			
圆柱齿轮传动		制动器——一般符号	

机床的传动系统图画在一个能反映机床外形和各主要部件相互位置的投影面上，并尽可能绘制在机床外形轮廓线内。图中的各传动元件是按照运动传递的先后顺序，以展开图的形式画出来的。该图只表示传动，不代表各传动元件的实际尺寸和空间位置。在图中，通常注明齿轮及蜗轮的齿数、带轮直径、丝杠的导程和线数、电动机的转速、传动轴的编号等。传动轴的编号，通常从动力源开始，按运动传递顺序，依次用罗马数字来表示。分析传动系统图时，应首先找出执行件及它们的动力源，然后由动力源按传动关系依次向后分析。

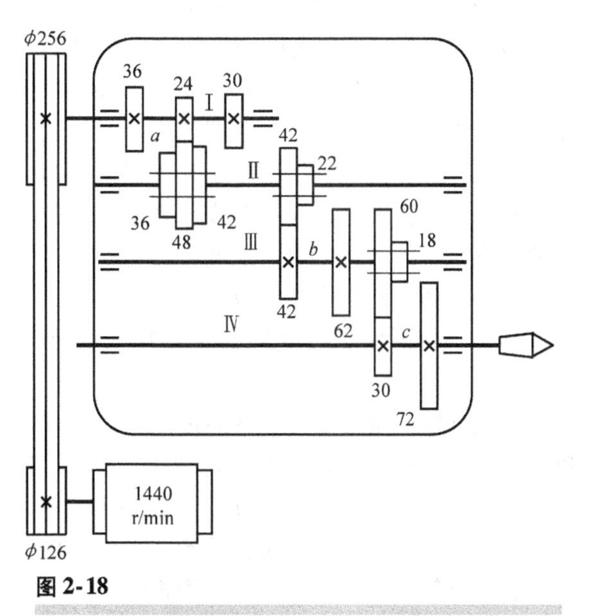

图 2-18

卧式车床主传动系统图

图2-18是某中型卧式车床的主传动系

统图。这是12级的分级变速传动系统，通过中间三组滑移齿轮机构使主轴得到12级转速。

第三节 金属切削过程

金属切削过程就是通过刀具把被切金属层变为切屑的过程。在这一过程中，由于金属的剧烈变形和内外摩擦的作用，在切屑形成的同时，发生了一系列的物理现象，如积屑瘤、切削力、切削热、表面硬化和刀具的磨损等。这些物理现象对切削加工的质量、生产率和经济效益等都有直接的影响。研究这些现象及其变化规律，对于认识各种机械加工方法的工艺特点，保证加工质量，降低生产成本和提高生产率，都具有十分重要的意义。

一、切屑的形成过程及变形区的划分

金属材料受压时，其内部产生应力和应变，大约与受力方向成45°的斜面内，切应力随载荷增大而逐渐增大，当切应力达到材料的屈服强度时，金属即沿着45°方向产生以剪切滑移，最终导致破坏。因此，金属的切削过程，实质上是工件切削层在刀具的挤压下，产生以剪切滑移为主的塑性变形，而形成切屑的过程。整个过程经历了“挤压、滑移、挤裂、切离”四个阶段。现以塑性材料为例说明切屑的形成及切削过程中的变形情况。

如图2-19所示，在最初刀具和工件开始接触的瞬间，切削刃和前刀面在接触点挤压工件，使工件内部产生应力和弹性变形。随着切削运动的继续，切削刃和前刀面对工件材料的挤压作用不断增加，使工件材料内部的应力和变形逐渐增大，当应力达到材料屈服强度 *Re* 时，被切削层的金属开始沿切应力最大的方向滑移，产生塑性变形，图2-19中的 *OA* 面就代表“始滑移面”。以被切削层中点 *P* 为例，当 *P* 到达点1位置时，由于 *OA* 面上的切应力达到材料的屈服强度，则点1在向前移动的同时也沿 *OA* 面滑移，其合成运动将使点1流动到点2，2′—2就是它的滑移量。随着滑移的产生，切应力将逐渐增加，也就是当 *P* 向1、2、3、4各点移动时，它的切应力不断增大。当移动到点4的位置时，应力和变形都达到了最大值，遂与本体金属切离，从而形成切屑沿前刀面流出。*OM* 代表“终滑移面”，*OA* 到 *OM* 之间称第一变形区。其变形的主要特征就是沿滑移面的剪切变形，以及随之产生的加工硬化。

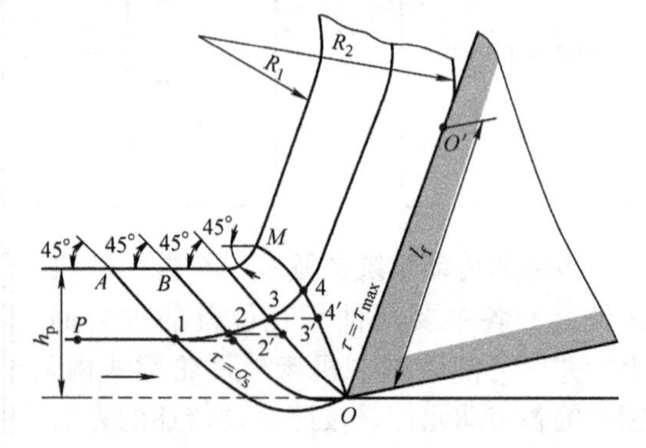

图2-19

第一变形区金属的滑移

实验证明，第一变形区的厚度随切削速度增大而变薄。在一般速度下，第一变形区的厚度仅为0.02~0.2mm。因此，可用一个平面 *OM* 表示第一变形区（Ⅰ）。剪切面 *OM* 与切削速度方向的夹角称为剪切角 Φ，如图2-20所示。

当切屑沿前刀面流出时，受到前刀面的挤压和摩擦，使切屑底层金属又一次产生塑性变形，也就是第二变形区（Ⅱ）。薄薄的一层金属流动缓慢，晶粒再度被拉长，沿着前刀面方向纤维化，切屑底边长度增加，切屑向外侧卷曲。第二变形区是切屑与前刀面的摩擦区，切屑底层与前刀面之间的强烈摩擦，对切削力、切削热、积屑瘤的形成与消失，以及对刀具的磨损等都有直接影响。

已加工表面受到切削刃钝圆部分和后刀面的挤压与摩擦，产生变形与回弹，造成纤维化、加工硬化和残余应力，这部分称为第三变形区（Ⅲ）。第三变形区对已加工表面的质量和刀具的磨损都有很大的影响。

这三个变形区汇集在切削刃附近，切削层金属在此处与本体金属分离，大部分变为切屑，小部分留在已加工表面上。如图 2-21 所示，当切削层金属与本体金属分离时，分离点 O 与刃口圆弧最低点 K 之间的一薄层金属 Δh 并没有被切下来，仍然留在工件上，并在经受了刃口圆弧的挤压变形后流经刀具的后刀面，并产生弹性恢复，成为已加工表面。

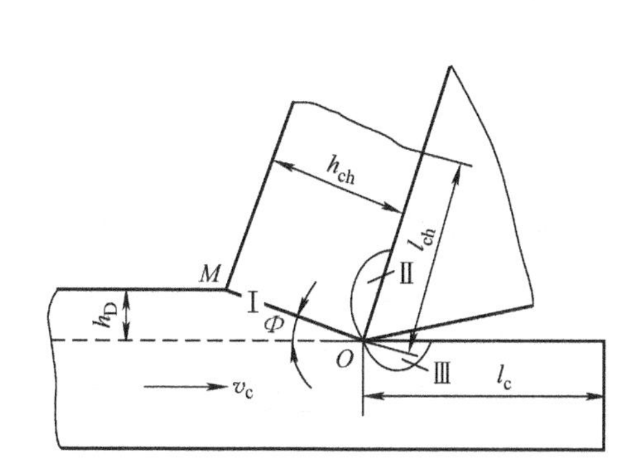

图 2-20

三个变形区、剪切角

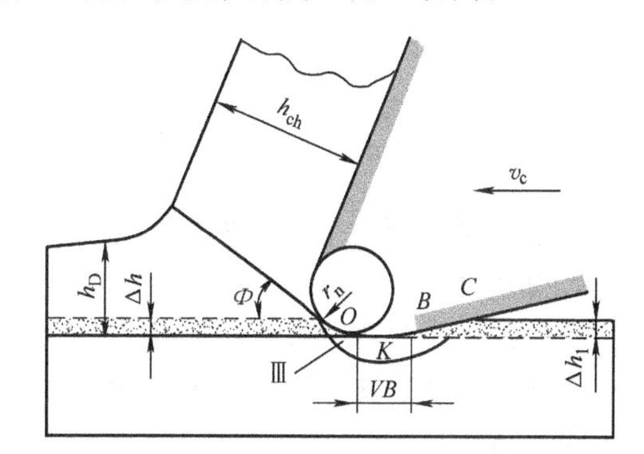

图 2-21

加工表面的形成和变形

二、变形系数

在切削过程中，被切金属层在刀具的推挤下被压缩，因此切屑厚度 h_{ch} 通常要大于切削层公称厚度 h_D，而切屑长度 l_{ch} 却小于切削长度 l_c，如图 2-20 所示。切屑厚度与切削层公称厚度之比称为厚度变形系数 ξ_h（切屑厚度压缩比 Λ_h）；切削长度与切屑长度之比称为长度变形系数 ξ_l，即

厚度变形系数
$$\xi_h = \frac{h_{ch}}{h_D} \tag{2-22}$$

长度变形系数
$$\xi_l = \frac{l_c}{l_{ch}} \tag{2-23}$$

由于切削层变为切屑后，宽度变化很小，根据体积不变原理，有

$$\xi_h = \xi_l = \xi > 1 \tag{2-24}$$

变形系数直观地反映了切屑的变形程度，且容易测量。对于同一种工件材料，如果在不同的切削条件下进行切削，变形系数越大，则表明切削中的塑性变形越大，切削力和切削热相应增加，动力消耗上升，加工质量下降。因此，有效控制变形系数，有利于提高工件的加工质量。

三、切屑的类型

在切削加工中，由于工件材料不同，通常产生四种类型的切屑，如图2-22所示。

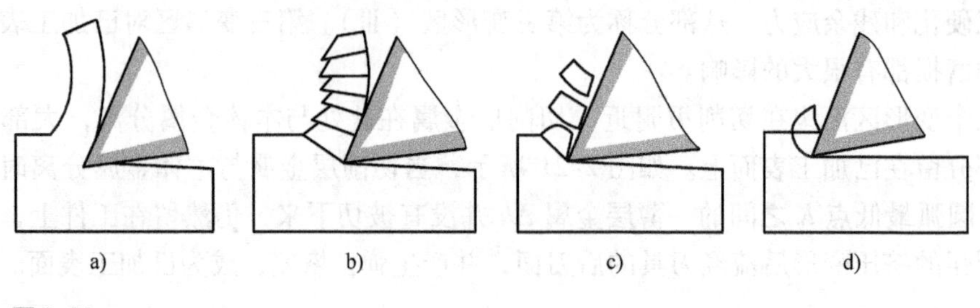

图2-22

切屑类型

a）带状切屑 b）节状切屑 c）单元切屑 d）崩碎切屑

（1）带状切屑 带状切屑连续不断且呈带状，内表面光滑，外表面呈毛茸状。采用较高的切削速度、较小的切削厚度和前角较大的刀具，切削塑性较好的金属材料时，易形成带状切屑。形成带状切屑时，切削力的波动小，切削过程比较平稳，已加工表面粗糙度值较小。但这种切屑容易缠绕在刀具或工件上，损伤已加工表面或危及操作者安全，应采取适当的断屑措施。

（2）节状切屑 节状切屑的外表面呈锯齿状并带有裂纹，但底部仍然相连。采用较低的切削速度、较大的切削厚度和前角较小的刀具，切削中等硬度的弹、塑性材料时，易形成节状切屑。形成节状切屑时，金属的塑性变形和切削抗力较大，切削力的波动也比较大，切削过程不平稳，已加工表面也比较粗糙。

（3）单元切屑 切削弹、塑性材料时，切削层金属在塑性变形过程中，剪切面上产生的切应力超过材料的屈服点，切屑沿剪切面完全断开，形成形状相似而又互相分离的屑块。采用极低的切削速度、大的切削厚度和前角小的刀具，切削塑性较差的材料时，易形成单元切屑。形成单元切屑时，切削力波动很大，有振动，已加工表面粗糙且有振纹。

（4）崩碎切屑 切削脆性材料时，由于材料的塑性差，抗拉强度低，切削层金属在产生弹性变形后，几乎不产生塑性变形而突然崩裂，形成形状极不规则的碎块。形成崩碎切屑时，切削力小，但波动很大，伴有振动和冲击，使已加工表面凸凹不平。

切屑的形态是随着切削条件的改变而变化的。在生产中，常通过改变加工条件来得到较为有利的屑形。如在形成节状切屑的情况下，若加大前角，提高切削速度，减小切削厚度，则可转化为带状切屑。

四、积屑瘤

在切削弹、塑性金属材料时，经常在前刀面上靠刃口处粘结一小块很硬的金属楔块（图2-23），这个金属楔块称为积屑瘤。

（一）积屑瘤的产生

切削弹塑性金属材料时，由于前刀面与切屑底层之间的挤压与摩擦作用，使靠近前刀面的切屑底层流动速度减慢，产生一层很薄的滞流层，使切屑的上层金属与滞流层之间产生相对滑移。上、下层之间的滑移阻力称为内摩擦力。在一定条件下，由于切削时所产生的温度和压力的作用，使得刀具前刀面与切屑底部滞流层间的摩擦力（称为外摩擦力）大于内摩擦力，此时，滞流层的金属与切屑分离而粘结在前刀面上。随后形成的切屑，其底层则沿着被粘结的一层相对流动，又出现新的滞流层。当新、旧滞流层之间的摩擦阻力大于切屑的上层金属与新滞流层之间的内摩擦力时，新的滞流层又产生粘结。这样一层一层地滞流、粘结，逐渐形成一个楔块，这就是积屑瘤。

在积屑瘤的生成过程中，它的高度不断增加，但由于切削过程中的冲击、振动、负荷不均匀及切削力变化等原因，会出现整个或部分积屑瘤破裂、脱落及再生成的现象。因此，积屑瘤是不稳定的。

（二）积屑瘤对切削过程的影响

由于滞流层的金属经过数次变形强化，积屑瘤的硬度很高，一般是工件材料硬度的2～3倍。图2-24为实验测出的切削区域各部分的硬度。

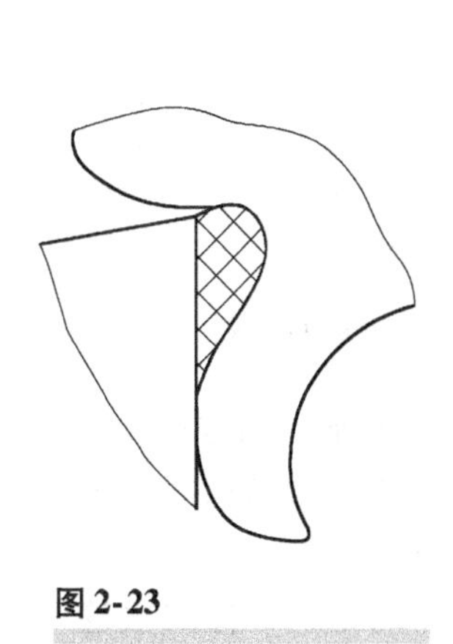

图2-23

积屑瘤

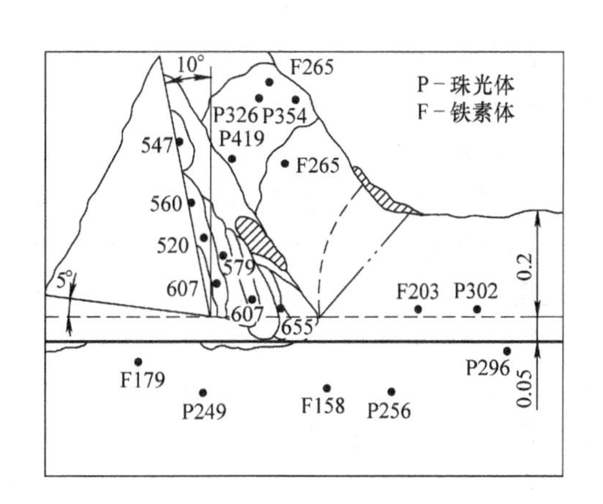

图2-24

积屑瘤、切屑及加工表面的硬度

从图2-24可以看出，积屑瘤包围着切削刃，同时覆盖着一部分前刀面，使切屑与前刀面的接触摩擦位置后移，前刀面的磨损发生在离切削刃较远处，并且使工件与后刀面不接触，减轻甚至避免了后刀面的摩擦。也就是说，积屑瘤形成后，便可代替切削刃和前刀面进行切削，有保护切削刃、减轻前刀面及后刀面磨损的作用。但是，当积屑瘤破裂脱落时，切屑底部和工件表面被带走的积屑瘤碎片，分别对前刀面和后刀面有机械擦伤作用；当积屑瘤从根部完全破裂时，将对刀具表面产生粘结磨损。由此可见，积屑瘤对刀具磨损有正、反两方面的影响，它是减轻还是加速刀具的磨损，取决于积屑瘤的稳定性。

积屑瘤生成后，刀具的前角增大，因而减少了切屑的变形，降低了切削力。

积屑瘤伸出切削刃之外，使切削层公称厚度发生变化。如图2-24所示，切削层公称厚度过切量等于积屑瘤的伸出量。切削层公称厚度的变化将影响工件的尺寸精度。同时，由于积屑瘤的轮廓很不规则，使工件表面不平整，表面粗糙度值显著增加。在有积屑瘤生成的情况下，可以看到加工表面上沿着切削刃与工件的相对运动方向有深浅和宽窄不同的犁沟，这就是积屑瘤的切痕。此外，积屑瘤周期性地脱落与再生，也会导致切削力的大小发生变化，引起振动。脱落的积屑瘤碎片一部分被切屑带走，一部分粘附在工件已加工表面上，使表面粗糙度值增加，并造成表面硬度不均匀。

由于积屑瘤轮廓不规则且尖端不锋利，使刀具对工件的挤压作用增强，因此，已加工表面的残余应力和变形增加，表面质量降低。这对于背吃刀量和进给量均较小的精加工影响尤为显著。

从上面的分析可知，积屑瘤对切削过程的影响有其有利的一面，也有其不利的一面。粗加工时，可允许积屑瘤的产生，以增大实际前角，使切削轻快；而精加工时，则应尽量避免产生积屑瘤，以确保加工质量。

（三）控制积屑瘤产生的措施

在生产实践中，常采用以下措施来抑制或消除积屑瘤。

（1）避开容易产生积屑瘤的切削速度范围 当工件材料一定时，切削速度是影响积屑瘤的主要因素。如图2-25所示，当切削速度很低时（在Ⅰ区内），切削温度不高，切屑内部分子结合力大，内摩擦力大，切屑与前刀面的粘结现象不易发生；当速度增大时（在Ⅱ区内），切削温度升高，平均摩擦因数和外摩擦力增大，积屑瘤易于生成。在某一速度下使切削温度达到300～400℃时，一般钢料的平均摩擦因数最大，积屑瘤的高度 H_b 最大；当速度再增大时（在Ⅲ区内），切削温度很高，切屑底层金属变软，平均摩擦因数和外摩擦力减小，积屑瘤高度也随之减小。当切削温度高达500℃左右时（在Ⅳ区内），平均摩擦因数很小，滞流层随切屑流出，积屑瘤消失。因此，精加工时，采用低速或高速切削，可避免积屑瘤的产生。

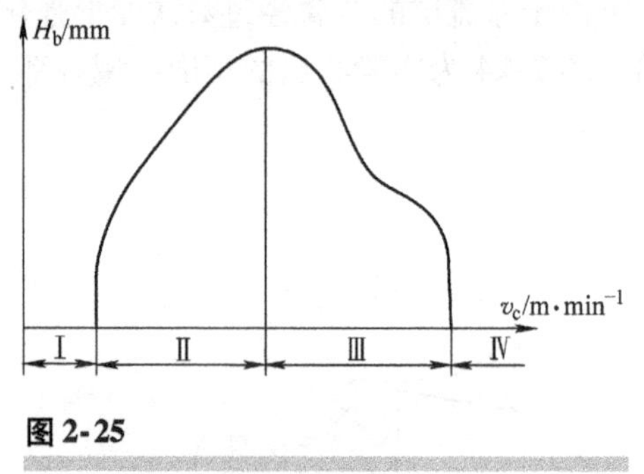

图2-25

切削速度对积屑瘤的影响

（2）降低材料塑性 工件材料塑性越大，刀具与切屑之间的平均摩擦因数越大，越容易生成积屑瘤。可对工件材料进行正火或调质处理，提高其强度和硬度，降低塑性，抑制积屑瘤的产生。

（3）合理使用切削液 使用切削液可降低切削温度，减少摩擦，因此可抑制积屑瘤的产生。

（4）增大刀具前角 刀具前角的增大，可以减少切屑变形和切削力，降低切削温度，因此增大前角能抑制积屑瘤的产生。

第四节 切削力、切削热与切削温度

在切削过程中，切削力决定着切削热的产生，并影响刀具磨损和已加工表面质量。在生产中，切削力又是计算切削功率，设计和使用机床、刀具、夹具的必要依据。切削热和由它产生的切削温度，直接影响刀具的磨损和使用寿命，并影响工件的加工精度和表面质量。因此，研究切削力、切削热的变化规律和计算方法，对生产实际有重要意义。

一、切削力的来源、合力及其分力

切削力的来源有两个方面：一是切削层金属、切屑和工件表面层金属的弹性变形、塑性变形所产生的抗力；二是刀具与切屑、工件表面间的摩擦力，如图2-26所示。

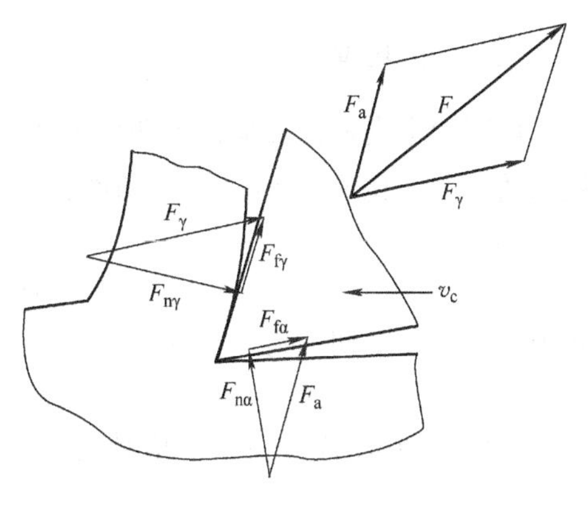

图2-26

作用在刀具上的力

以车削外圆为例（图2-27）。为了便于测量和应用，将合力 F 分解为三个互相垂直的分力。

主切削力 F_c——切削合力在主运动方向上的分力。其垂直于基面，与切削速度方向一致，是计算机床主运动机构强度与刀杆、刀片强度以及设计机床、选择切削用量等的主要依据。

背向力 F_p——切削合力在垂直于工作平面上的分力。作用在基面内，与进给方向垂直，其与主切削力的合力会使工件发生弯曲变形或引起振动，进而影响工件的加工精度和表面粗糙度。因此，在工艺系统刚度不足时，应设法减小 F_p。

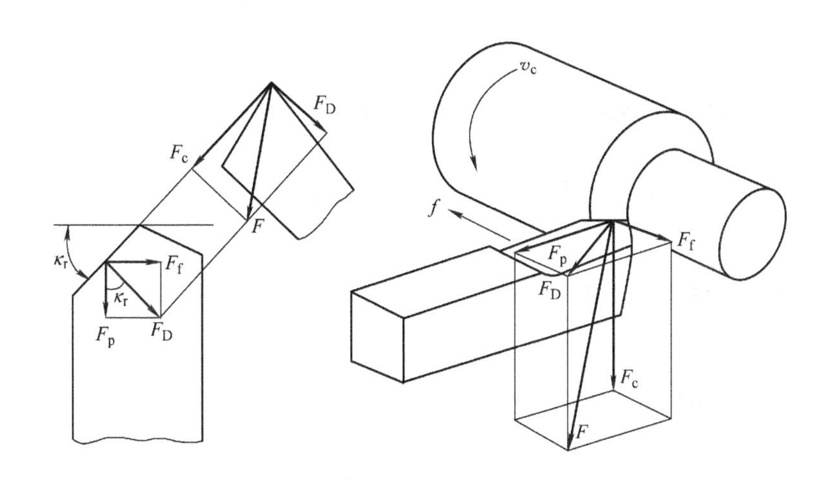

图2-27

车削合力及分力

进给力 F_f——切削合力在进给方向上的分力。其作用在进给机构上，是校验进给机构强度的主要依据。

合力与分力之间的关系为

$$F=\sqrt{F_c^2+F_p^2+F_f^2} \tag{2-25}$$

$$F_p=F_D\cos\kappa_r,\ F_f=F_D\sin\kappa_r \tag{2-26}$$

一般情况下，F_c 最大，F_p 次之，F_f 最小。随着切削条件的不同，F_p 与 F_f 对 F_c 的比值会在一定范围内变动，即

$$F_p=(0.15\sim0.7)F_c,\ F_f=(0.1\sim0.6)F_c$$

二、切削功率

切削功率应是各切削分力功率之和。由于 F_p 方向的运动速度为零，所以不做功。F_f 消耗的功率所占比例很小，为总功率的 1%~5%，通常可忽略不计。故切削功率 P_c（单位 kW）为

$$P_c = F_c v_c \times 10^{-3} \tag{2-27}$$

式中 F_c——主切削力（N）；

v_c——切削速度（m/s）。

机床电动机所需功率 P_E 应满足

$$P_E \geqslant \frac{P_c}{\eta_m} \tag{2-28}$$

式中 η_m——机床传动效率，一般取 $\eta_m = 0.75 \sim 0.85$。

三、单位切削力

单位切削力是指单位面积上的主切削力，用 k_c（单位 N/mm^2）表示。

$$k_c = \frac{F_c}{A_d} \tag{2-29}$$

式中 A_d——切削层公称横截面积（mm^2），$A_d = a_p f$；

F_c——主切削力（N）。

如果已知单位切削力 k_c，可利用式（2-30）计算主切削力，即

$$F_c = k_c A_d = k_c a_p f \tag{2-30}$$

四、切削力测量与经验公式

（一）切削力的经验公式

利用测力仪测出切削力，再将实验数据加以适当处理，得出计算切削力的经验公式，形式如下：

$$\begin{aligned} F_c &= C_{F_c} a_p^{x_{F_c}} f^{y_{F_c}} K_{F_c} \\ F_p &= C_{F_p} a_p^{x_{F_p}} f^{y_{F_p}} K_{F_p} \\ F_f &= C_{F_f} a_p^{x_{F_f}} f^{y_{F_f}} K_{F_f} \end{aligned} \tag{2-31}$$

式中 C_{F_c}、C_{F_p}、C_{F_f}——与工件材料及切削条件有关的系数；

x_{F_c}、y_{F_c}、x_{F_p}、y_{F_p}、x_{F_f}、y_{F_f}——指数（见表 2-6）；

K_{F_c}、K_{F_p}、K_{F_f}——实际切削条件与所求得实验公式条件不符合时，各种因素对切削力的修正系数之积（见表 2-7～表 2-15）。

（二）测力仪原理

测量切削力的仪器种类很多。有机械测力仪、液压测力仪和电测力仪。机械和液压测力仪比较稳定、耐用，而电测力仪的测量精度和灵敏度较高。电测力仪根据其使用的传感器不同，又分为电容式、电感式、压电式、电阻式和电磁式等。目前，电阻式和压电式用得最多。

表 2-6　主切削力经验公式中的系数、指数值（车外圆）

工件材料	硬度 HBW (≤450)	经验公式中的系数、指数			单位切削力 k_c /N·mm^{-2} f=0.3mm/r	单位切削功率 P_s/kW·(mm^3·min^{-1})$^{-1}$ f=0.3mm/r
		C_{F_c}/N	x_{F_c}	y_{F_c}		
碳素结构钢 45 合金结构钢 40Cr, 40MnB, 18CrMnTi（正火）	187～227	1640	1	0.84	1962	32.7×10^{-6}
工具钢 T10A, 9SiCr, W18Cr4V（退火）	180～240	1720	1	0.84	2060	34.3×10^{-6}
灰铸铁 HT200（退火）	170	930	1	0.84	1118	18.6×10^{-6}
铅黄铜 HPb59-1（热轧）	78	650	1	0.84	750	
锡青铜 ZCuSn5Pb5Zn5（铸造）	74	580	1	0.85	700	
铸铝合金 ZAlSi7Mg（铸造）	45	660	1	0.85	800	
硬铝合金 2A12（淬火及时效）	107					

注：切削条件——切钢用 YT15 刀片，切铸铁、铜铝合金用 YG6 刀片；$v_c\approx1.67$m/s；$VB=0$；$\gamma_o=15°$、$\kappa_r=75°$、$\lambda_s=0°$、$r_\varepsilon=0.2～0.25$mm。

电阻式测力仪的工作原理：在测力仪的弹性元件上粘贴具有一定电阻值的电阻应变片（图 2-28），然后将电阻应变片联接成电桥（图 2-29）。设电桥各臂的电阻分别为 R_1、R_2、R_3 和 R_4，如图 2-29b 所示。如果 $R_1/R_2=R_3/R_4$，则电桥平衡，即 B、D 两点间电位差为零，电流表中没有电流通过。在切削力的作用下，电阻应变片随着弹性元件发生弹性变形，从而改变它们的电阻。如图 2-29a 所示，电阻应变片 R_1 和 R_4 在张力作用下，其

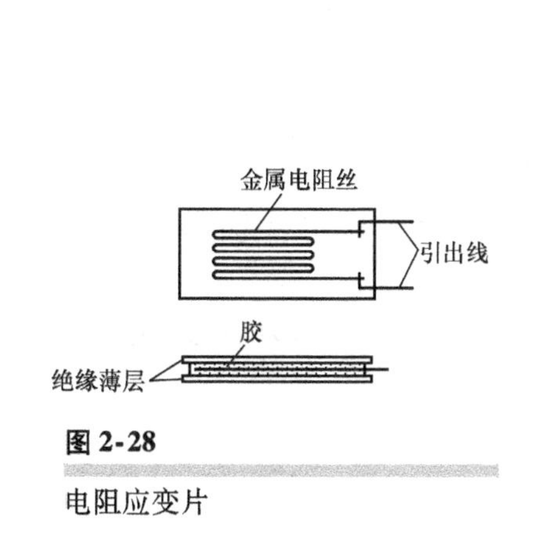

图 2-28

电阻应变片

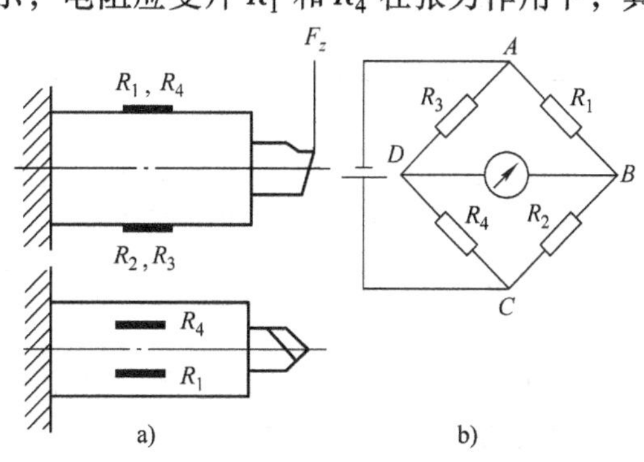

图 2-29

在弹性元件上电阻应变片联接成的电桥

长度增大，截面积缩小，于是电阻增大。R_2 和 R_3 则受到压力的作用，其长度缩短，截面积加大，于是电阻减小。电桥的平衡条件受到破坏，B、D 两点间产生电位差，电流表中就有电流通过。可以通过放大将电流读数显示或记录下来。电流读数一般与切削力的大小成正比。经过标定，可以得到电流读数和切削力之间的关系曲线（即标定曲线）。测力时，只要知道电流读数，便能从标定曲线上查出切削力的数值。

五、影响切削力的因素

影响切削力的因素很多，主要有工件材料、切削用量、刀具几何参数等。

（一）工件材料的影响

工件材料的强度、硬度越高，虽然切削变形减小，但由于抗剪强度 τ_b 越高，产生的变形抗力越大，切削力也就越大；对于强度和硬度相近而塑性和韧性好的材料，切削时产生的塑性变形大，切屑与刀具间的摩擦增加，故切削力大。

切削脆性材料时，为崩碎切屑，塑性变形及前刀面的摩擦都很小，故产生的切削力小。例如，与45钢比较，加工35钢的切削力减少了13%；加工调质钢和淬火钢产生的切削力要高于加工正火钢的切削力。不锈钢1Cr18Ni9Ti的伸长率是45钢的4倍，加工时产生的切削力较45钢增大25%。灰铸铁HT200与45钢的硬度接近，但切削产生的切削力较45钢减少40%。

（二）切削用量的影响

（1）背吃刀量和进给量　背吃刀量 a_p 或进给量 f 增大，均使切削力增大，但两者的影响程度不同。a_p 增大时，变形系数基本保持不变，切削力成正比增大；进给量 f 增大时，变形系数有所下降，所以切削力不成正比增大。当 a_p 增大1倍时，切削力 F_c 也相应增加1倍左右；但 f 增大1倍时，切削力 F_c 只增加68%~86%。因此，在切削加工中，如果从切削力和切削功率来考虑，增大进给量比增大背吃刀量有利。

表2-6列出的 k_c 值是在 $f=0.3\text{mm/r}$ 时得到的。如果进给量 $f\neq0.3\text{mm/r}$，则需乘以相应的修正系数。实验表明，y_{F_c} 的平均值约为0.85，据此算出进给量对切削力的修正系数 K_{fF_c}（见表2-7）。

表2-7　车刀进给量改变时切削力的修正系数 K_{fF_c}（$\kappa_r=75°$）

进给量 f/mm·r^{-1}	0.1	0.15	0.2	0.25	0.3	0.35	0.4	0.45	0.5	0.6
切削力修正系数 K_{fF_c}	1.18	1.11	1.06	1.03	1	0.98	0.96	0.94	0.93	0.9

（2）切削速度　切削塑性金属时，在中速和高速下，切削力一般随着 v_c 的增大而减小。这主要是因为 v_c 增大，使切削温度提高，摩擦因数 μ 减小，从而使变形系数减小，如图2-30所示。在低速范围内，由于存在着积屑瘤，切削速度对切削力的影响有着特殊的规律。

切削脆性金属（如灰铸铁）时，因其塑性变形很小，切屑和前刀面的摩擦也很小，所以 v_c 对切削力没有显著影响。

切削速度对切削力的修正系数见表2-8。

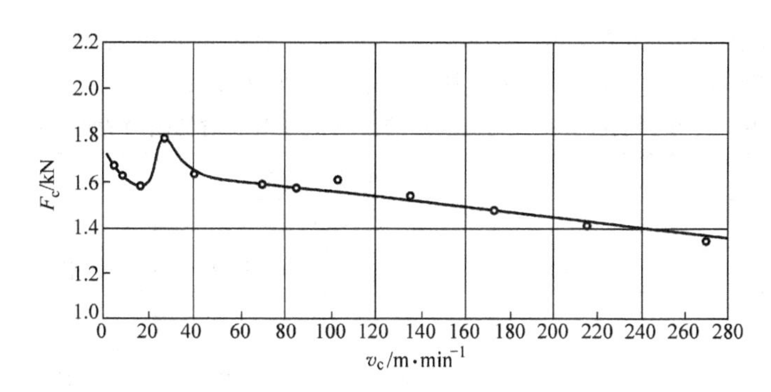

图 2-30

切削速度对切削力的影响

表 2-8　切削速度 v_c 改变时切削力的修正系数 K_{vF_c}

工件材料	v_c/m·min^{-1}													
	50	75	100	125	150	175	200	250	300	400	500	600	700	800
碳素结构钢 45 合金结构钢 40Cr	1.05	1.02	1	0.98	0.96	0.95	0.94							
合金工具钢 9CrSi 轴承钢 GCr15	1.15	1.04	1	0.98	0.96	0.95	0.94							
铸铝合金 ZAlSi7Mg	1.09	1.04	1	0.95	0.91	0.86	0.82	0.74	0.66	0.54	0.49	0.45	0.44	0.43

（三）刀具几何参数的影响

（1）前角　前角 γ_o 加大，使切屑变形减小，因此切削力下降。一般加工塑性较好的金属时，前角对切削力的影响比加工塑性较差的金属更显著。例如，车刀前角每加大 1°，加工 45 钢的 F_c 降低约 1%，加工纯铜时 F_c 降低 2%～3%。前角对切削力的修正系数见表 2-9。

表 2-9　车刀前角改变时切削力的修正系数

工件材料	修正系数	前角							
		-10°	0°	5°	10°	15°	20°	25°	30°
45 钢	$K_{\gamma F_c}$	1.28	1.18		1.05	1	0.95	0.89	0.85
	$K_{\gamma F_p}$	1.41	1.23		1.08	1	0.94	0.79	0.73
	$K_{\gamma F_f}$	2.15	1.70		1.24	1	0.85	0.50	0.30
灰铸铁 HT200	$K_{\gamma F_c}$	1.37	1.21		1.05	1	0.95		0.84
	$K_{\gamma F_p}$	1.47	1.30		1.09	1	0.95		0.85
	$K_{\gamma F_f}$	2.44	1.83		1.22	1	0.73		0.37

（2）负倒棱　在锋利的切削刃上磨出负倒棱，可以提高刃区的强度，从而提高刀具使

用寿命，但会使切削变形加大，切削力增大。负倒棱是通过它的宽度 b_γ 与进给量的比值（b_γ/f）来影响切削力的。负倒棱对切削力的修正系数见表2-10。

表2-10 车刀负倒棱宽度与进给量的比值 b_γ/f 改变时切削力的修正系数

b_γ/f	修正系数					
	$K_{b_\gamma F_c}$		$K_{b_\gamma F_p}$		$K_{b_\gamma F_f}$	
	钢	灰铸铁	钢	灰铸铁	钢	灰铸铁
0	1	1	1	1	1	1
0.5	1.05	1.20	1.20	1.20	1.50	1.60
1	1.10	1.30	1.30	1.30	1.80	2.00
附　注	切削45钢与灰铸铁HT200时 $\gamma_o=15°$，$\kappa_r=75°$，$\gamma_{o1}=-10°\sim-20°$					

（3）主偏角　主偏角 κ_r 对主切削力影响较小，主要影响切削力的作用方向，即影响 F_p 与 F_f 的比值。主偏角对切削力的修正系数见表2-11。κ_r 增大时，F_p/F_c 减小，F_f/F_c 增大。根据实验数据的统计，列出加工钢料和铸铁时 F_p/F_c、F_f/F_c 的值见表2-12。在已知 F_c 之后，可以用这个比值估算 F_p 和 F_f。

表2-11 车刀主偏角改变时切削力的修正系数

工件材料	修正系数	主偏角 κ_r				
		30°	45°	60°	75°	90°
45钢	$K_{\kappa_r F_c}$	1.10	1.05	1	1	1.05
	$K_{\kappa_r F_p}$	2	1.60	1.25	1	0.85
	$K_{\kappa_r F_f}$	0.65	0.80	0.90	1	1.15
灰铸铁HT200	$K_{\kappa_r F_c}$	1.10	1	1	1	1
	$K_{\kappa_r F_p}$	2.80	1.80	1.17	1	0.70
	$K_{\kappa_r F_f}$	0.60	0.85	0.95	1	1.45

表2-12 切削各种钢料和铸铁时 F_p/F_c、F_f/F_c 的值

工件材料	比　值	主偏角 κ_r		
		45°	75°	90°
钢	F_p/F_c	0.55~0.65	0.35~0.50	0.25~0.40
	F_f/F_c	0.25~0.40	0.35~0.50	0.40~0.55
铸铁	F_p/F_c	0.30~0.45	0.20~0.35	0.15~0.30
	F_f/F_c	0.10~0.20	0.15~0.30	0.20~0.35

（4）刃倾角　刃倾角对主切削力 F_c 的影响甚微，对 F_p 的影响较大。因为 λ_s 改变时，将改变合力方向。λ_s 减小时，F_p 增大，F_f 减小。刃倾角在10°~-45°的范围内变化时，F_c 基本不变。λ_s 对切削力的修正系数见表2-13。

表 2-13　车刀刃倾角改变时切削力的修正系数

刀具结构	修正系数	刃倾角 λ_s						
		10°	5°	0°	-5°	-10°	-30°	-45°
焊接车刀（平前刀面）	$K_{\lambda_s F_c}$	1	1	1	1	1	1	1
	$K_{\lambda_s F_p}$	0.8	0.9	1	1.1	1.2	1.7	2.0
	$K_{\lambda_s F_f}$	1.6	1.3	1	0.95	0.9	0.7	0.5
机夹车刀（有卷屑槽）	$K_{\lambda_s F_c}$		1	1	1			
	$K_{\lambda_s F_p}$		0.85	1	1.15			
	$K_{\lambda_s F_f}$		0.85	1	1			
附注	主偏角 κ_r 均为 75°；工件材料为 45 钢							

（5）刀尖圆弧半径　刀尖圆弧半径 r_ε 对 F_p、F_f 的影响较大，对 F_c 的影响较小。当 r_ε 增大时，平均主偏角减小，故 F_p 减小，F_f 增大。刀尖圆弧半径对切削力的修正系数见表 2-14。

表 2-14　车刀刀尖圆弧半径改变时切削力的修正系数

修正系数	刀尖圆弧半径 r_ε/mm					
	0.25	0.5	0.75	1	1.5	2
$K_{r_\varepsilon F_c}$	1	1	1	1	1	1
$K_{r_\varepsilon F_p}$	1	1.11	1.18	1.23	1.33	1.37
$K_{r_\varepsilon F_f}$	1	0.9	0.85	0.81	0.75	0.73

（四）刀具磨损的影响

刀具后刀面磨损后形成后角等于零的棱面，棱面越大摩擦越大，使切削力增大。后刀面磨损量对切削力的修正系数见表 2-15。

表 2-15　车刀后刀面磨损量改变时切削力的修正系数

工件材料	修正系数	后刀面磨损量 VB/mm						
		0	0.25	0.4	0.6	0.8	1.0	1.3
45 钢	K_{VBF_c}	1	1.06	1.09	1.20	1.30	1.40	1.50
	K_{VBF_p}	1	1.06	1.12	1.20	1.30	1.50	2.00
	K_{VBF_f}	1	1.06	1.12	1.25	1.32	1.50	1.60
灰铸铁 HT200	K_{VBF_c}	1	1.13	1.15	1.17	1.19	1.25	1.34
	K_{VBF_p}	1	1.20	1.30	1.40	1.50	1.55	1.65
	K_{VBF_f}	1	1.10	1.20	1.30	1.35	1.45	2.30

（五）切削液的影响

以冷却作用为主的水溶液对切削力的影响较小，而润滑作用强的切削油能够显著地降低切削力。这是由于它可以减小摩擦力，甚至还能减小金属的塑性变形。例如用乳化液的切削力比干切时可降低 10%~20%。

（六）刀具材料的影响

刀具材料不是影响切削力的主要因素。但不同的刀具材料的摩擦因数不同，因此对切削力也有一定的影响。

六、切削力计算例题

[已知] 工件材料：40Cr 热轧棒料；HBW = 212

刀具结构：机夹可转位车刀

刀片材料及型号：YT15；TNMA150605

刀具几何参数：$\gamma_o = 15°$，$\kappa_r = 90°$，$\lambda_s = -5°$，$b_\gamma = 0.4\text{mm}$，

$\gamma_{o1} = -10°$（负倒棱的前角），$r_\varepsilon = 0.5\text{mm}$

机床型号：CA6140 车床

切削用量：$a_p = 3\text{mm}$，$f = 0.4\text{mm/r}$，$v_c = 100\text{m/min}$

[试求] 切削力 F_c、F_p、F_f 和切削功率 P_c

[解]

查表 2-6 ~ 表 2-15 得下列数据：

$C_{F_c} = 1640\text{N}$，$x_{F_c} = 1$，$y_{F_c} = 0.84$，$K_{fF_c} = 0.96$，$K_{vF_c} = 1$，$K_{\gamma F_c} = 1$，$K_{b_\gamma F_c} = 1.1$，$K_{\kappa_r F_c} = 1.05$，$F_p/F_c = 0.3$，$F_f/F_c = 0.4$，$K_{\lambda_s F_c} = 1$，$K_{r_\varepsilon F_c} = 1$，$K_{VBF_c} = 1.2$（取 $VB = 0.6\text{mm}$），$k_c = 1962\text{N/mm}^2$。

（1）主切削力 F_c

若用单位切削力计算：

$$F_c = k_c a_p f K_{fF_c} K_{vF_c} K_{\gamma F_c} K_{b_\gamma F_c} K_{\kappa_r F_c} K_{\lambda_s F_c} K_{r_\varepsilon F_c} K_{VBF_c}$$
$$= 1962 \times 3 \times 0.4 \times 0.96 \times 1 \times 1 \times 1.1 \times 1.05 \times 1 \times 1 \times 1.2\text{N} = 3133\text{N}$$

若用指数式计算：

$$F_c = C_{F_c} a_p^{x_{F_c}} f^{y_{F_c}} K_{F_c}$$
$$= C_{F_c} a_p^{x_{F_c}} f^{y_{F_c}} K_{vF_c} K_{\gamma F_c} K_{b_\gamma F_c} K_{\kappa_r F_c} K_{\lambda_s F_c} K_{VBF_c}$$
$$= 1640 \times 3 \times 0.4^{0.84} \times 1 \times 1 \times 1.1 \times 1.05 \times 1 \times 1.2\text{N} = 3158\text{N}$$

由上述计算可知：两种计算公式，其计算结果略有不同。

（2）背向力 F_p 与进给力 F_f（估算法）

$$F_p = 0.3F_c = 0.3 \times 3158\text{N} = 947.4\text{N}$$
$$F_f = 0.4F_c = 0.4 \times 3158\text{N} = 1263.2\text{N}$$

（3）切削功率 P_c

$$P_c = F_c v_c \times 10^{-3} = 3158 \times \frac{100}{60} \times 10^{-3}\text{kW} = 5.3\text{kW}$$

机床消耗功率：

$$P_m = \frac{P_c}{\eta_m} = \frac{5.3}{0.8}\text{kW} = 6.6\text{kW}$$

取机床传动效率 $\eta_m = 0.8$，而 CA6140 车床电动机功率为 7.5kW，功率足够。

七、切削热的产生与传出

切削热源于切削层金属产生的弹性变形和塑性变形所做的功；同时，刀具前、后刀面与切屑和工件加工表面间消耗的摩擦功，也转化为热能。因此，三个变形区也是三个热源，其中变形热主要来源于第Ⅰ变形区，摩擦热主要来源于第Ⅱ、Ⅲ变形区（图 2-31）。略去进给

运动所消耗的功，假定主运动所消耗的功全部转化为热能，则单位时间内产生的切削热可由式（2-32）算出：

$$Q = F_c v_c \tag{2-32}$$

式中 Q——每秒钟内产生的切削热（J/s）；

F_c——主切削力（N）；

v_c——切削速度（m/s）。

切削热由切屑、工件、刀具及周围的介质传导出去，热平衡式可写为

$$Q = Q_e + Q_t + Q_w + Q_m \tag{2-33}$$

式中 Q_e——单位时间内传给切屑的热量（J/s）；

Q_t——单位时间内传给刀具的热量（J/s）；

Q_w——单位时间内传给工件的热量（J/s）；

Q_m——单位时间内传给周围介质的热量（J/s）。

车削时，50%~86%的热量由切屑带走，10%~40%的热量传入刀具，3%~9%的热量传入工件，1%的热量扩散到周围的介质。切削速度越高、切削层公称厚度越大，则由切屑带走的热量越多。所以高速切削时，切屑的温度很高，工件和刀具的温度较低，这有利于切削加工的顺利进行。钻削时，28%的热量由切屑带走，14.5%的热量传入钻头，52.5%的热量传入工件，5%的热量扩散到周围的介质。

切削热对切削加工十分不利，它传入工件，使工件温度升高，产生热变形，影响加工精度；传入刀具，使刀具温度升高，加剧刀具磨损。图2-32为某种切削条件下的温度分布情况。由图可知：切屑、刀具和工件的温度不同，刀具前刀面的温度较高，其次是切屑底层，工件表面温度最低，且各点处温度不等。最高温度在前刀面上距切削刃一定距离处。

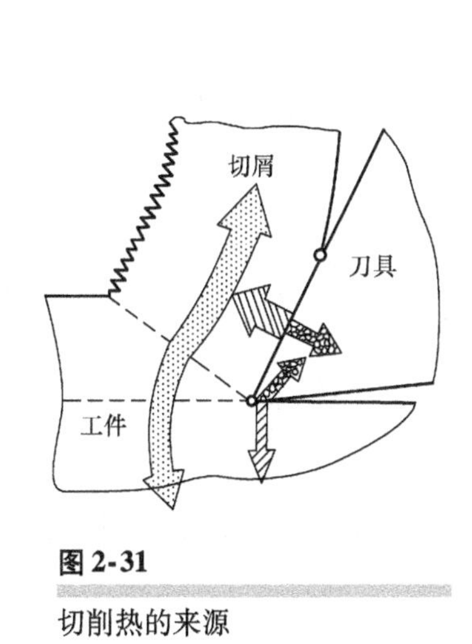

图 2-31

切削热的来源

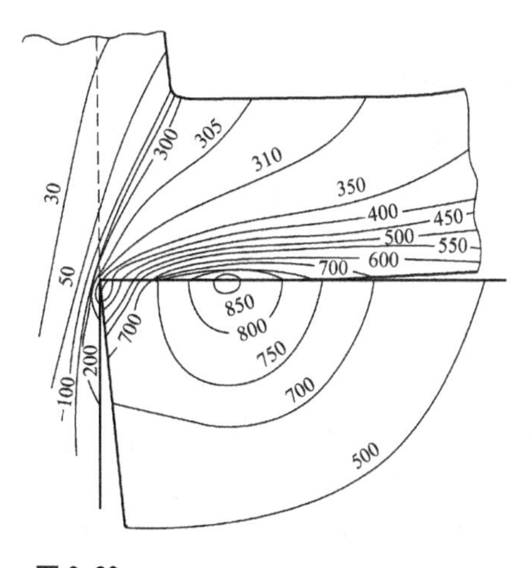

图 2-32

刀具、切屑和工件的温度分布

八、切削温度的测量方法

切削温度一般是指切屑与前刀面接触区域的平均温度。目前常用的测量切削温度的方法是自然热电偶法。

自然热电偶法是利用工件和刀具材料化学成分的不同而组成热电偶的两极，当工件与刀具接触区的温度升高后，形成热电偶的热端，而工件的引出端和刀具的尾端保持室温，形成热电偶的冷端，这样，在刀具与工件回路中便产生了温差电动势，利用电位计或毫伏表可将其数值记录下来。刀具-工件热电偶应事先进行标定，求出温度同毫伏值的标定曲线。根据切削过程中测到的电动势毫伏值，在标定曲线上可查出相对应的温度值。

图2-33是在车床上利用自然热电偶法测量切削温度的示意图。测量时应保持刀具和工件均与机床绝缘。用自然热电偶法测到的切削温度是切屑与前刀面接触区的平均温度。此法简便可靠，但每变换一种材料就要重新标定，而且无法测得切削区指定点的温度。为了克服这两个缺点，可采用人工热电偶法。人工热电偶法只能测到距前刀面一定距离处某点的温度，而不能直接测出前刀面上的温度。

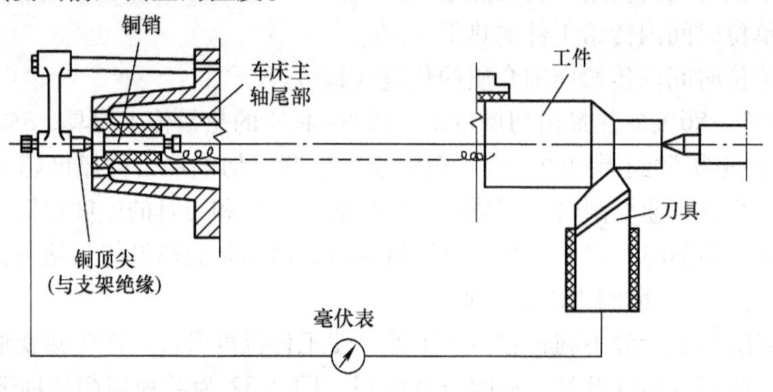

图2-33

自然热电偶法测量切削温度示意图

九、影响切削温度的主要因素

切削温度的高低取决于单位时间内产生的热量与传散的热量两方面综合影响的结果。

（一）工件材料对切削温度的影响

工件材料的硬度和强度越高，切削时消耗的功越多，产生的切削热越多，切削温度越高。图2-34是切削三种不同热处理状态的45钢时切削温度的变化情况，三者切削温度相差悬殊，与正火状态比较，调质状态增高20%~25%，淬火状态增高40%~45%。

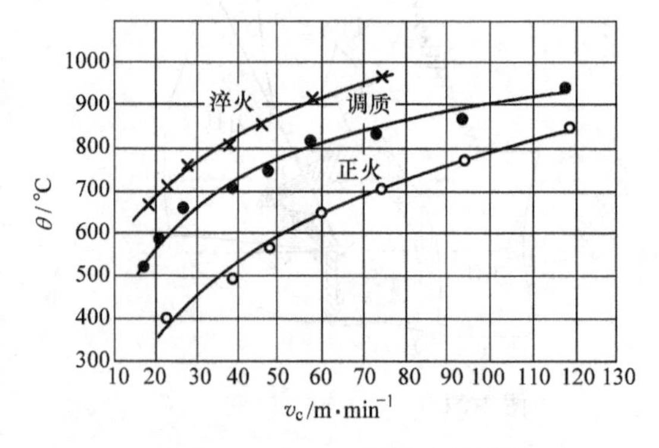

图2-34

45钢热处理状态对切削温度的影响

刀具：YT15，$\gamma_o=15°$

切削用量：$a_p=3\text{mm}$，$f=0.1\text{mm/r}$

工件材料的塑性越好，切削温度越高。脆性金属的抗拉强度和伸长率小，切削过程中变形小，切屑呈崩碎状且与前刀面摩擦小，故切削温度一般比切钢时低。

（二）切削用量对切削温度的影响

在切削用量中切削速度 v_c 对切削温度影响最大。其原因为随着 v_c 的增大，变形热与摩擦热增多。但热传导需要一定的时间，在一个很短的时间内，切屑底层的切削热来不及向切屑和刀具内部传导，而积聚在切屑底层，从而使切削温度显著升高。切削速度与切削温度的实验公式为

$$\theta = C_{\theta v} v_c^{x_\theta} \tag{2-34}$$

式中 θ——切削温度；

$C_{\theta v}$——系数；

x_θ——指数，见表2-16。

进给量f对切削温度的影响次于v_c对切削温度的影响。随着f的增加，一方面金属切除率增多，切削温度升高；另一方面单位切削力和单位切削功率减小，切除单位体积金属所产生的热量减少。此外，当f增大后，切屑变厚，由切屑带走的热量增多，故切削温度上升不显著。

进给量与切削温度的实验公式为

$$\theta = C_{\theta f} f^{y_\theta} \tag{2-35}$$

背吃刀量a_p对切削温度的影响很小。因为a_p增大后，产生的热量虽成比例增多，但因切削刃参加工作的长度也成正比增长，改善了散热条件，所以切削温度升高得不明显。

背吃刀量与切削温度的实验公式为

$$\theta = C_{\theta a_p} a_p^{z_\theta} \tag{2-36}$$

切削温度对刀具磨损和刀具使用寿命有直接影响。由上述规律可知，为控制切削温度，提高刀具使用寿命，选用大的a_p和f比选用大的v_c有利。

通过实验获得切削温度的实验公式为

$$\theta = C_\theta v_c^{x_\theta} f^{y_\theta} a_p^{z_\theta} \tag{2-37}$$

式中系数C_θ和指数x_θ、y_θ、z_θ见表2-16。

表2-16 切削温度公式中的系数和指数

工件材料	刀具材料	系数	指数		
		C_θ	z_θ	x_θ	y_θ
45钢	W18Cr4V	140～170	0.35～0.45	0.2～0.3	0.08～0.1
灰铸铁	W18Cr4V	120	0.50	0.22	0.04
45钢	YT15	160～320	0.26～0.41	0.14	0.04
钛合金	YG8	429	0.25	0.10	0.019

除上述影响因素外，还有刀具前角、主偏角及刀具磨损等影响切削热的产生与传散，即影响切削温度的高低。适当增大前角γ_o可减小金属的变形和前刀面上的摩擦，致使切削温度下降；但前角不宜过大，以免由于刀头容热体积的减小，使切削温度升高。减小主偏角κ_r，可使主切削刃与工件的接触长度增加，刀头的散热条件得到改善，切削温度下降。刀具磨损后切削刃变钝，刃区前方的挤压作用增大，使切削区金属的变形增加；同时，磨损后的刀具与工件的摩擦力增大，两者均使切削热增多，切削温度升高。

第五节 刀具的磨损与刀具寿命

金属切削过程中，刀具在切除金属的同时，其本身也逐渐被磨损。当磨损到一定程度时，刀具便失去切削能力。刀具磨损的快慢用刀具寿命（也称刀具耐用度）来衡量。刀具磨损过快，增加刀具消耗，影响加工质量，降低生产率，增加成本。分析刀具磨损机理对合理选择切削条件，正确使用刀具及确定刀具寿命具有重要意义。

一、刀具的磨损方式

刀具的磨损形式可分为正常磨损和非正常磨损两大类。刀具正常磨损是指在刀具与工件或切屑的接触面上，刀具材料的微粒被切屑或工件带走的现象。若由于冲击、振动、热效应等原因致使刀具崩刃、卷刃、断裂、表层剥落而损坏称为非正常磨损或刀具的破损。

刀具的正常磨损方式一般有以下几种：

（一）前刀面磨损（月牙洼磨损）

在切削速度较高、切削层公称厚度较大的情况下加工塑性金属，切屑在前刀面上磨出一个月牙洼（图2-35b、c），月牙洼处是切削温度最高的地方。在磨损过程中，月牙洼逐渐加深加宽，当月牙洼扩展到使棱边变得很窄时，切削刃的强度大为削弱，极易导致崩刃。月牙洼磨损量以其深度 KT 表示。

（二）后刀面磨损

切削脆性金属或以较小的切削层公称厚度（$h_D<0.1\text{mm}$）和较低的切削速度切削塑性金属时，刀具前刀面上压力和摩擦力较小，温度较低，而后刀面与工件加工表面之间却存在着强烈的摩擦，因而刀具的磨损主要发生在后刀面上。在后刀面上邻近切削刃的地方很快被磨出后角为零的小棱面，这种磨损称为后刀面磨损（图2-35a）。

后刀面的磨损是不均匀的，由图2-35a可见，在刀尖部分（C 区），由于强度和散热条件较差，磨损剧烈，其最大值用 VC 表示。在切削刃靠近工件表面处（N 区），由于毛坯的硬皮或加工硬化等原因，磨损也较大，该区的磨损量用 VN 表示。在切削刃的中部（B 区），其磨损均匀，以平均磨损值 VB 表示。

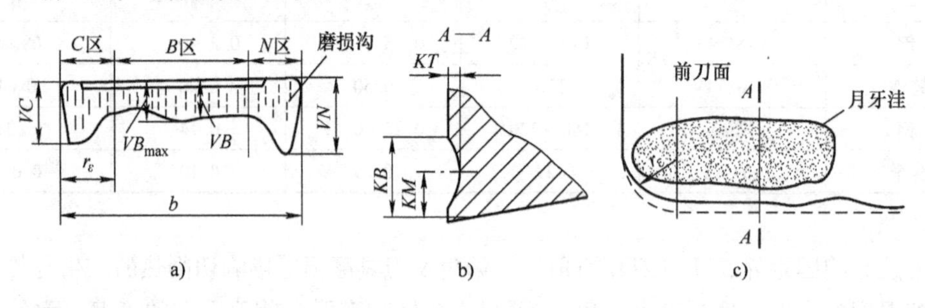

图2-35

刀具磨损形式示意图

（三）前、后刀面同时磨损

这是一种兼有上述两种情况的磨损形式。当切削塑性金属时，如果切削层公称厚度适中

（h_D =0.1～0.5mm），则经常发生这种磨损。

二、刀具的磨损原因

刀具是在高温和高压下受到机械和热化学的作用而发生磨损的，其原因如下：

（一）磨料磨损

磨料磨损也称机械磨损。由于切屑或工件的摩擦面上有一些微小的硬质点，能在刀具表面刻划出沟纹，这就是磨料磨损。硬质点有碳化物或积屑瘤碎片。磨料磨损在各种切削速度下都存在，但对低速切削刀具（如拉刀、板牙等）磨料磨损是主要原因。高速钢刀具的硬度和耐磨性低于硬质合金，故磨料磨损所占比重较大。

（二）粘结磨损

粘结磨损也称冷焊磨损。切屑或工件的表面与刀具表面之间发生粘结现象。由于有相对运动，刀具上的微粒被对方带走而造成磨损。粘结磨损与切削温度有关，也与刀具及工件两者的化学成分有关（元素的亲和作用）。

粘结磨损一般在中等偏低的切削速度下比较严重。高速钢刀具，在正常工作的切削速度下和硬质合金刀具在偏低的切削速度下粘结磨损所占比重较大。

（三）扩散磨损

扩散磨损是刀具材料和工件材料在高温下化学元素相互扩散而造成的磨损。在高温下（900～1000℃）刀具材料中的 Ti、W、Co 等元素会扩散到切屑或工件材料中去，而工件材料中的 Fe 元素也会扩散到刀具表层里，这样改变了硬质合金刀具的化学成分，使表层硬度变低，从而加剧刀具磨损，如图 2-36 所示。

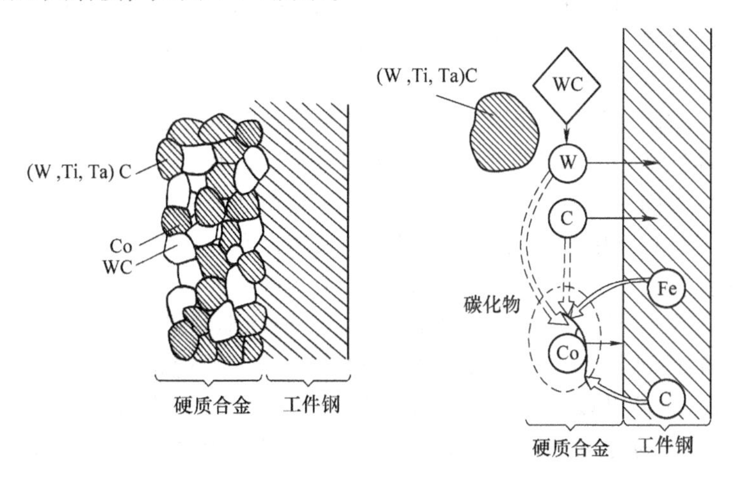

图 2-36

扩散磨损

扩散磨损主要取决于接触面之间的温度。K 类（YG 类）硬质合金的扩散温度为 850～900℃，P 类（YT 类）硬质合金的扩散温度为 900～1000℃。P 类硬质合金中钛元素的扩散率远低于钴、钨，且 TiC 不易分解，故在切钢时抗扩散磨损能力优于 K 类硬质合金。硬质合金中添加钽、铌后形成固溶体 C，也不容易扩散，从而提高刀具的耐磨性。

（四）氧化磨损

当切削温度达700～800℃时，空气中的氧与硬质合金中的钴及碳化钨、碳化钛等发生氧化作用，产生较软的氧化物（如CoO、WO_2、TiO_2）被切屑或工件摩擦掉而形成的磨损称为氧化磨损。氧化磨损与氧化膜的粘附强度有关。一般空气不易进入刀-屑接触区，氧化磨损最容易在主、副切削刃的工作边界处形成，这是造成“边界磨损”的原因之一。

综上所述，切削温度对刀具磨损起决定性的影响。高温时主要出现扩散和氧化磨损，中低温时，粘结磨损占主导地位，磨料磨损则在不同的切削温度下都存在。

三、刀具的磨损过程及磨钝标准

刀具磨损到一定程度就需要换刀或重磨。那么，刀具磨损到什么程度就不能使用了呢？这需要制订一个磨钝标准。为此，先研究刀具的磨损过程。

（一）刀具的磨损过程

刀具的磨损过程就是后刀面磨损量 VB 随切削时间 t 增长的变化过程，一般分为三个阶段（图2-37）。

（1）初期磨损阶段　这一阶段磨损较快。这是因为刀具在刃磨后，刀具表面粗糙度值较大，表层组织不耐磨。初期磨损量的大小与刀具刃磨质量有很大关系。

（2）正常磨损阶段　由于刀具表面高低不平之处已被磨去，压强减小，磨损缓慢，这一阶段磨损曲线基本上是一条直线，其斜率代表刀具正常工作时的磨损强度。磨损强度是比较刀具切削性能的重要指标之一。正常磨损阶段也是刀具的有效工作阶段。

（3）剧烈磨损阶段　刀具磨损量 VB 增长到一定程度时，切削力增大，切削温度升高，刀具磨损加剧。生产中为保证质量，减少刀具消耗，应在这阶段之前及时重磨或更换刀具。

观测前刀面磨损量（KT），其磨损曲线也类似于上述的三个磨损阶段。

（二）刀具的磨钝标准

刀具磨损到一定限度就不能再继续使用，这个磨损限度称为磨钝标准。国际标准ISO统一规定，刀具磨钝标准是指后刀面磨损带中间部分平均磨损量允许达到的最大值，以 VB 表示。因为刀具的后刀面上都有磨损，它对加工精度和切削力的影响比前刀面磨损显著，且易于测量，因此在刀具管理中多按后刀面磨损尺寸来制订磨钝标准。

磨钝标准主要根据刀具材料、工件材料和加工条件的具体情况而定。

在相同的加工条件下，刀具材料的强度高，磨钝标准则可以取大值，工艺系统刚性较差时应规定较小的磨钝标准。在切削难加工材料时，一般应选用较小的磨钝标准；加工一般材料，磨钝标准可以取大一些。加工精度及表面质量要求较高时，磨钝标准应取小值。加工大型工件，为避免中途换刀，一般采用较低的切削速度以延长刀具使用寿命，故可适当加大磨钝标准。在自动化生产中使用的精加工刀具，一般都根据工件的精度要求制订刀具的磨钝标准，在这种情况下，常以刀具的径向磨损量 NB（图2-38）作为衡量标准。一般硬质合金车刀的磨钝标准 VB 在0.1～1.2mm范围内。

四、刀具寿命的经验公式

（一）刀具寿命（刀具耐用度）

刀具磨损值达到了规定的标准应该重磨或更换刀片。在生产实际中，为了更方便、快速、准确地判断刀具的磨损情况，一般以刀具寿命来间接地反映刀具的磨钝标准。

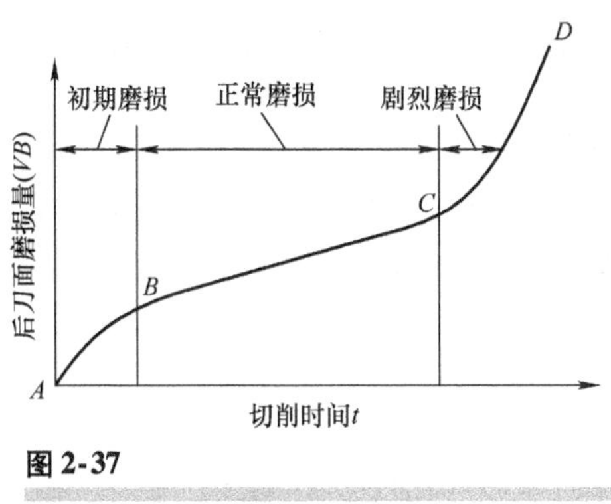

图 2-37

典型的刀具磨损曲线

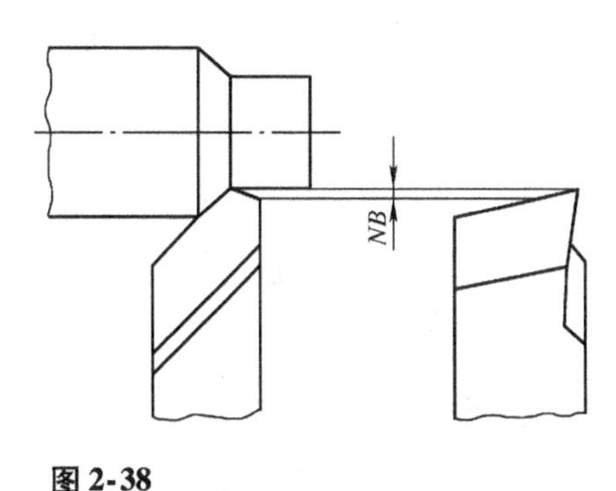

图 2-38

刀具的径向磨损

刀具寿命是指新刃磨的刀具从开始切削一直到磨损量达到磨钝标准时的切削时间，用符号 T 表示，单位为 s（或 min）。

刀具寿命也有用达到磨钝标准前的切削路程 L_m 来定义的，即 $L_m = v_c T$。

（二）切削用量与刀具寿命的关系

（1）切削速度与刀具寿命的关系　刀具寿命与切削速度的关系是用实验方法求得的。

$$v_c = \frac{A}{T^m} \tag{2-38}$$

式中　A——系数；

m——指数。

式(2-38)是 20 世纪初由美国工程师泰勒（Frederick Winslow Taylor）建立的，称为泰勒公式。指数 m 表示切削速度对刀具寿命的影响程度，m 值大，表明切削速度对刀具寿命的影响小，即刀具的切削性能较好。对高速钢刀具，$m = 0.1 \sim 0.125$；对硬质合金刀具，$m = 0.1 \sim 0.4$；对陶瓷刀具，$m = 0.2 \sim 0.4$。

（2）进给量、背吃刀量与刀具寿命的关系　用实验方法可求得 f-T 和 a_p-T 关系式：

$$f = \frac{B}{T^n} \tag{2-39}$$

$$a_p = \frac{C}{T^p} \tag{2-40}$$

式中　B、C——系数；

n、p——指数。

综合式（2-38）~式（2-40），可得切削用量与刀具寿命的关系式：

$$T = \frac{C_T}{v_c^{1/m} f^{1/n} a_p^{1/p}} \tag{2-41}$$

或

$$v_c = \frac{C_v}{T^m f^{y_v} a_p^{x_v}} \tag{2-42}$$

式中　C_T、C_v——与工件材料、刀具材料和其他切削条件有关的系数；

x_v、y_v——指数，$x_v = m/p$，$y_v = m/n$。

对于不同的工件材料和刀具材料，在不同的切削条件下，式（2-42）中的系数和指数可在有关资料中查出。此式即为一定刀具寿命下切削速度的预报方程。

例如，用硬质合金外圆车刀切削 $R_m = 0.75\text{GPa}$ 的碳钢时，当 $f > 0.75\text{mm/r}$，经验公式为

$$T = \frac{C_T}{v_c^5 f^{2.25} a_p^{0.75}} \tag{2-43}$$

由式(2-43)可知：v_c 对 T 的影响最大，其次是 f，a_p 影响最小。所以在优选切削用量以提高生产率时，首先应尽量选大的 a_p，然后根据加工条件和加工要求选允许的最大 f，最后根据 T 选取合理的 v_c。

五、刀具合理寿命的选择

刀具磨损到磨钝标准后即重磨或换刀。在自动线、多刀切削及大批量生产中，一般都要求定时换刀。究竟切削时间应当多长，即刀具寿命取多长才算合理？一般有两种方法：一是根据单件工序工时最短的原则来确定刀具寿命，即最大生产率寿命（T_p）；二是根据工序成本最低的原则来确定刀具寿命，即经济寿命（T_c）。根据上述原则可分别推导出刀具最大生产率寿命和刀具经济寿命公式：

$$T_p = \left(\frac{1-m}{m}\right) t_{ct} \tag{2-44}$$

$$T_c = \frac{1-m}{m}\left(t_{ct} + \frac{C_t}{M}\right) \tag{2-45}$$

式中 m——指数；

t_{ct}——刀具磨钝后，换刀一次所需要的时间；

C_t——刀具成本；

M——该工序单位时间的机床折旧费及所分担的全厂开支。

由式(2-44)与式(2-45)可知，$T_c > T_p$，当需完成紧急任务或生产中出现不平衡环节时，则可采用最大生产率使用寿命，一般情况下采用经济寿命，并按经验数据或查表法确定。例如，硬质合金焊接车刀的寿命大约为60min；高速钢钻头 $T = 80 \sim 120\text{min}$；硬质合金面铣刀 $T = 90 \sim 180\text{min}$；齿轮刀具 $T = 200 \sim 300\text{min}$。对于装刀、调刀较为复杂的多刀机床、组合机床，其刀具寿命应定得高些。对于价格昂贵的现代化机床，如数控机床、加工中心，其刀具寿命应定得低些；全厂开支大时也应如此。

思维导图

第三章

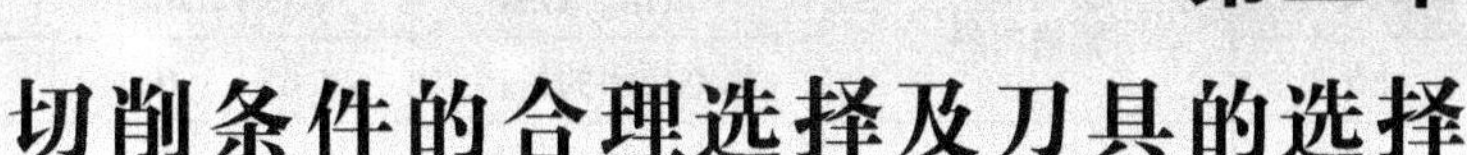

切削条件的合理选择及刀具的选择

在切削加工中，切削条件选择得是否合理，对提高生产率、改善加工质量、节约能源、降低切削成本等都有着直接影响。切削条件涉及以下几个方面：刀具材料和刀具几何角度，切削用量和切削液等。工件材料的切削加工性是合理选择切削条件的主要依据。

第一节　工件材料的切削加工性

材料的切削加工性是指对某种材料进行切削加工的难易程度。材料的切削加工性不仅是一种重要的工艺性能，而且也是材料多种性能的综合评价。良好的切削加工性一般包括：

1）在相同的切削条件下，刀具有较长的寿命；或在一定的刀具寿命下，能够采用较高的切削速度。

2）在相同的切削条件下，切削力或切削功率小，切削温度低。

3）容易获得良好的表面加工质量。

4）容易控制切屑的形状或容易断屑。

一、衡量切削加工性的指标

切削加工性的指标可以用刀具寿命、一定的刀具寿命下的切削速度、切削力、切削温度、已加工表面质量及断屑的难易程度等来衡量。目前，多采用在一定的刀具寿命下允许的切削速度 v_T 作为指标。v_T 越高，表示材料的切削加工性越好。通常取 $T=60\text{min}$，则 v_T 写作 v_{60}。有些材料也可取 $T=30\text{min}$、20min 和 10min，则分别写作 v_{30}、v_{20} 和 v_{10}。

某种材料切削加工性的好坏，是相对另一种材料而言的。因此，切削加工性是具有相对性的。一般以切削正火状态 45 钢的 v_{60} 作为基准，其他材料与其比较，用相对加工性指标 K_r 表示，即

$$K_r=\frac{v_{60}}{(v_{60})_j} \tag{3-1}$$

式中 v_{60}——某种材料其刀具寿命为60min时的切削速度；

$(v_{60})_j$——切削45钢，刀具寿命为60min时的切削速度。

常用材料的相对加工性指标 K_r 分为八级，见表3-1。若 $K_r>1$，该材料比45钢容易切削；若 $K_r<1$ 时，该材料比45钢难切削。

表3-1 相对加工性指标及其分级

加工性等级	工件材料分类		相对加工性指标 K_r	代表性材料
1	很容易切削的材料	一般有色金属	>3.0	铜铅合金、铝镁合金、铝青铜
2	容易切削的材料	易切钢	>2.5~3.0	退火15Cr、自动机钢
3		较易切钢	>1.6~2.5	正火30钢
4	普通材料	一般钢、铸铁	>1.0~1.6	45钢、灰铸铁、结构钢
5		稍难切削的材料	>0.65~1.0	调质2Cr13、85钢
6	难切削的材料	较难切削的材料	>0.5~0.65	调质45Cr、调质65Mn
7		难切削的材料	>0.15~0.5	1Cr18Ni9Ti、调质50CrV、某些钛合金
8		很难切削的材料	<0.15	铸造镍基高温合金、某些钛合金

二、影响材料切削加工性的主要因素

影响材料切削加工性的主要因素有材料的物理力学性能、化学成分和金相组织等。

材料的强度、硬度越高，切削抗力越大，切削温度也越高，刀具的磨损越快，因而切削加工性差；强度相同，塑性和韧性强的材料，切削变形和切削力大，切削温度高，而且断屑困难，切削加工性差；导热性好的材料，切削加工性也好。

材料的化学成分对切削加工性也有较大的影响。例如，增加钢中的碳含量，强度和硬度提高，塑性和韧性下降；低碳钢的塑性和韧性强，切削时的变形大，不易获得高质量的加工表面；高碳钢的强度和硬度高，切削困难；中碳钢的强度、硬度、塑性和韧性介于高、低碳钢之间，有较好的切削加工性。合金元素锰、硅、镍、铬等都能提高钢的强度和硬度，镍还能提高钢的韧性，降低导热性，因此钢中加入合金元素会改变钢的切削加工性。在硬度相同的条件下，碳素钢比合金钢具有更好的切削加工性。灰铸铁的切削加工性与石墨的含量、形状和大小密切相关，石墨的含量越多、尺寸越小，切削加工性越好。碳、硅、铝、铜和镍都是促进石墨化的元素，因而能改善铸铁的切削加工性；锰、磷、硫、铬和钒等是阻碍石墨化的元素，因而能降低铸铁的切削加工性。

材料的金相组织也是影响切削加工性的重要因素。例如，钢中的珠光体有较好的切削加工性，而铁素体和渗碳体则较差；托氏体和索氏体组织在精加工时虽能获得质量较好的加工表面，但切削速度必须适当降低；奥氏体和马氏体的切削加工性很差。对于灰铸铁，则铁素体基体要比珠光体基体具有更好的切削加工性。

三、难加工材料的切削加工性

（一）高锰钢的切削加工性

高锰钢加工硬化严重，塑性变形会使奥氏体组织变为细晶粒的马氏体组织，硬度急剧增加，造成切削困难。高锰钢热导率低，仅为45钢的1/4，切削温度高，刀具易磨损。高锰钢韧度大，约为45钢的8倍，其伸长率也大，变形严重，导致切削力增加，并且不易断屑。

（二）不锈钢的切削加工性

奥氏体不锈钢中的铬、镍含量较高。铬能提高不锈钢的强度及韧性，但使加工硬化严重，易粘刀。不锈钢切屑与前刀面接触长度较短，刀尖附近应力较大，经计算，刀尖所受的应力为切削碳钢的1.3倍，造成刀尖易产生塑性变形或崩刃。奥氏体不锈钢导热性差，切削温度高。另外，锯齿形切屑并不因速度增高而有所改变，所以切削波动大，易产生振动，使刀具破损。断屑问题也是不锈钢车削中的突出问题。

车削不锈钢时，多采用韧性好的YG类硬质合金刀片，选择较大的前角和较小的主偏角，较低的切削速度，较大的进给量和背吃刀量。

四、改善材料切削加工性的基本方法

材料的切削加工性对保证零件加工质量和提高切削生产率都有很大的影响，选择工件材料时必须给予充分考虑，在保证零件使用要求的前提下，尽可能选用好加工的材料。同时，应根据加工材料的性能要求，选择与之匹配的刀具材料，以提高刀具寿命。材料的切削加工性可通过以下途径进行改善：

（1）在材料中适当添加化学元素　在钢材中添加适量的硫、铅等元素能够破坏铁素体的连续性，降低材料的塑性，使切削轻快，切屑容易折断，大大地改善材料的切削加工性。在铸铁中加入合金元素铝、铜等能分解出石墨元素，利于切削。

（2）采用适当的热处理方法　例如，正火处理可以提高低碳钢的硬度，降低其塑性，以减小切削时的塑性变形，改善表面加工质量；球化退火可使高碳钢中的片状或网状渗碳体转化为球状，降低钢的硬度；对于铸铁，可采用退火来消除白口组织和硬皮，降低表层硬度，改善其切削加工性。

（3）采用新的切削加工技术　采用加热切削、低温切削、振动切削等新的加工方法，可以有效地解决一些难加工材料的切削问题。例如，对耐热合金、淬硬钢和不锈钢等材料进行加热切削，通过切削区中工件温度增高，降低材料的抗剪强度，减小接触面间的摩擦因数，可减小切削力，利于切削。图3-1为切削不锈钢时，切削温度与切削力关系。加热切削能减小冲击振动，使切削平稳，从而提高刀具的使用寿命。

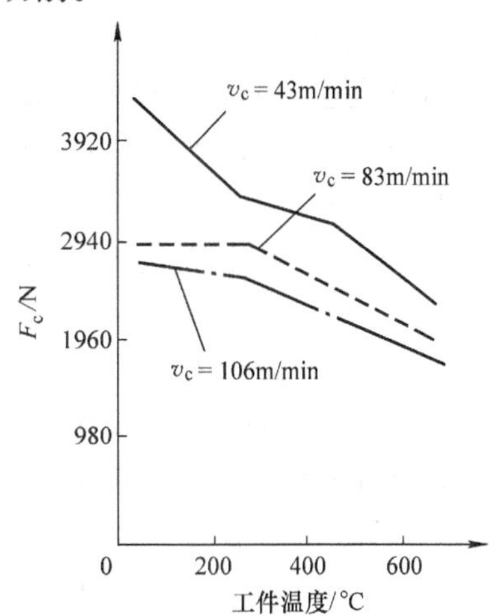

图3-1
切削不锈钢时切削温度与切削力关系

第二节　刀 具 材 料

刀具切削性能的优劣取决于构成切削部分的材料、几何形状和刀具结构。因此，应当重视刀具材料的正确选择和合理使用。

一、刀具材料应具备的性能

（1）高的硬度　刀具材料的硬度必须高于工件材料的硬度，常温硬度须在60HRC以上。

（2）高的耐磨性　刀具材料应有好的抵抗磨损的能力，它取决于材料的力学性能、化学成分和组织结构。

（3）足够的强度和韧性　刀具材料必须具有足够的强度和韧性以抵抗冲击及振动。强度用抗弯强度表示，韧性用冲击韧度表示。

（4）高的耐热性　在高温下保持较高的硬度、耐磨性、强度和韧性的能力，用温度或高温硬度表示。

（5）良好的导热性和工艺性　热导率越大，越有利于提高刀具使用寿命。线膨胀系数小，则可减小热变形。为了便于制造，须有较好的可加工性，即切削加工性、可磨削性等。

二、高速钢

高速钢是加入了W、Mo、Cr、V等合金元素的高合金工具钢。高速钢的抗弯强度较好，常温硬度为62～65HRC，耐热性可达600℃，可以制造刃形复杂的刀具，如钻头、成形车刀、拉刀和齿轮刀具等。

高速钢按基本化学成分可分为钨系和钨钼系；按切削性能分，可分为普通高速钢和高性能高速钢；按制造方法分，可分为熔炼高速钢和粉末冶金高速钢。

（一）普通高速钢

普通高速钢的工艺性好，切削性能可满足一般工程材料的常规加工，常用品种有：W18Cr4V、W6Mo5Cr4V2、W14Cr4VMnRE和W9Mo3Cr4V。W18Cr4V属钨系高速钢，其高温硬度与钨钼系高速钢相当，但在高温下韧性不及钨钼系。钨钼系高速钢W6Mo5Cr4V2中所含Mo元素可使碳化物均匀，但含V较多，可磨削性能差，目前我国主要用于热轧刀具。

（二）高性能高速钢

调整高速钢的化学成分和添加其他合金元素，使其力学性能和切削性能有显著提高，这就是高性能高速钢。此类高速钢主要用于高温合金、钛合金、不锈钢等难加工材料的切削加工。高性能高速钢主要有以下几种：

（1）钴高速钢　典型钢种是W2Mo9Cr4VCo8(M42)，它的特点是综合性能好，硬度高(70HRC)，高温硬度在同类钢中居于前列，可磨削性好，适合于切削高温合金，但价格很贵。

（2）铝高速钢　铝高速钢W6Mo5Cr4V2Al是我国独创的新型高速钢，具有良好的综合性能，其高温硬度、抗弯强度、冲击韧度均与W2Mo9Cr4VCo8相当，价格低廉。但其可磨削性差，热处理工艺要求较严格。

（3）高钒高速钢　其牌号有W6Mo5Cr4V3，由于碳化钒量的增加，从而提高了钢的耐磨性，一般用于切削高强度钢。但其刃磨性能比普通高速钢差。

选用高速钢的一般原则如下：

1）切削一般材料时可用普通高速钢，其中以W18Cr4V用得最多。W6Mo5Cr4V2主要用于热轧刀具；W14Cr4VMnRE的韧性最高，可作热轧刀具。

2）如果工艺系统刚性好，切削难加工材料时，简单刀具可用高钒、高钴高速钢，复杂刀具可用钨钼系低钴高速钢。

（三）涂层高速钢

高速钢刀具的表面涂层是指采用 PVD（物理气相沉积法）技术，在真空、工艺处理温度为 500℃ 的环境条件下，在刀具表面涂覆 TiN、TiC、TiCN 等硬膜（2 ~ 5μm），以提高刀具性能的新工艺。经过涂层后的刀具，其基体是强度、韧性较好的高速钢，表层是高硬度（表面硬度可达 2200HV）、高耐磨的材料，呈金黄色。其使用寿命提高 3 ~ 7 倍，切削效率提高 30%。目前，该工艺已在形状复杂的钻头、丝锥、成形铣刀及齿轮刀具上广泛应用。

三、硬质合金

硬质合金是由金属碳化物粉末和金属粘结剂经粉末冶金方法制成。硬质合金是当今最主要的刀具材料之一。绝大部分车刀、面铣刀和部分立铣刀、深孔钻、铰刀等均已采用硬质合金制造。由于硬质合金制造工艺性差，它用于复杂刀具尚受到很大限制。

硬质合金的硬度在 89 ~ 94HRA，相当于 71 ~ 76HRC，耐磨性好，耐热性可达 800 ~ 1000℃。因此，硬质合金比高速钢的切削速度高 4 ~ 10 倍。刀具寿命可提高几十倍。但其抗弯强度低、韧性差、怕冲击和振动。

根据 GB/T 18376.1—2008，常用的硬质合金可分为六类：

1）P 类硬质合金：相当于旧牌号 YT 类硬质合金。其以 WC、TiC 为基，以 Co（或 Ni + Mo，Ni + Co）作结合剂，常用牌号有 P01、P10、P20、P30、P40 等，牌号中的数字越大，则 TiC 的含量越少，Co 的含量越多，其耐磨性越低而韧性越高。因此，P01 适合精加工，P10、P20 适合半精加工，P30、P40 适合粗加工。P 类硬质合金有较高的耐热性、较好的抗粘结和抗氧化能力，主要用于切削长切屑的各种钢件，但不适宜切削含 Ti 元素的不锈钢。因为两者的 Ti 元素之间的亲和作用，会加剧刀具磨损。

2）M 类硬质合金：相当于旧牌号 YW 类硬质合金。其以 WC 为基，以 Co 作粘结剂并添加少量的 TiC（TaC，NbC），常用牌号有 M01、M10、M20、M30、M40。牌号中的数字越大，其耐磨性越低而韧性越高。精加工可用 M10，半精加工可用 M20，粗加工可用 M30。这类硬质合金是在 P 类中添加 TiC（TaC，NbC）而成，加入适量 TiC（TaC，NbC）后，可提高抗弯强度和韧性，同时也提高了耐热性和高温硬度。由于它能用来切削钢或铸铁，又称通用合金。

3）K 类硬质合金：相当于旧牌号 YG 类硬质合金。其以 WC 为基，以 Co 作粘结剂，常用牌号有 K01、K10、K20、K30、K40 等。K 类硬质合金与钢的粘结温度较低，其抗弯强度与韧性比 P 类高，主要用于短切屑的铸铁、冷硬铸铁、可锻铸铁等的加工。牌号中的数字越大，合金中钴的含量越高，韧性也越好，适于粗加工，钴含量少的适于精加工。

4）N 类硬质合金：以 WC 为基，以 Co 作粘结剂，或添加少量 TaC、NbC 或 CrC 的合金。常用牌号有 N01、N10、N20、N30 等，主要用于有色金属、非金属材料的加工，如铝、镁、塑料、木材等。牌号中的数字越大，韧性越好，也越适于粗加工。

5）S 类硬质合金：以 WC 为基，以 Co 作粘结剂，或添加少量 TaC、NbC 或 TiC 的合金。常用牌号有 S01、S10、S20、S30 等，主要用于耐热和优质合金材料的加工，如耐热钢及含镍、钴、钛的各类合金材料等。牌号中的数字越大，韧性越好，也越适于粗加工。

6）H 类硬质合金：以 WC 为基，以 Co 作粘结剂，或添加少量 TaC、NbC 或 TiC 的合金。常用牌号有H01、H10、H20、H30等，主要用于硬切削材料的加工，如淬硬钢、冷硬铸铁等材料。牌号中的数字越大，韧性越好，也越适于粗加工。

超细晶粒硬质合金是通过添加Cr_2O_3使晶粒细化到0.5～1.0μm的硬质合金。其耐磨性有较大改善，使用寿命提高1～2倍，适用于加工冷硬铸铁、淬硬钢、不锈钢、高温合金等难加工材料。

涂层硬质合金是以韧性较好的硬质合金刀片为基体，利用CVD(化学气相沉积法)技术，在刀具表面涂上一层厚度为5～10μm的TiC、TiN或Al_2O_3而成的。这样较好地解决了刀具的硬度、耐磨性与强度、韧性之间的矛盾，因而使刀具具有良好的切削性能。近年来，金刚石、立方氮化硼涂层在立铣刀、硬质合金钻头、可转位刀片等刀具上得到了广泛应用。特别是在加工非黑色金属和纤维材料中取得了良好的效益，刀具寿命比未涂层的硬质合金刀具提高数十倍，生产率提高20倍以上。

硬质合金牌号的选择，主要根据工件材料和切削加工的类型。常用的硬质合金牌号及用途见表3-2。硬质合金钴含量越高，其强度越高，但高温硬度、耐磨性和抗热变形的能力却越低；若碳化钛含量越高，则耐磨性、高温硬度和抗热变形的能力越高，但强度却越低；碳化钽含量越高，硬质合金的高温硬度、抗热变形能力及抗月牙洼磨损的能力越高。

表3-2 常用的硬质合金牌号及用途

牌号	性能提高方向	应用范围
P01	耐磨性、切削速度↑ 韧性、进给量↓	钢、铸钢在高速、小切屑截面、无振动条件下的精加工
P10		钢、铸钢在高速、中小切屑截面条件下的车削、仿形车削、车螺纹和铣削半精加工
P20		钢、铸钢、长切屑可锻铸铁在中速、中等切屑截面条件下的车削、仿形车削、铣削，以及小切屑截面的刨削半精加工
P30		钢、铸钢、长切屑可锻铸铁在中速切削条件下的半精加工和粗加工
P40		钢、含砂眼和气孔的铸钢件在大切削角、大切削基面及不利条件下的中、低速粗加工
M01	耐磨性、切削速度↑ 韧性、进给量↓	不锈钢、铁素体钢、铸钢在高切削速度、小载荷、无振动条件下的精车、精镗
M10		不锈钢、铸钢、锰钢、铸铁和合金铸铁、可锻铸铁在中、高速条件下的车削加工
M20		锰钢、铸钢、不锈钢、合金钢、合金铸铁、可锻铸铁在中速、中等切屑截面条件下的车削、铣削加工
M30		锰钢、铸钢、不锈钢、合金钢、合金铸铁、可锻铸铁在中速、大切屑截面条件下的车削、铣削加工
M40		锰钢、铸钢、不锈钢、合金钢、合金铸铁、可锻铸铁的车削、切断、强力铣削加工
K01	耐磨性、切削速度↑ 韧性、进给量↓	铸铁、冷硬铸铁、短切屑可锻铸铁的高速精加工
K10		硬度高于220HBW的铸铁、短切屑可锻铸铁的精加工和半精加工
K20		硬度低于220HBW的灰铸铁、短切屑可锻铸铁在中速、轻载荷条件下的粗加工、半精加工
K30		铸铁、短切屑可锻铸铁在不利条件下采用大切削角的低速粗加工
K40		铸铁、短切屑可锻铸铁在不利条件下采用低速、大进给量的粗加工

（续）

牌号	性能提高方向	应用范围
N01	耐磨性、切削速度↑ ↓韧性、进给量	高切削速度下，铝、镁、铜、塑料、木材、玻璃等的精加工
N10		较高切削速度下，铝、镁、铜、塑料、木材、玻璃等的精加工或半精加工
N20		中等切削速度下，铝、镁、铜、塑料等的半精加工或粗加工
N30		中等切削速度下，铝、镁、铜、塑料等的粗加工
S01	耐磨性、切削速度↑ ↓韧性、进给量	中等切削速度下，耐热钢和钛合金的精加工
S10		低切削速度下，耐热钢和钛合金的半精加工或粗加工
S20		较低切削速度下，耐热钢和钛合金的半精加工或粗加工
S30		较低切削速度下，耐热钢和钛合金的断续切削，适于半精加工或粗加工
H01	耐磨性、切削速度↑ ↓韧性、进给量	低切削速度下，淬硬钢、冷硬铸铁的连续轻载精加工
H10		低切削速度下，淬硬钢、冷硬铸铁的连续轻载精加工、半精加工
H20		较低切削速度下，淬硬钢、冷硬铸铁的连续轻载半精加工、粗加工
H30		较低切削速度下，淬硬钢、冷硬铸铁的半精加工、粗加工

四、其他刀具材料

（一）陶瓷

陶瓷有很高的硬度和耐磨性，耐热性可达1200℃以上，常温硬度达91～95HRA，化学稳定性好；但最大弱点是抗弯强度低，韧性差。目前主要有复合氧化铝陶瓷和复合氮化硅陶瓷两种。复合氧化铝陶瓷是在Al_2O_3基体中添加高硬度、难熔碳化物（如TiC），并加入一些其他金属（如镍、钼）进行热压而成的一种陶瓷，其抗弯强度为800MPa以上。复合氮化硅陶瓷是在Si_3N_4基体中添加TiC等化合物和金属Co进行热压而成的，其切削性能优于复合氧化铝陶瓷。复合氮化硅陶瓷能有效地切削冷硬铸铁和淬硬钢，是一种极有发展前途的刀具材料。

（二）金刚石

金刚石分为天然和人造两种。天然金刚石的质量好，但价格昂贵；人造金刚石是在高温高压条件下，由石墨转化而成的，是碳的同素异形体。金刚石是目前最硬的物质（10000HV）。金刚石刀具既能胜任陶瓷、硬质合金等高硬度非金属材料的切削加工，又可切削其他有色金属及其合金，使用寿命极高。但金刚石刀具不适合切削铁族材料，因为金刚石与铁元素有很强的亲和力。它的热稳定性差，当切削温度达到800℃时即碳化（形成CO_2）而失去其高硬度的特性。

（三）立方氮化硼（CBN）

立方氮化硼是继人造金刚石之后出现的又一种超硬材料。它的特点是：硬度仅次于人造金刚石（8000～9000HV），耐磨性好、热稳定性高，可耐1300～1500℃的高温，具有良好的导热性和较小的摩擦因数。立方氮化硼刀具能以加工普通钢和铸铁的切削速度切削淬硬钢、冷硬铸铁、高温合金等，从而大大提高生产率。当精车淬硬零件时，其加工精度与表面质量足以达到磨削的标准。

五、数控加工刀具材料

数控刀具是指与数控机床配套使用的各种刀具的总称。它具有高效、高精度、高可靠性和专用化的特点。在数控高速切削时产生的切削热和对刀具的磨损要比普通速度切削时高得多，因此，数控高速切削使用的刀具材料与普通速度切削用的刀具材料有很大的不同，对刀具材料有更高的要求。主要包括：

1）强度高，刚性好。

2）精度高，抗振及热变形小。

3）互换性好，便于快速换刀。

4）切削性能稳定，使用寿命高。

随着高强度钢、高温合金、钛合金及复合材料等难加工材料的应用不断增加，现代数控刀具材料已不能局限于目前广泛使用的高速钢和普通硬质合金，应根据不同的加工材料，并考虑刀具使用寿命和加工质量来选择刀具材料。目前，金刚石刀具、立方氮化硼刀具、陶瓷刀具、在具有比较好的抗冲击韧度的刀具材料基体上镀上高热硬性和耐磨性镀层的涂层刀具、超细晶粒硬质合金刀具及粉末冶金高速钢刀具成为数控加工的主要刀具。

不同的刀具材料或同种刀具材料加工不同的工件材料时刀具寿命往往会存在很大差别，并且每一品种的刀具材料都有其最佳加工对象，因此要求切削刀具材料与加工对象合理匹配，以获得最长的刀具寿命和最大的切削加工生产率。具体匹配原则如下：

1. 刀具材料与工件材料的力学性能匹配

刀具材料与工件材料的强度、韧性和硬度等力学性能参数要相匹配。例如，高硬度的工件材料，必须用更高硬度的刀具来加工。具有优良高温力学性能的刀具尤其适合高速切削加工。

2. 刀具材料与工件材料的物理性能匹配

刀具材料与工件材料的熔点、弹性模量、导热系数、热膨胀系数和抗热冲击性能等物理性能参数要相匹配。例如，陶瓷刀具熔点高、热膨胀系数小，金刚石刀具热膨胀系数小、导热系数高达铜的2~6倍。加工导热性差的工件时，应选用导热性好的刀具材料，以便迅速从切削区传出切削热，降低切削温度。尺寸精度要求高的精加工刀具（如铰刀），应选用热膨胀系数小的刀具材料。

3. 刀具材料与工件材料的化学性能匹配

刀具材料与工件材料的化学亲和性、化学反应、扩散和溶解等化学性能参数要相匹配。具有不同成分的刀具材料（如聚晶金刚石（PCD）、聚晶立方氮化硼（PCBN）、陶瓷、硬质合金、高速钢等）所适合加工的工件材料有所不同，其主要区别表现在刀具磨损上。低速切削、切削温度低时，刀具的磨损主要是机械磨损（磨粒磨损）；高速切削、切削温度高时，化学磨损占主导地位，即刀具材料与工件材料的化学反应、材料中化学元素的扩散和溶解等因素对刀具磨损起主要作用。

4. 数控刀具材料与工件材料的合理匹配

（1）铝合金　铝合金加工常用的数控刀具材料有铝高速钢、K10 和 K20 等系列硬质合金。

（2）普通钢　对于普通钢的数控切削，主要采用钴高速钢、硬质合金和金属陶瓷等作为刀具材料。

(3) 高强度钢、高温合金 高强度钢、高温合金在材料中占的比重越来越大，加工此类零件的刀具主要采用具有高强度、高韧性和高耐磨性的超细晶粒合金基体与 TiAlN 涂层组合的硬质合金材料及金属陶瓷材料。

(4) 钛合金 钛合金强度高，冲击韧度大，其加工硬化现象非常严重，在切削加工时出现温度高、刀具磨损严重的现象，加工钛合金材料时常选用聚晶金刚石（PCD）及涂层硬质合金作为刀具材料。

(5) 复合材料 加工复合材料时主要采用聚晶金刚石（PCD）及涂层硬质合金作为刀具材料。

常用数控刀具材料与工件材料的匹配见表 3-3 所示。

表 3-3 常用数控刀具材料所适合加工的工件材料

刀具	高硬钢	耐热合金	钛合金	镍基高温合金	铸铁	钢	硅铝合金	纤维增强复合材料（FRP）
PCD 刀具	×	×	★	×	×	×	★	★
PCBN 刀具	★	★	√	★	★	★	◎	◎
陶瓷刀具	★	★	×	★	★	◎	×	×
涂层硬质合金刀具	√	★	★	◎	★	★	◎	◎
金属陶瓷刀具	◎	×	×	★	★	◎	×	×

注：★—优，√—良，◎—尚可，×—不适合。

六、涂层刀具材料

涂层刀具是通过气相沉积或其他方法，在传统刀具基体表面上涂覆一薄层（一般只有几微米）耐磨性高的难熔金属（或非金属）化合物而制备成的金属切削刀具。涂层材料是解决刀具材料发展中的一对矛盾（材料硬度和耐磨性越高，强度及韧度就越低）的很好方法。它具有以下特点：

1）提高刀具表面硬度，减少刀具磨损和摩擦阻力，并起到化学屏障和热屏障作用，减少刀具与工件材料间的扩散和化学反应并提高刀具的耐热和抗氧化能力。

2）提高切削速度 20%～300%，提高加工精度，降低刀具消耗费用，从而提高刀具的使用寿命和刀具的表面加工质量。切削时涂层硬质合金刀具的使用寿命比无涂层的提高 1～3 倍，涂层高速钢刀具的使用寿命比无涂层的提高 2～10 倍。

3）AlTiN（高铝钛）、AlCrN（氮化铬铝）和 TiAlSiN（氮化钛铝硅）涂层刀具可干切削，能节省切削液的成本，满足绿色加工的需要。

4）在陶瓷和超硬材料（金刚石或立方氮化硼）刀片上的涂层可以提高刀片表面的断裂韧度（可提高 10% 以上），减少刀片的崩刃及破损，扩大应用范围。

5）涂层工序作为刀具制造的最终工序，对刀具精度几乎没有影响，并可实施重复涂层工艺。

常用的刀具涂层材料有：

(1) 氮化钛（TiN） 20 世纪 80 年代出现的氮化钛（TiN）涂层材料应用最为广泛。其涂层颜色为金黄色，可增加刀具表面的硬度和耐磨性，降低摩擦系数，减少积屑瘤的产生，延长刀具寿命，适用于加工低合金钢和不锈钢。

（2）碳氮化钛（TiCN） 碳氮化钛（TiCN）表面涂层为灰色，硬度比氮化钛（TiN）更高，耐磨性更好。其进给速度和切削速度分别比氮化钛（TiN）涂层材料刀具提高40%和60%，适用于各种工件材料的切削。

（3）氮铝化钛（TiAlN） 氮铝化钛（TiAlN）涂层呈灰色或黑色，主要涂覆在硬质合金刀具基体表面，切削温度达到800℃时仍能正常切削。它适用于淬硬钢、钛合金、镍基合金、铸铁及高硅铝合金等脆性材料的高速切削。

（4）氮化铬铝（AlCrN） 氮化铬铝（AlCrN）表面涂层为灰色。该涂层在高温条件下表现出良好的红硬性和高温稳定性（1100℃时仍能保持良好的硬度），并具有很好的耐热腐蚀性能，可干切削。它适用于加工硬度较低（ <54HRC）的材料（如合金钢、铸铁）及黏性较大的材料（如低碳钢、不锈钢）等。

（5）氮化钛铝硅（TiAlSiN） 氮化钛铝硅（TiAlSiN）涂层材料为灰色或黑色，硬度为3700HV，抗氧化温度达1100℃，可干切削，属于超硬抗氧化涂层，与氮铝化钛（TiAlN）涂层和氮化铬铝（AlCrN）涂层相比具有更高的硬度和更好的高温稳定性。

（6）立方氮化硼（CBN） 立方氮化硼（CBN）涂层为金黄色。立方氮化硼（CBN）涂层使刀片具有优异的切削性能，并能提高加工精度和延长刀具寿命，适用于淬火钢的批量加工，可以“以车代磨”，提高淬火钢的加工效率。

（7）类金刚石（DLC） 类金刚石（DLC）涂层为黑色，既具有较高的硬度（5000～10000HV）同时又具有优异的耐磨性和低摩擦因数（0.05），并且具有良好的抗粘结性能，生物相容性好、高化学惰性、耐酸碱腐蚀，工作温度为400℃。它适合于加工各种铝材、铝合金、石墨和其他有色金属等材料。

近些年来，纳米材料也在刀具涂层技术上得到了很好的应用。将上百层几纳米厚的材料涂覆在刀具基体材料上称为纳米涂层。纳米涂层具有很高的高温硬度、强度和断裂韧度。纳米涂层的维氏硬度可达2800～3000HV，耐磨性能比亚微米材料提高5%～50%。据报道，目前已开发出的碳化钛和碳氮化钛交替涂层达到62层的涂层刀具和400层的TiAlN－TiAlN/Al_2O_3 纳米涂层刀具，广泛用于各种难加工材料的切削加工。

第三节 切 削 液

合理选择与使用切削液是提高金属切削效率的有效途径之一。

一、切削液的作用

（1）冷却作用 切削液能够降低切削温度，从而可以提高刀具寿命和加工质量。切削液冷却性能的好坏，取决于它的热导率、比热容、汽化热、流量与流速等。一般水溶液的冷却作用较好，油类最差。

（2）润滑作用 金属切削时切屑、工件和刀具间的摩擦可分为干摩擦、流体润滑摩擦和边界润滑摩擦三类。当形成流体润滑摩擦时，才能有较好的润滑效果。金属切削过程大部分属于边界润滑摩擦。所谓边界润滑摩擦，是指流体油膜由于受较高载荷而遭受部分破坏，是金属表面局部接触的摩擦方式。切削液的润滑性能与切削液的渗透性、形成润滑膜的能力及润滑膜的强度有着密切关系。若加入油性添加剂，如动物油、植物油，可加快切削液渗透到金属切削区的速度，从而可减少摩擦。若在切削液中添加一些极压添加剂，如含有S、P、Cl等的有机化合物，这些化合物高温时与金属表面发生化学反应，生成化学吸附膜，可防止在极压润滑状态下刀具、工件、切屑之间的接触面的直接接触，从而减少摩擦，达到润滑的目的。

（3）清洗与防锈作用　切削液可以清除切屑，防止划伤已加工表面和机床导轨面。清洗性能取决于切削液的流动性和压力。在切削液中加入防锈添加剂后，能在金属表面形成保护膜，起到防锈作用。

二、切削液的种类及选用

切削液的种类和选用见表3-4。

表3-4　切削液的种类和选用

序号	名称	组　成	主要用途
1	水溶液	硝酸钠、碳酸钠等溶于水的溶液，用100～200倍的水稀释而成	磨削
2	乳化液	1）少量矿物油，主要为表面活性剂的乳化油，用40～80倍的水稀释而成，冷却和清洗性能好	车削、钻孔
		2）以矿物油为主，少量表面活性剂的乳化油，用10～20倍的水稀释而成，冷却和清洗性能好	车削、攻螺纹
		3）在乳化液中加入极压添加剂	高速车削、钻削
3	切削油	1）矿物油（L-AN15或L-AN32全损耗系统用油）单独使用	滚齿、插齿
		2）矿物油加植物油或动物油形成混合油，润滑性能好	精密螺纹车削
		3）矿物油或混合油中加入极压添加剂形成极压油	高速滚齿、插齿、车螺纹
4	其他	液态的CO_2	主要用于冷却
		二硫化钼+硬脂酸+石蜡做成蜡笔，涂于刀具表面	攻螺纹

切削液应根据工件材料、刀具材料、加工方法和加工要求选用。硬质合金刀具一般不用切削液，若要使用，必须连续、充分地供应，否则骤冷骤热会导致刀片产生裂纹。切削铸铁一般也不用切削液。切削铜、铝合金和有色金属时，一般不用含硫的切削液，以免腐蚀工件表面。

三、新型切削液

随着机械工业整体技术的发展，机床切削速度加快，切削负荷增大，切削温度升高，同时不断有新工艺出现来适应新材料的加工，这都需要使用新型的高性能切削液来满足加工要求；同时根据劳动卫生和环境保护的要求，切削液中应尽量不含有危害人体健康和生态环境的物质。例如，用生物可降解的植物油类物质代替矿物油作为切削液的基础油，用钨酸盐、钼酸盐等代替水基切削液中的具有毒性的添加剂的方法逐渐成为切削液的发展方向。

（1）微乳切削液　微乳切削液是一种介于乳化油和合成切削液之间的切削液。一般它的分散相液滴直径在0.1μm以下。它既具有乳化油的润滑性，又具有合成切削液的冷却、清洗性。微乳切削液无异味、无毒、无污染，有优良的稳定性、防腐性、清洗性和防锈性。它可广泛用于铸铁、碳钢、铜、铝及其合金的切削、钻削、攻螺纹、磨削及精密加工中。

(2) 新型水基切削液 在水基切削液中添加油性添加剂和极压添加剂，是改善水基切削液润滑和防锈性能的有效途径，是水基切削液的重大突破。以松香、顺酐和多元胺等原料合成的非离子表面活性剂 H 具有优异的润滑和防锈性能，油酸三乙醇胺酯是优良的油性添加剂，以非离子表面活性剂 H 和油酸三乙醇胺酯等复合配制而成的水基切削液具有优良的润滑性、防锈性、冷却性和清洗性。

目前，水基切削液的使用范围越来越广，且已开始从乳切削液向性能好、寿命长的合成切削液、微乳切削液过渡。研制高性能、环保可降解、长寿命的切削液，研究延长切削液使用寿命的方法，从而减少切削液的废液排放量，是国内外切削液研究的重要内容。

第四节 刀具合理几何参数的选择

刀具角度对切削过程有重要的影响，合理选择刀具角度，可以有效地提高刀具的使用寿命，减小切削力和切削功率，改善已加工表面质量，提高生产率。在保证加工质量的前提下，能使刀具寿命达到最高的几何参数一般称为刀具的合理几何参数。

一、前角的功用及选择

（一）前角的功用

增大前角能减小切屑变形和摩擦，降低切削力、切削温度，减小刀具磨损，抑制积屑瘤和鳞刺的生成，改善加工表面质量。但是前角也不能选得过大，前角过大会削弱切削刃的强度和散热能力，反而使刀具磨损加剧，刀具寿命下降。因此，前角应有一个合理参考数值。

（二）前角的选择原则

1）工件材料的强度低、硬度低、塑性大，前角数值应取大些，可减小切屑变形，降低切削温度。加工脆性材料时，应选取较小的前角，因变形小，刀-屑接触面小。

2）刀具材料的强度和韧性越好，越应选用较大的前角，如高速钢刀具可采用较大前角。

3）粗切时为增强切削刃强度，应取小值；工艺系统刚性差时，应取大值。

硬质合金外圆车刀前角推荐值见表3-5。

表3-5 硬质合金外圆车刀前角及后角的推荐值

被加工材料		前 角	后 角
钢，铝合金，镁合金，黄铜		25°	8°~15°
灰铸铁（<220HBW），软钢		15°	8°~12°
碳钢及合金钢（R_m=0.78~1.18GPa），可锻铸铁，青铜		10°	8°~12°
灰铸铁（>220HBW），黄铜（脆性的），高锰钢		0°~5°	8°~12°
冷硬铸铁，淬硬钢		-10°	8°
高硅铸铁		-6°~-8°	8°
不锈钢		20°~25°	10°~12°
高温合金	变形	5°~8°	14°~18°
	铸造	~10°	~10°
钛合金		5°	10°~15°

二、后角的功用及选择

（一）后角的功用

增大后角能减小后刀面与过渡表面间的摩擦，还可以减小切削刃刀尖圆弧半径，使刃口锋利。

但后角过大会减小切削刃的强度和散热能力。

（二）后角的选择原则

后角主要根据切削层公称厚度 h_D 选取。粗切时，进给量大，切削层公称厚度大，可取小值；精切时，进给量小，切削层公称厚度小，应取大值。这样可延长刀具寿命和提高已加工表面质量。当工艺系统刚性较差或使用有尺寸精度要求的刀具时，取较小的后角。工件材料的强度、硬度越大，后角越应取小值。后角的推荐值见表 3-5。

三、斜角切削与刃倾角的选择

（一）斜角切削

当刀具的刃倾角 $\lambda_s=0°$时，主切削刃与切削速度方向垂直，称为直角切削。若刀具的刃倾角 $\lambda_s \neq 0°$，其主切削刃与切削速度方向不垂直，称为斜角切削。斜角切削是应用比较普遍的一种切削方式。

1）斜角切削速度分解如图 3-2 所示，切削刃上某点的切削速度 v_c 可分解为垂直于切削刃的分速度 v_n 和平行于切削刃的分速度 v_T，即

$$v_n = v_c\cos\lambda_s,\qquad v_T = v_c\sin\lambda_s$$

由于有 v_T，使切屑流出方向发生变化。切屑流出方向在前刀面上与切削刃的法剖面之间的夹角称为流屑角ψ_λ，如图 3-2b 所示。实验证明，流屑角ψ_λ 近似等于刃倾角，即$\psi_\lambda \approx \lambda_s$。

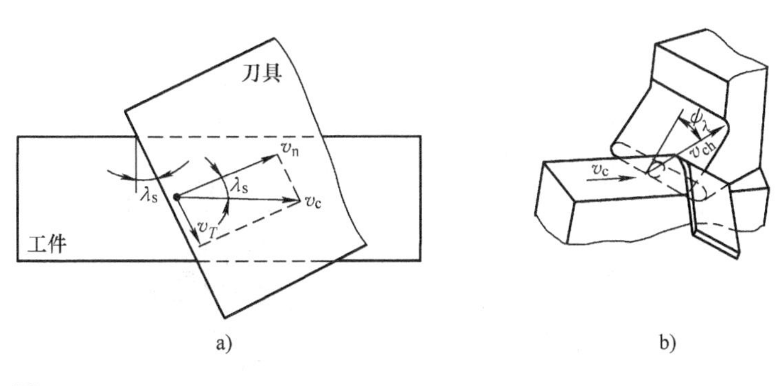

图 3-2

斜角切削的速度分解及流屑角

2）实际切削前角。斜角切削时，由于切屑流出方向发生变化，使实际前角 γ_{oe}大于法剖面前角 γ_n，因而改善了切削条件。实际前角的近似计算公式为

$$\sin\gamma_{oe} = \sin^2\lambda_s + \cos^2\lambda_s\sin\gamma_n \tag{3-2}$$

（二）刃倾角的功用

1）影响切屑流出方向，如图 3-3 所示。

2）影响切削刃的锋利程度。因实际前角较大，可进行薄切削。

3）影响切削刃强度，如图3-4所示，负刃倾角可使刀尖避免冲击。

4）影响背向力 F_p 与进给力 F_f 的比值。λ_s 为负值时，F_p 增大，F_f 减小，易振动。

（三）刃倾角的选择原则

选择刃倾角时主要根据切削条件和系统刚度。精切时，$\lambda_s=0°\sim+5°$；粗切时，$\lambda_s=0°\sim-5°$。工艺系统刚度不足时，刃倾角取正值。

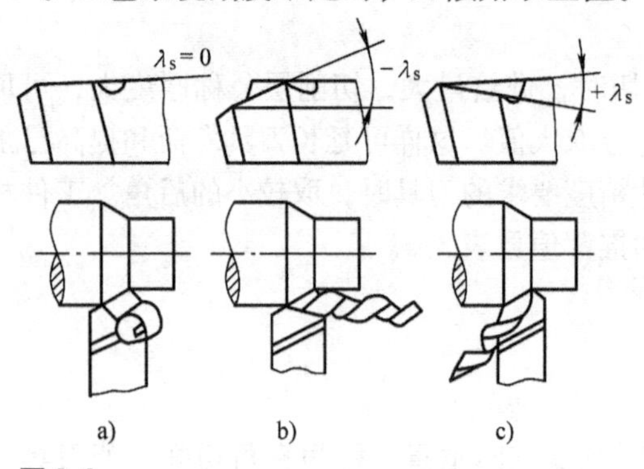

图3-3

刃倾角对切屑流向的影响

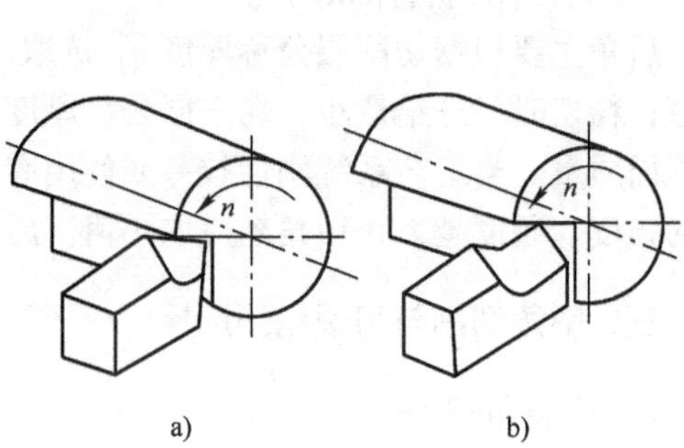

图3-4

刃倾角对切削刃强度的影响

四、主偏角和副偏角的功用及选择

（一）主偏角和副偏角的功用

主偏角主要影响切削层截面的形状和几何参数，影响背向力 F_p 与进给力 F_f 的比例及刀具寿命，并和副偏角一起影响已加工表面粗糙度。如图3-5所示，在相同切削用量的条件下，主偏角越小，则背向力 F_p 越大，切削刃的工作长度越长。

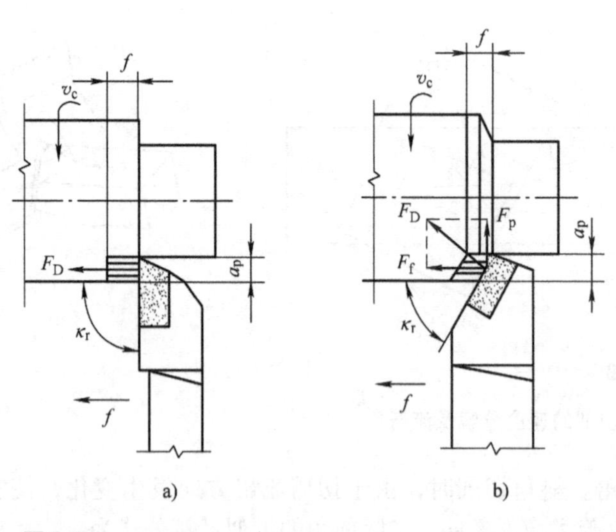

图3-5

主偏角对背向力的影响

副偏角的主要作用是减少副切削刃与工件已加工表面的摩擦，减少切削振动。副偏角的大小影响工件表面残留面积的大小，进而影响已加工表面的粗糙度值。如图3-6所示，副偏角越小，则工件表面的残留面积越小，表面粗糙度 Ra 值越小。

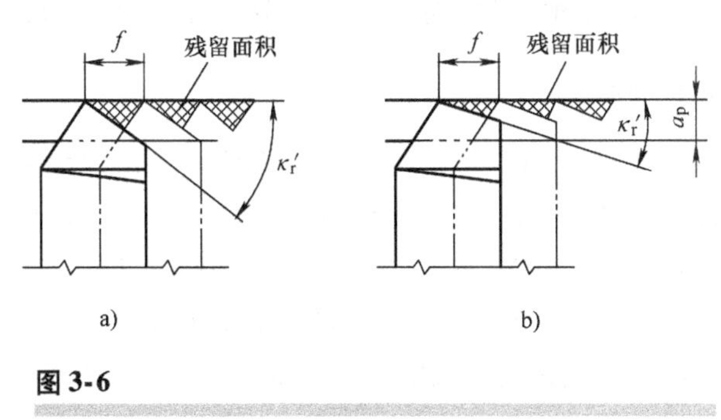

图3-6

副偏角对表面粗糙度值的影响

（二）主偏角和副偏角的选择原则

1）在加工工艺系统的刚度不足的情况下，为了减少背向力 F_p，应选用较大的主偏角。如车削细长轴时，一般取 $\kappa_r=90°\sim93°$，以降低背向力 F_p，减少振动。

2）粗加工时，一般选用较大的主偏角（$\kappa_r=60°\sim75°$），以利于减少振动，延长刀具寿命。

3）加工强度、硬度高的材料，如冷硬铸铁和淬硬钢时，若系统刚性较好，则选用较小的主偏角（$\kappa_r=10°\sim30°$），以增加切削刃的工作长度，减轻单位长度切削刃上的负荷，改善刀头散热条件，延长刀具寿命。

4）在不影响摩擦和不产生振动的条件下，选取较小的副偏角。外圆车刀的副偏角一般为5°～15°。

第五节　切削用量的选择

一、切削用量的选择原则

正确选用切削用量，对提高生产率，保证必要的经济性和切削加工质量均具有重要意义。

切削用量与刀具寿命的关系为

$$T=\frac{C_T}{v_c^{1/m}f^{1/n}a_p^{1/p}} \tag{3-3}$$

根据实验结果，有 $1/m>1/n>1/p$。这说明在 v_c、f、a_p 三者之中，切削速度对刀具寿命的影响最大，进给量次之，背吃刀量影响最小。

另外，生产率可用单位时间内的金属切除量 Q_z 表示，即

$$Q_z=v_c f a_p \tag{3-4}$$

由此可见，除提高切削速度外，也可以增大进给量 f 及背吃刀量 a_p 来达到提高生产率

的目的。当然同时还应保证刀具寿命 T_c（或 T_p）。

根据以上分析可知选择切削用量的原则：在机床、工件、刀具强度和工艺系统刚度允许的条件下，首先选择尽可能大的背吃刀量 a_p，其次根据加工条件和要求选用所允许的最大进给量 f，最后再根据刀具的使用寿命要求选择或计算合理的切削速度。

二、切削用量的选择方法

（1）背吃刀量的选择　背吃刀量根据加工余量来确定。切削加工一般分为粗加工、半精加工和精加工。粗加工（Ra 为 80 ~ 20μm）时应尽量用一次进给切除全部余量，若机床功率为中等时，a_p = 8 ~ 10mm；半精加工（Ra 为 10 ~ 5μm）时，a_p = 0.5 ~ 2mm；精加工（Ra 为 2.5 ~ 1.25μm）时，a_p = 0.1 ~ 0.4mm。当加工余量太大，或工艺系统刚度不足，或断续切削时，粗加工也不能一次选用过大的背吃刀量，应分几次进给，不过第一次进给的背吃刀量应取大些。

（2）进给量的选择　粗加工时，应在机床进给机构强度、车刀刀杆强度和刚度、刀片强度及装夹刚度等允许的条件下，尽可能选取大的进给量，因为这时对工件的表面粗糙度要求不高。精加工时，最大进给量主要受表面粗糙度的限制。实际生产中，主要用查表法或根据经验确定，见表 3-6 和表 3-7。

表 3-6　硬质合金车刀粗车外圆时进给量的参考数值

车刀刀杆尺寸/（B/mm × H/mm）	工件直径 d_w/mm	背吃刀量 a_p/mm				
		≤3	>3 ~ 5	>5 ~ 8	>8 ~ 12	>12
		进给量 f/mm · r^{-1}				
16 × 25	20	0.3 ~ 0.4	—	—	—	—
	40	0.4 ~ 0.5	0.3 ~ 0.4	—	—	—
	60	0.5 ~ 0.7	0.4 ~ 0.6	0.3 ~ 0.5	—	—
	100	0.6 ~ 0.9	0.5 ~ 0.7	0.5 ~ 0.6	0.4 ~ 0.5	—
	400	0.8 ~ 1.2	0.7 ~ 1.0	0.6 ~ 0.8	0.5 ~ 0.6	—
20 × 30 25 × 25	20	0.3 ~ 0.4	—	—	—	—
	40	0.4 ~ 0.5	0.3 ~ 0.4	—	—	—
	60	0.6 ~ 0.7	0.5 ~ 0.7	0.4 ~ 0.6	—	—
	100	0.8 ~ 1.0	0.7 ~ 0.9	0.5 ~ 0.7	0.4 ~ 0.7	—
	600	1.2 ~ 1.4	1.0 ~ 1.2	0.8 ~ 1.0	0.6 ~ 0.9	0.4 ~ 0.6
25 × 40	60	0.6 ~ 0.9	0.5 ~ 0.8	0.4 ~ 0.7	—	—
	100	0.8 ~ 1.2	0.7 ~ 1.1	0.6 ~ 0.9	0.5 ~ 0.8	—
	1000	1.2 ~ 1.5	1.1 ~ 1.5	0.9 ~ 1.2	0.8 ~ 1.0	0.7 ~ 0.8
30 × 45	500	1.1 ~ 1.4	1.1 ~ 1.4	1.0 ~ 1.2	0.8 ~ 1.2	0.7 ~ 1.1
40 × 60	2500	1.3 ~ 2.0	1.3 ~ 1.8	1.2 ~ 1.6	1.1 ~ 1.5	1.0 ~ 1.5

表 3-7 高速车削时根据表面粗糙度选择进给量的参考数值

刀具	表面粗糙度 $Ra/\mu m$	工件材料	κ_r'	切削速度范围 v /m·s^{-1}	刀尖圆弧半径 r_ε/mm 0.5	1.0	2.0
					进给量 f/mm·r^{-1}		
$\kappa_r'>0$ 的车刀	>10~20	中碳钢 灰铸铁	5°	不限制	—	1.00~1.10	1.30~1.50
			10°			0.80~0.90	1.00~1.10
			15°			0.70~0.80	0.90~1.00
	>5~10	中碳钢 灰铸铁	5°	不限制	—	0.55~0.70	0.70~0.85
			10°~15°			0.45~0.60	0.60~0.70
	>2.5~5	中碳钢	5°	<0.833 (<50)①	0.22~0.30	0.25~0.35	0.30~0.45
				0.833~1.67 (50~100)	0.23~0.35	0.35~0.40	0.40~0.55
				>1.67 (>100)	0.35~0.40	0.40~0.50	0.50~0.60
			10°~15°	<0.833 (<50)	0.18~0.25	0.25~0.30	0.30~0.45
				0.833~1.67 (50~100)	0.25~0.30	0.30~0.35	0.35~0.55
				>1.67 (>100)	0.30~0.35	0.35~0.40	0.50~0.55
		灰铸铁	5°	不限制	—	0.30~0.50	0.45~0.65
			10°~15°			0.25~0.40	0.50~0.55
	>1.25~2.5	中碳钢	≥5°	0.5~0.833 (30~50)	—	0.11~0.15	0.14~0.22
				0.833~1.333 (50~80)		0.14~0.20	0.17~0.25
				1.333~1.67 (80~100)		0.16~0.25	0.23~0.35
				1.67~2.167 (100~130)	—	0.20~0.30	0.25~0.39
				>2.167 (>130)		0.25~0.30	0.35~0.39
		灰铸铁	≥5°	不限制	—	0.15~0.25	0.20~0.35
	>0.63~1.25	中碳钢	≥5°	1.67~1.833 (100~110)	—	0.12~0.18	0.14~0.17
				1.833~2.167 (110~130)		0.13~0.18	0.17~0.23
				>2.167 (>130)		0.17~0.20	0.21~0.27
$\kappa_r'=0$ 的车刀	>5~20	中碳钢 灰铸铁	0°	不限制	5.0 以下		
	>2.5~5	中碳钢	0°	≥0.833 (≥50)	5.0 以下		
		灰铸铁	0°	不限制			
	>0.63~2.5	中碳钢	0°	≥1.67 (≥100)	4.0~5.0		
	>1.25~2.5	灰铸铁	0°	不限制	5.0		

① 括号内单位为 m/min。

(3) 切削速度的确定 根据选定的背吃刀量 a_p、进给量 f 和刀具寿命 T，按式 (2-42) 计算切削速度 v_c，再计算出机床主轴转速。实际生产中，可由查表法或经验确定，见表 3-8。

三、选择切削用量的实例

工件材料：45 钢正火，$R_m=0.598$GPa，锻件。工件尺寸如图 3-7 所示。

表3-8 硬质合金外圆车刀切削速度的参考数值

工件材料	热处理状态	$a_p=0.3\sim2mm$	$a_p=2\sim6mm$	$a_p=6\sim10mm$
		$f=0.08\sim0.3mm/r$	$f=0.3\sim0.6mm/r$	$f=0.6\sim1mm/r$
		$v/m\cdot s^{-1}$		
低碳钢 易切钢	热轧	2.33~3.0 (140~180)	1.667~2.0 (100~120)	1.167~1.5 (70~90)
中碳钢	热轧	2.17~2.667 (130~160)	1.5~1.83 (90~110)	1~1.33 (60~80)
	调质	1.667~2.17 (100~130)	1.167~1.5 (70~90)	0.833~1.167 (50~70)
合金结构钢	热轧	1.667~2.17 (100~130)	1.167~1.5 (70~90)	0.833~1.167 (50~70)
	调质	1.333~1.83 (80~110)	0.833~1.167 (50~70)	0.667~1 (40~60)
工具钢	退火	1.5~2.0 (90~120)	1~1.333 (60~80)	0.833~1.167 (50~70)
不锈钢		1.167~1.333 (70~80)	1~1.167 (60~70)	0.833~1 (50~60)
灰铸铁	<190HBW	1.5~2.0 (90~120)	1~1.333 (60~80)	0.833~1.167 (50~70)
	190~225HBW	1.333~1.83 (80~110)	0.833~1.167 (50~70)	0.67~1 (40~60)
高锰钢 ($w_{Mn}=13\%$)			1.167~0.333 (70~20)	
铜及铜合金		3.33~4.167 (200~250)	2.0~3.0 (120~180)	1.5~2 (90~120)
铝及铝合金		5.0~10.0 (300~600)	3.33~6.67 (200~400)	2.5~5 (150~300)
铸铝合金 ($w_{Si}=7\%\sim13\%$)		1.667~3.0 (100~180)	1.333~2.5 (80~150)	1~1.67 (60~100)

注：切削钢及灰铸铁时刀具寿命为3600~5400s（60~90min），括号内数据单位为m/min。

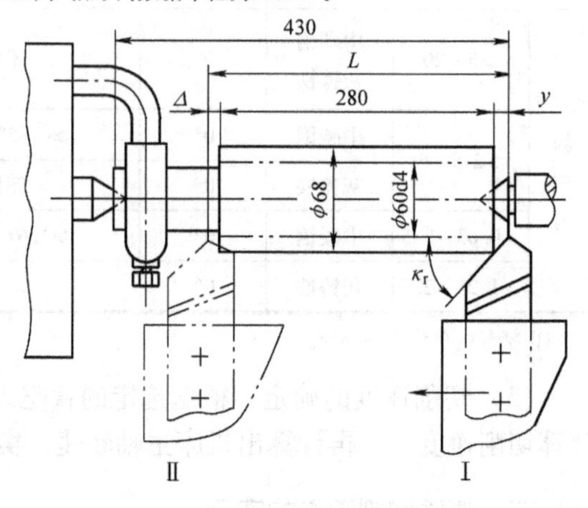

图3-7
工件尺寸图

使用机床：CA6140型车床。

刀具：机夹外圆车刀，刀片P30，刀杆尺寸16mm×25mm。几何角度 $\gamma_o=15°$，$\kappa_r=75°$，$\lambda_s=-6°$，$r_\varepsilon=0.5mm$，四边形刀片。

试选择车削外圆的切削用量。

选择的方法和步骤：

根据工件尺寸精度和表面粗糙度要求，分粗车、半精车两道工序。

1. 粗车

（1）确定背吃刀量　根据工艺半精车单边余量为1mm，现单边总余量为4mm，粗车工序尽量一刀切掉余量，取 $a_p=3mm$。

（2）选择进给量　根据表3-6，$f=0.5\sim$

0.7mm/r，取 $f=0.6\text{mm/r}$（需与机床相符）。

（3）确定切削速度　根据表3-8，45钢正火接近热轧，刀具寿命为60min，$v_c=90\sim110\text{m/min}$，取 $v_c=90\text{m/min}$。

确定机床转速：$$n=\frac{1000v_c}{\pi d_w}=\frac{1000\times90}{\pi\times68}\text{r/min}=421\text{r/min}$$

根据机床标牌取 $n=400\text{r/min}$。

实际切削速度：$$v=\frac{\pi d_w n}{1000}=\frac{\pi\times68\times400}{1000}\text{m/min}=85.4\text{m/min}$$

（4）校验机床功率　根据表2-6，可知单位切削功率 $P_s=32.7\times10^{-6}\text{kW/(mm}^3\text{/min)}$；由表2-7得当 $f=0.6\text{mm/r}$ 时 $K_{fF_c}=0.9$，故切削功率

$$\begin{aligned}P_c&=1000P_s v_c a_p f K_{fF_c}\\&=32.7\times10^{-6}\times85.4\times3\times0.6\times1000\times0.9\text{kW}\\&=4.5\text{kW}\end{aligned}$$

机床消耗功率：$$\frac{P_c}{\eta_m}=\frac{4.5}{0.8}\text{kW}=5.7\text{kW}$$

机床功率 $P_E=7.5\text{kW}$，故功率足够。

（5）计算切削工时

$$t_m=\frac{L+\Delta+y}{nf}=\frac{280+2+2}{400\times0.6}\text{min}\approx1.2\text{min}$$

这里取 $\Delta=y=2\text{mm}$。

2. 半精车

（1）确定背吃刀量　$a_p=1\text{mm}$。

（2）确定进给量　根据表面粗糙度要求及刀具 $\kappa_r'=15°$，$r_\varepsilon=0.5\text{mm}$，查表3-7（$f=0.25\sim0.3\text{mm/r}$），取 $f=0.3\text{mm/r}$。

（3）确定切削速度　根据表3-8（$v_c=130\sim160\text{m/min}$），取 $v_c=150\text{m/min}$。

确定机床主轴转速：$$n=\frac{1000v}{\pi d}=\frac{1000\times150}{\pi(68-6)}\text{r/min}=770\text{r/min}$$

根据机床标牌取 $n=710\text{r/min}$。

实际切削速度：$$v_c=\frac{\pi dn}{1000}=\frac{\pi\times62\times710}{1000}\text{m/min}=138\text{m/min}$$

（4）计算切削工时

$$t_m=\frac{l+\Delta+y}{nf}=\frac{280+2+2}{710\times0.3}\text{min}\approx1.4\text{min}$$

第四章
车削加工及普通车床

第一节 概　　述

一、车削加工范围

车削是在车床上用车刀进行切削加工的工艺，主要用于加工零件的各种回转表面，如内外圆柱表面、内外圆锥表面、成形回转表面及回转体的端面等。在车床上，除使用车刀进行加工外，还可以使用各种孔加工刀具（如钻头、铰刀等）进行孔加工或者用镗刀加工较大的内孔表面。

卧式车床上可以完成的主要车削工作如图 4-1 所示。

大多数机械零件都具有回转表面，车床的通用性又较广，因此，车床的应用极为广泛，在金属切削机床中所占的比重最大，占机床总数的 20% ~35%。

二、车削加工运动

车削时通过车刀与工件之间的相对运动来形成被加工零件的表面。

（一）表面成形运动

车削的表面成形运动有主轴带动工件的旋转运动和刀具的进给运动。

1）工件的旋转运动是车床的主运动，使工件获得所需的切削速度。主运动的速度较高，消耗功率最大。其转速通过常以 n（r/min）表示。

2）刀具的移动是车床的进给运动。车外圆时，车刀沿平行于工件轴线方向的移动称为纵向进给运动；车端面时，车刀沿垂直于工件轴线方向的移动称为横向进给运动。进给量以 f(mm/r)表示。

车螺纹时，工件的旋转运动和刀具的直线移动形成复合的成形运动，称为螺旋运动。

（二）辅助运动

车削还有切入运动（吃刀、进刀运动），使刀具相对工件切入一定深度，达到工件所需尺寸。此外，还有刀架纵、横向机动快移，尾座的机动快移及其他各种空行程运动（开/停机、变速/向、装卸工件）等。

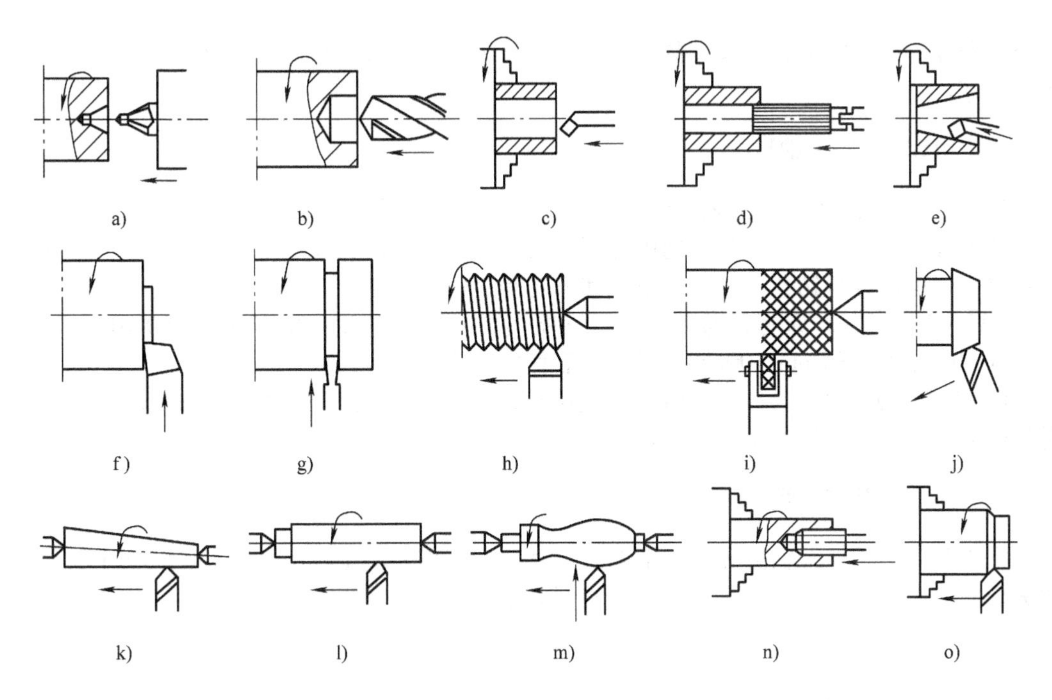

图 4-1

卧式车床能完成的工作

a）钻中心孔 b）钻孔 c）车内孔 d）铰孔 e）车锥孔 f）车端面 g）车槽、切断 h）车外螺纹 i）滚花 j）车短外锥 k）车长外锥 l）车长外圆柱面 m）车成形面 n）攻螺纹 o）车外圆

三、车床的分类

为了适应不同的加工要求，车床可分为普通车床（非数控车床）和数控车床。普通车床种类很多，按其结构和用途不同，主要可分为以下几类：

1）卧式车床及落地车床；

2）立式车床；

3）转塔车床；

4）仪表车床；

5）单轴自动和半自动车床；

6）多轴自动和半自动车床；

7）仿形车床和多刀车床；

8）专门化车床，如凸轮轴车床、曲轴车床、活塞车床和铲齿车床等；

9）在大批大量生产中，还使用各种专用车床。

另外，随着信息技术的发展，应用计算机为控制元件，进行自动加工的各类数控车床及能够自动进行换刀的车削加工中心已越来越多地投入使用，已形成取代各种传统机械控制自动车床的趋势。该部分内容将在第七章中进行详细介绍。

第二节 CA6140 型卧式车床及传动系统

卧式车床是各类机床中使用最为广泛的一种通用机床，并且在其加工工艺范围、传动和结构上都具有相当的代表性和典型性。这里以 CA6140 型卧式车床为典型机床，进行较详细的介绍和分析，以掌握卧式车床的性能、传动原理、结构及分析方法，进而推广应用于其他各类机床。

一、机床的工艺范围

CA6140型卧式车床的工艺范围很广，它能进行多种表面的加工：车削各种轴类、套类和盘类零件上的回转表面，如车削内外圆柱面、圆锥面、环槽及成形回转面；车削端面；车削螺纹；还可以进行钻孔、扩孔、铰孔和滚花等工作，如图4-1所示。

CA6140型卧式车床为普通精度级，它能达到的加工精度：精车外圆为0.01mm，精车外圆的圆柱度为0.01mm/100mm，精车的表面粗糙度 *Ra* 为1.25～2.5μm。

CA6140型卧式车床的通用性较大，但结构较复杂且自动化程度低，加工过程中的辅助时间较多，适用于单件、小批生产及修理车间等。

二、机床的布局与组成

卧式车床主要加工轴类和直径不太大的盘、套类零件。主轴水平安装，刀具在水平面内做纵、横向进给运动。图4-2是CA6140型卧式车床的外形图。

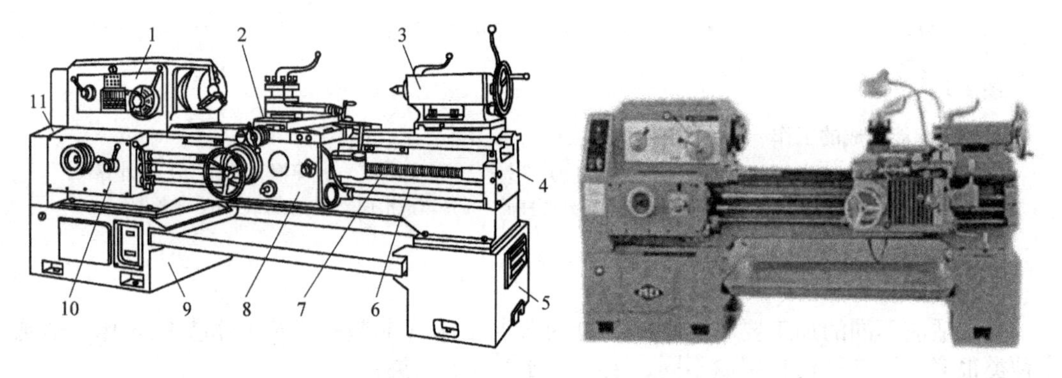

图4-2

CA6140型卧式车床外形图

1—主轴箱 2—刀架 3—尾座 4—床身 5—右床腿 6—光杠 7—丝杠 8—溜板箱 9—左床腿 10—进给箱 11—交换齿轮变速机构

机床的主要组成部件有：

1）主轴箱1固定在床身4的左边，内部装有主轴和变速传动机构。工件通过卡盘装夹在主轴前端。主轴箱的功用是支承主轴并把动力经变速传动机构传给主轴，使主轴带动工件按需要的转速旋转，以实现主运动。

2）进给箱10固定在床身4的左端前侧。箱内装有进给运动的变换机构，其功用是改变机动进给量或加工螺纹的导程。

3）溜板箱8位于床身4前面，固定在刀架2的最下层床鞍下面，可与刀架一起做纵向运动。溜板箱的功用是把进给箱通过光杠（或丝杠）传来的运动传递给刀架，使刀架实现纵向进给、横向进给、快速移动或车螺纹。

4）刀架2由床鞍、中滑板、小滑板和方刀架组成。它可沿床身4上的导轨做纵向移动。它的功用是装夹车刀，实现纵向、横向或斜向进给运动。

5）尾座3安装在床身4右边的导轨上，可沿导轨纵向调整其位置。它的功用是用顶尖支承长工件，也可以安装钻头、铰刀等孔加工刀具进行孔加工。

6）床身4安装在左床腿9和右床腿5上。在床身上安装着机床的各个主要部件，其功用是支承各主要部件，并使它们在工作时保持准确的相对位置。

三、机床的主要技术性能

床身上最大回转直径：400mm
刀架上最大回转直径：210mm
最大工件长度：750mm、1000mm、1500mm、2000mm
主轴转速：正转24级　10～1400r/min
　　　　　反转12级　14～1580r/min
进给量：纵向64种　0.028～6.33mm/r
　　　　横向64种　0.014～3.16mm/r
车削螺纹范围：米制44种　$S=1\sim192$mm
　　　　　　　寸制20种　$a=2\sim24$牙/in
主电动机功率：7.5kW

四、CA6140型卧式车床传动系统

图4-3为CA6140型卧式车床的传动系统图，表明了机床的全部运动联系。图中左上方的方框表示机床的主轴箱，框中即是从电动机到车床主轴的主运动传动链。传动链中的滑移齿轮主变速机构，可使主轴得到各种不同的转速；而片式摩擦离合器换向机构可使主轴得到正、反向转速。左下方框表示进给箱，右下方框表示溜板箱。主轴箱中下半部的传动件、左外部的进给换向交换齿轮、进给箱中的传动件、丝杠或光杠及溜板箱中的传动件构成了从主轴到刀架的进给运动传动链。进给换向机构位于主轴箱下半部，用于切削左旋或右旋螺纹，交换齿轮和进给箱中的进给变换机构用于改变被切螺纹的导程或机动进给量。进给箱中还设有转换机构，用来决定将运动传给丝杠还是光杠。如传给丝杠，则通过丝杠及溜板箱中的开合螺母把运动传给刀架，形成切削螺纹传动链；如传给光杠，则通过光杠和溜板箱中的转换机构把运动传给刀架，形成机动进给传动链。溜板箱中的转换机构用来确定是纵向进给还是横向进给。

（一）主运动传动链

主运动传动链的两末端件分别是主电动机与主轴，作用是把动力源的运动及动力传给主轴，使主轴带动工件按规定转速旋转，实现主运动。

1. 传动路线

运动由电动机（7.5kW，1450r/min）经V带轮传动副ϕ130mm/ϕ230mm传至主轴箱中的轴Ⅰ。轴Ⅰ的双向片式摩擦离合器M_1，使主轴正转、反转或停转。当压紧离合器M_1左部的摩擦片时，轴Ⅰ的运动经齿轮副$\frac{56}{38}$或$\frac{51}{43}$传给轴Ⅱ，使轴Ⅱ获得两种转速。压紧右部摩擦片时，经齿轮50（齿数）、轴Ⅶ上的空套齿轮34传给轴Ⅱ上的固定齿轮30。这时轴Ⅰ至轴Ⅱ间多一个中间齿轮34，故轴Ⅱ的转向与经M_1左部传动时相反，反转转速只有一种。当离合器处于中间位置时，左、右摩擦片都没有被压紧，轴Ⅰ的运动不能传至轴Ⅱ，主轴停转。

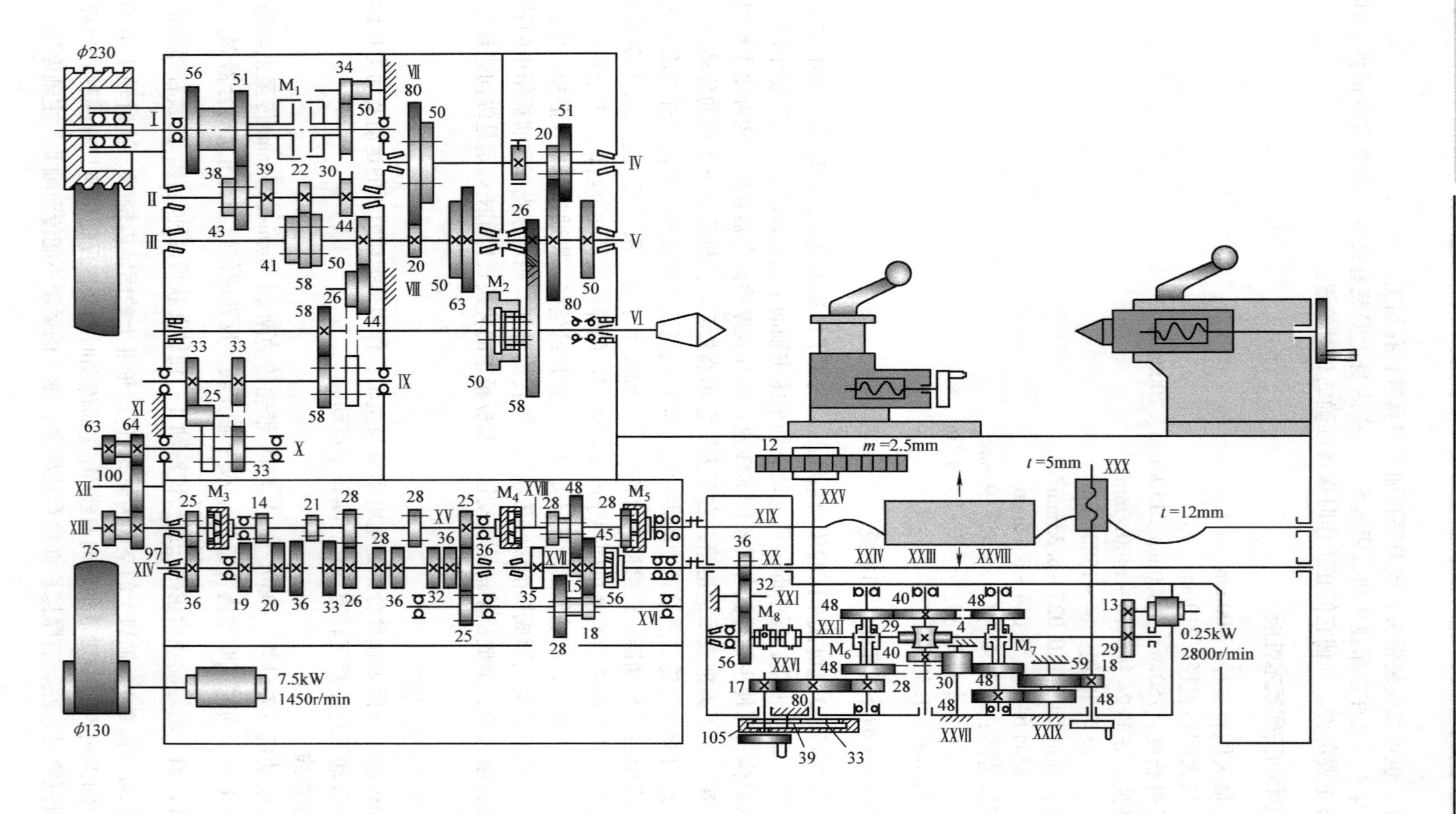

图 4-3

CA6140 型卧式车床传动系统图

轴Ⅱ的运动可通过轴Ⅱ和轴Ⅲ间三对齿轮中的任一对传至轴Ⅲ，故轴Ⅲ正转有 $2\times3=6$ 种转速。

运动由轴Ⅲ传至主轴有两条路线：

（1）高速传动路线　它是指轴Ⅲ—主轴Ⅵ。此时，主轴上的滑移齿轮 50 滑移到左边与轴Ⅲ上的齿轮 63 啮合，运动由这一对齿轮直接传至主轴，可使主轴得到 6 级高转速。

（2）低速传动路线　它是指轴Ⅲ—轴Ⅳ—轴Ⅴ—主轴Ⅵ。此时，主轴上的滑移齿轮 50 移到右端，使主轴上的齿式离合器 M_2 啮合。轴Ⅲ的运动经齿轮副 $\frac{20}{80}$ 或 $\frac{50}{50}$ 传给轴Ⅳ，又经齿轮 $\frac{20}{80}$ 或 $\frac{51}{50}$ 传给轴Ⅴ，再经固定齿轮副 $\frac{26}{58}$ 及齿式离合器 M_2 传给主轴，可使主轴得到 24 级理论上的低转速。

上述的传动路线可由传动路线表达式来表示：

$$\begin{array}{c}\text{主电动机}\\(7.5\text{kW})\\(1450\text{r/min})\end{array}-\frac{\phi130}{\phi230}-\text{I}-\left\{\begin{array}{l}\underset{(\text{正转})}{M_1(\text{左})}-\left\{\begin{array}{c}\frac{56}{38}\\\frac{51}{43}\end{array}\right\}-\\ \underset{(\text{反转})}{M_1(\text{右})}-\frac{50}{34}-\text{VII}-\frac{34}{30}-\end{array}\right\}-\text{II}-\left\{\begin{array}{c}\frac{39}{41}\\\frac{22}{58}\\\frac{30}{50}\end{array}\right\}-\text{III}-$$

$$\left\{\begin{array}{l}\frac{63}{50}-M_2(\text{左})-\\ \left\{\begin{array}{c}\frac{20}{80}\\\frac{50}{50}\end{array}\right\}-\text{IV}-\left\{\begin{array}{c}\frac{20}{80}\\\frac{51}{50}\end{array}\right\}-\text{V}-\frac{26}{58}-M_2(\text{右})\end{array}\right\}-\text{VI}(\text{主轴})$$

2. 主轴转速级数和转速

由传动系统图或传动路线表达式可以看出，主轴正转时，可得 $2\times3=6$ 种高转速和 $2\times3\times2\times2=24$ 种低转速。但实际上低速路线只有 18 级转速，因为，轴Ⅲ至轴Ⅴ间的两个双联滑移齿轮变速组得到的四种传动比中有两种相重复，即

$$u_1=\frac{20}{80}\times\frac{20}{80}=\frac{1}{16},\ u_2=\frac{20}{80}\times\frac{51}{50}\approx\frac{1}{4},\ u_3=\frac{50}{50}\times\frac{20}{80}=\frac{1}{4},\ u_4=\frac{50}{50}\times\frac{51}{50}\approx1$$

其中 $u_2\approx u_3$，故实际上只有三种不同的传动比。因此，由低速传动路线得到 $2\times3\times(2\times2-1)=18$ 级转速。再加上高速传动路线的 6 级，主轴共获得 $2\times3\times[1+(2\times2-1)]=6+18=24$ 级转速。

主轴反转时，有 $3\times[1+(2\times2-1)]=12$ 级转速。

主轴的各级转速，可由传动链所经过的传动件的运动参数列出运动平衡式求得，即

$$n_{\text{主轴}}=n_{\text{电}}\times\frac{D}{D'}(1-\varepsilon)\times\frac{Z_{\text{I-II}}}{Z'_{\text{I-II}}}\times\frac{Z_{\text{II-III}}}{Z'_{\text{II-III}}}\times\frac{Z_{\text{III-VI}}}{Z'_{\text{III-VI}}}\times\cdots\tag{4-1}$$

式中　D、D'——主动和从动带轮直径；

ε——V 带传动的滑动系数，可取 $\varepsilon=0.02$；

$Z_{\text{I-II}}$、$Z'_{\text{I-II}}$——轴Ⅰ和轴Ⅱ之间相啮合的主动齿轮和从动齿轮齿数，其余类推。

对于图 4-3 中所示的齿轮啮合位置，主轴的转速为

$$n_{主} = 1450 \times \frac{130}{230} \times 0.98 \times \frac{51}{43} \times \frac{22}{58} \times \frac{20}{80} \times \frac{20}{80} \times \frac{26}{58} \text{r/min} \approx 10\text{r/min}$$

由此，即可求出正、反转时的各级转速。若将传动系统中各传动组中的最大传动比和最小传动比代入，可求出主轴的最高转速 n_{max} 和最低转速 n_{min}，得到主轴的转速范围。

主轴正转时的最高转速为

$$n_{max} = 1450 \times \frac{130}{230} \times 0.98 \times \frac{56}{38} \times \frac{39}{41} \times \frac{63}{50} \text{r/min} \approx 1400\text{r/min}$$

而最低转速正是由图 4-3 所示的传动路线得到，$n_{min} = 10\text{r/min}$。

主轴反转时的转速较高，一般不是用于切削，而是用于车削螺纹时，切削完一刀后，使车刀沿螺旋线退回，以免下一次切削时“乱扣”。转速高，可节省辅助时间。

在现代数控车床中，主轴所需的运动转速完全由可以无级变速的主轴伺服电动机或电主轴来实现，因此，就不再需要分级变速机构。当然也有将主轴伺服电动机和一个简单的 2 ~ 4 级机械分级变速机构串联使用的，以扩大转速范围。主轴的反转，也由主轴电动机来实现。

（二）进给运动传动链

进给运动传动链是使刀架实现纵向或横向运动及变速与换向的传动链，两末端件分别是主轴和刀架。图 4-4 所示为进给运动传动链的组成框图。由图可知，进给运动传动链可分为车削螺纹和机动进给两条传动链，机动进给传动链又可分为纵向进给传动链和横向进给传动链。从主轴至进给箱的传动属于各传动链的公用段。在进给箱之后分为两支：丝杠传动实现车削螺纹；光杠传动则经过溜板箱中的传动机构分别实现纵向和横向机动进给运动。

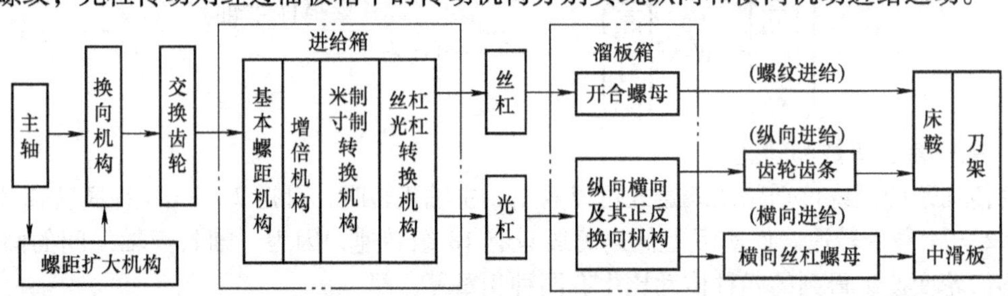

图 4-4

进给运动传动链组成框图

1. 车削螺纹传动链

CA6140 型车床能够车削米制、寸制、模数制和径节制四种标准的常用螺纹，还能够车削大导程、非标准和较精密的螺纹。车削螺纹传动链的作用，就是要得到上述各种螺纹的导程。

车螺纹时，两末端件的运动关系为主轴旋转一周，刀架纵向移动一个导程 S。其运动平衡式为

$$1_{(主轴)} \times u \times t_{丝} = S$$

式中 u——从主轴到丝杠之间的总传动比；

$t_{丝}$——机床丝杠的导程（对 CA6140 型卧式车床，$t_{丝} = 12\text{mm}$）；

S——被加工螺纹的导程（mm），当螺纹为单线时，即为螺距。

在这个平衡式中，通过改变传动链中的传动比 u，就可以得到要加工的螺纹导程。

（1）米制螺纹　将国家标准中常用的米制螺纹标准导程的数值按一定规律列出，见表4-1。

表4-1　标准米制螺纹导程　（单位：mm）

—	1	—	1.25	—	1.5
1.75	2	2.25	2.5	—	3
3.5	4	4.5	5	5.5	6
7	8	9	10	11	12

由表中可以看出：各横行的导程值是等差数列；而纵列是公比为2的等比数列。根据这些规律，在进给箱中用一个变速组的不同传动比来得到横行的等差数列，再串联一个变速组将已得到的等差导程数列按公比为2的关系增大和缩小，便可得到全部的导程。

车削米制螺纹时，进给箱中的 M_3 和 M_4 脱开，M_5 接合。交换齿轮架齿数为 $\frac{63}{100}\times\frac{100}{75}$。运动进入进给箱后，经移换机构的齿轮副 $\frac{25}{36}$ 传至轴XIV，再经过8速滑移变速机构的齿轮副 $\frac{19}{14}$、$\frac{20}{14}$、$\frac{36}{21}$、$\frac{33}{21}$、$\frac{26}{28}$、$\frac{28}{28}$、$\frac{36}{28}$ 及 $\frac{32}{28}$ 中的一对传至轴XV，然后再由齿轮副 $\frac{25}{36}\times\frac{36}{25}$ 传至轴XVI，再经轴XVI和轴XVIII间的两组滑移变速机构，最后经离合器 M_5 传至丝杠XIX。溜板箱中的开合螺母闭合，带动刀架运动。此时的传动路线表达式如下：

$$\text{主轴VI}-\frac{58}{58}-\text{IX}-\left\{\begin{array}{l}\frac{33}{33}(\text{右旋螺纹})\\ \frac{33}{25}-\text{XI}-\frac{25}{33}(\text{左旋螺纹})\end{array}\right\}-\text{X}-\frac{63}{100}\times\frac{100}{75}-\text{XIII}-\frac{25}{36}-$$

$$\text{XIV}-u_{\text{基}}-\text{XV}-\frac{25}{36}\times\frac{36}{25}-\text{XVI}-u_{\text{倍}}-\text{XVIII}-M_5-\text{XIX}(\text{丝杠})-\text{刀架}$$

其中，$u_{\text{基}}$ 是轴XIV和轴XV之间变速机构的传动比，即

$$u_{\text{基}1}=\frac{26}{28}=\frac{6.5}{7},\quad u_{\text{基}5}=\frac{19}{14}=\frac{9.5}{7}$$

$$u_{\text{基}2}=\frac{28}{28}=\frac{7}{7},\quad u_{\text{基}6}=\frac{20}{14}=\frac{10}{7}$$

$$u_{\text{基}3}=\frac{32}{28}=\frac{8}{7},\quad u_{\text{基}7}=\frac{33}{21}=\frac{11}{7}$$

$$u_{\text{基}4}=\frac{36}{28}=\frac{9}{7},\quad u_{\text{基}8}=\frac{36}{21}=\frac{12}{7}$$

这8个传动比的分母相同，分子为6.5、7、8、9、9.5、10、11和12，除了6.5和9.5用于其他种类的螺纹外，其余按等差数列排列，且正好等于米制螺纹导程标准的最后一行。这套变速机构称为基本组，若乘以一个相同的因子7，即可使传动链得到等差数列。$u_{\text{倍}}$ 是轴XVI和轴XVIII间变速机构的传动比，这套变速机构由两个双联滑移齿轮组组成，共有4个传动比，即

$$u_{\text{倍}1}=\frac{18}{45}\times\frac{15}{48}=\frac{1}{8},\quad u_{\text{倍}3}=\frac{18}{45}\times\frac{35}{28}=\frac{1}{2}$$

$$u_{\text{倍}2}=\frac{28}{35}\times\frac{15}{48}=\frac{1}{4},\quad u_{\text{倍}4}=\frac{28}{35}\times\frac{35}{28}=1$$

它们之间依次为2倍关系，用以实现螺纹导程标准中行与行之间的倍数关系，称为增倍组，从而可以加工出不同螺距的螺纹。

车削米制（右旋）螺纹的运动平衡式为

$$S=1_{(\text{主轴})}\times\frac{58}{58}\times\frac{33}{33}\times\frac{63}{100}\times\frac{100}{75}\times\frac{25}{36}\times u_{\text{基}}\times\frac{25}{36}\times\frac{36}{25}\times u_{\text{倍}}\times 12\text{mm}$$

将上式简化后可得

$$S=7u_{\text{基}}\ u_{\text{倍}}\text{mm}$$

将$u_{\text{基}}$和$u_{\text{倍}}$的不同值代入，就可以得到表4-1中的各种标准米制螺纹导程。

由此传动路线可知，能加工的最大螺纹导程为$S=12\text{mm}$。如需车削导程更大的螺纹，应使用扩大导程传动路线，即将主轴箱内轴Ⅸ上的滑移齿轮58向右移，与轴Ⅷ上的齿轮26啮合，即

$$\text{主轴Ⅵ}-\frac{58}{26}-\text{Ⅴ}-\frac{80}{20}-\text{Ⅳ}-\begin{bmatrix}\frac{50}{50}\\ \frac{80}{20}\end{bmatrix}-\text{Ⅲ}-\frac{44}{44}-\text{Ⅶ}-\frac{26}{58}-\text{Ⅸ}-\cdots$$

轴Ⅸ以后的传动路线与前述传动路线表达式所示相同。从主轴Ⅵ至轴Ⅸ之间的传动比为

$$u_{\text{扩}1}=\frac{58}{26}\times\frac{80}{20}\times\frac{50}{50}\times\frac{44}{44}\times\frac{26}{58}=4$$

$$u_{\text{扩}2}=\frac{58}{26}\times\frac{80}{20}\times\frac{80}{20}\times\frac{44}{44}\times\frac{26}{58}=16$$

在前述的车削正常螺纹导程时，主轴Ⅵ直接传动轴Ⅸ，其间传动比$u=1$。因此，通过扩大导程路线可将正常螺纹导程扩大4倍和16倍。也就是说，在CA6140型车床上，通过扩大导程路线可加工的最大米制螺纹导程为192mm。

扩大螺纹导程机构的传动齿轮就是主运动低速路线的传动齿轮，因此，只有主轴处于低速状态时，才能用扩大导程。且当主轴转速确定后，导程能扩大的倍数也就确定了。另外，轴Ⅲ和轴Ⅴ之间的传动比$\frac{50}{51}\times\frac{50}{50}$，并不准确地等于1，所以不能用来扩大导程。

（2）寸制螺纹　寸制螺纹以每英寸长度上的螺纹牙（圈）数a（牙/in）表示，因此，寸制螺纹的导程$S_{\text{a}}=\frac{1}{a}\text{in}$。由于CA6140型车床的丝杠是米制螺纹，被加工的寸制螺纹也应换算成以mm为单位的相应导程值，即

$$S_{\text{a}}=\frac{1}{a}\text{in}=\frac{25.4}{a}\text{mm}$$

a的标准值也是按分段等差的规律排列的，所以寸制螺纹导程的分母为分段等差数列。此外，还有特殊因子25.4。因此，车削寸制螺纹时，需对传动路线进行变动，车削寸制螺纹的运动平衡式经整理得

$$a=\frac{7}{4}\frac{u_{\text{基}}}{u_{\text{倍}}}$$

变换传动比$u_{\text{基}}$和$u_{\text{倍}}$，就可加工出各种标准的寸制螺纹。

此外，还可加工模数螺纹、径节螺纹及非标准螺纹。米制蜗杆上的螺纹称为模数螺纹，

寸制蜗杆上的螺纹称为径节螺纹，通过调整和变动传动路线即可加工这两种螺纹。另外，将进给箱内的齿式离合器 M_3、M_4和 M_5全部接合上，则轴XIII、轴XV、轴XVIII和丝杠XIV直接相连成一体，运动由交换齿轮直接传给丝杠。由于交换齿轮箱中交换齿轮（此时为4个交换齿轮 a、b、c、d，见图4-3）的齿数可任选，故可得到任意的传动比，因此，可车削任意导程的非标准螺纹。

在数控车床中，车床螺纹传动链完全可以由可任意变速的主轴交流伺服电动机和纵向进给伺服电动机来实现。通过计算机检测两电动机相对转速，使主轴旋转一周时，纵向进给伺服电动机通过丝杠－螺母机构带动纵向工作台走过一个所需加工的导程即可加工各种螺纹。

2. 纵向和横向机动进给传动链

纵向进给一般用于车削圆柱面，而横向进给用于车削端面。

（1）传动路线 为了减少丝杠的磨损和便于操纵，机动进给是由光杠经溜板箱传动的。这时，将进给箱中的离合器 M_5脱开，使轴XVIII的齿轮 28 与轴XX左端的齿轮 56 相啮合。运动由进给箱传至光杠XX，再经溜板箱中的可沿光杠滑移的齿轮 36、空套在轴XXI上的齿轮 32、超越离合器外壳上的齿轮 56、超越离合器、安全离合器 M_8、轴XXII、蜗杆蜗轮副$\frac{4}{29}$传至轴XXIII。然后，再由轴XXIII经齿轮副$\frac{40}{48}$或$\frac{40}{30}\times\frac{30}{48}$（反向）、双向离合器 M_6、轴XXIV、齿轮副$\frac{28}{80}$、轴XXV传至小齿轮 12。小齿轮 12 与固定在床身上的齿条相啮合，小齿轮转动就带动刀架做纵向机动进给。若运动由轴XXIII经齿轮副$\frac{40}{48}$或$\frac{40}{30}\times\frac{30}{48}$、双向离合器 M_7、轴XXVIII及齿轮副$\frac{48}{48}\times\frac{59}{18}$传至横向进给丝杠XXX，就使刀架做横向机动进给。机动进给传动链的传动路线表达式如下：

$$\cdots \text{XVIII}-\frac{28}{56}-\text{XX}-\frac{36}{32}-\text{XXI}-\frac{32}{56}-\text{XXII}-\frac{4}{29}-\text{XXIII}-$$

$$\text{快移电动机}(0.25\text{kW},\ 2800\text{r/min})-\frac{18}{24}\text{（至XXIII）}$$

$$\left\{\begin{array}{l}\left.\begin{array}{l}M_6\uparrow\frac{40}{48}\\ M_6\downarrow\frac{40}{30}\times\frac{30}{48}\end{array}\right\}-\text{XXIV}-\frac{28}{80}-\text{XXV}-Z_{12}/\text{齿条}\\ \left.\begin{array}{l}M_7\uparrow\frac{40}{48}\\ M_7\downarrow\frac{40}{30}\times\frac{30}{48}\end{array}\right\}-\text{XXVIII}-\frac{48}{48}-\text{XXIX}-\frac{59}{18}-\text{横向丝杠XXX}\end{array}\right.$$

（2）机动进给量 CA6140 型车床纵向机动进给量有 64 种。当运动由主轴经正常导程的米制螺纹传动路线传动时，可获得正常进给量。这时的运动平衡式为

$$f_{纵}=1_{(主轴)}\times\frac{58}{58}\times\frac{33}{33}\times\frac{63}{100}\times\frac{100}{75}\times\frac{25}{36}\times u_{基}\times\frac{25}{36}\times\frac{36}{25}\times u_{倍}\times\frac{28}{56}\times\frac{36}{32}\times\frac{32}{56}\times$$
$$\frac{4}{29}\times\frac{40}{30}\times\frac{28}{80}\times\pi\times2.5\times12\text{mm/r}$$

整理后可得：$f_{纵}=0.711u_{基}u_{倍}$mm，改变$u_{基}$和$u_{倍}$即可得所需纵向进给量。通过寸制螺纹传动路线和扩大螺纹导程传动路线得到的纵向进给量也可按此方法列出相应运动平衡式来计算。

CA6140型车床的横向进给量也是64种。经正常导程米制螺纹传动路线得到的运动平衡式为：$f_{横}=0.355u_{基}u_{倍}$mm，可见横向机动进给量是纵向的一半。这是因为横向进给经常用于切槽或切断，容易产生振动，切削条件差，故选用较小的进给量。

（3）刀架快速移动传动链 为了减轻操作者的劳动强度和缩短辅助时间，刀架可以实现纵向和横向的机动快速移动。快速移动是由装在溜板箱内的快速电动机（0.25kW，2800r/min）驱动的。接通快速电动机后，运动经齿轮副$\frac{18}{24}$使轴XXII高速转动，再经蜗杆副$\frac{4}{29}$和溜板箱内的纵、横向转换机构，使刀架实现纵向或横向的快速移动。刀架快速移动时，可不必脱开机动进给传动链。在齿轮56与轴XXII之间装有超越离合器，可保证光杠和快速电动机同时传给轴XXII运动而不相互干涉。

第三节 CA6140型卧式车床主要结构

一、主轴箱

CA6140型车床主轴箱内有主轴部件、主传动变速及操纵机构、摩擦离合器及制动器、主轴到交换齿轮间的传动与换向机构及润滑装置等。

如图4-5所示，按照传动路线先后顺序，沿轴Ⅳ—Ⅰ—Ⅱ—Ⅲ（Ⅴ）—Ⅵ—Ⅺ—Ⅹ的轴

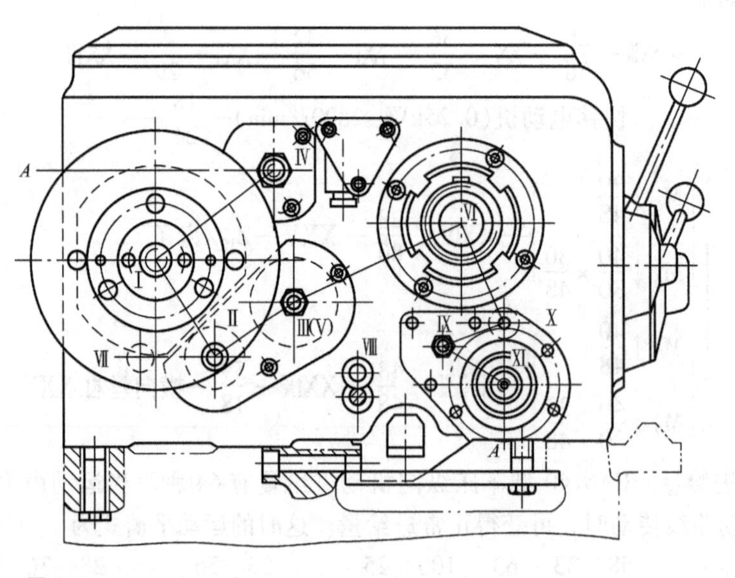

图4-5

主轴箱展开图剖切顺序

线将主轴箱剖开，并展开在一个平面上，获得主轴箱展开图，如图4-6所示。图中显示了主轴箱内全部传动件、支承件及相关结构。

（一）卸荷式带轮

电动机经V带将运动传至轴Ⅰ左端的带轮2上（图4-6）。带轮2与花键套1用螺钉联接成一体，支承在支承套3内孔中的两个深沟球轴承上。支承套3固定在主轴箱体4上。作用在带轮2上的传动带拉力，通过花键套1、滚动轴承和支承套3，最后传给主轴箱体。而转矩则由带轮经过花键套1传给轴Ⅰ。这样，轴Ⅰ只传递转矩而避免了由传动带拉力产生的弯曲变形。这种带轮起到了卸荷的作用。

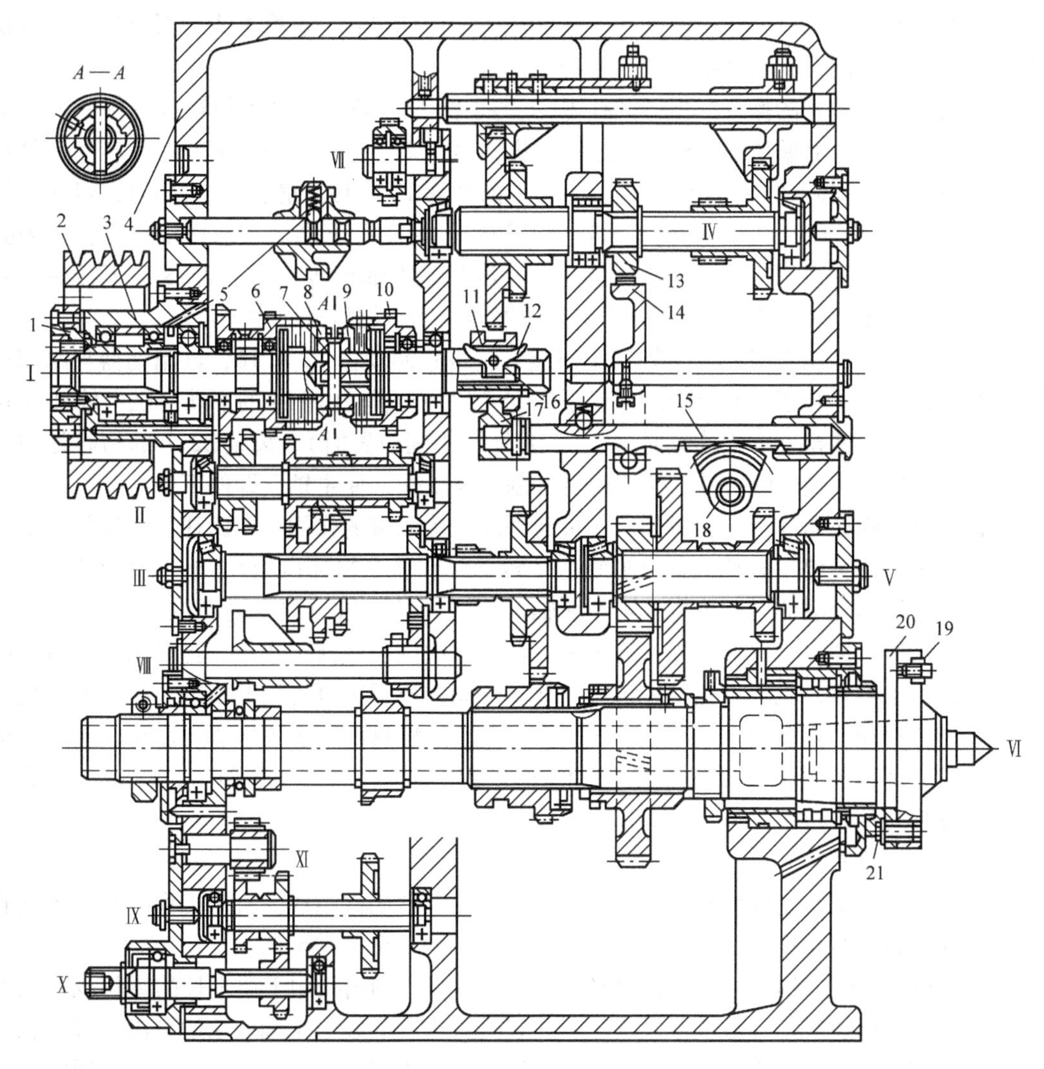

图4-6

CA6140型卧式车床主轴箱展开图

（二）双向片式摩擦离合器及其操纵机构

轴Ⅰ上装有双向片式摩擦离合器，其主要作用是实现主传动的换向。摩擦离合器由内摩擦片3，外摩擦片2，定位片10、11，压紧块8及调整螺母9组成（图4-7）。左、右两边的双联齿轮和单联齿轮分别空套在轴Ⅰ上，当电动机起动后，经传动带带动轴Ⅰ旋转，这时并不能直接带动上述两个齿轮转动，而要通过摩擦离合器的内、外片的接合才能转动。

图4-7a表示的是左离合器的结构。离合器的内、外两组摩擦片依次相间安装，外摩擦片2外圆周上有4个凸起，正好嵌在双联空套齿轮1罩壳的缺口中，外片的内孔大于轴Ⅰ上的花键。内摩擦片3外圆无凸起且略小于齿轮1罩壳的内径，内孔是花键孔，装在轴Ⅰ的花键上并同轴Ⅰ一起旋转。当拉杆7通过销5向左推动压紧块8时，使内、外片互相压紧，轴Ⅰ的转矩便通过摩擦片间的摩擦力矩传给空套齿轮1，使主轴正转。定位片10和11起限制摩擦片轴向位置的作用。同理，当压紧块8向右推时，使主轴反转。压紧块8处于中间位置时，左、右离合器均脱开，主轴及轴Ⅱ以后其他各轴传动停转。右摩擦离合器结构与左摩擦离合器结构原理相同，就是摩擦片数少一些。

离合器接合和脱开的操纵，由开关杠19上的手柄18（进给箱及溜板箱右侧各一个）完成（图4-7b）。当向上扳动手柄时，通过杠杆机构20、21使扇形齿轮17顺时针转动，带动齿条22向右移动，其上的拨叉23拨动轴Ⅰ右端的滑套12右移。滑套12右移时，将元宝销（杠杆）6的右角压下，元宝销6绕其回转中心顺时针转动，下端的凸缘推动装在轴Ⅰ内孔中的拉杆7左移，并通过销5带动压紧块8向左压紧，主轴正转。当手柄18向下扳时，右离合器压紧，主轴反转。当手柄18处于中间位置时，离合器脱开，主轴停转。

为了缩短停车的辅助时间，主轴箱中还装有闸带式制动器15和16，该制动器与摩擦离合器操纵机构联动。当正转和反转时，齿条22上的凹槽处与杠杆14的下端接触，使杠杆14顺时针转动，制动器松开；当停车时（手柄18处于中间位置时），齿条22上的凸起处与杠杆14接触，杠杆14逆时针转动，拉紧闸带，制动器工作，使主轴立即停下来。

摩擦离合器除换向和传递转矩外，还可起到断开传动链的作用。车床往往要频繁变换主轴转速，如果利用关停主电动机来停车变速（转动时变速会损坏齿轮），电动机频繁起动易损坏。利用摩擦离合器的脱开位置，可切断轴Ⅰ以后的传动链，在主电动机运转的情况下，轴Ⅱ后各轴停转，即可变速。此外，摩擦离合器还可起到过载保护作用。当机床过载时，摩擦片打滑，主轴停转，就可避免损坏机床。摩擦片间的压紧力是可以调整的。调整时，先压下防止螺母9松动的弹簧销4，同时拧动压紧块8上的螺母9，螺母9轴向移动，改变摩擦片间的间隙，即可起到调整摩擦力大小的作用。调整后，弹簧销4重新卡进螺母9的缺口中，避免螺母松动。

（三）主轴部件

主轴部件由主轴、主轴轴承、主轴上的传动齿轮及紧固件组成。机床工作时是由主轴直接带动工件旋转进行切削加工，因此，主轴是机床上的一个关键部件。

CA6140型车床主轴是一个空心阶梯轴（图4-6）。主轴内孔用于通过长的棒料或穿入钢棒打出顶尖，或通过气动、液压或电气夹紧装置的管道、导线。主轴前端的莫氏6号锥孔用于安装顶尖或心轴，利用锥孔配合的摩擦力直接带动顶尖或心轴转动。主轴前端采用短锥法兰式定位结构，用于安装卡盘或拨盘。短锥面与卡盘的锥孔相配合来定位，并由卡板20及四个螺钉21快速固定，通过圆形拨块19传递转矩。主轴后端的锥孔是加工主轴时的工艺基面。主轴尾端的外圆柱面可作为安装各种辅具的基面。

CA6140型车床的主轴组件，采用二支承结构及后端轴向定位。这种结构的主轴组件完全可以满足刚度与精度方面的要求，且使结构简化，降低了成本。主轴的前支承是

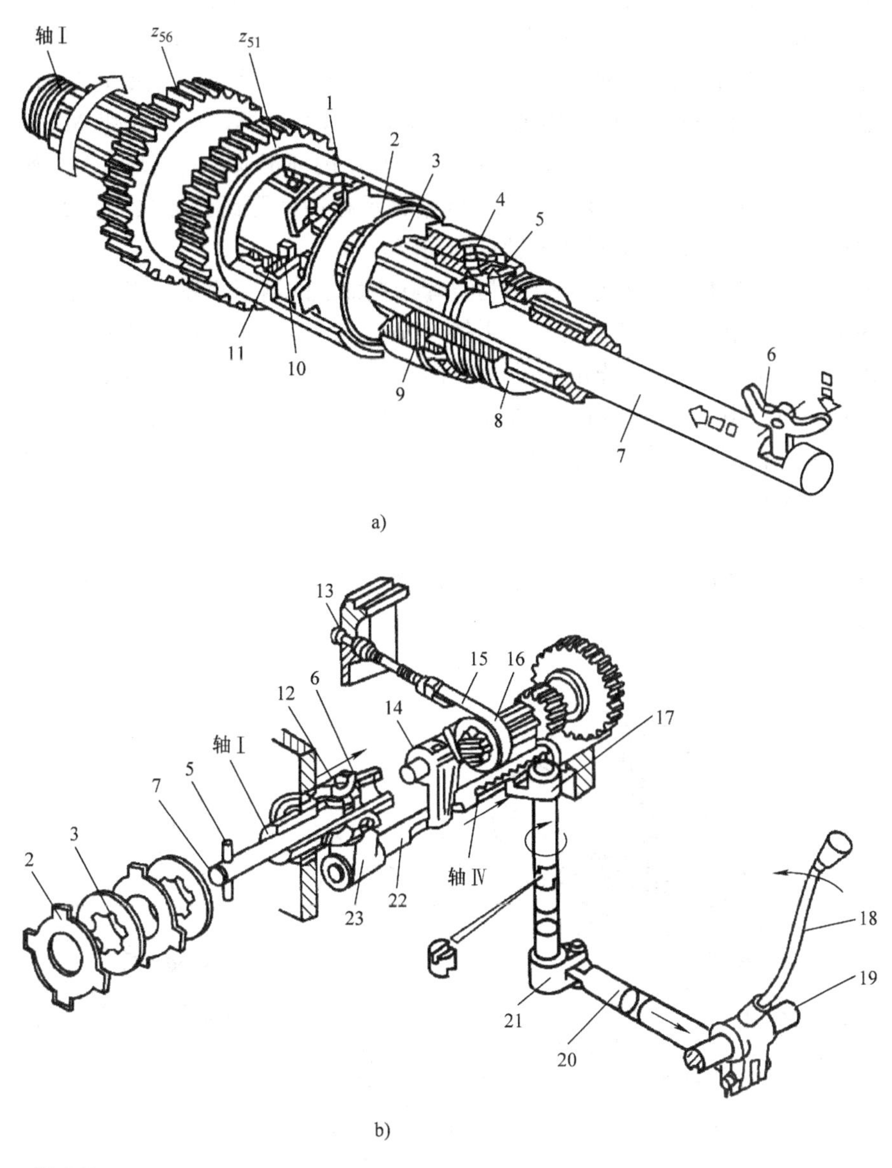

图 4-7

摩擦离合器及其操纵机构

1—空套齿轮　2—外摩擦片　3—内摩擦片　4—弹簧销　5—销　6—元宝销　7—拉杆　8—压紧块　9—螺母　10、11—定位片　12—滑套　13—调整螺钉　14—杠杆　15、16—闸带式制动器　17—扇形齿轮　18—手柄　19—开关杠　20、21—杠杆机构　22—齿条　23—拨叉

NN3021K/P5 型双列短圆柱滚子轴承，用于承受径向力。这种轴承具有刚性好、精度高、尺寸小及承载能力大等优点。后支承有两个滚动轴承，一个是 7025ACJ 型角接触球轴承，大口向外安装，用于承受径向力和由后向前的轴向力。另一个是 51215 型推力球轴承，用于承受由前向后的轴向力。

主轴支承对主轴的回转精度及刚度影响很大，特别是轴承间隙直接影响到加工精度。主轴轴承应在无间隙（或少量过盈）条件下进行运转，因此，主轴组件应在结构上保证能调整轴承间隙。CA6140型车床主轴前轴承的前后两端各有一个螺母（后螺母带有锁紧装置，与前轴承之间还有一个隔套），就是用来调整间隙的。这两个螺母可以改变NN3021K/P5型轴承的轴向位置，当轴承的内环向前移动时，由于轴承内环很薄，且内环孔与主轴是锥面配合，就会引起内环径向弹性膨胀变形，从而调整轴承径向间隙或预紧（过盈）程度。后支承外边的螺母也被用来调整后支承两个轴承的间隙。

主轴上装有三个齿轮，从右至左分别为空套在主轴上的斜齿齿轮、与主轴花键联接的滑移齿轮和固定在主轴上的进给传动齿轮。用斜齿齿轮传动时，主轴运转较平稳，且齿轮是左旋的，其传动时产生的作用于主轴的轴向力方向向前，与纵向切削力方向相反，可抵消一部分支承所受轴向力。中间的滑移齿轮，在左边位置时，为高速传动；在右边位置时，作为内齿离合器与斜齿齿轮接合，为低速传动；在中间位置时，主轴为空档，可较轻快地用手转动主轴，以便进行调整工作。

（四）变速操纵机构

主轴箱中共有三套操纵机构来操纵滑移齿轮进行动作。图4-8所示为轴Ⅱ和轴Ⅲ上的滑移齿轮操纵机构。

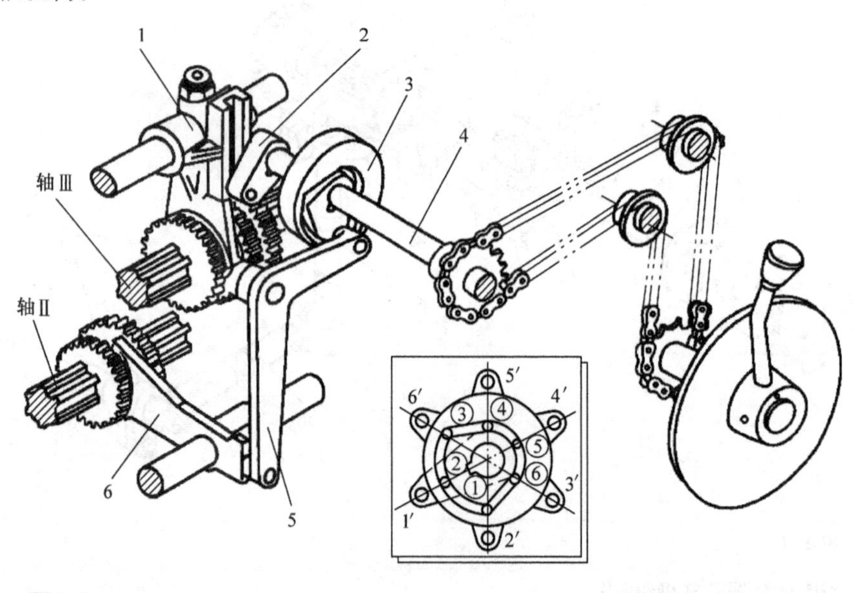

图4-8

变速操纵机构

1、6—拨叉　2—曲柄　3—盘形凸轮　4—轴　5—杠杆

轴Ⅱ上的双联滑移齿轮和轴Ⅲ上的三联滑移齿轮是用一个手柄进行操纵的。变速手柄装在主轴箱的前壁上，通过链传动使轴4转动，轴4上装有盘形凸轮3和曲柄2。盘形凸轮3上有一条封闭的曲线槽，由两段半径不同的圆弧和直线组成，凸轮上有六个变速位置。在位置1′、2′、3′时，杠杆5上端的滚子处于凸轮槽曲线的大半径圆弧处，杠杆5经拨叉6将轴Ⅱ上的双联滑移齿轮移至左端位置。在位置4′、5′、6′时，双联滑移齿轮移至右端位置。另

外，曲柄2随轴4转动，带动拨叉1拨动轴Ⅲ上的三联滑移齿轮，使其处于左、中、右三个位置。依次转动手柄，就可以使两个滑移齿轮得到六种位置组合，即使轴Ⅲ得到六种转速。

二、进给箱

进给箱的功用是变换被加工螺纹的种类和导程，以及获得所需的各种机动进给量。CA6140型车床进给箱由变换螺纹导程和进给量的变速机构（基本组和增倍组）、变换螺纹种类的移换机构、丝杠和光杠的转换机构及操纵机构等组成。

进给箱中的滑移齿轮和离合器也用三个集中变速机构来操纵。基本组的四个滑移齿轮由一个手柄操纵；增倍组的两个滑移齿轮用一个手柄操纵；移换机构和丝、光杠转换机构由一个手柄操纵。

进给箱中精度要求较高的是与丝杠联接的轴XⅧ，其回转精度和轴向窜动会直接影响车削螺纹的精度，因此，该轴使用了两个D级推力球轴承。

三、溜板箱

溜板箱内有开合螺母机构、纵向和横向机动进给传动及操纵机构、螺纹进给与机动进给间的互锁机构以及超越离合器和安全离合器等安全保险机构等。图4-9是溜板箱中的主要机构图。

（一）开合螺母机构

车螺纹时，进给箱的运动由丝杠传出，合上溜板箱中的开合螺母，就可通过丝杠螺母副带动溜板箱及刀架运动。机动进给时，打开开合螺母，就可切断与丝杠的联系。

开合螺母的结构见图4-9中的*A—A*剖视，由下半螺母18和上半螺母19组成，它们都可沿溜板箱后壁上的竖直燕尾形导轨上下移动。每个半螺母上各装有一个圆柱销20，它们分别插入槽盘21的两条曲线槽*d*中（见*B—B*视图）。车削螺纹时，转动手柄15，使轴4及与之一体的槽盘21转动。槽中的两个圆柱销在曲线的作用下带动上、下半螺母互相靠拢，使得开合螺母与丝杠啮合。槽盘21上的偏心圆弧槽*d*接近盘中心部分的倾斜角比较小，使得开合螺母闭合后能自锁。限位螺钉17用来调节螺母与丝杠的间隙。

（二）纵、横向机动进给及快速移动操纵机构

纵、横向机动进给及快速移动是由一个四向操纵手柄1集中操纵的，如图4-9和图4-10所示。该手柄向左或向右扳动，可使刀架向左或向右做纵向进给运动；向前或向后扳动，则可使刀架向前或向后做横向进给运动。若按下手柄1上端的快速按钮，快速电动机起动，刀架就可朝手柄扳动的相应方向做快速运动，松开快速按钮，则快速运动停止，同时自动恢复相应的机动进给运动。

向左或向右扳动手柄1时，由于轴14的轴向位置固定，故手柄1绕销轴a摆动，通过其下部的开口槽带动轴3向右或向左移动，再经过杠杆7及推杆8，使圆柱凸轮9顺时针或逆时针方向转动，凸轮9上的曲线槽推动拨叉10向后或向前移动，带动双向牙嵌离合器M_6（图4-10）向相应的方向啮合，使刀架做向左或向右的纵向机动进给。

向前或向后扳动手柄1时，轴14和固定在轴14左端的圆柱凸轮13转动，通过凸轮13上的曲线槽使杠杆12绕其安装轴摆动，再通过拨叉11拨动轴XXⅧ上的双向牙嵌离合器M_7向相应的方向啮合，使刀架做向前或向后的横向机动进给。

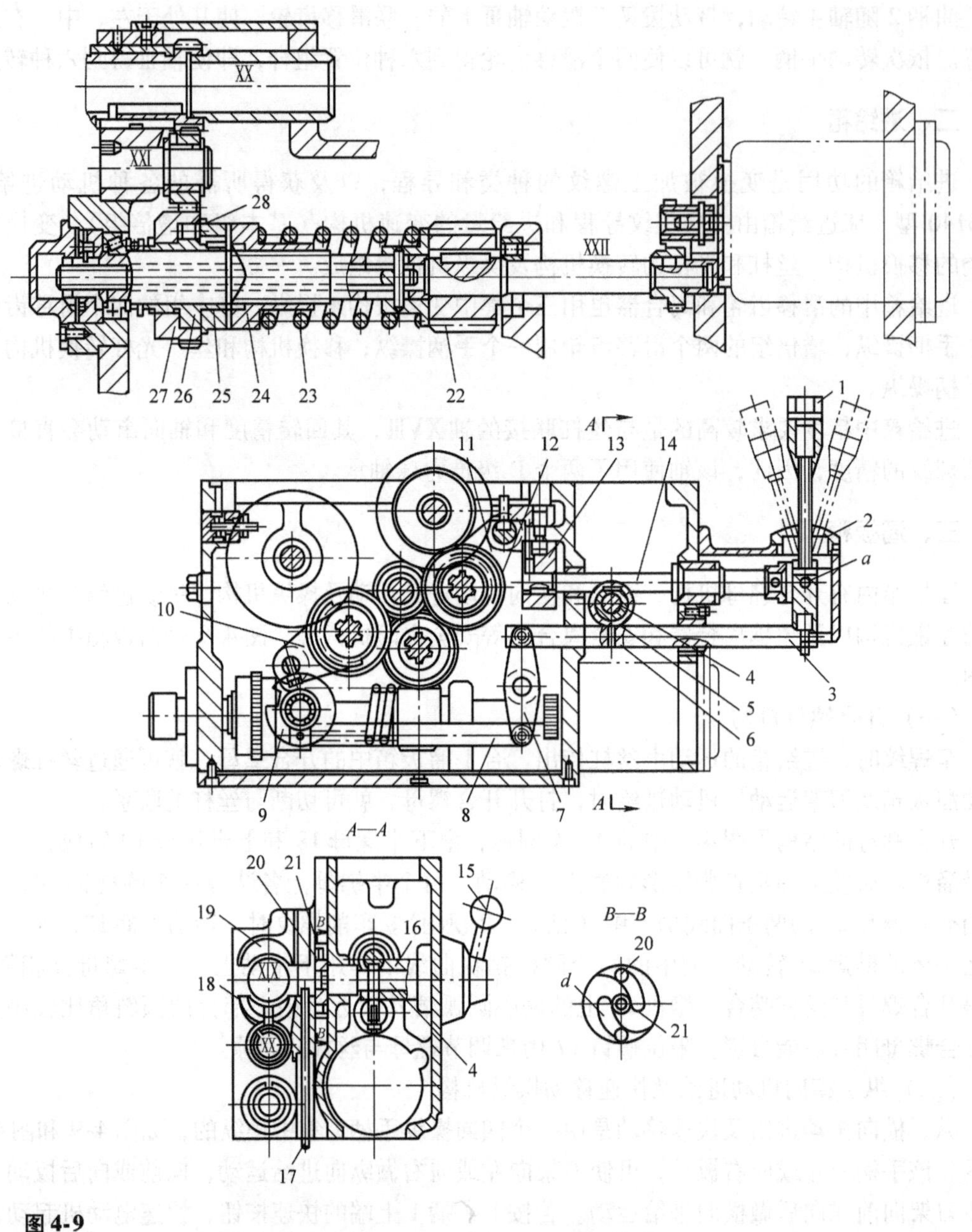

图 4-9

溜板箱

快速移动由安装在溜板箱右壁上与轴XXII右端相连的快速电动机实现（图4-9）。快速电动机起动后，驱动轴XXII快速转动，然后经机动进给路线使刀架快速移动。此时，由进给传动链的齿轮27传给轴XXII的较慢的运动并不用切断，因为在蜗杆轴的左端装有超越离合器（件26、27、28）。超越离合器可保证两运动同时传给轴XXII而不产生矛盾（超越离合器的工作原理见后文）。

当手柄1处于中间位置时，离合器 M_6 和 M_7 都脱开，机动进给停止，快速移动也不能进行。手柄下部的盖2上开有十字形槽，使操纵手柄不能同时接合纵向和横向进给运动，起到

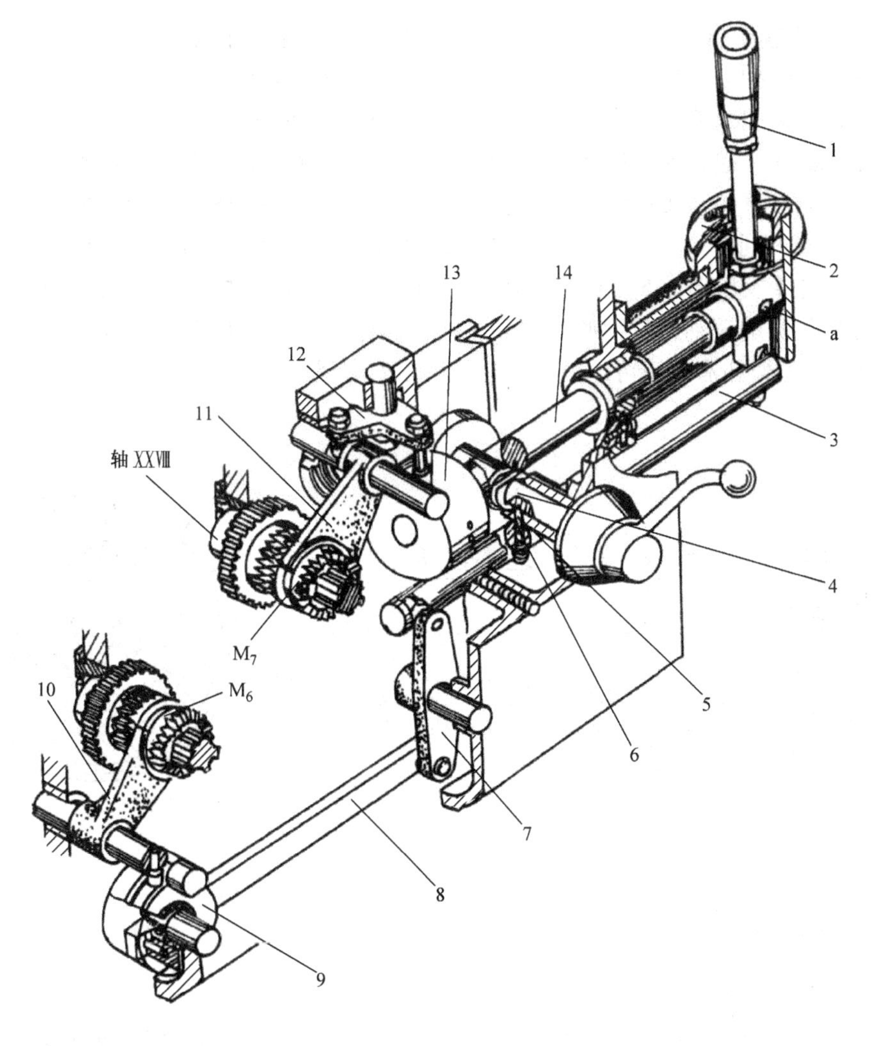

图 4-10

溜板箱操纵机构

1—手柄　2—盖　3、14—轴　4—手柄轴　5、6—销子　7、12—杠杆　8—推杆　9、13—凸轮　10、11—拨叉

互锁作用。

此外，为了避免损坏机床，在接通机动进给或快速移动时，开合螺母不应闭合；反之合上开合螺母时，就不允许接通机动进给或快速移动。因此，在溜板箱中还设置了互锁机构（件 5、6、16 与手柄轴 4、轴 14）来实现这一互锁功能。

当进给力过大或刀架移动受到阻碍时，也很有可能损坏机床。因此，在溜板箱的轴 XXII 与超越离合器之间还设置有靠弹簧预紧的螺旋形端面齿安全离合器（件 23、24、25）。当刀架过载时，该离合器两部分（件 24、25）之间产生相对滑动，运动不再由蜗杆 22 传出，而是自动切断机动进给。

（三）超越离合器

为了避免光杠和快速电动机同时传动轴 XXII 而造成损坏，在溜板箱左端的齿轮 z_{56} 与轴

XXII之间装有超越离合器，如图4-11所示。由光杠传来的低速进给运动，使齿轮z_{56}（图4-11中的外环4）按图示的逆时针方向转动，三个短圆柱滚子6分别在弹簧8的弹力及滚子6与外环4之间摩擦力的作用下，楔紧在外环4和星形体5之间。于是，外环4通过滚子6带动星形体5一起转动，运动便经过安全离合器M_6（件1和2）传至轴XXII，实现正常的机动进给。当按下快移按钮时，快速电动机的运动由齿轮副18/24传至轴XXII（图4-3）。这时，星形体5得到一个与外环4转向相同而转速却快得多的（高速）旋转运动。这时，在滚子6与外环4及星形体5之间的摩擦力作用下，滚子6通过柱销7克服压缩弹簧8的作用力向楔形槽的宽端滚动，从而脱开外环4与星形体5及轴XXII间的传动联系，光杠XX不再驱动轴XXII。刀架和溜板箱可以由快速电动机驱动实现快速移动。

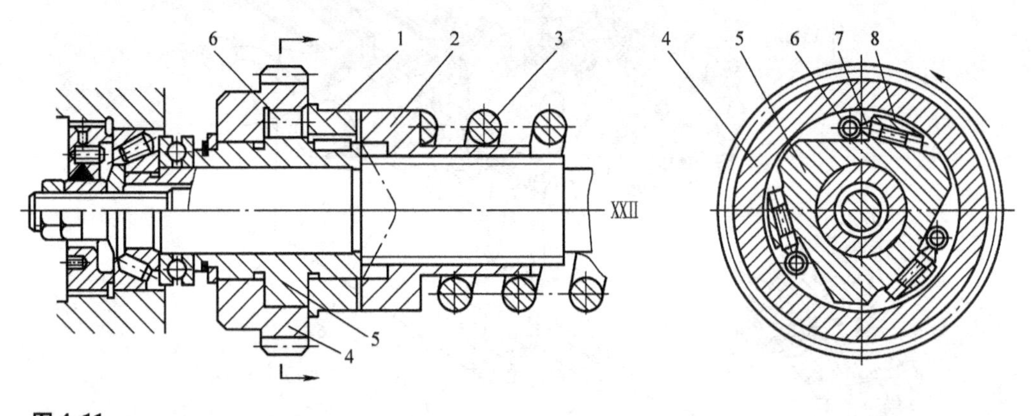

图4-11

超越离合器

1、2—安全离合器左、右半部分 3、8—弹簧 4—外环 5—星形体 6—滚子 7—柱销

（四）安全离合器

安全离合器为过载保险装置，其作用是防止过载和发生偶然事故时损坏机床，如图4-12所示。

安全离合器由端面带螺旋形齿爪的左、右两半部分5和6组成，其左半部分5用键装在超越离合器M_6的星轮4上，且与轴XX空套，右半部分6与轴XX用花键联接。在正常工作情况下，在弹簧9的压力作用下，离合器左、右两半部分相互啮合，由光杠传来的运动，经齿轮z_{56}、超越离合器M_6和安全离合器M_7，传至轴XX和蜗杆7，此时安全离合器螺旋齿面产生的轴向分力$F_{轴}$，由弹簧9的压力来平衡。刀架上的载荷增大时，通过安全离合器齿爪传递的转矩以及作用在螺旋齿面上的轴向分力都将随之增大。当轴向分力$F_{轴}$超过弹簧9的压力时，离合器右半部分6将压缩弹簧而向右移动，与左半部分5脱开，导致安全离合器打滑。于是机动进给传动链断开，刀架停止进给。过载现象消除后，弹簧9使安全离合器重新自动接合，恢复正常工作。机床许用的最大进给力，决定于弹簧9调定的压力。拧转螺母3、通过装在轴XX内孔中的拉杆1和圆销，可调整弹簧座8的轴向位置，改变弹簧9的压缩量，从而调整安全离合器能传送的转矩大小。

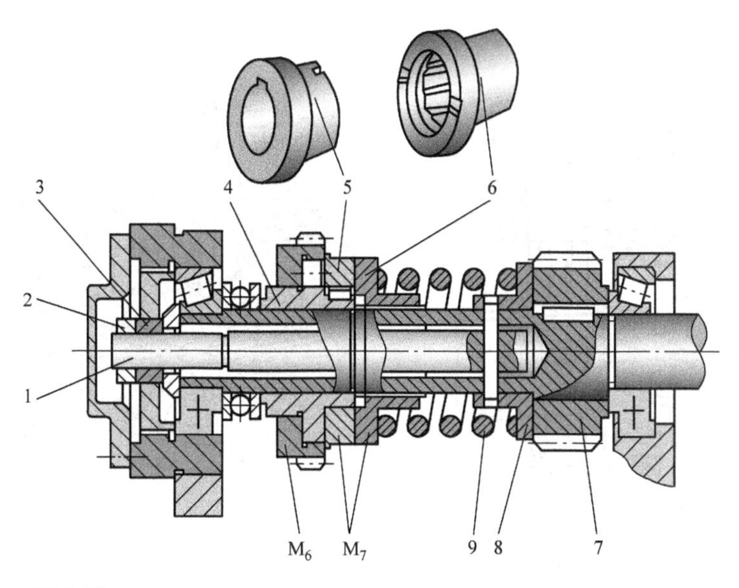

图 4-12

安全离合器

1—拉杆 2—锁紧螺母 3—调整螺母 4—超越离合器星轮 5—安全离合器左半部分 6—安全离合器右半部分 7—蜗杆 8—弹簧座 9—弹簧

第四节 其他常用车床与刀具

一、其他常用车床

（一）立式车床

立式车床的主轴竖直安装，工作台面处于水平平面内，使得工件的装夹和找正比较方便；而且工件和工作台的重量可均匀地分布在工作台导轨或推力轴承上，没有倾覆力矩，能长期地保持机床工作精度。因此，立式车床适用于加工较重的工件。

立式车床分单柱立式和双柱立式两类，如图 4-13 所示。

以单柱立式车床为例，其工作台 2 装在底座 1 上，工件安装在工作台上并由工作台带动旋转做主运动。进给运动由竖直刀架 4 和侧刀架 7 来实现。侧刀架 7 可在立柱 3 的导轨上移动做竖直进给运动，还可沿刀架滑座的导轨做横向进给运动。竖直刀架 4 可在横梁 5 的导轨上移动做横向进给运动，同样，其滑板也可沿刀架滑座的导轨做竖直进给运动。由于大直径工件上很少有螺纹，因此，立式车床没有车削螺纹传动链，一般不能加工螺纹。

（二）六角（转塔）车床

六角车床也称转塔车床，是在卧式车床的基础上发展起来的。它适于加工形状比较复杂，特别是带有内孔和内、外螺纹的工件，如各种阶梯小轴、套筒、螺钉、螺母、接头、法兰盘和齿轮坯等零件。

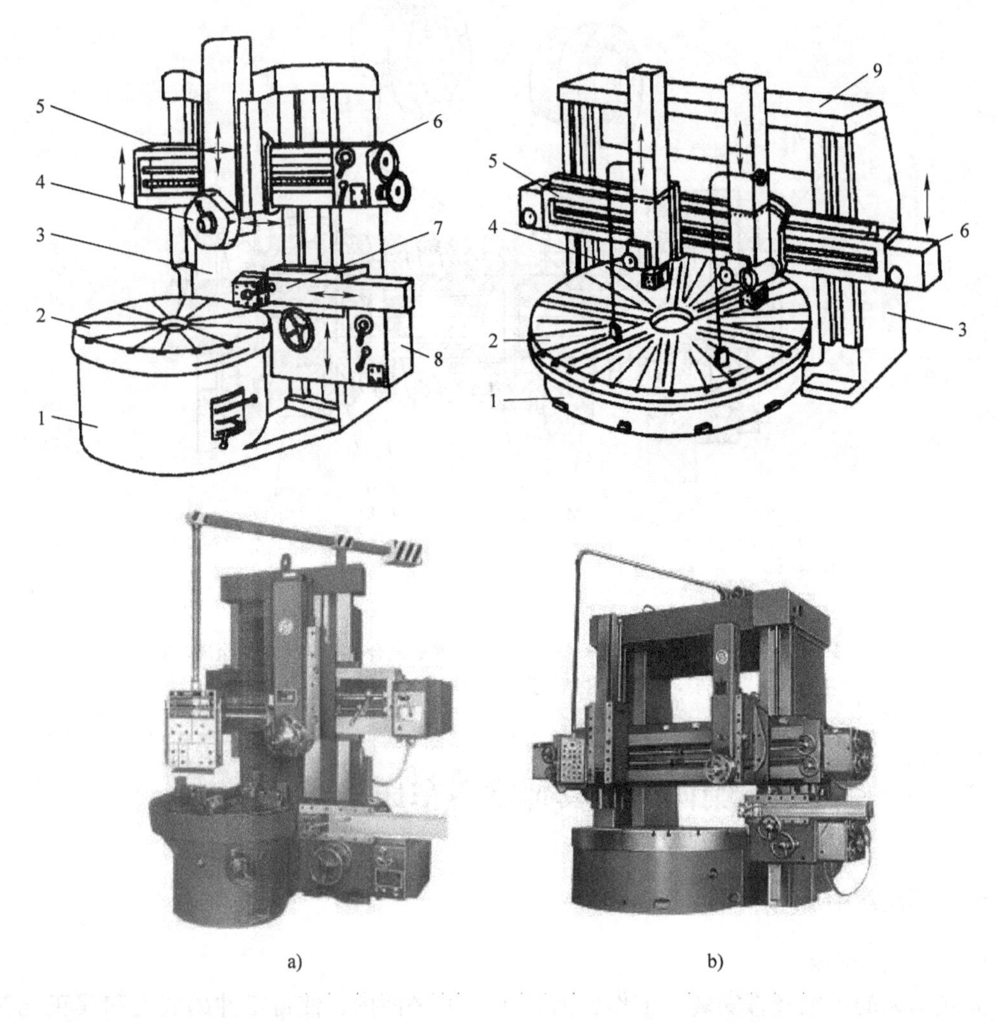

a) b)

图4-13

立式车床

a）单柱立式车床 b）双柱立式车床

1—底座 2—工作台 3—立柱 4—竖直刀架 5—横梁 6—垂直刀架进给箱 7—侧刀架 8—侧刀架进给箱 9—顶梁

按安装的刀架不同，六角车床分为转塔式和回轮式两大类。转塔式六角车床除了有前刀架外，尾座部分还装有转塔刀架，刀架上可安装六把不同的刀具，按工件加工顺序依次转位完成工件加工。它能节省更换刀具的时间，适合大量生产。转塔式六角车床的前刀架既可以在床身的导轨上做纵向进给，切削大直径的外圆柱面，也可以做横向进给，加工内、外端面和沟槽。转塔刀架只能做纵向进给，主要用于车削外圆柱面及对内孔做钻、扩、铰或镗等加工。六角车床上没有丝杠，只能用丝锥或板牙加工精度要求不高的紧固螺纹。转塔式六角车床结构如图4-14所示，其加工的零件如图4-15所示。

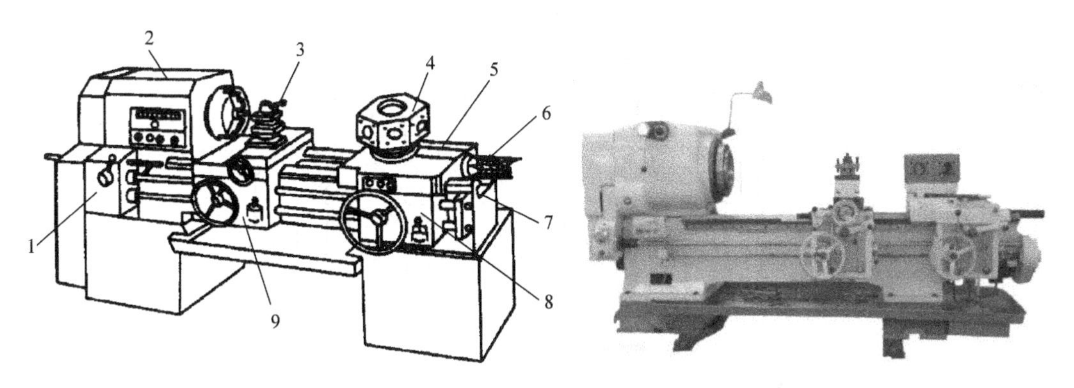

图4-14

转塔式六角车床

1—进给箱　2—主轴箱　3—横刀架　4—转塔刀架　5—纵向刀架溜板箱

6—定程装置　7—床身　8—转塔刀架溜板箱　9—横向刀架溜板箱

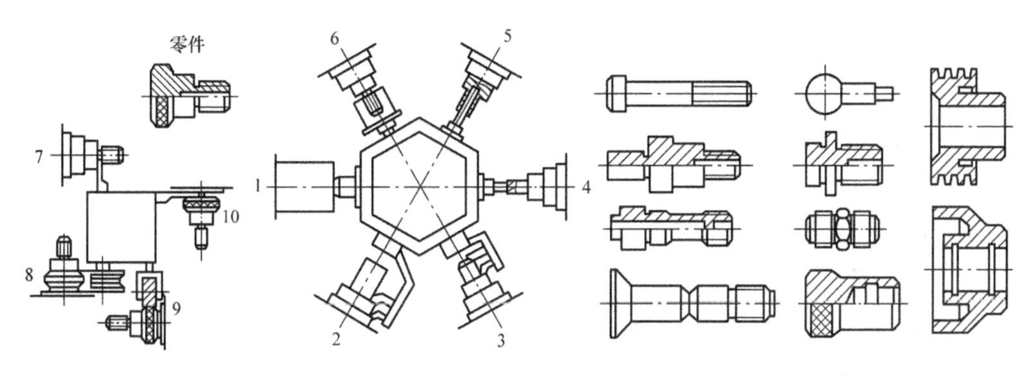

图4-15

转塔车床加工的典型零件

1—挡块限送料长度　2—双刀同时车外圆　3—车外圆及倒角　4—钻中心孔　5—钻孔　6—套车外螺纹

7—前刀架刀切槽　8—前刀架刀倒角　9—前刀架刀滚花　10—切断刀切下工件

二、车床刀具

（一）车刀的种类和用途

车刀是金属切削加工中应用最广泛的刀具，它可以用来加工外圆、内孔、端面、螺纹，也可用于切槽和切断等，因此，车刀在形状、结构尺寸等方面也就各不相同，类型很多。

车刀按用途不同可分为外圆车刀、端面车刀、切断刀、螺纹车刀及成形车刀等，如图4-16所示；按材料的不同，可分为高速钢车刀、硬质合金车刀、陶瓷车刀、金刚石车刀等；按结构型式不同，可分为整体式、焊接式、机夹重磨式和机夹可转位式车刀。

（二）常用车刀的结构

不同结构车刀的特点及用途见表4-2。

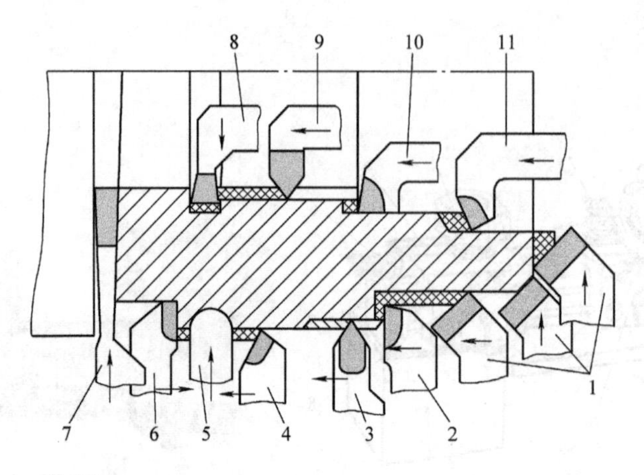

图 4-16

几种常用车刀

1—45°弯头车刀 2、6—90°外圆车刀 3—外螺纹车刀 4—75°外圆车刀 5—成形车刀 7—切断刀 8—内孔切断刀 9—内螺纹车刀 10—盲孔镗刀 11—通孔镗刀

表 4-2 不同结构车刀的特点及用途

名称	特 点	使用场合
整体式车刀	用整体高速钢制造，易磨成锋利切削刃，刀具刚性好	小型车刀和加工非铁金属车刀
焊接式车刀	可根据需要刃磨几何形状，结构紧凑，制造方便	各类车刀，特别是小型刀具
机夹重磨式车刀	避免了焊接内应力引起刀具寿命下降，刀杆利用率高，刀片可刃磨获得所需参数，使用灵活方便	大型刀具、螺纹车刀、切断车刀
机夹可转位式车刀	避免了焊接的缺点，刀片转位更换迅速，可使用涂层刀片，生产率高，断屑稳定	用于普通车床，特别是自动线，数控车床的各类车刀

1. 整体式车刀

整体式车刀的刀杆与刀头为一整体，如图 4-17a 所示，结构简单，便于制造和使用，但对贵重的刀具材料消耗较大，经济性较差。早期的车刀多为这种结构，现在较少使用。

2. 焊接式车刀

焊接式车刀是在碳钢刀杆（常用 45 钢）上根据刀片的形状和尺寸铣出刀槽后，将硬质合金刀片钎焊在刀槽中，然后刃磨出所需要的车刀几何参数，如图 4-17b 所示。焊接式车刀结构简单、紧凑，刚性好，可以根据加工条件和加工要求，方便地磨出所需角度，应用十分广泛。对于贵重刀具材料（如硬质合金等），可以采用焊接式车刀。但硬质合金刀片经高温焊接和刃磨后会产生内应力和裂纹，影响刀具切削性能和寿命，并且刀片和刀杆不可拆卸。

3. 焊接装配式车刀

焊接装配式车刀是将硬质合金刀片钎焊在小刀块上，再将小刀块装配到刀杆上。这种结构多用于重型车刀。重型车刀体积和重量都较大，采用焊接装配式结构以后，只需装卸小刀块，刃磨省力，刀杆也可重复使用。

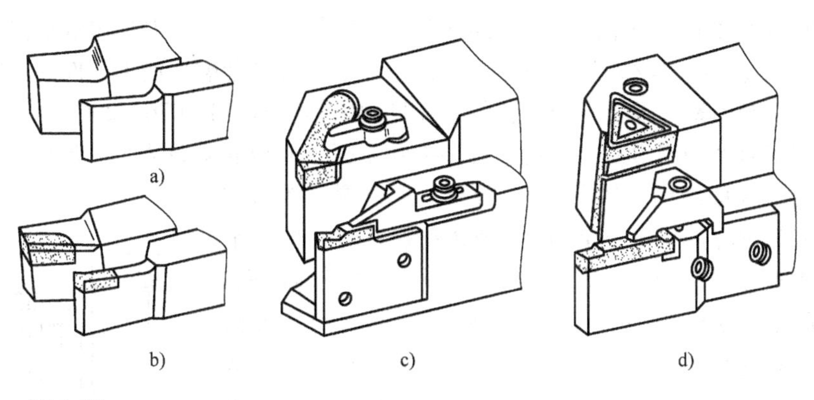

图 4-17

常见车刀的结构示意图

a）整体式车刀　b）焊接式车刀　c）机夹重磨式车刀　d）机夹可转位式车刀

4. 机夹重磨式车刀

机夹重磨式车刀的刀片和刀杆是两个可拆卸的独立元件，工作时靠夹紧装置把它们固定在一起。图 4-17c 所示为机夹重磨式切断刀的一种典型结构。这种结构的车刀避免了高温焊接带来的缺陷，提高了刀具切削性能和寿命，并且刀杆能多次使用。

5. 机夹可转位式车刀

机夹可转位式车刀是将压制成一定几何参数的多边形刀片（如硬质合金刀片），用机械夹固的方法装夹在标准的刀杆上。当刀片上一个切削刃用钝后，松开夹紧机构，将刀片转位换成另一个新的切削刃，便可继续切削，当全部切削刃都用钝后，再换上新的刀片，其结构如图 4-17d 所示。机夹可转位式车刀的刀杆可重复使用，大量节省了刀杆材料。刀片转位不影响切削刃位置的准确性，缩短了停机调刀时间，提高了生产率。刀杆和刀片可实现标准化、系列化，有利于简化刀具的管理工作。因此，机夹可转位式刀具应用范围不断扩大，已成为刀具发展的一个重要方向。

常用的可转位刀片有正三角形、正方形、菱形、五角形和圆形等，如图 4-18 所示。刀片大多不带后角，在每个切削刃上做有断屑槽并形成刀片的前角。刀具的实际角度由刀片和刀槽的角度组合确定。刀片的边数多，则刀尖角大，刀尖的强度和散热条件好，同时由于切

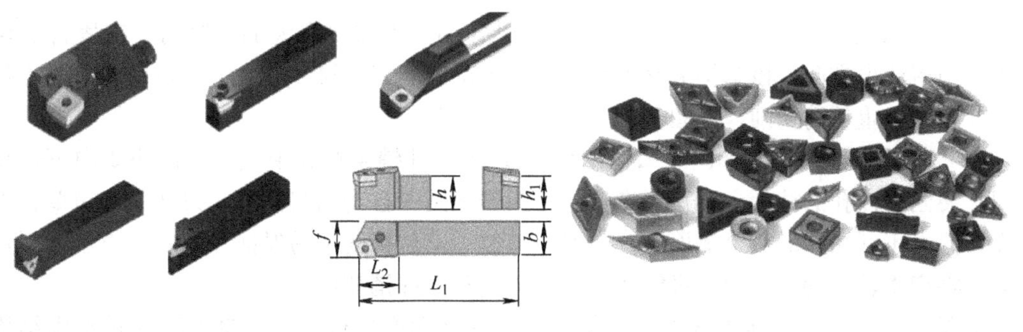

图 4-18

常用的几种可转位式车刀及刀片

削刃多，也使得刀片的利用率高。但在同样厚度和质量的条件下，刀片边数越多，则切削刃长度越短，因此允许的背吃刀量就越小。选择刀片形状时要考虑被加工零件的形状、工序性质、刀片利用率等因素。硬质合金可转位刀片见国家标准 GB/T 2076—2007。

可转位式车刀多利用刀片上的孔进行装夹和紧固，典型的夹固结构主要有以下几种：

（1）偏心式夹固结构 如图4-19所示，它以螺钉作为转轴，螺钉上端为偏心销，偏心量为 e。当转动螺钉时，偏心销就可以夹紧或松开刀片。由于螺纹能自锁，故夹紧较为可靠。偏心式结构简单，装卸方便，切屑流出顺利，不会刮伤夹紧零件，但往往只能使刀片靠单面夹紧，难以保证两个定位侧面都贴合，定位精度稍差，在冲击和振动下刀片易松动，故通常在中、小型机床上进行连续切削时使用。

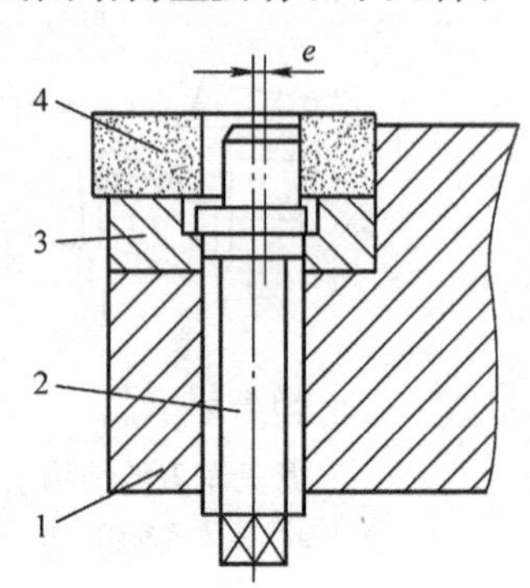

图4-19

偏心式夹固结构

1—刀杆 2—偏心销

3—刀垫 4—刀片

（2）杠杆式夹固结构 它可分为直杆式（图4-20a）和曲杆式（图4-20b）两种结构。曲杆式夹固结构利用螺钉带动杠杆转动而将刀片夹固在定位侧面上。该结构简单，装卸方便，定位精确，且排屑顺畅，不会刮伤夹紧零件，故应用较广，适于在中、小型机床上使用。

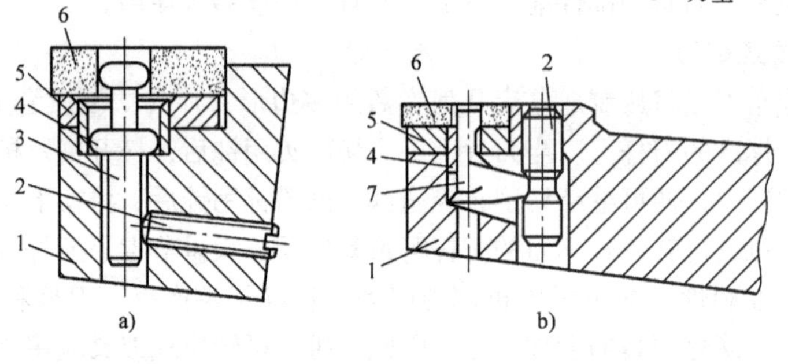

图4-20

杠杆式夹固结构

a）直杆式 b）曲杆式

1—刀杆 2—螺钉 3—杠杆 4—弹簧片 5—刀垫 6—刀片 7—曲杆

（3）上压式夹固结构 这种螺钉压板结构尺寸小，不需要多大的压紧力，夹固件的位置易避开切屑流出方向。该结构夹紧可靠、定位精确，但刀头尺寸较大，一般用于夹固不带孔的刀片和中、重负荷切削，如图4-21所示。

（4）楔销式夹固结构 如图4-22所示，刀片5由柱销4在孔中定位，楔块2向下运动时将刀片夹固在内孔的柱销上，松开螺钉时，弹簧垫圈3自动抬起楔块。刀杆结构简单，夹紧可靠，但由于利用孔的一个侧面定位，刀片转位后定位精度不易保证。此外，由于切削热的影响，将产生较大的内应力，可能造成刀片碎裂和圆柱销变形。

（5）综合式 为了增强夹紧力，避免刀片因振动而产生位移，可将上述几种夹固结构综合使用。

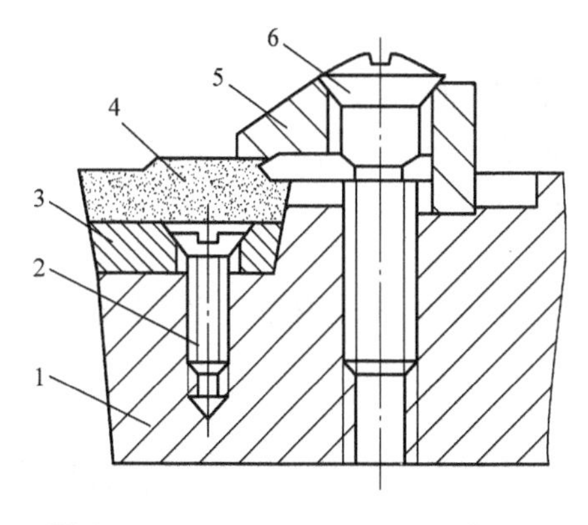

图 4-21

上压式夹固结构

1—刀杆　2、6—螺钉　3—刀垫

4—刀片　5—压板

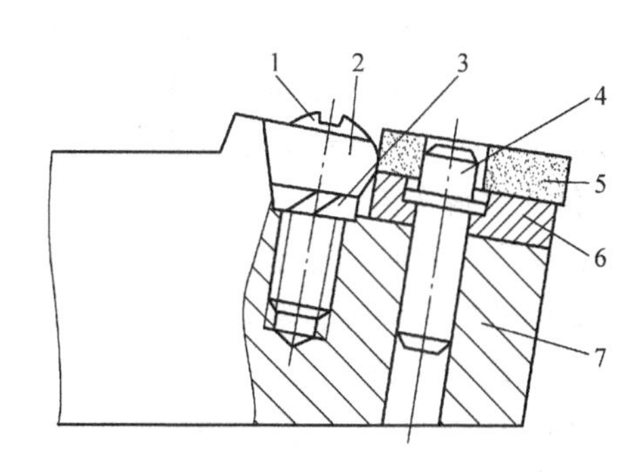

图 4-22

楔销式夹固结构

1—螺钉　2—楔块　3—弹簧垫圈

4—柱销　5—刀片　6—刀垫　7—刀杆

（三）成形车刀

成形车刀是在各种车床上加工回转体成形表面的专用刀具，其刃形是根据零件的廓形设计的。与普通车刀相比，成形车刀具有以下特点：

（1）生产率高　利用成形车刀加工时，一次进给可完成零件各表面的加工，因此具有很高的生产率，一般用于大批量生产。

（2）加工质量和精度稳定　零件成形表面主要取决于刀具切削刃形状和制造精度，可保证被加工零件表面形状和尺寸精度的一致性和互换性。加工零件精度可达 IT8 ~ IT7，表面粗糙度 Ra 可达 10 ~ 2.5μm。

（3）刀具使用寿命长　成形车刀磨损后，一般只需重磨前刀面，刃磨方便。

（4）设计、制造复杂，成本较高　成形车刀不宜用于单件小批量生产，适于在成批、大量生产的纺织机械、汽车、拖拉机和轴承等行业中应用。

按进给方向不同，成形车刀可分为径向、切向和斜向进给式；按结构不同，可分为平体式、棱体式和圆体式成形车刀，如图 4-23 所示。

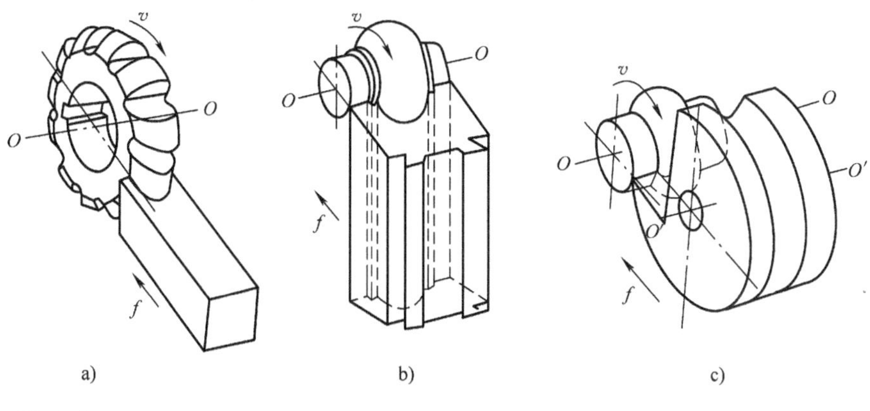

图 4-23

成形车刀

a）平体式成形车刀　b）棱体式成形车刀　c）圆体式成形车刀

1. 平体式成形车刀

这种车刀除了切削刃具有一定的形状要求外，结构上和普通车刀相同，结构简单，使用方便。但这种车刀沿前刀面的重磨次数少，刀具寿命短，一般只用来加工宽度不大、较简单的外成形表面，如加工螺纹或铲制成形铣刀、滚刀的齿背。

2. 棱体式成形车刀

棱体式成形车刀的外形是棱柱体。它可重磨次数比平体式成形车刀多，刚性好，强度高，但只能用来加工外成形表面。

3. 圆体式成形车刀

刀体外形为回转体，切削刃在圆周上分布。与上述两种成形车刀相比，它制造方便，允许重磨次数多，既可加工外成形表面，又可加工内成形表面，使用广泛，但加工精度与刚度低于棱体式成形车刀。

第五章
其他典型切削加工方法与设备

切削加工的工艺特征取决于切削工具的结构及其与工件的相对运动形式。按工艺特征，切削加工一般可分为车削、铣削、钻削、镗削、铰削、刨削、插削、拉削、锯切、磨削、研磨、珩磨、超精加工、抛光、齿轮加工、蜗轮加工、螺纹加工、超精密加工、钳工和刮削等。本章将主要介绍铣削加工、钻削加工、镗削加工、齿轮加工及特种加工等典型加工方法、加工特点，常用刀具与机床。

第一节　铣削加工与设备

一、铣削加工工艺范围

在铣床上用铣刀对工件进行切削加工的过程称为铣削加工，是常用的切削加工方法之一。一般铣刀的旋转运动为主运动，工件或铣刀的移动为进给运动。铣床加工工艺范围广泛，可以在工件上加工平面、沟槽、螺旋形表面、齿轮、回转体表面、内孔以及进行切断工作等。铣削加工的典型型面如图 5-1 所示。铣床采用多刃刀具切削，生产率明显高于单刃刀

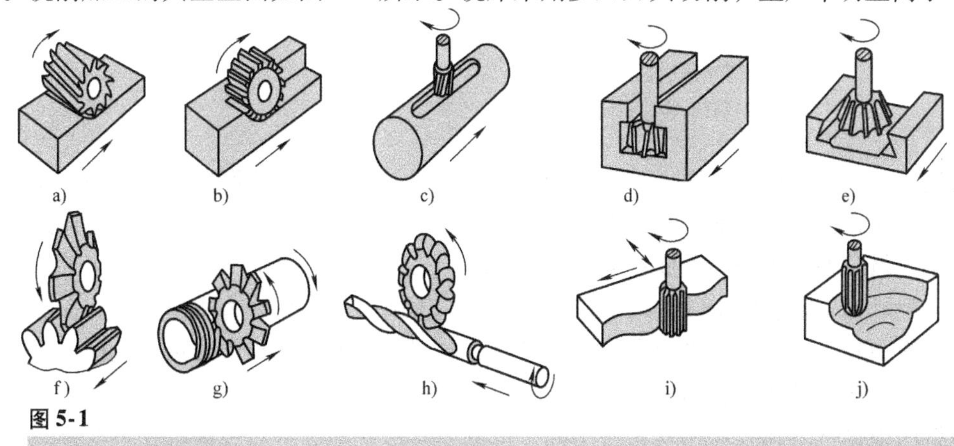

图 5-1

铣削加工典型型面

a）铣平面　b）铣台阶　c）铣键槽　d）铣 T 型槽　e）铣燕尾槽

f）铣齿面　g）铣螺纹　h）铣螺旋槽　i）铣外曲面　j）铣型腔

具，精铣加工表面粗糙度 Ra 可达 3.2 ~ 1.6μm，两平行平面之间的尺寸精度可达IT7 ~ IT9，直线度可达 0.08 ~ 0.12mm/m。

二、铣削方式

用圆柱铣刀加工平面的方法叫周铣法，用面铣刀加工平面的方法叫端铣法，如图 5-2 所示。周铣法可分为逆铣和顺铣两种铣削方式，铣刀旋转切入工件的方向（切削速度方向）与工件的进给运动方向相反，称为逆铣；铣刀旋转切入工件的方向（切削速度方向）与工件的进给运动方向相同，称为顺铣，如图 5-3 所示。

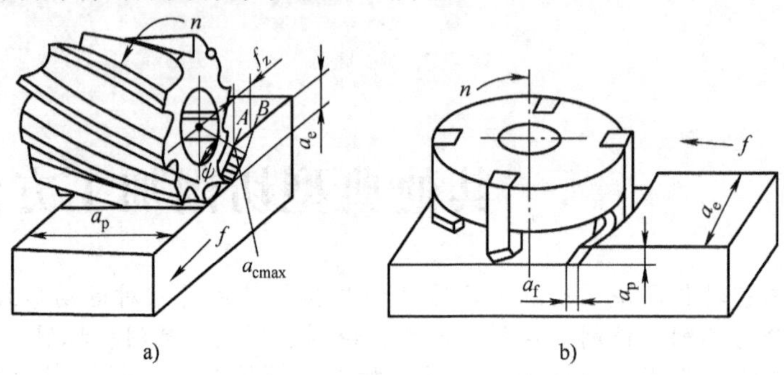

图 5-2

周铣和端铣

a）周铣法 b）端铣法

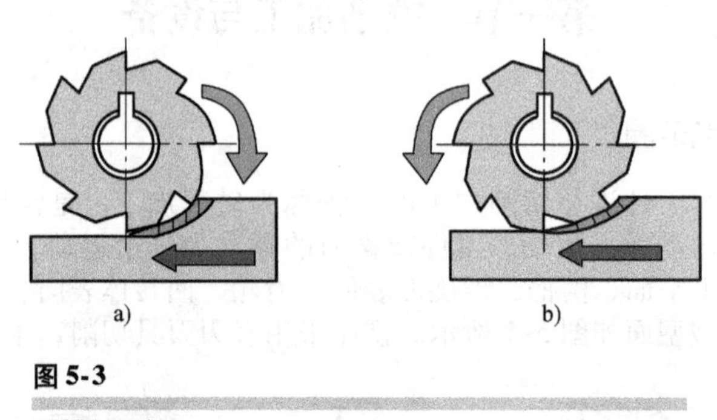

图 5-3

逆铣与顺铣

a）顺铣 b）逆铣

逆铣时，刀齿的切削厚度由零逐渐增加，刀齿切入工件时切削厚度为零，由于切削刃钝圆半径的影响，刀齿在已加工表面上划擦一段距离后才能真正切入工件，因而刀齿磨损快，表面加工质量较差；顺铣则无此现象。顺铣时铣刀寿命比逆铣时高 2 ~ 3 倍，加工的表面也比较好，但顺铣不宜铣削带硬皮的工件。顺铣时，铣削力的垂直分力指向工作台，因此工件所需的夹紧力较小，但其水平分力与工件进给方向相同，由于机床进给传动机构中总有一定的间隙存在，应注意防止进给量不稳定、打刀等现象出现。

端铣法根据铣刀和工件相对位置不同，可分为对称铣削、不对称逆铣和不对称顺铣三种不同的铣削方式，如图 5-4 所示。对称铣削刀具与工件的位置对称，刀齿切入工件与切出工件的切削厚度相同，顺铣与逆铣部分铣削宽度相同。不对称逆铣切入时切削厚度最小，切出时切削厚度最大。这种铣削方式可减少刀齿的冲击，使切削平稳。不对称顺铣开始切入时切削厚度最大，而切出时的切削厚度最小，用于加工不锈钢和高温合金时，可减小硬质合金的剥落破损，但要注意顺铣产生的不良影响。

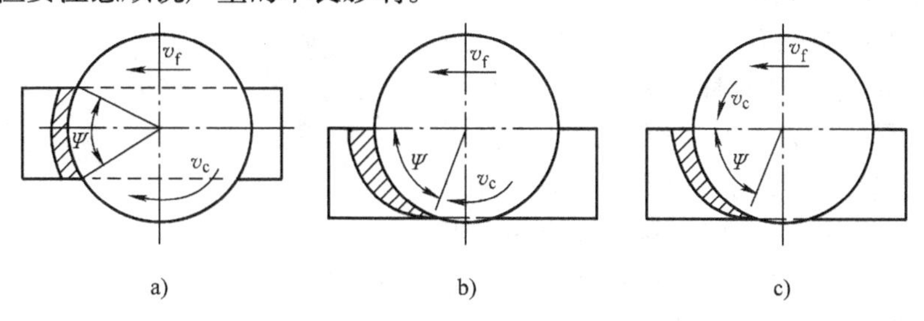

图 5-4

对称铣削与不对称铣削

a）对称铣削　b）不对称逆铣　c）不对称顺铣

三、铣削四要素

1. 铣削速度v

铣削速度是指在切削过程中，铣刀的线速度。其计算公式为

$$v=\frac{\pi dn}{1000}$$

式中　d——铣刀的直径（mm）；

n——铣刀的转速（r/min）。

2. 进给量

1）每齿进给量f_z是指铣刀每转过一个刀齿时，工件与铣刀的相对位移，单位为 mm/z。一般选择铣削用量时采用此单位表达。

2）每转进给量f是指铣刀每转一转，铣刀与工件的相对位移，单位为 mm/r。

3）进给速度 v_f是指铣刀相对于工件的移动速度，即单位时间内的进给量，单位为 mm/min。

每齿进给量f_z、每转进给量f、进给速度 v_f三者之间的关系为

$$v_f = fn = f_z zn$$

式中　z —— 铣刀齿数。

3. 铣削深度 a_p

铣削深度指平行于铣刀轴线测得的切削层尺寸，对于圆柱铣刀，铣削深度即为被铣削表面的宽度。端铣时的铣削深度是指已加工表面与待加工表面的垂直距离，如图 5-2 所示。

4. 铣削宽度 a_e

铣削宽度指垂直于铣刀轴线测量的切削层尺寸。对于圆柱铣刀，铣削宽度是指被切削层的深度。

四、铣刀的类型及用途

铣刀是刀齿分布在旋转表面上或端面上的多齿刀具，每一个刀齿相当于一把车刀，切削

规律与车刀相似，但铣削是断续切削，靠铣刀或工件移动完成平面或曲面加工，加工过程中，切削厚度和切削面积在随时变化。

1. 按铣刀的用途分类

（1）加工平面的铣刀　加工平面的铣刀主要有圆柱铣刀和面铣刀两种，如图5-5所示。图5-5a所示为圆柱铣刀，大多用于在卧式铣床上加工宽度小于铣刀长度的狭长平面。圆柱铣刀仅在圆柱面有切削刃，加工时，铣刀轴线平行于被加工表面。铣刀上的内孔是制造和使用时的定位孔。铣刀内孔上的键槽用于传递切削力矩，其尺寸已经标准化。在满足铣刀杆强度和刚度、刀齿有足够容屑空间的条件下，应尽可能选用小直径铣刀，以减小铣削力矩，减少切削时间，提高生产率。面铣刀主切削刃分布在圆柱或圆锥表面上，端面上为副切削刃，铣刀的轴线垂直于被加工表面，如图5-5b、c所示。面铣刀主要用于在立式铣床或卧式铣床上加工台阶面和平面，也可用在万能铣床上，特别适合较大平面的加工。面铣刀有粗齿、细齿和密齿三种，一般在刀体上安装硬质合金刀片。用面铣刀加工大直径工件时制成镶齿式，如图5-5b所示。用面铣刀加工平面时，同时参加切削的刀齿较多，又有副切削刃的修光作用，使加工表面粗糙度值小，因此可以选用较大的切削用量，生产率较高，应用广泛。

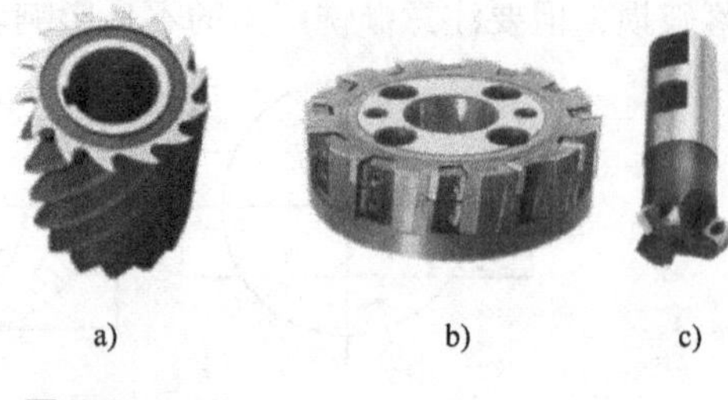

a)　b)　c)

图5-5

加工平面的铣刀

a）圆柱铣刀　b）机夹式面铣刀

c）整体式面铣刀

（2）加工沟槽的铣刀　最常用的加工沟槽的铣刀有三面刃铣刀、立铣刀、槽铣刀（单面刃）及角度铣刀四种，如图5-6所示。

a)　b)　c)　d)　e)

f)　g)　h)　i)　j)

图5-6

加工沟槽的铣刀

a）立铣刀　b）键槽铣刀　c）T型槽铣刀　d）燕尾槽铣刀　e）球头铣刀　f）对称双角度铣刀

g）单角度铣刀　h）三面刃铣刀　i）错齿三面刃铣刀　j）锯片铣刀

三面刃铣刀外形是一个圆盘，在圆周及两个端面上均有切削刃，从而改善了侧面的切削条件，提高了加工质量。三面刃铣刀有直齿、错齿和镶齿三种结构型式。同圆柱铣刀一样，定位面是内孔，孔中的键槽用于传递转矩。三面刃铣刀可用高速钢制造，小直径制成整体式，大直径制成镶齿式；也可用硬质合金制造，小直径制成焊接式。

立铣刀圆柱面上的切削刃是主切削刃，端面上的切削刃是副切削刃，其刀齿分为直齿和螺旋齿两类。立铣刀分粗齿、细齿两种，常用于加工沟槽及台阶面，也用于加工二维凸轮曲面。立铣刀大多用高速钢制造，也有用硬质合金制造的。小直径制成整体式，大直径制成镶齿式或可转位式。切削刃类似球头，装配于铣床上用于铣削各种曲面、圆弧沟槽的立铣刀称为球头铣刀。

键槽铣刀在圆柱面上和端面上都只有两个刀齿，因刀齿数少，螺旋角小，端面齿强度高，主要用于加工圆头封闭键槽。工作时，键槽铣刀既可沿工件轴向进给，又可沿刀具轴向进给，要多次重复这两个方向的进给才能完成键槽加工。

角度铣刀用于铣削角度沟槽和刀具上的容屑槽，分为单角度铣刀、不对称双角度铣刀和对称双角度铣刀三种。双角度铣刀刀齿分布在两个锥面上，用以完成两个斜面的成形加工，也常用于加工螺旋槽。

锯片铣刀本身很薄，只在圆周上有刀齿，用于切断工件和铣窄槽。为了避免夹刀，其厚度由边缘向中心减薄，使两侧形成副偏角。

（3）加工圆弧面的铣刀　加工圆弧面的铣刀常用圆角立铣刀和成形铣刀，如图5-7所示。成形铣刀是在铣床上加工成形表面的专用刀具，刀具廓形都要根据工件廓形设计，可在通用铣床上加工复杂形状的表面，并获得较高的精度和表面质量，生产率也较高。

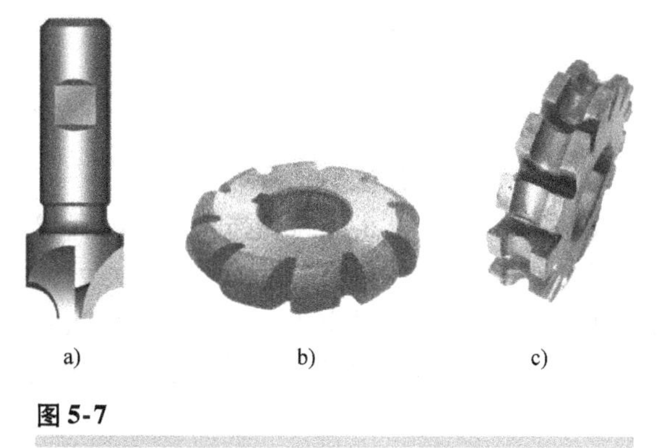

a)　b)　c)

图5-7

加工圆弧面的铣刀

a）圆角立铣刀　b）凹圆弧成形铣刀

c）凸圆弧成形铣刀

2. 按铣刀的安装形式分类

（1）带柄铣刀　带柄铣刀多用于立铣加工，分为直柄铣刀和锥柄铣刀。一般直径小于20mm的小铣刀做成直柄；直径较大的铣刀多做成锥柄，如图5-6a～e所示。锥柄铣刀安装时，根据铣刀锥柄尺寸，选择合适的变锥套，将各配合表面擦净，然后用拉杆将铣刀和变锥套一起拉紧在主轴锥孔内，如图5-8a所示。直柄铣刀多用弹簧夹头安装。铣刀的柱柄插入弹簧套孔内，由于弹簧套上面有三个开口，所以用螺母压弹簧套的端面，致使外锥面受压而孔缩小，从而将铣刀抱紧，如图5-8b所示。弹簧套有多种孔径，以适应不同尺寸的直柄铣刀。

（2）带孔铣刀　带孔铣刀适用于卧式铣床加工，能加工各种表面，应用范围较广，如图5-6f～j所示。带孔铣刀多用长刀轴安装，如图5-8c所示。安装时，铣刀应尽可能靠近主轴或吊架，使铣刀有足够的刚度。套筒与铣刀的端面均要擦净，以减小铣刀的端面跳动。在拧紧刀轴压紧螺母之前，必须先装好吊架，以防刀轴弯曲变形。拉杆的作用是拉紧刀轴，使之与主轴锥孔紧密配合。

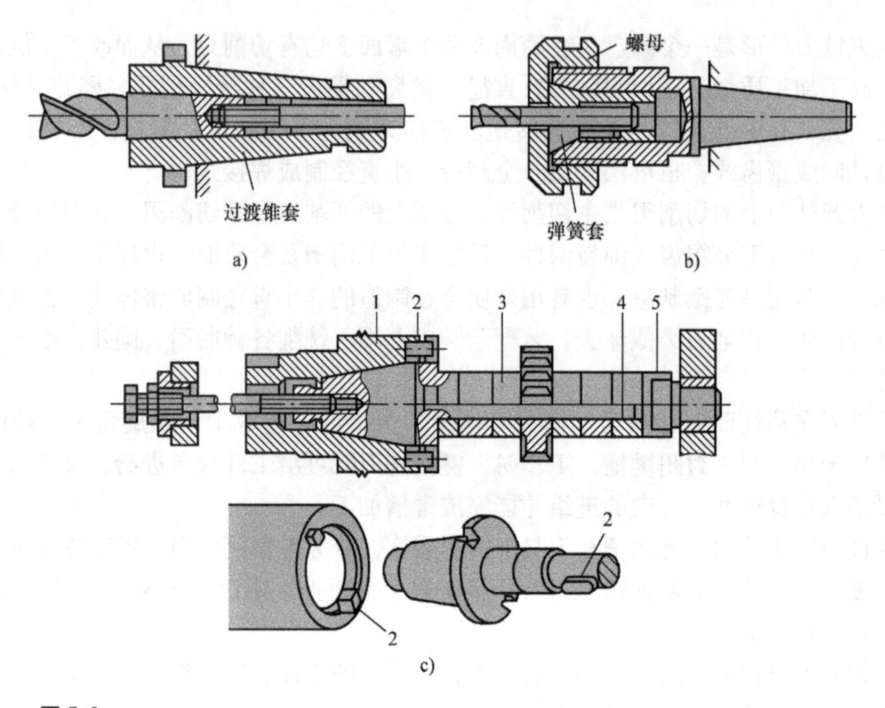

图 5-8

铣刀的安装方法

a）锥柄铣刀的安装　b）直柄铣刀的安装　c）带孔铣刀的安装

1—主轴　2—键　3—套筒　4—刀轴　5—螺母

3. 按铣刀齿背加工型式分类

（1）尖齿铣刀　尖齿铣刀齿背经铣制而成，并在切削刃后面磨出一条窄的后刀面，铣刀用钝后只需刃磨后刀面，易于制造和刃磨。大多数铣刀属尖齿铣刀。铣刀齿背有直线、曲线和折线三种型式，如图 5-9 所示。

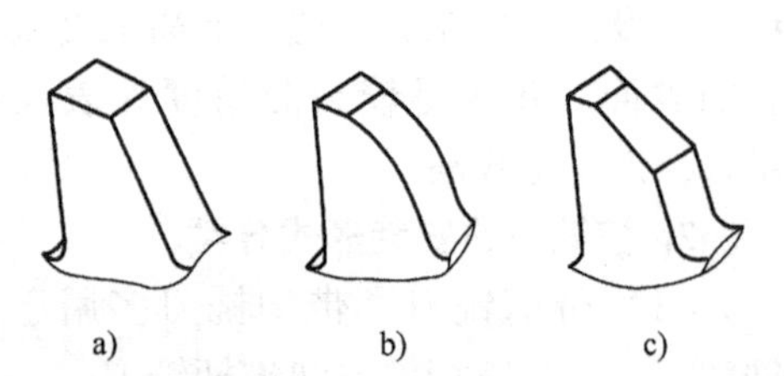

图 5-9

尖齿铣刀齿背型式

a）直线齿背　b）曲线齿背　c）折线齿背

（2）铲齿铣刀　铲齿铣刀的齿背是用铲齿方法加工出来的。铲齿铣刀磨钝后是沿着前刀面进行重磨的，重磨后的铣刀刃形保持原形，因而适用于切削廓形较复杂的铣刀，如成形铣刀。

4. 按铣刀结构型式分类

（1）整体式铣刀　整体式铣刀整个刀具采用一种材料整体制造而成，最常用的材料为高速钢。随着高硬度刀具材料性能和制作工艺的发展，硬质合金整体式铣刀、陶瓷整体式铣刀也逐渐应用于实际生产。

（2）整体焊接式铣刀　整体焊接式铣刀的刀体和刀片分别采用不同的材料制作（刀齿用硬质合金或其他耐磨刀具材料），将二者焊接成为一个整体刀具，如图 5-10a 所示。整体焊接式铣刀节省贵重刀具材料，结构紧凑，易于制造。目前硬质合金整体焊接式铣刀应用非常普遍。

（3）镶齿式铣刀　镶齿式铣刀刀体采用普通钢材制造，刀体上开槽，刀齿用机械夹固的方法紧固在刀体上。这种可换刀齿可以是整体式刀具材料的刀头，也可以是焊接式刀具材料的刀头，如图 5-10b 所示。

（4）可转位式铣刀　可转位式铣刀的刀体采用普通钢材制造，刀体上开槽，将可转位不重磨刀片直接装夹在刀体槽中，如图 5-10c 所示。刀片目前多采用硬质合金、陶瓷等硬度高、切削性能好的材料制成。切削刃用钝后，将刀片转位或更换刀片即可继续使用。可转位式铣刀具有效率高、寿命长、使用方便、加工质量稳定等优点。可转位式铣刀已形成系列标准，广泛用于面铣刀、立铣刀和三面刃铣刀等。

图 5-10

铣刀按结构型式分类

a）整体焊接式铣刀　b）镶齿式铣刀　c）可转位式铣刀

五、铣床的主要类型

铣床的主要类型有卧式升降台铣床、立式升降台铣床、龙门铣床、工具铣床、数控铣床和各种专门化铣床。

1. 卧式升降台铣床

卧式升降台铣床的主轴轴线与工作台平面平行，简称卧铣，外形如图 5-11 所示。床身

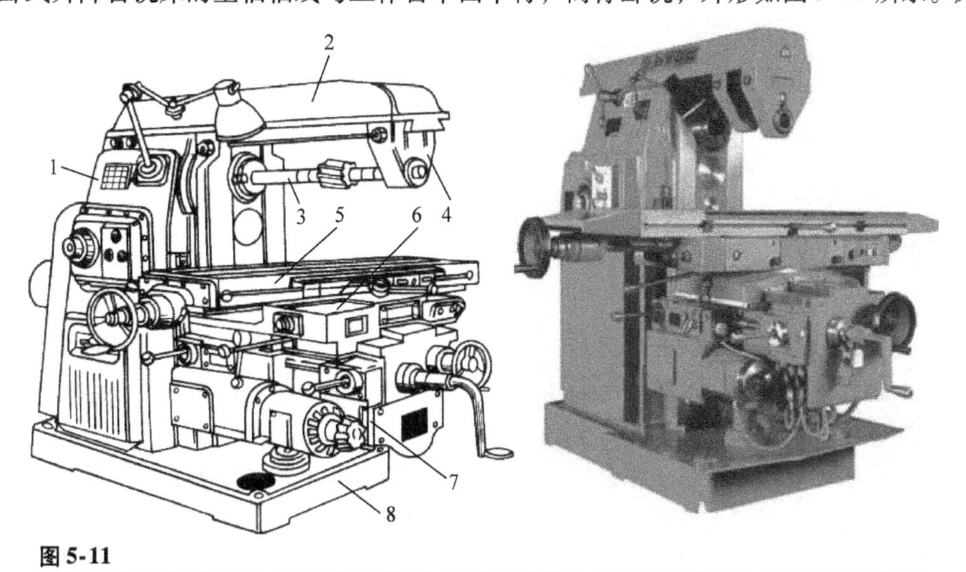

图 5-11

卧式升降台铣床

1—床身　2—悬梁　3—主轴　4—刀杆支架　5—工作台　6—滑座　7—升降台　8—底座

1固定在底座8上，内装主电动机、主运动变速机构、主轴部件及操纵机构等。床身1顶部的导轨上装有悬梁2，可沿主轴轴线方向调整前后位置，悬梁上装有刀杆支架4，用于支承刀杆的悬伸端。升降台7安装在床身1的垂直导轨上，可以上下移动，升降台内装有进给运动变速传动机构及操纵机构等。升降台的水平导轨上装有滑座6，可沿平行于主轴3的轴线方向（横向）移动。工作台5装在滑座6的导轨上，可沿垂直于主轴轴线方向移动。所以，固定在工作台上的工件可在相互垂直的三个方向中的任一方向实现进给运动或调整位移。铣刀装在铣主轴3上，铣刀旋转作为主运动。

万能升降台铣床的工作台5和滑座6之间还有一层转盘，转盘相对于床鞍在水平面内可调整角度，以便加工不同角度螺旋槽时工作台做斜向进给。此外，还可换用立式铣头、插削头等附件，扩大机床的加工范围。

2. 立式升降台铣床

立式升降台铣床与卧式铣床的区别是安装铣刀的主轴垂直于工作台面，主要用面铣刀或立铣刀进行铣削。外形如图5-12所示。工作台3和床鞍4安装在升降台5上，可做纵向和横向运动，升降台还可做垂直运动。立式升降台铣床上可加工平面、斜面、沟槽、台阶、齿轮、凸轮及封闭轮廓表面等。卧式和立式铣床适用于单件及成批生产。

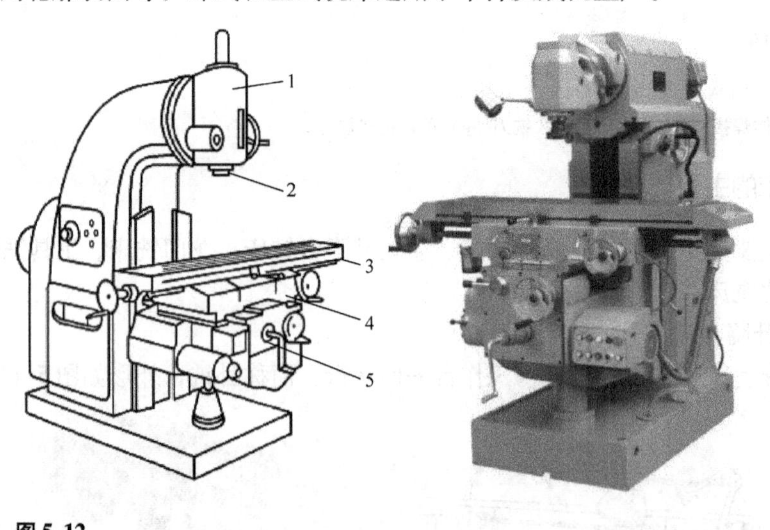

图5-12

立式升降台铣床

1—立铣头 2—主轴 3—工作台 4—床鞍 5—升降台

3. 床身式铣床

床身式铣床的工作台不做升降运动，因此又称为工作台不升降式铣床。其垂直运动由安装在立柱上的主轴箱完成，这样可以提高机床刚度，便于采用较大的切削用量，常用于加工中等尺寸的零件。床身式铣床的工作台分为圆形和矩形两类，如图5-13所示。

图5-13b所示为双轴圆形工作台铣床，主要用于粗铣和半精铣顶平面。主轴箱的两个主轴上分别安装粗铣和半精铣的面铣刀，工件安装在回转工作台的夹具内，回转工作台做回转进给运动。工件从铣刀下通过，即加工完毕。回转工作台上可装几套夹具，装卸工件时不需停止工作台，因而可实现连续加工。滑座可沿床身导轨移动，以调整工作台与主轴之间的径

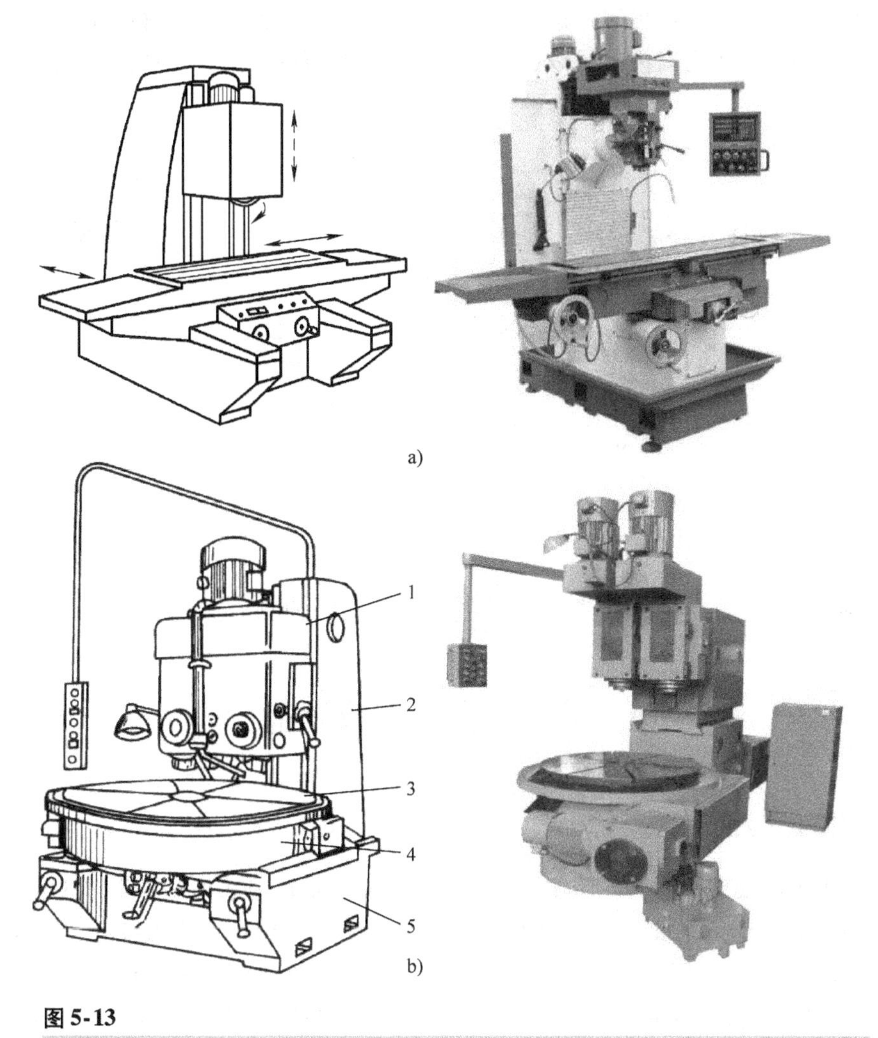

图 5-13

床身式铣床

a）矩形工作台铣床　b）双轴圆形工作台铣床

1—主轴箱　2—立柱　3—回转工作台　4—滑座　5—床身

向位置。主轴箱可沿立柱导轨升降，以适应不同的加工高度。主轴装在套筒内，手摇套筒升降可以调整主轴在主轴箱内的轴向位置，以保证背吃刀量。这种机床生产率较高，适用于成批或大量生产中铣削中、小型工件的顶端平面。

4. 龙门铣床

龙门铣床是一种大型、高效的通用铣床，主要用于加工各类大型工件上的平面、沟槽等，可以对工件进行粗铣、半精铣，也可以进行精铣。图 5-14 为龙门铣床的外形图。机床呈框架式，横梁 5 可以在立柱 4 上升降以适应零件的高度，横梁上装两个立式铣削主轴箱（立铣头）3 和 6，两个立柱上分别装两个卧铣头 2 和 8。每个铣头都是一个独立的部件，内装主运动变速机构、主轴和操纵机构。法兰式主电动机固定在铣头的端部。工作台 9 上安装工件，工作台可在床身 1 上做水平的纵向运动。立铣头可在横梁上做水平的横向运动，卧铣头可在立柱上升降。这些运动可以是进给运动，也可以是调整铣头与工件间相对位置的快速调位运动。主轴装在主轴套筒内，可以手摇伸缩，以调整背吃刀量。7为悬挂式控制器。

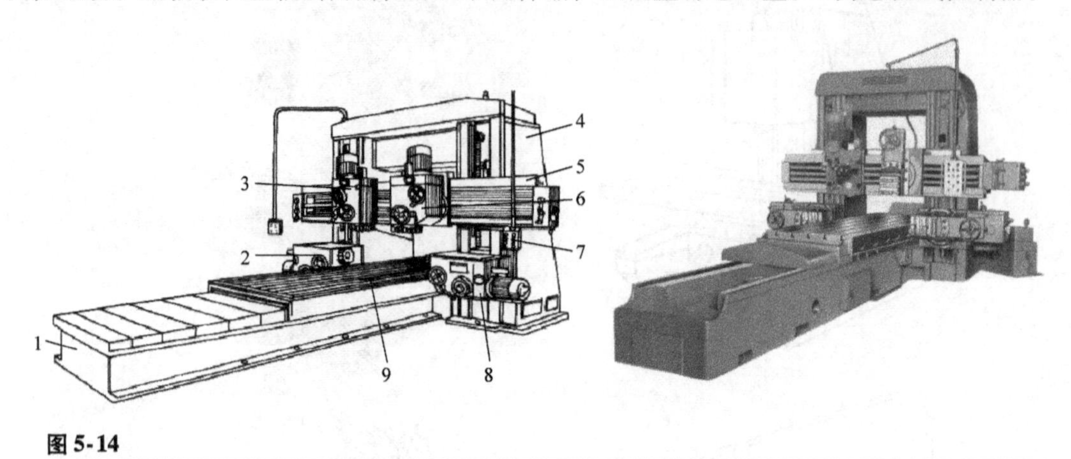

图5-14

龙门铣床

1—床身 2、8—卧铣头 3、6—立铣头 4—立柱 5—横梁 7—悬挂式控制器 9—工作台

第二节 钻削加工及设备

一、钻削加工工艺范围

钻削一般用于加工直径不大、精度要求不高的孔，主要是用钻头在实体材料上钻孔，钻孔直径一般在0.1～80mm。此外，还可在钻床上进行扩孔、铰孔、攻螺纹孔等加工。钻削加工的工艺范围如图5-15所示。在钻床上加工时，采用夹具或压板将工件装夹在钻床工作台上，刀具做旋转主运动，同时沿轴向做直线进给运动，故钻床适用于加工外形较复杂，没有对称回转轴线的工件上的孔，尤其是多孔加工。由于钻头的刚度一般都较差，常常发生孔径扩大、孔不圆、孔轴线歪斜等问题，而且钻头是在实体材料包围着的半封闭环境下工作，

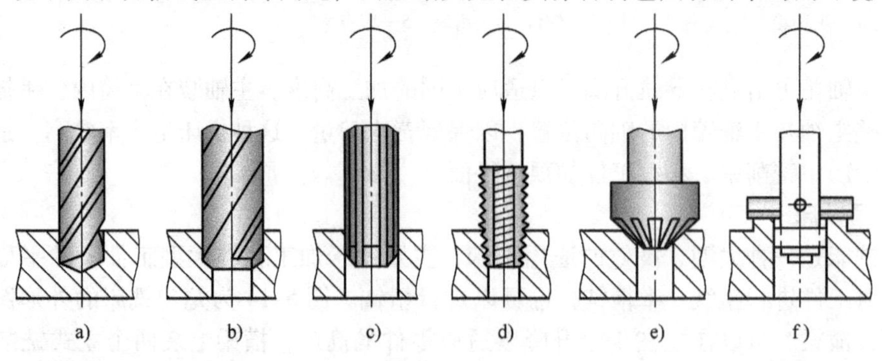

图5-15

钻削加工工艺范围

a）钻孔 b）扩孔 c）铰孔 d）攻螺纹孔 e）钻埋头孔 f）锪平面

排屑和散热困难，因此钻削的加工精度较低，一般只能达到 IT10，表面粗糙度 Ra 为 12.5 ~ 6.3μm。常使用钻模以提高钻孔精度，改善表面粗糙度，也可以在钻削后进行扩孔、铰孔等半精加工和精加工。铰孔的精度一般为 IT6 ~ IT7，表面粗糙度 Ra 为 1.6 ~ 0.4μm。

二、钻孔刀具

1. 麻花钻

麻花钻是最常用的孔加工刀具，一般用于实体材料上孔的粗加工。钻孔的尺寸精度为 IT11 ~ IT13，表面粗糙度 Ra 为 50 ~ 12.5μm。麻花钻由柄部、颈部和工作部分组成，如图 5-16所示。柄部是钻头的夹持部分，有锥柄和直柄两种型式，钻头直径大于 12mm 时常做成锥柄，小于 12mm 时做成直柄。锥柄后端的扁尾可插入钻床主轴的长方孔中，以传递较大的转矩。

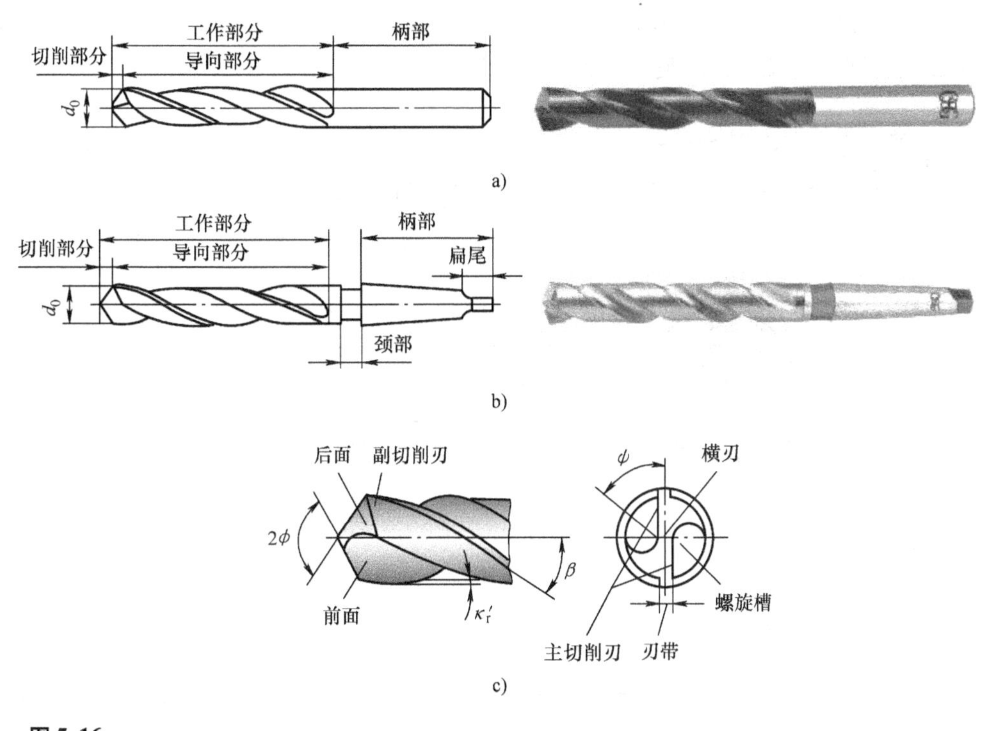

图 5-16

麻花钻的结构

a）直柄麻花钻　b）锥柄麻花钻　c）麻花钻的切削部分

麻花钻的颈部是工作部分和柄部的过渡部分，是磨削柄部时砂轮的退刀槽，当柄部和工作部分采用不同材料制造时，颈部就是两部分的对焊处，钻头的标记也常注于此处。

钻头的工作部分包括切削部分和导向部分。导向部分有两条螺旋槽和两条棱边，螺旋槽起排屑和输送切削液的作用，棱边起导向、修光孔壁的作用。导向部分有微小的倒锥度，从前端到尾部每 100mm 长度上直径减少 0.03 ~ 0.12mm，以减少与孔壁的摩擦。切削部分由两条主切削刃、两条副切削刃、一条横刃及两个前刀面和两个后刀面组成。螺旋槽的一部分为前刀面，钻头的顶锥面为上后刀面。麻花钻的主要几何角度有螺旋角 β、前角 γ、后角 α_0、

锋角 2ϕ 和横刃斜角 ψ。

麻花钻是孔加工的主要刀具，长期以来一直被广泛使用，但是麻花钻在结构上存在着比较严重的缺陷：①钻头主切削刃上各点的前角变化很大，钻孔时，外缘处的切削速度最大，该处的前角最大，切削刃强度最低，因此钻头在外缘处的磨损特别严重；②横刃较长，横刃前角为负值，切削时横刃处于挤刮状态，轴向抗力较大，同时横刃过长，不利于钻头定心，易产生引偏和抖动；③钻头主切削刃全长参加工作，切削宽度大，而容屑槽又受钻头本身尺寸的限制，因而排屑困难，切削液也不易注入切削区，冷却和散热条件不良等问题影响钻头的寿命、钻孔的质量和生产率。

2. 扩孔钻

扩孔钻是用来对工件上已有孔进行扩大加工的刀具。扩孔后，孔的精度可达到 IT9 ~ IT10，表面粗糙度 Ra 可达到6.3 ~3.2μm。扩孔钻没有横刃，加工余量小，刀齿数多（3 ~4 个齿），刀具的刚性及强度好，切削平稳。扩孔钻的结构分为整体式和镶片式；装夹方式有带柄（直柄、锥柄）及套式两类。几种常见的扩孔钻结构如图 5-17 所示。

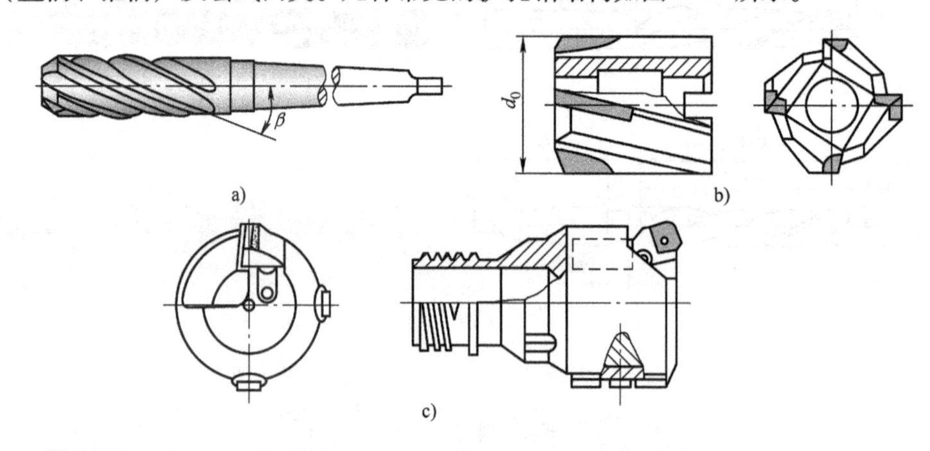

图 5-17

扩孔钻结构

a）整体式 b）镶齿套式 c）镶片可转位式

加工中应根据被加工孔及机床夹持部分的型式选用相应直径及型式的扩孔钻。通常直柄扩孔钻适用范围为 $d=3\sim20$mm；锥柄扩孔钻适用范围为 $d=7.5\sim50$mm；套式扩孔钻主要用于大直径及较深孔的扩孔加工，其适用范围为 $d=25\sim100$mm。

3. 铰刀

铰刀是一种半精加工或精加工孔的常用刀具，铰刀的刀齿数多（4 ~12 个齿），加工余量小，导向性好，刚度大。铰孔后孔的精度可达 IT7 ~ IT9，表面粗糙度 Ra 可达 1.6 ~ 0.4μm。常见的铰刀结构如图 5-18 所示。

铰刀可分为手用铰刀与机用铰刀两大类，手用铰刀又分为整体式和可调式，机用铰刀分为带柄式和套式，加工锥孔用的铰刀称为锥度铰刀。常用铰刀类型如图 5-19 所示。

在选用铰刀时，应根据被加工孔的特点及铰刀的特点来正确选用。一般手用铰刀用于小批生产或修配工作中对未淬硬孔进行手工操作的精加工。手用铰刀的适用范围为 $d=1\sim71$mm，对于可调节的手用铰刀，适用范围为 $d=6.5\sim100$mm。机用铰刀适合在车床、钻床、

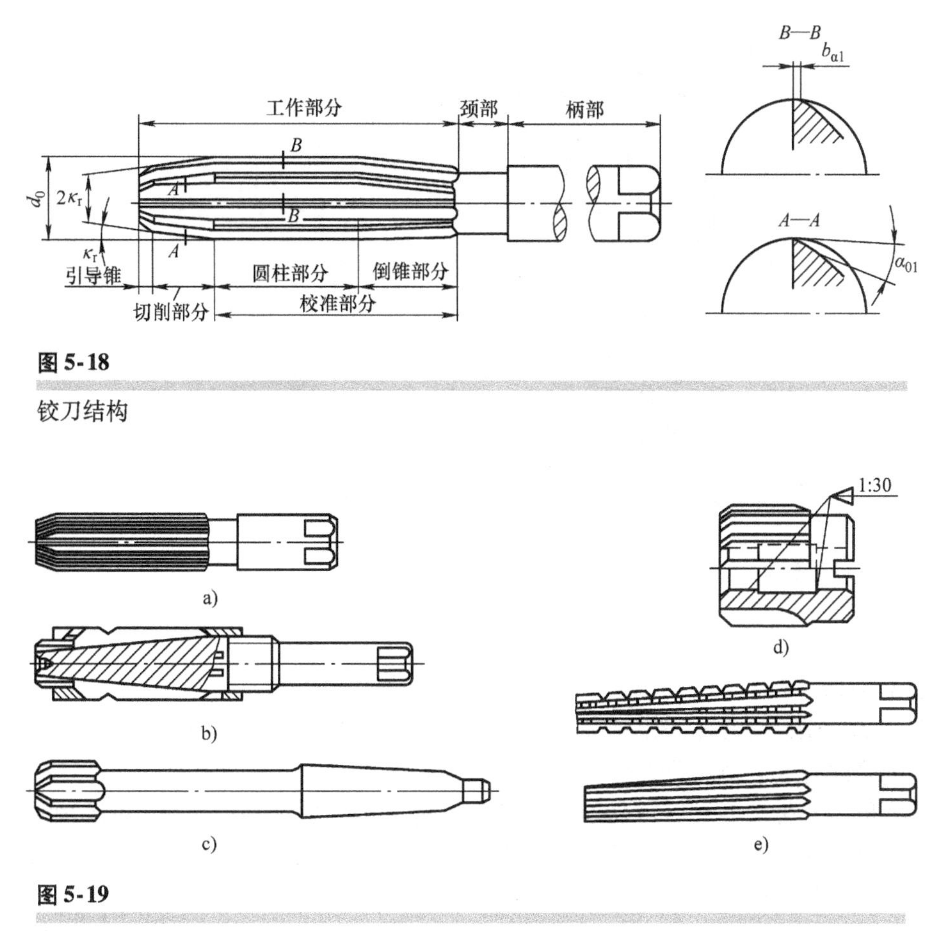

图 5-18

铰刀结构

图 5-19

常用铰刀的类型

a）整体式手用铰刀　b）可调式手用铰刀　c）机用铰刀　d）套式铰刀　e）锥度铰刀

数控机床及加工中心等机床上使用。它主要用于对钢、合金钢、铸铁、铜、铝等工件的孔进行半精加工及精加工。

铰刀分为三个精度等级，分别用于不同精度的孔的加工（H7、H8、H9）。在选用时，应根据被加工孔的直径、精度和机床夹持部分的型式来选择相适应的铰刀。

三、钻床的主要类型

钻床主要分为台式钻床、立式钻床、摇臂钻床、深孔钻床、其他钻床（如中心孔钻床）等。

1. 台式钻床

台式钻床结构简单，使用方便，体积小，但只能加工小孔（一般情况下，孔径 <12mm），广泛用于操作不复杂的流水生产线或机修车间中单件、小批量生产，工作时可手动进给。如图 5-20 所示，电动机通过一对塔轮以 V 带传动带动主轴，主轴前端安装着钻夹头，再用钻夹头来夹持刀具，主轴的旋转运动为主运动。旋动手柄旋动进给齿轮，通过齿轮齿条机构使支承主轴的套筒做轴向移动，这就是台式钻床的进给运动。

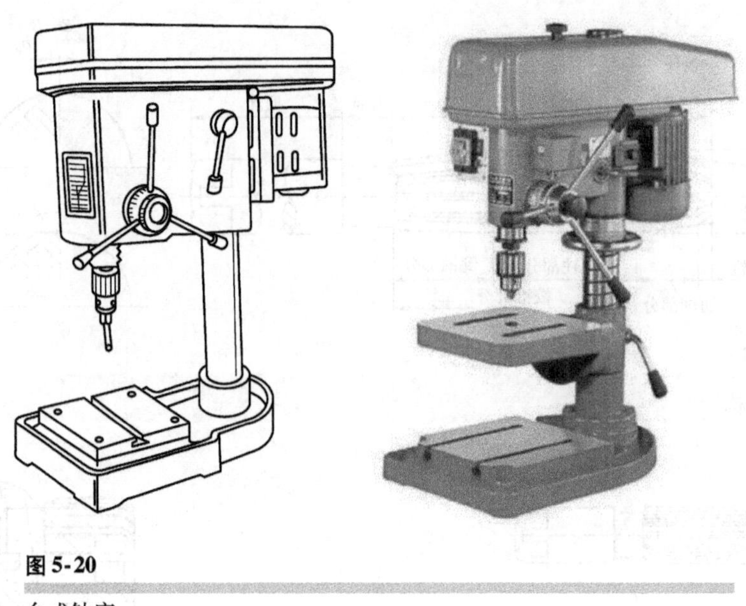

图 5-20
台式钻床

2. 立式钻床

如图 5-21 所示，立式钻床由底座 1、工作台 2、主轴箱 3、立柱 4 和旋动手柄 5 等部件组成。主轴箱内有主运动及进给运动的传动机构，刀具安装在主轴的锥孔内，由主轴（通过锥面摩擦传动）带动刀具做旋转运动，即主运动，手动或机动使主轴套筒做轴向进给运动。工作台可沿立柱上的导轨上下调整位置，以适应不同高度工件的加工。立式钻床只适于在单件、小批生产中加工中、小型工件上的孔。

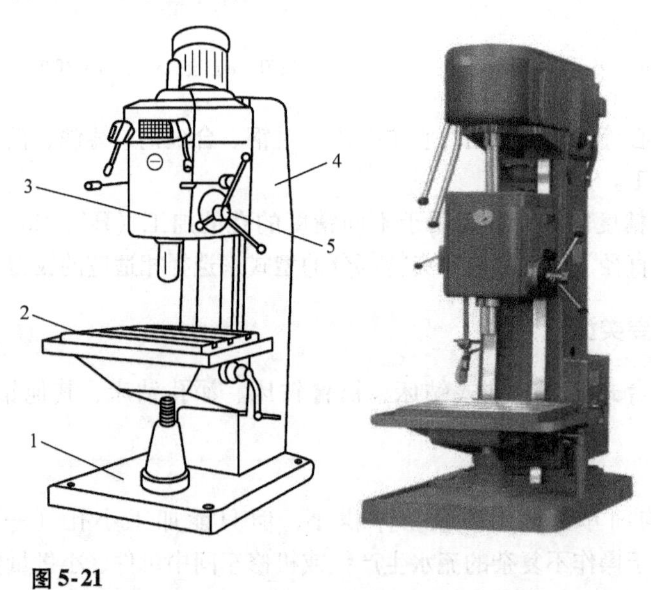

图 5-21
立式钻床
1—底座 2—工作台 3—主轴箱 4—立柱 5—旋动手柄

3. 摇臂钻床

摇臂钻床外形如图5-22所示，摇臂3能绕立柱2回转并可带着主轴箱7沿立柱轴线上下移动，以适应不同高度的工件。主轴箱可通过手动或机动沿摇臂的水平导轨移动。因此，操作时能方便地调整主轴8（刀具）的位置，使它对准所需钻孔的中心而不必移动工件。找正后，应将内外立柱、摇臂与外立柱、主轴箱与摇臂之间的位置分别固定，再进行加工。工件可以安装在工作台或底座上。摇臂钻床广泛应用于大型工件或多孔工件的钻削。

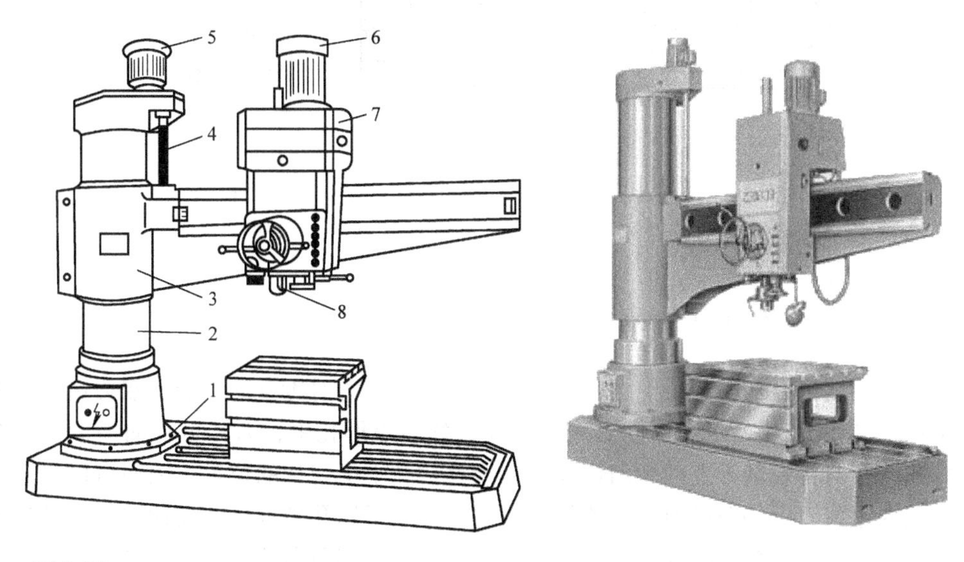

图5-22

摇臂钻床

1—底座 2—立柱 3—摇臂 4—丝杠 5、6—电动机 7—主轴箱 8—主轴

第三节 镗削加工与设备

一、镗削加工范围

镗削主要用于工件上已有铸造孔或加工孔的后续加工，常用于加工尺寸较大及精度要求较高的场合，特别适宜加工分布在不同表面上、孔距尺寸精度和位置精度要求十分严格的孔系，如各种箱体、汽车发动机缸体的孔系。因此，镗削主要适用于批量较小的加工。镗孔的形位精度主要取决于机床的精度，为保证孔系的位置精度，在批量生产条件下，一般均采用镗模。

镗削是常用的加工方法，其加工范围很广，既可进行粗加工，也可进行精加工。镗削加工的标准公差等级一般为IT6～IT7，表面粗糙度 Ra 一般为6.3～0.8μm。

二、镗刀

镗刀的种类很多，根据结构特点及使用方式，可分为单刃镗刀和双刃镗刀等。

单刃镗刀的刀头结构与车刀类似。使用时，用紧固螺钉将其装夹在镗杆上。图5-23a所示为盲孔镗刀，刀头倾斜安装。图5-23b所示为通孔镗刀，刀头垂直于镗杆轴线安装。单刃镗刀只有一个主切削刃，粗加工和精加工都能适用，但生产率较低。由于单刃镗刀的刚性差，易产生弯曲变形，为了减小镗孔时的径向抗力和镗刀杆的变形与振动，一般取较大的主偏角，$\kappa_r=75°\sim90°$。

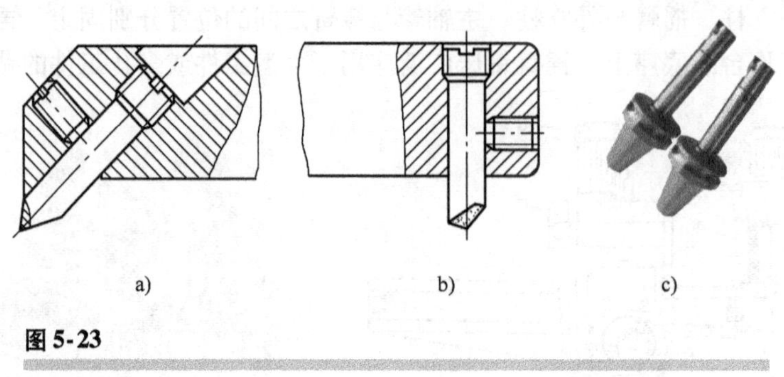

图5-23

单刃镗刀

a）盲孔单刃镗刀 b）通孔单刃镗刀 c）单刃镗刀组件

双刃镗刀两端都有切削刃，工作时基本上可消除径向力对镗杆的影响。双刃镗刀大多采用浮动结构，如图5-24所示。浮动刀片装在镗刀杆的矩形孔中，刀片可径向滑动。镗孔时由于作用在两个对称切削刃上的径向切削分力能够自动平衡刀片的位置，因而可以消除由于刀片的安装误差或刀杆的偏摆所带来的加工误差，保证了镗孔精度。浮动镗刀的切削过程与铰削相似，镗刀由孔定位，因此它不能纠正孔轴线的原有偏斜和位置误差。同时，由于受结构尺寸限制，浮动镗刀只适用于精镗直径较大的孔。

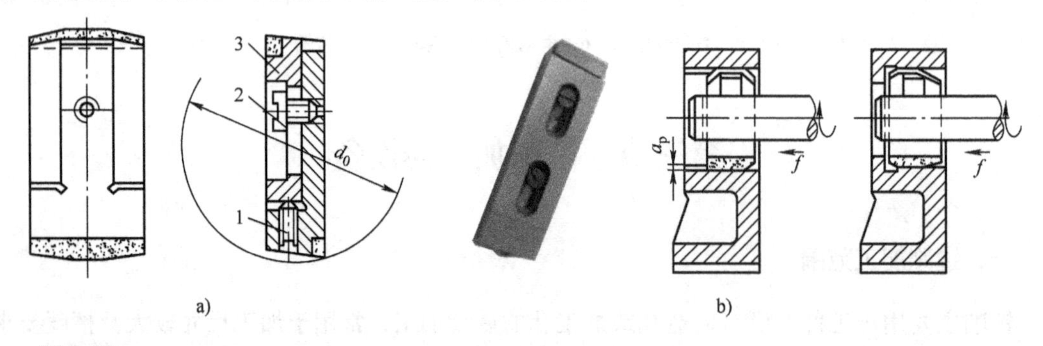

图5-24

双刃镗刀浮动结构

a）可调浮动镗刀片 b）镗刀安装

1—调整螺钉 2—紧固螺钉 3—刀片

三、典型镗床

镗床主要可分为卧式镗床、坐标镗床和精镗床等。

1. 卧式镗床

卧式镗床加工范围广泛，除镗孔外，还可以车端面、铣平面、车外圆、车螺纹及钻孔等。卧式镗床的主要加工方法如图5-25所示。

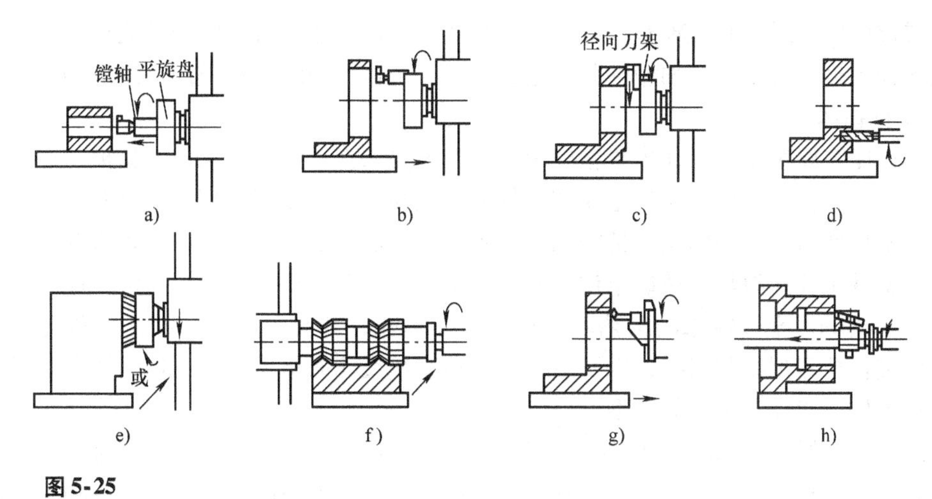

图 5-25

卧式镗床主要加工方法

a）镗小孔　b）镗大孔　c）车削端面　d）钻孔　e）铣平面　f）铣组合面　g）车螺纹　h）镗深孔螺纹

卧式镗床的外形如图 5-26 所示。主轴箱 1 可沿前立柱 2 的导轨上下移动。在主轴箱中，装有镗杆 3、平旋盘 4、主运动和进给运动变速传动机构及操纵机构。根据加工情况，刀具可以装在镗杆 3 上（图 5-25a、d、f、h）或平旋盘 4 上（图 5-25b、c、e、g）。镗杆 3 旋转（主运动），并可沿轴向移动（进给运动）；平旋盘只做旋转主运动。装在后立柱 10 上的后支架 9，用于支承悬伸长度较大的镗杆的悬伸端，以增强刚性。后支架可沿后立柱上的导轨与主轴箱同步升降，以保持后支架支承孔与镗杆在同一轴线上。后立柱可沿床身 8 上的导轨移动，以适应镗杆不同的悬伸长度。工件安装在工作台 5 上，可与工作台一起随下滑座 7 或上滑座 6 做纵向或横向移动。工作台还可绕上滑座的圆导轨在水平平面内转位，以便加工互相成一定角度的平面或孔。当刀具装在平旋盘 4 的径向刀架上时，径向刀架可带着刀具做径向进给，以车削端面（图 5-25c）。

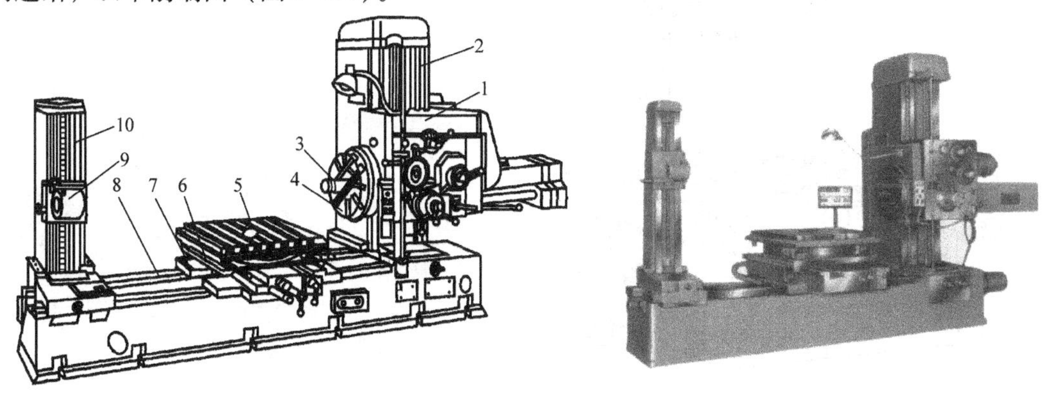

图 5-26

卧式镗床

1—主轴箱　2—前立柱　3—镗杆　4—平旋盘　5—工作台
6—上滑座　7—下滑座　8—床身　9—后支架　10—后立柱

卧式镗床的主运动有镗轴和平旋盘的旋转运动；进给运动有镗轴的轴向运动、平旋盘刀具溜板的径向进给运动、主轴箱的竖直进给运动、工作台的纵向和横向进给运动。

2. 坐标镗床

坐标镗床主要用于加工孔本身精度及位置精度要求都很高的孔系，如钻模、镗模和量具等零件上的精密孔。这种机床的主要零部件的制造和装配精度都很高，并具有良好的刚性和抗振性。坐标镗床具有坐标位置精密测量装置，能精确地确定工作台、主轴箱等移动部件的位移量，实现工件和刀具的精确定位。例如，工作台面宽200～300mm的坐标镗床，定位精度可达到0.2μm。坐标镗床的工艺范围很广，除镗孔、钻孔、扩孔、铰孔及精铣平面沟槽外，还可进行精密刻线和划线，以及进行孔距和直线尺寸的精密测量工作。按布局形式，坐标镗床有单柱、双柱和卧式等类型。

立式单柱坐标镗床如图5-27所示。工件固定在工作台3上，带有主轴部件的主轴箱5装在立柱4的竖直导轨上，可上下调整位置，以适应加工不同高度的工件。主轴由精密轴承支承在主轴套筒中，由主传动机构带动其旋转，完成主运动。当进行镗孔、钻孔、铰孔等工序时，主轴由轴套筒带动，在垂直方向做机动或手动进给运动。镗孔坐标位置由工作台沿床鞍2导轨的纵向移动和床鞍2沿床身1导轨的横向移动来确定。单柱坐标镗床的工作台三面敞开，操作比较方便，但主轴箱悬臂安装，将会影响刚度。因此，单柱坐标镗床一般为中、小型机床（工作台宽度小于630mm）。

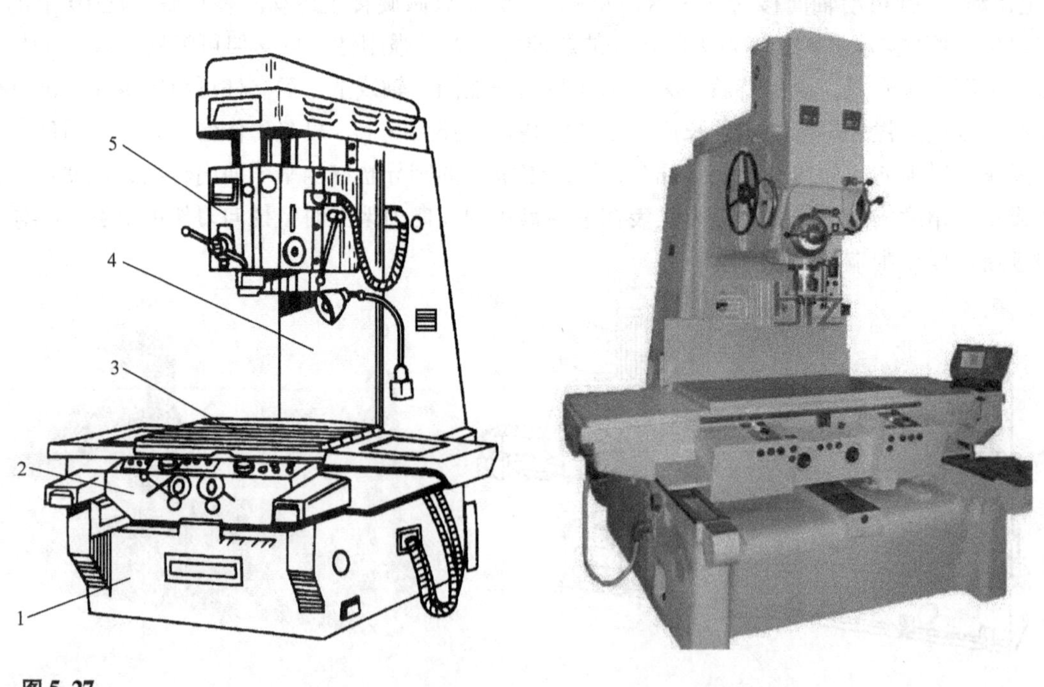

图5-27

立式单柱坐标镗床

1—床身 2—床鞍 3—工作台 4—立柱 5—主轴箱

立式双柱坐标镗床如图5-28所示，两个立柱、顶梁和床身构成龙门框架，主轴箱2装在可沿立柱7导轨上下调整位置的横梁3上，工作台5直接支承在床身4的导轨上。镗孔坐标位置由主轴箱沿横梁导轨移动和工作台沿床身导轨移动来确定。双柱坐标镗床主轴箱悬伸距离小，且装在龙门框架上，较易保证机床刚度。另外，工作台和床身之间层次少，承载能力较强。因此，双柱坐标镗床一般为大、中型机床。

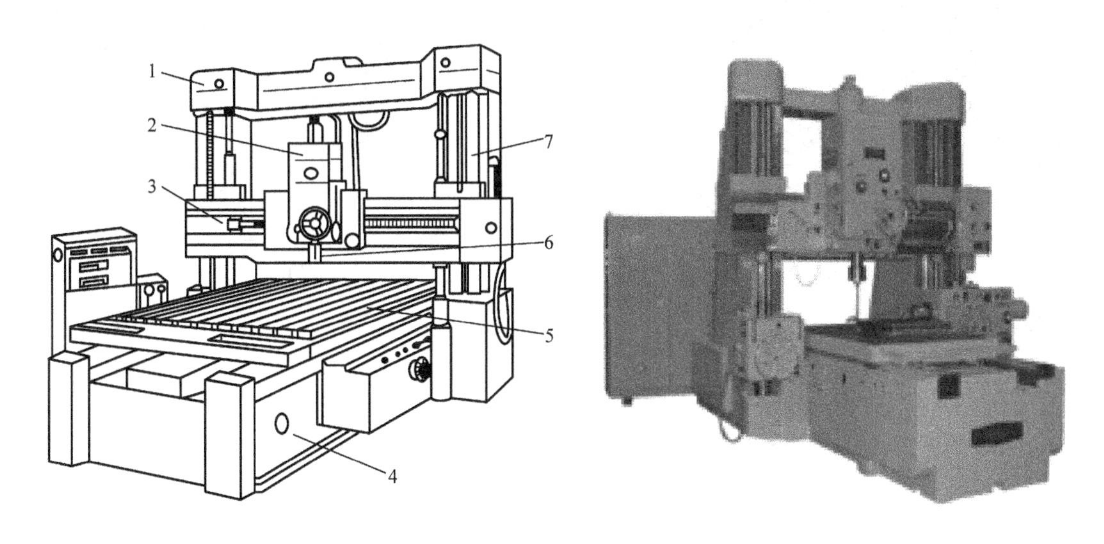

图5-28

立式双柱坐标镗床

1—顶梁　2—主轴箱　3—横梁　4—床身　5—工作台　6—主轴　7—立柱

3. 精镗床

精镗床是一种高速精加工镗床，过去采用金刚石镗刀作为刀具，现在通常采用硬质合金镗刀为刀具。精镗床的工作特点是进给量很小，切削速度很高（600～800m/min），可以获得很高的加工精度和很小的表面粗糙度。

精镗床的种类很多，按布局形式可分为单面、双面和多面精镗床；按主轴的配置可分为卧式、立式和倾斜式精镗床；按主轴数量可分为单轴、双轴和多轴精镗床。这种镗床常配以专用夹具和刀具，组成专用机床，进行镗孔、钻孔、扩孔、倒角、镗台阶孔、镗卡圈槽和铣端面等工作。精镗床广泛地用于汽车、拖拉机制造中，常用于镗削发动机气缸、液压泵壳体、连杆、活塞等零件上的精密孔。

精镗床的加工质量很大程度上取决于主轴头的质量，为了保证准确平稳地旋转，通常由电动机经带传动直接带动旋转，采用精密向心推力球轴承或静压滑动轴承，工作台纵向进给一般采用液压驱动。典型的卧式精镗床如图5-29所示。一般主轴头固定，主轴高速旋转，工作台做进给运动；也有工作台固定、主轴头做进给运动的。卧式精镗床适宜加工较重、较大的工件。

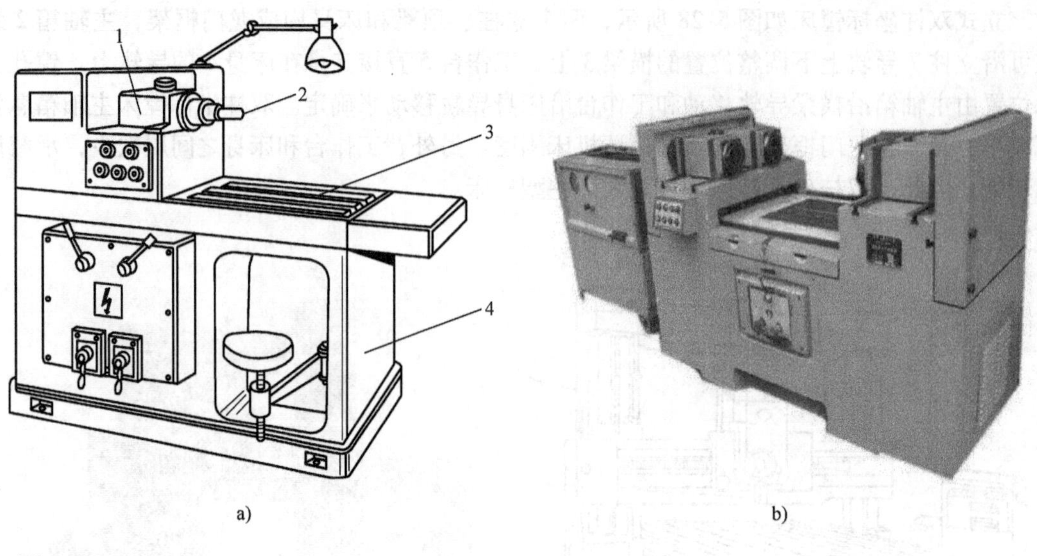

图 5-29

卧式精镗床

a）单面卧式精镗床 b）双面卧式精镗床

1—主轴箱 2—主轴头 3—工作台 4—床身

第四节 齿轮加工及设备

一、齿轮加工原理

齿轮作为最常用的传动件，广泛应用于各种机械及仪表中。现代工业的发展对齿轮制造的质量要求越来越高，齿轮加工设备则向高精度、高效率和高自动化的方向发展。

齿轮加工机床的种类很多，构造及加工方法也各不相同。按齿形形成原理，齿轮的加工方法可分为成形法和展成法两类。

（一）成形法

成形法加工齿轮是使用切削刃形状与被切齿轮的齿槽形状完全相符的成形刀具切出齿轮的方法。即由刀具的切削刃形成渐开线母线，再加上一个沿齿坯齿向的直线运动形成加工齿面。这种方法一般用于铣床上用盘形铣刀或指形齿轮铣刀铣削齿轮，如图 5-30 所示。此外，也可以在刨床或插床上用成形刀具刨削、插削齿轮。

成形法加工齿轮采用单齿廓成形分齿法，即加工完一个齿，退回，工件分度，再加工下一个齿。因此生产率较低，而且对于同一模数的齿轮，只要齿数不同，齿廓形状就不同，需采用不同的成形刀具。在实际生产中为了减少成形刀具的数量，每一种模数通常只配有 8 把或 15 把刀，各自适应一定的齿数范围，因此加工出的齿形是近似的，加工精度较低。但是该方法使用的机床简单，不需要专用设备，适用于单件小批生产及加工精度要求不高的齿轮生产。

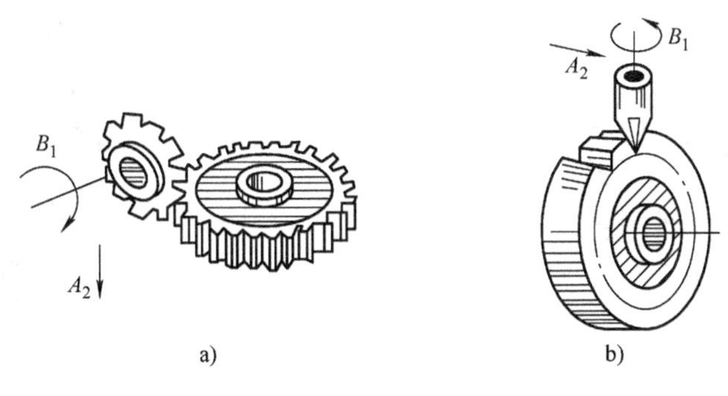

图 5-30

成形法加工齿轮

a）盘形铣刀加工　b）指形铣刀加工

（二）展成法

展成法加工齿轮是利用齿轮啮合的原理进行的，其切齿过程模拟齿轮副（齿轮－齿条、齿轮－齿轮）的啮合过程。把其中一个零件转化为刀具，另一个转化为工件，并强制刀具和工件做严格的啮合运动，被加工工件的齿形表面是在刀具和工件包络过程中由刀具切削刃的位置连续变化而形成的。在展成法加工齿轮时，用同一把刀具可以加工相同模数的任意齿数的齿轮。其加工精度和生产率都比较高，在齿轮加工中应用最为广泛。

圆柱齿轮的加工方法有滚齿、插齿等。锥齿轮的加工方法主要有刨齿和铣齿等。精加工齿轮齿面的方法有磨齿、剃齿、珩齿和研齿等。

二、齿轮加工刀具

（一）齿轮刀具的种类

齿轮刀具是用于加工各种齿轮齿形的刀具。由于齿轮的种类很多，相应地齿轮刀具种类也极其繁多。一般按照齿轮的齿形可分为加工渐开线齿轮刀具和非渐开线齿轮刀具。按照其加工工艺方法则可分为成形法和展成法加工用齿轮刀具两大类。

1. 成形法齿轮刀具

成形法齿轮刀具是指刀具切削刃的轮廓形状与被切齿的齿形相同或近似相同。常用的有盘形齿轮铣刀和指形齿轮铣刀，如图 5-31 所示。

盘形齿轮铣刀是铲齿成形铣刀，铣刀材料一般为高速钢，主要用于小模数（$m<8$）直齿和斜齿轮的加工。指形齿轮铣刀属于成形立铣刀，主要用于大模数（$m=8\sim40$）的直齿、斜齿或人字齿轮加工。渐开线齿轮的廓形是由模数、齿数和压力角决定的。因此，要用成形法铣出高精度的齿轮就必须针对被加工齿轮的模数、齿数等参数，设计与其齿形相同的专用铣刀。这样做在生产上不方便，也不经济，甚至不可能实现。实际生产中通常是把同一模数下不同齿数的齿轮按齿形的接近程度划分为 8 组或 15 组，每组只用一把铣刀加工，每一刀号的铣刀是按同组齿数中最少齿数的齿形设计的。表 5-1 为模数铣刀加工的齿数范围。

选用铣刀时，应根据被切齿轮的齿数选出相应的铣刀刀号。加工斜齿轮时，则应按照其法向截面内的当量齿数来选择刀号。

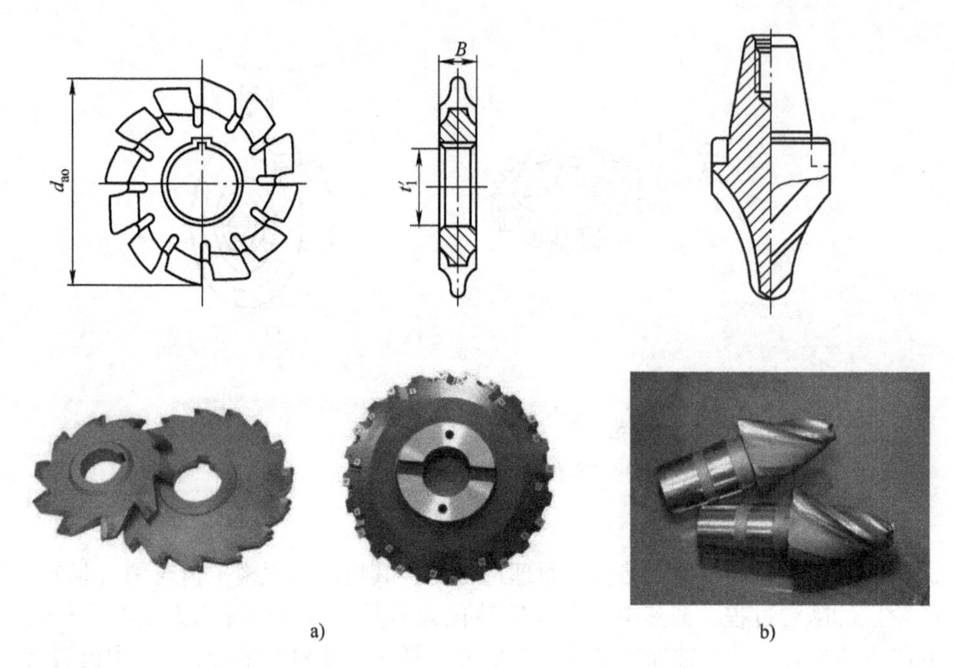

图5-31

成形法齿轮铣刀

a）盘形齿轮铣刀　b）指形齿轮铣刀

表5-1　模数铣刀加工齿数范围

刀号	1	2	3	4	5	6	7	8
加工齿数范围	12~13	14~16	17~20	21~25	26~34	35~54	55~134	135以上及齿条
齿形								

成形法齿轮铣刀加工齿轮，生产率低，精度低，刀具不能通用；但是刀具结构简单，成本低，不需要专门机床，通常适合于单件、小批量生产或修配9级以下精度的齿轮加工。

2. 展成法齿轮刀具

这类刀具的切削刃廓形不同于被切齿轮任何剖面的槽形。被切齿轮齿形是由刀具在展成运动中若干位置包络形成的。展成法刀具的主要优点是一把刀具可加工同一模数的不同齿数的各种齿轮。与成形法相比，具有通用性广、加工精度和生产率高的特点。展成法加工齿轮时，需配备专门机床，因此加工成本要高于成形法。常见的展成法齿轮刀具有齿轮滚刀、插齿刀、蜗轮滚刀及剃齿刀等。

（二）齿轮滚刀

1. 齿轮滚刀的结构

齿轮滚刀形似蜗杆，为了形成切削刃，在垂直于蜗杆螺旋线方向或平行于轴线方向铣出容屑槽，形成前刀面，并对滚刀的顶面和侧面进行铲背，铲磨出后角。根据滚齿的工作原理，滚刀应当是一个端面截形为渐开线的斜齿轮，但由于这种渐开线滚刀的制造比较困难，目前应用较少。通常是将滚刀轴向截面做成直线齿形，这种刀具称为阿基米德滚刀。这样滚刀的轴向截形近似于齿条，当滚刀做旋转运动时，就如同齿条在轴向平面内做轴向移动，滚刀旋转一周，刀齿轴向移动一个齿距（$p=\pi m$），齿坯分度圆也相应转过一个齿距的弧长，从而由切削刃包络出正确的渐开线齿形。图 5-32 所示为齿轮滚刀。

a)　b)

图 5-32

齿轮滚刀

a）整体式齿轮滚刀　b）镶片式齿轮滚刀

2. 齿轮滚刀的主要参数

齿轮滚刀的主要参数包括外径、头数、齿形、导程角及旋向等。外径越大，则加工精度越高。标准齿轮滚刀规定，同一模数有两种直径系列：Ⅰ型直径较大，适用于 AA 级精密滚刀，这种滚刀用于加工 7 级精度的齿轮；Ⅱ型直径较小，适用于 A、B、C 级精度的滚刀，用于加工 8、9、10 级精度的齿轮。单头滚刀的精度较高，多用于精切齿；多头滚刀精度较低，但生产率高。常用的滚刀（$m<10$）轴向齿形均为直线，而导程角及旋向则决定了刀具在机床上的安装方位。

（三）插齿刀

插齿刀也是按展成原理加工齿轮的刀具。它主要用来加工直齿内、外齿轮和齿条，尤其适于加工双联或多联齿轮、扇形齿轮等，是加工内齿轮和台肩齿轮最常用的刀具。

插齿刀的外形像一个直齿圆柱齿轮。将插齿刀的前刀面磨成一个锥面，锥顶在插齿刀的中心线上，从而形成正前角。为了使齿顶和齿侧都有后角，且重磨后仍可使用，将插齿刀制成一个“变位齿轮”，而且在垂直于插齿刀轴线的截面内的变位系数各不相同，从而保证了插齿刀刃磨后齿形不变。标准插齿刀有 AA、A、B 三种精度等级，分别用于加工 6、7、8 级精度直齿圆柱齿轮。三种型式的插齿刀如图 5-33 所示，其中以盘形直齿插刀应用最为普遍。

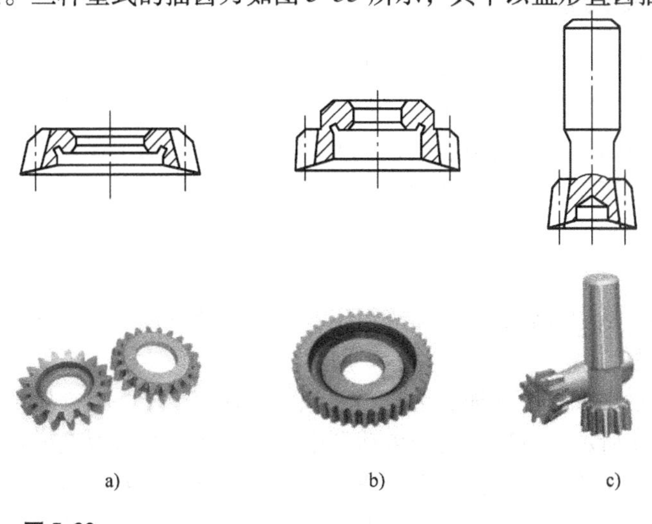

a)　b)　c)

图 5-33

插齿刀类型

a）盘形直齿插刀　b）碗形直齿插刀　c）锥形直齿插刀

（四）剃齿刀

剃齿刀是直齿和斜齿渐开线圆柱齿轮的一种精加工刀具。剃齿时，剃齿刀的切削刃沿工件齿面剃下一层薄金属，可以有效地提高被剃齿轮的精度和齿面质量；并且加工效率高，刀具寿命长，是成批、大量生产等精度圆柱齿轮时应用最广泛的一种加工刀具。剃齿后的齿轮精度可达6～7级，表面粗糙度 Ra 可达0.4～0.8μm。剃齿过程中，剃齿刀与被剃齿轮之间的位置和运动关系与一对交错轴斜齿圆柱齿轮的啮合关系相似，但被剃齿轮是由剃齿刀带动旋转。剃齿为一种非强制啮合的展成加工，如图5-34所示。

常用的盘形剃齿刀像一个淬硬的斜齿圆柱齿轮，如图5-35所示。齿面上的沟槽有两种型式：一种是在整个齿圈上开有圆环形或螺旋形的通槽，槽的截面可以是矩形，也可以是梯形，这种剃齿刀用钝后只刃磨前面（槽部），齿形和外径都不改变，由于通槽不能做得太深，只适用于模数小于1.75mm的剃齿刀；另一种为两侧面的沟槽不通，是用梳形插刀分别插出来的，为使插刀能够退刀，在每个齿的齿根处钻有倾斜的小孔，这种剃齿刀用钝后需重磨齿形和齿顶圆柱面，用于加工中等模数的齿轮。

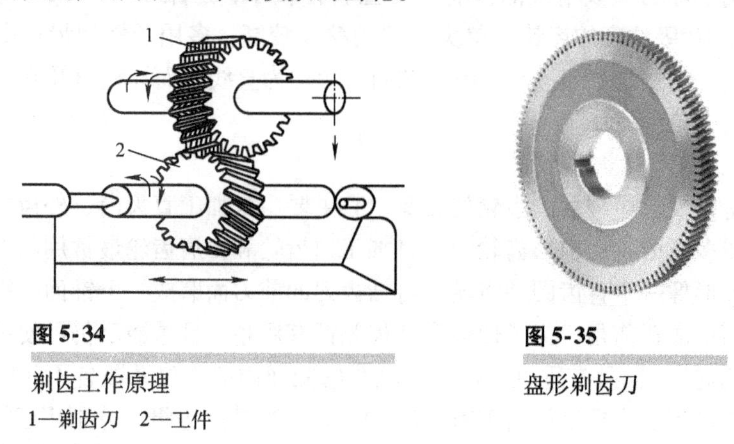

图5-34

剃齿工作原理

1—剃齿刀　2—工件

图5-35

盘形剃齿刀

三、齿轮加工机床的类型

齿轮加工机床是用来加工齿轮齿面的机床。按照被加工齿轮种类不同，齿轮加工机床可分为圆柱齿轮和锥齿轮加工机床两大类。圆柱齿轮加工机床主要有滚齿机、插齿机等，锥齿轮加工机床有加工直齿锥齿轮的刨齿机、铣齿机、拉齿机和加工弧齿锥齿轮的铣齿机。用来精加工齿轮齿面的机床有珩齿机、剃齿机和磨齿机等。

四、滚齿机

滚齿机主要用于滚切直齿和斜齿圆柱齿轮及蜗轮，还可以加工花键轴的键。

（一）滚齿原理

滚齿加工是根据展成法原理加工齿轮，滚齿的过程相当于一对交错轴斜齿轮副啮合滚动的过程，如图5-36a所示。将这对啮合传动副中的一个齿轮的齿数减少到一个或几个，螺旋角增大到很大，就成了蜗杆，如图5-36b所示。再将蜗杆开槽并铲背，就成了齿轮滚刀，如图5-36c所示。因此，滚刀相当于一个斜齿轮，当机床使滚刀和工件严格地按一对斜齿圆柱齿轮的速比关系做旋转运动时，滚刀就可以在工件上连续不断地切出齿来。

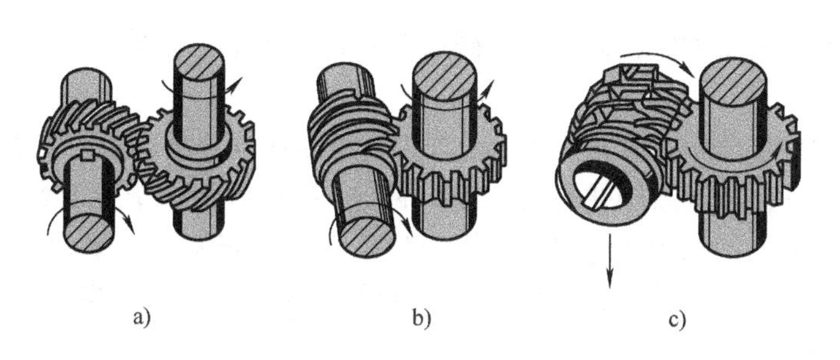

图 5-36
滚齿原理

（二）滚切直齿圆柱齿轮

1. 机床的运动和传动原理

根据表面成形原理，加工直齿圆柱齿轮的成形运动必须包括形成渐开线齿廓（母线）的运动 B_{11} 和形成直线形齿线（导线）的运动 A_2，如图 5-37 所示。

（1）展成运动及传动链　展成运动是滚刀与工件之间的啮合运动，是一个复合的表面成形运动，可被分解为两个部分：滚刀的旋转运动 B_{11} 和工件的旋转运动 B_{12}。B_{11} 和 B_{12} 相互运动的结果，形成了轮齿表面的母线——渐开线。复合运动的两个组成部分 B_{11} 和 B_{12} 之间需要有一个内联系传动链，这个传动链应能保持 B_{11} 和 B_{12} 之间严格的传动比。设滚刀头数为 k，工件齿数为 z，则滚刀每旋转一周，工件应转过 k/z 转。在图 5-38 中联系 B_{11} 和 B_{12} 之间的传动链是：滚刀—4—5—u_x—6—7—工件，称为展成运动传动链。传动链中的换置机构 u_x 用于适应工件齿数和滚刀头数的变化。

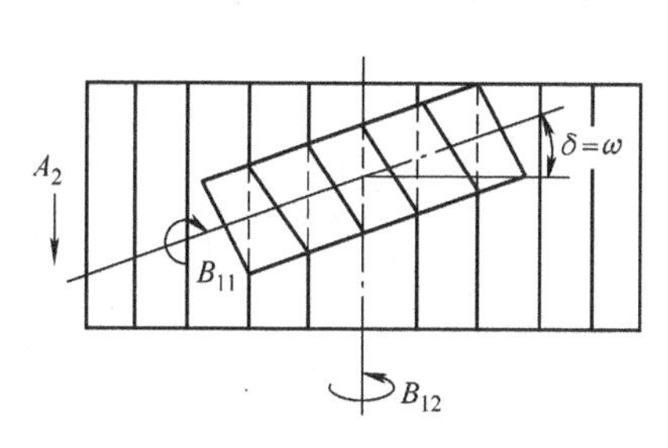

图 5-37
滚切直齿圆柱齿轮所需的运动

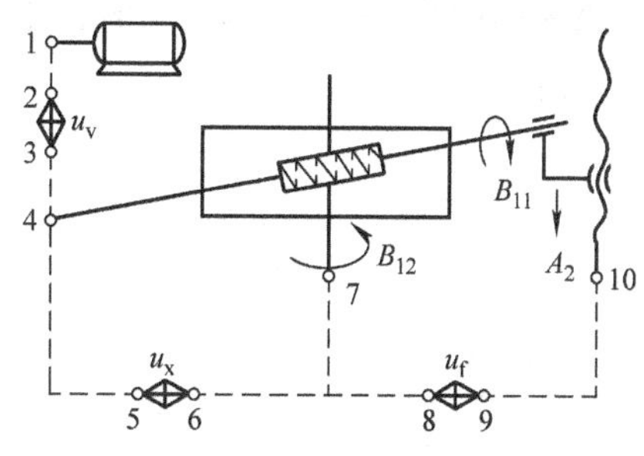

图 5-38
滚切直齿圆柱齿轮的传动原理图

（2）主运动及传动链　每个表面成形运动都应有一个外联系传动链与动力源相联系，以产生切削运动。在图 5-38 中，外联系传动链是：电动机—1—2—u_v—3—4—滚刀，提供滚刀的旋转运动，称为主运动传动链。传动链中的换置机构用于调整渐开线齿廓的成形速度，以适应滚刀直径、滚刀材料、工件材料、硬度及加工质量要求等的变化。

（3）竖直进给运动及传动链　为了切出整个齿宽，即形成轮齿表面的导线，滚刀在自身旋转的同时，必须沿齿坯轴线方向做连续的进给运动 A_2。A_2 是一个简单运动，可以使用独立的动力源驱动。滚齿机的进给以工件每转时滚刀架的轴向移动量计算，单位为 mm/r。计算时可以把工作台作为间接动力源。在图 5-38 中，这条传动链为：工件—7—8—9—10—刀架升降丝杠。这是一条外联系传动链，称为进给传动链。传动链中的换置机构 u_f 用于调整轴向进给量的大小和进给方向，以适应不同加工表面粗糙度的要求。

2. 滚刀的安装

滚刀刀齿沿螺旋线分布，导程角为 ω。加工直齿圆柱齿轮时，为了使滚刀刀齿方向与被切齿轮的齿槽方向一致，滚刀轴线与被切齿轮端面之间应倾斜一个角度 δ，称为滚刀的安装角，其大小等于滚刀的导程角 ω。用右旋滚刀加工直齿的安装角如图5-37所示，用左旋滚刀时倾斜相反。图5-37中虚线表示滚刀与齿坯接触一侧的滚刀螺旋线方向。

（三）滚切斜齿圆柱齿轮

1. 机床的运动和传动原理

斜齿圆柱齿轮与直齿圆柱齿轮相比，端面齿廓都是渐开线，但齿长方向不是直线，而是螺旋线。因此，加工斜齿圆柱齿轮也需要两个运动：一个是产生渐开线（母线）的展成运动；另一个是产生螺旋线（导线）的运动。前者与加工直齿齿轮时相同，后者则有所不同。加工直齿圆柱齿轮时，进给运动是直线运动，是一个简单运动。加工斜齿圆柱齿轮时，进给运动是螺旋运动，是一个复合运动，如图5-39所示。这个运动可分解为两部分：滚刀架的直线运动 A_{21} 和工作台的旋转运动。工作台要同时完成 B_{12} 和 B_{22} 两种旋转运动。B_{22} 称为附加转动。这两个运动之间必须保持确定的关系，即滚刀移动一个工件的螺旋线导程 P_h 时，工件应准确地附加旋转一周。

滚切斜齿圆柱齿轮时的两个成形运动都各需一条内联系传动链和一条外联系传动链，如图5-40所示。展成运动的传动链与滚切直齿时完全相同。产生螺旋运动的外联系传动链——进给链，也与切削直齿圆柱齿轮时相同。但是，这时的进给运动是复合运动，还需一条产生螺旋线的内联系传动链。它连接刀架移动 A_{21} 和工件的附加转动 B_{22}，以保证当刀架直线移动距离为螺旋线的一个导程 P_h 时，工件的附加旋转为一周。这条内联系传动链习惯上被称为差动链。

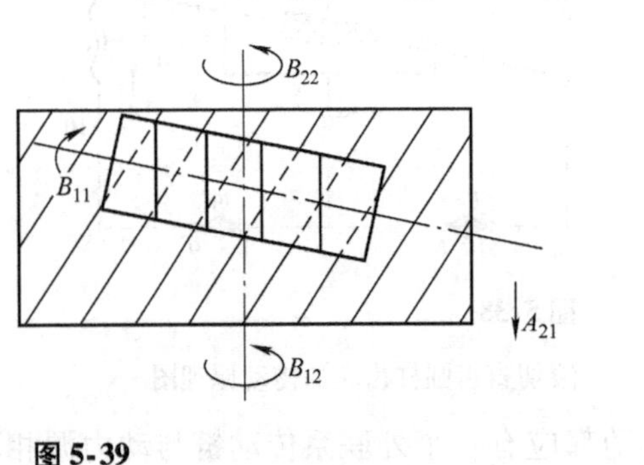

图5-39

滚切斜齿圆柱齿轮所需的运动

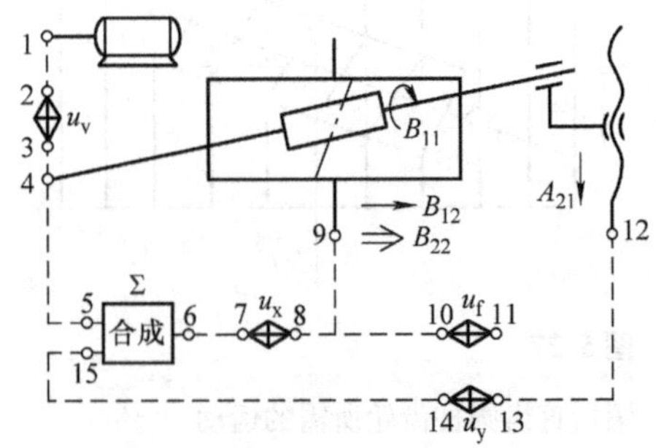

图5-40

滚切斜齿圆柱齿轮的传动原理图

展成运动传动链要求工件转动 B_{12}，差动传动链只要求工件附加转动 B_{22}。为防止这两个运动同时传给工件时发生干涉，必须采用合成机构把 B_{12} 和 B_{22} 合并起来，然后传给工作台。如图5-40所示，合成机构把来自滚刀的运动（点5）和来自刀架的运动（点15）合并起来，在点6输出，传给工件。差动链为丝杠—12—13—u_y—14—15—合成机构—6—7—u_x—8—9—工件。传动链中换置机构 u_y 用于适应工件螺旋线导程 P_h 和螺旋角 β 的变化。

滚齿机是根据滚切斜齿圆柱齿轮的原理设计的，当滚切直齿圆柱齿轮时，就将差动传动链断开（换置机构不挂交换齿轮），并把合成机构通过结构固定成为一个如同联轴器的整体。

2. 工件的附加转动

滚切斜齿圆柱齿轮时，为了获得螺旋线齿线，要求工件附加转动 B_{22} 与滚刀轴向进给运动 A_{21} 之间必须保持确定的关系，即滚刀移动一个工件螺旋线导程 P_h 时，工件应准确地附加旋转一周。对此，用图 5-41 来加以说明。设工件螺旋线为右旋，当刀架带着滚刀沿工件轴向进给 Δf，滚刀由 a 点到 b 点时，为了能切出螺旋线齿线，应使工件的 b' 点转到 b 点，即在工件原来的旋转运动 B_{12} 的基础上，再附加转动 bb'。当滚刀进给至 c 点时，工件应附加转动 cc'。依此类推，当滚刀进给一个工件螺旋线导程 P_h 时，工件应附加旋转一周。附加运动 B_{22} 的方向与工件在展成运动中的旋转运动 B_{12} 方向相同或相反，这取决于工件螺旋线方向、滚刀螺旋方向及滚刀进给方向。当滚刀向下进给时，如果工件与滚刀螺旋线方向相同（即二者都是右旋，或都是左旋），则 B_{22} 和 B_{12} 同向（图 5-41a），计算时附加运动取正向一周；反之，如果工件与滚刀螺旋线方向相反时，则 B_{22} 和 B_{12} 方向相反（图 5-41b），附加运动取反向一周。

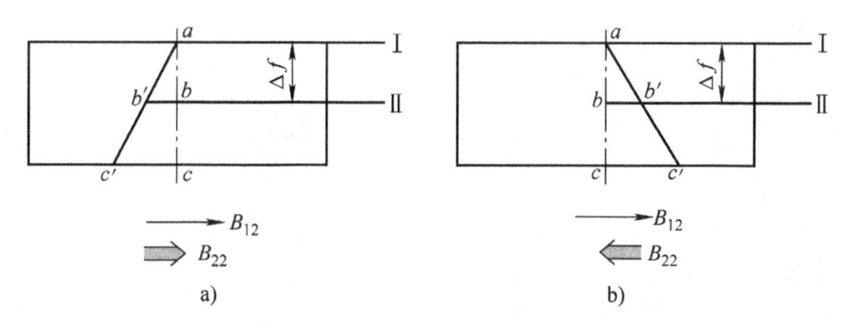

图 5-41

滚切斜齿圆柱齿轮的附加转动方向

a）工件与滚刀螺旋线方向相同 b）工件与滚刀螺旋线方向相反

3. 滚刀的安装

像滚切直齿圆柱齿轮那样，为了使滚刀的螺旋线方向和被加工齿轮的轮齿方向一致，加工前，要调整滚刀的安装角。它不仅与滚刀的螺旋线方向及导程角 ω 有关，还与被加工齿轮的螺旋线方向及螺旋角 β 有关。当滚刀与齿轮的螺旋线方向相同（即二者都是右旋，或者都是左旋）时，滚刀的安装角 $\delta=\beta-\omega$；当滚刀与齿轮的螺旋线方向相反时，滚刀的安装角 $\delta=\beta+\omega$ 如图 5-42 所示。

（四）YC3180 型滚齿机

YC3180 型滚齿机能加工的工件最大直径为 800mm，最大模数为 10mm，最小工件齿数为 8。这种滚齿机除具备普通滚齿机的全部功能外，还能采用硬质合金滚刀对高硬度齿面齿轮用滚切工艺进行半精加工或精加工，以部分地取代磨齿。为此，机床工作精度较高，有较好的刚性和抗振性。图 5-43 是机床的外形图。图中立柱 2 固定在床身 1 上。刀架 3 可沿立柱上的导轨上下移动，还可以绕自己的水平轴线转位，以调整滚刀和工件间的相对位置（安装角），使其相当于一对轴线交叉的交错轴斜齿轮副啮合。滚刀安装在主轴 4 上，做旋转运动。工件安装在工件心轴 6 上，随同工作台 7 一起旋转。后立柱 5 和工作台 7 装在同一

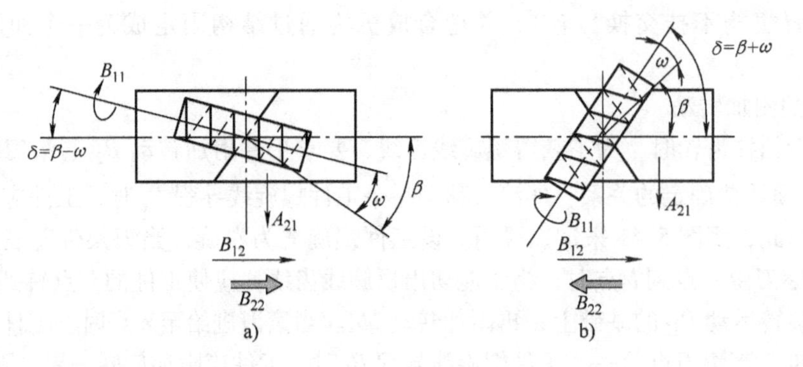

图 5-42

滚切斜齿圆柱齿轮时滚刀的安装角

a）用右旋滚刀加工右旋齿轮 b）用右旋滚刀加工左旋齿轮

图 5-43

YC3180 型滚齿机外形图

1—床身 2—立柱 3—刀架 4—主轴 5—后立柱 6—工件心轴 7—工作台

溜板上，可沿床身1的导轨做水平方向移动，用于调整工件的径向位置或做径向进给运动。

YC3180 型滚齿机的传动系统如图 5-44 所示。滚齿机的传动系统比较复杂，对于这种运动关系比较复杂的机床，必须首先分析其运动的组成，有几个简单运动，几个复合运动，需要几条传动链。每一条传动链应按下列次序分析：①确定末端件；②计算位移，列出两末端件的运动关系；③对照传动系统图，列出运动平衡式；④计算换置式。根据对机床的运动分析，结合传动原理图，在传动系统图上对应地找到每一条传动链的末端件、传动路线及换置机构，逐条进行分析。

五、插齿机

插齿机用来加工内、外啮合的圆柱齿轮，尤其适用于加工在滚齿机上不能加工的内齿轮和多联齿轮，装上附件，还能加工齿条，但不能加工蜗轮。加工精度一般可达7级。

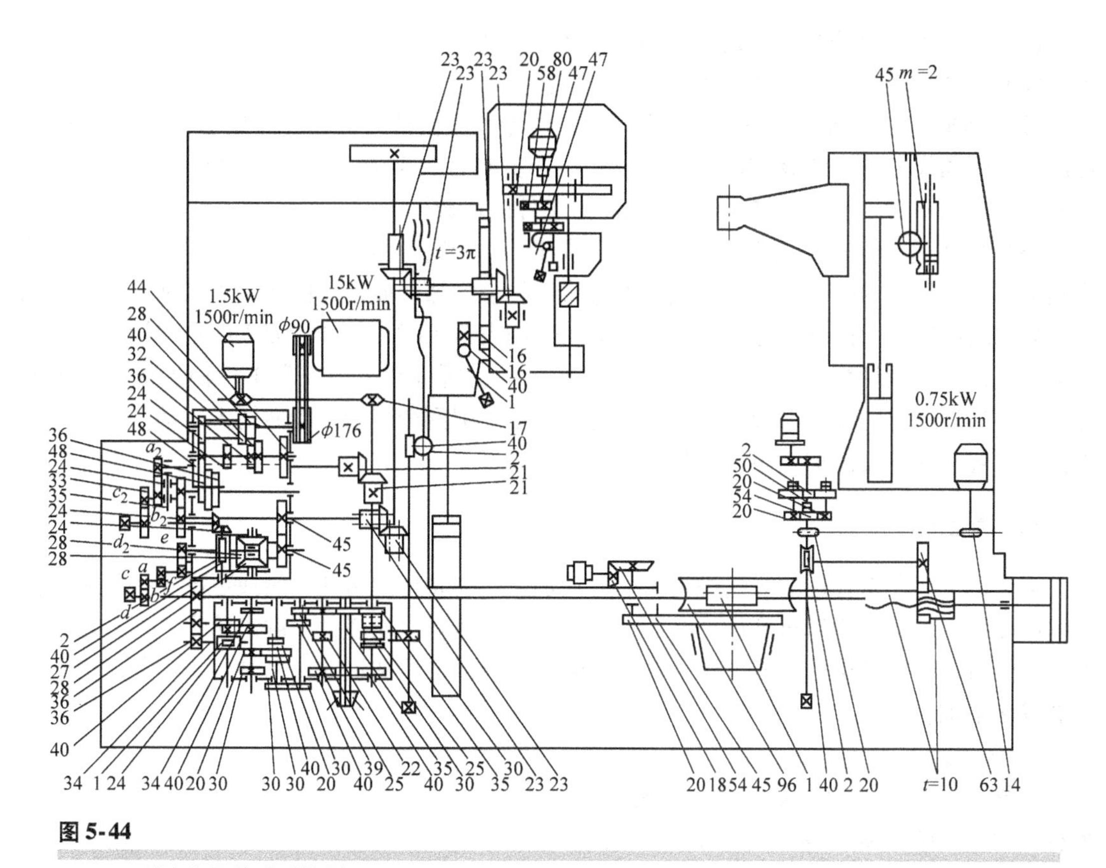

图 5-44

YC3180 型滚齿机传动系统图

插齿加工原理类似一对圆柱齿轮的啮合，如图 5-45 所示。其中一个是工件，另一个是端面磨有前角、齿顶及齿侧均磨有后角的齿轮形刀具——插齿刀。插齿机是按展成法加工圆柱齿轮的。插齿刀沿工件轴向做直线往复运动以完成切削主运动，在刀具与工件轮坯做“无间隙啮合运动”过程中，在轮坯上渐渐切出齿廓。加工过程中，刀具每往复一次，仅切出工件齿槽的一小部分，齿廓曲线是在插齿刀切削刃多次相继切削中，由切削刃各瞬时位置的包络线所形成的。

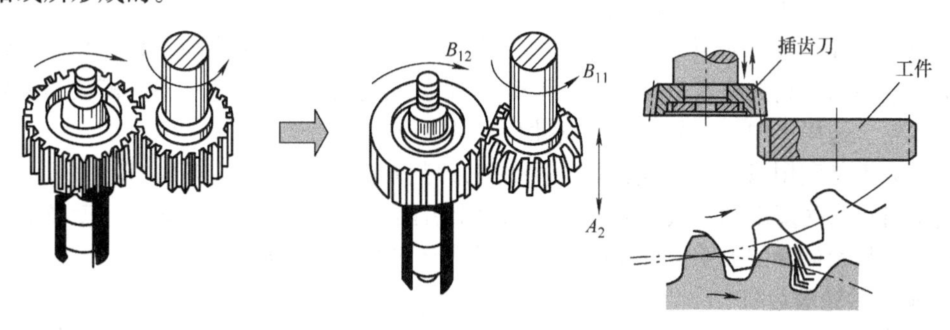

图 5-45

插齿加工原理及所需运动

（1）主运动 插齿机的主运动是插齿刀沿其轴线所做的直线往复运动 A_2。它是一个简单的成形运动，用以形成轮齿齿面的导线——直线。

（2）展成运动 加工过程中，插齿刀和工件轮坯应保持一对圆柱齿轮啮合的展成运动，可以分解为插齿刀的旋转 B_{11} 和工件的旋转 B_{12}。其啮合关系为：当插齿刀转过 $1/z_{刀}$周（$z_{刀}$为插齿刀齿数）时，工件旋转 $1/z_{工}$周（$z_{工}$为工件的齿数）。

（3）圆周进给运动 插齿刀的转动为圆周进给运动，用每次插齿往复行程中刀具在分度圆圆周上所转过的弧长表示。降低圆周进给量将会增加形成齿廓的切削刃切削次数，从而提高齿廓曲线精度。此外，还有径向切入运动。插齿开始时，如插齿刀立即径向切入工件至全部齿深，将会因切削负荷过大而损坏刀具和工件。所以在插齿刀和工件做展成运动的同时，工件应逐渐地向插齿刀做径向切入运动，直至切削到全齿深，径向切入运动停止，然后工件再旋转一周，便能加工出完整齿廓。

六、磨齿机

磨齿机多用于对淬硬的齿轮进行齿廓的精加工。齿轮精度可达6级或更高。一般先由滚齿机或插齿机切出轮齿后再磨齿，有的磨齿机也可直接在齿轮坯件上磨出轮齿，但只限于模数较小的齿轮。按齿廓的形成方法，磨齿机的加工有成形法和展成法两种。大多数磨齿机采用展成法来加工齿轮。

（一）成形砂轮磨齿机

成形砂轮磨齿机的砂轮截面形状修整成齿轮的齿谷形状，如图5-46所示。磨齿时，砂轮高速旋转并沿工件轴线方向往复运动。一个齿磨完后分度，再磨第二个齿。砂轮对工件的切入运动，由砂轮与安装工件的工作台做相对径向运动得到。这种机床的运动比较简单。

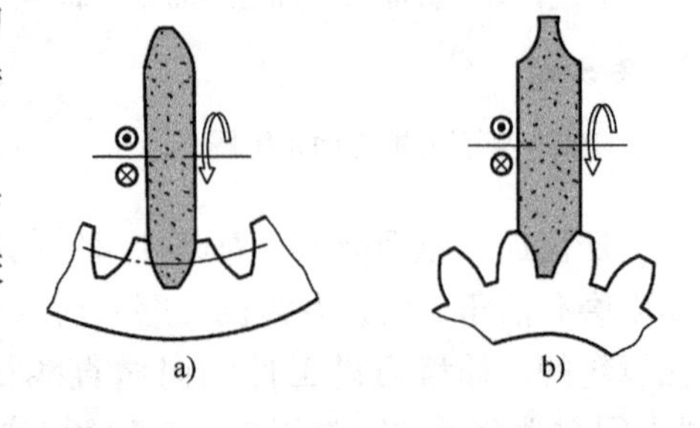

图5-46
成形砂轮磨齿机的工作原理

（二）展成法磨齿机

采用展成法原理工作的磨齿机分为连续磨齿和分度磨齿两大类，如图5-47所示。

连续磨齿工作原理和滚齿机相同，但轴向进给运动一般由工件完成，如图5-47a所示。由于在加工过程中是连续磨削，其生产率在各类磨齿机中是最高的。它的缺点是砂轮修整困难，不易达到高的精度，磨削不同模数的齿轮时需要更换砂轮，适用于中小模数齿轮的成批和大量生产。

分度磨齿是利用齿条和齿轮的啮合原理来磨削轮齿的，如图5-47b、c、d所示。加工时，被切齿轮每往复滚动一次，完成一个或两个齿面的磨削，因此需经多次分度及加工，才能完成全部轮齿齿面的加工。分度磨齿可采用蝶形、大平面和锥形砂轮。

1. 蜗杆砂轮磨齿机

蜗杆砂轮磨齿机是连续磨削的磨齿机，用直径很大的修整成蜗杆形的砂轮磨削齿轮，所以称为蜗杆砂轮磨齿机。其工作原理与滚齿机相似，如图5-47a所示，蜗杆形砂轮相当于滚刀，与工件一起转动做展成运动 B_{11}、B_{12}，磨出渐开线。工件同时做轴向直线往复运动 A_2，以磨削直齿圆柱齿轮的轮齿。如果做倾斜运动，就可磨削斜齿圆柱齿轮。这类机床在加工过

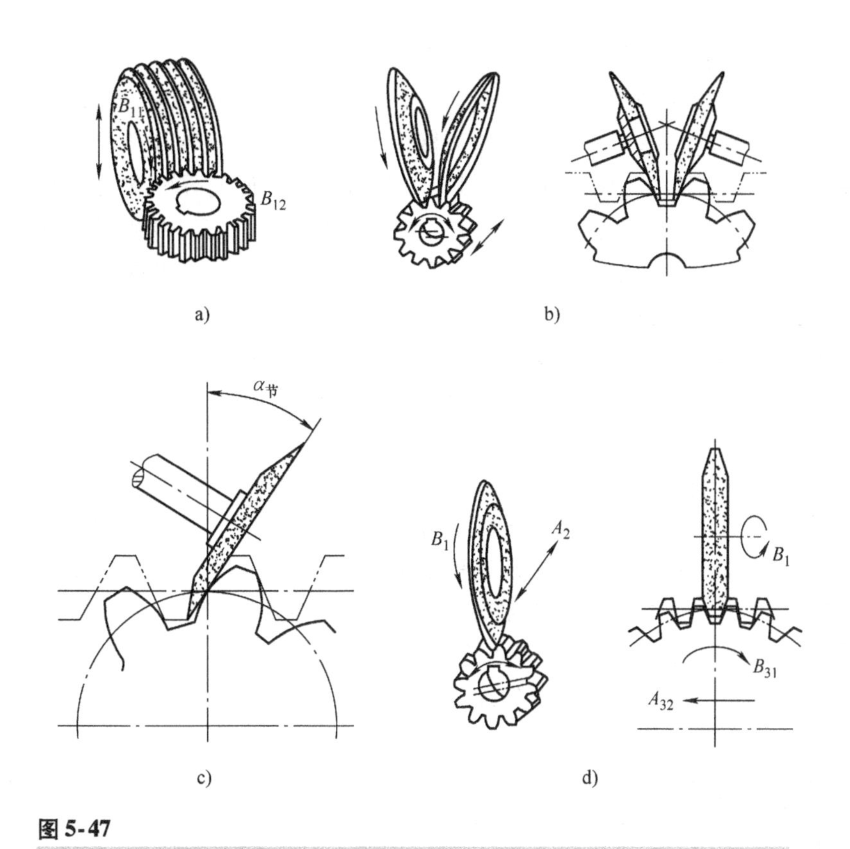

图 5-47

展成法磨齿机的工作原理

a）蜗杆形砂轮　b）蝶形砂轮　c）大平面砂轮　d）锥形砂轮

程中因是连续磨削，所以生产率很高。其缺点是砂轮修整困难，精度不高，磨削不同模数的齿轮时需要更换砂轮；砂轮的转速很高，联系砂轮与工件的展成传动链如果用机械传动易产生噪声，磨损较快。为克服这一缺点，目前常用的方法有两种：一种是用同步电动机驱动，另一种是用数控的方式保证砂轮和工件之间严格的数比关系。这种机床适用于中、小模数齿轮的成批生产。

2. 锥形砂轮磨齿机

锥形砂轮磨齿机是利用齿条和齿轮啮合原理来磨削齿轮的，又称为分度磨齿法。用砂轮代替齿条，将齿廓修整成齿条的直线齿廓。当砂轮按切削速度高速旋转，并沿工件齿线方向做直线往复运动时，砂轮两侧锥面的母线就形成了假想齿条的一个齿廓，如图 5-47d 所示。加工时，被切齿轮在假想齿条上滚动的同时进行移动，与砂轮保持齿条和齿轮的啮合关系，砂轮锥面包络出渐开线齿形。每磨完一个齿槽后，砂轮自动退离，齿轮转过 $1/z$ 周（z 为工件齿数）进行分齿运动，直到磨完为止。

第五节　特种加工

随着科技与生产的发展，具有高强度、高硬度、高韧性、高脆性、耐高温等特殊性能的新材料不断出现，使切削加工面临新的困难和问题。特种加工工艺正是在这种新需求下迅速发展起来的，其加工机理与传统的切削加工完全不同。

特种加工工艺是直接利用电能、光能、化学能、声能、热能等或上述能量与机械能组合对工件进行加工的工艺方法，它与传统的机械加工方法比较，具有以下特点：

1）特种加工的工具与工件基本不接触，加工时不受工件的强度和硬度的制约，故可加工超硬脆材和精密长细零件，而加工工具材料的硬度也可低于工件材料的硬度。

2）加工时主要用电、化学、电化学、声、光、热等能量去除工件的多余材料，而不是主要靠机械能量切除多余材料。

3）加工机理不同于一般金属切削加工，不产生宏观切屑，不产生强烈的弹性和塑性变形，故可获得很低的表面粗糙度，其残余应力、冷作硬化、热影响程度等也远比一般金属切削加工小。

4）加工能量易于控制和转换，故加工范围广，适应性强。

由于特种加工方法具有其他加工方法不可比拟的优点，已成为机械制造学科中一个新的重要领域，在现代加工技术中占有越来越重要的地位。目前在生产中应用的有电火花加工、电火花线切割加工、电铸加工、电解加工、超声加工和化学加工等。特种加工一般按照所利用的能量形式来分类（表5-2）。值得注意的是，将两种以上的不同能量和工作原理结合在一起，可以互相取长补短，获得更好的加工效果，近年来这些新的复合加工方法不断出现。

表5-2 特种加工方法的类型

能量形式	特种加工方法
电能、热能类	电火花加工、电子束加工、等离子弧加工
电能、机械能类	离子束加工
电能、化学能类	电解加工、电解抛光
电能、化学能、机械能类	电解磨削、电解珩磨
光能、热能类	激光加工
化学能类	化学加工、化学抛光
声能、机械能类	超声加工
机械能类	磨料喷射加工、磨料流加工、液体喷射加工

一、电火花加工

电火花加工又称放电加工（Electrical Discharge Machining，EDM），在20世纪40年代开始研究并逐步应用于生产。它是在加工过程中，使工具和工件之间不断产生脉冲性的火花放电，靠放电时产生的局部、瞬时高温把金属蚀除掉。因在放电过程中可见到火花，故我国称之为电火花加工，日本、英国、美国称之为放电加工，苏联及俄罗斯称之为电蚀加工。

1. 电火花加工的基本原理

图5-48所示为电火花加工的基本原理：加工时，脉冲电源的一极接工具电极，另一极接工件电极，两电极均浸入绝缘的煤油中；在放电间隙自动进给调节装置的控制下，工具电极向工件电极缓慢靠近：当两电极靠近到一定距离时，电极之间最近点处的煤油介质被击穿，形成放电通道，由于该通道的截面积很小，放电时间极短，电流密度很高，能量高度集

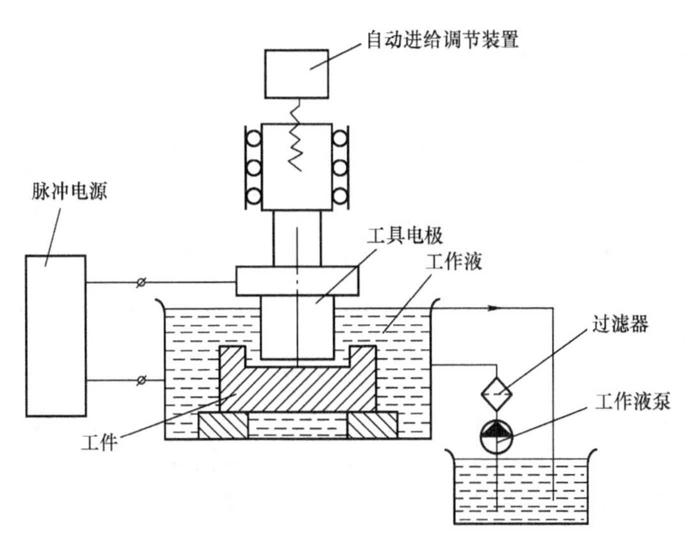

图 5-48

电火花加工的基本原理

中，在放电区产生瞬时高温可达 10000～12000℃，致使工件产生局部熔化和气化并向四处飞溅，蚀除物被抛出工件表面，形成一个小凹坑；下一瞬间，第二个脉冲紧接着在两电极之间的新的另一最近点处击穿煤油介质，再次产生瞬间放电加工。如此循环重复上述过程，在工件上即可形成与工具电极相应的所需加工表面，同时工具电极也会因放电而产生局部损耗。

2. 电火花加工工艺方法分类

按工具电极和工件相对运动的方式和用途的不同，大致可分为电火花穿孔成形加工、电火花线切割、电火花磨削和镗磨、电火花同步共轭回转加工、电火花高速小孔加工、电火花表面强化与刻字六大类。前五类属于电火花成形、尺寸加工，是用于改变零件形状或尺寸的加工方法；最后一类则属于表面加工方法，用于改善或改变零件表面性质。以上各类加工工艺方法中以电火花穿孔成形加工和电火花线切割应用最为广泛。表 5-3 列出了电火花加工典型工艺方法分类。

表 5-3　电火花加工典型工艺方法

类别	工艺方法	特　点	用　途	备　注
Ⅰ	电火花穿孔成形加工	① 工具和工件间主要只有一个相对的伺服进给运动 ② 工具为成形电极，与被加工表面有相同的截面和相反的形状	① 穿孔加工：加工各种冲模、挤压模、粉末冶金模、各种异形孔及微孔等 ② 型腔加工：加工各类型腔模及各种复杂的型腔零件	约占电火花加工机床总数的 30%，典型机床有 D7125、D7140 等电火花穿孔成形机床
Ⅱ	电火花线切割加工	① 工具电极为顺电极丝轴线方向转动着的线状电极 ② 工具与工件在两个水平方向同时有相对伺服进给运动	① 切割各种冲模和具有直纹面的零件 ② 下料、截割和窄缝加工	约占电火花加工机床总数的 60%，典型机床有 DK7725、DK7740、DK7640 等数控电火花线切割机床

（续）

类别	工艺方法	特　　点	用　　途	备　　注
Ⅲ	电火花内孔、外圆和成形磨削	① 工具与工件有相对的旋转运动 ② 工具与工件间有径向和轴向的进给运动	① 加工高精度、表面粗糙度值小的小孔，如拉丝模、挤压模、微型轴承内环、钻套等 ② 加工外圆、小模数滚刀等	约占电火花加工机床总数的3%，典型机床有D6310电火花小孔内圆磨床等

3. 电火花加工机床

目前，电火花加工机床的型号没有采用统一标准，由各个生产企业自行确定，如日本沙迪克（Sodick）公司的AG40LP、北京市电加工研究所的ADV600和北京迪蒙斯巴克科技股份有限公司的DR400S等。在国内，三轴及三轴以上的多轴电火花加工机床正逐渐成为市场主流，为了方便地实现自动化与无人加工，机床可兼容机械手、电极工具库，实现电极自动更换。

电火花加工机床主要由机床本体、脉冲电源、自动进给调节系统、工作液循环过滤系统、数控系统等部分组成。图5-49所示为电火花加工机床的组成部分。

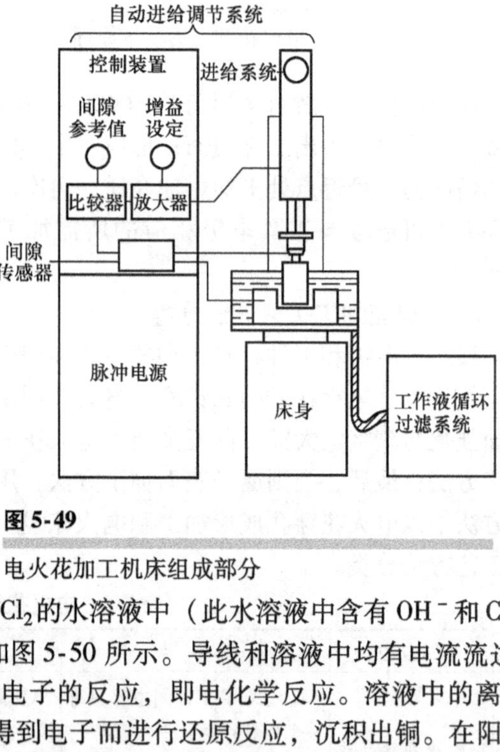

图5-49

电火花加工机床组成部分

二、电化学加工

电化学加工（Electro - Chemical Machining，ECM）包括从工件上去除金属的电解加工和向工件上沉积金属的电镀、涂覆加工两大类。其基本理论在19世纪末已经建立，并于20世纪50～60年代以后在工业上得到大规模应用。目前，电化学加工已经成为我国及国际上民用、国防工业中一种不可或缺的加工手段。

1. 电化学加工基本原理

当两铜片接上约10V的直流电源并插入$CuCl_2$的水溶液中（此水溶液中含有OH^-和Cl^-负离子及H^+和Cu^{2+}正离子），即形成通路，如图5-50所示。导线和溶液中均有电流流过。在金属片（电极）和溶液的界面上，将有交换电子的反应，即电化学反应。溶液中的离子将做定向移动，铜正离子移向阴极，在阴极上得到电子而进行还原反应，沉积出铜。在阳极表面铜原子失去电子而成为铜正离子进入溶液。保持电解液中铜正离子的浓度基本不变。列成电化学反应式：

阴极上 $Cu^{2+} + 2e^- \rightarrow \downarrow Cu$　铜正离子获得电子成为原子沉积在阴极表面

阳极上 $Cu - 2e^- \rightarrow Cu^{2+}$　铜原子失去电子进入溶液中成为正离子

溶液中正、负离子的定向移动称为电荷迁移。在阳、阴电极表面发生得失电子的化学反应称为电化学反应，以这种电化学反应为基础对金属进行加工的方法即为电化学加工。图5-50中阳极上为电解蚀除，常用作电解加工；阴极上为电镀沉积，常用以提炼纯铜或电镀。其实任何两种不同的金属放入任何导电的水溶液中，在电场作用下，都会有类似情况发生。

2. 电化学加工的分类

电化学加工按其作用原理可分为三大类。第Ⅰ类是利用电化学阳极溶解来进行加工，主要有电解加工、电解抛光等；第Ⅱ类是利用电化学阴极沉积、涂覆进行加工，主要有电镀、涂镀、电铸等；第Ⅲ类是利用电化学加工与其他加工方法相结合的电化学复合加工工艺，目前主要有电化学加工与机械加工相结合，如电解磨削、电化学阳极机械加工（还包含有电火花放电作用）。其分类情况见表5-4。

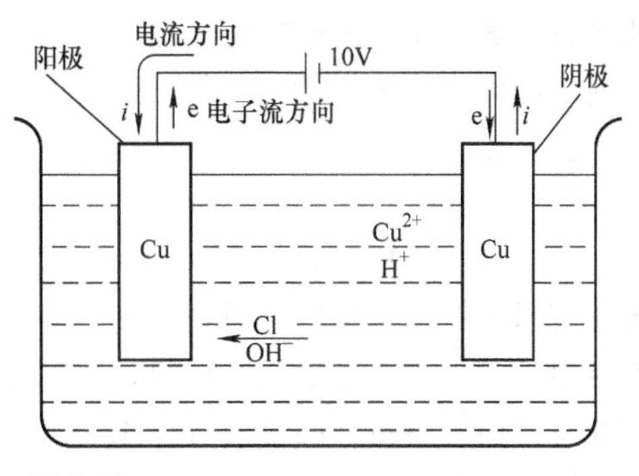

图5-50

电解液中的电化学反应

表5-4　电化学加工的分类

类别	加工方法（及原理）	加 工 类 型
Ⅰ	电解加工（阳极溶解）	用于形状、尺寸加工
	电解抛光（阳极溶解）	用于表面光整加工，去毛刺
Ⅱ	电镀（阴极沉积）	用于表面加工，装饰
	局部涂镀（阴极沉积）	用于表面加工，尺寸修复
	复合电镀（阴极沉积）	用于表面加工，磨具制造
	电铸（阴极沉积）	用于制造形状复杂的电极，复制精密、复杂的花纹模具
Ⅲ	电解磨削，包括电解珩磨、电解研磨（阳极溶解、机械刮除）	用于形状、尺寸加工，超精、光整加工，镜面加工
	电解电火花复合加工（阳极溶解、电火花蚀除）	用于形状、尺寸加工
	电化学阳极机械加工（阳极溶解、电火花蚀除、机械刮除）	用于形状、尺寸加工，高速切断、下料

3. 电解加工设备

电解加工是电化学加工的一种重要方法，在模具制造、特别是大型模具制造中应用广泛。电解加工是利用金属在电解液中产生的阳极溶解现象，去除多余材料的工件成形加工方法。电解加工设备就是电解加工机床，主要由机床本体、直流电源和电解液系统三大部分组成，如图5-51所示。电解加工机床的运动相对切削加工机床而言比较简单。因为电解加工利用立体成形阴极进行加工，故简化了机床的成形运动机构。对于阴极固定式的专用加工机床，只需装夹固定好工件和工具的相对位置，接上电源、开通电解液就可加工。这时的机床实际上是个夹具，多用于去毛刺、抛光等除去金属较少的工件的加工。

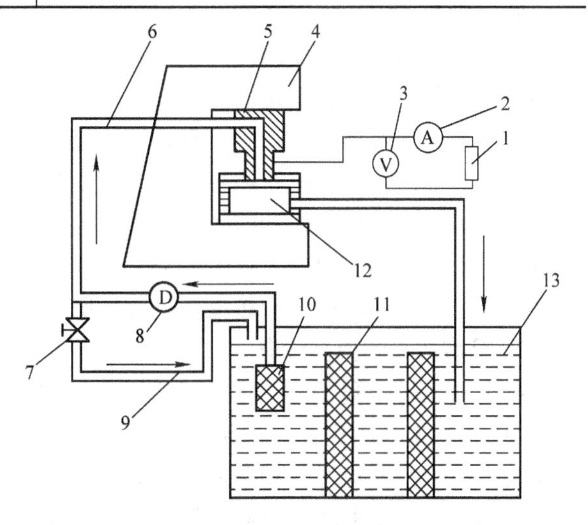

图5-51

电解加工设备

1—直流电源　2—电流表　3—电压表　4—床身　5—工具　6—管道　7—溢流阀　8—泵　9—回流管　10—滤网　11—纱网　12—工件　13—电解池槽

阴极移动式机床应用较广泛，加工时，工件固定不动，阴极做直线运动。也有少数零件在加工时，除要求阴极线性移动外，还要求能够旋转，如膛线的加工。

三、超声加工

超声加工（Ultrasonic Machining，USM）有时也称为超声波加工。电火花加工和电化学加工都只能加工金属导电材料，不易加工不导电的非金属材料，然而超声加工不仅能加工硬质合金、淬火钢等脆硬金属材料，而且更适合于加工玻璃、陶瓷、半导体锗和硅片等不导电的非金属脆硬材料，同时还可以用于清洗、焊接和探伤等。

1. 超声加工的基本原理

超声加工是利用工具端面做超声频振动，通过磨料悬浮液加工脆硬材料的一种成形方法。加工原理如图5-52所示。加工时，在工具1和工件2之间加入液体（水或煤油等）和磨料混合的悬浮液3，并使工具以很小的力*F*轻轻压在工件上。超声换能器6产生16000Hz以上的超声频纵向振动，并借助于变幅杆4、5把振幅放大到0.05～0.1mm，驱动工具端面做超声振动，迫使工作液中悬浮的磨粒以很大的速度和加速度不断地撞击、抛磨被加工表面，把被加工表面的材料粉碎成很细的微粒，从工件上打击下来。虽然每次打击下来的材料很少，但因为每秒钟打击的次数达16000次以上，所以仍有一定的加工速度。与此同时，工作液受工具端面超振动作用而产生的高频、交变的液压正负冲击波和空化作用，促使工作液钻入被加工材料的微裂缝处，加剧了机械破坏作用。所谓空化作用，是指当工具端面以很大的加速度离开工件表面时，加工间隙内形成负压和局部真空，在工作液体内形成很多微空腔，当工具端面又以很大的加速度接近工件表面时，空泡闭合，引起极强的液压冲击波，可以强化加工过程。此外，正负交变的液压冲击也使悬浮工作液在加工间隙中强迫循环，使变钝了的磨粒及时得到更新。由此可见，超声加工是磨粒在超声振动作用下的机械撞击和抛磨作用以及超声空化作用的综合结果。

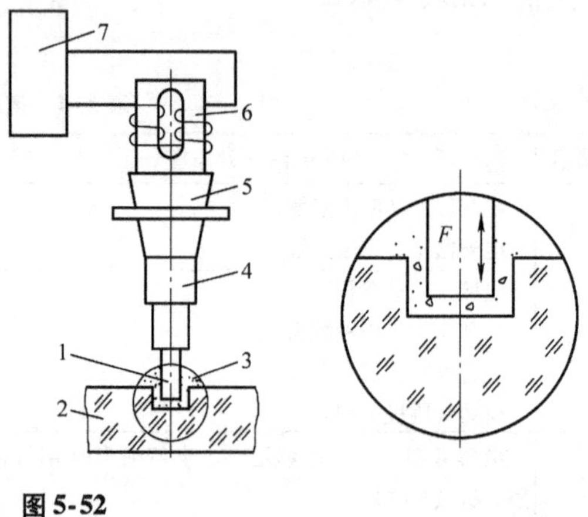

图5-52

超声加工原理图

1—工具 2—工件 3—磨料悬浮液 4、5—变幅杆 6—超声换能器 7—超声波发生器

2. 超声加工的典型设备

超声加工设备包括超声波发生器（超声电源）、超声振动系统（换能器、变幅杆、工具）、机床本体（工作台、进给系统、床身等）、磨料工作液及其循环系统四个部分。根据功率大小不同，结构型式和布局有所差异，但其组成部分基本都由上面四部分构成。超声波加工机床本体把超声波发生器、超声振动系统、磨料工作液及其循环系统、工具及工件按照所需要的位置和运动组成一体，还包括支承声学部件的机架及工作台，使工具以一定压力作用在工件上的进给机构及床身等部分。图5-53所示为国产CSJ－2型超声波加工机床简图。图中，4、5、6为声学部件，安装在一根能上下移动的导轨上，导轨由上、下两组滚动导轮定位，使导轨能灵活精密地上下移动。工具的向下进给及对工件施加压力是依靠声学部件自

重，为了能调节压力大小，在机床后部有可加减的平衡重锤 2，也有采用弹簧或其他办法加压的。

四、磁流变抛光技术

磁流变液是一种新型智能材料，是由非胶体微细铁磁性颗粒分散于基载液中而形成的稳定悬浮液。在不加磁场时是可流动的牛顿流体，在外加磁场的作用下其黏度发生急剧的变化，能在瞬间从自由流动的液体转变为半固体，具有可控的屈服强度，当撤去外加磁场时，磁流变液又恢复其流动的特性。磁流变液的这种转变称为磁流变效应。

1. 磁流变的加工原理

磁流变抛光技术（Magnetorheological Finishing，MRF）隶属于场致流变抛光技术，是将电磁学理论、流体力学、分析化学等与光学制造技术相融合的一项综合技术。其加工的基本原理是：在外加磁场的作用下，磁流变液体的黏度会随着磁场的增强而增大，形成类固体的结构从而具有较高的屈服强度。在磁流变液中加入磨料，利用磁流变液的固化作用来对工件表面进行光整加工。在强磁场的作用下，磁流变液在加工区域形成一个有一定硬度和弹性、能承受较大剪切应力、可控的点状区域的加工工具。

图 5-54 所示为一种磁流变光整加工原理。工件位于运动轮上方，并与运动轮有一个很小的固定距离。电磁铁位于加工位置的正下方，在工件表面和运动轮之间的间隙里产生一个高梯度磁场，当磁流变液随运动轮传送到工件与运动轮形成的间隙附近时，在高梯度磁场的作用下发生流变，成为具有一定运动速度的黏塑性流体，并凝聚、变硬，从而在加工位置形成一个柔性“小磨头”。由于“小磨头”与工件表面具有快速的相对运动，产生的剪切力使表面材料被去除。抛光过程中，磁流变液通过循环装置流动，从而保证始终有新的磨料参与

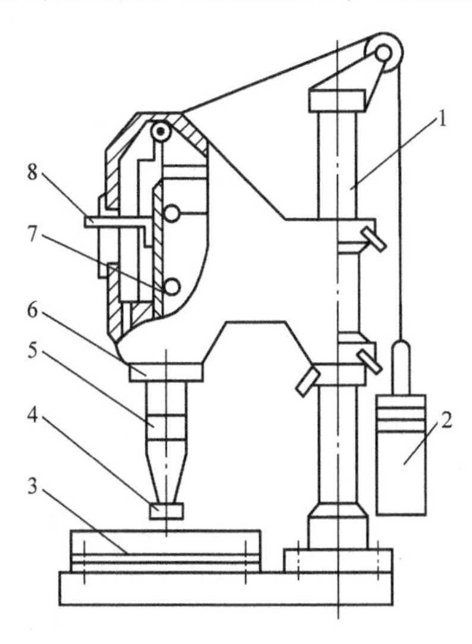

图 5-53

CSJ－2 型超声波加工机床简图

1—支架 2—平衡重锤 3—工作台

4—工具 5—变幅杆 6—换能器

7—导轨 8—标尺

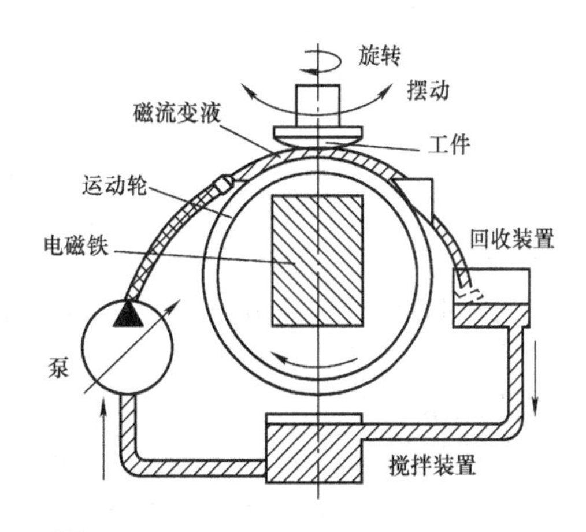

图 5-54

磁流变光整加工原理

抛光，并带走磨屑，对表面降温。输送装置提供产生剪切力的动压流。工件和“小磨头”之间的相对压力由磁场和动压流产生，表面材料去除主要由剪切作用来实现。

2. 磁流变抛光设备

国防科技大学研发了八轴联动的双抛光轮磁流变机床，如图5-55所示。该机床包括直径为200mm和20mm的两个抛光轮，具备加工大口径平面、球面、离轴非球面，以及加工光学元件表面小特征（宽度为1.5~3mm）的能力。美国QED公司研发了一系列磁流变抛光设备，如Q-FLEX100、Q-FLEX300、Q22-750P2、Q22-1200等。

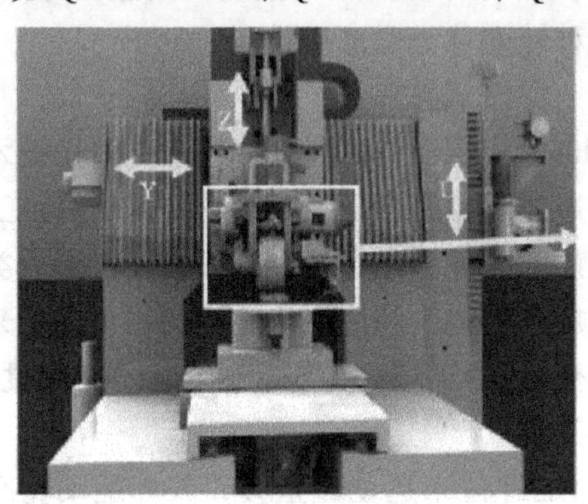

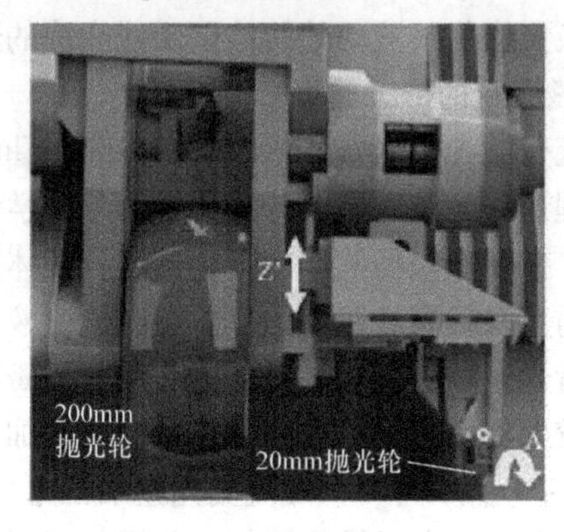

图5-55

双抛光轮磁流变机床

五、纳米制造

纳米制造（Nanomanufacturing）是对纳米尺度的粉末、液体等材料的规模化的生产，或者是从纳米尺度按照自下而上（Bottom-Up）的方式制造零件，或者是按照自上而下（Top-Down）的方式逐步实现超精密的加工。

Top-Down工艺基本上是从半导体工业传统的刻蚀技术中演化而来的，其纳米尺度结构或半导体芯片的制作是从一个块材料通过连续、逐渐地一点一点去除或减少材料从而获得最终的产品。其本质就是对块体材料进行切割处理，所能达到的最小特征尺度取决于所用的工具。Top-Down工艺方法主要包括定型机械纳米加工、磨料纳米加工、非机械纳米加工、光刻加工和生物纳米加工等，适用于加工各种精密图形化的平面纳米微结构等，并在纳米光电子器件研究领域发挥重要作用。

定型机械纳米加工采用专用刀具，通过刀具良好的表面粗糙度和切削刃精度保证被加工工件的外形尺寸精度，如金刚石车削、纳米磨削等。磨粒纳米加工的主要方法包括研磨、抛光和磨削技术，如弹性发射加工、磁流变抛光、固着磨料高速研磨方法、化学机械抛光等。非机械纳米加工包括聚焦离子束加工、准分子激光加工。光刻加工是根据掩膜来确定被加工产品外形，常见的方法有X射线光刻、电子书直写光刻、纳米压印光刻、极端远紫外光刻、离子束光刻、干涉光刻、原子纳米光刻等。

Bottom-Up工艺策略涉及生物化学的操作和合成方法，即直接组装如原子、分子和超级分子等次纳米级模块，然后构成所需要的纳米级图案。Bottom-Up技术在生物、医药、化学、化学传感器和驱动器等领域的应用具有先天优势。最终的Bottom-Up纳米组装方法是精确控制单个原子和纳米颗粒从而制成纳米结构，因此也被称为纳米操作（Nao-Manipulation）。

第六章 磨削

用磨具以较高的线速度对工件表面进行加工的方法称为磨削。磨削是零件精加工的主要方法之一，它具有如下特点：

1）经济加工标准公差等级达 IT5 ~ IT6，加工表面粗糙度 *Ra* 值达 0. 8 ~ 0. 2mm，当采用镜面磨削时，可达 *Ra*0. 04 ~ 0. 01mm。

2）可以加工较硬的金属材料及非金属材料，如淬硬钢、硬质合金、陶瓷等。

3）磨削温度高。由于磨削的速度很高（一般在 35m/s 以上），砂轮与工件之间剧烈摩擦产生大量热量，使切削区的温度高达 1000℃ 以上。

近年来，由于采用新型砂轮和新的磨削工艺，磨削加工应用日益广泛，不仅用于精加工，也可直接将毛坯磨削到加工精度，从而提高了生产率，降低了成本。

第一节　砂轮的特性与选择

一、普通砂轮的特性

砂轮是由磨料和结合剂构成的，磨料与结合剂之间有许多空隙，起着散热的作用。砂轮的特性包括磨料、粒度、硬度、结合剂、组织、形状和尺寸等。

1. 磨料

磨料是砂轮的主要组成成分，它除了应具备锋利的尖角外，还应有高的硬度和耐热性及一定的韧性。按照国家标准 GB/T 2476—2016 规定，我国主要的磨料类别、代号、特点及应用范围见表 6-1。

2. 粒度

粒度是指磨料颗粒尺寸的大小。粒度分为磨粒和微粉两类。颗粒尺寸大于 63mm 的磨料称为粗磨粒，用筛分法分级。按照国家标准 GB/T 2481. 1—1998 规定，粗磨粒标示为 F4 ~ F220 共 26 级。颗粒尺寸小于 63mm 的磨料称为微粉，用沉降法进行分级检验。按照国家标准 GB/T 2481. 2—1998 规定，微粉标示为 F230 ~ F1200 共 11 级。

表6-1 常用磨料的类别、代号、特点及应用范围

类别	磨料名称	代号	颜色	硬度	韧性	应用范围
刚玉类	棕刚玉	A	棕褐色	低	大	磨削碳钢、合金钢、可锻铸铁等
	白刚玉	WA	白色	↓	↑	磨削淬火钢、高速钢、高碳钢等
	单晶刚玉	SA	浅黄或乳白			磨削不锈钢、高钒高速钢及其他难加工材料
	铬刚玉	PA	紫红色			磨削淬硬高速钢、高强度钢，特别适用于成形磨削
碳化硅类	黑色碳化硅	C	黑色			磨削铸铁、黄铜、耐火材料及非金属材料
	绿色碳化硅	GC	绿色			磨削硬质合金、宝石、陶瓷、玻璃等
高硬磨料	立方氮化硼	CBN	黑色			磨削各种高温合金，高钼钢、高钒钢、高钴钢、不锈钢等
	人造金刚石	MBD RVD	乳白色	高	小	磨削硬质合金、光学玻璃、宝石、陶瓷等硬度材料

每一粒度号的磨料不是单一尺寸的粒群，而是若干粒群的集合。国标中将各粒度号磨料分成五个粒度群：最粗粒、粗粒、基本粒、混合粒和细粒。某一粒度号的磨粒粒度组成就是测量计算各粒群所占的质量百分比。例如：F20磨粒，全部磨粒应通过最粗筛（筛孔1.7mm）；全部磨粒可通过粗粒筛（筛孔1.18mm），该筛的筛上物不能多于20%；筛孔1.0mm的筛上物至少应为45%。对于涂附磨具用磨料，其粒度组成应符合GB/T 9258.1—2000的规定。

砂轮磨料的粒度对磨削表面的粗糙度和磨削效率有很大影响。一般而言，粗粒度砂轮磨削深度大，故磨削效率高，但表面粗糙度大。细粒度砂轮加工效率低，但被加工工件表面粗糙度值较小。所以粗磨时，一般选粗粒度砂轮，精磨时选细粒度砂轮。磨软金属时，多选用粗的磨粒，磨脆和硬的金属时，则选用较细的磨粒，详见表6-2。

表6-2 粒度和适用范围

粒度标示	适用范围
F4 ~ F14	荒磨、重负荷磨钢锭、磨皮革、磨地板、喷砂除锈等
F16 ~ F30	粗磨钢锭、打毛刺、切断钢坯、粗磨平面、磨大理石及耐火材料等
F36 ~ F60	平磨、外圆磨、无心磨、内圆磨、工具磨等粗磨工序
F70 ~ F100	平磨、外圆磨、无心磨、内圆磨、工具磨等半精磨工序，工具刃磨、齿轮磨削
F120 ~ F220	刀具刃磨、精磨、粗研磨、粗珩磨、螺纹磨等
F230 ~ F360	精磨、珩磨、精磨螺纹、仪器仪表零件及齿轮精磨等
F400 ~ F1200	超精密加工、镜面磨削、精细研磨、抛光等

3. 硬度

砂轮的硬度是指砂轮工作时，磨料在外力的作用下自砂轮上脱落的难易程度。砂轮硬表示磨粒难脱落，砂轮软表示磨粒易脱落。一般情况下，加工硬度大的金属，应选用软砂轮；加工软金属时，应选用硬砂轮。粗磨时，选用软砂轮；精磨时，选用硬砂轮。砂轮的硬度等级见表6-3。

表6-3 砂轮硬度等级

等级		超软				很软			软			中			硬				很硬	超硬
代号	GB/T 2484—2018	A	B	C	D	E	F	G	H	J	K	L	M	N	P	Q	R	S	T	Y

4. 结合剂

结合剂是把磨粒黏结在一起组成磨具的材料。常用结合剂的性能及适用范围见表6-4。

表 6-4 常用结合剂的性能及适用范围

名称	代号	性 能	适 用 范 围
陶瓷	V	强度高、耐热、耐油、耐腐蚀性好、气孔率大、易保持轮廓、脆性大、弹性差	适用于通用砂轮，也用于成形磨削、超精磨、珩磨等磨具
树脂	B	强度高、弹性好、抗冲击性好、耐热性差、气孔率小、易磨损	用于细粒度精磨砂轮，也可制成薄片砂轮，用于切口、开槽
橡胶	R	强度与弹性均高于 V、B，但耐热性差、气孔率小、耐油性差、耐腐蚀性差	多用于切断、开槽、抛光用砂轮
金属	M	强度最高、导热性好，但自锐性差	多用于金刚石砂轮及电解磨削用砂轮

5. 组织

砂轮的组织是指组成砂轮的磨料、结合剂、空隙三部分体积的比例关系。通常以磨粒所占砂轮的体积百分比来分级。按照 GB/T 2484—2018 规定，有三种组织状态（紧密、中等、疏松）共 15 级（0 ~ 14），组织号越小，磨粒所占的比例越大，砂轮越致密，见表 6-5。

表 6-5 砂轮组织分级

组织状态	紧 密				中 等				疏 松						
组织号	0	1	2	3	4	5	6	7	8	9	10	11	12	13	14
磨粒占砂轮体积百分比（%）	62	60	58	56	54	52	50	48	46	44	42	40	38	36	34

砂轮疏松则不易堵塞，并可把切削液或空气带入切削区，降低磨削温度。但过分疏松则磨粒含量小，容易磨钝和失去正确的廓形。故粗磨时应采用疏松砂轮，精磨时应采用组织较紧密的砂轮。

6. 形状和尺寸

砂轮的形状和尺寸是根据磨床类型、加工方法及工件的加工要求来确定的。根据 GB/T 2484—2018 规定，其主要类型有：平形（1 型）、筒形（2 型）、双斜边（4 型）、杯形（6 型）、碗形（11 型）、薄片砂轮（41 型）等多种，分别用于外圆、内孔、平面和刀具的磨削，以及切断、开槽等。

二、超高速磨削砂轮

当砂轮的线速度 $v > 150$m/s 时，称为超高速磨削。超高速磨削砂轮应具有良好的耐磨性，高的动平衡精度、良好的抗裂性、良好的阻尼特性、高的刚度和良好的导热性，而且必须能承受高速、超高速磨削时的切削力等。超高速磨削时，砂轮主轴高速回转产生的巨大离心力会导致普通砂轮迅速破碎，因此必须采用基体本身的机械强度、基体和磨粒之间的结合强度均极高的砂轮。

超高速砂轮中间是一个高强度材料的基体圆盘，在基体圆盘周围仅仅黏覆一薄层磨料。基体的材料、形状、大小直接影响着砂轮的综合性能和磨削效果。大部分实用超硬磨料砂轮基体为铝或合金钢。日本则武（Noritake）公司推出一种被称为 CFRP（Carbon Fiber Reinforced Plastic）的碳纤维复合树脂基体材料，其比模量是钢的 2.1 倍，密度和热膨胀系数分别是钢的1/5和1/12。使用这种材料基体制成的超高速砂轮的磨料层厚5mm，使用树脂结合剂，它与基体之间用一层氧化铝陶瓷过渡。这种砂轮已较多地应用于日本生产的超高速磨床，使用效果良好。

超高速砂轮可以使用刚玉、碳化硅、CBN、金刚石磨料，以CBN磨料应用最为广泛。结合剂主要有陶瓷结合剂、树脂结合剂和金属结合剂。尤其是陶瓷结合剂CBN砂轮，其磨削效率高、形状保持性好、耐用度高、易于修整、砂轮使用寿命长，并且陶瓷结合剂本身具有良好的化学稳定性，以及耐热、耐油、耐酸碱侵蚀，可适应各种切削液，磨削成本低等一系列的优点。随着高性能CBN磨料和结合剂配方的不断开发，以及制作过程中的绿色环保性、良好的性价比、较理想的磨削范围，超高速陶瓷CBN砂轮已成为各国发展重点。现在，日本已经有了300m/s的超高速陶瓷结合剂CBN砂轮的应用。

对于超高速磨削，砂轮系统的在线自动平衡尤为重要。超高速磨削砂轮的自动平衡系统一般由振动传感器、振动控制器和平衡头组成，通过振动传感器检测砂轮旋转时不平衡量引起的振动信号并进行数据处理，以确定不平衡量的大小和相位，然后通过振动控制器控制跟随砂轮高速旋转的平衡头内的校正质量，实现对不平衡量的平衡补偿。德国霍夫曼（Hofmann）公司生产的一种砂轮液体式自动平衡装置在高速及超高速磨床上得到广泛的应用。该平衡系统由检测和控制单元、与放大器集成的压电振动传感器、环状储液腔、喷嘴喷射系统、阀座及切削液过滤系统等部分组成，如图6-1所示。与微机相连的电子测量和控制单元能自动测量磨床的振动，因此，在运行过程中不需要手动校正和调整。

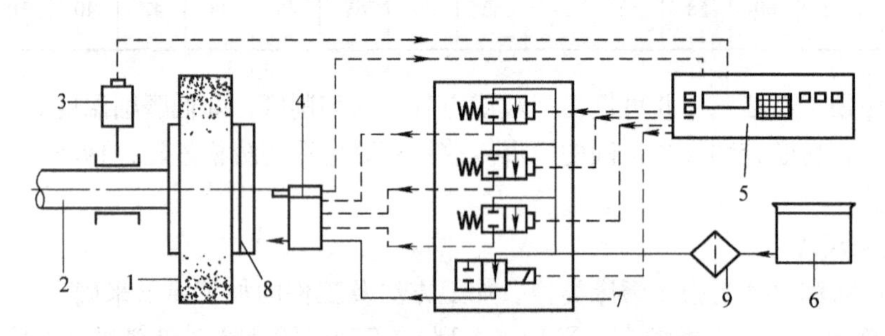

图6-1

在线自动平衡系统控制框图

1—砂轮 2—驱动轴 3—振动传感器 4—喷嘴 5—检测和控制单元 6—切削液 7—电磁阀 8—平衡头 9—过滤器

砂轮不平衡量U是通过切削液补偿的，如图6-2所示。切削液被喷射到环状储液腔中，平衡量K可分解为V_1和V_2，振动传感器被固定在主轴承上以检测不平衡量的大小，而不平衡量的位置是通过相位发生器检测的，通过电子测量和控制单元所检测的不平衡量相应地通过控制V_1和V_2的补偿量来平衡，控制单元控制电磁阀将经过过滤的冷却液喷射到平衡头内，实现系统的平衡。

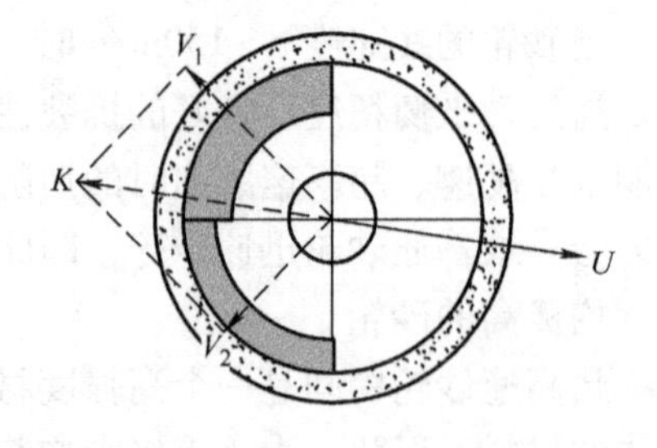

图6-2

不平衡量与补偿量的矢量图

第二节 磨削运动及磨削过程

一、磨削运动

磨削时，加工对象不同，其所需运动也不同，归结起来一般有四个运动，如图6-3所示。

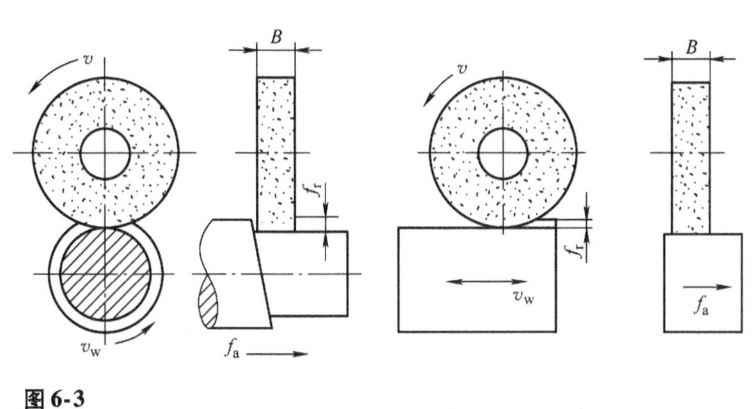

图6-3

磨削时的运动

（1）主运动 它是指砂轮的旋转运动。磨削速度即为砂轮外圆的线速度。

$$v=\frac{\pi d_0 n_0}{1000\times 60} \tag{6-1}$$

式中 v——磨削速度（m/s）；

d_0——砂轮直径（mm）；

n_0——砂轮转速（r/min）。

普通磨削速度 v 一般为30～35m/s。

（2）径向进给运动 它是指砂轮径向切入工件的运动。在工件每转或工作台每行程内工件相对砂轮径向移动的距离称为径向进给量，记为 f_r。圆柱面磨削时单位为毫米工件每转（mm/r），平磨磨削时单位为毫米工件每行程（mm/str）或毫米工件每双行程（mm/d·str）。

（3）轴向进给运动 它是指工件相对于砂轮的轴向运动，以轴向进给量表示，记为 f_a。其单位为mm/r（圆柱面磨削）、mm/str（平磨磨削）。一般 $f_a=(0.2\sim 0.8)B$，B 为砂轮宽度。

（4）工件运动 它是指工件的旋转或移动，以工件转（移）动线速度表示，记为 v_w（单位一般为m/min）。

外圆磨削时：

$$v_w=\frac{\pi d_w n_w}{1000} \tag{6-2}$$

式中 d_w——工件直径（mm）；

n_w——工件转速（r/min）。

平面磨削时：

$$v_w = \frac{2Ln_r}{1000} \tag{6-3}$$

式中 L——磨床工作台的行程长度（mm）；

n_r——磨床工作台每分钟的往复次数（次/min）。

二、磨削过程

磨削是用分布在砂轮表面上的磨粒通过砂轮和被磨工件的相对运动来进行切削的。每个磨粒可以当作一把微小的切刀，因此可以把砂轮看作是一个刀齿数极多的圆盘铣刀。由于磨粒在砂轮表面上所分布的高度是极不规则的，并且每个磨粒的几何形状又有很大差异，所以每个磨粒的切削层形状各不相同，磨粒的切削过程与铣刀的切削过程有很大的不同。

（一）磨屑的形成过程

砂轮表面的磨粒在切入工件时，其过程大致可分为三个阶段，如图6-4所示。

（1）滑擦阶段 磨粒开始与工件接触，切削厚度由零逐渐增大。由于切削厚度较小，而磨粒切削刃的钝圆半径及负前角又很大，磨粒沿工件表面滑行并发生强烈的挤压摩擦，使工件表面材料产生弹性及塑性变形，工件表层产生热应力。

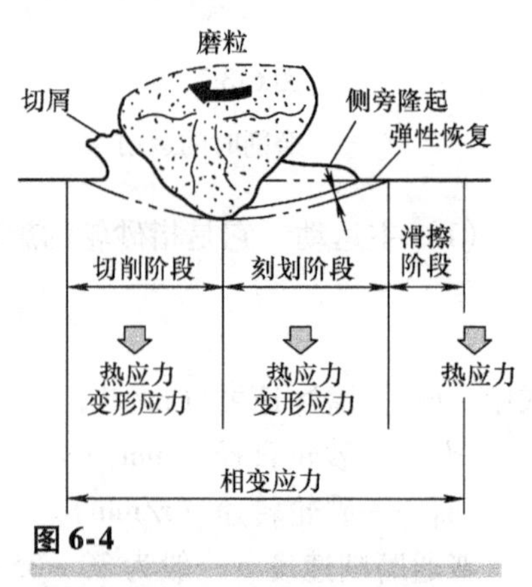

图6-4 磨粒的切削过程

（2）刻划阶段 随着切削厚度的增大，磨粒与工件表面的摩擦和挤压作用加剧，磨粒开始切入工件，使工件材料因受挤压而向两侧隆起，在工件表面形成沟纹或划痕。此时除磨粒与工件间相互摩擦外，更主要的是材料内部发生摩擦，工件表层不仅有热应力，还有由于弹、塑性变形所产生的变形应力。此阶段将影响工件表面粗糙度及产生表面烧伤、裂纹等缺陷。

（3）切削阶段 当切削厚度继续增大至一定值时，磨削温度不断升高，挤压力大于工件材料的强度，使被切材料明显地沿剪切面滑移而形成切屑，并沿磨粒前刀面流出。工件表面也产生热应力和变形应力。

由于砂轮表面砂粒高低分布不均，每个磨粒的切削厚度也不相同，故有些磨粒切削工件形成切屑，有些磨粒仅在工件表面上刻划、滑擦，从而产生很高的温度，引起工件表面的烧伤及裂纹。

在强烈的挤压和高温作用下，磨屑的形状极为复杂，常见的磨屑形态有带状、节状屑和灰烬。

（二）磨粒的切削厚度

为了简化分析，假定磨粒是均匀分布在砂轮圆周表面上，每颗磨粒都是前后对齐的。这样就可以把砂轮当作一把多齿铣刀，单个磨粒的切削厚度就和铣刀的每个刀齿的切削厚度相当，如图6-5所示。

外圆磨削时，当砂轮上的磨粒以线速度 v 从 A 点切入工件至 B 点切出时，工件上 B 点同时以速度 v_w 转至 C 点，在这一瞬间，工件上截形成 ABC 的金属层被磨掉了。$\overline{CD}$（砂轮径向测量尺寸）为最大切削厚度。假定砂轮圆周上每毫米长度内有 m 颗磨粒，则单个磨粒的平均最大切削厚度为

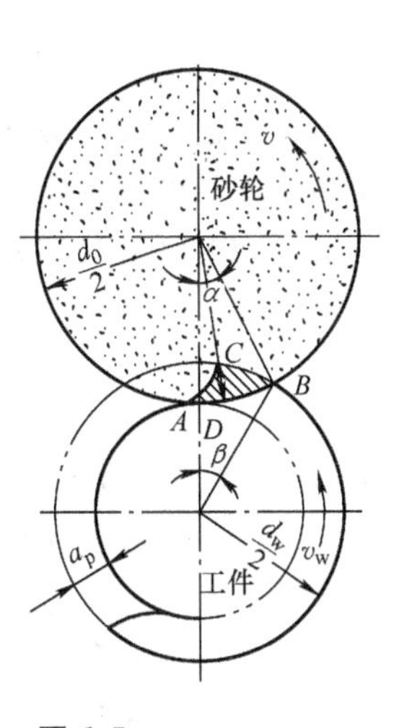

图 6-5

磨削层图形

$$a_{cgmax}=\frac{\overline{CD}}{\overset{\frown}{AB}\times m}$$

经数学推导有

$$a_{cgmax}=\frac{2v_w f_a}{vmB}\sqrt{f_r\left(\frac{1}{d_0}+\frac{1}{d_w}\right)} \qquad (6\text{-}4)$$

式中　v、v_w——砂轮、工件的线速度（m/s）；

m——砂轮每毫米圆周上的磨粒数（1/mm）；

f_r——径向进给量（mm/r）；

f_a——横向进给量（mm/r）；

d_0、d_w——砂轮、工件的直径（mm）；

B——砂轮宽度（mm）。

由式（6-4）定性分析可知：

1）v_w、f_a 和 f_r 增大时，a_{cgmax} 相应增大，生产率提高。但磨削力和磨削热增加，砂轮磨损加剧，且工件表面质量较差。

2）m 值增大，则 a_{cgmax} 减小，所以为了提高工件表面质量，宜选用粒度细的砂轮。

3）v、d_0 和 B 增大时，a_{cgmax} 减小，工件表面质量将得到提高。

第三节　磨削力、磨削功率及磨削温度

一、磨削力和磨削功率

（一）磨削力的主要特征及计算

砂轮上单个磨粒的切削厚度固然很小，但是大量的磨粒同时对被磨金属层进行挤压、刻划和滑擦，加之磨粒的工作角度又很不合理，因此总的磨削力很大。为便于测量和计算，将总磨削力分解为三个相互垂直的分力 F_x（轴向磨削力）、F_y（径向磨削力）、F_z（切向磨削力），如图 6-6所示，和切削力相比，磨削力有如下特征：

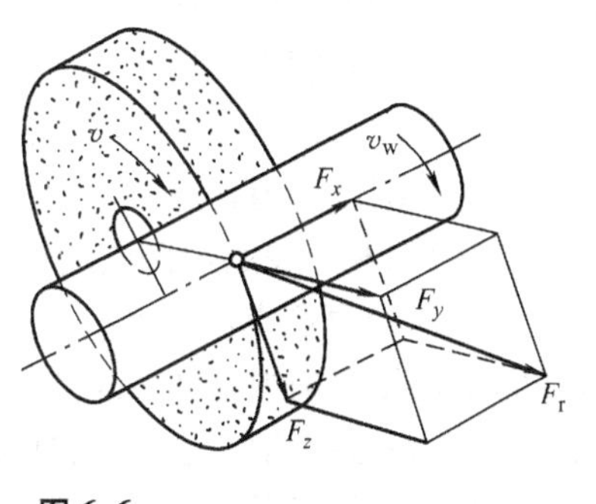

图 6-6

磨削力的分解

1）径向磨削力 F_y 最大。这是因为磨粒的刃棱大都以负前角工作，而且刃棱钝化后，形成小的棱面增大了与工件的实际接触面积，从而使 F_y 增大。通常 $F_y=(1.6\sim3.2)F_z$。

2）轴向磨削力 F_x 很小，一般可以不考虑。

3）磨削力随不同的磨削阶段而变化。在初磨阶段，磨削力由小至大变化较大；进入稳定阶段，工艺系统的弹性变形达到一定程度，此时磨削力较为稳定；光磨阶段实际磨削深度趋于零，此时磨削力渐小。

磨削力的计算公式如下：

$$F_z = 9.81[C_F(v_w f_r B/v) + \mu F_y] \tag{6-5}$$

$$F_y = 9.81 C_F\left(\frac{\pi}{2}\right)(v_w f_r B/v) \cdot \tan\alpha \tag{6-6}$$

式中 F_z、F_y——切向和径向磨削力（N）；

v_w、v——工件和砂轮的线速度（m/s）；

f_r——径向进给量（mm/r）；

B——磨削宽度（mm）；

α——假设磨粒为圆锥时的锥顶半角；

C_F——切除单位体积的切屑所需的能（kJ/mm^2）；

μ——工件和砂轮间的摩擦因数。

磨削过程很复杂，影响磨削力的因素也很多，上述理论公式的精确度不高。目前一般采用实验方法来测定磨削力的大小。

（二）磨削功率的计算

磨削时，由于砂轮速度很高，功率消耗很大。主运动所消耗的功率定义为磨削功率。其计算公式如下：

$$P_m = \frac{F_z v}{1000} \tag{6-7}$$

式中 F_z——砂轮的切向磨削力（N）；

v——砂轮的线速度（mm/s）。

二、磨削温度

由于磨削的线速度很高，功率消耗较大，磨削温度也很高。这样高的温度会直接影响工件的精度及表面质量。因此，控制磨削温度是提高工件表面质量和保证加工精度的重要途径。

（一）磨削温度的概念

磨削温度通常是指砂轮与工件接触面的平均温度。为了更准确地反映磨削区域内各点的温度状况，把磨削温度区分为磨粒磨削点温度 θ_{dot} 和砂轮磨削区温度 θ_A，如图 6-7 所示。

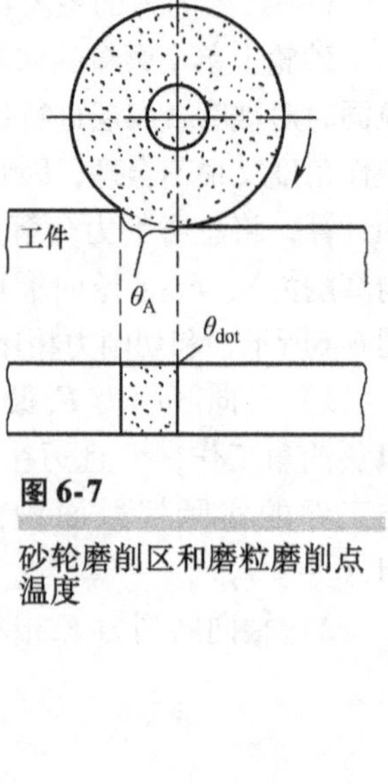

图 6-7 砂轮磨削区和磨粒磨削点温度

（1）磨粒磨削点温度 θ_{dot} 它是指磨粒切削刃与切屑接触部分的温度，是磨削中温度最高的部位，也是磨削热的热源。它不但影响工件表面质量，且与磨粒的磨损及切屑的熔着现象有密切关系。磨粒磨削点温度可由下式表示：

$$\theta_{dot} \propto v^{0.24} v_w^{0.26} f_r^{0.13} \tag{6-8}$$

式中 v、v_w——砂轮及工件的线速度（m/s）；

f_r——径向进给量（mm/r）。

式（6-8）表示了影响磨粒磨削点温度 θ_{dot} 的因素。其中工件速度对 θ_{dot} 的影响比砂轮速度影响大。

（2）砂轮磨削区温度 θ_A　它是指砂轮与工件接触区的平均温度，与磨削烧伤、磨削裂纹的产生有密切关系。砂轮磨削区温度可由下式表示：

$$\theta_A \propto f_r^{0.63} v^{0.24} v_w^{0.26} \tag{6-9}$$

式中各变量的含义同式（6-8）。

从式（6-9）可以看出，f_r 对 θ_A 的影响最大，v_w 的影响次之，v 对 θ_A 的影响最小。

在正确区分 θ_A 及 θ_{dot} 的同时，还应弄清工件温升的概念。它是指由于磨削热传入工件而引起的整个工件温度升高。它使工件的形状、尺寸精度均受到影响。因此笼统地说“磨削温度”就会因含义不清而引起误解。比如，磨粒磨削点温度瞬时可达1000℃以上，可是砂轮磨削区温度只有几百摄氏度，而整个工件的温升却最多为几十摄氏度。所以一定要把砂轮磨削区温度、磨粒磨削点温度和工件温升三者的含义区分清楚。

（二）磨削温度对工件表面质量的影响

磨削工件的表面质量主要表现在表面粗糙度、表面烧伤、表面残余应力和裂纹几个方面，这里重点讨论磨削烧伤问题。

1. 磨削烧伤的产生和实质

磨削加工时，磨粒的切削、刻划和滑擦作用，大多数磨粒的负前角切削及高的磨削速度，使得工件表面层有很高的温度。因此对于已淬火的钢件往往会使表面层的金相组织产生变化，从而使表面层的硬度下降，严重地影响了零件的使用性能，同时表面呈现氧化膜颜色，这种现象称为磨削烧伤。磨削烧伤的实质是材料表面层的金相组织发生变化。图6-8所示为淬火高速钢磨削后表面层硬度的变化情况。由此可以看出，磨削烧伤会破坏工件表面层组织，严重的会出现裂纹，从而影响工件的耐磨性和使用寿命。

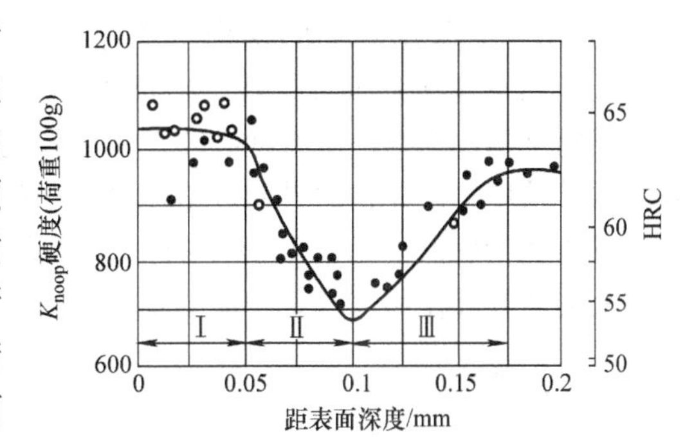

图6-8

磨削烧伤表面的硬度变化

2. 磨削烧伤的表现形式

磨削烧伤主要表现为以下三种形式：

（1）退火烧伤　在磨削时，如工件表面层温度超过相变温度 Ac_3，则马氏体转变为奥氏体，如果此时无切削液，则表面层硬度急剧下降，工件表面层被退火，故这种烧伤称为退火烧伤。工件干磨时常发生这种情况。

（2）淬火烧伤　磨削时，工件表面层温度超过相变温度 Ac_3，如果此时冷却充分，则表层将急冷形成二次淬火马氏体组织。工件表层硬度较原来的回火马氏体高，但很薄，其下层因冷却速度慢仍为硬度较低的回火索氏体和屈氏体。这种情况称为淬火烧伤。

（3）回火烧伤　磨削时，工件表面层温度未超过相变温度 Ac_3，但超过马氏体的转变温度，这时工件表层的组织将转变成硬度较低的回火屈氏体或索氏体。这种情况称为回火烧伤。

3. 影响磨削烧伤的工艺因素

（1）磨削用量 影响最大的是砂轮的线速度 v 和径向进给量 f_r。当 v 和 f_r 较小时，不易出现烧伤。

（2）冷却方法 加大切削液流量和采用喷雾冷却、高压冷却等加速热量的传出，降低磨削区温度，可以有效避免烧伤现象。

（3）砂轮接触长度 砂轮与工件的接触长度大，易堵塞而不易冷却，容易出现烧伤。

第四节 先进的磨削方法

一、高精度低表面粗糙度磨削

高精度低表面粗糙度磨削是近年来发展很快的先进磨削方法之一。它不仅磨削质量好，生产率高，而且可以代替研磨加工。

与普通磨削相比，这种磨削方法的特点如下：

1）磨削工件的表面粗糙度 Ra 值应在 0.4μm 以下。

2）砂轮要精细修整，使砂轮表面上的磨粒形成等高的微小切削刃，既保持磨粒的微刃性和等高性。

3）磨削时采用很小的横向进给量（0.005～0.025mm/r）及较低的磨削速度（15～30m/s），并在磨削后期进行若干次光磨行程。

高精度低表面粗糙度磨削必须在刚度好的高精度磨床上进行；砂轮和头架主轴应具有很高的回转精度；工作台的纵向进给速度在不超过10mm/min时应能平稳移动而无爬行；横向进给机构能精确保证0.002mm/r的微量进给。此外，磨削用量的选择、砂轮的修整技术及切削液的选择和使用等都有相应的要求。

二、高效磨削

以提高磨削生产率为主要目标的磨削加工称为高效磨削，常见的有以下几种：

（一）高速、超高速磨削

砂轮的线速度在45m/s以上的磨削称为高速磨削，砂轮线速度大于150m/s的磨削称为超高速磨削。由式（6-4）可知砂轮线速度的提高，可使单个磨粒的磨削厚度 a_{cgmax} 变薄，工件表面的残留磨痕变浅。因此，高速与超高速磨削有以下特点：

1）生产率高。由于单位时间内作用的磨粒数增加，使材料磨除率成倍增加，最高可达 $2000mm^3/(mm \cdot s)$，比普通磨削高30%～100%。

2）砂轮使用寿命长。由于每颗磨粒的负荷减小，磨粒磨削时间相应延长，提高了砂轮使用寿命。磨削力一定时，磨削速度为200m/s时砂轮的寿命是80m/s时砂轮寿命的2倍；磨削效率一定时，磨削速度为200m/s时砂轮的寿命则是80m/s时的7.8倍。

3）磨削表面粗糙度值低。超高速磨削单个磨粒的切削厚度变小，磨削划痕浅，表面塑性隆起高度减小，表面粗糙度数值降低。同时由于超高速磨削材料的极高应变率（可达 10^{-6}～10^{-4}/s），磨屑在绝热剪切状态下形成，材料去除机制发生转变，因此可实现对脆性和难加工材料的高性能加工。

4）磨削力和工件受力变形小，工件加工精度高。由于磨削厚度小，径向磨削力 F_y 相应减小，从而有利于刚度较差工件加工精度的提高。在磨削深度相同时，磨削速度为250m/s时的磨削力比磨削速度为180m/s时磨削力降低近一半。

5）磨削温度低。超高速磨削中磨削热传入工件的比率减小，使工件表面磨削温度降低，能越过容易发生热损伤的区域，受力、受热变质层减薄，具有更好的表面完整性。使用CBN砂轮以200m/s超高速磨削钢件时，其表面残余应力层深度不足10μm。

6）充分利用和发挥了超硬磨料的高硬度和高耐磨性等优异性能。电镀和钎焊单层超硬磨料砂轮是超高速磨削首选的磨具。特别是高温钎焊金属结合剂砂轮，磨削力及温度更低，是目前超高速磨削新型砂轮。

7）具有巨大的经济效应和社会效应，并具有优良的绿色特性。高速、超高速磨削加工能有效地缩短加工时间，提高劳动生产率，减少能源消耗和噪声污染。

正是上述这些突出的特点，使得超高速磨削成为高效率、高精度，同时能对各种材料和形状进行加工的最佳磨削方法。使用CBN磨料磨具的超高速磨削技术是最新的高效率磨削技术，是先进制造学科的前沿技术。

（二）缓进给磨削

缓进给大切深磨削又称为深磨或蠕动磨削，是一种大切深（一次磨削深度达30mm）、缓进给（工件的横向进给速度为5～300mm/min）的高效磨削方法，可以代替车削或铣削，直接把铸件或锻件磨成合格的零件，具有生产率高、加工成本低等优点。

缓进给磨削时，砂轮与工件边缘的接触次数少，受冲击机会比一般往复磨削少，可以延长砂轮寿命并保持其廓形精度。它特别适合于成形表面及各种沟槽的磨削，也适合于耐热合金等难加工材料的磨削。

缓进给磨削的缺点是易引起工件烧伤。这主要是由于砂轮与工件接触弧长度大，切削液难以进入接触区而造成的。因此在选择砂轮时应选用软级或超软级、粗颗粒、大气孔砂轮，并应选用冷却效果好的切削液，采用高压大流量的方式，将切削液注入磨削区域。

缓进给深磨用磨床应有足够大的功率，砂轮轴的刚性应足够强，机床进给系统还应采用滚珠丝杠螺母机构，以有效地实施缓进给。

（三）高效深磨

高效深磨（High Efficiency Deep Grinding，HEDG）技术是近几年发展起来的一种集砂轮高速度（100～250m/s）、高进给速度（0.5～10m/min）和大切深（0.1～30mm）为一体的高效率磨削技术。高效深磨概念是由德国不来梅（Bremen）大学的沃纳（Werner）教授于1980年创立的。目前欧洲企业在高效深磨技术应用方面居领先地位。高效深磨可直观地看成是缓进给磨削和超高速磨削的结合，因此，高效深磨兼有缓进给磨削和超高速磨削的优点。与普通磨削不同的是，高效深磨可以通过一个磨削行程完成过去由车、铣、磨等多个工序组成的粗、精加工过程，获得远高于普通磨削加工的金属去除率（磨除率比普通磨削高100～1000倍），表面质量也可达到普通磨削水平。此项技术已成功地用于丝杠、螺杆、齿轮、转子槽、工具沟槽等以磨代铣加工。

（四）快速点磨削

快速点磨削（Quick－point Grinding）是由德国勇克（Junker）公司的埃尔温勇克（Erwin Junker）于1994年开发并取得专利的一种先进的超高速磨削技术。它是集超高速磨削、

CBN超硬磨料及CNC柔性加工三大先进技术于一身的高效率、高柔性的先进加工工艺，主要用于轴、盘类零件加工。

在磨削工件外圆时，砂轮与工件轴线并不是始终处于平行状态，而是在水平方向旋转一定角度，以实现砂轮和工件在理论上的点接触（如图6-9所示）。快速点磨削的技术特征如下：

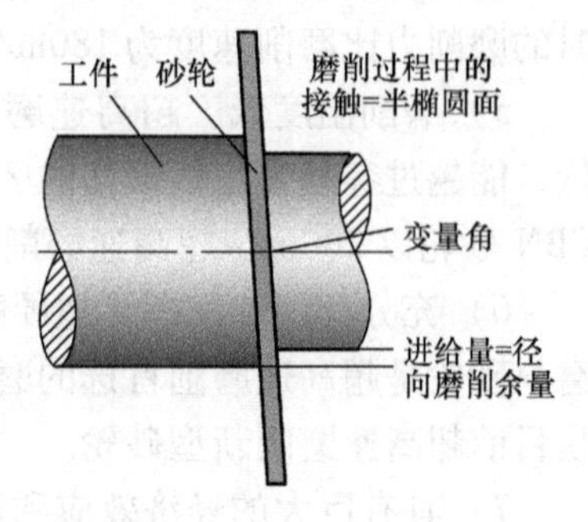

图6-9
快速点磨削原理图

1）快速点磨削通过数控系统控制砂轮轴线在垂直方向与工件轴线的点磨变量角α为±0.5°，在水平方向根据工件母线特征在0°～30°范围内变化，最大限度减小砂轮与工件的接触面积。

2）快速点磨削砂轮采用超硬磨料CBN或人造金刚石超薄砂轮，厚度为4～6mm，安装采用“三点定位安装系统”快速完成，重复定位精度高，并可在机床上自动完成砂轮的动平衡。

3）砂轮速度可达100～160m/s。为获得高磨除率，同时不使砂轮产生过大的离心力，工件也以高速旋转（最高可达12000r/min）。因此实际磨削速度是砂轮和工件两者速度的叠加，可达200～250m/s。

4）与一般磨削方式不同，由于砂轮倾斜，形成“后角”，在磨削外圆时，材料去除主要是靠砂轮侧边完成，而周边起光磨作用。

由于快速点磨削砂轮与工件处于点接触状态，实际磨削速度更高，磨削力大大降低，比磨削能小，磨削热少，同时切屑可带走大部分热量，冷却效果好，因此磨削温度大为降低，甚至可以实现“冷态”加工，提高了加工精度和表面质量，能够达到高精度磨削的表面加工质量和形状精度。由于磨削力极小，工件安装夹紧方便，特别适合刚性较差的细长轴加工。因无须使用工件夹头，可进行包括工件两端在内的整体加工。砂轮使用寿命长，最高磨削比达到60000。砂轮修整率低。采用CNC两坐标联动进给，一次安装后可完成外圆、锥面、螺纹、台肩和沟槽等所有外形的加工，实现车磨合并，柔性大，加工精度高。机床利用率高达88%～95%，比传统的磨削方法高出3%～8%，生产率比普通磨削高6倍。例如，长春一汽大众汽车有限公司采用该工艺磨削EA113五气门系列发动机凸轮轴轴颈，大大提高了生产率及加工质量，效益显著。

三、砂带磨削

砂带磨削是用砂带代替砂轮的一种磨削方式，它是20世纪60年代后出现的一种新的高效磨削方法。砂带磨削方式分为开式砂带磨削与闭式砂带磨削两大类。砂带磨床一般由砂带、接触轮、张紧轮、支承板和工作台等基本部件组成。图6-10为闭式砂带平面磨削示意图，环形砂带安装在接触轮和张紧轮上，并在接触轮的带动下高速旋转，这是砂轮磨削的主运动；工件由传送带向前输送实现进给运动。闭式砂带磨削由于砂带高速回转易发热且噪声大，所以磨削质量不及开式砂带磨削方式。

砂带是在柔性的基体（布料、纸或化纤织物）上，用结合剂（动物胶或合成树脂）牢固地粘合一层粒度十分均匀的磨料而成的高级涂附磨具。它不仅是磨具三大系列——涂附磨具、固结磨具、超硬磨具中的一个重要组成部分，而且是当今涂附磨具中技术含量最高的，甚至已成为衡量一个国家砂带磨削技术水平高低的标准。近年来，常规砂带在全球涂附磨具消耗中虽然仍占有很大比例，但随着大量新材料的涌现和特定场合的需求，高品质砂带的使用逐年增加。目前国际上已研制出一系列的新型砂带，如陶瓷刚玉磨料砂带、堆积磨料砂带、金刚石砂带、CBN 砂带等，它们总体上可以归为三大类：精细砂带、重载强力砂带和其他特殊类型砂带。

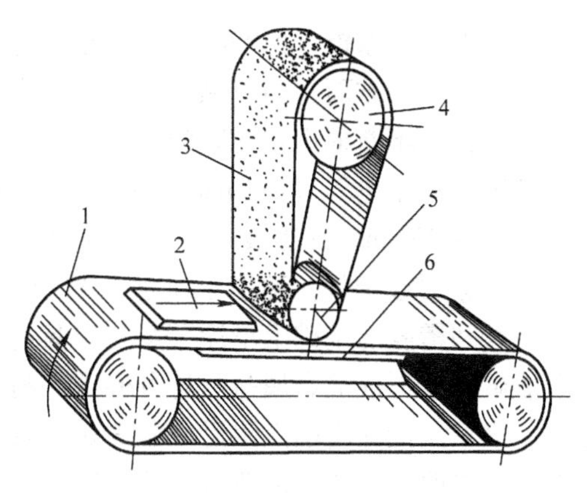

图 6-10

闭式砂带平面磨削示意图

1—传送带　2—工件　3—砂带

4—张紧轮　5—接触轮　6—支承板

采用静电植砂法可使每颗磨粒垂直地粘附在基体上，并能保持间距均匀和良好的等高性。图 6-11 为标准常规砂带的结构示意图。

精细砂带通常指采用细粒度磨料制成的堆积磨料、单层和多层砂带，多用于材料表面的精密磨削、研磨及抛光。按磨料结构区分有金字塔堆积式、实心磨粒团式和软木颗粒式等。图 6-12 所示为美国 3M 公司研制的金字塔堆积磨料砂带，由外形规则、整齐排列的四棱锥磨粒组成，磨料除常规的氧化铝和碳化硅以外，还有陶瓷刚玉磨料。每个大磨粒都由大量比锥形磨粒或磨粒团更小的磨粒粘接而成。表层磨粒切除一定量的材料后会钝化，磨钝的小磨粒会从锥形磨粒或磨粒团上破碎脱落，位于里层的新磨粒就会露出来参与磨削，因此，新型堆积磨料砂带由于在磨削过程中不断有锋利的切削刃产生，具有较长的寿命和对材料均匀一致的切除率。

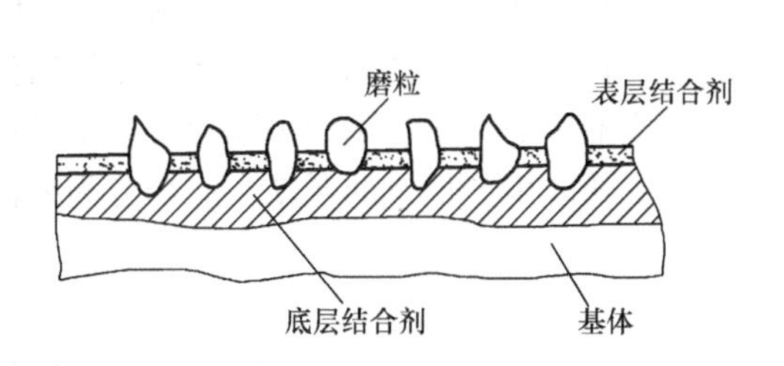

图 6-11

标准常规砂带结构

图 6-12

3M 金字塔堆积磨料砂带

重载强力砂带主要用于汽车零部件和航空航天工程中超级合金和钛合金等的高效强力磨削。它们几乎集中了当今砂带组成要素中各种性能最优的材料，使用了增强聚酯纤维布、超强柔韧树脂结合剂和高强度耐磨磨料。重载强力砂带主要有锆刚玉磨料砂带、陶瓷刚玉磨料砂带、空心球磨料砂带等。如图 6-13 所示，单颗陶瓷刚玉磨粒是由大量微细晶体构成的。微细磨粒晶体尺寸多在 1/200 ~ 1/15μm 之间，在磨削过程中，虽然磨粒以较大的接触压力与材料表面反复摩擦，但特有的微晶结构却使磨粒呈现微观破碎。一方面，它避免了磨粒的快速破碎；另一方面，当单颗磨粒达到一定的压力后能使钝化的磨粒及时地沿晶界脱落而露出新磨粒，即不断地产生锋利的微切削刃，所以具有很强的自我锐化作用和较高的材料切除率。美国艾默生电气（Emerson Electric）公司利用强力砂带磨削齿轮箱平面，单次磨除铸铁深度高达6.35mm，加工效率比端面铣削提高了10倍。

第三涂层砂带是一种用于难加工材料的特殊砂带，又称超涂层砂带。如图6-14所示，它在底胶和覆胶的基础上增涂了第三层具有特殊用途的薄层物质，其化学成分通常是由卤族元素或硫元素形成的金属盐。这种砂带的特点是能够降低磨削温度、减小粘附和增加材料切除率。该涂层能在磨削点附近吸收大量热量来降低磨削温度，随之产生相变，由固态转变为液态，并在磨粒表层形成薄薄的润滑膜，离开磨削区后液态金属盐又转变为固态。这种有自润滑效果的第三涂层具有如下功能：磨削温度低，防止工件烧伤；润滑膜降低磨料磨损，提高材料切除率。在难加工材料领域，德国VSM公司用SK840X第三涂层强力砂带磨削航空发动机TiAl4V合金涡轮风扇叶片，既有效地避免了工件烧伤，又实现了难加工钛合金叶片的高效强力磨削。

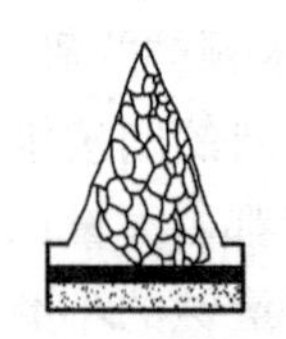
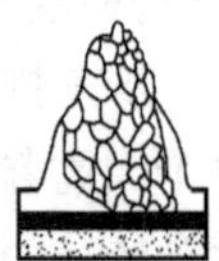

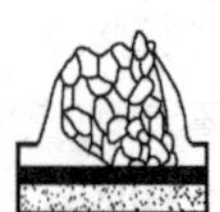

图6-13

单颗陶瓷刚玉砂带磨损过程示意图

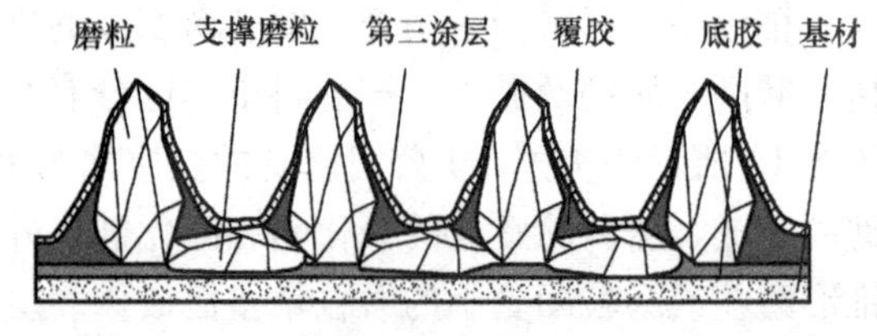

图6-14

第三涂层砂带的微观结构示意图

第五节 磨　　床

以磨料磨具（砂轮、砂带、油石和研磨料等）为工具进行切削加工的机床称为磨床。磨床主要用于零件的精加工，尤其是淬硬钢件和高硬度材料零件的精加工。磨床可用于磨削内、外圆柱面和圆锥面、平面、螺旋面、齿面及各种成形面等，还可用于刃磨刀具，工艺范围非常广泛。磨床的种类很多，根据磨削表面、工件形状和生产批量的要求，主要分为外圆磨床、内圆磨床、平面磨床、工具磨床等。

1. 外圆磨床

外圆磨床主要用于磨削外圆柱面和圆锥面，标准公差等级可达IT6～IT7级，表面粗糙度Ra为1.25～0.08μm。基本的磨削方法有两种：纵磨法和切入磨法。纵磨时（图6-15a）砂轮旋转做主运动$n_{砂}$，进给运动有：工件旋转做圆周进给运动$n_{周}$，工件沿其轴线往复移动做纵向进给运动$f_{纵}$，在工件每一纵向行程或往复行程终了时，砂轮周期地做一次横向进给运动$f_{横}$，全部余量在多次往复行程中逐步磨去。切入磨时（图6-15b）工件只做圆周进给，而无纵向进给运动，因此砂轮比工件宽，砂轮连续地做横向进给运动，直到磨去全部余量达到所要求的尺寸为止。有时还可用砂轮端面磨削工件的台阶面（图6-15c）。

图6-16为万能外圆磨床外形图。万能外圆磨床是应用最普遍的一种外圆磨床，其工艺

范围较宽，除了可以磨削外圆柱面和圆锥面，还可磨削内孔和台阶面等，适合于中、小型生产车间和机修车间。

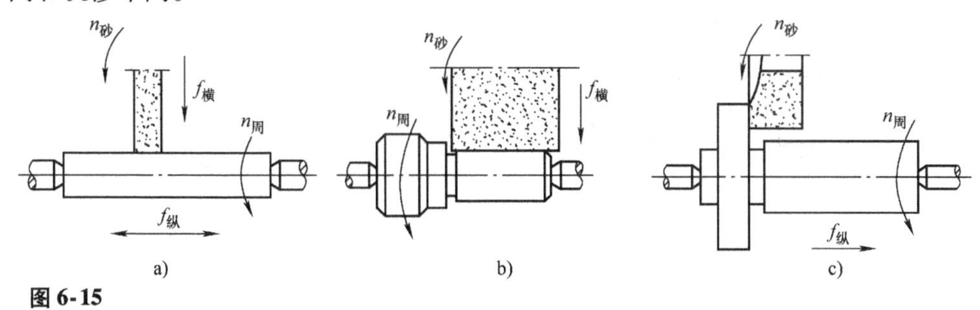

图 6-15

外圆磨床的磨削方法

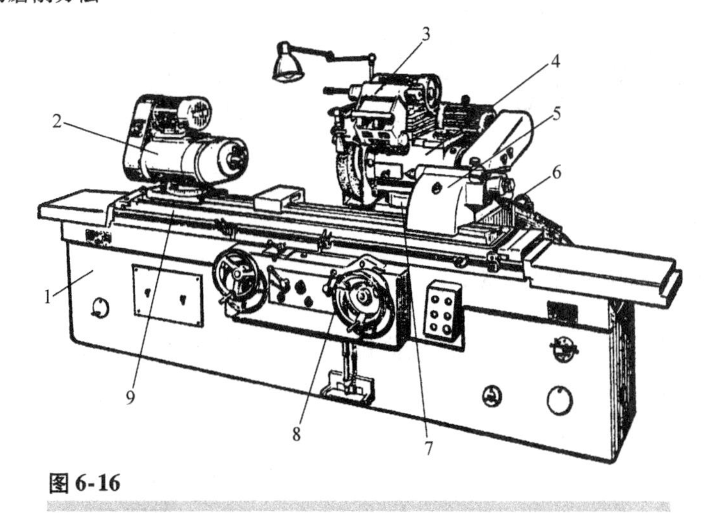

图 6-16

万能外圆磨床外形图

1—床身 2—头架 3—内圆磨头及其支架 4—砂轮架 5—尾座 6—横向导轨 7—滑鞍 8—手轮 9—工作台

在床身 1 的纵向导轨上装有工作台 9，台面上装有头架 2 和尾座 5，用以夹持不同长度的工件，头架带动工件旋转。工作台由液压传动沿床身导轨往复移动，使工件实现纵向进给运动。工作台由上下两层组成，其上部可相对于下部在水平面内偏转一定的角度（一般不超过 ±10°），以便磨削锥度不大的圆锥面。砂轮架 4 由砂轮主轴及其传动装置组成，砂轮架安装在横向导轨 6 上，摇动手轮 8，可使其横向运动，也可利用液压机构实现周期横向进给运动或快进、快退。砂轮架还可在滑鞍 7 上转一定角度以磨削短圆锥面。3 是内圆磨头及其支架，图中所示处于抬起状态，当磨内圆时放下。

图 6-17 所示为万能外圆磨床的典型加工方法：图 6-17a 所示为纵磨法磨外圆柱面，图 6-17b所示为扳转工作台用纵磨法磨长圆锥面，图 6-17c 所示为扳转砂轮架用切入法磨短圆锥面，图 6-17d 所示为扳转头架并用内圆磨头磨圆锥孔。

2. 平面磨床

平面磨床主要用于各种工件上的平面磨削，其磨削方式如图 6-18 所示。工件安装在矩形或圆形工作台上，做纵向往复直线运动或圆周进给运动，可以用砂轮周边磨削（卧式主轴），也可以用砂轮端面磨削（立式主轴）。用砂轮周边磨削，由于砂轮和工件接触面积小，

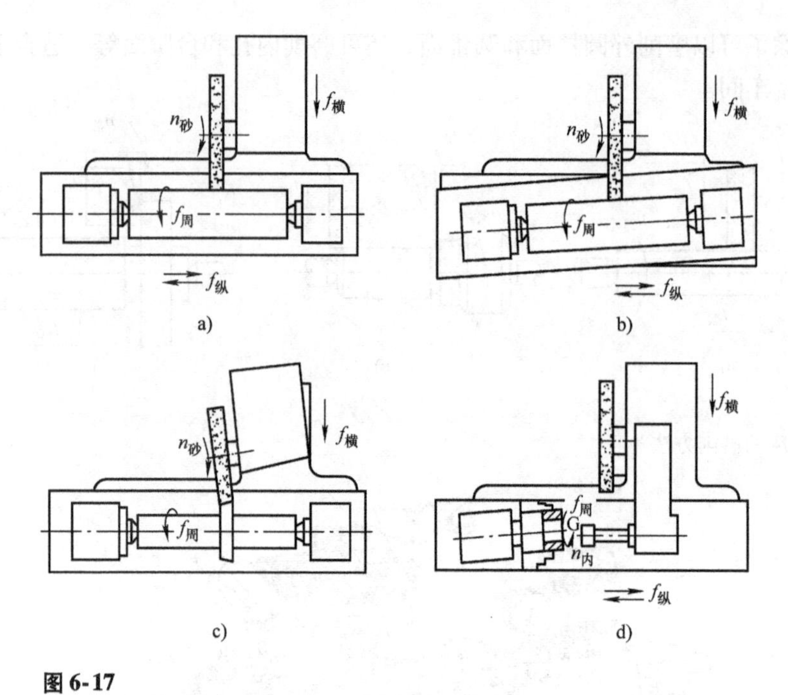

图 6-17

万能外圆磨床加工示意图

发热量小，冷却和排屑条件好，可获得较高的加工精度和较小的表面粗糙度，但生产率较低。用砂轮端面磨削，砂轮直径较大，能一次磨出工件全宽，所以生产率较高，但接触面积大，冷却困难，加工精度较低。

根据磨削方法和机床布局不同，平面磨床可分为四类：卧轴矩台式、立轴短台式、立轴圆台式和卧轴圆台式。它们的加工方式分别见图 6-18a ~ d。图中主运动为砂轮的旋转 $n_{砂}$，矩台的直线往复运动或圆台的回转 $f_{纵}$ 是进给运动。用砂轮周边磨削时砂轮宽度小于工件宽度，故卧式主轴磨床还有轴向进给运动 $f_{横}$，$f_{切}$ 是周期的切入运动。

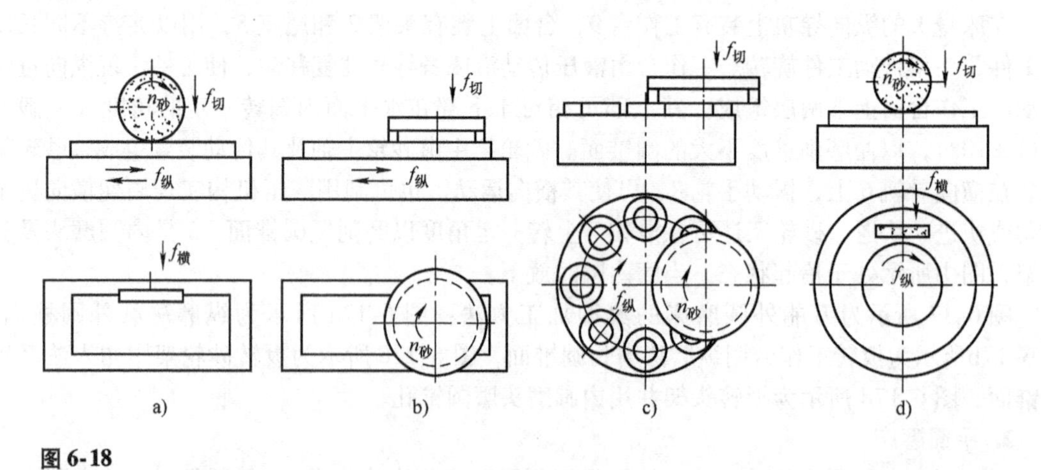

图 6-18

平面磨床加工示意图

3. 无心外圆磨床

无心外圆磨床进行磨削时，工件不是支承在顶尖上或装夹在卡盘中，而是直接放在砂轮和导轮之间，由托板和导轮支承，工件被磨削的外圆表面就是定位基准面，如图 6-19a 所示。

磨削时工件在磨削力以及导轮和工件间摩擦力的作用下旋转，实现圆周进给运动。导轮是摩擦因数较大的树脂或橡胶结合剂砂轮，线速度一般在 10 ~ 50m/min 范围内，不起磨削作用，只用于支承工件和控制工件的进给速度。

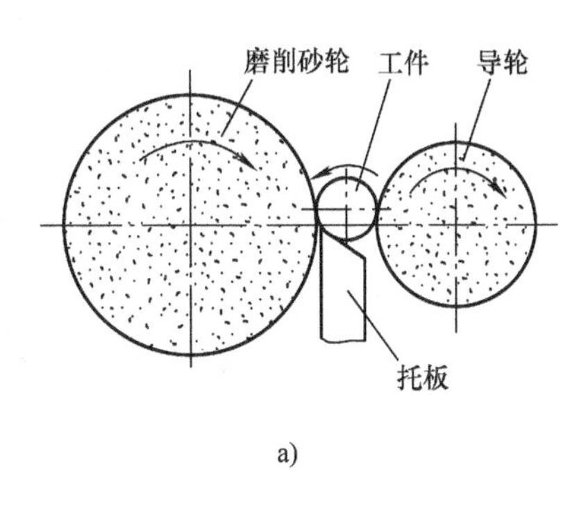

a)

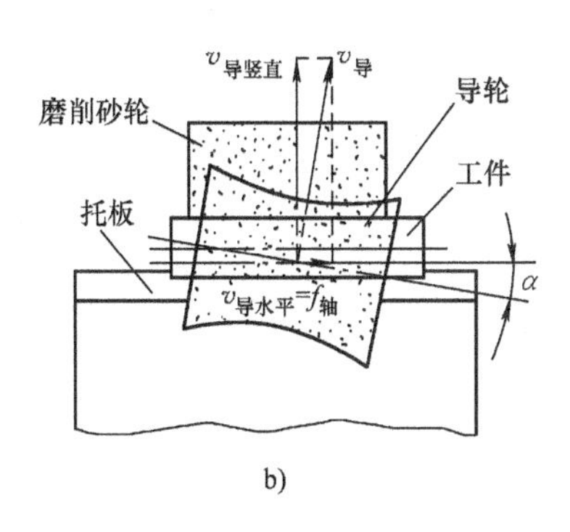

b)

图 6-19

无心外圆磨床工作原理

在正常磨削的情况下，高速旋转的砂轮通过磨削力带动工件旋转，导轮则依靠摩擦力对工件进行制动，限制工件的圆周线速度使之等于导轮的圆周线速度，从而在砂轮和工件间形成很大的速度差，产生磨削作用。改变导轮的转速，便可调节工件的圆周进给速度。无心外圆磨床磨削时，工件的中心必须高于导轮和砂轮中心连线，使工件与砂轮、导轮间的接触点不在工件的同一直径线上，工件在多次转动中逐渐被磨圆。无心外圆磨床有两种磨削方法：纵磨法和横磨法。

纵磨法（图 6-19b）是将工件从机床前面放到导板上，推入磨削区；由于导轮在竖直平面内倾斜 α 角，导轮与工件接触处的线速度 $v_{导}$ 可分解为水平和竖直两个方向的分速度 $v_{导水平}$、和 $v_{导竖直}$，$v_{导竖直}$控制工件的圆周进给运动；$v_{导水平}$使工件做纵向进给，所以工件进入磨削区后既做旋转运动，又做轴向移动，穿过磨削区，从机床后面出去，完成一次走刀。磨削时，工件一个接一个地通过磨削区，加工连续进行。为了保证导轮与工件间为直线接触，导轮的形状应修整成回转双曲面。这种磨削方法适用于磨削不带台阶的圆柱形工件。

横磨法是先将工件放在托板和导轮上，然后由工件（连同导轮）或砂轮做横向进给。在无心外圆磨床上加工工件时，工件不打中心孔，装夹方便，可连续磨削，生产率高。由于工件定位基准是被磨削的外圆表面，消除了工件中心孔误差、外圆磨床工作台运动方向与前、后顶尖连线的平行度以及顶尖的径向圆跳动等误差，加工的尺寸精度和几何形状精度高。

第七章
数 控 机 床

第一节 概　　述

一、数控机床及其产生

数字控制（Numerical Control，NC）技术，简称数控技术。国际信息处理联盟（International Federation of Information Processing，IFIP）第五技术委员会对数控机床做了如下定义：数控机床是一种装了程序控制系统的机床，该系统能逻辑地处理具有使用号码或其他符号编码指令规定的程序。数控技术是一种自动控制技术，它能够对机器的运动和动作进行控制。采用数控技术的控制系统称为数控系统。装备了数控系统的机床称为数控机床。数控机床是综合应用了机械制造技术，微电子技术，信息处理、加工、传输技术，自动控制技术，伺服驱动技术，监测监控技术，传感器技术，软件技术等最新成果而发展起来的新型的机床，标志着机床工业进入了一个新的阶段。

数控机床最早产生于美国，是为了解决航空与宇航的大型复杂零件的单件、小批量生产而发展起来的。20 世纪 40 年代以来，汽车、飞机和导弹制造工业发展迅速，原来的加工设备已经无法加工航空工业需要的制造精度较高的复杂形状工件。1946 年世界上第一台电子计算机的问世，为产品制造由刚性自动化向柔性自动化方向发展奠定了基础。1952 年，麻省理工学院研制成功了三坐标数控系统，并在 Cincinnate 铣床上装备了这种控制系统。

二、数控机床的发展历史

1. 机床机构的发展

1）从 1952 年第一台数控机床问世后，数控技术在车、铣、镗、磨、齿轮加工、电加工等领域获得全面应用，数控机床在品种方面发展惊人。

2）数控技术的发展极大地推动了数控机床的发展，在所有品种的机床单机数控化的同时，出现了一次装夹可完成多道工序加工的数控加工中心（Machining Center，MC）。加工中心是在数控机床基础上增加刀库和自动换刀装置（Automatic Tool Change，ATC）而构成，自动换刀靠机械手完成。加工中心的出现极大地提高了加工效率。工件一次装夹后可以完成钻、镗、铣、攻螺纹等多道加工工序。

3）在加工中心上增加交换工作台或随行托盘或用机械手实现工件物料的自动装卸，便形成柔性制造单元（Flexible Manufacturing Cell，FMC）。FMC 是在一台加工中心或车削中心的基础上，加上工件的自动存储和交换功能，并配装适当的传感器，具有一定的监控功能，并由计算机数控装置统一控制机床的运行。

4）在 FMC 上增加自动化仓库和物料的自动传输、工件清洗和尺寸检查，由高一级的计算机对整个系统进行控制和管理，即形成柔性制造系统（Flexible Manufacturing System，FMS）。FMS 是以多台数控机床或 FMC 为核心，通过自动化物流系统将其连接起来，并统一由计算机和相关软件对其进行控制和管理。FMS 一般由加工、物流、信息流三个子系统组成，每个子系统可以有分系统。

5）自动化制造技术的发展，不仅需要发展车间制造过程自动化，还要实现从生产决策、产品设计、市场预测，直到销售的整个生产活动的自动化，这样一个全面的功能完整的生产制造系统就是计算机集成制造系统（Computer Integrated Manufacturing Systems，CIMS）。它将一个制造工厂的生产活动进行有机集成，以实现更高效益、更高柔性的智能化生产。

2. 数控系统的发展

第一阶段，1952 年至 1970 年，数控系统采用由硬件电路组成的专用计算装置，即电子管、晶体管和小规模集成电路时代。第二阶段，1970 年至 1974 年，由于计算机的迅速发展，性能价格比不断提高，小型计算机代替了数控系统中的硬件构成专用计算装置，即计算机数控系统（Computer Numerical Control，CNC）。第三阶段，1974 年开始，随着采用超大规模集成电路的微处理器迅速发展，数控系统开始采用微型计算机。

微机数控系统的发展，使得数控技术在 20 世纪 80 年代得到大规模的发展和应用，但这种数控系统由系统制造厂家封闭垄断，专用性强，与标准计算机不兼容，通用性、软件移植性和组网通信能力较差。由于个人计算机（PC）的发展迅猛，数控系统正在向开放式方向发展，由于结合了 PC 的分析运算能力、大容量存储功能、图文显示功能，这类数控系统的使用具备了较为开放的模式。20 世纪 80 年代末基于 DSP（Digital Signal Processor）的运动控制技术的突破，为开放式数控系统的发展创造了新的条件。基于 DSP 的运动控制器为核心，与标准 PC 集成的新一代开放式数控系统有可能成为第六代数控系统的主导产品。

3. 伺服系统执行机构的发展

数控机床的伺服系统的执行机构最早采用步进电动机和液压扭矩放大器。20 世纪 60 年代初期至中期，美国和欧洲的一些国家采用了液压伺服系统。20 世纪 70 年代，美国盖梯茨公司（GETTYS）首先研制成功了大惯量直流伺服电动机，为许多数控机床所采用。20 世纪 80 年代初期，由美国通用电气公司（General Electric）研制成功的笼型异步交流伺服电动机的交流伺服系统没有电刷，避免了滑动摩擦，运转时无火花，进一步提高了伺服系统的可靠性。

4. 我国数控机床的发展

我国从 1965 年开始研制数控机床，到 20 世纪 70 年代末共生产了 4108 台数控机床，其中86%为数控线切割机床；到20世纪80年代末，随着我国实行改革开放政策，引进了日本、美国等先进的数控技术，开始批量生产数控系统和伺服系统，我国数控机床在质量和数量上有了很大的提高。20世纪90年代以来，我国开发并生产了数控铣床、车床、磨床、立式和卧式加工中心等40多个新品种；引进和自行开发并建立了多条FMS生产线，CIMS系统已在生产中应用。20世纪90年代初，我国生产的数控机床已达300余种，一些较高档次的五轴联动数控系统也已开发出来。我国数控机床制造已比较成熟，但与先进国家相比尚有较大的差距。目前，我国机床数控化率<15%，数控机床应用水平较低。

5. 数控机床的发展趋势

（1）高速化、高精度化 20世纪90年代以来，随着电主轴和直线进给电动机在机床上的应用，数控机床的主运动和进给运动速度大大提高。高速铣床和高速铣削加工中心的精度也在不断提高。如德国和日本研制的高速铣削加工中心，主轴转速达60000r/min，进给速度达80m/min，加速度为（2~2.5）g，重复定位精度达到±1μm。

（2）智能化、信息化、网络化

1）引进自适应控制技术。自适应控制（Adaptive Control，AC）的目的是在随机变化的加工过程中，通过自动调节加工过程中所测得的工作状态、特性，按给定的评价指标自动校正自身的工作参数，以达到或接近最佳工作状态。在试加工过程中，有30余种变量直接或间接影响加工效果，如工件毛坯余量不匀、材料硬度不一、刀具磨损、工件变形、机床热变形、切削液的黏度等因素。这些变量事先难以预知，在实际加工时，很难用最佳参数进行切削。自适应控制系统能根据切削条件的变化，自动调节伺服进给参数、切削用量等工作参数，使加工过程保持最佳工作状态，得到较高的加工精度和较好的表面质量，提高刀具的使用寿命和设备生产率。

2）故障自诊断、自修复功能。利用CNC系统的内装程序实现在线诊断，一旦出现故障，即采用停机等措施，并通过阴极射线管（Cathode Ray Tube，CRT）显示器进行故障报警，提示故障的部位、原因，自动使故障模块脱机，而且接通备用模块。

3）刀具自动检测更换。利用红外、声发射、激光等检测手段，对刀具和工件进行监测，以保证产品质量。

4）引进模式识别技术。应用图像识别和声控技术，使机器自动辨认图样，按照自然语言命令进行加工。

5）网络化。现代数控机床可进行远程故障诊断、远程状态监控、远程加工信息共享、远程操作（危险环境的加工）。

（3）数控系统开放化 开放式数控系统以PC为核心，所有元件对用户完全开放，已成为数控系统发展的一种趋势。

第二节 数控机床的分类

一、按工艺用途分类

1. 金属切削类数控机床

这类机床和传统的通用机床品种一样，有数控车床、数控铣床、数控磨床、数控镗床、数控车铣复合、车磨复合及加工中心等，如图 7-1 所示。加工中心带有自动换刀装置，在一次装夹后可以进行多种工序的加工。

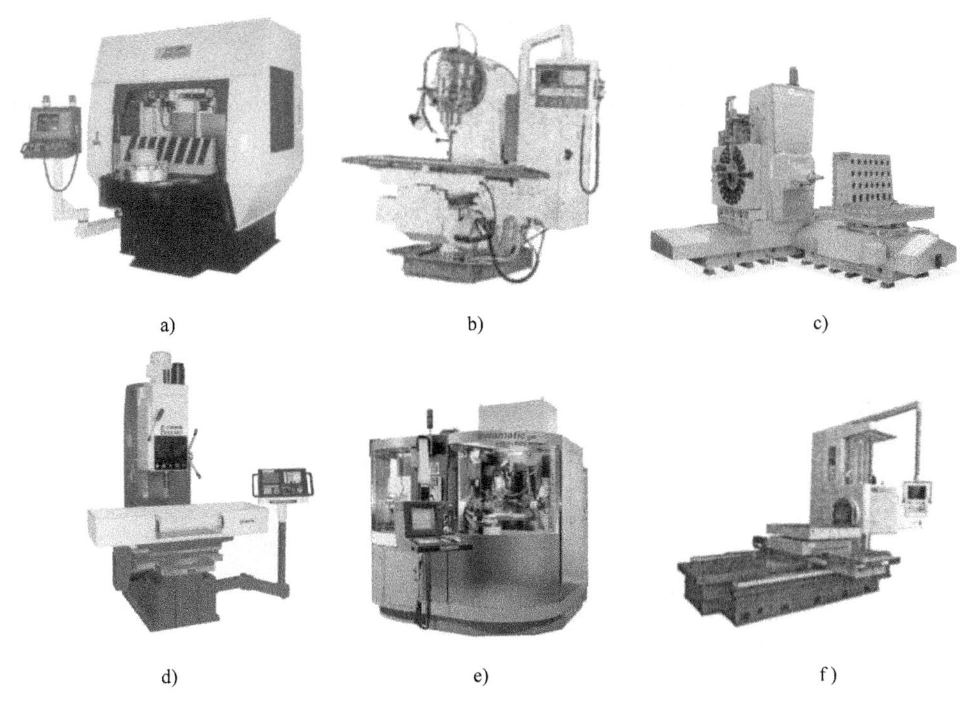

图 7-1

金属切削类数控机床

a）数控车床 b）数控铣床 c）加工中心 d）数控钻床 e）数控磨床 f）数控镗床

2. 金属成形类数控机床

这类机床有数控折弯机、数控弯管机、数控旋压机等，如图 7-2 所示。

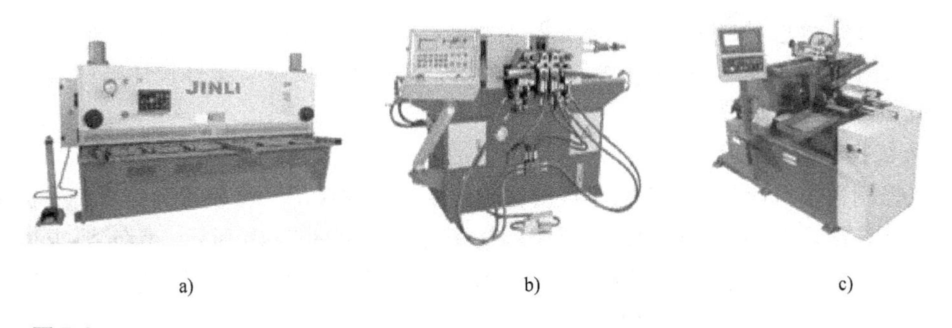

图 7-2

金属成形类数控机床

a）数控折弯机 b）数控弯管机 c）数控旋压机

3. 数控特种加工及其他类型数控机床

这类机床有数控线切割机床、数控电火花加工机床、数控激光切割机床、数控三坐标测量机等，如图 7-3 所示。

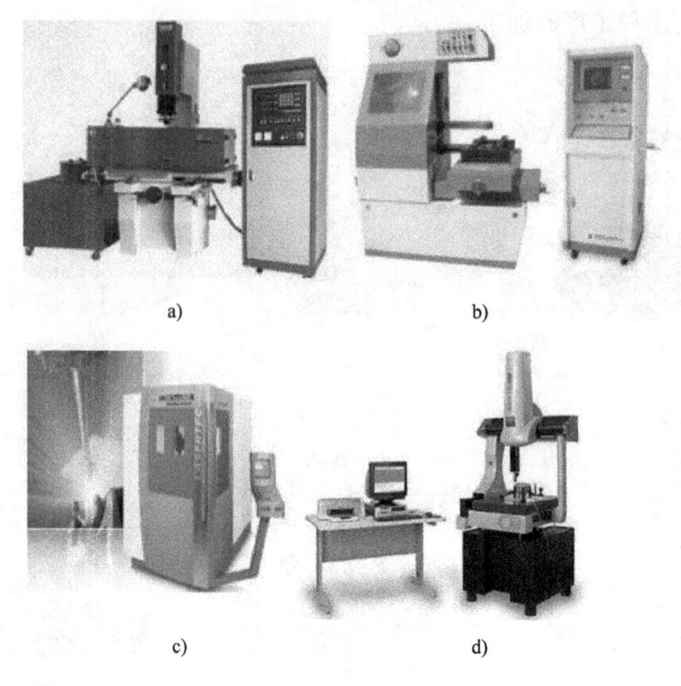

图 7-3

数控特种加工机床

a）数控线切割机床 b）数控电火花加工机床

c）数控激光切割机床 d）数控三坐标测量机

二、按运动控制方式分类

1. 点位控制数控机床

定位精度和定位速度是该类机床的两个基本要求，被控对象只能由一个点到另一个点做精确定位。这类被控对象在移动时并不进行加工，所以移动的路径并不重要，而达到定位点后才进行各种加工，如图 7-4a 所示。使用这类系统的数控设备有坐标镗床、数控钻床、数控压力机和三坐标测量仪等。

2. 直线控制数控机床

直线控制数控机床的被控对象不仅要实现由一个位置到另一个位置的按平行坐标轴的直线轨迹精确移动，在移动过程中，还要进行切削加工，如图 7-4b 所示。因此要求该类系统移动速度均匀，它的伺服系统要有足够的功率、宽的调速范围和优良的动态特性。这类数控设备有数控车床、数控镗床、加工中心等。

3. 轮廓控制数控机床

该类系统能对两个或两个以上的坐标轴同时进行控制，实现任意坐标平面内的曲线或空间曲线的加工。它不仅能控制数控设备移动部件的起点与终点坐标，还能控制整个加工过程每一点的速度和位移量，控制加工轨迹，如图 7-4c 所示。系统在加工过程中需要不断地进行插补运算，并进行相应的速度与位移控制。这类数控设备有数控铣床、数控磨床等。

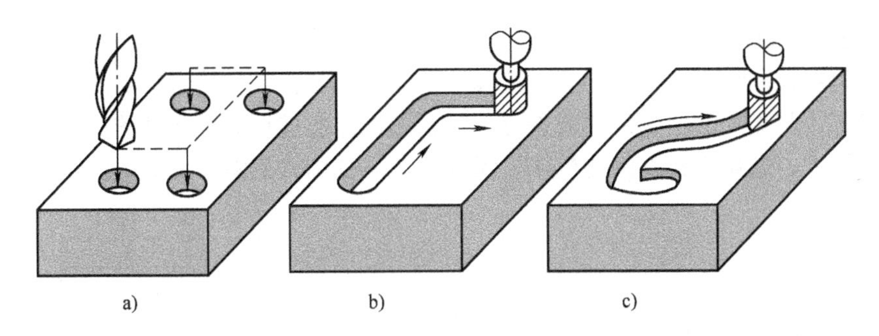

图 7-4

按运动控制方式分类

a）点位控制　b）直线控制　c）轮廓控制

三、按伺服系统的类型分类

数控机床按伺服系统工作原理可分为开环控制系统、半闭环控制系统和闭环控制系统等。

1. 开环控制系统

该系统用功率步进电动机作为执行机构。开环系统具有结构简单、成本低廉、调整维护方便等优点。但开环控制系统由于不能对传动误差进行补偿而精度比较低，适用于经济型数控机床。开环控制系统结构框图如图 7-5 所示。

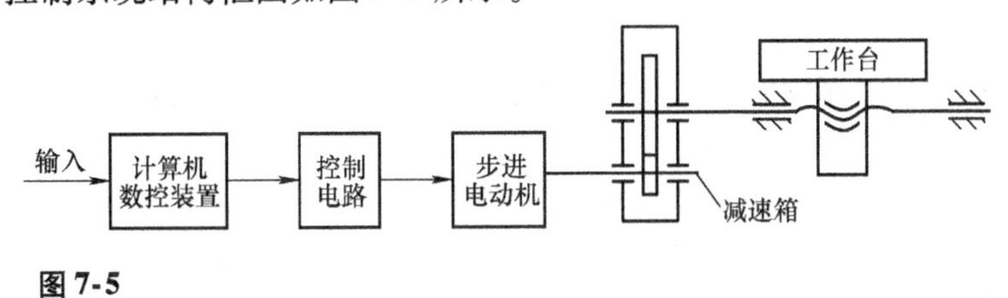

图 7-5

开环控制系统结构框图

2. 半闭环控制系统

该系统在驱动电动机轴上装有角位移检测装置，并将角位移检测装置和驱动电动机做成一个整体，通过监测驱动电动机的转角间接地测量移动部件的直线位移，并反馈至数控装置中。该系统实用性强，应用广泛，适用于精度要求一般的机床。半闭环控制系统结构框图如图 7-6 所示。

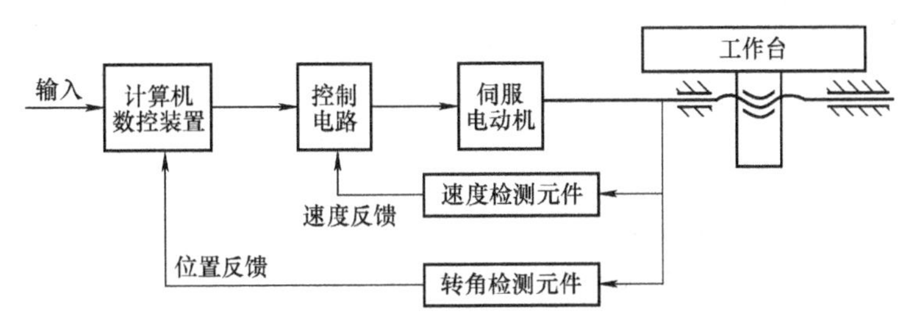

图 7-6

半闭环控制系统结构框图

3. 闭环控制系统

该系统是在控制设备运动部件上直接装上位置检测装置，并将检测到的实际位移值反馈到数控装置中，与输入的指令位移值进行比较，用偏差值进行伺服系统的控制。闭环系统能够补偿各种误差，适用于精度高的机床。闭环控制系统结构框图如图7-7所示。

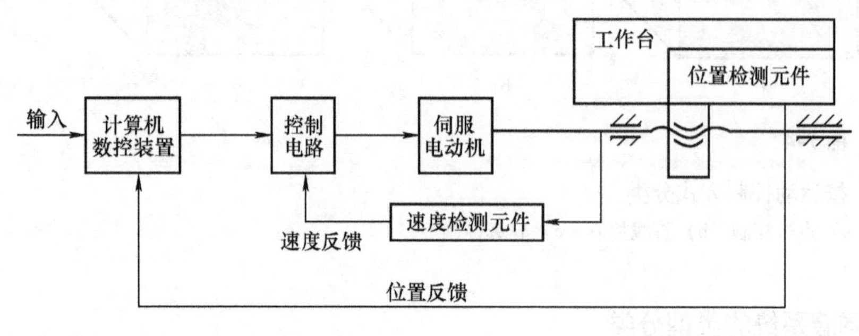

图7-7

闭环控制系统结构框图

四、按可控制联动的坐标轴分类

数控机床可控制联动的坐标轴数是指数控装置控制几个伺服电动机同时驱动机床移动部件运动的坐标轴数目，可分为两轴联动、三轴联动、两轴半联动、多轴联动等，如图7-8所示。

1）两轴联动数控机床能同时控制两个坐标轴联动，即数控装置同时控制 X 和 Z 方向运动，可用于加工各种曲线轮廓的回转体类零件。

2）三轴联动数控机床能同时控制三个坐标轴联动，可用于加工曲面零件。

3）两轴半联动数控机床本身有三个坐标能做三个方向的运动，但控制装置只能同时控制两个坐标联动，而第三个坐标只能做等距周期移动。

4）多轴联动数控机床能同时控制四个以上坐标轴联动，它结构复杂、精度要求高、程序编制复杂，主要应用于加工形状复杂的零件。

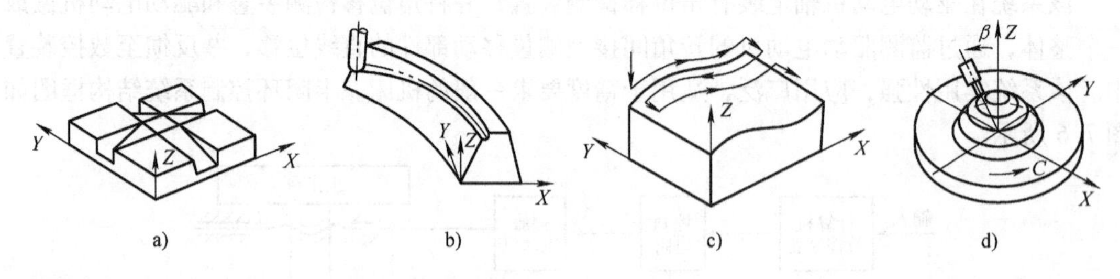

图7-8

数控机床按可控制联动的坐标轴分类

a）两轴联动 b）三轴联动 c）两轴半联动 d）多轴联动

第三节　数控机床的工作原理

一、数控机床的组成

数控机床一般由信息载体、数控装置、伺服系统、测量反馈装置、机床主机及辅助装置组成，如图7-9所示。

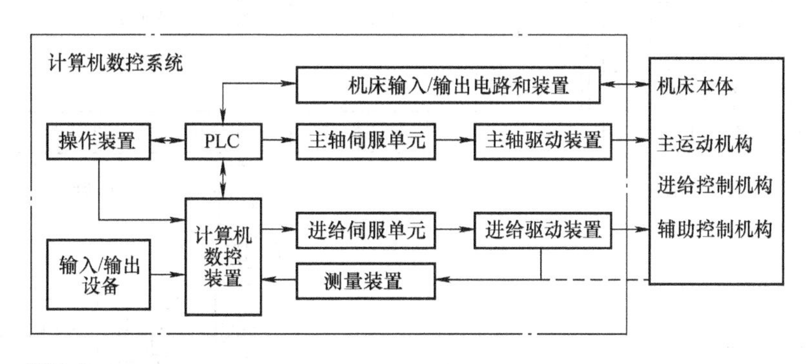

图7-9

数控机床的组成

1. 信息载体

信息载体又称为控制介质，是人与机床之间建立联系的媒介，在信息载体上存储着数控设备的全部操作信息。信息载体有多种形式，目前一般采用微处理机数控系统，系统内存容量大大增加，数控系统内存ROM中有编程软件，零件加工程序能直接保存在数控系统内存RAM中。

2. 数控装置

该装置接收来自信息载体的控制信息并转换成数控设备的操作（指令）信号。硬件数控装置由输入装置、控制器、运算器和输出装置四大部分组成。

输入装置接受由键盘、磁盘、光盘或网络输出的代码，经过识别与译码之后分别传送到相应的存储器中，这些指令与数据将作为控制与运算的原始依据。

控制器接受输入装置的指令，根据指令控制运算器与输出装置，以实现对机床的各种操作（例如控制工作台沿着某一坐标轴的运动，主轴变速或切削液的开关等）以及控制整机的工作循环（例如控制阅读机的起动、停止，控制运算器的运算，控制输出信号等）。

运算器接受控制器的指令，将输入装置送来的数据进行某种运算，并不断向输出装置传送运算结果。对于加工复杂零件的轮廓控制系统，运算器的重要功能是进行插补运算。所谓插补就是将每个程序段输入的工件轮廓上的某起始点和终点的坐标数据送入运算器，经过运算之后在起始点与终点之间进行“数据密化”，并按控制器的指令向输出装置传送计算结果。

输出装置根据控制器的指令将运算器送来的计算结果传送到伺服系统，经过功率放大，驱动相应的坐标轴，使机床完成刀具相对工件的运动。

目前均采用微型计算机作为数控装置，已由NC发展到计算机控制（Computer Numerical Control，CNC）。CNC可根据输入的零件加工程序和操作指令进行相应的处理，然后将控制命令传送到相应的执行部件，控制其动作，加工出需要的零件。CNC系统零件加工程序处理流程及微机数控装置工作过程如图7-10所示。

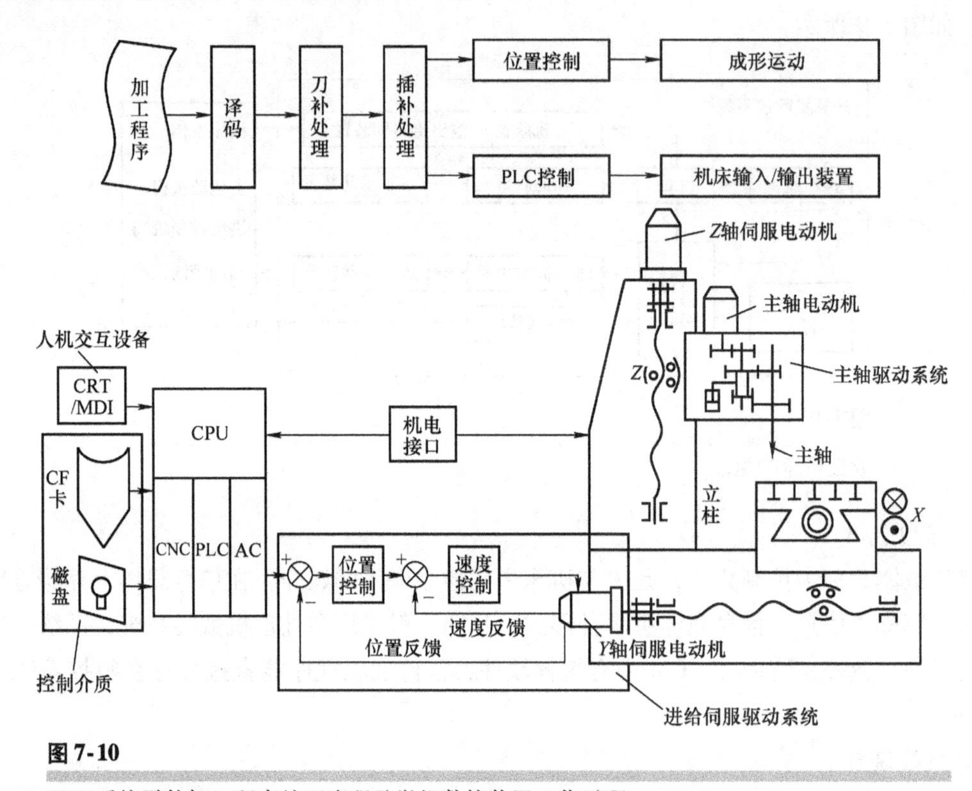

图7-10

CNC系统零件加工程序处理流程及微机数控装置工作过程

（1）数控装置开机初始化　接通电源，对整个数控装置进行一系列处理，为开机后正常工作做好准备。

（2）数控程序的输入　用磁盘输入或用手动数据输入方式（MDI）输入程序。

（3）起动机床　按下操作面板上的起动按钮，计算机转入“起动”状态。

（4）数控指令的译码处理　机床起动后，在程序控制下，从存储器读取零件加工程序，并送入缓冲区。缓冲区的大小为存放一个程序段的容量。在这里对指令逐条进行译码处理和语法检查。若语法无错，则根据指令的功能，将其分组存放在缓冲区的专用单元中。

（5）刀具轨迹计算　一个程序段指令全部处理完以后，根据工件所在的坐标系和各轴的坐标值、刀具号和刀具半径等计算刀具轨迹，即刀具中心沿各坐标轴移动的增量值。

（6）插补运算　控制系统根据已知的沿各坐标轴移动的增量值进行插补运算，在计算过程中不断地将计算所得的数字化进给量经过数/模转换（D/A转换）后传送给各个坐标轴的伺服系统，使它们协调地移动机床的工作台或滑板，加工出需要的零件形状。

（7）位置控制　在闭环控制系统中，数控装置还必须把各坐标轴的位移指令值与反馈回来的实际位置进行比较，通过软件进行位置调整，以便向伺服系统输出实际需要的进给量。在进行位置控制时，为了提高精度，还可以利用软件进行螺距误差补偿和齿隙补偿等。

3. 伺服系统

该系统是数控设备位置控制的执行机构，由驱动和执行两大部分组成。其作用是将数控装置输出的位移指令经功率放大后，迅速、准确地转换为位移量或转角。

4. 测量反馈装置

该装置用来检测数控设备工作机构的位置或者驱动电动机的转角等，用作闭环、半闭环系统位置反馈。

5. 机电接口电路

该电路通常由以微处理器为基础的通用型自动控制装置可编程控制器（Programmable Logic Controller，PLC）组成，用来执行数控设备上各种装置（如辅助电动机、电磁铁、离合器、电磁阀等）的开、停、连锁、互锁，以及数控设备的急停、循环起动、进给保持、行程超限、报警、程序停止、复位、冷却泵起停、强电与弱电的相互转换等电器传动控制技术的内容。

6. 机床主机

机床主机是数控机床的主体，是数控系统的被控对象，是实现制造加工的执行部件。它包括主运动部件、进给运动部件、支承件、特殊装置和辅助装置等。

二、数控机床的工作原理

数控机床采用数字化的信息来实现自动控制。在数控机床上加工零件时，首先要将被加工零件图上的几何信息和工艺信息数字化。先根据零件加工图样的要求确定零件加工的工艺过程、工艺参数、刀具参数，再按数控机床规定采用的代码和程序格式，将与加工零件有关的信息如工件的尺寸、刀具运动中心轨迹、位移量、切削参数（主轴转速、切削进给量、背吃刀量）及辅助操作（换刀、主轴的正转与反转、切削液的开与关）等编制成数控加工程序，然后将程序传送到数控装置中，经数控装置分析处理后，发出指令控制机床进行自动加工。

1. 插补的概念

如何控制刀具或工件的运动是数控机床的核心问题。数控机床的信息数字化就是把刀具与工件的运动坐标分割成一些最小单位量，即最小位移量。数控系统按照程序的要求，经过信息处理、分配，使坐标移动若干个最小位移量，实现刀具与工件的相对运动，完成零件的加工。

在数控机床中，刀具的运动轨迹是折线，因此刀具不能严格地沿着加工曲线运动，只能用折线以一定的精度要求逼近被加工曲线，当逼近误差相当小时，这些折线之和就接近曲线了。数控机床是以脉冲当量为单位，计算轮廓起点与终点之间的坐标值，进行有限分段，以折代直，以弦代弧，以直代曲，分段逼近，相连成轨迹的。CNC 装置每发出一个脉冲，机床执行部件的最小位移量，称为脉冲当量。常用机床的脉冲当量为 0.01 ~ 0.001mm/脉冲。脉冲当量越小，数控机床精度越高。各种斜线、圆弧、曲线均可由以脉冲当量为单位的微小直线段拟合而成。

零件的轮廓形状是由各种线形如直线、螺旋线、抛物线、自由曲线等构成的，用户在加工程序中，一般仅提供描述该线形所必需的相关参数。例如，对直线，仅提供起点和终点的坐标值；对圆弧，除必须提供起点和终点的坐标值外，还必须提供圆心相对于起点的坐标值及圆弧的旋转方向。因此，数控系统必须在运动过程中实时计算出满足线形和进给速度要求的若干中间点（在起点和终点之间），这就是插补。它实质上是根据有限的信息完成“数据密化”的工作。可将插补定义如下：插补就是根据给定进给速度和给定轮廓线形的要求，在轮廓的已知点之间计算中间点的方法。

数控系统对直线进行的插补计算为直线插补，对圆弧进行的插补计算为圆弧插补，对其他曲线进行的插补计算为其他曲线插补。数控系统能进行哪几种线形的插补计算，即具有哪几种插补功能。目前，绝大多数数控系统只有直线插补功能和圆弧插补功能。因此，数控机床只能做直线进给和圆弧进给，其指令为 G01 和 G02/G03。

2. 插补方法的分类

目前常用的插补方法大致分为两类：脉冲增量插补和数字增量插补。

（1）脉冲增量插补　它主要用于采用步进电动机驱动的开环系统。每次插补计算结束，CNC 装置向各坐标轴驱动装置发出一个脉冲，驱动步进电动机带动机床移动部件运动。其基本思想是用折线来逼近曲线（包括直线）。

脉冲增量插补每次插补的结果仅产生一个单位的行程增量（一个脉冲当量）。以一个个脉冲的方式输出给步进电动机。脉冲增量插补的插补速度与进给速度密切相关，还受到步进电动机最高运行频率的限制。脉冲增量插补的实现方法较为简单，比较容易用硬件来实现，也有用软件来完成这类算法的。这类插补算法有逐点比较法、最小偏差法、数字积分法等。

逐点比较法的基本原理：数控系统在控制加工过程中，逐点计算和判别加工误差，与规定的运动轨迹进行比较，由比较结果决定下一步的移动方向。这种算法的特点是运算直观，插补误差小于一个脉冲当量，输出脉冲均匀，而且输出脉冲的速度变化小，调节方便。因此，逐点比较法在两坐标联动的数控机床中应用较为广泛。

（2）数字增量插补　它主要用于采用交、直流伺服电动机为伺服驱动系统的闭环、半闭环数控系统，也可以用于以步进电动机为伺服驱动系统的开环数控系统。目前所使用的 CNC 系统中，大多采用这类插补方法。CNC 装置产生的不是单个脉冲，而是标准的二进制数。其基本思想是用直线段来逼近曲线（包括直线）。

采用数字增量插补时，插补程序以一定的时间间隔定时执行。根据编程的进给速度将轮廓曲线分割为插补采样周期的进给段即轮廓步长，用弦线和割线逼近轮廓轨迹。在每一插补周期内，插补程序被调用一次，计算出各坐标轴在下一插补周期内的位移增量（数字量而不是单个脉冲）ΔX、ΔY 等，然后再计算出相应插补点位置的坐标值。插补运算速度与进给速度无严格的关系，因此可以达到较高的进给速度。数字增量插补的实现算法比脉冲增量插补复杂，对计算机的运算速度有一定要求。这类插补算法有数字积分法、二阶近似插补法、时间分割法等。

三、数控机床的特点

1. 加工精度高、质量稳定

数控机床的机械传动系统和结构都有较高的精度、刚度和热稳定性，而且机床的加工精度不受工件复杂程度的影响，工件加工的精度和质量由机床保证，完全消除了人为误差。因此，数控机床的加工精度高，而且同一批工件加工尺寸的一致性好，加工质量稳定。

2. 加工生产率高

数控机床结构刚性好、功率大，因此能选择较大的切削用量，并自动连续完成整个切削加工过程，大大缩短了机动时间。在数控机床上加工工件，只需使用通用夹具，可免去划线等工作，因此能大大缩短加工准备时间。又因为数控机床定位精度高，可省去加工过程中对工件的中间检测时间，所以数控机床的生产率高。

3. 减轻劳动强度，改善劳动条件

数控机床的加工，除了装卸工件、操作键盘、观察机床运行外，其他的机床动作都是按加工程序要求自动连续地进行，操作者不需要进行繁重的重复性手工操作。

4. 加工适应性强、灵活性好

因数控机床能实现几个坐标联动，加工程序可根据工件的要求而变换，所以它的适应性和灵活性很强，可以加工普通机床无法加工的形状复杂的工件。

5. 有利于生产管理

数控机床加工，能准确计算工件的加工工时，并有效地简化刀、夹、量具和半成品的管理工作。加工程序是用数字信息的标准代码输入，有利于多台计算机连接并构成由计算机控制和管理的先进生产系统。

第四节 数控机床的机械结构

一、数控机床机械结构的要求

数控机床具有自动化程度高、柔性好、加工精度高、质量稳定、生产率高等工艺特点，因此，对其机械结构提出了更高的要求，主要包括以下几个方面：

1. 高刚度

机床的刚度是指机床在载荷的作用下抵抗变形的能力。若机床刚度不足，则在切削力、重力等载荷的作用下，机床的各部件、构件受力变形，引起刀具和工件相对位置的变化，从而影响加工精度。同时，刚度也是影响机床抗振性的重要因素。由于数控机床高精度、高效率、高度自动化的特点，有关标准规定数控机床的刚度应比普通机床至少高50%。

影响机床刚度的主要因素是各构件、部件本身的刚度及其相互间的接触刚度。数控机床的刚度通常通过改善主要零、部件的结构及受力条件来提高。如床身等支承大件的截面形状、肋板的布置等设计要合理，力求在较小的质量下有较高的刚度。提高接合面的形状精度，减小表面粗糙度值，以及采用预加载荷的方法可改善接触刚度。如主轴轴承、滚动导轨、滚珠丝杠副等都必须进行预紧，以增大实际受力面积。

2. 高抗振性

机床的抗振性是指机床工作时抵抗由交变载荷及冲击载荷所引起的振动的能力。常用动刚度作为衡量抗振性的指标。机床的动刚度低，则抗振性差，工作时机床容易产生振动，这不仅直接影响了加工精度和表面质量，同时还限制了生产率的提高。因此，对数控机床提出了高抗振性的要求。为了提高机床的动刚度，应使机床主要构件的固有频率远离激振力频率，避开共振区。多通过提高机床构件的固有频率来提高动刚度。在同样频率比的条件下，静刚度越大，则动刚度越大。提高阻尼比，动刚度也随之增高。

3. 减少机床的热变形

由于数控机床的主轴转速、进给速度远远高于普通机床，由摩擦热、切削热等热源引起的热变形问题更为严重。减少机床热变形的措施有：对机床发热部位进行散热、强制冷却，以及采用大流量切削液带走切削热等措施来控制机床的温升。有的数控机床还带有热变形自动补偿装置。

4. 高进给运动的动态性能和定位精度

数控机床的进给运动要求平稳、无振动、动态响应性能好、在低速进给时无爬行和有高的灵敏度；同时要求各坐标轴有高的定位精度。因此，对进给系统机械结构及导轨等提出了特殊要求。

二、数控机床的总体布局

数控机床总体结构布局的合理程度，常常以刚度、抗振性和热稳定性指标来衡量。

1. 采用框架式对称结构

主轴箱体单面悬挂容易因重力和切削力的偏置造成在立柱上附加的弯曲和扭转变形。框架式对称结构有利于合理分配结构受力，结构刚度高，热变形对称，从而在同样受力条件下，结构的变形较小，如图7-11所示。

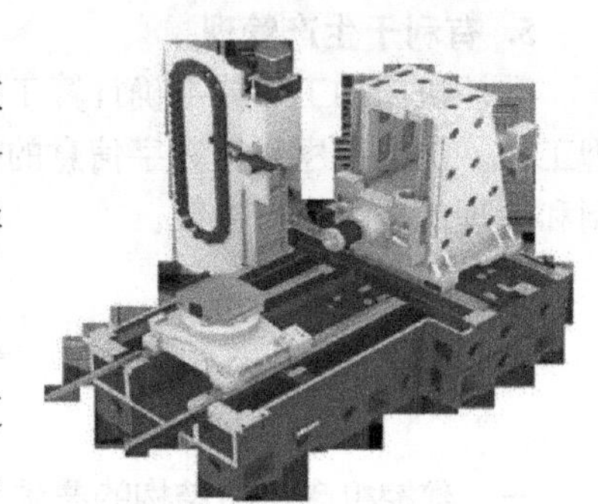

图 7-11

框架式对称结构

2. 采用无悬伸工作台结构

这种结构的优点是工作台在沿进给方向的全行程都支承在床身上，没有悬伸，从而改善了工作台承载条件。图7-12所示的数控机床采用T形床身，工作台在前床身只做X向进给，由立柱进给完成Z向运动，Y向进给由沿立柱运动的主轴箱完成。

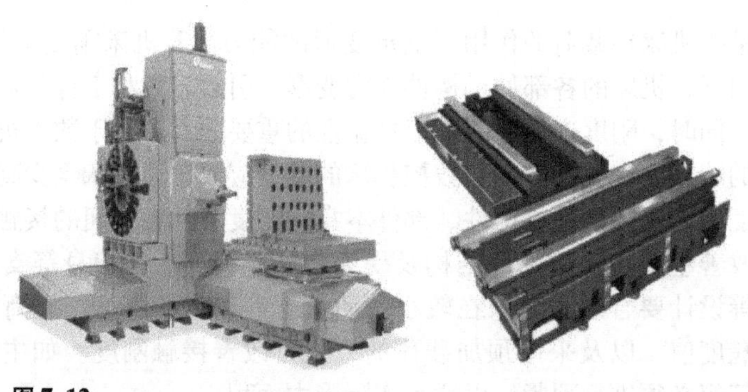

图 7-12

T形床身动立柱四轴卧式加工中心结构

3. 采用热源和振动源隔离布局

隔离热源和振动源可以减少结构变形和改善工作条件，如将电动机和油箱移至床身外面或采用倾斜床身等，以利于散热，如图7-13所示。

4. 根据工件形状、尺寸和质量布局

总体布局与工件形状、尺寸和质量有关。升降台式铣床加工较轻工件时，由工作台、滑鞍和升降台完成三个方向的进给运动。工件质量较大或较高时，竖直进给由铣刀头带着刀具代替升降台完成。加工质量大的工件由龙门式数控铣床完成。数控车床根据工件尺寸大小和质量的不同采用卧式、端面、单立柱、龙门框架式等不同布局方案。

数控机床布局也要便于操作者操作、观察加工情况、冷却、排屑等。

图7-14所示为数控车床的三种布局。水平床身（图7-14a）工艺性好，导轨面容易加工，工件重量对加工精度影响小，定位精度高。缺点是排屑困难，需要三面封闭，刀架水平放置加大了机床宽度方向的结构尺寸。倾斜床身（图7-14b）观察角度好，工件调整方便，防护罩设计简单，排屑性能较好，且利于散热。中、小规格的数控车床，其床身的倾斜度以60°为宜。平床身斜导轨式（图7-14c）工艺性好，机床宽度方向尺寸小，且便于排屑。立式床身（图7-14d）排屑性能最好，但是床身及工件重量产生垂直于运动方向的变形，对精度影响大，机床受结构限制，布置比较困难。因此，一般经济型、普及型数控车床及数控化改造的车床，大都采用水平床身；性能要求较高的中、小型数控车床采用倾斜床身或平床身斜导轨式布局；大型数控车床或精密数控车床采用立式床身。

图7-13

数控车床倾斜床身和斜滑板结构

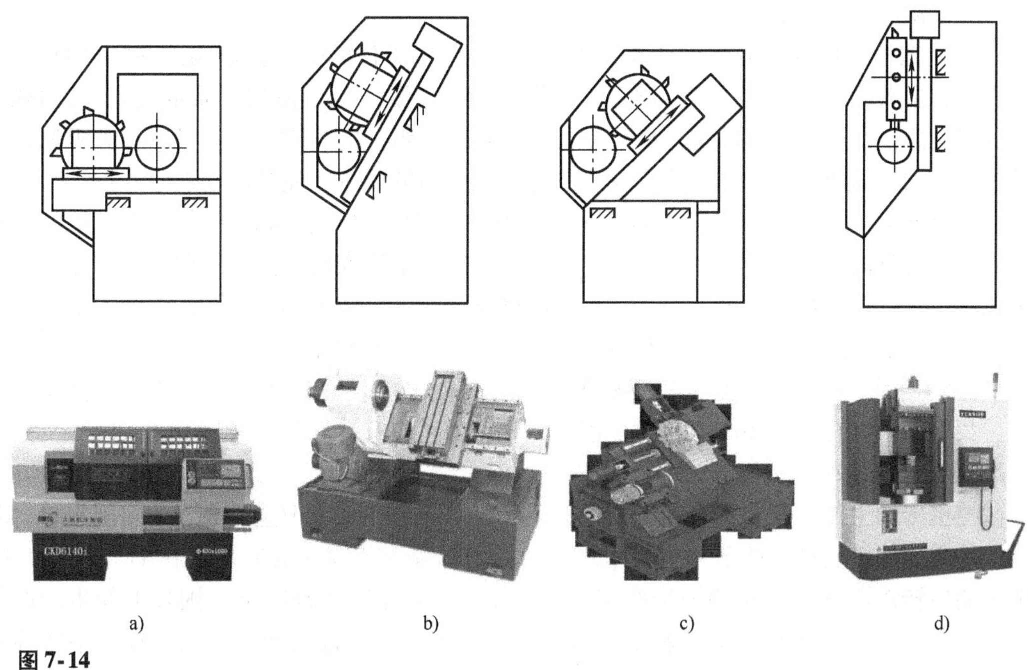

a) b) c) d)

图7-14

数控车床布局

a）水平床身 b）倾斜床身 c）平床身斜导轨式 d）立式床身

三、主传动系统及主轴部件

机床的主传动系统将电动机的转矩或功率传递给主轴部件，使安装在主轴上的工件或刀具实现主切削运动。主传动系统和主轴部件一般都设计成一个主轴箱。主轴的最高及最低转速、转速范围、传递功率和动力特性，决定了数控机床的切削加工效率和加工工艺能力。主轴组件的回转精度、刚度、抗振性和热变形，直接影响加工零件的尺寸、位置精度和表面质量。

1. 主传动系统的要求

（1）调速　各种不同的机床对调速范围的要求不同。多用途、通用性强的大型机床要求主轴的调速范围大，不但要有低速大转矩，还要有较高的速度，例如车削加工中心、加工中心等。专用数控机床调速范围较小，如数控齿轮机床、数控铣镗床。

（2）功率　主轴要有足够的输出转矩，能在整个速度范围内提供切削所需的功率或转矩，且应有一定的过载能力和较硬的调速机械特性。

（3）精度　精度是指几何精度和旋转精度。几何精度包括在无载荷、低速转动的条件下，主轴轴线和主轴前端安装工件或刀具部位的径向圆跳动和轴向窜动，以及主轴对某一参照系（如工作台纵向、横向移动方向）的位置精度（如平行度、垂直度等）。旋转精度是指主轴在以正常工作转速做旋转运动时，其轴线位置在影响加工精度方向（敏感方向）上的变化。几何精度和旋转精度主要取决于主轴和轴承的精度、主轴部件的制造和装配质量。

（4）静刚度　静刚度反映了机床主轴部件或零件抵抗静态外载荷的能力。主轴组件的静刚度用弯曲刚度表示（$K=F/\delta$，单位：N/μm），定义为使主轴前端产生单位位移，在位移方向测量出所需施加的力。

（5）抗振性　抗振性指抵抗自激振动的能力。主轴组件的振动会影响工件的表面质量、刀具寿命和主轴轴承的寿命，产生噪声，污染环境。自激振动会使加工质量受到严重影响，致使加工无法正常进行。影响抗振性的主要因素是主轴组件的静刚度、质量分布和阻尼，特别是主轴前轴承的阻尼。主轴的固有频率应远离激振力的频率，使其不易发生共振。

（6）热稳定性　它是指数控机床在加工过程中控制主轴组件温度升高对加工精度影响的能力。温度升高产生热变形，使主轴伸长，轴承间隙发生变化。主轴轴向的热膨胀使主轴偏离正确位置，影响加工精度。前、后轴承温度不同，会导致主轴倾斜，产生加工误差。温升使润滑油黏度下降，使润滑脂熔化流失，影响轴承的工作性能，最终影响加工精度。

（7）耐磨性　主轴组件必须有足够的耐磨性，使之能长期保持精度。凡有机械摩擦的部位，如轴承、锥孔等，都应有足够的硬度，轴承处还应有良好的润滑。

2. 数控机床主轴的调速方法

数控机床的主传动要求具有较宽的调速范围，以保证在加工中选用合理的切削用量，获得最佳的表面加工质量、精度和生产率。主轴电动机调速范围一般要求能在1∶(100～1000范围内的恒转矩调速，1∶10的恒功率调速，并能实现四象限驱动功能。国际上新生产的数控机床已有85%采用了如矢量控制系统的交流调速系统。机床主轴与电动机在功率特性上要匹配。通常数控机床恒功率区占整个主轴变速范围的2/3～3/4，恒转矩区占1/4～1/3。如果电动机的恒功率区占整个变速范围的比例很小，则电动机与主轴之间需要串联一个分级变速箱。

根据机床性能要求，目前主传动系统主要有以下几种配置方式：

（1）带有变速齿轮的主传动　这是大中型数控机床较常采用的配置方式，通过少数几对齿轮传动，扩大变速范围，解决电动机与主轴在功率特性上的匹配问题，如图7-15a所示。

（2）通过带传动的主传动　这主要用于转速较高、变速范围不大的机床，电动机本身的调速就能够满足要求，不用齿轮变速，适用于有高转速、低转矩特性要求的主轴。常用的带有 V 带和同步带，如图 7-15b 所示。

（3）主轴直接驱动　主轴直接驱动主要有两种型式。一种是主轴电动机输出轴通过精密联轴器与主轴连接，实现主轴的直接驱动。这种传动方式结构紧凑，传动效率高，但主轴转速的变化及输出完全与电动机的输出特性一致，因而受到一定限制。另一种为内装电动机主轴，即电主轴。电主轴单元中，电动机的转子就是机床的主轴，主轴单元的壳体就是电动机座，从而实现了电动机与机床主轴的一体化。这种型式的优点是主轴部件结构紧凑、重量轻、惯性小，可提高起动、停止的响应频率和主轴部件的刚度，并有利于控制振动和噪声，但是电动机发热对主轴的精度影响较大。因此，温度的控制是使用内装电动机主轴的关键问题。其最高转速可达 180000r/min，功率达 70kW。电主轴如图 7-15c 所示。

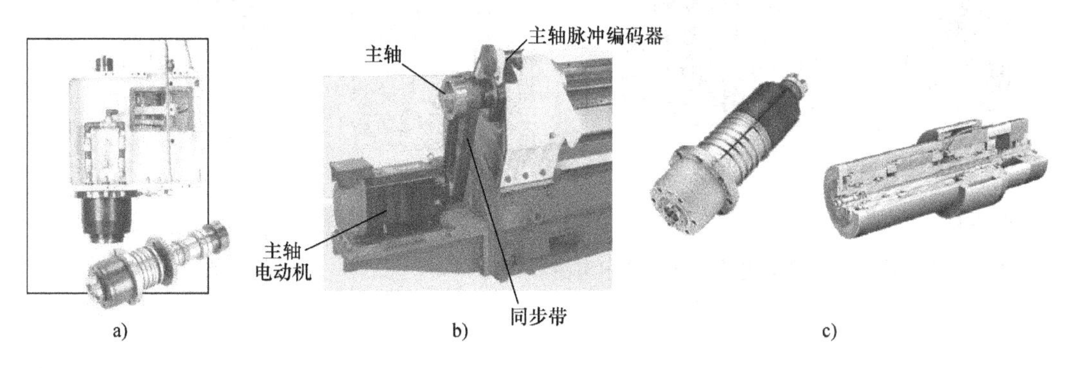

图 7-15

主传动形式

a）带有变速齿轮的主传动　b）通过带传动的主传动　c）电主轴

四、进给传动系统

数控机床的进给传动系统与一般的机床有着本质上的差别，它是进给伺服系统的一个重要组成部分。大部分数控机床有 2～3 个直线进给运动，有的还有圆周进给运动。每一个进给运动由一个伺服电动机驱动。数控机床进给系统的机械传动机构是指将电动机的旋转运动变为工作台或刀架的运动的整个机械传动链，包括齿轮副、丝杠螺母副（或蜗杆蜗轮副）等以及它们的支承部件（轴承座等）。为了保证数控机床进给系统的定位精度和动态响应特性，对其机械传动装置提出了高传动刚度、高谐振、低摩擦、无间隙等要求。为达到上述要求，进给传动系统可采用滚珠丝杠副，或进给运动采用直线电动机驱动。

滚珠丝杠螺母副（简称滚珠丝杠副）是一种在丝杠与螺母间装有滚珠作为中间传动元件的丝杠副，是直线运动与回转运动能相互转换的传动装置。当丝杠旋转时，滚珠在滚道内既自转又沿滚道循环转动，因而迫使螺母（或丝杠）轴向移动。与传统丝杠相比，滚珠丝杠螺母副具有高传动精度、高效率、高刚度、可预紧、运动平稳、寿命长、低噪声等优点。数控车床的滚珠丝杠副传动如图 7-16a 所示。

滚珠丝杠螺母副常用的循环方式有内循环与外循环两种。滚珠在循环过程中有时与丝杠脱落接触称为外循环，一直与丝杠保持接触称为内循环，如图 7-16b 所示。

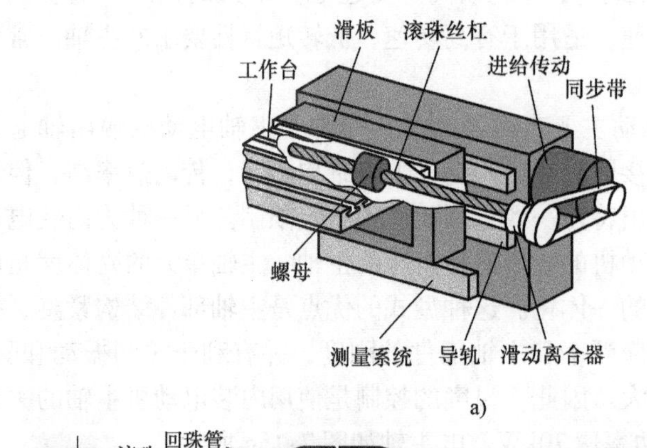

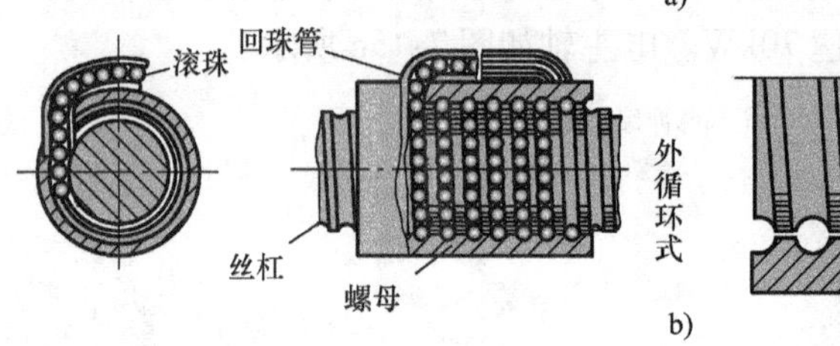

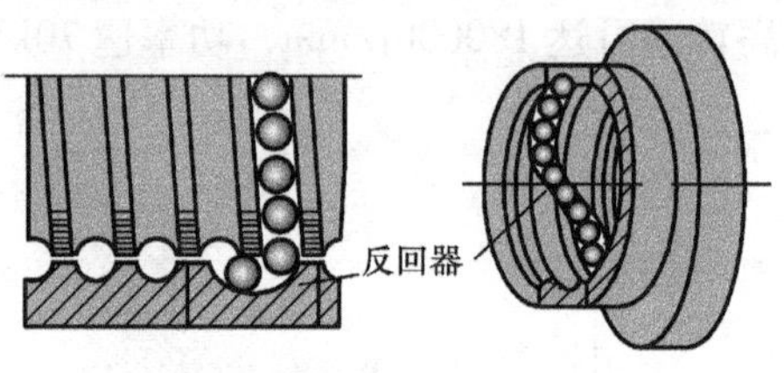

图 7-16

数控车床滚珠丝杠螺母副进给传动系统示意图

a）进给传动系统 b）滚珠循环方式

五、床身

1. 对床身结构的基本要求

机床的床身是整个机床的基础支承件，一般用来放置导轨、主轴箱等重要部件。对数控机床床身的基本要求有：足够的静刚度、较高的刚度-质量比和较好的动态特性。

2. 典型床身结构

典型的床身结构为封闭的框形截面加肋板结构。采用封闭框形截面，同时合理布置肋板结构可以实现较高的刚度-质量比，使固有频率远离激振频率。图 7-17 所示为数控车床床身截面。图 7-18a 所示为加工中心的床身，都为封闭形截面，并在内部布置有 V 形加强肋，有利于加强导轨支承部分的刚度。加工中心采用的立柱截面都为矩形截面。图 7-18b 内部布置有对角肋，图 7-18c 内部为菱形肋，这种肋可明显增强床身的扭转刚度。

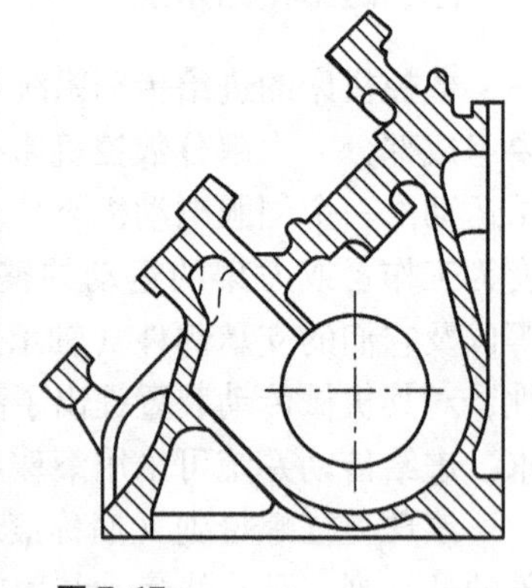

图 7-17

数控车床床身截面

根据数控机床类型的不同，床身的结构型式也是多样的。如加工中心的床身有固定立柱式和移动立柱式。箱体封砂结构可以增加机床的阻尼比，减少振动。床身封砂结构是利用肋板隔成封闭箱体结构，如图 7-19 所示。

六、数控机床的导轨

机床导轨的作用是支承和导向，运动部件在外力作用下沿着床身、立柱、横梁等支承件上的导轨面准确地沿一定方向运动。与运动部件相连的导轨称为动导轨，与支承件相连的导轨称为支承导轨。

1. 对导轨的基本要求

（1）高导向精度　导向精度是指动导轨沿支承导轨移动时直线运动导轨的直线性或圆周运动导轨的真圆性，以及有关基面之间相互位置的准确性。影响导向精度的主要因素有导轨的结构型式、导轨的几何精度和接触精度、导轨和基础件的刚度和热变形及导轨的装配等。

（2）高精度保持性　精度保持性是指导轨在长期使用中保持导向精度的能力。导轨的不均匀磨损会破坏导轨的导向精度。导轨的耐磨性是保持导向精度的决定性因素，它与导轨的材料、导轨面的摩擦性质及导轨受力情况有关。除了力求减少磨损量外，还应使导轨面在磨损后能自动补偿和便于调整。

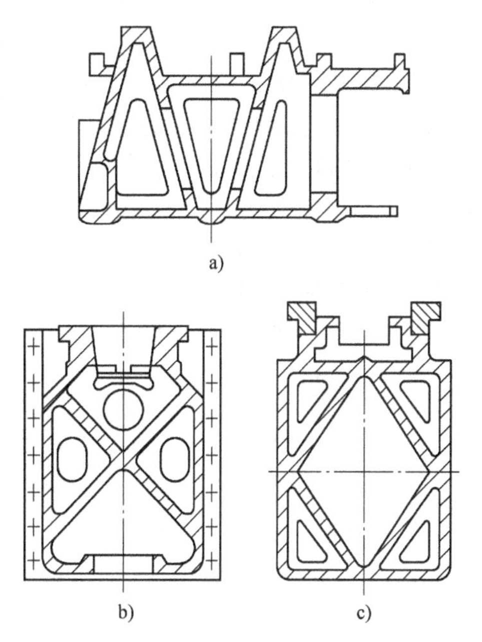

图 7-18

加工中心床身及肋板布置

a）床身截面　b）对角肋　c）菱形肋

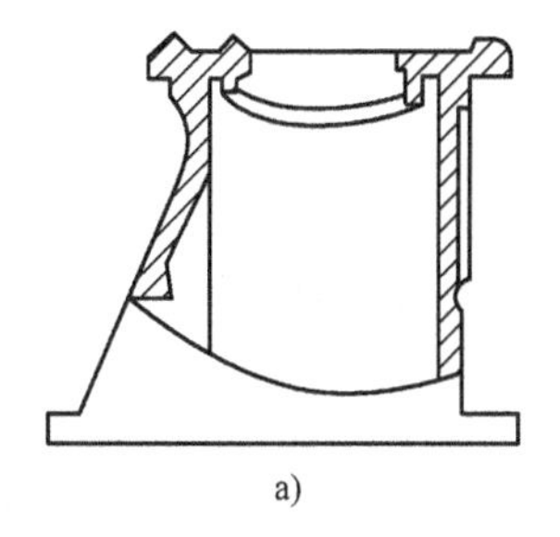

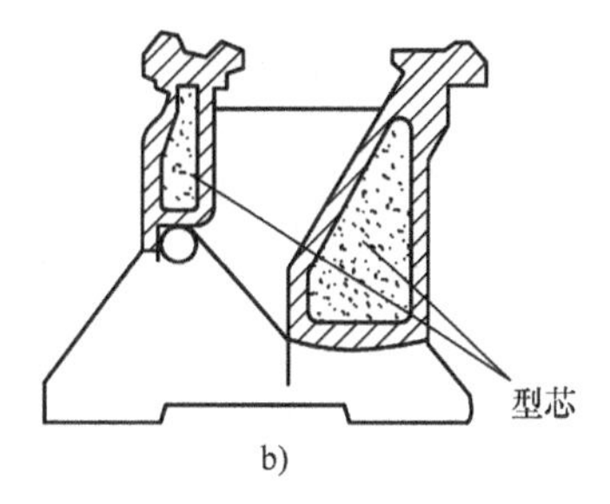

图 7-19

铸造床身的封砂结构

a）旧结构　b）新结构

（3）高刚度　刚度是标志导轨在承受动、静载荷时抵抗变形的能力，直接影响其导向精度。

（4）低速运动平稳性　运动导轨做低速运动或微量移动时，运动应平稳，不产生爬行现象。要求导轨的摩擦系数要小，且动、静摩擦系数应尽量接近，同时还应保持良好的阻尼特性。导轨应结构简单、工艺性好，便于制造、调整和维修。

2. 导轨的基本类型

导轨有不同的分类方法：按运动轨迹分为直线运动导轨和圆周运动导轨；按工作性质分为主运动导轨、进给运动导轨、调整位置用导轨；按摩擦性质分为滑动导轨和滚动导轨。滑动导轨中有普通滑动导轨、贴塑导轨、液体动－静压导轨、气体静压导轨。数控机床常用贴塑导轨、静压导轨和滚动导轨。

（1）贴塑导轨 数控机床常用的贴塑导轨有聚四氟乙烯软带导轨和环氧型耐磨涂层导轨两类。

（2）静压导轨 静压导轨是将具有一定压力的油或气体介质通入导轨的运动件与导向支承件之间，运动件浮在压力油或气体薄膜之上，与导向支承件脱离接触，致使摩擦阻力（力矩）大大降低。运动件受外载荷作用后，介质压力会反馈升高，以支承外载荷。静压导轨的基本型式有两类：开式静压导轨和闭式静压导轨。

（3）滚动导轨 滚动导轨是在导轨工作面间放入滚珠、滚柱或滚针等滚动体，使导轨面间形成滚动摩擦的机床导轨。

图7-20所示为滑动导轨、滚动导轨和静压导轨。

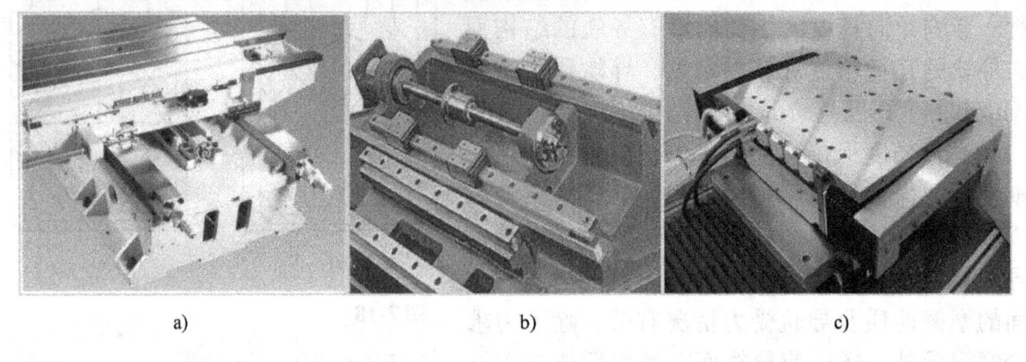

a) b) c)

图7-20

数控机床导轨

a）滑动导轨 b）滚动导轨 c）静压导轨

第五节 数控机床的选用原则

数控机床是一种先进的加工设备，它以高精度、高可靠性、高效率、可加工复杂曲面工件等特点得到广泛应用。但若选型不当，则不能发挥其应有的效益，且使资金大量积压，从而产生风险。广义的选型主要包括机型选择、数控系统选择、机床精度选择、主要特征规格选择等。

一、确定典型加工零件

考虑到数控机床品种繁多，而且每一种机床的性能与使用范围是有限的，只有在一定的条件下，加工一定种类、一定工艺内容的零件才能达到最佳效果，也就是说要求在保证加工质量的前提下，资金投入少，生产周期短。因此，选购数控机床首先必须确定用户所要加工的典型零件。

每一种数控机床都有其最适合加工的典型零件。如卧式加工中心适用于加工箱体、泵体、阀体和壳体类等零件，利用数控机床上的回转工作台，能一次安装后即对工件的四个面进行加工；立式加工中心适用于加工箱盖、盖板、法兰、壳体、平面凸轮等单面加工零件；模具加工，一般用立、卧主轴转换的数控铣床、数控电火花成形机床与数控电火花线切割机床；加工轴类、盘类零件，一般用数控车床；有较高的形状及位置精度要求的多孔零件，一般用数控钻镗床。

二、数控机床规格的选择

数控机床的规格应根据加工的典型零件来选择。数控机床的主要规格选择体现在数控坐标的行程范围和主轴电动机功率等方面。数控坐标的行程范围反映机床能容纳工件的大小和加工时间；主轴电动机功率反映机床的切削能力，即生产率。对加工中心、数控铣床和镗床来说，三个基本直线坐标反映机床允许的加工空间，一般情况下工件的轮廓尺寸应在机床的加工空间范围以内，机床工作台面的大小也基本确定了加工空间。还要考虑与机床换刀空间、工作台回转时的干涉，与机床防护罩及其他附件干涉等一系列问题。

另外，在要求加工的典型零件族中，如果只有个别零件要综合考虑加工余量大小、切削能力、加工精度和配置刀具等因素时，也可采用配置附件来满足要求，如配置立、卧两用万能铣头、带转角的数控刀柄等。

三、机床精度的选择

选择机床的精度等级，应根据典型零件关键部位加工精度的要求来确定。

数控机床的定位精度和重复定位精度综合反映了该轴各运动部件的综合精度。尤其是重复定位精度，它反映了机床在该控制轴行程内任意定位点的定位稳定性。这是衡量该控制轴能否稳定可靠工作的基本指标。目前的数控系统软件功能比较丰富，一般都具有螺距误差补偿功能和反向间隙补偿功能，以消除误差。进给传动死区误差可以用反向间隙补偿功能来补偿。控制系统的补偿功能只能对机床传动各环节的系统误差进行有效补偿，对随机误差则无能为力。这些误差因素最后都能在定位重复性误差上得到综合反映。所以，一台数控机床在进给传动链上的高质量集中反映在它的高重复定位精度，必须要选配合适的附件、刀柄刃具、合理的工艺措施等。

四、数控系统的选择

数控机床的数控系统种类规格繁多，为了能使数控系统更好地满足用户要求，更好地与机床相匹配，在选择机床及其数控系统时，应对数控机床的性能、设计指标、类型、使用维修及价格等因素进行综合考虑。

五、自动换刀装置的选择

自动换刀装置（ATC）的工作质量直接影响到数控机床投入使用的质量，ATC 的主要质量指标为换刀时间和故障率。为了降低总投资，在满足使用需要的前提下，尽量选用结构简单和可靠性高的 ATC。

六、数控机床可选功能及附件的选择

数控机床可选功能及附件选择的基本原则是：全面配置、长远和近期效益综合考虑。对一些价格增加不多，但对使用又带来很多方便的选择功能，应该尽可能配置齐全，附件也应配置成套，以保证数控机床到用户单位后能立即投入生产。对于多台数控机床可以合用的附件（如数控系统的输入/输出装备、刀具机外预调仪等），要考虑接口的通用性和连接尺寸的通用性，这样可大大减少设备投资。

第六节 典型数控机床

一、加工中心

1. 加工中心的特点

加工中心是在普通数控机床的基础上增加自动换刀装置及刀库，并带有其他辅助功能，从而使工件在一次装夹后，可以连续、自动完成多个平面或多个角度位置的钻、扩、铰、镗、攻丝、铣削等工序的加工，工序高度集中。通常，加工中心指主要完成镗铣加工的加工中心。这种自动完成多工序集中加工的方法，可扩展到各种类型的数控机床，例如车削中心、滚齿中心、磨削中心等。

加工中心能自动改变机床主轴转速、进给量和刀具相对于工件的运动轨迹。有的加工中心带有双工作台，一个工件在工作台上加工的同时，另一个工件可在处于装卸位置的工作台上进行装卸，待工序完成后交换加工（装卸）位置。这样可以明显减少工件装夹、测量和机床的调整时间，减少工件的周转、搬运和存储时间，大大提高生产率。对于加工形状比较复杂、精度要求较高、品种更换频繁的零件，具有良好的经济性。

2. 加工中心主要加工对象

加工中心主要适于精密、复杂零件加工，周期性重复投产零件加工，多工位、多工序集中的零件加工及具有适当批量的零件加工等，主要加工对象包括箱体类零件、复杂曲面、异形零件及盘、套和板类零件等，如图7-21所示。

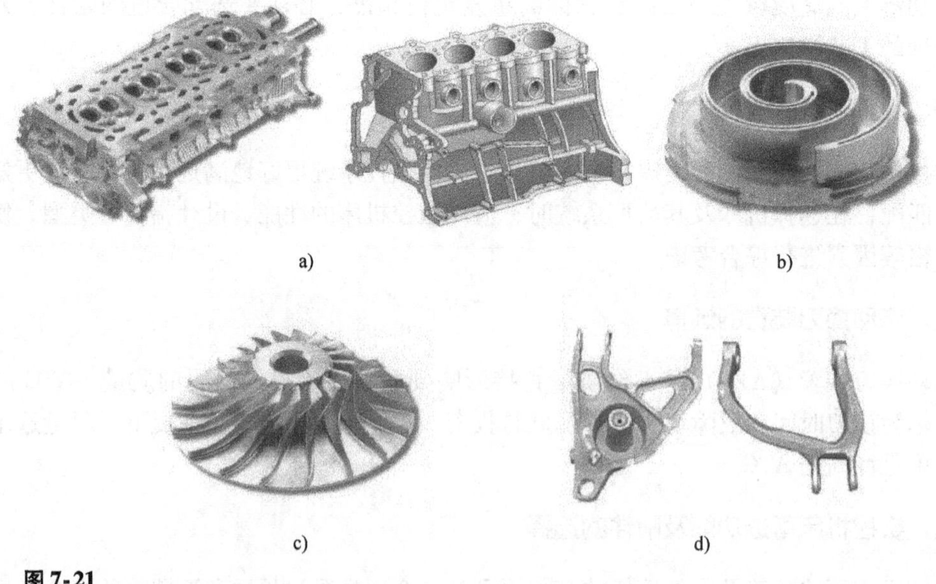

a) b) c) d)

图7-21

数控加工中心加工的典型零件

a）箱体类零件 b）螺旋零件 c）叶轮 d）异形零件

3. 加工中心的分类

（1）按主轴在加工时的空间位置进行分类

1）卧式加工中心。卧式加工中心的主轴轴线为水平设置。卧式加工中心具有三至五个运动坐标轴，常见的是三个直线运动坐标轴加一个回转运动坐标轴（回转工作台），能在工件一次装夹后完成除安装面和顶面以外的其余四个面的加工。卧式加工中心分为固定立柱式和固定工作台式，最适合加工箱体类工件。

2）立式加工中心。立式加工中心主轴的轴线为竖直设置。立式加工中心多为固定主柱式，工作台为十字滑台方式，一般具有三个直线运动坐标轴，也可以在工作台上安装一个水平轴（第四轴）的数控转台，用来加工螺旋线类工件。立式加工中心适合于加工盘类工件，配合各种附件后，可满足各种工件的加工。

3）五面加工中心。五面加工中心也叫万能加工中心，具有立式和卧式加工中心的功能，其铣头可以卸下来，装上可以旋转角度的复合铣头，能在一次装夹后完成工件上除安装面以外的所有五个面的加工，能降低形位误差，提高生产率，降低加工成本。五面体加工中心能加工的工件比较单一，一般为箱体类零件，且机床一般为龙门式结构，如图7-22所示。

图 7-22

五面加工中心外形图

（2）按功能特征进行分类

1）镗铣加工中心。它以镗、铣加工为主，适用于箱体、壳体及各种复杂零件的特殊曲线和曲面轮廓的多工序加工。

2）钻削加工中心。它以钻削加工为主，刀库以转塔头型式为主，适用于中、小零件的钻孔、扩孔、铰孔、攻螺纹及连续轮廓的铣削等多工序加工。

3）复合加工中心。复合加工中心除用各种刀具进行切削外，还可使用激光头打孔、清角，用磨头磨削内孔，用智能化在线测量装置检测、仿形等。

（3）按运动坐标数和同时控制的坐标数进行分类　加工中心有三轴二联动、三轴三联动、四轴三联动、五轴四联动、六轴五联动、多轴联动直线＋回转＋主轴摆动等。

（4）按工作台的数量和功能进行分类　可分为单工作台加工中心、双工作台加工中心和多工作台加工中心。

（5）按主轴种类进行分类　按主轴种类分为单轴、双轴、三轴和可换主轴箱的加工中心。

（6）按自动换刀装置进行分类

1）转塔头加工中心。

2）刀库＋主轴换刀加工中心。

3）刀库＋机械手＋主轴换刀加工中心。

4）刀库＋机械手＋双主轴转塔头加工中心。

（7）按加工精度进行分类　按加工精度分，有普通加工中心和高精度加工中心。普通加工中心的分辨率为1μm，最大进给速度为15~25m/min，定位精度为10μm左右；高精度加工中心的分辨率为0.1μm，最大进给速度为15～100m/min，定位精度为2μm左右。定位精度为2～10μm的（多为5μm），可称为精密级加工中心。

二、加工中心的组成和布局

加工中心主要由基础部件、主轴部件、数控系统、自动换刀系统（Automatic Tool Change，ATC）、辅助系统和自动托盘交换系统（Automatic Pallet Change，APC）等组成，如图7-23所示。

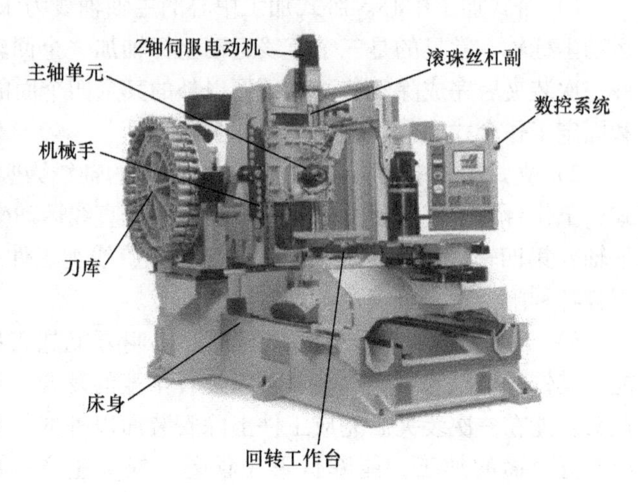

图7-23

加工中心的组成

加工中心总体布局要考虑如何将自动换刀系统与主机有机地结合在一起；选择合适的刀库、换刀机械手与识刀装置的类型，并力求使这些部件结构简单，动作少而可靠；同时保证机床的总体结构尺寸，这是加工中心总体布局的原则。

图7-24所示为五轴联动加工中心布局。五轴联动加工中心可加工工件的五个面，只有底面不能加工。其主轴刚度非常高，制造成本也比较低。工作台一般不能设计太大，承重也比较小。旋转轴可以360°旋转，摆动轴只能在一定的角度内进行摆动（如±90°）。

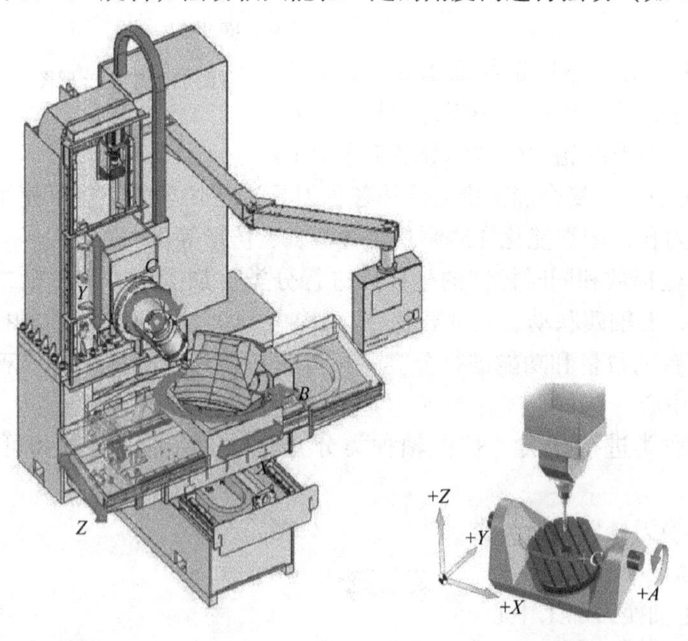

图7-24

五轴联动加工中心布局

三、自动换刀系统

自动换刀系统由刀库、选刀机构、刀具交换装置及刀具在主轴上的自动松夹机构四部分组成。换刀机械手取下用完的刀具放入刀库，然后（或同时）取出下一把刀，装入指定位置。所有这些动作及刀具的管理检测等都在数控系统的控制下进行。

1）按机械结构，刀库一般分为圆盘式和链条式，如图7-25所示。

圆盘式刀库的特点是结构紧凑，但因刀具单环排列，定向使用率较低。大容量刀库通常外径较大，转动惯量大，因此这种刀库容量较小，一般不超过32把刀，一般用于小型加工中心。在刀库刀具容量小的情况下，其选刀运动时间短，效率高，换刀可靠性较高。

a)

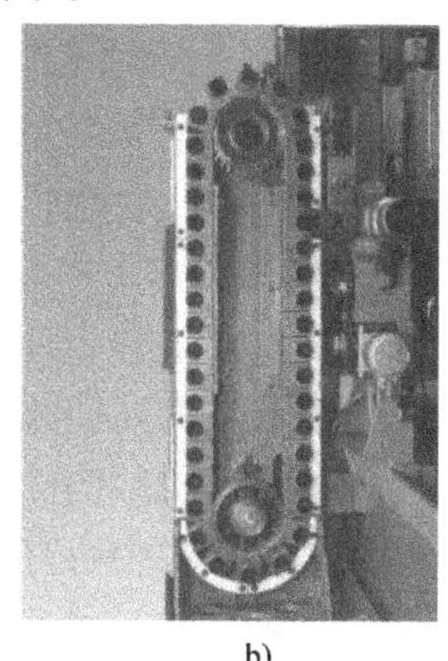

b)

图7-25

加工中心刀库

a）圆盘式刀库 b）链条式刀库

链条式刀库结构紧凑、布局灵活，刀库容量大，一般都在20把以上，有些可存放120把以上。通常情况下，刀具轴线和主轴轴线垂直，因此，换刀必须通过机械手进行，机械结构比圆盘式刀库复杂。在刀库容量较大时，可采用加长链条式布置或多环链式布置，使其外形更紧凑、占用空间更小。

2）刀库的换刀方式可分为主轴直接取刀方式和机械手换刀方式。

主轴直接取刀方式一般应用在圆盘式刀库上。无机械手的圆盘式刀库俗称斗笠式刀库，其结构简单，成本较低，而且容易控制，因而在小型加工中心得到广泛的应用。这种刀库的特点是刀库具有前、后两个位置，刀库处于前位时刀库最外的刀具正好与主轴套在同一条轴线上。通过气动或者液压装置使刀库在两个位置上前后移动，通过两个行程开关确认刀库的前后位置。这种刀库采用固定刀位管理，即每个刀套只用于安装一把固定刀具。固定刀位换刀过程需要两次完成，首先把主轴的刀具放回刀具的原来位置，然后再从刀库中取出要选择的刀具，这样换刀效率低，一般用于刀库容量比较小的刀库选刀控制。

带机械手的刀库，换刀速度快，在零件加工程序运行的同时，刀库可以将下一把刀具提前转到换刀位置。换刀指令生效后，机械手将主轴刀套内的刀具与刀库换刀位置刀套内的目标刀具直接交换。整个换刀过程对刀库冲击小。带机械手的刀库增加了机械手的控制，因而相关的PLC应用程序也相对复杂，通常采用以下几种控制方式：液压控制、异步电动机控制、凸轮控制。

四、五轴联动数控机床

1. 五轴联动简介

五轴联动数控机床是一种科技含量高、精密度高、专门用于加工复杂曲面的机床，广泛应用于航空航天、军事、科研、精密器械、高精医疗设备等领域。目前，五轴联动数控机床是叶轮、叶片、船用螺旋桨、重型发电机转子、汽轮机转子、大型柴油机曲轴等加工的重要手段。

五轴联动数控技术集计算机控制、高性能伺服驱动和精密加工技术于一体，应用于复杂曲面的高效、精密、自动化加工。国际上把五轴联动数控技术作为一个国家工业化水平的标志。

五轴联动加工是指在一台机床上具有五个坐标轴（三个直线坐标轴和两个旋转坐标轴），而且可在 CNC 系统的控制下同时协调运动进行加工。五轴联动数控机床中的五轴是指除了 X、Y、Z 轴，还有一个旋转轴和一个摆动轴。旋转轴可以是 A 轴也可以是 B 或 C 轴，旋转轴是可以 360°旋转的。摆动轴是除了旋转轴外（如 A 轴），其余的两个轴当中的一个（如 B 或 C 轴），摆动轴只能在一定的角度内进行摆动（如 ±90°）而不能 360°旋转。

2. 五轴联动加工中心

五轴联动加工中心具有高效率、高精度的特点，工件一次装夹就可完成五个面的加工。若配以五轴联动的高档数控系统，还可以对复杂的空间曲面进行高精度加工，且能够适应像汽车零部件、飞机结构件等现代模具的加工。

五轴联动加工中心有摇篮式、立式、卧式等多种不同的结构型式，主要分为工作台回转式、主轴回转式和工作台/主轴回转式，如图 7-26 所示。

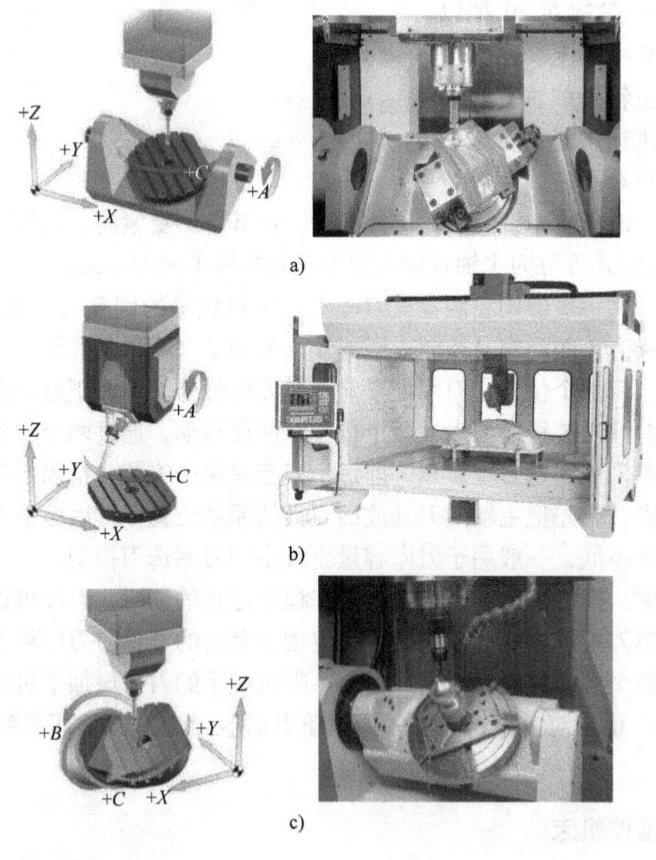

图 7-26

五轴联动加工中心的结构型式

a）工作台回转式　b）主轴回转式　c）工作台/主轴回转式

工作台回转式五轴联动数控机床，床身上的工作台可以环绕 X 轴回转，定义为 A 轴，A 轴一般工作范围为 $+30° \sim -120°$。工作台的中间还设有一个回转台，在图 7-26a 所示的位置上环绕 Z 轴回转，定义为 C 轴，C 轴都是 360°回转。这样通过 A 轴与 C 轴的组合，固定在工作台上的工件除了底面之外，其余的五个面都可以由立式主轴进行加工。A 轴和 C 轴的分度值一般为 0.001°，这样可以把工件细分成任意角度，加工出倾斜面、倾斜孔等。A 轴和 C 轴如果与 X、Y、Z 三直线轴实现联动，就可加工出复杂的空间曲面，当然这需要高档的数控系统、伺服系统及软件的支持。这种设置方式的优点是主轴的结构比较简单，主轴刚性非常好，制造成本比较低。但一般工作台不能设计太大，承重也较小，特别是当 A 轴回转大于等于 90°时，工件切削时会对工作台带来很大的承载力矩。

主轴回转式五轴联动数控机床，主轴前端是一个回转头，能自行环绕 Z 轴旋转 360°，称为 C 轴，回转头上还带有可环绕 X 轴旋转的 A 轴，一般可旋转超过 ±90°，实现上述同样的功能。这种设置方式的优点是主轴加工非常灵活，工作台也可以设计得非常大，航空客机庞大的机身、巨大的发动机壳都可以在这类加工中心上加工。在使用球面铣刀加工曲面时，当刀具中心线垂直于加工面时，由于球面铣刀的顶点线速度为零，顶点切出的工件表面质量会很差，采用主轴回转的设计，令主轴相对工件转过一个角度，使球面铣刀避开顶点切削，保证有一定的线速度，可提高表面加工质量。这种结构非常适合模具高精度曲面的加工，这是工作台回转式加工中心难以做到的。为了达到回转的高精度，高档的回转轴还配置了圆光栅尺反馈，分度值都在几角秒以内。当然这类主轴的回转结构比较复杂，制造成本也较高。

工作台/主轴回转式五轴联动机床的一个旋转轴在主轴头的刀具侧，另一个在工作台侧。这类机床的旋转轴结构布置有很大的灵活性，可以是 A、B、C 轴中任意两个组合。大部分工作台/主轴回转式的旋转轴配置形式是 B 轴与工作台绕 C 轴组合。这种结构设置方式简单、灵活，同时具备主轴回转式与工作台回转式机床的部分优点。这类机床的主轴可以旋转为水平状态和竖直状态，工作台只需分度定位，即可简单地配置为立、卧转换的三轴加工中心，将主轴进行立、卧转换再配合工作台分度，对工件实现五面加工，制造成本低，且非常实用。

3. 五轴联动数控机床的特点

五轴联动数控机床主要有以下特点：

1）可有效避免刀具干涉。

2）对于直纹面类零件，可采用侧铣方式一刀成形。

3）对一般立体型面特别是较为平坦的大型表面，可用大直径面铣刀端面贴近表面进行加工。

4）可一次装夹后对工件上的多个空间表面进行多面、多工序加工。

5）五轴联动加工时，刀具相对于工件表面可处于最有效的切削状态，零件表面上的误差分布均匀。

6）在某些加工场合，可采用较大尺寸的刀具避开干涉进行加工。

4. 五轴联动数控机床的应用

五轴联动加工中心适合加工复杂、工序多、要求高，以及需要多种类型的普通机床和众多刀具、夹具，且经多次装夹和调整才能完成加工的零件。

1）箱体类零件一般都需要进行多工位孔隙及平面加工，公差要求较高，特别是几何公差要求较为严格，通常需要经过铣、钻、扩、镗、铰、攻丝等工序，需要刀具较多，在普通机床上加工难度大，需多次装夹、找正，加工精度难以保证。加工箱体类零件时需要工作台多次旋转以加工水平方向四个面，用卧式加工中心合适。

2）复杂曲面在机械制造业，特别是航空航天工业中占有重要的地位。复杂曲面采用普通机加工方法难以甚至无法完成。如各种叶轮、球面、曲面成形模具、螺旋桨、水下航行器的推进器及一些其他形状的自由曲面，用五轴加工中心加工最为合适。用加工中心加工复杂曲面时，编程工作量较大，大多数要采用自动编程技术。

3）异形件是外形不规则的零件，大都需要点、线、面多工位混合加工。异形件的刚性一般较差，夹压变形难以控制，加工精度也难以保证，甚至某些零件有的加工部位的加工用普通机床难以完成。用加工中心加工时应采用合理的工艺措施，一次或二次装夹，利用加工中心多工位点、线、面混合加工的特点，完成多道工序或全部工序。

4）五轴联动加工中心适合加工盘、套、板类零件，带有键槽或径向孔，或端面有分布孔系的零件，曲面的盘、套或轴类零件，如带法兰的轴套、带键槽或方头的轴类零件等，还有具有较多孔的板类零件，如各种电动机机盖等。端面有分布孔系、曲面的盘类零件宜选择立式加工中心，有径向孔的零件可选卧式加工中心。

5）特殊加工。熟练掌握了加工中心的功能之后，配合一定的工装和专用工具，利用加工中心可完成一些特殊的工艺，如在金属表面上刻字、刻线、刻图案。在加工中心的主轴上装上高频电火花电源，可对金属表面进行线扫描表面淬火。给加工中心装上高速磨头，可实现小模数渐开线锥齿轮磨削及各种曲线、曲面的磨削等。

第八章

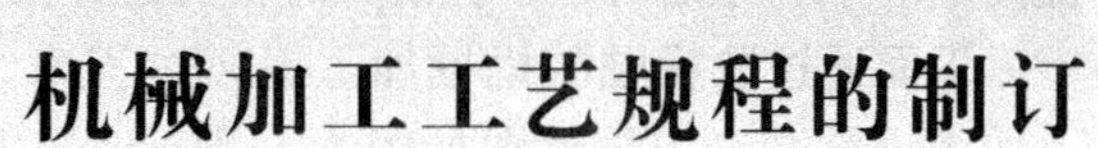

机械加工工艺规程的制订

思维导图

第一节　基本概念

机械加工工艺规程的制订是机械制造工艺学的基本问题之一，与生产实际有密切关系。

一、生产过程和机械加工工艺过程

8.1-1　基本概念

生产过程是将原材料或半成品转变为成品的全部过程。它是产品决策、设计、毛坯制造（在锻压车间或铸造车间进行）、零件的机械加工、零件的热处理、机械装配、产品调试、检验和试车、包装等一系列相互关联的劳动过程的总和。

工艺过程就是改变生产对象的形状、尺寸、相互位置和性质，使其成为成品或半成品的过程，在生产过程中占重要地位。工艺过程主要分为毛坯制造工艺过程、机械加工工艺过程和机械装配工艺过程，后两个过程称为机械制造（工艺）过程。

机械加工工艺过程就是用切削的方法改变毛坯的形状、尺寸和材料的力学性能，使之成为合格的零件的全过程，是直接生产过程。

二、机械加工工艺过程的组成

机械加工工艺过程由一个或若干个依次排列的工序组成。毛坯按照顺序通过这些工序被加工为成品或半成品。

（1）工序　工序是指一个或一组工人，在一台机床或一个工作地对一个或同时对几个工件所连续完成的那一部分工艺过程。工序是工艺过程的基本单元，它是生产计划和成本核算的基本单元。常把工作地、工人、零件和连续作业作为构成工序的四个要素。工序又可以分为工步、安装和工位等。

（2）工步　工步是在加工表面和加工工具不变的情况下连续完成的那一部分工序。工步是工序的组成单位。工步是在加工表面、刀具及切削用量不变的情况下所进行的工作。同时对一个零件的几个表面进行加工，则为复合工步。例如，在多刀机床、转塔车床上加工时，用几把刀具同时分别加工几个表面，多采用复合工步。

（3）安装　安装是工件经一次装夹后所完成的那一部分工序。工件在加工前，在机床或夹具中定位、夹紧的过程叫作装夹。定位是指确定工件在机床上或夹具中具有正确位置的过程。夹紧是指工件定位后将其固定，使其在加工过程中保持定位位置不变的操作。安装是工序的一部分。每一个工序可能有一次安装或多次安装。在同一个工序中，应尽可能减少安装次数，以便提高生产率，同时避免安装误差对零件加工精度的影响。

（4）工位　工位是指为了完成一定的工序部分，一次装夹工件后，工件与夹具或设备的可动部分一起相对刀具或设备的固定部分所占据的每一个位置。例如，为了提高生产率，减少工序中的安装次数，采用了回转工作台或回转夹具，使工件在一次安装中可先后在机床上占有不同的位置进行连续加工。采用多工位加工，可以提高生产率和保证被加工表面间的相互位置精度。

下面通过阶梯轴的机械加工工艺过程来说明上述术语的含义，零件图如图8-1所示，工艺过程见表8-1。

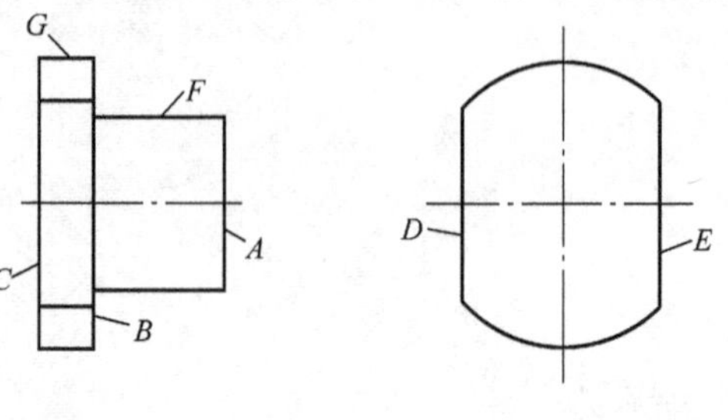

图 8-1

阶梯轴零件图

表 8-1　阶梯轴的加工工艺过程

工　序	安　装	工　位	工　步
1. 车	1（自定心卡盘）	1	1）车端面 *A*
			2）车外圆 *F*
			3）车端面 *B*
			4）车外圆 *G*
			5）切断
2. 车	1（自定心卡盘）	1	车端面 *C*
3. 铣	1（回转夹具）	2	1）铣侧面 *D*
			2）铣侧面 *E*

三、工件的装夹方式及获得加工尺寸的方法

（一）工件的装夹方式

工件装夹情况的好坏，不仅直接影响零件的加工精度，而且还是影响劳动生产率的重要因素。一般工件在机床上的装夹方式有两种：

（1）找正装夹法　所谓找正就是用工具和仪表根据工件有关基准，找出工件在划线、加工时的正确位置的过程。找正装夹法分为直接找正法和划线找正法。直接找正法就是利用千分表、划针、直尺等工具直接找正某些表面，以保证被加工表面位置的精度。划线找正法就是在切削加工前，先在工件的待加工处划线，然后按所划线进行找正定位的方法。找正后用通用夹具夹紧。此种方法多用于单件、小批生产。

（2）夹具装夹法　它是指利用夹具对工件进行定位、夹紧的方法。这种方法方便、迅速、精度高，广泛应用于成批和大量生产。目前对于单件、小批生产，已广泛使用组合夹具。

（二）获得加工尺寸的方法

（1）试切法　试切法是指通过试切—测量—调整—再试切，反复进行，直到被加工尺寸达到要求为止的加工方法。该方法生产率较低，只适用于单件、小批生产。

（2）调整法　调整法是指先调整好刀具和工件在机床上的相对位置，并在一批零件的加工过程中保持这个位置不变，以保证工件被加工尺寸的方法。该方法主要用于成批和大量生产。

（3）定尺寸刀具法　定尺寸刀具法是指用刀具的相应尺寸来保证工件被加工尺寸的方法。如用铰刀、钻头加工孔，用丝锥加工螺纹等。

（4）自动获得法　自动获得法是指由机床设备本身来保证获得规定精度的方法。如在车床上加工外圆和端面，其垂直度就取决于机床的精度。

四、生产类型

零件的机械加工工艺规程与其所采用的生产类型密切相关，不同的生产类型，零件的加工工艺是不同的。

（一）生产纲领和生产批量

生产纲领是指企业在计划期内应当生产的产品产量和进度计划。产品的生产纲领确定以后，就可以确定零件的生产纲领，同时，应将零件的备品和废品也考虑在内。当零件生产纲领确定后，就可以根据车间的具体情况按一定期限分批投产。一次投入或产出的同一产品（零件）的数量称为生产批量。

零件在计划期为一年的生产纲领按下式计算：

$$N = Qn(1 + a)(1 + b) \tag{8-1}$$

式中　N——零件的年生产纲领（件/年）；

Q——产品的年产量（台/年）；

n——每台产品中所含该零件的数量（件/台）；

a——该零件的备品百分率（%）；

b——该零件的废品百分率（%）。

（二）生产类型

生产类型是企业（或车间、工段、班组、工作地）生产专业化程度的分类，一般分为单件生产、成批生产和大量生产三种类型。

（1）单件生产　产品的品种多、产量少，而且不再重复或不定期重复生产。重型机器、专用设备制造、新产品试制等按此方式组织生产。

（2）成批生产　产品分批地生产，按一定时期交替地重复。按批量（指投入同一产品的数量）的不同，又分为小批、中批、大批生产。小批生产接近于单件生产的生产方式，大批生产又接近于大量生产的生产方式。成批生产一般采用通用设备及部分专用设备，并广泛采用专用夹具和工具，如机床厂就是按此方式组织生产的。

（3）大量生产　产品的产量大，大多数工作地经常重复进行某一工件一个工序的加工，如汽车厂、轴承厂等。此种生产类型采用专用设备及专用工艺装备，并广泛采用高生产率的专用机床。

生产类型的划分一方面要考虑生产纲领，另一方面要考虑产品的大小和结构的复杂性。生产类型确定后，就可以确定相应的生产组织形式。如在大量生产时采用自动生产线，在成批生产时采用流水线，单件生产时采用机群式的生产组织形式。

由于科学技术的发展，市场竞争的日益激烈，产品更新换代频繁，使得生产的柔性加大，多品种小批量生产类型将成为企业的一种主要生产类型。为了适应这种情况，数控加工方法、柔性制造系统、计算机集成制造系统、大批量定制、网络化制造等现代化的生产方式发展极为迅速。

产品的生产类型不同，其生产组织、生产管理、机床布置、毛坯的制造、采用的工艺装备、加工方法以及对工人的技术水平要求的高低是不一样的。所以确定的工艺规程要与产品的生产类型相适应，这样才能获得好的经济效益。不同生产类型的划分见表8-2，各种生产类型的工艺特征见表8-3。

表8-2 生产类型的划分

生产类型	零件的生产纲领/(件/年)		
	重型机械	中型机械	轻型机械
单件生产	小于5	小于20	小于100
小批生产	5~100	20~200	100~500
中批生产	100~300	200~500	500~5000
大批生产	300~1000	500~5000	5000~50000
大量生产	大于1000	大于5000	大于50000

表8-3 生产类型的工艺特征

项目	生产类型		
	单件小批生产	成批生产	大批大量生产
毛坯	自由锻，木模手工造型；毛坯精度低，余量大	模锻、金属模；毛坯精度和余量中等	模锻，机器造型；毛坯精度高，余量小
机床	通用机床，机群式布置	通用机床，部分专用机床，按零件类别分工段排列	自动机床，专用机床流水线排列
设计特点	配对制造	部分互换	完全互换
工艺文件	简单的工艺过程卡	详细的工艺过程卡	详细的工艺过程卡、工序卡、调整卡
工装	通用刀、夹、量、辅具	专用夹具，组合夹具，通用+专用刀、量、辅具	专通用刀、夹、量、辅具
工艺精度保证	试切法加工，划线法加工	尺寸自动获得法加工，工装保证	尺寸自动获得法及高精度反馈调整加工
工人技术要求	技术条件要求高，熟练	技术和熟练程度一般的工人	操作工人低技术、高熟练要求，高技术维护保障人员
投资	小，可重用	中等，部分重用	大，专用
发展趋势	成组技术（GT）、数控技术（CNC）、加工自动化、加工中心（MC）、复合机床	柔性制造系统（FMS）	计算机集成制造系统（CIMS）

五、机械加工工艺规程

机械加工工艺规程是指规定产品或零、部件制造工艺过程和操作方法等的工艺文件，即按工艺过程有关内容写成的文件和表格。零件的机械加工工艺规程包括下列内容：

8.1-2 机械加工工艺规程

1）毛坯的选择。根据零件的工作情况选择铸件、锻件、焊件、棒料等。

2）工艺路线的拟订。这是指产品或零、部件在生产过程中，由毛坯准备到成品包装入库，经过企业各部门或工序的先后顺序。

3）工序设计。各工序的加工简图的绘制，加工余量、工序尺寸和公差的计算，技术要求的确定，机床设备、切削用量、时间定额和工艺装备的选择确定是工序设计的内容。工艺装备是产品制造过程中所用的各种工具的总称，包括刀具、夹具、模具、量具、检验用具、辅具、钳工工具和工位器具等。

（一）机械加工工艺规程的作用

1）机械加工工艺规程是指导生产的主要技术文件，是指挥现场生产的依据。按照工艺规程组织生产可以使各工序配合紧密、合理、有效，保质保量地生产出产品来。

2）机械加工工艺规程是生产准备和生产管理的基本依据。产品生产前，可以依据工艺规程进行技术准备工作和生产准备工作。它也是生产调度部门安排生产计划，进行生产成本计算的依据。

3）机械加工工艺规程是新建、扩建工厂或车间的基本资料，是生产面积、厂房布局、人员编制、设备购置等各项工作的依据。

4）机械加工工艺规程是工艺技术人员交流的介质。

（二）机械加工工艺规程的格式

常用的机械加工工艺规程格式有：

（1）工艺过程卡片　它是以工序为单位简要说明产品或零、部件的加工过程的一种工艺文件，见表8-4。表中的工序内容用来了解零件的加工流向，在单件小批量生产时用它来直接指导工人的加工操作。

表8-4　工艺过程卡片

<table>
<tr><td rowspan="4">（工厂名）</td><td rowspan="4">综合工艺过程卡片</td><td colspan="3">产品名称及型号</td><td></td><td colspan="2">零件名称</td><td colspan="2"></td><td colspan="3">零件图号</td><td colspan="2"></td></tr>
<tr><td rowspan="3">材料</td><td colspan="2">名称</td><td></td><td rowspan="2">毛坯</td><td>种类</td><td colspan="2"></td><td colspan="2" rowspan="2">零件质量/kg</td><td>毛重</td><td></td><td>第　页</td></tr>
<tr><td colspan="2">牌号</td><td></td><td>尺寸</td><td colspan="2"></td><td>净重</td><td></td><td>共　页</td></tr>
<tr><td colspan="2">性能</td><td></td><td colspan="2">每件件数</td><td colspan="2"></td><td colspan="2">每台件数</td><td></td><td>每批件数</td><td></td></tr>
<tr><td rowspan="2">工序号</td><td colspan="4" rowspan="2">工 序 内 容</td><td rowspan="2">加工车间</td><td colspan="2" rowspan="2">设备名称及编号</td><td colspan="4">工艺装备名称及编号</td><td rowspan="2">技术等级</td><td colspan="2">时间定额/min</td></tr>
<tr><td>夹具</td><td colspan="2">刀具</td><td>量具</td><td>单件</td><td>准备-终结</td></tr>
<tr><td></td><td colspan="4"></td><td></td><td colspan="2"></td><td></td><td colspan="2"></td><td></td><td></td><td></td><td></td></tr>
<tr><td rowspan="3">更改内容</td><td colspan="14"></td></tr>
<tr><td colspan="14"></td></tr>
<tr><td colspan="14"></td></tr>
<tr><td>编制</td><td></td><td colspan="2">抄写</td><td colspan="2"></td><td colspan="2">校对</td><td colspan="2"></td><td colspan="2">审核</td><td></td><td>批准</td><td></td></tr>
</table>

（2）工艺卡片　它是根据产品或零、部件的某一工艺阶段编制的一种工艺文件，多用于成批生产或重要零件的单件小批量生产。它以工序为单元，详细说明产品或零、部件在某一工艺阶段中的工序号、工序名称、工序内容、工艺参数、操作要求及采用的设备和工艺装备等，见表8-5。

（3）工序卡片　在工艺过程卡片或工艺卡片的基础上，根据每道工序所编制的一种工艺文件，见表8-6。它表示每一加工工序的情况，附有工序简图，内容更加详细，多用于大批量生产及重要零件的成批生产。标题区主要表示被加工工件的工件名、号，工序名、号，所属产品/部件名、号，企业名、号，毛坯形式、材料和热处理状态等；工序图区主要表示加工位置、加工表面、加工尺寸和精度要求、定位和夹紧位置；设备区主要表示加工机床、刀具、夹具、辅具、切削液、工时定额等；内容区主要表示根据每一个工步用表格形式记录工步加工内容，使用的刀、辅、量具，切削用量，加工时间等。

表 8-5　工艺卡片

（工厂名）	机械加工工艺卡片	产品名称及型号			零件名称			零件图号			
		材料	名称		毛坯	种类		零件质量/kg	毛重		第　页
			牌号			尺寸			净重		共　页
			性能		每料件数		每台件数		每批件数		

工序号	安装	工步	工序内容	同时加工零件数	切削用量				设备名称及编号	工艺装备名称及编号			技术等级	工时定额/min	
					背吃刀量/mm	切削速度/m·min^{-1}	每分钟转数或往复次数	进给量/(mm·r^{-1}或mm/双行程)		夹具	刀具	量具		单件	准备-终结

更改内容									
编　制		抄写		校对		审核		批准	

表 8-6　工序卡片

工厂名称		工序号	6	页数	1	页号	
		工序名称	粗车外圆 $\phi54^{+0.50}_{0}$	材料	牌号	KT35-10	
		零件名称与编号	转向器壳体		机械性能		

工序简图	设备			
Ra 6.4 $\phi54^{+0.5}_{0}$ $84^{+0.4}_{0}$ Ra 12.8 (√)	名称	车床	出品厂名	
	型号	CA7620	功率	
	夹具名称	$\phi36$ 胀胎		
	冷却			
	零件毛重		时间/min	基本时间	
	零件净重			辅助时间	
	工人等级			附加时间	
	一个工人看管的机床台数			单件时间	
	同时加工的零件数				
	一批零件的件数				

工步号	工步名称	加工表面号数	工具名称			加工面尺寸		切削用量						有效功率 $N_{有效}$	加工时间/min		
			刀具	量具	辅助工具	D或B	L	加工计算长度	a_p/mm	f/mm·r^{-1}	n/r·min^{-1}	v/m·min^{-1}	进给次数		基本		辅助
															机动	手动	
1	粗车外圆 $\phi54^{+0.5}_{0}$		90°偏刀					56	5	0.196	255						

（三）机械加工工艺规程的制订

在制订零件的机械加工工艺规程时首先要考虑三个原则：①保证产品质量；②在保证产品质量的前提下，以最经济的方法获得要求的生产率和年生产纲领；③在保证质量的前提下，还要尽可能减少投资，降低制造成本，使其便于组织生产，并减轻工人的劳动强度；④在上述前提下，注意节约能源和保护环境。

因此，好的工艺规程应体现质量、生产率、经济性和节能减排的统一。

机械加工工艺规程的制订一般分为准备阶段、工艺过程拟订和工序设计三个阶段。这三个阶段是相互联系的，应进行反复地考虑和综合分析。

1. 准备阶段

1）研究、分析零件图及车间的具体情况，准备原始资料，如分析产品的全套装配图及零件图，检查整个图样的完整性，了解该零件在产品中的作用，分析产品的结构工艺性和工作条件，分析零件的尺寸公差和主要技术要求，分析零件的结构工艺性。若发现有不合理的地方，应和设计人员协调解决。

2）了解现有的生产条件，如现有的设备、工艺装备、生产面积、工人技术水平等情况；收集有关手册、标准及指导性文件，如切削用量手册、机床性能手册、夹具设计手册、各种相关的国家标准、行业标准和企业标准等；了解产品验收的质量标准，产品的年生产量等。

2. 工艺过程拟订

1）确定生产类型及毛坯的种类。根据产品的年产量来确定零件的生产类型。根据生产纲领和零件结构选择毛坯。毛坯是指根据零件所要求的形状、工艺尺寸等制成的供进一步加工用的生产对象。毛坯的种类、形状、尺寸及精度对机械加工工艺过程、产品质量、生产成本有着很大的影响。常用的毛坯种类和特点见表8-7。

表8-7 常用毛坯的种类和特点

毛坯种类	特点
铸件（常用材料为灰铸铁、球墨铸铁、合金铸铁、铸钢和有色金属）	多用于形状复杂、尺寸较大的零件。其吸振性能好，但力学性能差。铸造方法有砂型铸造、离心铸造等，有手工造型和机器造型。模样有木模和金属模。木模手工造型用于单件小批生产或大型零件，生产率低，精度低。金属模用于大批大量生产，生产率高，精度高。离心铸用于空心零件，压力铸用于形状复杂、精度高、大量生产、尺寸小的有色金属零件
锻件（常用材料为碳钢和合金钢）	用于制造强度高、形状简单的零件（轴类和齿轮类）。用模锻和精密锻造，生产率高，精度高。单件小批生产用自由锻
冲压件	用于形状复杂、生产批量较大的板料毛坯。精度较高，但厚度不宜过大
型材（截面有圆形、六角形、方形等）	用于形状简单、尺寸不大的零件。材料为各种冷拉和热轧钢材
冷挤压件（材料为有色金属和钢材）	用于形状简单、尺寸小和生产批量大的零件。如各种精度高的仪表件和航空发动机中的小零件
焊接件	用于尺寸较大、形状复杂的零件。多用型钢或锻件焊接而成，其制造成本低，但抗振性差，容易变形，尺寸误差大
工程塑料	用于形状复杂、尺寸精度高、力学性能要求不高的零件
粉末冶金	尺寸精度高、材料损失少，用于大批量生产，成本高。不适于结构复杂、薄壁、有锐角的零件

机械制造业中已经广泛采用了精密铸造件、精密锻造件、粉末冶金、型材和工程塑料作为毛坏。精锻、精铸等少、无切屑加工对提高加工质量和生产率，降低生产成本有重要意义。在选择毛坯时，应注意采用这些新工艺、新技术。

毛坯的形状尽可能接近零件的形状，对于铸件和锻件，应了解分型面、浇注系统、冒口位置和起模斜度；对于棒料和型材，要按照标准确定尺寸规格，并决定每批加工的件数。

表 8-8 零件结构的工艺性

序号	提高工艺性方法	结构		结果
		改进前	改进后	
		车加工		
1	改进凹槽形状	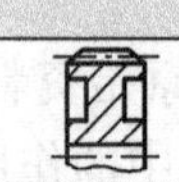		减少刀具数目
2	将键槽分布在同一个平面上	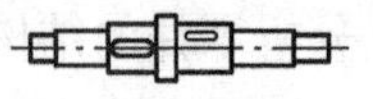	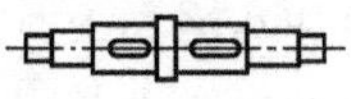	缩短辅助时间，减少调整
3	改变零件端面尺寸	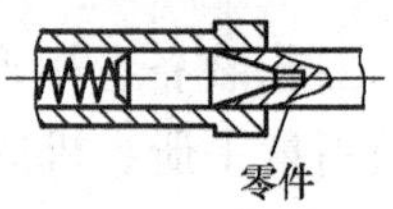 零件	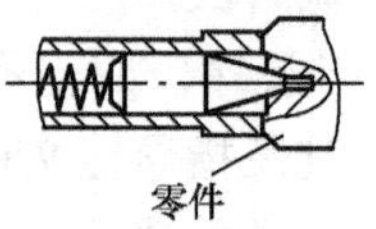 零件	保证定位刚度，提高加工精度
4	减少凸台高度	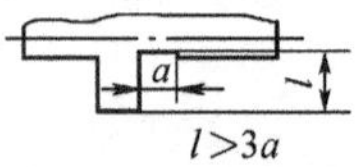 a l $l>3a$	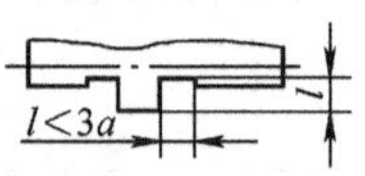 l $l<3a$	可采用刚度好的刀具加工，提高精度和生产效率
5	统一圆弧尺寸	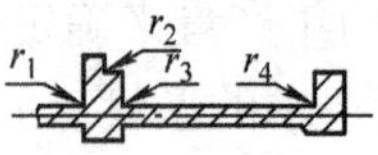 r_1 r_2 r_3 r_4	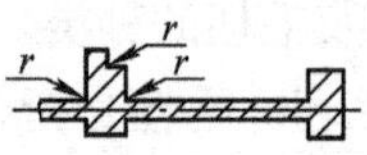 r r r	减少刀具数和更换刀具次数
6	采用两面对称结构	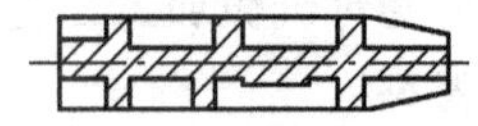	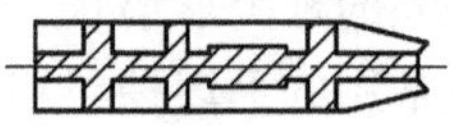	减少编程时间
7	改进结构形状	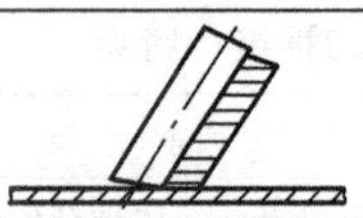	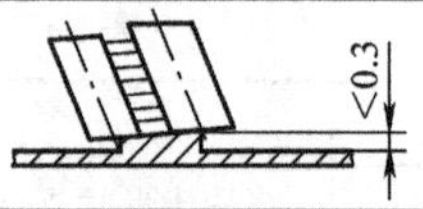 <0.3	减少加工量
8	简化结构，布肋标准化	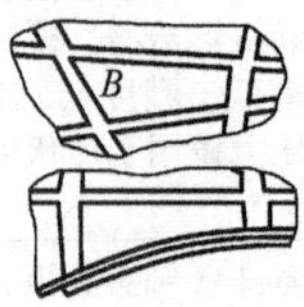 B	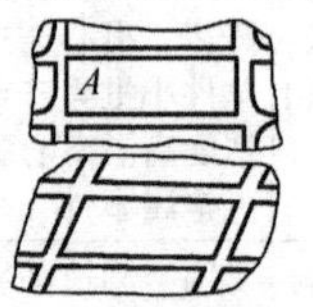 A	减少程序准备时间
9	改进尺寸比例	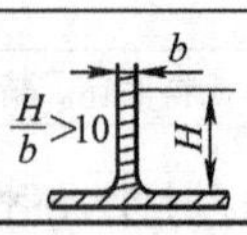 b $\frac{H}{b}>10$ H	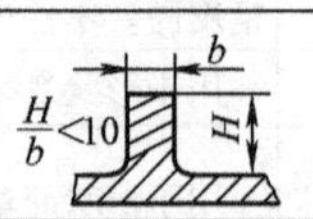 b $\frac{H}{b}<10$ H	可采用刚度好的刀具加工，提高精度和生产效率

2）划分加工阶段，安排工序的集中和分散。一般需提出数个方案，经过对每个方案的经济成本进行分析比较后再确定。

3）确定各个工序的机床设备及工艺装备。

3. 工序设计

1）确定各个工序的加工余量、工序尺寸及公差。

2）确定各工序的切削用量及工时定额。

3）填写工艺文件。

（四）机械加工零件结构的工艺性分析

在制订机械加工工艺规程前，应先进行结构工艺性分析，见表8-8。

1. 零件结构工艺性的概念

零件结构工艺性是指所设计的零件在满足使用要求的前提下制造的可行性和经济性。它包括零件的各个制造过程中的工艺性，如零件的铸造、锻造、冲压、焊接、热处理、切削加工等工艺性。零件的结构工艺性具有综合性，必须全面综合地分析。在制订机械加工工艺规程时，主要进行零件切削加工工艺性的分析。分析零件的结构工艺性，必须熟悉制造工艺、有一定的实践经验并且掌握工艺理论。零件的结构工艺性分为零件尺寸和公差的合理性，零件的组件要素和零件的整体结构的合理性。

2. 合理标注零件的尺寸、公差和表面粗糙度值

零件图样上的尺寸和公差的标注既要满足设计要求又要便于加工。一般标注要求是：

1）按照加工顺序标注尺寸，避免多尺寸同时保证。

2）从定位基准标注尺寸，避免基准不重合误差。

3）以形状简单的轮廓要素为基准标注尺寸，避免尺寸换算。

4）零件上的尺寸公差、几何公差和表面粗糙度值的标注，应根据零件的功能经济、合理地决定。

3. 零件形状的工艺性

零件形状是零件的各个组成表面。要求：①形状尽量简单，规格尽量标准和统一；②尽量采用普通设备和标准刀具加工；③加工面与非加工面应分开；④便于数控加工。

第二节　定位基准的选择

在制订工艺规程时，不但要保证被加工表面本身的精度，而且还要满足被加工表面间的位置精度要求。此时就要考虑工件在加工过程中的定位、测量等问题。

8.2　定位基准的选择

一、基准

基准是用来确定生产对象上几何要素间的几何关系所依据的那些点、线、面。根据基准的应用场合和作用，其可分为设计基准和工艺基准两大类。

（一）设计基准

设计图样上所采用的基准称为设计基准。零件图上，按零件在产品中的工作要求，用一定的尺寸或位置关系来确定各表面间的相对位置。如图8-2a所示，端面C是端面A、B的设计基准；对称中心线O-O是外圆柱面ϕd_1和ϕd_2的设计基准；对称中心线O-O是面E的设计基准。

（二）工艺基准

在工艺过程中采用的基准称为工艺基准。工艺基准按用途分为定位基准、工序基准、测量基准和装配基准四种。

（1）定位基准　在加工中用作定位的基准称为定位基准。作为定位基准的点、线、面，在工件上有时不一定具体存在（如孔的对称中心线、轴的对称中心线、基准中心平面等），而常由某些具体的定位表面来体现，这些定位表面叫作定位基面。如图8-2c所示，加工面

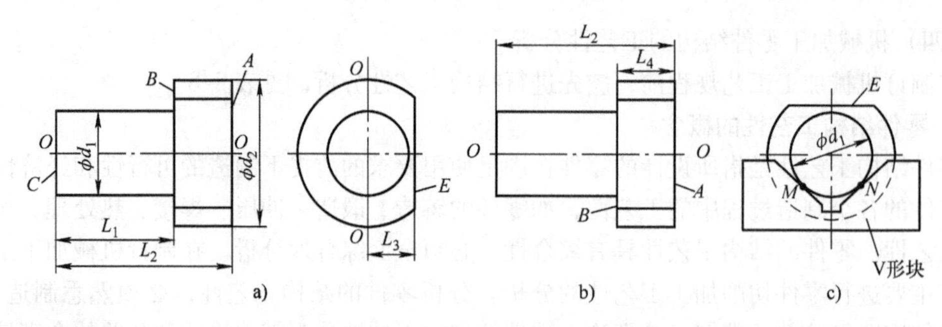

图 8-2

基准示例

E 时工件是以外圆 ϕd_1 在 V 形块上定位的，其定位基准就是外圆 ϕd_1 与 V 形块相接触的两条母线 M、N。定位基准常以符号“ ⁀∧⁀ ”来表示，如图 8-3 所示。

（2）工序基准　在工序图上用来确定本工序被加工表面加工后的尺寸、形状、位置的基准。图 8-2a 所示的零件，若加工端面 B 时的工序图为图 8-2b，工序尺寸为 L_4，则工序基准为端面 A。工序基准即是工序尺寸的标注起点，如图 8-4 所示。

（3）测量基准　它是指在工件上用以测量已加工表面位置时所依据的基准，如图 8-5 所示。

（4）装配基准　它是指装配时用来确定零件或部件在产品中的相对位置所采用的基准。如齿轮装在轴上时，其内孔是它的装配基准，主轴箱体装在床身上，箱体的底面是其装配基准。图 8-6 所示为齿轮轴向装配的基准。

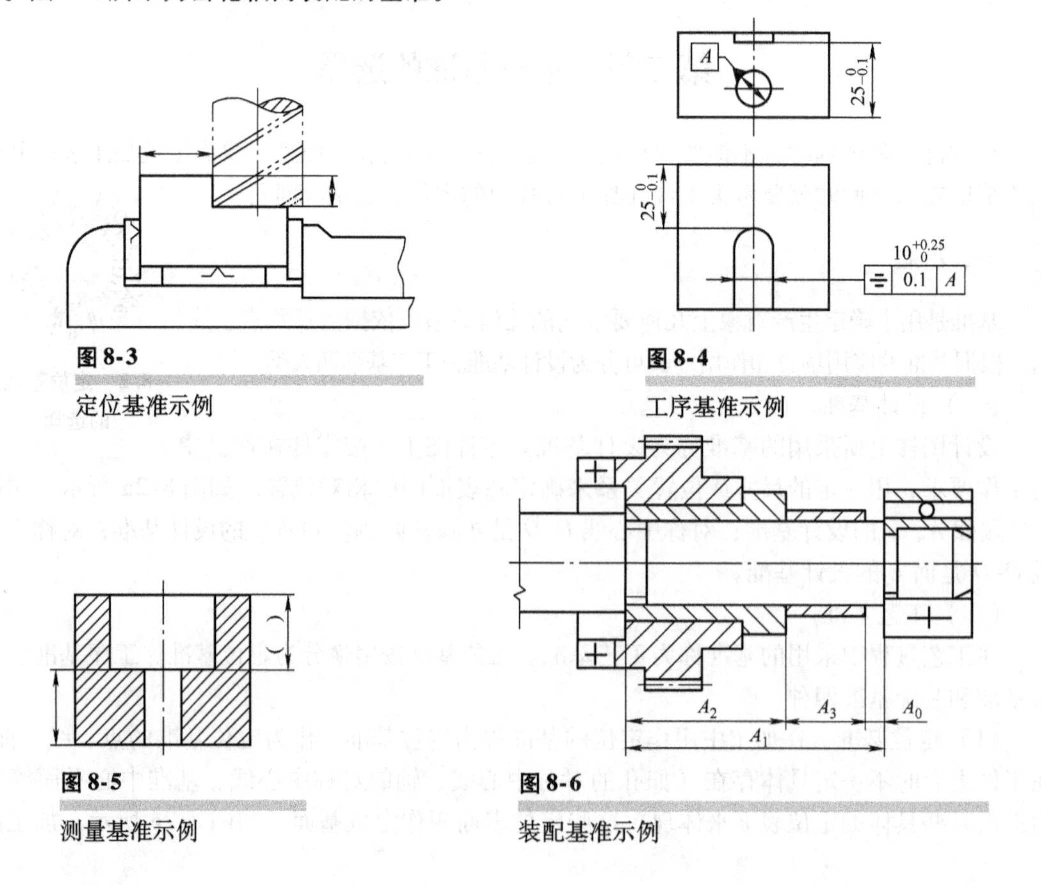

图 8-3

定位基准示例

图 8-4

工序基准示例

图 8-5

测量基准示例

图 8-6

装配基准示例

在实际生产中，应尽量使上述基准重合。在设计零件时，尽量以装配基准作为设计基准，以便保证满足装配的技术要求；在制订零件的加工工艺时，应尽量以设计基准作为工序基准，以保证零件的加工精度；在加工及测量工件时，应尽量使定位基准、测量基准及工序基准重合，以消除基准不重合误差。

二、定位基准的选择

定位基准选择得合理与否，对工件的加工精度、加工生产率和加工成本有重要的影响。定位基准又进一步分为粗基准和精基准：用毛坯上未经机械加工过的表面作为定位基准或基面的称为粗基准；用经过机械加工过的表面作为定位基准或基面的称为精基准。

（一）粗基准的选择

零件加工时粗基准是必须选用的。在选用时要考虑如何保证各个加工表面有足够的余量，如何保证各个表面间的位置精度和自身的尺寸精度。因此选择粗基准时，应遵循以下几个原则：

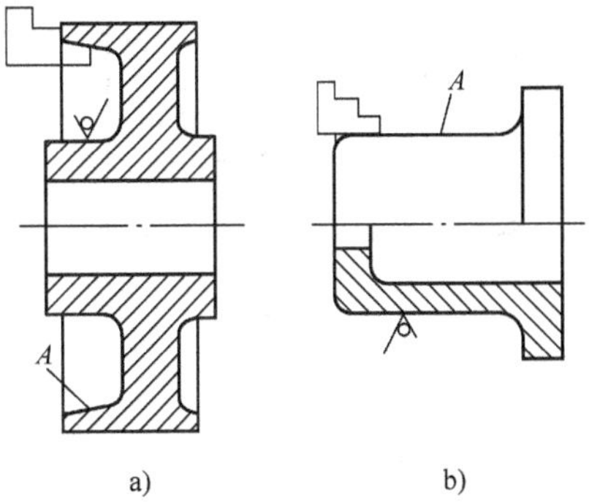

1）以不加工表面为粗基准。对于不需要加工全部表面的零件，应采用始终不加工的表面作为粗基准，以保证不加工表面与加工表面之间的相互位置精度。如零件上有多个不加工表面，则选择其中与加工表面相互位置精度要求较高的表面为粗基准。如图 8-7a 所示，为保证轮子的轮缘厚度均匀应以不加工表面 *A* 为粗基准，车外圆表面。如图 8-7b 所示，为保证零件的壁厚均匀，应以不加工的外圆表面 *A* 为粗基准，控制内孔。

A

A

a)

b)

图 8-7

粗基准的选择

2）选择毛坯余量最小的表面作为粗基准。在没有要求保证重要表面加工余量均匀的情况下，若零件的每个表面都要加工，应以加工余量最小的表面作为粗基准。例如，对于铸造和锻造的轴套，孔的加工余量大而外表面的加工余量较小，这时就以外表面为粗基准来加工内孔。

3）选择零件上重要表面作为粗基准。若工件必须首先保证某重要表面的加工余量均匀，则应选择该表面为粗基准。例如，车床主轴箱的主轴孔精度要求很高，且要求在加工时余量均匀，此时就应以主轴孔为粗基准加工底面。

例如，车床床身零件中，导轨面是其重要表面，要求导轨表面耐磨性好，且要求在导轨表面的整个平面内有大体一致的力学性能。在铸造床身毛坯时，导轨面需向下放置，使其首先冷却，形成组织细致均匀、力学性能好的金属层。在加工时希望导轨面的加工余量小而均匀，以便更多地保留这层表面金属层。因此在加工床身时，应选择导轨面作为粗基准加工床腿，然后以床腿的底平面为基准加工导轨面。

4）选择零件上加工面积大、形状复杂的表面作为粗基准，使定位准确、夹紧可靠、夹具结构简单、操作方便。选用的粗基准表面要平整光洁，有足够大的尺寸，不允许有铸造飞边、铸造冒口等缺陷，更不能选分型面。

5）粗基准在同一尺寸方向上通常只能使用一次，以免产生不必要的定位误差。粗基准是毛面，通常其表面质量低，形状误差大，如果重复使用将产生较大的定位误差。

（二）精基准的选择

精基准的选择应使工件的定位误差较小，能保证工件的加工精度，同时还应使加工过程操作方便，夹具结构简单。选择时应遵循以下原则：

（1）基准重合 尽量选择被加工表面的设计基准或工序基准作为定位基准，避免基准不重合而产生的定位误差。图8-8所示为在一个平面上钻孔的工序图，其工序尺寸为L_1、L_2、L_3。由此可知其工序基准为A、B端面。此时，宜选A、B端面为其定位基准。

（2）一次安装的原则 一次安装又称为基准统一原则。基准统一或一次安装可使有关工序所使用的夹具结构大体统一，降低了工装设计和制造成本。同时多数表面采用同一基准进行加工，避免因基准转换而带来的误差，有利于保证各个加工表面之间的位置精度，并提高生产率。如图8-9所示，若以A、B表面定位（夹紧A面），加工表面D、F，则D与A的同轴度、F与D的垂直度都很容易得到满足，不受定位误差的影响。

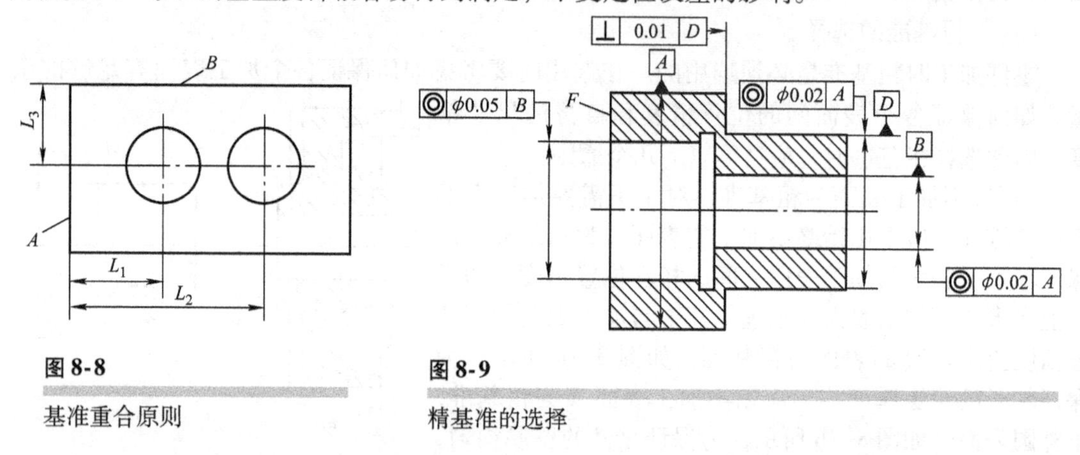

图8-8 基准重合原则

图8-9 精基准的选择

（3）互为基准的原则 当某些表面相互位置精度要求较高时，这些表面可以互为基准反复加工，以不断提高定位基准的精度，保证这些表面之间的相互位置精度。如图8-9所示，A面与B面之间有同轴度要求，若用A面定位来加工B面，再以B面定位加工面A，这就称为互为基准法加工。这种方法能保证加工面获得均匀的加工余量或使加工面间有较高的位置精度，有一次定位误差的影响，但不存在定位基准不重合误差，所以能保证较高的位置精度。

（4）自为基准原则 对于精度要求很高的表面，如果加工时要求其余量很小而均匀时，可以以加工表面本身作为定位基准，以保证加工质量和提高生产率。如精拉孔时，就是以孔本身为定位基准的。

上述原则，在实际应用中往往会相互矛盾，选择时应根据具体情况综合考虑，抓住主要矛盾，灵活掌握，具体处理。

第三节 机械加工工艺路线的拟订

8.3 机械加工工艺路线的拟订

工艺路线是指产品或零、部件在生产过程中，由毛坯准备到成品包装入库，经过企业各部门或工序的先后顺序。在拟订工艺路线时，首先应进行零件各表面加工方法的选择，然后划分加工阶段，按照一定的规则进行工序的合并，得到一系列的工序序列，插入必要的热处理工序及辅助工序，最终形成一系列合理的加工工序的顺序。

机械加工工艺路线不但影响零件的加工质量和生产率，而且还影响企业的设备投资、生产面积和生产成本。拟订工艺路线是制订工艺规程中关键性的一步，通常应多提一些方案，通过分析比较，选出最佳的方案。

拟订工艺路线按照过程可以归结为以下几个方面：

1）毛坯设计：毛坯种类选择；毛坯制造方法选择；毛坯图设计。

2）装夹方案设计：定位基准选择（精基准、粗基准）；装夹方式选择。

3）加工方法选择：主要特征最终加工方法选择；主要特征加工方法链确定；次要特征加工方法链选择；机械加工工序排序；机械加工工步排序；热处理工序安排；辅助工序安排；特殊工序、工步安排。

4）工装选择和设计：设备选择；通用夹具、刀具和量具选择；专用夹具、刀具和量具设计。

5）工序、工步设计：确定加工余量、工序尺寸与公差计算；切削用量计算；工时定额估算；工序图设计；数控加工程序编制。

6）工艺规程设计：机械加工工艺过程卡片完成；机械加工工序卡片完成。

本节主要就加工方法的选择，工序、工步的设计，工艺规程设计和工装的选择原则和方法进行介绍。

一、加工方法的选择

拟订工艺时，首先要确定零件各加工表面的加工方法。零件都是由若干种简单的几何表面组合而成的，每一种几何表面都有相对应的一系列加工方法，在选择时主要考虑零件各加工表面的尺寸精度、表面粗糙度、零件的材料和性质、毛坯的质量及硬度、零件的生产类型、车间现有设备等，以及各种加工方法所能达到的加工经济精度和表面粗糙度等。

（一）加工经济精度

加工经济精度指在正常加工条件下（采用符合质量标准的设备、工艺装备和标准技术等级的工人，不延长加工时间）所能保证的加工精度。它是确定各表面加工方法的根据。

各种加工方法所能达到的加工经济精度、表面粗糙度值以及表面形状及位置精度可参见表 8-9 ~ 表 8-12，或者查阅有关手册。

表 8-9　各种外圆加工方法的加工经济精度及表面粗糙度

加工方法	加工情况	经济精度（IT）	表面粗糙度 Ra 值/μm
车	粗车	12 ~ 13	10 ~ 80
	半精车	10 ~ 11	2.5 ~ 10
	精车	7 ~ 8	1.25 ~ 5
	金刚石车（镜面车）	5 ~ 6	0.02 ~ 1.25
铣	粗铣	12 ~ 13	10 ~ 80
	半精铣	11 ~ 12	2.5 ~ 10
	精铣	8 ~ 9	1.25 ~ 25
车槽	一次行程	11 ~ 12	10 ~ 20
	二次行程	10 ~ 11	2.5 ~ 10
外磨	粗磨	8 ~ 9	1.25 ~ 10
	半精磨	7 ~ 8	0.63 ~ 2.5
	精磨	6 ~ 7	0.16 ~ 1.25
	精密磨（精修整砂轮）	5 ~ 6	0.08 ~ 0.32
	镜面磨	5	0.008 ~ 1.25
抛光			0.008 ~ 1.25

（续）

加工方法	加工情况	经济精度（IT）	表面粗糙度 *Ra* 值/μm
研磨	粗研 精研 精密研	5~6 5 5	0.16~0.63 0.04~0.32 0.008~0.08
超精加工	精 精密	5 5	0.08~0.32 0.01~0.16
砂带磨	精磨 精密磨	5~6 5	0.02~0.16 0.01~0.04
滚压		6~7	0.16~1.25

注：加工有色金属时，表面粗糙度 *Ra* 取低值。

表8-10 各种孔加工方法的加工经济精度及表面粗糙度

加工方法	加工情况	经济精度（IT）	表面粗糙度 *Ra* 值/μm
钻	ϕ15mm 以下 ϕ15mm 以上	11~13 10~12	5~80 20~80
扩	粗扩 一次扩孔（铸孔或冲孔） 精扩	12~13 11~13 9~11	5~20 10~40 1.25~10
铰	半精铰 精铰 手铰	8~9 6~7 5	1.25~10 0.32~5 0.08~1.25
拉	粗拉 一次拉孔（铸孔或冲孔） 精拉	9~10 10~11 7~9	1.25~5 0.32~2.5 0.16~0.63
推	半精推 精推	6~8 6	0.32~1.25 0.08~0.32
镗	粗镗 半精镗 精镗（浮动镗） 金刚镗	12~13 10~11 7~9 5~7	5~20 2.5~10 0.63~5 0.16~1.25
内磨	粗磨 半精磨 精磨 精密磨（精修整砂轮）	9~11 9~10 7~8 6~7	1.25~10 0.32~1.25 0.08~0.63 0.04~0.16
珩	粗珩 精珩	5~6 5	0.16~1.25 0.04~0.32
研磨	粗研 精研 精密研	5~6 5 5	0.16~0.63 0.04~0.32 0.008~0.08
挤	滚珠、滚柱扩孔器，挤压头	6~8	0.01~1.25

注：加工有色金属时，表面粗糙度 *Ra* 取低值。

表 8-11　各种平面加工方法的加工经济精度及表面粗糙度

加工方法	加工情况	经济精度（IT）	表面粗糙度 Ra 值/μm
周铣	粗铣	11～13	5～20
	半精铣	8～11	2.5～10
	精铣	6～8	0.63～5
端铣	粗铣	11～13	5～20
	半精铣	8～11	2.5～10
	精铣	6～8	0.63～5
车	半精车	8～11	2.5～10
	精车	6～8	1.25～5
	细车（金刚石车）	6	0.02～1.25
刨	粗刨	11～13	5～20
	半精刨	8～11	2.5～10
	精刨	6～8	0.63～5
	宽刀精刨	6	0.16～1.25
插			2.5～20
拉	粗拉（铸造或冲压表面）	10～11	5～20
	精拉	6～9	0.32～2.5
平磨	粗磨	8～10	1.25～10
	半精磨	8～9	0.63～2.5
	精磨	6～8	0.16～1.25
	精密磨	6	0.04～0.32
刮	25mm×25mm内点数 8～10		0.63～1.25
	10～13		0.32～0.63
	13～16		0.16～0.32
	16～20		0.08～0.16
	20～25		0.04～0.08
研磨	粗研	6	0.16～0.63
	精研	5	0.04～0.32
	精密研	5	0.008～0.08
砂带磨	精磨	5～6	0.04～0.32
	精密	5	0.01～0.04
滚压		7～10	0.16～2.5

注：加工有色金属时，表面粗糙度 Ra 取低值。

表 8-12　机床加工时的形位精度

机床类型			圆度/mm	锥度/(mm/mm 长度)	直线度/(mm/mm)
卧式车床	最大加工直径/mm	≤400	0.02(0.01)	0.015(0.01)/100	0.03(0.015)/200 0.04(0.02)/300 0.05(0.025)/400 0.06(0.03)/500 0.08(0.04)/600 0.10(0.05)/700 0.12(0.06)/800 0.14(0.07)/900 0.16(0.08)/1000
		≤800	0.03(0.015)	0.05(0.03)/300	
		≤1600	0.04(0.02)	0.06(0.04)/300	
高精度车床			0.01(0.005)	0.02(0.01)/150	0.02(0.01)/200
外圆磨床	最大磨削直径/mm	≤200	0.006(0.004)	0.011(0.007)/500	
		≤400	0.008(0.005)	0.02(0.01)/1000	
		≤800	0.012(0.007)	0.025(0.015)/全长	

（续）

机床类型	钻孔的偏斜度/(mm/mm长度)	
	划线法	钻模法
立式钻床	0.3/100	0.1/100
摇臂钻床	0.3/100	0.1/100

机床类型			圆度/mm	锥度/(mm/mm长度)	直线度(凹入)/(mm/mm直径)	孔轴心线的平行度/(mm/mm长度)	孔与端面的垂直度/(mm/mm长度)
卧式镗床	镗杆直径/mm	≤100	外圆0.05(0.025) 孔0.04(0.02)	0.04(0.02)/200	0.04(0.02)/300	0.05(0.03)/300	0.05(0.03)/300
		≤160	外圆0.05(0.03) 孔0.05(0.025)	0.05(0.03)/300	0.05(0.03)/500		
		>160	外圆0.06(0.04) 孔0.05(0.03)	0.06(0.04)/400			
内圆磨床	最大孔径/mm	≤50	0.008(0.005)	0.008(0.005)/200	0.009(0.005)		0.015(0.008)
		≤200	0.015(0.008)	0.015(0.008)/200	0.013(0.008)		0.018(0.01)

机床类型	直线度/(mm/mm长度)	平行度(加工面对基准面)/(mm/mm长度)	垂直度	
			加工面对基准面/(mm/mm长度)	加工面相互间(相对长度)/(mm/mm)
卧式铣床	0.06(0.04)/300	0.06(0.04)/300	0.04(0.02)/150	0.05(0.03)/300
立式铣床	0.06(0.04)/300	0.06(0.04)/300	0.04(0.02)/150	0.05(0.03)/300

注：括号内的数字为新机床的。

（二）典型表面的加工方法的选择

零件各表面的加工方法主要根据各加工表面的加工精度和表面粗糙度的要求确定。一般是根据零件主要表面的技术要求和工厂的具体条件，根据各加工方法的加工精度选定最终加工方法，然后再选各有关的前工序。表8-13、表8-14和表8-15分别为外圆表面、内孔表面及平面获得不同精度和表面粗糙度值的加工方法，可供选择时使用。

表8-13 外圆表面的加工方法

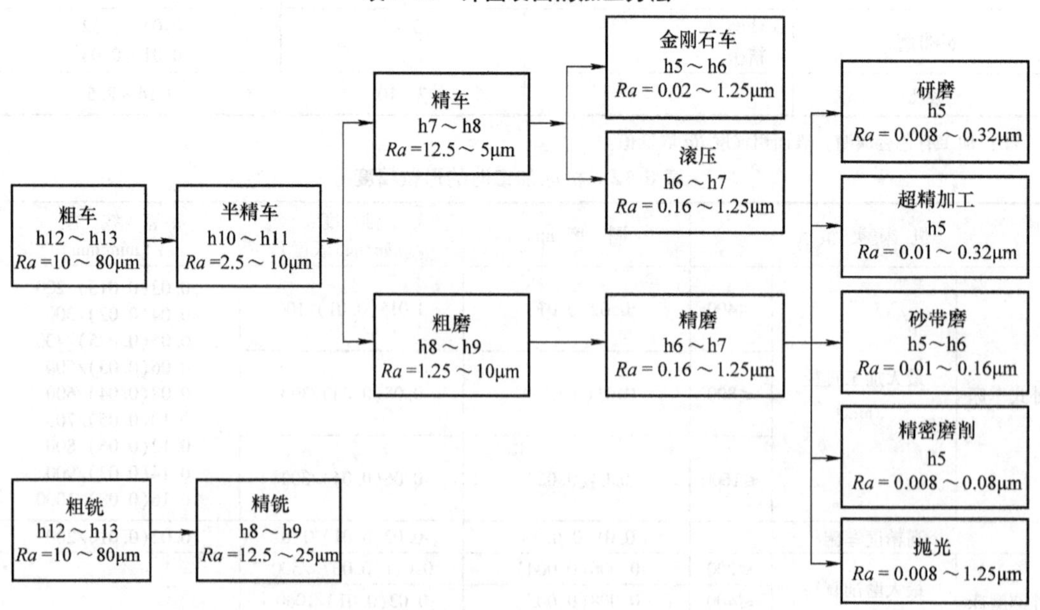

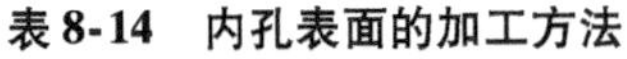

表 8-14 内孔表面的加工方法

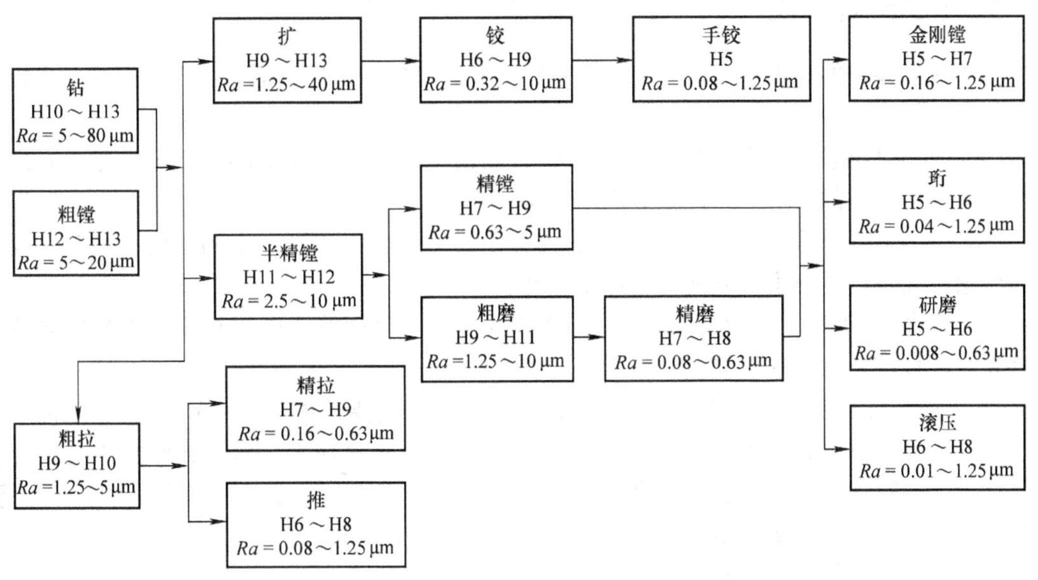

表 8-15 平面的加工方法

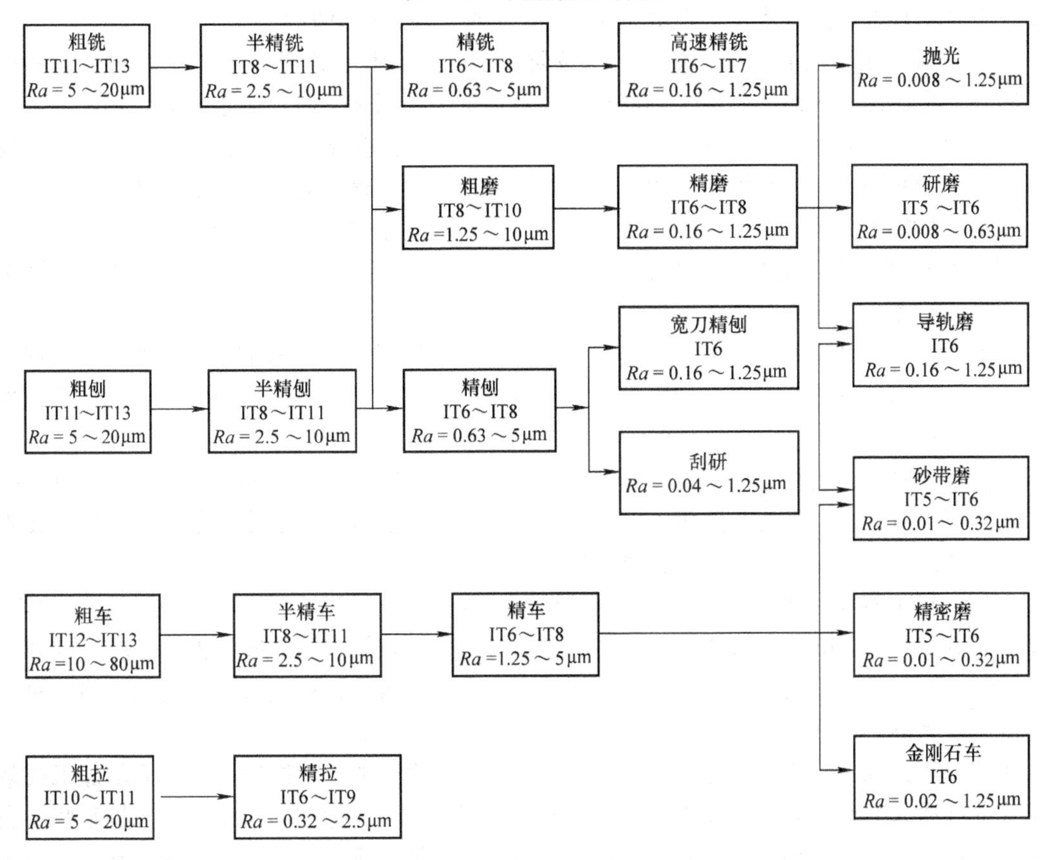

在选择加工方法时，还应使表面加工方法与零件材料的可加工性相适应，与车间的生产条件相适应，与零件的生产类型相适应，综合考虑，合理选择。

二、加工阶段的划分

为了保证零件的加工质量、获得高的生产率和较好的经济性，通常将工艺路线分成以下几个阶段：

（1）粗加工阶段　该阶段的主要任务是高效去除各加工表面上的大部分余量，在形状和尺寸上接近零件的要求。关键是提高生产率。

（2）半精加工阶段　该阶段的任务是使各主要加工表面达到一定的精度，使各次要表面达到最终要求，并为主要表面的精加工做准备。

（3）精加工阶段　该阶段的任务是保证零件各主要表面符合图样规定的质量要求或者零件符合图样的全部技术要求。

（4）光整加工阶段　如果零件的尺寸精度、形位精度要求很高（IT6以上），表面质量要求高（*Ra*值为0.2μm以下），必须在精加工之后进行光整加工。所谓光整加工是指降低零件的表面粗糙度值，提高表面层力学性能的加工方法。其主要任务是解决表面质量问题。其加工方法有珩磨、研磨、超精加工、无屑加工、电加工、电化学加工等。

工艺路线划分加工阶段的目的是：

（1）及时发现毛坯的缺陷　全部表面先进行粗加工，去掉加工表面的大部分余量，可以及早发现毛坯的缺陷（夹渣、气孔、裂纹），及时处理，避免损失。

（2）保证加工表面的质量　零件依次按阶段加工，有利于消除或减少变形对加工精度的影响，避免已加工表面的精度受到破坏。一般情况下，粗加工时加工余量大，切削力、切削热及内应力重新分布引起工件的变形就较大，精加工的余量很小，工件的变形就更小。通过半精加工和精加工逐步减少切削用量、切削力和切削热，逐步修正工件的变形，提高加工精度。粗、精加工分开，有利于消除工件的内应力，有利于保证加工表面的质量。

（3）合理选择机床设备　粗加工时可以选择功率大、精度较低的机床；精加工时则选精度较高的机床。这样既有利于发挥机床的性能，又能使生产成本降低。

（4）合理地插入必要的热处理工序　在加工工艺过程的不同阶段插入必要的热处理工序，能消除应力，得到所需零件的力学性能。例如，粗加工后进行去应力时效处理、半精加工后进行淬火等。

工艺过程是否需要划分阶段，主要由工件的变形对精度的影响程度来确定。一般情况下，零件可以分为粗、精两个阶段，但这不能绝对化，还要看工厂的生产条件、零件的技术要求、生产纲领、毛坯的精度等，具体问题具体分析。

例如，对于零件形状简单、加工精度低而刚性又较好的零件，可以不必划分加工阶段。对于一个壁厚只有2mm，精度要求又高的轴套零件则需划分三个或四个加工阶段，以满足其质量要求。对于大型及重型零件，则应尽量不划分加工阶段，避免多次安装和运输。对于精度要求非常高的零件，尽量采用一次装夹的复合加工方式。

工艺过程的加工阶段划分是对零件的整个加工过程而言的，不能以某一表面的加工或某一工序的性质来判断。如在精加工阶段中，有时也因工序尺寸标注的关系，要安排某些小表面的半精加工工序，如小孔、小槽等。总之，在确定了加工阶段之后，就大致上确定了各表面加工方法的顺序。

三、工序的集中与分散

拟订工艺路线时，在选定了各表面的加工方法，划分好加工阶段以后，为了便于组织生产，常将工艺路线划分为若干个工序，划分的原则可采用工序的集中或分散的原则。

（一）工序集中

工序集中原则就是使整个工艺过程由少数几个工序组成，每道工序的加工内容较多。工序集中的特点是：

1）工序数目少，简化了生产组织工作，降低了生产成本。

2）减少了设备数量，从而减少了操作工人和生产面积。

3）减少了零件的安装次数，有利于保证加工质量、提高劳动生产率。

4）有利于采用高生产率的设备，如加工中心等。

工序集中的生产准备工作量大，操作调整和维修费时费事。从今后发展的趋势看，数控机床、加工中心和柔性制造单元的发展，会使工序的集中程度得以提高。

（二）工序分散

工序分散指的是整个工艺过程的工序数目多，每道工序的加工内容较少。工序分散的特点是：

1）机床和工艺装备简单，调整、维修方便。

2）生产适应性好，产品变换容易。

3）有利于选择合适的切削用量。

但是工序分散的工序数目多，生产组织工作就比较复杂。

在确定工序集中或分散的问题时，应考虑零件的结构和技术要求、零件的生产纲领、工厂实际的生产条件（机床设备情况）等因素，在综合考虑后再确定。例如，对于重型零件的加工，为减少安装和搬运次数，多采用工序集中原则。大批量生产时，常用高效率的机床和工艺装备，如多轴自动机床、组合机床和专用机床等，使工序集中，以便提高生产率和保证质量。

四、工序的安排

（一）加工顺序的安排

加工顺序就是指工序的排列次序。它对保证加工质量、降低生产成本有着重要的作用。一般考虑以下几个原则：

（1）先基准后其他　零件的前几道工序应安排加工精基准，然后用精基准定位来加工其他表面。例如箱体零件，先以主要孔为粗基准来加工平面，再以平面为精基准来加工孔系。

（2）先粗加工后精加工　整个零件的加工工序应是粗加工在前，然后进行半精加工、精加工及光整加工。这样可以避免由于工件受力变形而影响加工质量，也避免了精加工表面受到损伤等。

（3）先加工平面，后加工内孔。

（4）先加工主要表面，后加工次要表面　首先加工作为精基准的表面；然后对精度要求高的主要表面进行粗加工、半精加工，并穿插一些次要表面的加工；再进行各表面的精加工。要求高的主要表面的精加工安排在最后进行，这样可避免已加工表面在运输过程中碰伤。

（二）热处理工序及辅助工序的安排

常用的热处理方法有退火、正火、时效和调质处理等。热处理的目的主要是提高材料的力学性能、改善材料的可加工性和消除内应力。

（1）退火和正火　其目的是消除毛坯的内应力，改善可加工性和消除组织的不均匀，可以放在粗加工阶段前后。放在粗加工前，可使粗加工时的可加工性改善，减少工件在车间间的转换，但不能消除粗加工所产生的内应力。

（2）时效处理　对于大而复杂的铸件，为了尽量减少内应力引起的变形，粗加工后进行人工时效处理，粗加工前采用自然时效处理。

（3）调质处理　调质处理可以改善材料力学性能，一般安排在粗加工后进行。

（4）淬火或渗碳淬火处理　它可以提高零件表面的硬度和耐磨性，一般安排在精加工之前进行。

（5）表面处理　它可以提高零件的耐腐蚀能力，增加耐磨性，使表面美观，一般安排在工艺过程的最后进行。

辅助工序有检验（中间检验、终检、特种检验等）、清洗防锈、去毛刺、退磁等，它们一般安排在下列情况进行：

1）关键工序前后。

2）加工阶段前后。

3）转换车间前后，特别是热处理工序前后。

4）零件全部加工完毕。

五、机床及工艺装备的选择

在设计工序时，需要具体选定所用的机床及工艺装备。

（一）机床的选择

机床的精度对工序的加工质量有很大的影响，在选择时要考虑以下原则：

1）机床精度应与工序的加工精度相适应。

2）机床的规格应与工件的轮廓尺寸相适应。

3）机床的功率和刚度应与工序的性质相适应。

4）机床的生产率应与零件的生产类型相适应。

同时，选择机床时应充分利用现有设备，并尽量采用国产机床。

（二）夹具的选择

在选择机床后，应考虑在机床上装夹工件所用的夹具。一般情况下优先选用通用夹具、组合夹具。只有在产品的加工精度要求很高，结构复杂时，才选用专用夹具以提高劳动生产率，保证产品质量。

（三）切削工具的选择

切削工具的类型、规格和材料的选择，主要取决于工序所用的加工方法、被加工表面的尺寸、所要求的加工精度及表面粗糙度、工件的材料等。为了获得好的经济效益，应优先采用标准的切削工具。

（四）量具的选择

量具的选择要依据零件的生产类型、所要求检验的尺寸及精度来选择。如单件小批生产优先采用通用量具；大批大量生产则主要采用极限量规和检验夹具，以提高生产率。

六、计算机辅助工艺设计（Computer Aided Process Planning，CAPP）

随着计算机技术的发展和普及，利用计算机辅助进行工艺规程的设计已成为可能。特别是在当代制造领域中新工艺新、技术的飞速发展，人民生活水平的提高，使得社会需求趋向个性化，市场竞争激烈，产品更新换代频率加快。为了适应这种市场形势，企业迫切要求将计算机的应用贯穿于产品策划、设计、工艺、制造及管理的全过程，以实现信息共享、提高效率、降低成本。

CAPP 指计算机辅助工艺设计人员制订产品制造过程的工艺规划，包括制造所需的环境、条件、资源消耗、工作流程及生产节拍。CAPP 系统不仅能利用工艺设计人员的经验知识和各种工艺数据进行科学的决策、自动生成工艺规程，还能按照一定的算法自动计算工序尺寸、自动绘制工序图、选择切削参数等，从而设计出一致性好、质量高的工艺规程。

1. CAPP 系统的基本原理

按照工艺生成的工作原理，CAPP 系统分为派生式、创成式和混合式系统等。

（1）派生式 CAPP 系统　利用零件的相似性，一个新零件的工艺规程是通过检索系统中已有的相似零件的工艺规程并加以自动筛选或编辑而成的，因此称之为派生式。派生式 CAPP 也称为检索式或变异式 CAPP，如图 8-10a 所示。

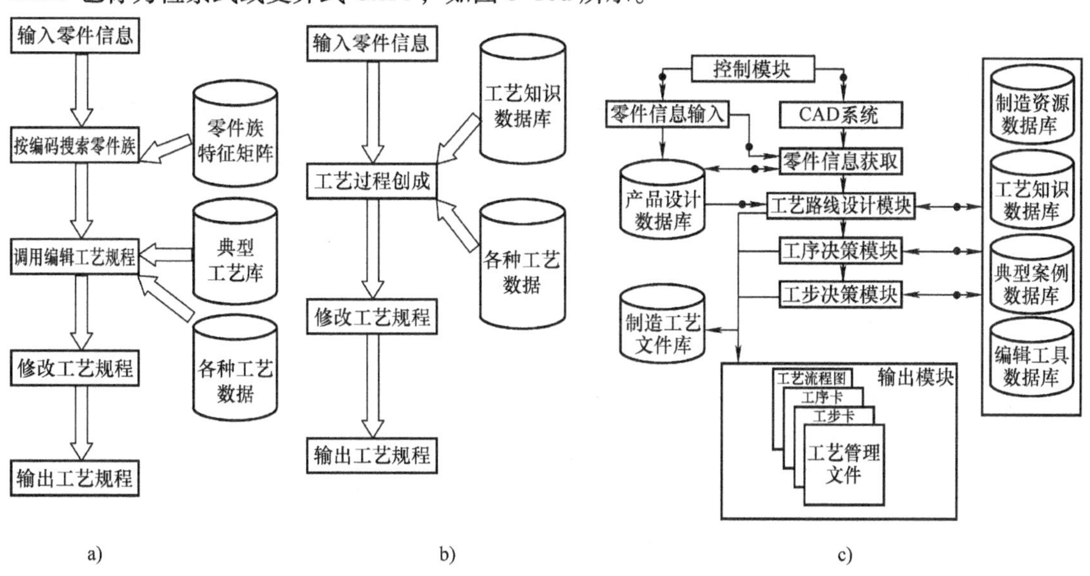

图 8-10

CAPP 系统种类和组成

a）派生式　b）创成式　c）CAPP 系统的组成

（2）创成式 CAPP 系统　不是利用零件的相似性，而是依靠系统中的决策逻辑和制造工程数据信息生成零件的工艺规程。这些信息主要包括各种加工方法的加工能力和对象，各种设备及刀具的适用范围等。工艺决策中的各种决策逻辑以规则的形式存入相对独立的工艺知识库，供系统调用。向创成式系统输入零件信息后，系统能自动生成各种工艺规程文件，用户不需或略加修改即可，如图8-10b所示。

（3）混合式CAPP系统　将传统的派生法、创成法和人工智能结合在一起，形成了混合式CAPP系统。如派生式与创成式相结合、基于实例与基于知识相结合的CAPP系统。

2. CAPP系统的组成

CAPP系统的组成如图8-10c所示。

第四节　加工余量及工序尺寸和公差的确定

在工艺路线制订后要进行工序设计，确定各个工序的具体内容，同时应正确确定各个工序加工应达到的尺寸——工序尺寸及其公差。工序尺寸不但与工件的设计尺寸有关，而且还与各个工序的加工余量有密切关系。

8.4　加工余量及工序尺寸和公差的确定

一、加工余量的确定

在确定工序尺寸时，首先要确定加工余量。正确地确定加工余量对于工厂具有重要的意义。若毛坯的余量过大，浪费材料，势必使生产成本提高；反之若余量太小，使毛坯制造困难，同样增加成本，余量太小也不能保证零件的加工精度。所以余量过大、过小都会给机械加工带来不利的影响。

（一）加工余量的概念

加工余量可以分为加工总余量和工序余量两种。毛坯经机械加工而达到零件图的设计尺寸，毛坯尺寸与零件图的设计尺寸之差，即从被加工表面上切除的金属层总厚度称为加工总余量。而相邻两工序的尺寸差，即在某一工序所切除的金属层厚度称为工序余量。

某个表面的加工总余量$\Delta Z_{总}$与加工该表面各工序余量ΔZ_i之间有下列的关系：

$$\Delta Z_{总} = \Delta Z_1 + \Delta Z_2 + \Delta Z_3 + \cdots + \Delta Z_n = \sum_{i=1}^{n} \Delta Z_i \tag{8-2}$$

式中　n——加工该表面的工序数；

$\Delta Z_{总}$——加工总余量；

ΔZ_i——各工序余量。

工序余量分为单边余量和双边余量。

若相邻两工序的工序尺寸之差等于被加工表面任一位置上在该工序切除的金属层厚度时，称之为单边余量。若加工回转表面时，在一个方向的金属层被切除时，对称方向上的金属层也等量地同时被切除掉，使相邻两工序的工序尺寸之差等于被加工表面任一位置上在该工序内切除的金属层厚度的两倍，此时工序余量为双边余量，如图8-11所示。

在制订工艺规程时，可以根据各工序的性质来确定工序的加工余量，进而求出各工序的工序尺寸。在实际的加工过程中，工序尺寸是有公差的，因而实际的切除余量是有变化的。所以加工余量又有基本余量、最大加工余量和最小加工余量之分。

通常所说的加工余量是指基本余量，其值是相邻工序的公称尺寸之差。如图8-12所示，此处，指的是平面加工的单边余量。

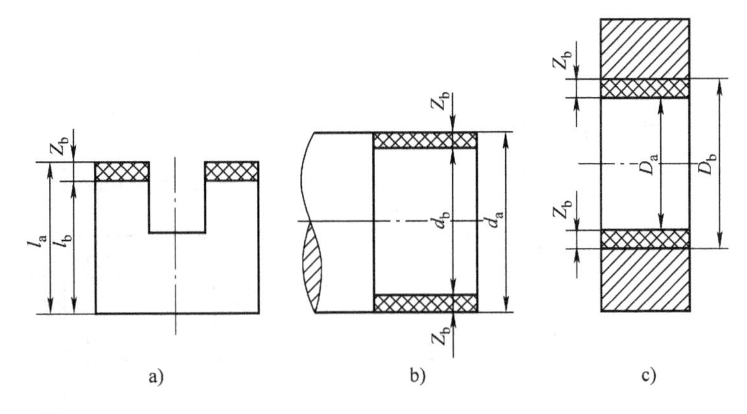

图 8-11

单边余量和双边余量

a）单边余量　b）外表面双边余量　c）内表面双边余量

$$Z = |L_2 - L_1|$$

当工序尺寸以极限尺寸计算时所得的余量根据实际情况可能是最大加工余量 Z_{max} 或最小加工余量 Z_{min}。它们的差即是加工余量的可能变动范围。对于最大加工余量和最小加工余量，因加工内、外表面的不同而计算方法亦不同。

对于外表面（图 8-12a）：

$$Z_{1max} = L_{2max} - L_{1min}$$
$$Z_{1min} = L_{2min} - L_{1max}$$

对于内表面（图 8-12b）：

$$Z_{1max} = L_{1max} - L_{2min}$$
$$Z_{1min} = L_{1min} - L_{2max}$$

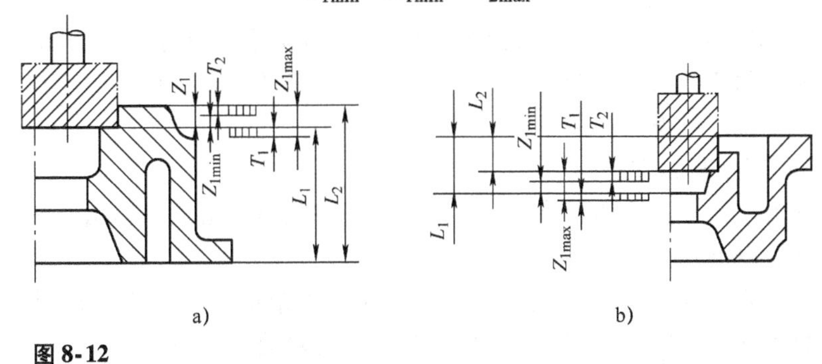

图 8-12

基本余量、最大加工余量和最小加工余量

显然，加工余量变化的公差等于上道工序的工序尺寸公差 T_1 与本工序的工序尺寸公差 T_2 之和，即

$$T_z = Z_{max} - Z_{min} = T_1 + T_2 \tag{8-3}$$

各个加工余量与相应加工尺寸的关系如图 8-13 所示。

（二）影响加工余量的因素

应考虑在保证加工质量的前提下尽量减少加工余量。一般情况下，影响加工余量的因素

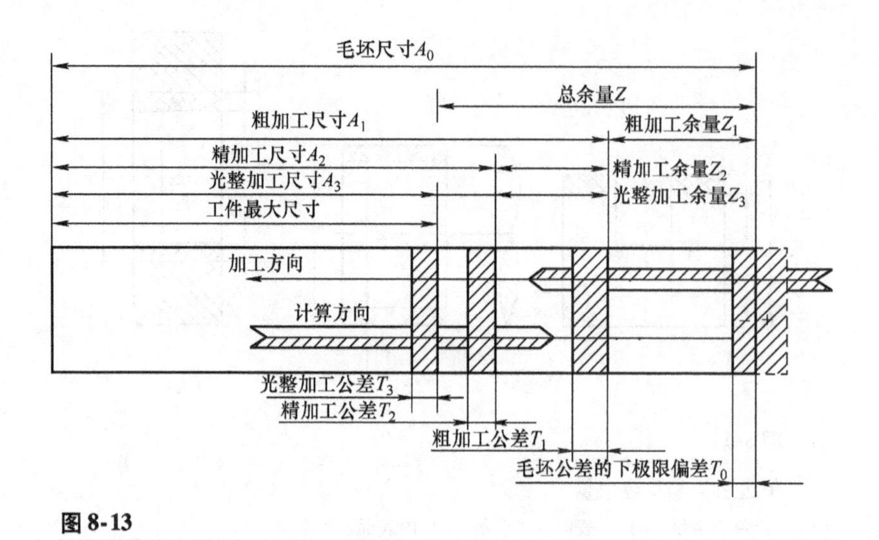

图 8-13

加工余量与相应加工尺寸的关系

有下列几项：

（1）上道工序加工表面（或毛坯表面）的表面质量　它包括表面粗糙度 Ra 值和表面缺陷层深度 H_a，它们的大小和加工方法有关，应在本工序去除掉。

（2）上道工序的尺寸公差 T_a　由于在上道工序中，加工后的表面存在着尺寸误差和形状误差（圆度、圆柱度、平面度等），这些误差都包含在尺寸公差 T_a 内，为了纠正这些误差，本工序的加工余量应计入 T_a。T_a 的大小应根据加工方法的加工经济精度查阅有关手册确定。

（3）上道工序的位置误差 ρ_a　它包括如弯曲、位移、偏心、不平行等。这些误差不包括在尺寸公差内，应去除。ρ_a 的大小与加工方法有关。

（4）本工序的安装误差 ε_b　本工序的安装误差包括定位误差和夹紧误差。这部分误差会影响被加工表面和切削工具的相对位置，因此要以一定的余量进行补偿。其中定位误差可以进行计算，夹紧误差可查阅有关资料。

（三）确定加工余量的方法

加工余量的大小对零件的加工质量、生产率及经济效益有很大的影响。一般合理的加工余量的确定方法有以下几种：

（1）计算法　此法是根据一定的资料，对影响加工余量的各项因素进行分析计算，然后综合考虑计算出加工余量，多用于大批大量生产，计算公式如下：

双边余量：

$$Z_b \geqslant T_a + 2(H_a + Ra) + 2|\rho_a + \varepsilon_b| \tag{8-4}$$

单边余量：

$$Z_b \geqslant T_a + H_a + Ra + |\rho_a + \varepsilon_b| \tag{8-5}$$

一般取

$$|\rho_a + \varepsilon_b| = \sqrt{\rho_a^2 + \varepsilon_b^2}$$

（2）查表法　查表法是指以工厂的实际生产经验及工艺实践积累的有关加工余量的资料数据为基础，结合具体加工方法进行适当修正而得到加工余量的方法。

（3）经验法　经验法是指根据工艺人员的经验来确定加工余量的方法。

二、工序尺寸和公差的确定

一般情况下，加工某表面的最终工序的尺寸及公差可直接按零件图的要求来确定。中间各工序的工序尺寸则可根据零件图的尺寸，加上或减去工序的加工余量而得到。采用由后向前推的方法，由零件图的尺寸，一直推算到毛坯尺寸。图 8-14 所示为加工轴时各工序尺寸之间的关系。

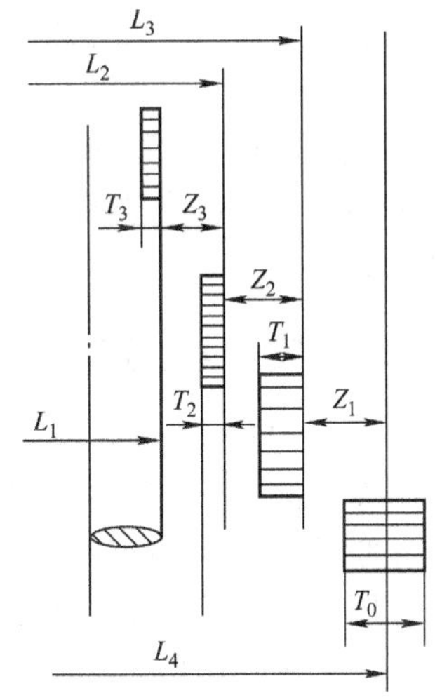

图 8-14

工序尺寸的计算

其中 L_1 为零件的公称尺寸，L_4 为毛坯公称尺寸。由图 8-14可见，对于外表面，本工序的尺寸加上本工序的余量即为前工序的尺寸。

$$L_1 = L_1$$
$$L_2 = L_1 + Z_3$$
$$L_3 = L_2 + Z_2 = L_1 + Z_3 + Z_2$$
$$L_4 = L_3 + Z_1 = L_1 + Z_3 + Z_2 + Z_1 = L_1 + Z_\Sigma$$

由上述可得出，各工序尺寸可由最终尺寸及余量推出。在计算时应注意区分内、外表面，同时注意单边、双边余量的问题。

中间工序尺寸的公差可根据加工方法的加工经济精度来选取，正确地选定工序公差有着重要的意义。工序公差太小，就要求采用较精确的加工方法，从而影响加工的经济效益；工序公差太大，则会影响以后工序的加工精度。

工序尺寸及公差确定好以后，在工序单上标注时，按“入体原则”进行标注。即对于外表面尺寸，注成负偏差，对于内表面尺寸，注成正偏差。

毛坯的尺寸及公差需查阅有关资料来确定。

但是若某些尺寸在加工过程中多次转换了工序基准，此时该工序尺寸及公差的确定还需利用后面介绍的尺寸链原理计算其大小及上、下极限偏差。

例 8-1 某箱体上的孔，设计要求为 ϕ95JS6，$Ra = 0.8\mu m$。加工工序为：粗镗—半精镗—精镗—浮动镗。确定各个工序的工序尺寸与公差。

首先根据有关手册及工厂实际确定各个工序的基本加工余量，然后根据各种加工方法的经济精度来确定各个工序尺寸的公差，最后由后工序向前工序逐个计算工序尺寸，见表 8-16。

表 8-16 孔各工序的工序尺寸及其公差 （单位：mm）

工序名称	工序基本余量	工序的加工经济精度	工序尺寸	工序尺寸与公差
毛坯	7	±1.3	92.1−5 = 87.1	$\phi 87.1 \pm 1.3$
粗镗	5	H13（ES = +0.44 EI = 0）	94.4−2.3 = 92.1	$\phi 92.1^{+0.44}_{0}$ $Ra = 6.4\mu m$
半精镗	2.3	H10（ES = +0.14 EI = 0）	94.9−0.5 = 94.4	$\phi 94.4^{+0.14}_{0}$ $Ra = 3.2\mu m$
精镗	0.5	H7（ES = +0.035 EI = 0）	95−0.1 = 94.9	$\phi 94.9^{+0.035}_{0}$ $Ra = 1.6\mu m$
浮动镗	0.1	JS6（±0.011）	95	$\phi 95 \pm 0.011$ $Ra = 0.8\mu m$

第五节　工艺尺寸链

加工过程中，工件的尺寸在不断地变化，由毛坯尺寸到工序尺寸，最后达到设计要求尺寸。这些尺寸之间存在一定联系，应用尺寸链理论可揭示它们之间的内在联系。掌握其变化规律是合理确定工序尺寸及其公差和计算各种工艺尺寸的基础。本节将首先介绍尺寸链的基本概念，然后分析工艺尺寸链的应用和计算方法。

8.5　工艺尺寸链

一、尺寸链的概念

（一）尺寸链的定义

在机器设计及制造过程中，常涉及一些相互联系、相互依赖的若干尺寸的组合。通常把相互联系且按一定顺序排列的封闭尺寸组合称为尺寸链。尺寸链中的每个尺寸称为尺寸链的环。图 8-15 为工艺尺寸链的示意图。

尺寸链中在装配过程或加工过程最后形成的一环称为封闭环，常用 A_0 表示。

尺寸链中对封闭环有影响的全部环，称为组成环，用 A_1、A_2……A_n 来表示。这些环中任一环的变动必然引起封闭环的变动。组成环又分为增环和减环。增环常用$\vec{A}_i$表示，减环常用$\overleftarrow{A}_i$表示。若该组成环的变动引起封闭环同向变动则称为增环，同向变动指该环增大时封闭环也增大，该环减小时封闭环也减小；若该组成环的变动引起封闭环反向变动则称为减环，反向变动指该环增大时封闭环减小，该环减小时封闭环增大。在图 8-15 中，A_1 是增环，A_3 是减环，A_2 是封闭环。

（二）尺寸链的分类

尺寸链按应用场合来分可分为：

（1）工艺尺寸链　由加工过程的各有关工艺尺寸所组成的尺寸链称为工艺尺寸链。图 8-15表示的是一个工艺尺寸链。图 8-15a 为铣削阶梯表面的加工图。尺寸 A_1、A_2 为零件图上标注的尺寸，加工时以表面 B 为定位基准铣削面 C，得尺寸 A_3。此时尺寸 A_2 是由 A_1、A_3 间接得到的。A_1、A_2、A_3 构成了一个相互关联的工艺尺寸链。

（2）装配尺寸链　在机器装配过程中，由相互连接的尺寸形成封闭的尺寸组合称为装配尺寸链，如图 8-16 所示。

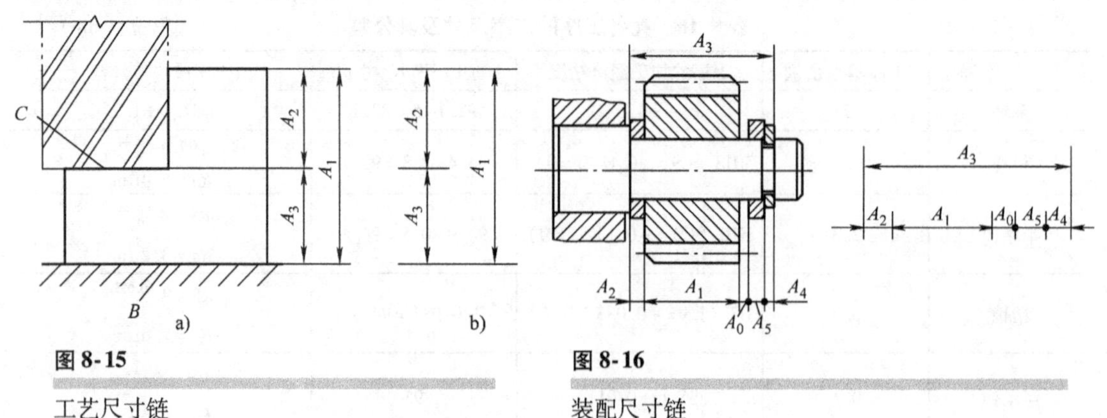

图 8-15

工艺尺寸链

图 8-16

装配尺寸链

（3）设计尺寸链　由零件设计图上的尺寸所组成的尺寸组合称为设计尺寸链。

设计尺寸链按尺寸链的空间位置来分可分为：

1）线性尺寸链。全部组成环均平行于封闭环，图 8-16 所示为线性尺寸链。

2）平面尺寸链。组成环均位于一个或几个平行平面内，各环之间可以不平行，如图 8-17a所示。

3）空间尺寸链。尺寸链中各环不在同一平面或彼此平行的平面内。空间尺寸链可以转化为三个相互垂直的平面尺寸链，每一个平面尺寸链又可转化为两个相互垂直的线性尺寸链。因此线性尺寸链是尺寸链中最基本的尺寸链。

设计尺寸链按尺寸链的几何特征来分可分为：

1）长度尺寸链。尺寸链的各环均为长度。

2）角度尺寸链。尺寸链的各环均为角度，如图 8-18 所示，β_1、β_2、β_0 组成了角度尺寸链。

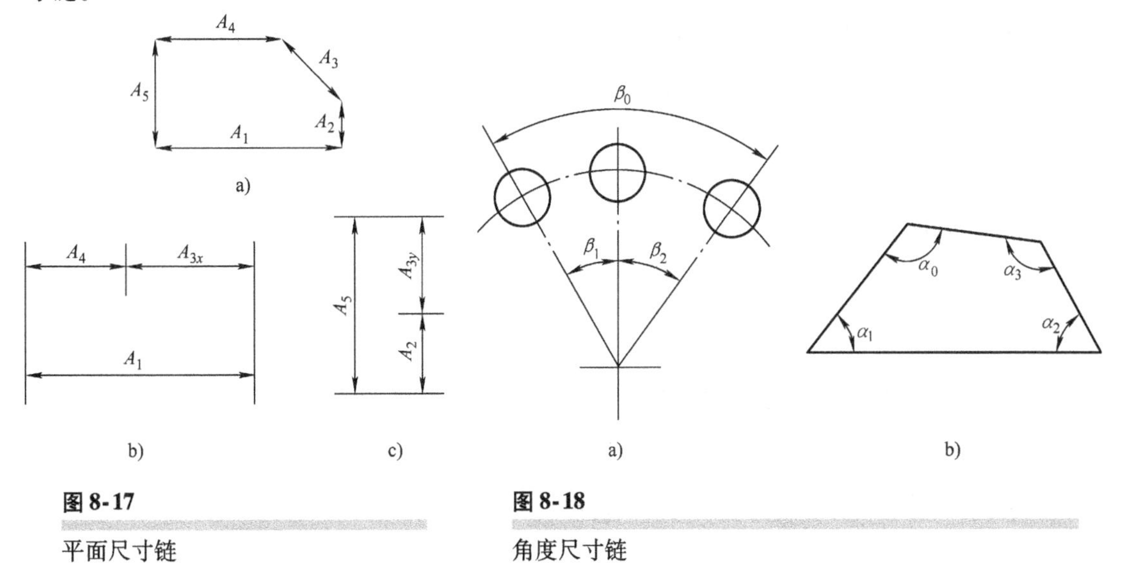

图 8-17
平面尺寸链

图 8-18
角度尺寸链

二、尺寸链的计算方法

尺寸链的计算是指计算封闭环与组成环的公称尺寸、公差及极限偏差之间的关系。通常尺寸链的计算方法有极值法和概率法两种。

（一）极值法

极值法是按误差综合的两个最不利的情况来计算封闭环公差的方法。即按各增环皆为上极限尺寸，而各减环皆为下极限尺寸；各增环皆为下极限尺寸，而各减环皆为上极限尺寸的情况来计算封闭环极限尺寸。该法简便、可靠，但对组成环的公差要求过于严格。工艺尺寸链基本上均用极值法计算。

用极值法计算尺寸链的基本公式：

1）封闭环的公称尺寸等于各增环公称尺寸之和减去各减环公称尺寸之和。

$$A_0 = \sum_{i=1}^{n} \overrightarrow{A}_i - \sum_{i=n+1}^{m-1} \overleftarrow{A}_i \tag{8-6}$$

式中 A_0——封闭环的公称尺寸；
$\vec{A}_i$——增环的公称尺寸；
$\overleftarrow{A}_i$——减环的公称尺寸；
n——增环的环数；
m——尺寸链的总环数。

2）封闭环的最大值等于各增环最大值之和减去各减环最小值之和。封闭环的最小值等于各增环最小值之和减去各减环最大值之和。

$$A_{0\max} = \sum_{i=1}^{n} \vec{A}_{i\max} - \sum_{i=n+1}^{m-1} \overleftarrow{A}_{i\min} \tag{8-7}$$

$$A_{0\min} = \sum_{i=1}^{n} \vec{A}_{i\min} - \sum_{i=n+1}^{m-1} \overleftarrow{A}_{i\max} \tag{8-8}$$

3）封闭环的上极限偏差等于各增环上极限偏差之和减去各减环下极限偏差之和。封闭环的下极限偏差等于各增环下极限偏差之和减去各减环上极限偏差之和。

$$\mathrm{ES}_0 = \sum_{i=1}^{n} \overrightarrow{\mathrm{ES}}_i - \sum_{i=n+1}^{m-1} \overleftarrow{\mathrm{EI}}_i \tag{8-9}$$

$$\mathrm{EI}_0 = \sum_{i=1}^{n} \overrightarrow{\mathrm{EI}}_i - \sum_{i=n+1}^{m-1} \overleftarrow{\mathrm{ES}}_i \tag{8-10}$$

4）封闭环的公差等于各组成环公差之和。

$$T_0 = \sum_{i=1}^{m-1} T_i \tag{8-11}$$

（二）概率法

概率法就是利用概率论原理进行尺寸链计算的一种方法，主要用于组成环数较多的场合。此种方法计算科学、经济效果好。尺寸链计算的基本公式为

封闭环公称尺寸：
$$A_0 = \sum_{i=1}^{n} \vec{A}_i - \sum_{i=n+1}^{m-1} \overleftarrow{A}_i \tag{8-12}$$

封闭环的公差：
$$T_0 = \sqrt{\sum_{i=1}^{m-1} T_i^2} \tag{8-13}$$

（三）计算工艺尺寸链的步骤

工艺尺寸链的计算一般有下面两种情况：

1）已知全部组成环的尺寸，求封闭环的尺寸，这称为正计算，多用于验算、校核设计的正确性。

2）已知封闭环的尺寸，求组成环的尺寸，这称为反计算，多用于工序设计。

计算工艺尺寸链的步骤为：

1）根据题意，按照零件各表面间的相互联系，绘出尺寸链。

2）确定封闭环。尺寸链中间接得到的尺寸，不是前工序形成的，也不是本工序加工出的尺寸，而是由其他尺寸确定后自然形成的尺寸叫作封闭环。

3）确定增、减环时可先在封闭环上任意设定一个方向，然后循此方向由封闭环出发经过各组成环作一回线直至回到封闭环。若该回线前进的方向与设定的封闭环方向相同，则该组成环为减环，若两者方向相反，则该组成环为增环。如图8-19所示，A_0 是封闭环，A_1 是

减环，A_2、A_3 是增环。

4）利用公式，根据已知条件求未知尺寸。

5）分析验算，若结果不合理，找出原因进行修正。

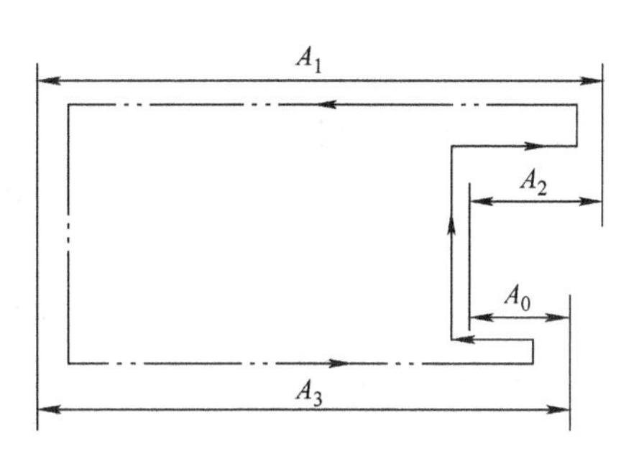

图 8-19
增、减环的判断

三、典型工艺尺寸链的分析计算

（一）基准不重合时的工艺尺寸换算

工艺尺寸换算在工艺设计中占重要的地位。从一组基准转换到另一组基准，就形成两组相互联系的尺寸和公差系统。工艺尺寸换算就是以适宜制造的工艺尺寸系统去保证零件图上的设计尺寸系统，即保证零件图所规定的尺寸和公差。

工艺尺寸换算主要是在基准转换过程中由于基准不重合造成的，一般有以下两种形式。

1. 定位基准与设计基准不重合

在零件的最终工序中，若定位基准与设计基准不重合，工序的尺寸及公差就无法直接取自零件图，需要进行工艺尺寸换算而得到。

例 8-2　图 8-20a 所示为工件的零件图，图 8-20b 所示为最终工序铣缺口的工序简图。工件在前工序已加工出表面 A、B、C，保证了尺寸 60mm ±0.05mm 和 $30^{+0.04}_{0}$mm。求工序尺寸 L_1。从零件图可以看出加工 D 面的设计基准是 C 面。而工序图上的定位基准为 A 面，所以定位基准与设计基准不重合。工序尺寸 L_1 需通过尺寸换算得出。

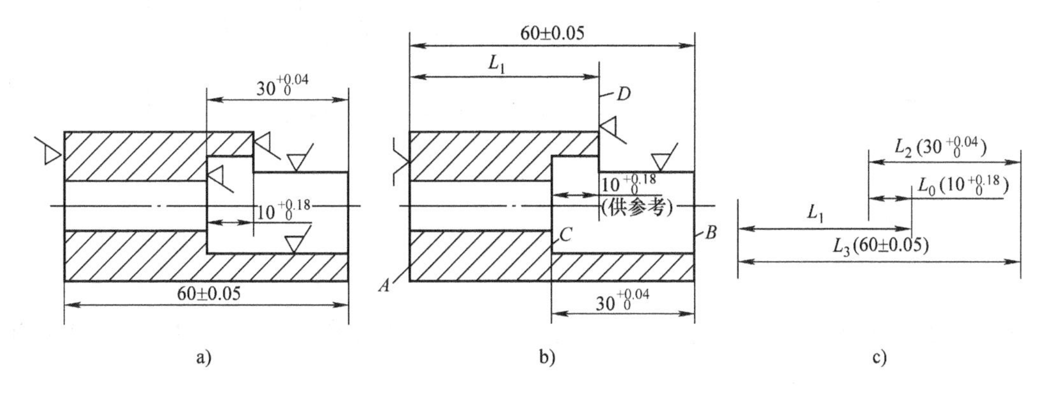

图 8-20
尺寸链计算示例（一）

解　根据题意画出尺寸链，如图 8-20c 所示。在尺寸链中，尺寸 60mm ± 0.05mm、$30^{+0.04}_{0}$mm 是前工序形成的。尺寸 L_1 是本工序保证的，尺寸 $10^{+0.18}_{0}$mm 要通过前面三个尺寸间接保证，所以 $L_0=10^{+0.18}_{0}$mm 是封闭环。由尺寸链上可以看出 L_1、L_2 为增环，L_3 为减环。利用尺寸链极值法公式进行计算。

由式（8-6）得

$$L_0 = L_1 + L_2 - L_3$$
$$10\text{mm} = L_1 + 30\text{mm} - 60\text{mm}$$

$$L_1 = 40\text{mm}$$

由式（8-9）得

$$ES_0 = ES_1 + ES_2 - EI_3$$
$$0.18\text{mm} = ES_1 + 0.04\text{mm} - (-0.05)\text{mm}$$
$$ES_1 = +0.09\text{mm}$$

由式（8-10）得

$$EI_0 = EI_1 + EI_2 - ES_3$$
$$0\text{mm} = EI_1 + 0\text{mm} - (+0.05)\text{mm}$$
$$EI_1 = 0.05\text{mm}$$
$$L_1 = 40^{+0.09}_{+0.05}\text{mm} = (40.07 \pm 0.02)\text{mm}$$

验算： $T_0 = \sum T_i =$ （$0.04 + 0.04 + 0.10$） $\text{mm} = 0.18\text{mm}$

由于尺寸换算后要压缩公差，当本工序经压缩后公差较小而可能使加工产生废品时，则将原设计尺寸作为“供参考”尺寸一同标注在工序图上，以防假废品出现。

例 8-3 图 8-21a 所示为阶梯板的零件图。首先以表面 A 为基准加工表面 B，保证工序尺寸 $80^{\ 0}_{-0.15}$ mm；为了定位与调整方便，用表面 A 为基准加工表面 C，其设计尺寸为 $40^{+0.25}_{\ 0}$ mm。工序尺寸 A_1 为多少才能保证设计尺寸？

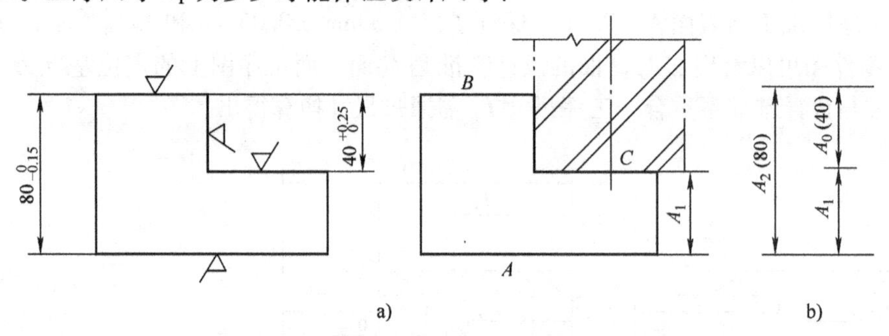

图 8-21

尺寸链计算示例（二）

解 依题意画出尺寸链，如图 8-21b 所示。其中 A_0（$40^{+0.25}_{\ 0}$ mm）为封闭环，A_1 为减环，A_2（$80^{\ 0}_{-0.15}$ mm）为增环。

由式（8-6）得

$$A_0 = A_2 - A_1$$
$$40\text{mm} = 80\text{mm} - A_1$$
$$A_1 = 40\text{mm}$$

由式（8-9）得

$$ES_0 = ES_2 - EI_1$$
$$EI_1 = ES_2 - ES_0$$
$$EI_1 = [0 - (+0.25)]\text{mm} = -0.25\text{mm}$$

由式(8-10)得

$$EI_0 = EI_2 - ES_1$$

$$ES_1 = EI_2 - EI_0$$
$$ES_1 = (-0.15 - 0)\text{mm} = -0.15\text{mm}$$

所以
$$A_1 = 40^{-0.15}_{-0.25}\text{mm}$$

按入体原则标注，则为 $A_1 = 39.85^{\ 0}_{-0.1}\text{mm}$。

由此看出，只要判断出封闭环、增环、减环，就可以很方便地进行计算。

2. 测量基准与设计基准不重合的工艺尺寸换算

在加工时，若零件图样上给出的设计尺寸直接测量有困难时，这时设计尺寸就不能用作工序尺寸，而需进行尺寸换算。换算后的尺寸应能保证设计尺寸的要求。

例 8-4　图 8-22a 所示零件的设计尺寸为 $40^{\ 0}_{-0.16}\text{mm}$ 和 $10^{\ 0}_{-0.3}\text{mm}$。但是尺寸 $10^{\ 0}_{-0.3}\text{mm}$ 不便测量，加工时改测尺寸 L_1，控制台阶面位置。问 L_1 为多少时，才能保证 $10^{\ 0}_{-0.3}\text{mm}$ 的要求？

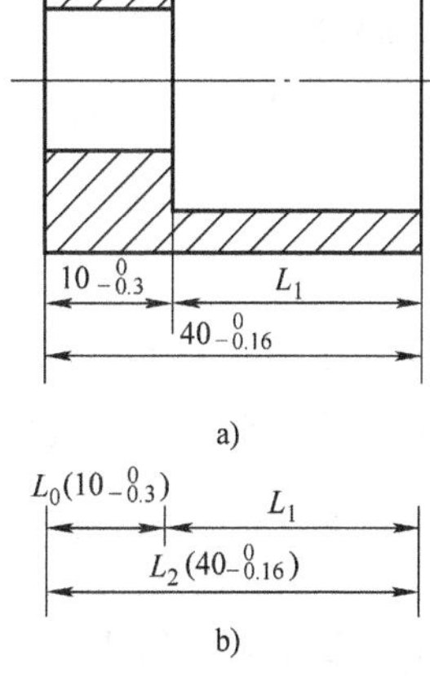

图 8-22

尺寸链计算示例（三）

解　依题意画出尺寸链，如图 8-22b 所示。其中 $10^{\ 0}_{-0.3}\text{mm}$ 为间接得到的，为封闭环 L_0。而 $40^{\ 0}_{-0.16}\text{mm}$ 为增环，L_1 为减环。

由前述公式可算出

$$L_1 = (40 - 10)\text{mm} = 30\text{mm}$$
$$T_1 = (0.3 - 0.16)\text{mm} = 0.14\text{mm}$$
$$ES_1 = 0.14\text{mm}$$
$$EI_1 = 0$$

所以，尺寸 $L_1 = 30^{+0.14}_{\ 0}\text{mm}$。

同样，在利用换算后的新测量尺寸进行加工后，有时也会出现假废品的情况。但是只要按计算结果控制加工尺寸不超差，则得到的一定是合格品。

（二）尚需继续加工的表面标注的工序尺寸计算

例 8-5　图 8-23a 为加工一带键槽内孔的简图。设计尺寸为键槽深 $43.6^{+0.34}_{\ 0}\text{mm}$ 及孔径 $\phi40^{+0.05}_{\ 0}\text{mm}$。其加工过程为先镗内孔至 $\phi39.6^{+0.10}_{\ 0}\text{mm}$，再插键槽，工序尺寸为 A_1。然后热处理。最后磨内孔至 $\phi40^{+0.05}_{\ 0}\text{mm}$，并保证键槽深尺寸 $43.6^{+0.34}_{\ 0}\text{mm}$。

解　依照题意，把 $\phi39.6\text{mm}$ 和 $\phi40\text{mm}$ 的尺寸按半径来处理，画尺寸链如图 8-23b 所示。其中 A_0 是间接形成的封闭环，而 A_1、A_3 为增环，A_2 为减环。

由前述公式可计算出

公称尺寸：

$$A_0 = A_1 + A_3 - A_2$$
$$A_1 = 43.4\text{mm}$$

上极限偏差：

$$ES_0 = ES_1 + ES_3 - EI_2$$
$$ES_1 = +0.315\text{mm}$$

下极限偏差：

$$EI_0 = EI_1 + EI_3 - ES_2$$

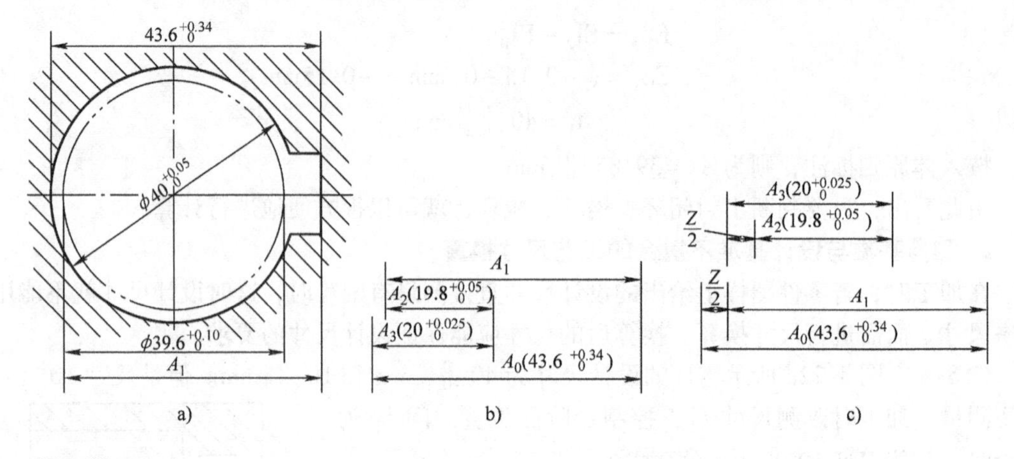

图 8-23

尺寸链计算示例（四）

$$EI_1 = +0.05\text{mm}$$

所以
$$A_1 = 43.4^{+0.315}_{+0.05}\text{mm}$$

按入体尺寸原则写为 $A_1 = 43.45^{+0.265}_{0}\text{mm}$。

有时为了分析磨孔余量对键槽深度的影响，也可将上述尺寸链分解为两个工艺尺寸链求解。如图 8-23c 所示，在 A_3、A_2、$\frac{Z}{2}$的尺寸链中，$\frac{Z}{2}$为封闭环，A_3 为增环，A_2 为减环。在 A_0、A_1、$\frac{Z}{2}$的尺寸链中，A_0 为封闭环，A_1、$\frac{Z}{2}$为增环。按照极值法计算出来的结果是一样的，即$A_1 = 43.45^{+0.265}_{0}\text{mm}$。

（三）对多尺寸保证的工艺尺寸换算

在设计工艺过程时，由于不能按设计尺寸进行加工，当加工一个表面时，会出现同时要求保证几个位置尺寸的情况，这就造成了多尺寸保证问题。

（1）主设计基准最后加工　设计基准往往有许多尺寸与其有联系，因而对其本身的精度要求很高，一般都要进行精加工。所以精加工后就要同时保证多个设计尺寸，如何正确给出相关中间工序的工序尺寸的问题就是很重要的了。

例 8-6　图 8-24a 所示为零件的部分尺寸要求，图 8-24b 所示为最后几个有关的工序。在最后的磨工序要同时保证尺寸 $9^{\ 0}_{-0.09}\text{mm}$、$32^{\ 0}_{-0.062}\text{mm}$ 和尺寸 10mm ± 0.18mm。其中尺寸 $9^{\ 0}_{-0.09}\text{mm}$ 和 $32^{\ 0}_{-0.062}\text{mm}$ 公差要求较严，应为直接保证尺寸，而 10mm ± 0.18mm 则由各工序加工间接保证了。求钻小孔时的工序尺寸 A_1 为多少才能保证10mm ± 0.18mm 的要求？该零件的轴向设计基准为表面 B，与之相联系的尺寸有三个，而且表面 B 要在最后加工。

解　依题意可以列出如图 8-24c 所示的尺寸链。其中 A_0（10mm ± 0.18mm）为封闭环，A_1、A_3 为增环，A_2 为减环。

公称尺寸：

$$A_0 = A_1 + A_3 - A_2$$
$$A_1 = A_0 - A_3 + A_2 = (10 - 9.2 + 9)\text{mm} = 9.8\text{mm}$$

上极限偏差：

$$ES_0 = ES_1 + ES_3 - EI_2$$

$$ES_1 = ES_0 + EI_2 - ES_3 = [0.18 + (-0.09) - 0]\text{mm} = 0.09\text{mm}$$

下极限偏差：

$$EI_0 = EI_1 + EI_3 - ES_2$$

$$EI_1 = EI_0 + ES_2 - EI_3 = [-0.18 + 0 - (-0.09)]\text{mm} = -0.09\text{mm}$$

所以　$A_1 = 9.8\text{mm} \pm 0.09\text{mm}$

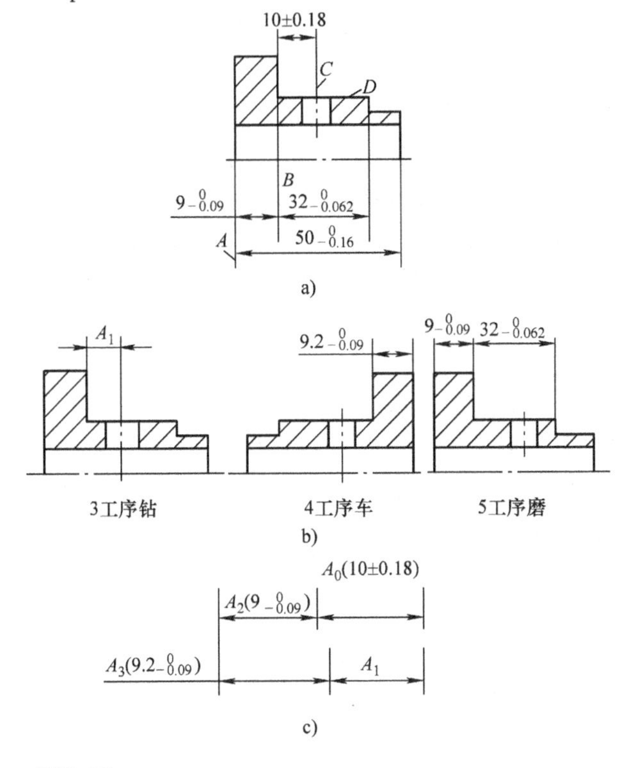

图 8-24

尺寸链计算示例（五）

（2）表面处理层　为保证零件表面处理层（渗碳、渗氮、电镀、氰化等）深度而进行的工艺尺寸换算，由于要同时保证表面的尺寸和处理层的厚度，所以也是多尺寸保证的问题。

例 8-7　图 8-25a 所示零件的 ϕF 表面要求镀银，镀层厚度为 0.2～0.3mm，ϕF 的最终尺寸为 $\phi 63^{+0.03}_{0}$ mm。为间接保证镀层尺寸 $0.2^{+0.1}_{0}$ mm，镀层工序尺寸 A_1 为多少才能保证要求？

解　依题意可知镀层是单边的，可得图 8-25b 所示的尺寸链。镀层是间接保证的，为封闭环。把 $\phi 63^{+0.03}_{0}$ mm 换成半径方向为 $31.5^{+0.015}_{0}$ mm，A_2 为减环，A_1 为增环。由尺寸链计算公式得

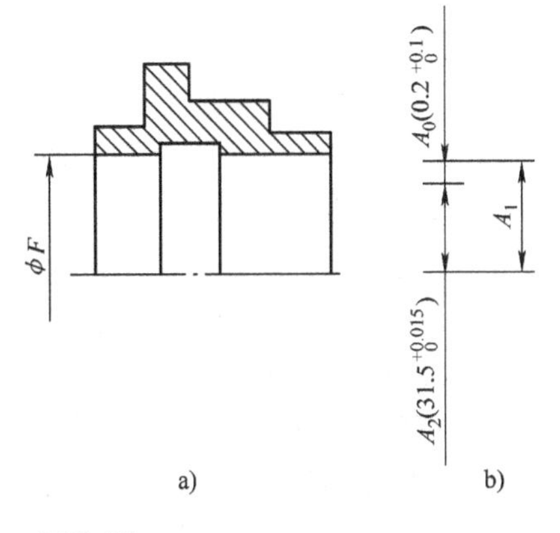

图 8-25

尺寸链计算示例（六）

$$A_0 = A_1 - A_2$$
$$A_1 = A_0 + A_2 = (0.2 + 31.5)\text{mm} = 31.7\text{mm}$$
$$ES_0 = ES_1 - EI_2$$
$$ES_1 = ES_0 + EI_2 = (0.1 + 0)\text{mm} = 0.1\text{mm}$$
$$EI_0 = EI_1 - ES_2$$
$$EI_1 = EI_0 + ES_2 = (0 + 0.015)\text{mm} = 0.015\text{mm}$$

所以 $A_1 = 31.7^{+0.1}_{+0.015}\text{mm} = 31.715^{+0.085}_{0}\text{mm}$

换成直径方向上的为 $\phi 63.43^{+0.17}_{0}\text{mm}$。

（四）利用图表法综合计算工序余量、工序尺寸及公差

在确定工艺过程的工序尺寸时，尺寸的计算采用“由后向前推”的方法。先按零件图的要求，确定最终工序的尺寸和公差，再按选定的余量确定前工序的尺寸，公差则按本工序加工方法的经济精度来确定。对于位置尺寸较复杂的零件，由于基准多次转换，确定中间工序的尺寸和公差就很困难。这种情况下，利用图表法就可以方便地求出工序尺寸及公差。

现以图8-26为例说明，该图为加工一衬套零件时轴向工序尺寸及公差的计算图表。衬套的加工工序为：

工序10 粗车。轴向以 *D* 面定位，粗车 *A* 面及 *C* 面，保证工序尺寸1及2。

工序20 粗车。轴向以 *A* 面定位，粗车 *B* 面及 *D* 面，保证工序尺寸3和4。

工序30 精车。轴向以 *B* 面定位，精车 *A* 面及 *C* 面，保证工序尺寸5和6。

工序40 磨。用靠火花磨削法磨削 *B* 面。

试确定各工序尺寸、公差及余量。

1. 尺寸图表的建立

1）在图表左上方画出零件的轴向剖面简图，标出与工艺尺寸链计算有关的轴向设计尺寸。将有关设计尺寸改注成平均尺寸和双向对称偏差标注的形式。

2）在简图的左下方列出各有关的工序和工序尺寸代号。对同一工序内的各工序尺寸要按加工先后顺序依次列出。图8-26中所用符号及代表意义如图8-27所示。

从工序简图各端面向下引竖线，代表在不同加工阶段中有余量区别的各表面。箭头符号所指处为加工后的已加工表面，用余量符号隔开的上方竖线为该次加工前的待加工面。若某工序尺寸是已知的设计尺寸时，在其代号上加圆圈。在图中没有标出与确定毛坯有关的粗加工余量，是因为总余量通常可查表确定，并相应确定了毛坯尺寸。在工序40中，靠磨余量 Z_7 是直接保证的，是尺寸链的组成环。

2. 尺寸图表的计算

（1）用追踪方法查找工艺过程的全部尺寸链

1）先在零件简图下方的工艺过程尺寸联系图上把间接保证的尺寸或余量作为封闭环找出来，沿该封闭环两端竖线同步向上到前面的工序中去找它的组成环。

2）在向上追踪时，与两竖线之一首先相遇的箭头所代表的工序尺寸就是所找的组成环之一。具体做法就是沿封闭环的两端同步向上追踪，遇箭头就拐弯，并逆箭头方向横向追踪，遇圆点向上折，继续同步向上追踪，直到汇合为一处，追踪路径所经过的尺寸就是尺寸链的组成环。例如，封闭环9的组成环为尺寸4和5。所找到的全部工艺尺寸链如图8-28所示。

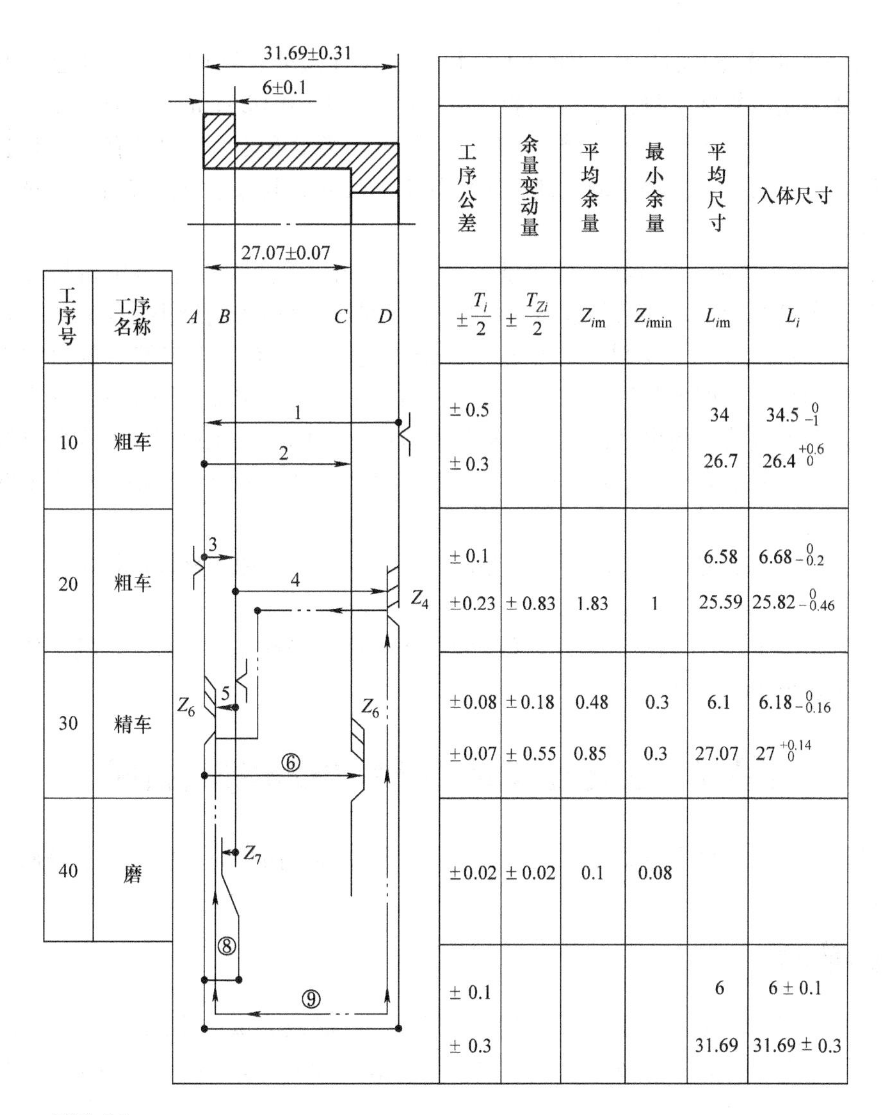

工序号	工序名称	工序公差 $\pm\frac{T_i}{2}$	余量变动量 $\pm\frac{T_{Zi}}{2}$	平均余量 Z_{im}	最小余量 $Z_{i\min}$	平均尺寸 L_{im}	入体尺寸 L_i
10	粗车	±0.5				34	34.5_{-1}^{0}
		±0.3				26.7	$26.4_{0}^{+0.6}$
20	粗车	±0.1				6.58	$6.68_{-0.2}^{0}$
		±0.23	±0.83	1.83	1	25.59	$25.82_{-0.46}^{0}$
30	精车	±0.08	±0.18	0.48	0.3	6.1	$6.18_{-0.16}^{0}$
		±0.07	±0.55	0.85	0.3	27.07	$27_{0}^{+0.14}$
40	磨	±0.02	±0.02	0.1	0.08		
		±0.1				6	6±0.1
		±0.3				31.69	31.69±0.3

图 8-26

工序尺寸链图表法计算示例

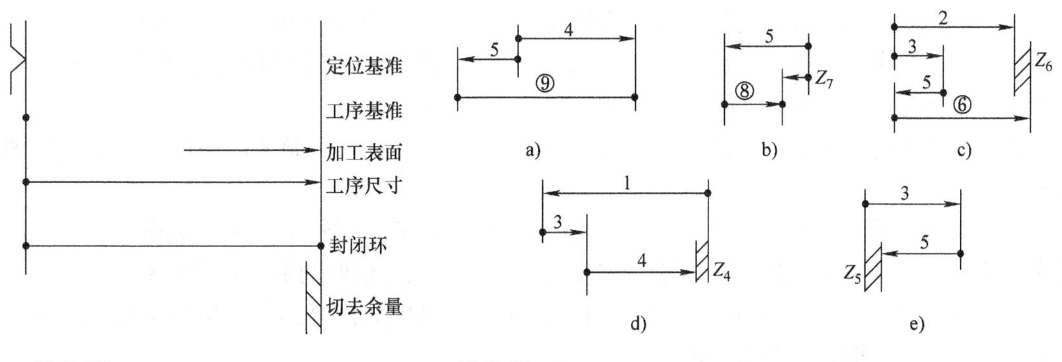

图 8-27

符号代表的意义

图 8-28

五个工艺尺寸链

（2）工序尺寸及公差的计算　如果工序尺寸是设计尺寸，则该工序尺寸公差取图样所标注的尺寸及公差。靠磨余量公差按经验选取 $Z_7=(0.1\pm0.02)$mm。其他与保证设计尺寸有关的各工序尺寸公差应保证尺寸链中各组成环尺寸公差之和不大于要求的封闭环公差。对于与保证设计尺寸没有直接联系的其他各工序的工序尺寸，其公差可按经济加工精度或工厂经验来确定。

（3）计算工序余量变动量和平均余量　各工序尺寸公差确定后，可由余量尺寸链计算出余量公差、余量变动量，即余量公差求出后，再根据查表填入的最小余量求出平均余量。

（4）计算中间工序的平均尺寸　在各尺寸链中先找出只有一个未知数的尺寸链，并解出该未知数。即直接根据工艺过程尺寸联系图，对每一拟求的未知工序尺寸，先在图上沿尺寸线两端竖线向下查找，找出后面工序中与其对应或有关的已知工序尺寸，在此已知工序尺寸的基础上，加上或减去有关余量，即可求得工序尺寸。计算的顺序自最后一个未知工序尺寸开始，逐步前移。

为了符合生产上的习惯，将求出的工序尺寸及公差按入体原则标注成极限尺寸和单向偏差形式。

当同一方向上工序尺寸很多时，尺寸链的寻找及计算仍然是一项很繁琐的工作，可用计算机辅助求解各个工序尺寸。

第六节　工艺过程的生产率和技术经济指标

工序设计中另一部分内容就是确定劳动消耗工艺定额，简称时间定额。它是衡量劳动生产率的指标。

一、时间定额

时间定额是指在一定生产条件下，规定生产一件产品或完成一道工序所需消耗的时间。它是安排生产作业计划、进行成本核算、确定设备数量和人员编制、规划生产面积的依据，是衡量生产率高低的指标。

完成零件加工一个工序的时间定额称为单件时间定额 T_d，它由下列各部分组成：

（1）基本时间 T_j　T_j 是指直接改变生产对象的尺寸、形状、相对位置、表面状态或材料性质等工艺过程所消耗的时间。对于机械加工来说是指切除金属所耗费的时间。

（2）辅助时间 T_f　T_f 是指为实现工艺过程所必须进行的各种辅助动作所消耗的时间。其中包括装卸零件、试切和测量零件尺寸等辅助动作所用时间。

通常把基本时间和辅助时间之和称为作业时间 T_z（直接用于制造产品或零、部件所消耗的时间）。

（3）布置工作地时间 T_b　T_b 是指为加工正常进行，工人照管工作地（更换刀具、润滑机床、清理切屑、收拾工具等）所消耗的时间。通常按照作业时间的2%~7%来估算。

（4）休息与生理需要时间 T_x　T_x 是指工人在工作班内为恢复体力和满足生理上的需要所消耗的时间。一般按作业时间的2%来估算。

（5）准备与终结时间 T_{zz}　T_{zz}是指工人为了生产一批产品或零、部件，进行准备和结束工作所消耗的时间。在大批大量生产中，因为每个工作地始终完成某一固定工序，故不考虑准备与终结时间。

单件核算时间定额

$$T_h = T_d + \frac{T_{zz}}{n} \tag{8-14}$$

式中　n——生产批量。

单件时间定额

$$T_d = T_z\ (1 + a + b) \tag{8-15}$$

式中　T_z——作业时间，$T_z = T_j + T_f$；

a——$T_b/T_z \times 100\%$；

b——$T_x/T_z \times 100\%$。

在大批大量生产中，由于 n 极大，通常 $T_h = T_d$。

通常，工艺部门只负责新产品投产前的一次性时间定额的确定。产品正式投产后，时间定额由企业劳动工资部门负责制订。一般企业平均定额完成率不得高于 130%。

时间定额的确定方法多采用技术定额法和统计分析法。技术定额法又分为分析研究法和时间计算法。时间计算法在大批大量生产中广泛采用，它以各种手册为依据进行计算。

二、工艺成本

工艺成本由可变费用和不变费用两部分组成。它是与工艺过程有关的那部分零件成本。

可变费用是指与年产量有关并与之成比例的费用，用 V（单位：元/件）表示。

$$V = C_c + C_{jg} + C_d + C_{wj} + C_{zw} + C_{da} + C_{xw} \tag{8-16}$$

式中　C_c——材料费（元/件），由毛坯质量和材料单位质量价格决定；

C_{jg}——机床工人工资（元/件），与工人的每分钟工资额和单件时间有关；

C_d——机床电费（元/件）；

C_{wj}——通用夹具费（元/年）；

C_{zw}——通用机床折旧费（元/件），与机床的价格和使用年限有关；

C_{da}——刀具费用（元/年），与刀具的价格、可刃磨次数等有关；

C_{xw}——通用机床修理费（元/件）。

不变费用指与年产量无直接关系的费用，用 S（单位：元/年）表示。

$$S = C_{tg} + C_{zz} + C_{xz} + C_{zj} \tag{8-17}$$

式中　C_{tg}——调整费（元/年），与调整时间和调整工人每分钟工资有关；

C_{zz}——专用机床折旧费（元/年）；

C_{xz}——专用机床修理费（元/年）；

C_{zj}——专用夹具费（元/年）。

各种费用的计算公式可查阅相关手册。

一批工件的全年工艺成本 E，用可变费用和不变费用来表示：

$$E = VN + S \tag{8-18}$$

式中　E——全年工艺成本（元/年）；

N——全年产量（件）。

单件工艺成本 E_d 为

$$E_d = V + \frac{S}{N} \tag{8-19}$$

三、工艺过程方案的选择

全年工艺成本 $E = VN + S$ 可以说明全年工艺成本的变化与年产量的变化成正比。

由式（8-19）可知，单件工艺成本 $E_d = V + S/N$，那么单件工艺成本与产量的关系就更密切了。$N = 1$ 时，$E_d = E_{dmax}$，即单件成本最高。但是在某一个工艺方案内，当不变费用 S 一定时，就具有一个与此设备生产能力相适应的产量，称为最佳生产纲领 N_p。

若产量小于最佳生产纲领，此时工艺成本增加，这种工艺方案显然是不经济的，这时就应减少所采用的专用设备，减少不变费用，改善其经济效果。

若产量大于最佳生产纲领，这时 S/N 的值趋于稳定了，就不能进一步降低工艺成本。此时应采用价格更贵而生产率更高的设备，使不变费用增加，可变费用降低，最终降低单件工艺成本。

由式（8-18）和式（8-19）可知，全年工艺成本可用直线表示，每个零件的单件工艺成本可用双曲线表示。如图 8-29a 所示，A 为单件小批生产区，B 为大批大量生产区，A、B 之间为中批生产区。

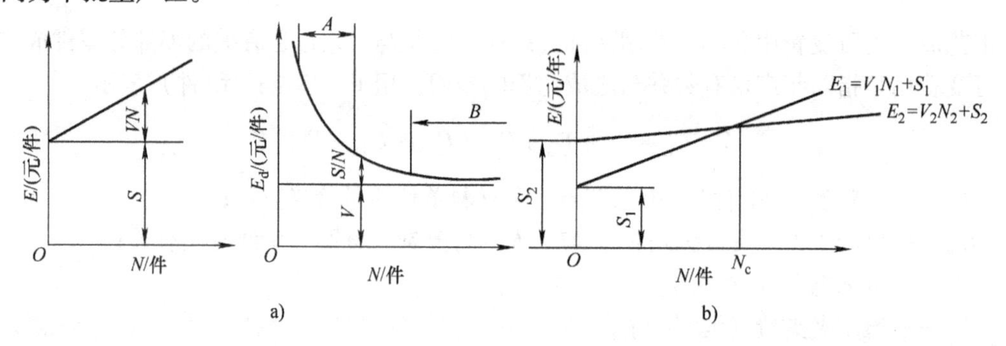

图 8-29

工艺方案的技术经济分析

a）工艺成本曲线　b）工艺方案比较

分析不同工艺方案的经济性可分两种情况：

1）两种工艺方案的基本投资相近，或以现有设备为条件时，工艺成本往往成为经济分析的依据。

若两种方案的全年工艺成本分别为

$$E_1 = V_1N_1 + S_1,\ E_2 = V_2N_2 + S_2$$

如图 8-29b 所示，两直线相交说明当年产量为 N_c 时，两种方案的经济性相同。

$$N_c = \frac{S_1 - S_2}{V_2 - V_1}$$

若 $N < N_c$，采用第一种方案经济，$E = E_1$；

若 $N > N_c$，采用第二种方案经济，$E = E_2$。

2）基本投资额相差较大时，如一个方案采用了生产率高、价格较贵的机床和工艺装备，则投资大、工艺成本较小；另一个方案采用了生产率较低、但价格较低的机床和工艺装备，此时投资小、工艺成本较大。所以在比较方案的经济性时，要以不同方案的基本投资差额的回收期为指标。

回收期可用下式表示：

$$\tau = \frac{K_1 - K_2}{E_2 - E_1} = \frac{\Delta K}{\Delta E} \tag{8-20}$$

式中　τ——回收期（年）；

K_1、K_2——方案 1 及方案 2 的投资（元）；

ΔK——基本投资差额（元）；

E_1、E_2——方案 1 及方案 2 的全年工艺成本（元/年）；

ΔE——全年生产费用节约额。

回收期越短，经济效果越好。

回收期应满足以下要求：

① 应小于所采用的设备或工艺装备的使用年限。

② 应小于市场对该产品（由于结构性能或市场需求）的需求年限。

③ 应小于国家规定的标准回收期，新设备的回收期小于 6 年，新夹具的回收期小于 3 年。

在进行不同方案的评比时，不是精确计算工件的工艺成本，而是相同的工艺费用可以忽略不计，只需对一些关键工件或关键工序，用工艺成本进行评比。

3）对于技术经济指标的评比。技术经济指标反映工艺过程中劳动的耗费、设备的特征和利用程度、工艺装备的需要数目，以及各种材料和电力的消耗等情况。常用的技术经济指标有：

① 单个工人的平均年产量、产值和利润。

② 单台设备的平均年产量。

③ 单位生产面积的平均年产量。

④ 单件产品所需的劳动量。

⑤ 设备构成比、工艺装备系数（专用工装与机床数量的比）。

⑥ 工艺过程的分散与集中（单位零件的平均工序数）。

⑦ 设备利用率和材料利用率。

⑧ 单件产品所消耗的能源。

在进行工艺方案选择时，除了考虑经济性，还应该考虑技术先进性、节约能源和环境保护。

四、提高工艺过程生产率的措施

1. 分析时间定额，缩短基本时间

1）提高切削用量，如强力切削和大进给切削。

2）减小工作行程，采用多刀多刃切削，多件同时加工。

2. 缩短辅助时间

1）利用高自动化机床、数控机床等。

2）采用先进的检测设备和测量方式，如数显的气动量仪、在线测量方式等。

3）采用快移的工艺装备，如回转工作台、多位夹具等。

4）采用连续加工，使装卸时间和加工时间相重合，提高生产率。

5）采用多机床操作，由一人管理多台机床，提高工人的劳动生产率。

6）采用成组技术、加工中心、柔性制造系统、计算机辅助制造等，不仅可以提高生产率，而且可以提高加工质量。

第七节　数控加工工艺设计

数控机床加工工艺是以机械制造工艺学中的工艺基本理论为基础，结合数控机床的特点，综合运用多方面知识解决数控机床加工过程中面临的工艺问题。

一、数控加工工艺设计概述

（一）数控加工工艺特点

数控加工的程序是数控机床的指令性文件。数控机床受控于程序指令，加工的全过程都是按程序指令自动进行的。数控加工程序与普通机床的工艺规程有很大差别，涉及的内容也较广。其内容不仅包括零件加工的工艺过程，而且包括切削用量、进给路线、刀具尺寸及机床的运动过程。因此，要求编程人员对数控机床的性能、特点、运动方式、刀具系统、切削规范及工件的装夹方法都要非常熟悉。工艺方案的好坏直接影响机床效率的发挥，影响零件的加工质量。

（二）数控加工工艺的主要内容

1）选择适合在数控机床上加工的零件，确定工序内容。

2）分析被加工零件的图样，明确加工内容及技术要求。

3）确定零件的加工方案、划分工序、安排加工顺序、处理数控加工工序和非数控加工工序的衔接，制订数控加工工艺路线。

4）选取零件的定位基准、确定夹具方案、划分工步、选取刀辅具、确定切削用量等，进行加工工序的设计。

5）数控加工程序的调整。选取对刀点和换刀点，确定刀具补偿，指定加工路线。

6）分配数控加工的公差。

7）处理数控机床的部分工艺指令。

（三）数控机床的选择

数控机床是指用计算机来控制的机床，多用于多品种、中小批量的生产。为了使数控机床在本企业的生产中充分发挥作用，一定要选用适合企业实际的机床。在选择数控机床时，可以遵循下列原则：

1）根据加工范围，确定采用数控加工的典型零件。

在选择并决定某个零件进行数控加工后，并不是说零件所有的加工内容都采用数控加工，数控加工可能只是零件加工工序中的一部分。因此，有必要对零件图样进行仔细分析，选择那些最适合、最需要进行数控加工的内容和工序。

尽管数控机床的加工柔性大，但是它还是有一定的使用范围。例如，数控车床适于加工回转类的轴类零件和盘类零件；数控镗铣床、立式加工中心适于加工箱体、箱盖、板类零件和平面凸轮；立式加工中心多用来加工叶片和模具；卧式加工中心适于加工复杂的箱体零件、曲形零件、泵体、阀体零件；五轴联动加工中心和数控镗铣床一般用来加工复杂曲面。图 8-30 所示为在加工中心和五轴联动数控镗铣床上完成的工序。

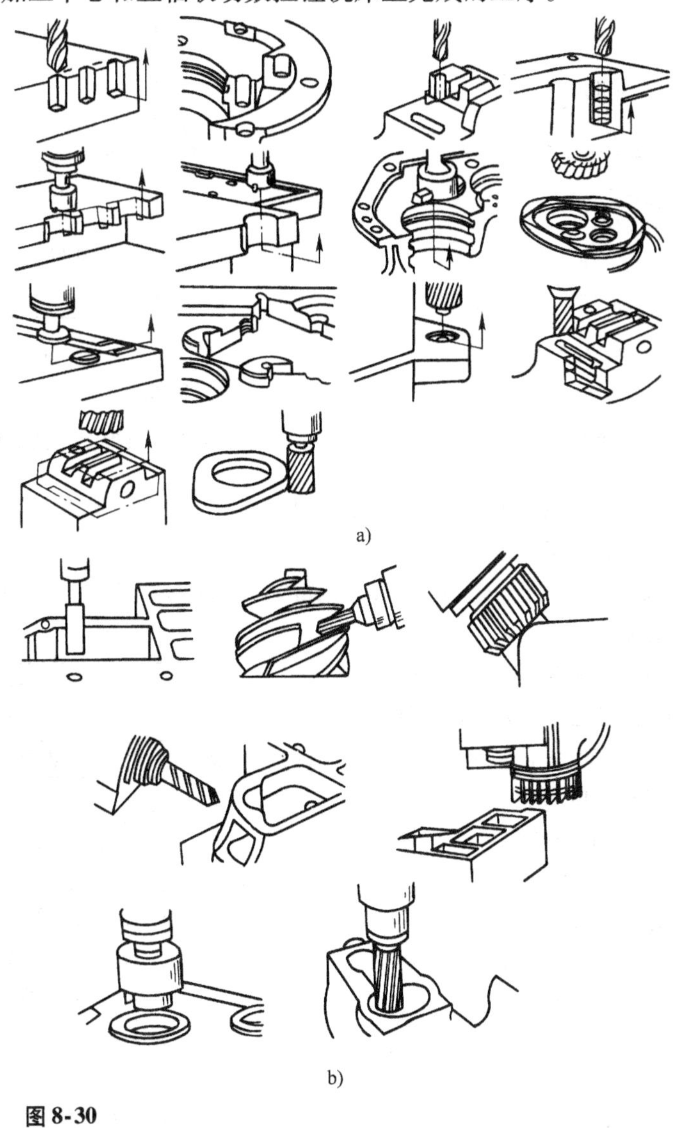

a)

b)

图 8-30

在加工中心和五轴联动数控镗铣床上完成的工序

a）加工中心工序　b）五轴联动数控工序

在确定一个企业的数控机床时，应首先分析本企业的哪些工件的哪些工序准备用数控加工；然后利用成组技术把工件分组，把具有相似结构和相似工艺特征的零件划为一组，并找出典型零件作为代表。

选用一定规格的数控机床应考虑机床的坐标轴的行程范围和主轴电动机功率。工件的轮廓尺寸应在机床加工范围内。主轴电动机功率反映了数控机床的切削效率和机床刚度。可以根据典型工件的毛坯余量，估算所需要的切削力和需要达到的加工精度，综合考虑后来选择机床。

根据典型零件关键部位的加工精度选用合适精度的数控机床。图 8-31 所示为机床与产量和生产成本的关系。图 8-32 所示为零件复杂程度与机床的关系。

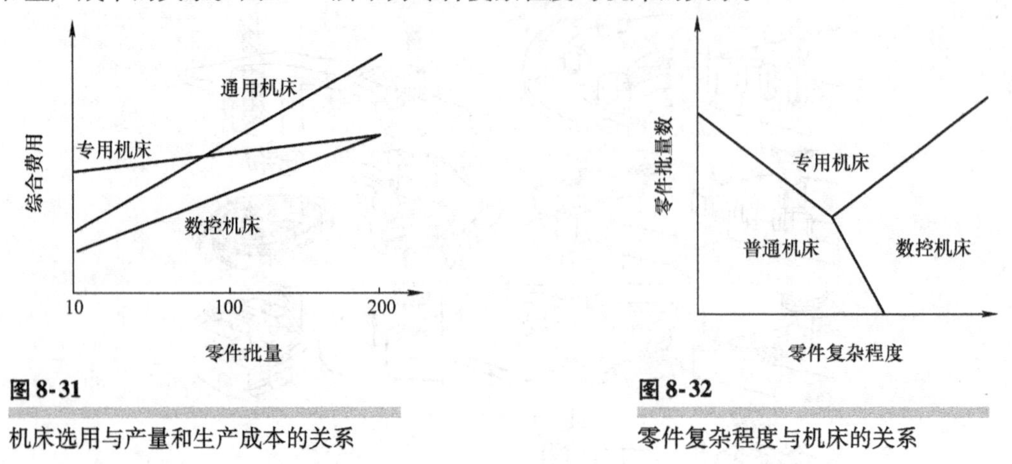

图 8-31 机床选用与产量和生产成本的关系

图 8-32 零件复杂程度与机床的关系

在选用数控机床时，还应考虑数控机床的类型、品种、性能、规格、特点、用途和应用范围，选择适合零件加工的数控机床。

2）根据能否保证满足零件的技术要求、能否保证零件的生产率和能否保证零件的经济性等条件选择数控机床。

适合数控机床加工的零件可以归纳为：

① 轮廓形状复杂、加工精度高的零件。

② 用普通机床加工时，工艺路线过长、工装过多或需要制作复杂的工艺装备的零件。

③ 多品种、小批量生产的零件。

④ 新产品的试制，以及难测量、难控制进给、难控制尺寸的型腔壳体或盒型零件。

⑤ 价值昂贵、加工中不许报废的关键零件。

⑥ 生产周期短的急需零件。

⑦ 集铣、钻、镗、扩、铰、攻螺纹等多种工序为一体的箱体零件。

（四）数控加工工艺设计与实施步骤

数控加工工艺设计与实施一般可以分为三部分内容：工艺分析和工艺处理；编写加工程序；数控加工操作。图 8-33所示为其步骤。

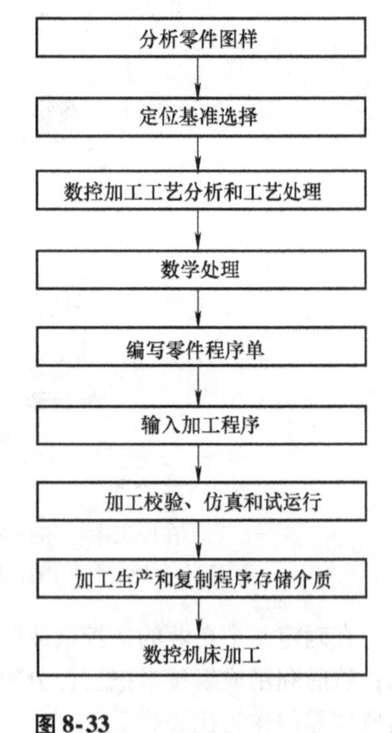

图 8-33 数控加工工艺设计与实施步骤

二、数控加工的工艺分析和工艺设计

在数控机床上加工时，要把加工的全部工艺过程、工艺参数等编制成程序，整个加工过程是自动进行的。数控加工的工艺分析十分重要。

（一）零件加工的工艺分析

采用数控机床加工，必须根据数控机床特点、应用范围，对零件加工工艺进行分析。其主要包括下列内容：

1. 零件的图样分析

首先熟悉零件在产品中的作用、位置、装配关系和工作条件，各项技术要求对零件装配质量和使用性能的影响，找出主要的和关键的技术要求，对零件图样进行分析。

1）零件图的完整性与正确性分析。

2）技术要求分析。

2. 分析零件数控加工的可能性

对零件毛坯的安装、材料的可加工性、刀具运动的可行性和加工余量进行分析。

1）零件毛坯的安装可行性分析：分析被加工零件毛坯是否便于定位和装夹。

2）毛坯材料的可加工性分析：分析毛坯材料的力学性能和热处理状态。

3）刀具运动的可行性分析：分析零件毛坯的外形和内腔是否有碍刀具定位、运动和切削，对有碍部位是否允许进行刀检，为刀具运动路线的确定和程序设计提供依据。

4）加工余量状况的分析：分析毛坯是否留有足够的加工余量，孔是通孔还是不通孔，为刀具选择、加工安排和加工余量分配提供依据。

3. 分析程序编制的方便性

观察零件图样的尺寸标注，看能否减少刀具的规格和换刀次数。分析零件图样尺寸的标注方法是否适应数控加工的特点。通常零件尺寸标注方法是根据装配要求和零件的使用特性分散地按设计基准标注，但是这种标注方法不适应工序安排、坐标计算和数控加工。数控加工零件图要求按同一基准标注尺寸或给出相应的坐标值，这样便于编程。分析零件图样上表示构成零件轮廓的几何元素的条件是否充分。若不充分，将使手工编程时无法计算结点坐标；自动编程时无法对构成零件轮廓的几何元素进行定义。

4. 选择合适的加工方案

分析零件的工艺性是否有利于数控加工；分析零件的外形、内腔是否可以采取统一的几何类型或尺寸，以便减少刀具数量和换刀次数；分析零件内槽圆角是否过小，不易保证加工质量；分析零件槽的底部的圆角半径 R 是否过大，影响底部铣削。

（二）加工内容及工艺路线的确定

加工内容及工艺路线的确定是工艺方案的重要内容。工艺路线是否能保证在一台数控机床上，通过一次装夹就能完成零件图样中全部的加工内容；工艺路线是否经济合理；工艺路线是否能保证最终加工质量。其主要内容是选择安装基准，确定零件的装夹方式，明确加工内容，确定工艺路线等工作。

1. 工艺设计

当零件数控工艺方案拟订之后，编程人员可以根据机床说明书、工艺方案及相关资料进行工艺设计。工艺设计也就是通常的工艺编制。编程人员在编制工艺时，加工方法选择的基本原则与一般的加工方法选择原则相同。但是除了要考虑一般的工艺原则之外，还要考虑如何充分发挥数控机床的高精度、高效率，编程应简洁和实用。数控加工工序设计的主要任务就是为每一道工序选择机床、夹具、刀具和量具，确定定位夹紧方案、进给路线与工步顺序。

编制进给路线时，在保证零件加工质量和机床运行安全、可靠的前提下，尽可能地选取最佳路线，尽量减少刀具交换次数，处理好典型的加工工序，简化加工程序。

机床切削用量的选择往往会受到机床刀具、零件材质与热处理状况和零件精度、刚性等因素的制约。应合理选择切削用量。

（1）数控加工工序划分　拟订在数控机床上加工零件的工艺路线时，尽量采用工序集中原则。

1）按所用刀具划分工序，在一个工序中尽可能用同一把刀具完成工件上需要该刀具加工的所有表面。这样可以减少换刀次数、压缩空行程和减少换刀时间，减少不必要的换刀误差。

2）按工件的定位方式划分工序。

3）按粗、精加工分开的原则划分工序。

4）一个工序中的工步顺序安排遵循下列原则：按先粗后精的原则，减少粗加工变形对精加工的影响；按先面后孔的原则，这样可以提高孔加工精度，避免加工面时引起的变形。

（2）加工余量的选择

1）采用最小加工余量原则，以求缩短加工时间，降低零件的加工费用。

2）应有充分的加工余量，以便保证满足工件图样的要求。

2. 工序的工艺处理

数控机床和加工中心能够完成铣、钻、镗、扩、铰、攻螺纹等多种工序的加工，而且经常遇到各种平面轮廓和立体轮廓零件的铣削加工，如螺旋桨、凸轮、模具等复杂型面加工，因此加工时应对一些难以加工的零件进行适当的工艺处理，简化运动轨迹的计算和减少编程的难度。

（1）轮廓铣削加工的工艺处理

1）平面轮廓的加工。一般平面轮廓零件，其轮廓多数由圆弧和直线组成，这类零件形状简单，编程时只要根据零件的轮廓尺寸，调用刀具的偏置功能（G41或G42），即可完成零件的轮廓加工。当平面轮廓是任意曲线时，编程较困难，需要用逼近法去解决这类零件的加工。如可以用直线逼近曲线（直线插补），用圆弧近似地逼近曲线（圆弧插补）。

2）立体轮廓的加工。立体轮廓的加工处理较平面轮廓加工复杂，加工时要根据曲面形状、刀具形状及零件的精度要求，选择合理的进给路线。

3）对于两轴、三轴联动的数控机床和加工中心，可以用“行切法”或“阶梯逼近法”进行加工。适宜加工精度要求不高的曲面、模具、凸轮等零件。图8-34所示为行切法，图8-35所示为阶梯逼近法。它们都是近似加工方法，精度要求较高的零件不宜采用这两种加工方法。

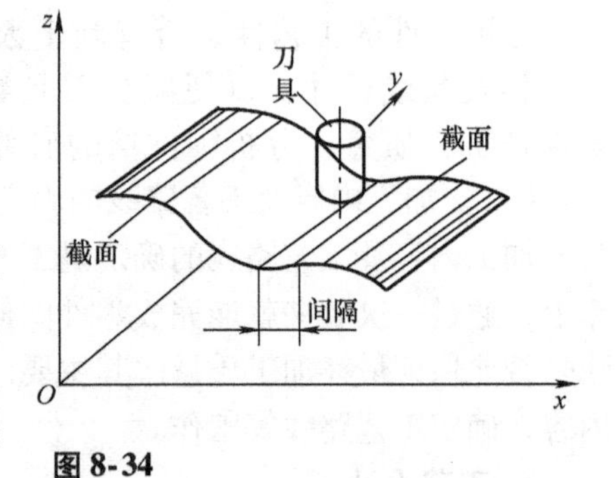

图 8-34
行切法

（2）调头镗孔的工艺处理　它是一种常见的加工方法，利用工作台横向移动和回转，使工作台上工件的孔的轴心线与加工回转前的轴心线重合，实现从工件的两端加工同轴孔。这种加工方法必然会产生调头镗孔的同轴度误差。为了尽量减少同轴度误差，可以采用以下方法：

1）对于箱体零件上只有一端孔的调头孔，在镗完一端孔刀具退出后，工作台仅做180°回转运动，再调用刀具加工另一端孔，这样可以避免横向移动的误差影响工件的同轴度。

2）对于有若干孔系的箱体零件调头加工时，在每镗完同一轴线上的一端孔时，工作台回转180°，并进行相应的X向运动，使孔的轴线返回与主轴轴线重合，再加工另一端的孔。这样可以减少返回间隙以及多次定位误差对同轴度的影响，如图8-36所示。

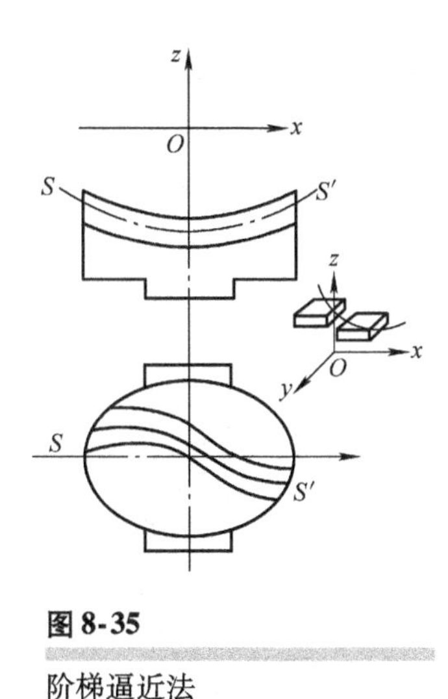

图 8-35

阶梯逼近法

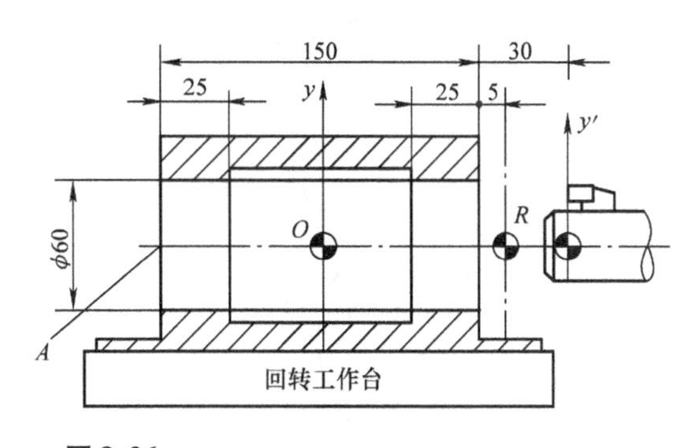

图 8-36

调头镗孔

3）避免频繁地交换刀具。刀具交换的误差和 Y 轴（卧式）、Z 轴（立式）的定位误差会影响同轴度，因此调头镗时尽量减少刀具交换次数。

4）加工路线的确定。在数控加工中刀具相对工件的运动轨迹和运动方向称为进给路线或加工路线。加工路线与被加工零件的表面粗糙度、尺寸精度和位置精度有关。确定加工路线就是确定刀具的运动轨迹和运动方向。在保证加工精度和表面粗糙度的条件下，尽量缩短进给路线，减少空行程，并使数值计算简单，程序段数量少，以减少编程工作量。

① 孔加工路线的确定。孔的位置精度要求较高，因此镗孔路线很重要。安排不好，坐标轴的反方向间隙会影响孔的位置精度。图8-37所示为零件图，图 8-38 为其加工路线图。在图 8-38a 中，刀具加工路线为对刀点—*A* 孔—*AB*—*B* 孔—*BC*—*C* 孔—*CD*—*D* 孔。在该条路线中，由于 *D* 孔的定位方向与 *A*、*B*、*C* 三孔的方向相反，*X* 轴的间隙会影响 *D* 孔的位置精度。在图 8-38b 中，刀具加工路线为对刀点—*A* 孔—*AB*—*B* 孔—*BC*—*C* 孔—*CF*—刀具折返点 *F* 点—*FD*—*D* 孔。显然，图 8-38b 所示方案，由于加工完 *C* 孔后，回到刀具折返点，然后加工 *D* 孔，四个孔的定位方向是一致的。这样就避免了反向误差的影响。

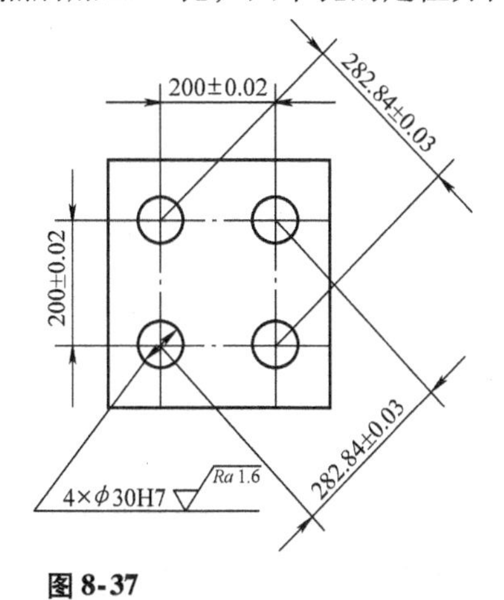

图 8-37

零件图

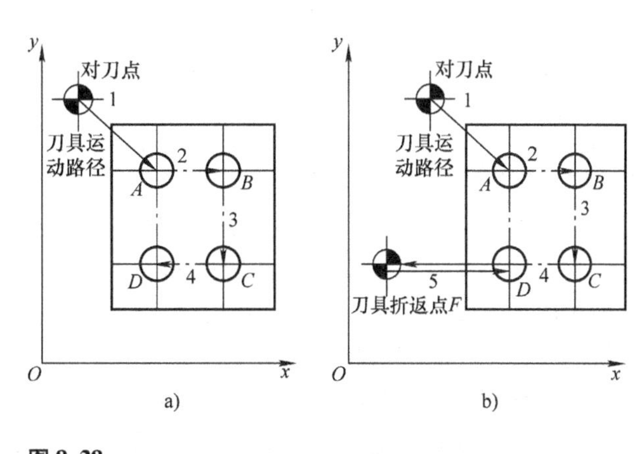

图 8-38

加工路线图

② 铣削内、外圆时加工路线的确定。铣削整圆时，刀具应从切向进入圆周加工。当加工完成后，不要在切点处取消刀补和退刀，要安排一段沿切线方向继续运动的距离，以避免刀具与工件相撞。铣削外圆时的加工路线如图 8-39 所示，铣削内圆时的加工路线如图 8-40 所示。

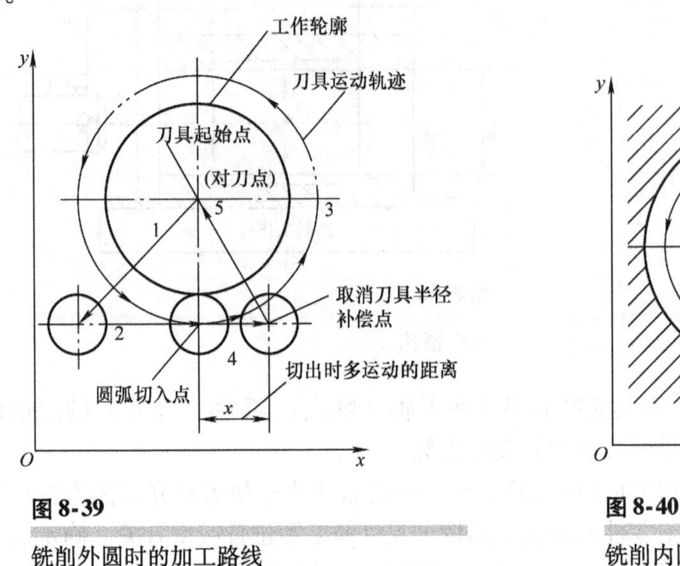

图 8-39

铣削外圆时的加工路线

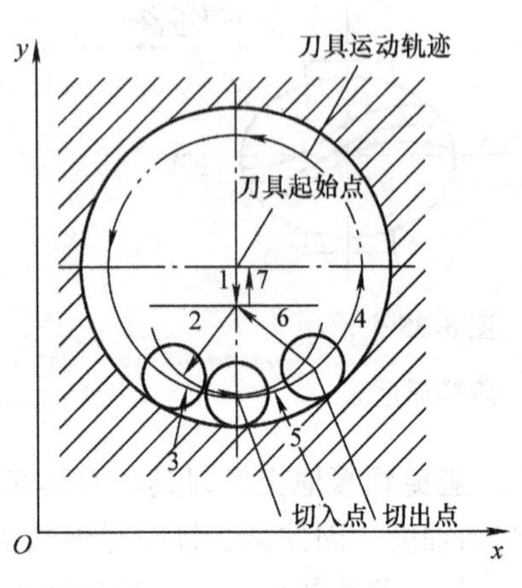

图 8-40

铣削内圆时的加工路线

③ 刀具轴向进给的切入与切出的确定。进给路线中的每一段进给运动都是开始时加速，快接近终点时减速。在加速和减速的过程中，刀具运动不平稳，使表面粗糙度值增大。在加速和减速时，一般不切削工件，在刀具达到匀速进给时进行切削。在刀具加速运动完成后接触工件，该距离为切入距离。在刀具离开工件后进给运动再减速，该距离为切出距离。图 8-41 所示为钻头钻孔，钻头定位于 O 点，从 O 点以进给速度做 Z 向进给，到孔底部后，快速退到 O 点，距离 H_1 为切入点距离。表 8-17 为不同加工方法的刀具切入距离。

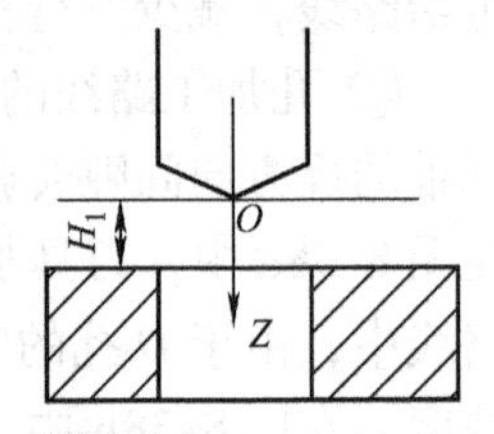

图 8-41

钻头钻孔

表 8-17　不同加工方法的刀具切入距离　（单位：mm）

加工方法	已加工表面	毛坯表面	加工方法	已加工表面	毛坯表面
钻孔	2~3	5~8	铰孔		5~8
镗孔	3~5	5~8	攻螺纹	5~10	5~10

5）工件定位与安装的确定。工件的定位与安装是工艺设计的重要环节，合理选择工件的定位基准和装夹方式是确定工件定位和安装的关键。在数控镗床、加工中心上钻孔和镗孔，多采用无钻模的悬臂式加工。在夹紧工件时，应避免夹紧点对刀具运动的干涉。同时应保证快速完成工件的定位和夹紧。

① 选择合适的定位方式。加工中心的工作台是夹具和工件定位与安装的基础，主要有以下定位方式：以侧面定位板定位；以中心孔定位；以中央 T 形槽定位；以基准槽定位；以基准销孔定位。在选择定位方式时，应确保没有干涉现象，安装基准和设计基准尽量重合，便于安装、找正和测量，这样有利于刀具的运动和简化程序的编制。

② 确定合适的夹紧方式。

③ 选择有足够的刚度和强度的夹具方案。装夹要求定位精度高而批量很小的工件时，建议在工作台上直接找正后设定工件坐标系进行加工。

6）选择合适的数控加工刀具。一般选用标准刀具，使用可转位刀片。

数控机床的主轴转速很高，一般为普通机床的2～5倍。数控刀具的寿命与强度十分重要。在选用刀具后，应把刀具规格、专用刀具代号和刀具用于加工的内容记录下来，供编程使用。记录刀具的工艺文件有刀具卡片、工具卡片。操作者根据工具卡片安装和调整刀具。

7）切削用量的确定。在程序设计时，编程人员必须确定每道工序的切削用量。在选择时，要充分考虑影响切削的各种因素，正确选择切削条件、合理确定切削用量可有效地提高机械加工质量和产量。确定切削用量时应考虑的因素有：机床、工具、刀具及工件的刚性；切削速度、背吃刀量、切削进给量；工件精度及表面粗糙度；刀具预期寿命及最大生产率；切削液的种类、冷却方式；工件材料的硬度及热处理状况；工件数量；机床寿命。

8）对刀点与换刀点的确定。在编程时，应正确选择“对刀点”和“换刀点”的位置。“对刀点”就是在数控机床上加工零件时，刀具相对于工件运动的起始点。由于程序段从该点开始执行，“对刀点”又称为“程序起点”，如图8-42所示。

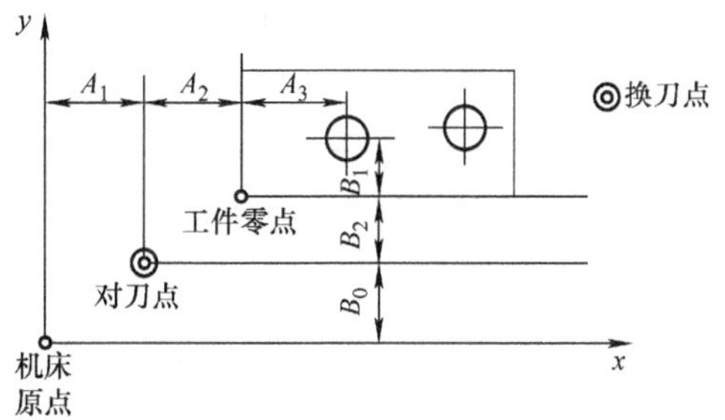

图8-42

对刀点与换刀点

对刀点的选择原则有：便于数字化处理和简化程序编制；在机床上找正容易，加工中便于检查；引起的加工误差小。

对刀点可选在工件上，也可以选在工件外面（夹具或者机床上），但是应与零件的定位基准有一定的尺寸关系，这样才能确定机床坐标系与工件坐标系的关系。为了提高加工精度，对刀点应尽量选在零件的设计基准或工艺基准上，比如选孔的中心作为对刀点，刀具的位置以该孔来确定。

实际常用的找正方法有：将千分表装在机床主轴上，然后转动机床主轴，以使对刀点和刀位点一致。刀位点是指车刀、镗刀的刀尖；立铣刀、面铣刀刀头底面的中心，球头铣刀的球头中心。机床原点是机床上一个固定不变的极限点，如车床主轴的回转中心与车床卡盘端面的交点。

加工过程中需要换刀时，应规定“换刀点”。“换刀点”是刀架转位换刀时的位置，一般设在工件或夹具的外部，以刀架转位时不碰工件及其他部件为好。

三、数控机床的工具（刀辅具）系统

为保证数控机床加工的有效运行，数控机床必须配备相应的工具系统。传统的工具系统包括刀具、辅具和夹具等。在数控加工中，工具系统包括程序带及工具信息的记录、存储和处理系统。狭义的工具系统通常只包括刀具和辅具及其相关的信息记录、储存和处理设施。工厂必须根据加工要求，配置相应的刀具和辅具，建立工具系统、工具文件、工具的准备（组装、预调）以及工具的储存、运输和管理。

四、数控加工工艺文件的编制

数控加工工艺文件是编程员编制的与程序单配套的有关技术文件，是操作者必须遵守、执行的规程。它确定加工所必要的全部事项，包括正确进行程序设计、刀具安排、夹具制造等。常用的数控加工工艺文件有工艺过程卡、刀具调整卡和数控加工程序单，其格式见表8-18～表8-20。

表8-18 常用的数控加工工艺过程卡格式

程序号	产品型号	零件图号	零件名称	材料	编制	
O0003	S110	10015	端盖	HT200		

工序号	工序内容	加工图	加工面至回转中心	刀具			刀辅具	切削用量			刀具补偿	进给行程				工作时间			
				T码	种类规格	长度		S/ $mm \cdot r^{-1}$	F/ $mm \cdot min^{-1}$	t /mm		加工	切入	切出	总计	T工	T辅	总计	累计

表8-19 数控刀具调整卡格式

程序号	零件图号	零件名称	刀具调整卡		加工车间	加工设备 XH754
O0003	10015	端盖	刀具直径/mm	刀尖到轴端距离/mm	刀补值	刀辅具
刀具号	刀具图号	刀具名称				
T01		面铣刀	100	115	H01	BT40-XM32-75
T02		镗刀	58	180	H02	BT40-TQC50-180
T03		镗刀	59.95	180	H03	BT40-TQC50-180
T04		微调镗刀	60H7	140	H04	BT40-TQW50-140
T05		长中心钻	3	136	H05	BT40-JZM10
T06		锥柄钻头	10	160	H06	BT40-M1-45
T07		锥柄扩孔钻	11.85	130	H07	BT40-M1-45
T08		端面立铣刀	16	107	H08	BT40-MW2-55
T09		铰刀	12H8	130	H09	BT40-M1-45
T10		锥柄钻头	14	180	H10	BT40-M1-45
T11		锥柄钻头	18	206	H11	BT40-M2-50
T12		机用丝锥	M16	130	H12	BT40-G12-50
T13		面铣刀	100	115	H13	BT40-XM32-75

加工中心的加工工艺文件，由于涉及的加工部位多，刀辅具也多，需要详细研究工件图样。必要时还需要绘制出毛坯状态图、辅助工艺图、刀具布置图等，以便于指导生产。

工艺过程卡：此卡规定了工序内容、加工顺序、加工面至回转中心的距离、刀具的编号、刀具类型和规格、刀辅具型号和规格、主轴转速、进给量和背吃刀量等。

刀具调整卡：此卡是指导机外对刀、预置、修整或修改刀具尺寸的工艺性文件。刀具调整卡因厂而异。

机外对刀：刀具在装入刀库（或主轴）之前，事先在对刀仪上调整好刀具的径向和轴向（长度）尺寸。

数控加工程序单：它是数控机床运动的指令，也是技术准备和生产作业指令性文件。它记录数控加工的工艺规程、切削用量、进给路线、刀具尺寸及机床运动的全过程。

表 8-20　半轴零件的数控加工程序单

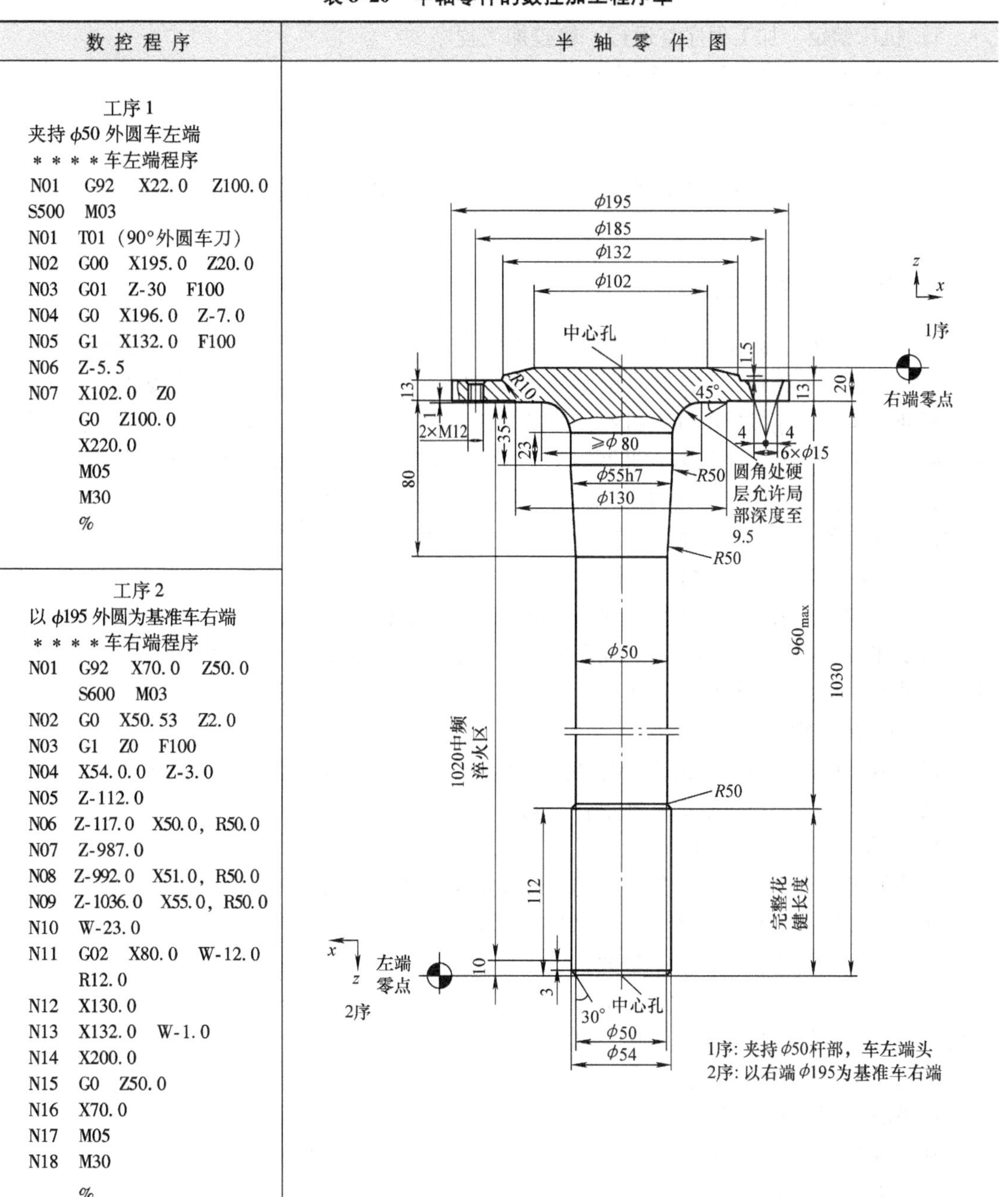

数控程序	半轴零件图

```
        工序 1
夹持 φ50 外圆车左端
* * * * 车左端程序
N01  G92  X22.0  Z100.0
S500  M03
N01  T01（90°外圆车刀）
N02  G00  X195.0  Z20.0
N03  G01  Z-30  F100
N04  G0  X196.0  Z-7.0
N05  G1  X132.0  F100
N06  Z-5.5
N07  X102.0  Z0
     G0  Z100.0
     X220.0
     M05
     M30
     %

        工序 2
以 φ195 外圆为基准车右端
* * * * 车右端程序
N01  G92  X70.0  Z50.0
     S600  M03
N02  G0  X50.53  Z2.0
N03  G1  Z0  F100
N04  X54.0.0  Z-3.0
N05  Z-112.0
N06  Z-117.0  X50.0, R50.0
N07  Z-987.0
N08  Z-992.0  X51.0, R50.0
N09  Z-1036.0  X55.0, R50.0
N10  W-23.0
N11  G02  X80.0  W-12.0
     R12.0
N12  X130.0
N13  X132.0  W-1.0
N14  X200.0
N15  G0  Z50.0
N16  X70.0
N17  M05
N18  M30
     %
```


编制的加工程序单要正确、简洁、全面；输入程序时准确、无误。

五、数控操作的一般步骤

1）回机床参考点。

2）找正、安装夹具。

3）将刀具装入刀库并检查刀号，通过对刀设定刀补值。

4）输入刀补值、原点偏置等参数。

5）机床锁定，加工程序空运行，检查加工程序。

6）Z 轴锁定，检查刀具运行轨迹。

7）试切削。

第八节 典型零件机械加工工艺规程制订实例

一、箱体零件的工艺设计

在机械设备中，箱体零件是一种主要的零件，其加工质量对机器的精度、性能和寿命有重要影响。箱体零件是机器或部件的基础零件，轴、轴承、齿轮等有关零件按规定的技术要求装配到箱体上，连接成部件或机器，使其按规定的要求工作。箱体的质量不但影响机器的装配精度和运动精度，而且影响机器的工作精度、使用性能和寿命。各种箱体的具体结构、尺寸虽不相同，但存在许多共同的特点。其结构一般都比较复杂，壁薄且不均匀，内部型腔复杂，箱壁上既有许多孔要加工，又有许多平面要加工。其加工部位多，加工难度大。

（一）箱体类零件的结构特点和技术要求分析

箱体结构较复杂，加工表面主要为平面和孔系。箱体的设计基准为平面，一般要求较高的平面度和表面质量。箱体上布有孔间距和同轴度都有一定要求的一系列孔，零件的组孔用于安装轴承。孔的尺寸精度一般较高，孔间距精度要求高。

1. 箱体加工定位基准的选择

粗基准的选择影响到余量的分配和工件的装夹方式，一般选用轴孔为粗基准。精基准主要是满足精度要求，可以根据基准重合原则，选择设计基准作为精基准。

2. 箱体加工顺序的安排

箱体加工的顺序原则为：先面后孔，即先加工平面，后加工内孔；先主后次，即先加工主要孔，后加工次要孔。孔系可以采用数控加工。

由于加工的孔精度高，加工量大，在生产中，传统上采用加工自动线。目前在生产中，为了提高生产的柔性，多采用加工中心。零件的加工可以采用卧式加工中心，工序集中，完成钻、扩、铰、镗、攻螺纹等工作，可以保证位置精度。

（二）典型箱体零件工艺

1. 车床主轴箱箱体的加工工艺过程

某主轴箱的零件图如图 8-43a 所示，图 8-43b 为纵向孔系展开图。

（1）零件图分析

1）工作条件。主轴箱是用来安装机床的主轴和传动机构的，工作温度较高，承受较大的支反力。其质量的好坏直接影响轴和齿轮等零件相互位置的准确度，进而影响机床的性能。

2）构型。主轴箱上有许多孔，如 ϕ115、ϕ135、ϕ80、ϕ52、ϕ140，这些孔的标准公差等级均为 IT6 级左右，多是轴承的支承孔。如果轴承特别是主轴轴承与箱体支承孔的配合不当，会引起机床工作时的振动、噪声，影响主轴的旋转精度。同轴孔之间的同轴度影响到轴的装配及轴承的工作状况。有齿轮啮合关系的相邻孔之间的孔中心距精度和平行度影响到啮

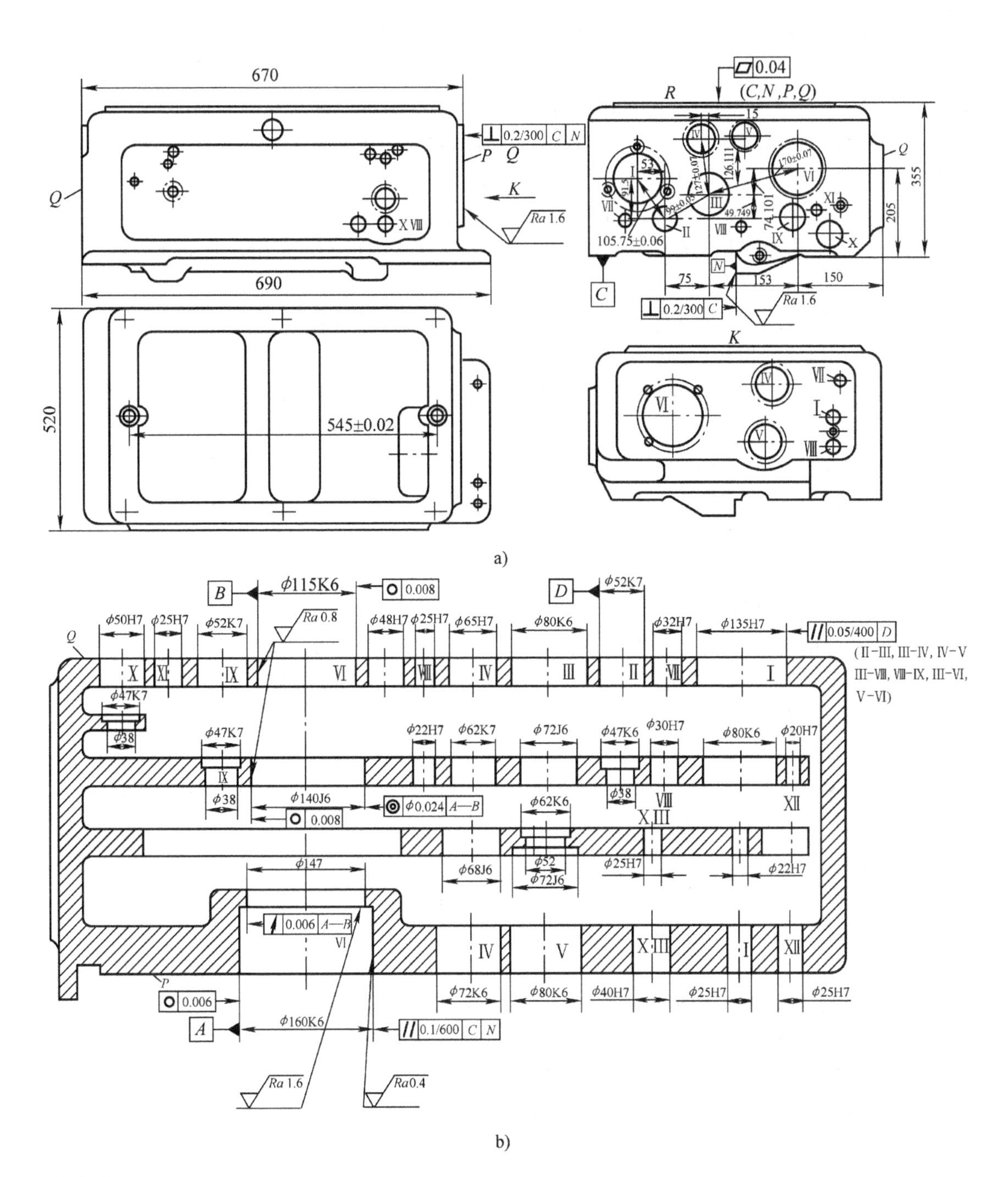

图 8-43

主轴箱的零件图

合齿轮的啮合精度及寿命。

主轴箱底面具有较好的平面度，其表面粗糙度 Ra 值为 1.6μm。

3）主轴箱的主要技术要求。主轴支承孔尺寸标准公差等级为 IT6，表面粗糙度 Ra 值为 0.4μm，圆度为 0.006mm。其他孔的标准公差等级为 IT7，Ra 值为 1.6μm。孔的中心距精度为±0.05～±0.07mm。主要表面的平面度为0.04mm，表面粗糙度 Ra 值为1.6μm。

4）工艺分析。主轴箱孔系中，技术要求最高的是主轴支承孔Ⅵ，它的尺寸标准公差等级为IT6级，圆度为0.006～0.008mm，Ra 值为0.8～0.4μm，前后孔的同轴度为0.012mm。轴承孔的止推端面圆跳动不大于0.006mm。主轴孔的设计基准为 C 和 N 面。可见主轴箱的孔和表面的精度较高。所以在安排工艺时要注意保证加工表面的精度和其相互位置精度。

（2）材料和毛坯　由于主轴箱的外部轮廓和内部形状复杂，毛坯材料选用易成形、吸振性好、加工工艺性好和成本低的灰铸铁。主轴箱常选用HT200，采用金属机器造型。一般孔径为 $\phi30$～$\phi50$mm 的孔均可铸出。

在单件生产时，为了缩短生产周期，也可选用钢板焊接结构。

（3）工艺路线的拟订

1）加工方法的选择。主轴箱主要平面的表面粗糙度 Ra 值为1.6μm，平面度误差小于0.04mm，宜选用粗铣（刨）—半精铣（刨）—精铣、刮研或半精磨的工艺方案。在大批大量生产条件下，用多轴龙门铣床进行粗加工。在单件生产时用龙门铣床进行粗加工。

平面精加工在大批大量生产中用磨削方法，在单件小批生产中用精刨和小量刮研方法。

孔加工根据孔的精度要求和表面质量要求可选用粗镗—半精镗—精镗—细镗的加工方法。

2）定位基准的选择。

① 精基准的选择。由于主轴箱的各个加工面间的位置精度要求高，在选择精基准时要考虑使用“基准统一”和“互为基准”原则，以避免因基准转换而产生的基准不重合误差。为使定位稳定可靠还需选一个较大的平面作为统一基准。选择时可以有两种方案：

一是选择底面 C 和导向面 N 为定位基准。底面 C 的加工精度高，面积大，既是装配基准又是主轴支承孔的设计基准，以底面 C 定位不但定位稳定可靠，而且没有基准不重合误差。此外，由于箱体开口面朝上，便于观察加工情况、安装和调整刀具等。在中、小批生产中经常采用底面 C 和导向面 N 为定位基准。在加工箱体间壁上的孔时，为提高刀具系统刚度的中间导向支承架只能悬挂在夹具上面。这种支架刚度小，又有安装误差，因此影响加工精度的提高，不易实现加工自动化，不适于大批量生产。

二是选择顶面 R 和它上面的两个销孔为定位基准。采用这种定位方式，主轴箱口向下，定位可靠，中间导向支承直接放在夹具体上，夹具刚度大，有利于保证孔系的加工精度，装卸方便，适于大批生产。但是这样就产生了基准不重合误差，需要提高定位表面的加工质量。

② 粗基准的选择。选择粗基准时，要保证重要加工表面余量均匀，装入箱体内的齿轮、轴等零件与箱体的内壁各个表面间有足够的间隙，定位夹紧稳定可靠。应选主轴孔和距主轴孔较远的Ⅰ轴作为粗基准。由于铸造时主轴孔和箱体内壁是用一个组合型芯，它们之间有较高的位置精度，可以较好地保证主轴孔及其他支承孔的加工余量均匀，以及各孔与箱体之间的位置精度。

在大批大量生产时，也可以直接用主轴孔和Ⅰ轴在夹具上定位。

3）加工阶段的划分。主轴箱主要表面的加工精度都比较高，可将工艺过程划分为粗加工、半精加工和精加工三个阶段。因为箱体零件刚性较好，质量大，加工阶段不宜划分过细，以免增加不必要的劳动量。

4）工艺过程的拟订。根据先粗后精、先基准后一般、先平面后孔、先主要表面后次要表面等原则安排工艺过程。

先粗后精：粗加工后再进行精加工，可以避免加工变形对加工精度的影响，也可以避免由于搬运、安装而损坏加工质量。同时便于充分发挥机床的性能。

先基准后一般：先加工基准后加工一般表面，这样可以保证加工余量均匀，保证加工精度。

先平面后孔是箱体加工的一般规律。箱体加工中一般采用平面作为精基面。箱体上的支承孔分布在箱体的各侧面上和中间壁上，先加工平面，去除了铸件的凹凸不平和夹砂等缺陷，再加工孔，便于保证加工精度。

除此以外还要妥善安排热处理工序，以便减少铸造内应力、改变金相组织、改善材料的可加工性能、减少变形、保证加工精度。

车床主轴箱的主要加工路线如下：

工序 1 铸造；

工序 2 时效；

工序 3 涂装；

工序 4 粗铣顶面 *R*，用主轴支承孔定位；

工序 5 钻、铰顶面上两定位孔，加工紧固孔；

工序 6 粗铣底面 *C*、*N* 和侧面 *P*、*Q*，用顶面和两个工艺孔定位；

工序 7 磨顶面，以底面和侧面定位；

工序 8 粗镗各纵向孔，以顶面 *R* 和两工艺孔定位；

工序 9 精镗各纵向孔，以顶面 *R* 和两工艺孔定位；

工序 10 半精镗主轴孔，以顶面 *R* 和两工艺孔定位；

工序 11 加工各横向孔，以顶面 *R* 和两工艺孔定位；

工序 12 钻、锪各平面上的孔及攻螺纹；

工序 13 磨底面、侧面和端面，以顶面 *R* 和两工艺孔定位；

工序 14 去毛刺；

工序 15 清洗；

工序 16 检验。

2. 减速箱箱体的数控加工工艺设计

箱体定位面多，孔的加工精度高，其相互位置精度也很高，采用通用性强的数控机床、加工中心或由它们组成的柔性制造系统进行加工对提高生产率和保证产品质量有重要意义。图 8-44 所示为减速箱的零件图，加工批量为中批，材料为 HT200。

1）零件图分析。其设计基准为上端面，要求较高的平面度和较小的表面粗糙度值，四个小凸台为工艺凸台。箱体上的孔系是用来安装轴承的，尺寸标准公差等级为 IT7 级。孔的同轴度由尺寸标准公差等级控制，轴线间的平行度均有较高的要求。

2）确定装夹方式。该加工在加工中心上进行，实行一次装夹，完成除精基准外的所有加工表面的加工。选择设计基准上端面、凸台面和外壁作为精基准。

3）采用先面后孔、先主后次，工序集中的原则。

4）刀具选择。加工中心上多选用悬臂式镗杆夹持结构，采用调头镗。铣刀采用面铣刀。

5）减速箱箱体的加工工艺过程见表 8-21。数控加工工序卡片见表 8-22。

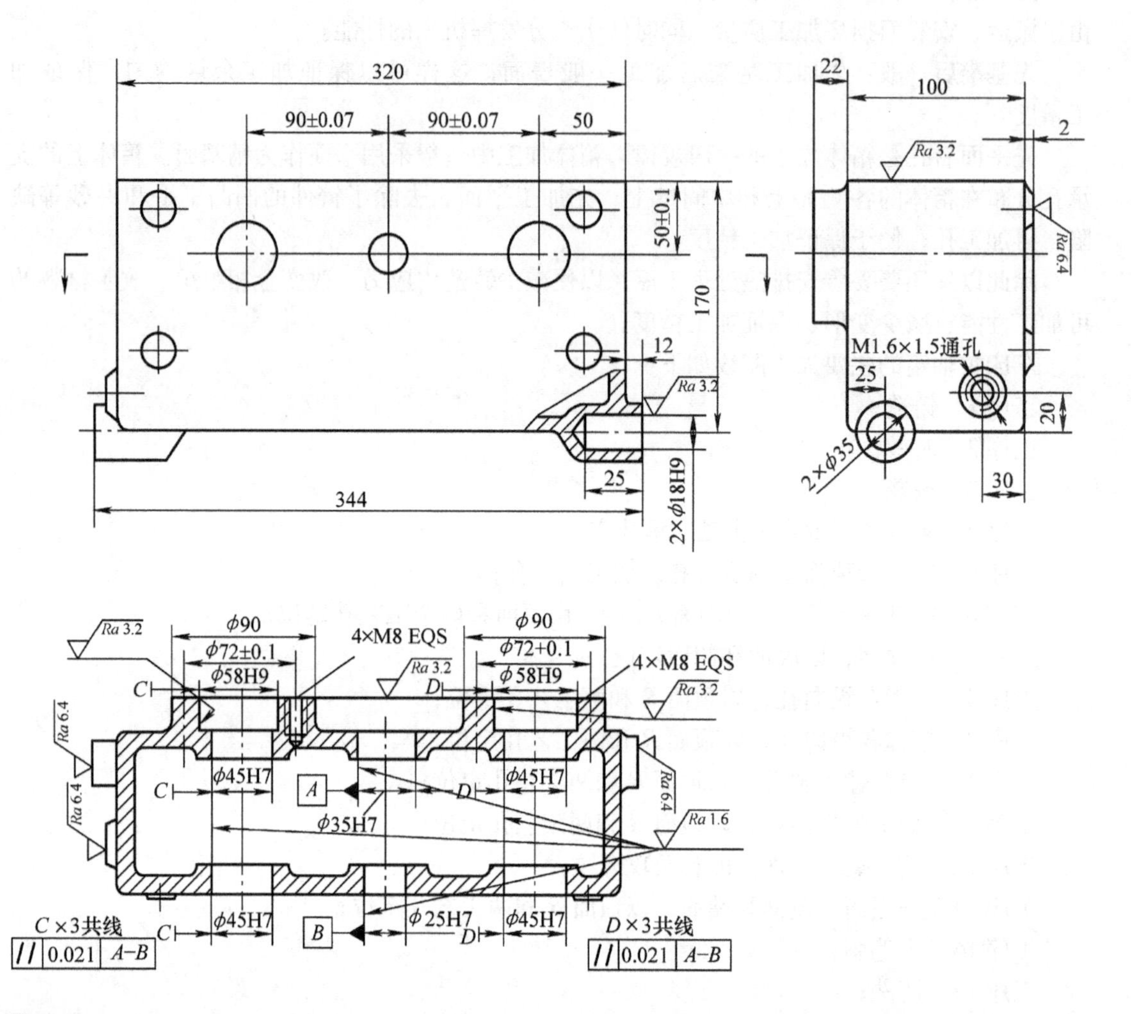

图 8-44

减速箱的零件图

表 8-21 减速箱箱体的加工工艺过程

序号	工序名称	工序内容	定位基准	设备
1	铸造			
2	热处理	人工时效		
3	划线			钳工工作台等
4	铣	铣凸台面、上端面	轴孔	立式铣床
5	铣、钻孔系	加工其余平面、孔系	上端面、凸台面、一侧面	加工中心
6	钳	去毛刺		钳工工作台
7	清洗			清洗机
8	检验			检验台

表 8-22　减速箱箱体的数控加工工序卡片

（工厂名）	数控加工工序卡片		产品名称及代号	零件名称	零件图号	材料
			运屑器	减速箱箱体	N-530-05	HT200
工序号	程序编号	夹具名称	夹具编号	使用设备	车间	第 1 页
5	00308			加工中心	50	共 2 页

工步号	工步内容	刀具		辅具	切削用量			备注
		T 码	规格		主轴转速 /r·min^{-1}	进给速度 /mm·min^{-1}	背吃刀量 /mm	
	*B*0°							
1	铣凸缘端面，至尺寸 22	T01	面铣刀 ϕ120	JT50-XM32-105	300	60		
	*B*90°							
2	铣 ϕ18 孔端面，至尺寸 12	T01	面铣刀 ϕ120	JT50-XM32-105	300	60		
	*B*270°							
3	铣 ϕ18 孔端面，至尺寸 344；铣 M18 端面	T01	面铣刀 ϕ120	JT50-XM32-105	300	60		
	*B*0°							
4	粗镗 2×ϕ45H7 至 ϕ44.2	T02	镗刀 ϕ44.2	JT50-TZC40-180	350	60		
5	粗镗 2×ϕ58H9 至 ϕ57.2	T03	镗刀 ϕ57.2	JT50-TZC50-200	300	80		
6	钻 8×M8 和 ϕ35H7 的中心孔	T04	中心钻 134-4	JT50-M2-50	1000	80		
7	钻 ϕ35H7 孔至 ϕ34	T05	锥柄钻头 ϕ34	JT50-M2-135	600	60		
8	钻 8×M8 底孔至 ϕ6.8	T06	钻头 ϕ6.8	JT50-Z10-45	800	80		
	*B*90°							
9	钻 ϕ18H9 中心孔	T04	中心钻 134-4	JT50-M2-50	1000	80		
10	钻 ϕ18H9 至 ϕ17	T07	锥柄钻头 ϕ17	JT50-M2-135	600	60		
	*B*180°							
11	粗镗 2×ϕ45H7 至 ϕ44.2	T02	镗刀 ϕ44.2	JT50-TZC40-180	350	60		
12	钻 ϕ25H7 至 ϕ24	T08	锥柄钻头 ϕ24	JT50-M2-135	600	60		
	*B*270°							
13	钻 ϕ18H9 和 M16 中心孔	T04	中心钻 134-4	JT50-M2-50	1000	80		
14	钻 ϕ18H9 至 ϕ17	T07	锥柄钻头 ϕ17	JT50-M2-135	600	60		
15	钻 M16 底孔 ϕ14	T09	锥柄钻头 ϕ14	JT50-M2-50	600	60		
	*B*0°							
16	半精镗 2×ϕ45H7 至 ϕ44.85	T10	镗刀 ϕ44.85	JT50-TZC40-180	400	40		
17	半精镗 2×ϕ58H9 至 ϕ57.85	T11	镗刀 ϕ57.85	JT50-TZC50-200	400	40		

（续）

（工厂名）	数控加工工序卡片	产品名称及代号	零件名称	零件图号	材料
		运屑器	减速箱箱体	N-530-05	HT200
工序号	程序编号	夹具名称	夹具编号	使用设备	车间	第2页
5	00308			加工中心	50	共2页

工步号	工步内容	刀具		辅具	切削用量			备注
		T码	规格		主轴转速 /r·min^{-1}	进给速度 /mm·min^{-1}	背吃刀量 /mm	
18	扩 ϕ35H7 孔至 ϕ34.85	T12	扩孔钻 ϕ34.85	JT50-M2-135	600	60		
19	铰 2×ϕ45H7 孔成	T13	铰刀 ϕ45H7	JT50-K22-250	100	40		
20	精镗 2×ϕ58H9 孔成	T14	镗刀 ϕ58H9	JT50-TZC50-200	450	40		
21	铰 ϕ35H7 孔成	T15	铰刀 ϕ35H7	JT50-M2-135	100	40		
22	攻 8×M8 成	T16	丝锥 M8	JT40-G1-JJ3	90	1.25		
	*B*90°							
23	扩 ϕ18H9 至 ϕ17.85	T17	扩孔钻 ϕ17.85	JT50-M2-135	600	60		
24	铰 ϕ18H9 孔成	T18	铰刀 ϕ18H9	JT50-M2-135	100	40		
	*B*180°							
25	半精镗 2×ϕ45H7 至 ϕ44.85	T10	镗刀 ϕ44.85	JT50-TZC40-180	400	40		
26	扩 ϕ25H7 孔至 ϕ24.85	T19	扩孔钻 ϕ24.85	JT50-M2-135	600	60		
27	铰 2×ϕ45H7 孔成	T13	铰刀 ϕ45H7	JT50-K22-250	100	40		
28	铰 ϕ25H7 孔成	T20	铰刀 ϕ25H7	JT50-M2-135	100	40		
	*B*270°							
29	扩 ϕ18H9 至 ϕ17.85	T17	锥柄钻 ϕ17.85	JT50-M2-135	600	60		
30	铰 ϕ18H9 孔成	T18	锥柄铰刀 ϕ18H9	JT50-M2-135	100	40		
31	攻 M16 成	T21	丝锥 M16	JT40-G1-JJ3	90	2		
				设计（日期）	审核（日期）	会签（日期）		

二、轴类零件的加工工艺

主轴是机器中一种主要零件，它通常用于支承传动零部件，并传递转矩。轴的基本结构是回转体，其主要加工表面有内圆柱面、外圆柱面、圆锥面、螺纹、花键、横向孔、沟槽等。机床的主轴是一种典型的轴类零件。

（一）轴类零件的结构特点和技术要求分析

一般轴类零件的装配基准是支承轴颈，轴上的各个精密表面也均以其支承轴颈为设计基准。它的精度直接影响轴的回转精度。其尺寸精度要求较高，为 IT7 ~ IT5；轴的位置精度主要包括不同轴径的同轴度和径向圆跳动，一般要求 0.01 ~ 0.03mm，高精度可以达到0.001 ~ 0.005mm；轴的表面粗糙度 Ra 值为 2.5 ~ 0.63μm，与轴承相配合的支承轴的表面粗糙度 Ra 值为 0.63 ~ 0.16μm。

一般轴类零件选用 45 钢，然后根据要求进行相关的热处理，例如正火、退火、淬火或者调质，以便达到相应的强度、硬度和耐磨性。

对于中等精度而转速较高的轴类零件，材料可选用 40Cr 等合金钢。经过调质处理和表面淬火处理，使其淬火层硬度均匀且具有较高的综合力学性能。

精度要求高的轴可以使用轴承钢 GCr15 和弹簧钢 65Mn，经过调质处理和局部淬火后，具有更高的耐磨性和疲劳强度。

高速重载的轴可以选用 20CrMnTi、20Mn2B、20Cr 等渗碳钢，渗碳淬火后，表面硬度很高，内部具有较好的强度和冲击韧度。

轴类毛坯一般使用锻件和圆钢，结构复杂的曲轴可使用铸件。光轴和直径相差不大的阶梯轴使用圆钢。外圆直径相差较大的阶梯轴选用锻件毛坯。

（1）定位基准的选择　在轴类零件加工中，常用的定位基准为两端中心孔。以中心孔定位加工外圆和端面。当加工表面位于轴线上时，不能使用中心孔定位，应用外圆定位。

（2）长轴的加工　加工一般分为三个阶段：调质前为粗加工阶段；调质后到表面淬火前为半精加工阶段；表面淬火后为精加工阶段。表面淬火后，首先磨锥孔，重新配锥堵，以消除淬火变形对精基准的影响，为精加工做好定位基准的准备。

（3）加工顺序　轴上的外圆表面较多，在加工时，为了保证加工精度，先加工大直径外圆，后加工小直径外圆。铣花键和键槽等次要表面安排在精车外圆之后，避免精车外圆时产生断续切削。车螺纹安排在表面淬火后进行，以保证螺纹的高精度。

（二）典型轴类零件的加工工艺

1. 机床主轴的加工工艺

图 8-45 为一机床主轴简图。

（1）主轴的主要技术要求分析　如图 8-45 所示，该主轴有三个支承轴颈，其圆度和同轴度均有较高的要求。主轴螺纹用于装配螺母，该螺母是为调整安装在轴颈上的滚动轴承间隙用的。如果螺母端面相对轴颈轴线倾斜，使得轴承内圈受力倾斜，影响主轴的回转精度，则要控制螺母端面圆跳动。

主轴锥孔是用于安装顶尖或工具的莫氏锥柄用的。锥孔的轴线必须与支承轴颈的轴线同轴，否则会产生定位误差影响工件的加工精度。

主轴的前端圆锥面和端面是安装卡盘的定位面，其圆锥面必须与轴颈同轴，端面应与主轴的回转轴线垂直。对轴上与齿轮装配表面的技术要求是：对 A、B 轴颈连线的圆跳动公差为 0.015mm，以保证齿轮传动的平稳性，减少噪声。

机床主轴为机床的关键件，材料选用 45 钢，预备热处理选用正火和调质，最后热处理采用局部高频感应加热淬火。

主轴采用 45 钢，锻造毛坯，首先需要正火处理，消除内应力，改善可加工性。粗加工后进行调质处理，以提高材料的性能，为表面淬火做准备。表面淬火安排在精加工前进行，精加工可以去除淬火过程中的氧化皮，修正淬火变形。

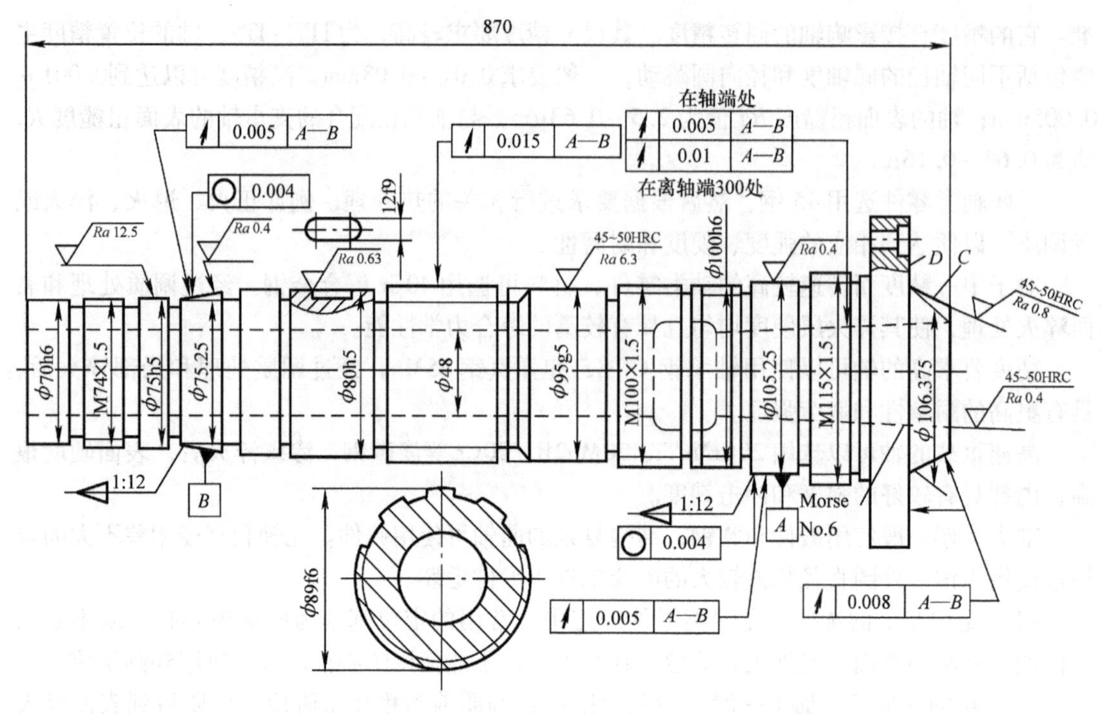

图 8-45

机床主轴简图

钻主轴上的通孔属于粗加工。如果先加工，后进行调质处理，容易产生变形。为了避免热处理变形对孔的影响，深孔加工安排在调质处理后进行。

（2）加工的工艺过程 一般轴类零件加工的典型工艺路线是：毛坯及热处理—轴的预加工—车外圆—铣键槽—最终热处理—磨削—检验。

假设生产大批量主轴，材料为45钢，毛坯为模锻件，主轴的加工工艺过程见表8-23。

表8-23 机床主轴加工的工艺过程

序号	工序名称	工序内容	定位基准	机床
1	锻造			
2	热处理	正火		
3	铣、钻	铣端面、钻中心孔	外圆柱面	专用机床
4	荒车	外圆	中心孔、外圆	卧式车床
5	粗车	大头	夹一端，顶一端	卧式车床
6	仿形车	粗车小头	夹一端，顶一端	仿形车床
7	热处理	调质		
8	钻	钻 φ52 孔	夹小头，架大头	深孔钻床
9	车	车大头锥孔配锥堵，精车外短锥及端面	夹小头，架大头	卧式车床
10	车	车小头锥孔配锥堵	夹大头，架小头	卧式车床
11	钻	钻大头端面各孔	外短锥	摇臂钻床
12	车	精车小头各外圆并切槽	中心孔	数控车床

（续）

序号	工序名称	工 序 内 容	定 位 基 准	机　床
13	钻	钻、铰 ϕ4H7 孔	外圆柱面	立式钻床
14	热处理	高频感应加热淬火支承轴颈、前锥孔、外短锥		
15	磨	粗磨外圆	中心孔	外圆磨床
16	磨锥孔	磨大头锥孔，重配锥堵	ϕ100 外圆及 ϕ75 外圆	专用主轴锥孔磨床
17	铣花键	铣花键	中心孔	花键铣床
18	铣	铣键槽	外圆柱面	立式铣床
19	车	车三处螺纹	中心孔	卧式车床
20	磨	精磨外圆	中心孔	外圆磨床
21	磨	粗、精磨三处圆锥外圆及端面	中心孔	专用磨床
22	磨锥孔	精磨大头锥孔	前支承轴颈及 ϕ75 外圆	专用主轴锥孔磨床
23	检验		前支承轴颈及 ϕ75 外圆	量具

2. 螺套零件的数控加工工艺

图 8-46 所示为螺套零件图。

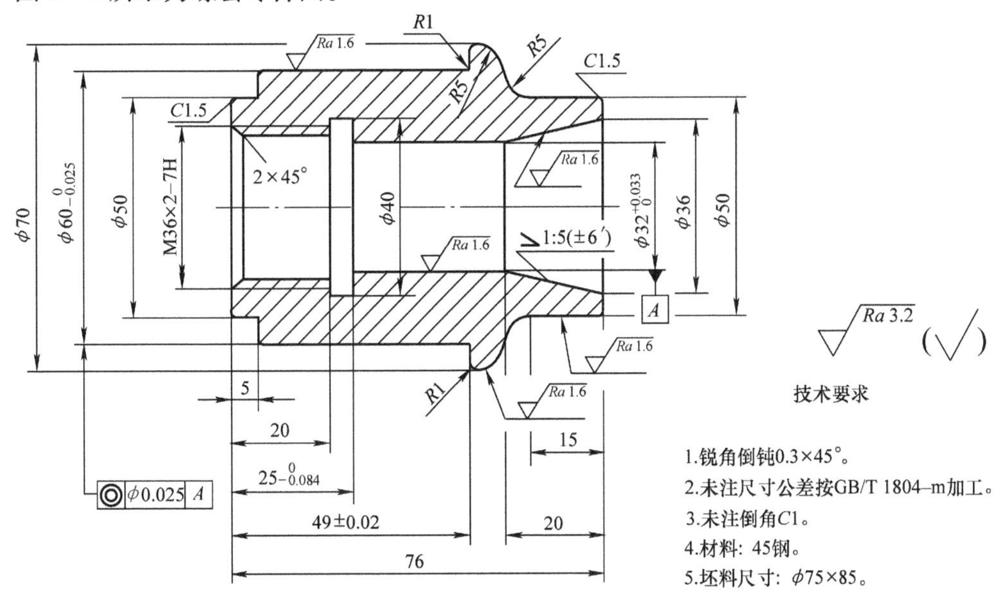

图 8-46

螺套零件图

（1）零件图工艺分析　该零件表面由内孔面、外圆柱面、圆锥面、顺圆弧面、逆圆弧面及内螺纹等表面组成，其中多个直径尺寸与轴向尺寸有较高的尺寸精度、表面粗糙度和几何公差要求。零件图尺寸标注完整，符合数控加工尺寸标注要求；左、右端面为设计基准。轮廓描述清楚完整；零件材料为 45 钢，可加工性能较好。

通过上述分析，采用以下几点工艺措施：

1）零件图样上带公差的尺寸，除内螺纹退刀槽尺寸 $25_{-0.084}^{0}$，公差值较大，编程时可取平均值24.958外，其他尺寸因公差值较小，故编程时不必取其平均值，而取公称尺寸即可。

2）左、右端面均为多个尺寸的设计基准，相应工序加工前，应该先将左、右端面车出来。

3）内孔圆锥面加工完后，需调头再加工内螺纹。

（2）确定装夹方案　内孔加工以外圆定位，加工外圆使用心轴定位。

（3）加工顺序与走刀路线　车削加工的顺序按照由内向外、由粗到精、由远到近的原则确定。内、外轮廓加工顺零件轮廓进行。

（4）刀具选择　根据加工方法选择端面车刀、钻头、镗刀等。

（5）切削用量选择　根据被加工表面质量要求、刀具材料和工件材料，参考切削用量手册选取速度与进给量，计算主轴转速和进给速度。

（6）编制数控加工工序卡片

第九章
工件在机床上的安装

思维导图

第一节　概　　述

机械加工过程中，为了保证加工精度，必须使工件在机床中占有正确的加工位置（定位），并使之固定、夹牢（夹紧），这个定位、夹紧的过程即为工件的安装。工件的安装在机械加工中占有重要地位，安装的精度直接影响着加工质量、生产率、劳动条件和加工成本。

机床上用来安装工件的装备称为机床夹具，简称夹具。

9.1　概述

一、工件的安装

1. 找正安装

找正安装就是按工件的有关表面或专门划出的线痕作为找正依据，用划针或指示表逐个地找正工件相对于刀具及机床的位置，然后用压板或可调整卡盘等把工件夹紧。图 9-1a 为一圆柱形工件铣键槽工序的找正安装示意图。用平口钳上的固定钳口 1 来保证工件轴线在水平面内的位置，再用划针来找正工件两端的高低，以保证工件轴线在竖直平面内的位置，这样即可确定工件与夹具间的相对位置。拧紧夹紧螺旋手柄 3，带动活动钳口 2 将工件夹紧。然后，再用划针等工具找正工件及平口钳与机床或刀具的相对位置，用螺栓把平口钳固定在铣床工作台上，从而完成了工件的安装。键槽的宽度由刀具保证，而其他的尺寸和位置精度则由找正的精度来保证。显然找正装夹方法简单，无需专用夹具，但生产率较低，所能达到的装夹精度与操作工人的技术水平和找正工具的精度有关。找正安装方法多用于单件小批生产。

2. 采用专用夹具安装

采用专用夹具安装工件，是靠夹具来保证工件相对于刀具及机床的正确位置，从而保证加工精度。如图 9-1b 所示，工件用专用夹具来安装，工件的位置由夹具上的定位元件 V 形块 5 和圆柱销 6 来确定，然后由液压缸驱动的压板 3 夹紧，定向键 7 起保证夹具相对于机床及刀具具有一个正确的相对位置的作用。本安装方法中，键槽相对于轴的距离和位置精度由夹具来直接保证。由此可以看出这种安装方法易于保证加工精度，能够缩短辅助时间，提高生产率，减轻工人的劳动强度和降低对工人技术水平的要求。因此这种安装方法被广泛地应

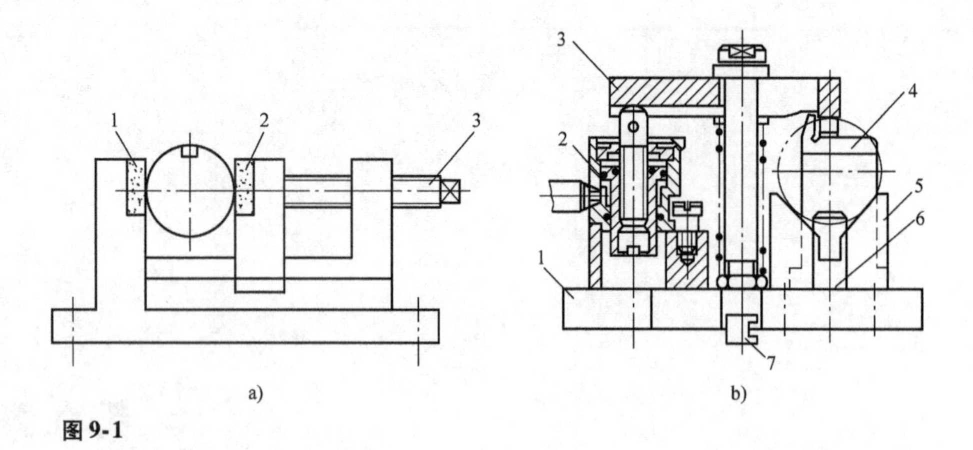

图 9-1

工件的安装方法
a）找正安装
1—固定钳口 2—活动钳口 3—夹紧螺旋手柄
b）采用专用夹具安装
1—夹具体 2—液压缸 3—压板 4—对刀块 5—V形块 6—圆柱销 7—定向键

用于中批及大批大量的生产类型。

二、夹具的组成与分类

1. 夹具的组成

由前述的分析可知，无论何种安装方法都离不开夹具。在实际生产中，夹具多种多样，但工作原理基本上是相同的，下面以图9-1为例介绍夹具的组成。

（1）定位元件 用来确定工件在夹具上位置的元件或装置称为定位元件。图9-1a中的平口钳上的固定钳口，图9-1b中的V形块均是定位元件。

（2）夹紧装置 夹紧装置的作用是将工件紧固在夹具上，以保证在加工中不会因切削力、惯性力等的影响而发生位置的移动，例如图9-1a中的夹紧螺旋装置和图9-1b中的液压缸2及压板3。

（3）对刀及导向装置 用来确定刀具相对于夹具位置的元件或装置称为对刀及导向装置。图9-1b中的对刀块4即为对刀元件。钻、镗床夹具上用来引导钻头的钻套和引导镗刀杆的镗套是导向装置。

（4）夹具与机床之间的连接元件 用来确定夹具相对于机床工作台、主轴等位置的元件称为连接元件，如图9-1b中的定向键7。

（5）其他元件及装置 为满足各种加工要求，有些夹具还设有其他元件或装置，如分度装置和为便于卸下工件而设置的顶出器等。

（6）夹具体 夹具体是用来安装定位元件、夹紧装置、导向装置、对刀装置和连接元件等的零件，如图9-1b中的夹具体1。

上述各部分中，定位元件、夹紧装置和夹具体一般是一个夹具必不可少的部分。

2. 夹具的分类

根据机床夹具的使用特点，可将夹具分为以下几类：

（1）通用夹具 通用夹具与通用机床配套，作为通用机床的附件，如自定心卡盘、平口钳、分度头等。

（2）专用夹具　专用夹具是指根据某一工序要求而专门设计制造的夹具。它一般只适于某一特定工件的特定工序，而在其他工序中往往不能使用，适用于中批以上的生产类型。

（3）组合夹具　组合夹具由许多标准件组合而成，可根据零件加工工序的需要拼装，用完后再拆卸，适于单件小批生产。

（4）成组夹具　成组夹具是适应成组工艺的需要而发展起来的，它通过调整或更换个别定位元件、夹紧元件，对不同尺寸或种类的工件进行定位夹紧，一般都是针对形状相近的零件，故称为成组夹具。

（5）随行夹具　在自动线上，对于那些形状复杂且不规则，又无良好输送表面的工件，常将其安装在一个夹具上，这个夹具由输送带依次送到各工位机床的固定夹具上，再对这一夹具进行定位和夹紧，然后完成对零件的机械加工，此夹具即为随行夹具。

第二节　工件定位原理

在机械加工中，必须使工件、夹具、刀具和机床之间保持正确的相互位置，才能加工出合格的零件。夹具中的定位元件就是用来确定工件相对于夹具的位置的。

任何一个工件在夹具中未定位前，都可看成为在空间直角坐标系中的自由物体，即有六个自由度：沿三个坐标轴移动的移动自由度，分别用$\overleftrightarrow{X}$、$\overleftrightarrow{Y}$、$\overleftrightarrow{Z}$表示，绕三个坐标轴转动的转动自由度，分别用$\overset{\frown}{X}$、$\overset{\frown}{Y}$、$\overset{\frown}{Z}$表示。工件定位的实质就是用定位元件来阻止工件的移动或转动，从而限制工件的自由度。

9.2　工件定位原理

必须强调的是，定位以后，防止工件相对于定位元件做反方向移动或转动的问题属于夹紧所要解决的问题。不能将定位与夹紧混为一谈。

下面介绍定位中的几种情况。

一、完全定位

工件在夹具中定位，若六个自由度都被限制时，这称为完全定位。

如图9-2a所示的零件，在加工ϕD孔时要求孔的对称中心线垂直于底面，并保证尺寸

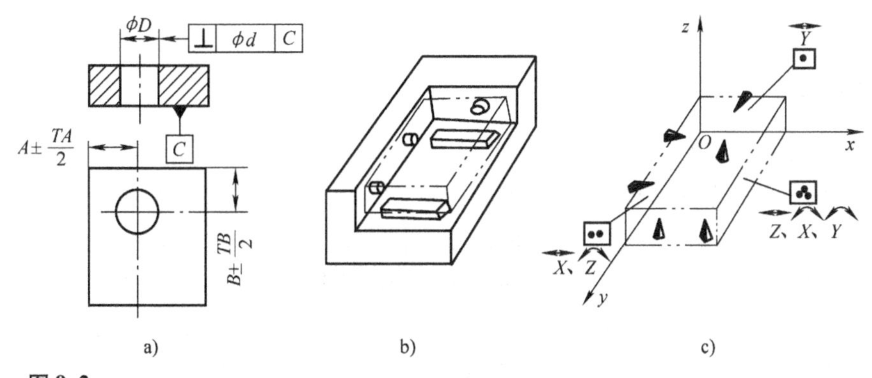

图9-2

工件钻孔工序定位方案分析

a）工序图　b）定位方案　c）自由度分析

A 和 B。由此可见，在钻孔工序中，工件的六个自由度必须被完全限制，才能保证达到技术要求。其定位方案如图 9-2b 所示，其底面的两个支承板（相当于一个面）可抽象为三个支承点限制三个自由度；左侧面的两个支承钉可抽象为两个支承点限制两个自由度；后面的一个支承钉可抽象为一个支承点限制一个自由度。这样，工件的六个自由度被这抽象出的六个点完全限制，从而实现工件的完全定位（见图 9-2c）。在机床工作台或夹具上只要工件紧靠这些支承，位置就可被确定。

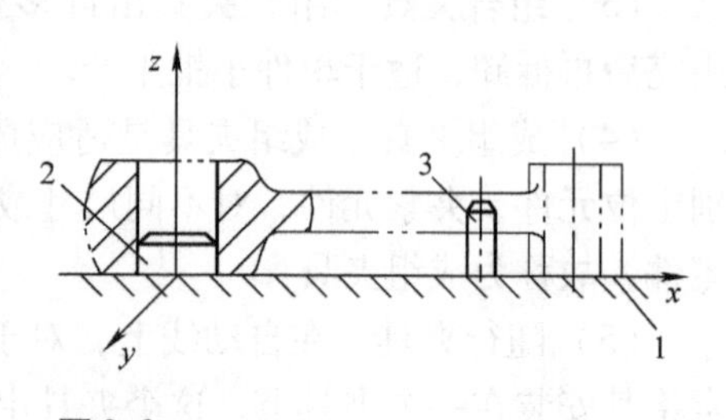

图 9-3

连杆定位方案

1—支承面　2—短圆销　3—挡销

图 9-3 为加工连杆小头孔时的定位方案。夹具的支承面 1 相当于三个支承点，限制 $\overleftrightarrow{Z}$、$\overset{\frown}{X}$、$\overset{\frown}{Y}$ 三个自由度，短圆销 2 相当于两个支承点，限制 $\overleftrightarrow{X}$、$\overleftrightarrow{Y}$ 两个自由度，挡销 3 相当于一个支承点，限制 $\overset{\frown}{Z}$ 自由度。工件定位时，六个自由度被完全限制，也是完全定位。

二、不完全定位

不完全定位也称为部分定位。在定位过程中，根据加工要求，没有必要限制工件的全部自由度，这样的定位称为不完全定位。

例如，在车床上车削一轴径，要求保证直径的尺寸精度。在工件装夹过程中，自定心卡盘限制四个自由度，而工件沿主轴中心线的移动和转动这两个自由度没有被限制，也没有必要限制，就可保证直径的尺寸精度。再如，在一个光轴上铣键槽时，因键槽在四周上的位置无任何要求，故绕工件轴线转动的自由度就不必被限制，只限制住其余五个自由度即可。显然，上述这两例都是不完全定位。

三、欠定位

根据工件的加工要求，应该限制的自由度没有被限制的定位，称为欠定位。欠定位无法保证加工精度，是绝对不允许存在的。例如，在图 9-2c 中若去掉 xOz 平面上的支承点，则尺寸 B 的精度就无法保证。显然这种欠定位是不允许的。

四、过定位

过定位也叫重复定位。它是指几个定位支承点重复限制一个或几个自由度的定位。工件是否允许过定位存在应根据具体情况而定。一般来说，工件以形状精度和位置精度很低的毛坯表面作为定位基准时，往往会引起工件无法安装或工件本身的很大弹性变形，所以不允许出现过定位；而对于采用形位精度很高的表面作为定位基准时，为了提高工件定位的稳定性和刚度，在一定的条件下是允许采用过定位的，所以不能机械地一概否定过定位。

图 9-4a 所示为加工连杆小头孔时的定位方案，由于使用了长圆销且配合较紧，故限制了工件的 $\overleftrightarrow{X}$、$\overleftrightarrow{Y}$、$\overset{\frown}{X}$、$\overset{\frown}{Y}$ 四个自由度，而底面支承板限制了 $\overset{\frown}{X}$、$\overset{\frown}{Y}$、$\overleftrightarrow{Z}$ 三个自由度。显然在 $\overset{\frown}{X}$、$\overset{\frown}{Y}$ 方向出现了过定位。若连杆小头孔中心线与端面有较大的垂直度误差，则夹紧时会使

连杆发生弹性变形，若在此情况下进行加工，则小孔与端面的垂直度就无法保证。若将长销改为短销，则可消除过定位，很容易保证小头孔中心线与端面的垂直度（图9-3）。

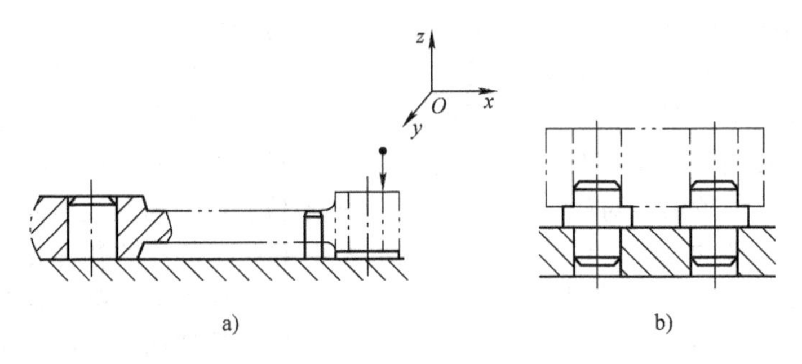

图9-4

两种过定位情况

a）连杆的定位　b）工件以一面两销定位

图9-4b表示了一面两销定位情况。两个短销同时限制了$\overleftrightarrow{X}$自由度，当孔心距误差较大时，会出现工件无法装入的情况。为消除过定位，可将其中的一个销在X方向进行削边，从而使削边销不限制$\overleftrightarrow{X}$自由度（见本章第三节）。

图9-5给出了合理使用过定位的实例。在滚齿机上加工齿形时，工件以内孔和一端面作为定位基准，长心轴限制了工件的$\overleftrightarrow{X}$、$\overleftrightarrow{Y}$、$\overset{\frown}{X}$、$\overset{\frown}{Y}$四个自由度，支承凸台限制了工件的$\overleftrightarrow{Z}$、$\overset{\frown}{X}$、$\overset{\frown}{Y}$三个自由度，显然$\overset{\frown}{X}$和$\overset{\frown}{Y}$自由度被重复限制。但由于齿坯加工时已经保证了内孔和端面的很高的垂直度，而定位心轴和支承凸台也保证了很高的垂直度，即使它们存在一定程度的垂直度误差，也还可以通过工件内孔与心轴配合的间隙来补偿。因此，这种过定位很好地保证了加工中工件的刚性和稳定性，有利于保证精度。在此类情况下，过定位反而是必要的。

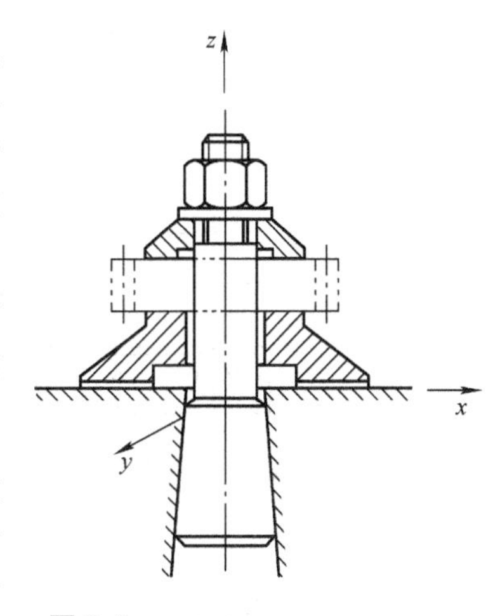

图9-5

滚齿时齿坯的过定位

第三节　定位方式与定位元件的选择

9.3　定位方式与定位元件的选择

根据工序要求确定好工件在安装时应限制的自由度后，应合理地选择定位方式及定位元件。

一、工件以平面定位

工件以平面作为定位基准定位时，常用支承钉和支承板作为定位元件。如果用三个支承钉或两个支承板或一个较大的支承面来定位，且与工件定位面为面接触时将限制三个自由度（图9-2）；如果用两个支承钉或一个支承板定位，且与工件定位面为线接触时，将限制两个自由度；如果用一个支承钉与工件定位面点接触时，则限制一个自由度。以平面定位时的定位支承元件有不同的类型和作用。

（一）主要支承

主要支承是指能起限制工件自由度作用的支承，它可分为：

（1）固定支承　定位支承点位置固定不变的定位元件称为固定支承，它包括支承钉和支承板。如图 9-6 所示，图 9-6a 所示为平面定位所用的固定支承钉的三种类型。其中 A 型为平头支承钉，主要用于支承工件上精基准定位；B 型为圆头支承钉，它与工件间为点接触，容易保证接触点位置的相对稳定，多用于粗基准定位；C 型为网纹顶面的支承钉，常用于要求摩擦力大的工件的侧面定位。图 9-6b 所示为用于平面定位的各种支承板。在大、中型零件用精基准面定位时，多采用支承板。图中 A 型支承板结构简单，制造方便，但由于沉头螺钉处积屑不易清除，故多用于侧面定位；B 型则易清除切屑，故广泛用于底面定位。

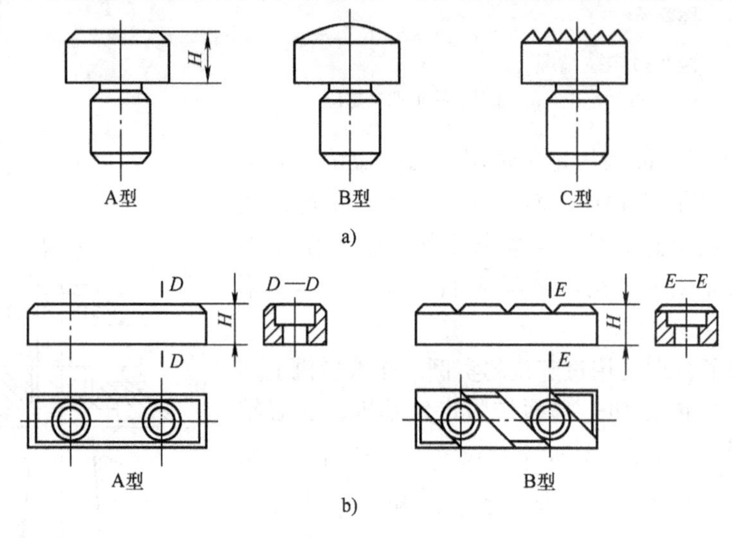

图 9-6

各类固定支承

a）支承钉　b）支承板

（2）可调支承　在夹具中定位支承点的位置可调节的定位元件称为可调支承。其典型结构如图 9-7 所示。可调支承的顶面位置可以在一定范围内调整，一旦调定后，用螺母锁紧。调整后它的作用相当于一个固定支承。采用可调支承，可以适应定位面的尺寸在一定范围内的变化。

（3）自位支承　自位支承又称为浮动支承，其位置可随定位基准面位置的变化而自动与之适应。虽然它们与工件的定位基准面可能不止一点接触，但实质上只能起到一个定位支承点的作用。由于增加了接触点数，可提高工件的支承刚度和稳定性，但夹具结构稍复杂，适用于工件以毛面定位或刚度不足的场合。图 9-8 所示是一种常见的自位支承结构。

（二）辅助支承

辅助支承是在夹具中不起限制自由度作用的支承。它主要是用于提高工件的支承刚度，防止工件因受力而产生变形。

辅助支承不应限制自由度，因此只有当工件用定位元件定好位后，再调节辅助支承的位置使其与工件接触。这样，每安装一次工件，就要调整一次辅助支承。如图 9-9 所示，工件

以平面 A 为定位基准，被加工表面离两个定位支承板位置较远的部分在切削力作用下会产生变形和振动，因此增设辅助支承来提高工件的支承刚度。在安装工件前，先将辅助支承的位置调低，再将工件定位、夹紧，最后将辅助支承调高到与工件接触，并将其锁紧。

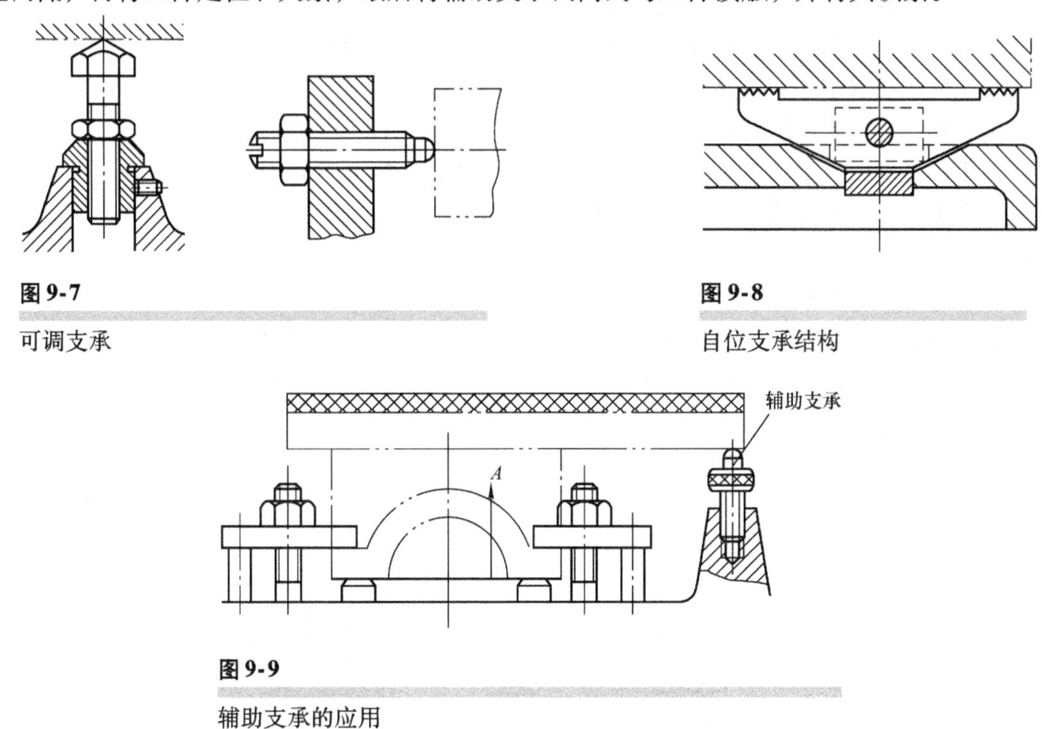

图 9-7

可调支承

图 9-8

自位支承结构

图 9-9

辅助支承的应用

二、工件以圆柱孔定位

工件以孔为定位基准时，常用的定位元件是各种心轴和定位销。心轴和定位销的种类比较多，所限制的自由度数应具体分析。

（一）定位心轴

定位心轴主要用于车、铣、磨、齿轮加工等机床上加工套筒类和空心盘类工件的定位，它包括圆柱心轴和小锥度心轴。图 9-10 所示为两种圆柱刚性心轴的典型结构。图 9-10a 所示为过盈配合心轴。心轴前端有导向部分。过盈心轴限制了 $\overleftrightarrow{Y}$、$\overleftrightarrow{Z}$、$\overset{\frown}{Y}$、$\overset{\frown}{Z}$ 四个自由度。该

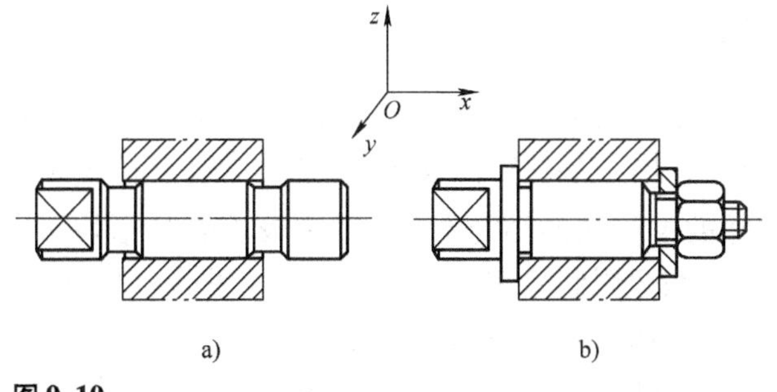

图 9-10

圆柱刚性心轴

a）过盈配方心轴　b）间隙配方心轴

心轴定心精度高，并可由过盈传递切削力矩。图9-10b为间隙配合心轴，当间隙较小时，它限制工件的$\overleftrightarrow{Y}$、$\overleftrightarrow{Z}$、$\overset{\frown}{Y}$、$\overset{\frown}{Z}$四个自由度；当间隙较大时，只限制$\overleftrightarrow{Y}$、$\overleftrightarrow{Z}$两个自由度，此时工件定位还应和较大的端面配合使用，用来限制$\overleftrightarrow{X}$、$\overleftrightarrow{Y}$、$\overleftrightarrow{Z}$、$\overset{\frown}{Y}$、$\overset{\frown}{Z}$五个自由度。切削力矩靠端部螺旋夹紧产生的夹紧力传递。此种心轴定心精度不高，但装卸工件方便。

当工件既要求定心精度高，又要求装卸方便时，常用小锥度心轴来完成圆柱孔的定位。小锥度心轴一般可限制除绕轴线转动以外的其他五个自由度。为了防止工件在心轴上倾斜，所以使用小锥度，通常锥度为1∶5000～1∶1000。切削力矩由工件安装过程中产生的过盈来传递。由于工件孔径的微小变化将导致工件轴向很大的位置变化，定位孔的精度必须比较高。

（二）定位圆柱销

定位圆柱销有长、短两种。短定位销一般限制$\overleftrightarrow{X}$、$\overleftrightarrow{Y}$两个自由度。长定位销在配合较紧时，限制$\overleftrightarrow{X}$、$\overleftrightarrow{Y}$、$\overset{\frown}{X}$、$\overset{\frown}{Y}$四个自由度。图9-11所示为常用的定位销。定位销端部均有15°倒角以便引导工件套入。在大批量生产条件下，由于工件装卸频繁，定位销较易磨损而降低定位精度，故常采用图9-11d所示的可换式定位销。

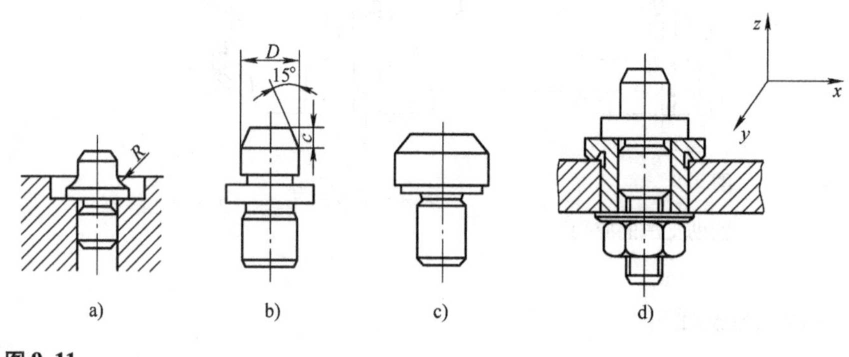

图9-11

定位销

a）3mm＜D≤10mm　b）10mm＜D≤18mm　c）D＞18mm　d）可换式

（三）圆锥销

圆孔在圆锥销上定位时，圆孔的端部同圆锥销的斜面相接触，如图9-12所示。固定的圆锥销限制$\overleftrightarrow{X}$、$\overleftrightarrow{Y}$、$\overleftrightarrow{Z}$三个自由度。图9-12a用于精基准，图9-12b用于粗基准。

三、工件以外圆柱面定位

工件以外圆柱面作为定位基准时，可以在V形块、圆定位套、半圆定位套、锥面定位套和支承板上定位。其中，用V形块定位最常见。这里主要介绍V形块定位。

图9-13所示为常用的V形块的结构型式，其中较长的V形块可以限制$\overleftrightarrow{X}$、$\overleftrightarrow{Z}$、$\overset{\frown}{X}$、$\overset{\frown}{Z}$四个自由度；较短的V形块只限制$\overleftrightarrow{Z}$和$\overleftrightarrow{X}$两个自由度。图9-13a所示的型式适于小型零件的定位，图9-13b、c所示的型式适于中型以上零件的定位。

V形块上两斜面间的夹角一般选60°、90°和120°，其中90°应用最多。

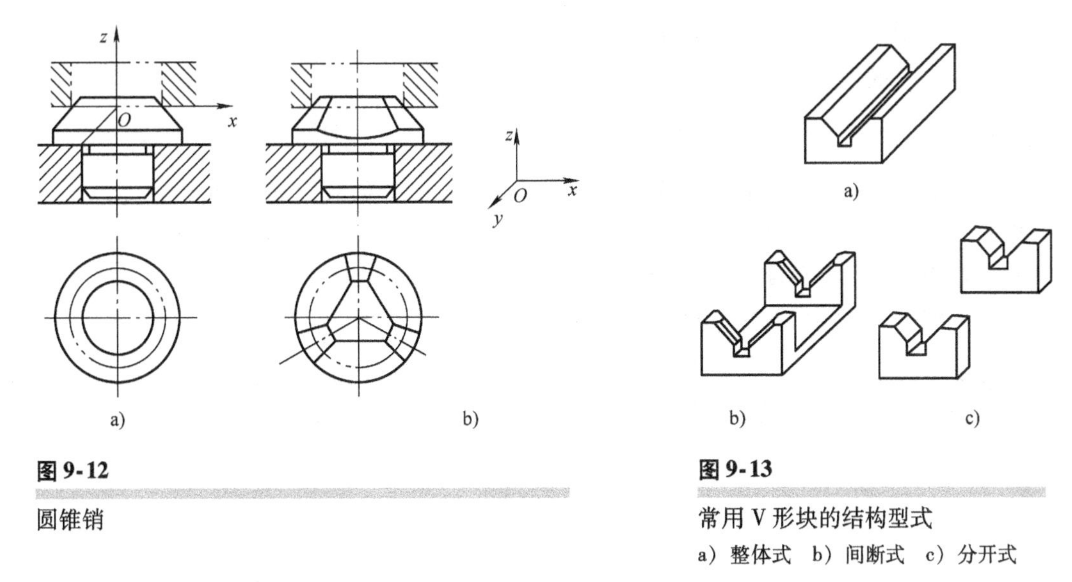

图 9-12

圆锥销

图 9-13

常用 V 形块的结构型式

a）整体式　b）间断式　c）分开式

四、工件以一面两孔定位

在实际生产中，往往用前述的单个基准面并不能满足工艺上的要求，所以通常用一组基准来完成工件的定位。箱体类零件的加工中常以一面两孔作为统一的定位基准。所谓一面两孔是指定位基准采用一个大平面和该平面上与之垂直的两个孔来进行定位。如果该平面上没有合适的孔，常把联接用的螺钉孔的精度提高或专门做出两个工艺孔以备定位用。工件以一面两孔定位所采用的定位元件是“一面两销”，故此定位方法亦称为一面两销定位。

通过前述分析可知，为了避免采用两短圆销所产生的过定位干涉，可以将一个圆销削边。这样，既可以保证没有过定位，又不增大定位时工件的转角误差。如图 9-14 所示，夹具上的支承面限制 $\overleftrightarrow{Z}$、$\overset{\frown}{X}$、$\overset{\frown}{Y}$ 三个自由度，短圆销限制 $\overleftrightarrow{X}$、$\overleftrightarrow{Y}$ 两个自由度，削边销限制 $\overset{\frown}{Z}$ 自由度，属完全定位。

为保证削边销的强度，一般多采用菱形销结构，故削边销又称菱形销，其结构型式如图 9-15所示，分别用于工件孔直径 $D \leqslant 3\text{mm}$、$3\text{mm} < D \leqslant 50\text{mm}$ 及 $D > 50\text{mm}$ 的定位情况。

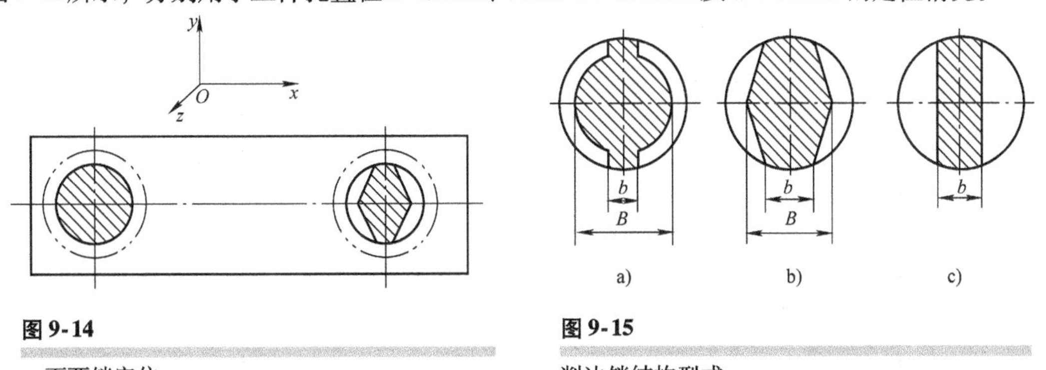

图 9-14

一面两销定位

图 9-15

削边销结构型式

a）$D \leqslant 3\text{mm}$　b）$3\text{mm} < D \leqslant 50\text{mm}$　c）$D > 50\text{mm}$

可以证明，为了保证不发生干涉，削边销的宽度 b 必须满足

$$b = \frac{\Delta_2 D_2}{\delta_{L_D} + \delta_{L_d}} \tag{9-1}$$

式中 Δ_2——削边销工作表面（圆柱部分）与工件孔的最小间隙；

D_2——孔的最小直径；

δ_{L_D}、δ_{L_d}——分别为工件孔心距公差和定位销轴心距公差，一般取 $\delta_{L_d}=\left(\frac{1}{5}\sim\frac{1}{3}\right)\delta_{L_D}$。

设计削边销时，因削边销宽度尺寸已经标准化，故 b 值应按标准选定，然后根据式（9-1）计算出 Δ_2。根据 $d_2=D_2-\Delta_2$ 确定定位销的最大直径，由轴的公差等级比孔高一级确定公差值，并按入体原则分布公差带。

表9-1列出了常用的定位元件通过工件上的定位基准来限制工件自由度的情况。

表9-1 常用定位元件与所限制工件自由度的情况

定位基准面	定位简图	定位元件	限制的自由度
大平面	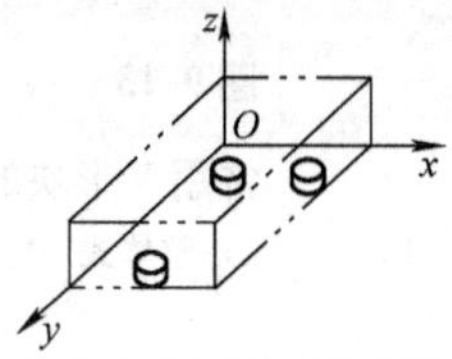	支承钉	$\overset{\frown}{X}$、$\overset{\frown}{Y}$、$\overleftrightarrow{Z}$
	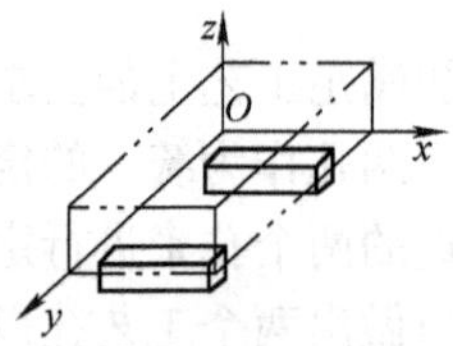	支承板	
长圆柱面	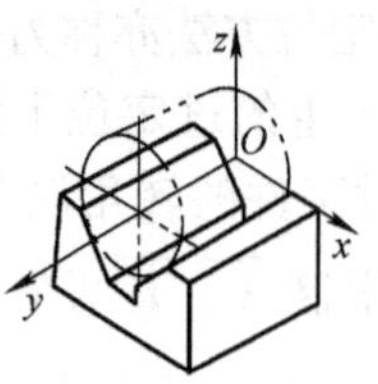	固定式V形块	$\overleftrightarrow{X}$、$\overset{\frown}{X}$、$\overleftrightarrow{Z}$、$\overset{\frown}{Z}$
	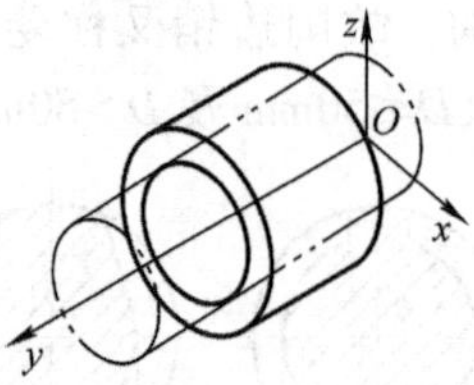	固定式长套	
	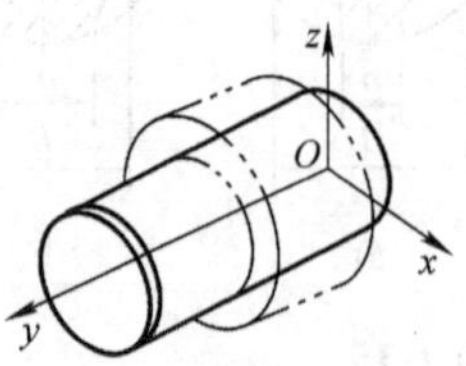	心轴	
	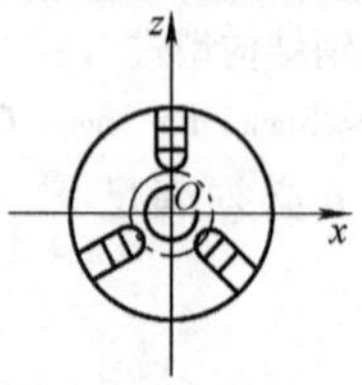	自定心卡盘	

（续）

定位基准面	定位简图	定位元件	限制的自由度
长圆锥面	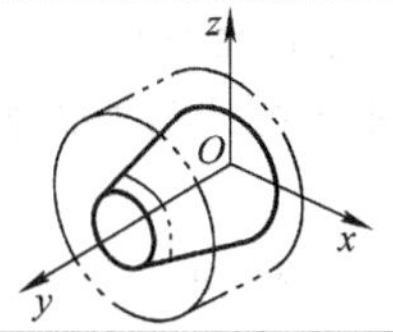	圆锥心轴(定心)	$\overleftrightarrow{X}$、$\overleftrightarrow{Y}$、$\overset{\frown}{X}$、$\overleftrightarrow{Z}$、$\overset{\frown}{Z}$
两中心孔	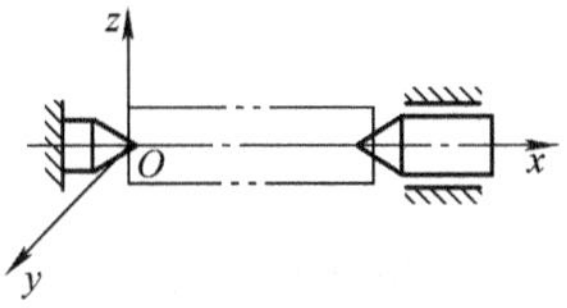	固定顶尖	$\overleftrightarrow{X}$、$\overleftrightarrow{Y}$、$\overleftrightarrow{Z}$
		活动顶尖	$\overset{\frown}{Y}$、$\overset{\frown}{Z}$
短外圆与中心孔	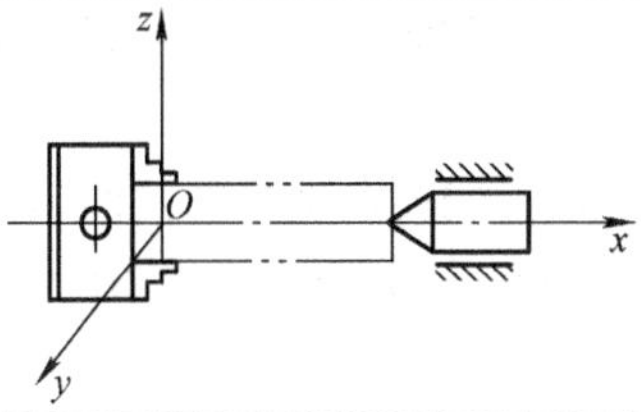	自定心卡盘	$\overleftrightarrow{Y}$、$\overleftrightarrow{Z}$
		活动顶尖	$\overset{\frown}{Y}$、$\overset{\frown}{Z}$、$\overleftrightarrow{Z}$
大平面与两外圆弧面	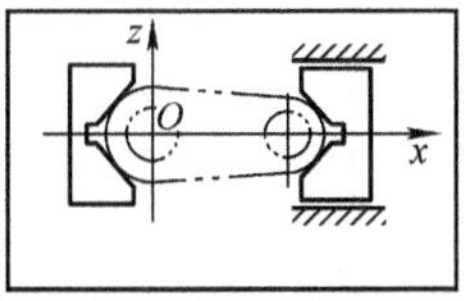	支承板	$\overleftrightarrow{Y}$、$\overset{\frown}{X}$、$\overset{\frown}{Z}$
		短固定式V形块	$\overleftrightarrow{X}$、$\overleftrightarrow{Z}$
		短活动式V形块(防转)	$\overset{\frown}{Y}$
大平面与两圆柱孔	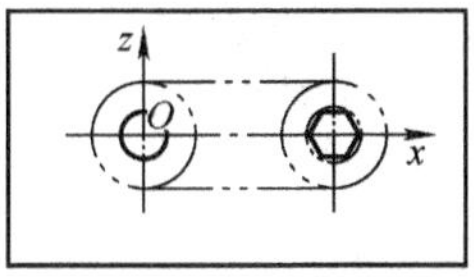	支承板	$\overleftrightarrow{Y}$、$\overset{\frown}{X}$、$\overset{\frown}{Z}$
		短圆柱定位销	$\overleftrightarrow{X}$、$\overleftrightarrow{Z}$
		短菱形销(防转)	$\overset{\frown}{Y}$
长圆柱孔与其他	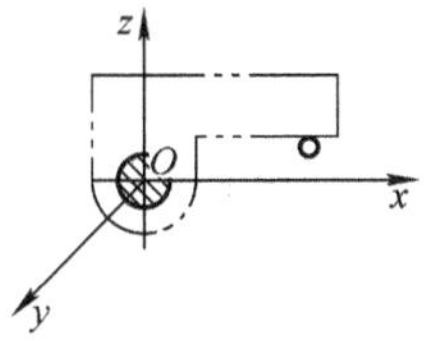	固定式心轴	$\overleftrightarrow{X}$、$\overleftrightarrow{Z}$、$\overset{\frown}{X}$、$\overset{\frown}{Z}$
		挡销(防转)	$\overset{\frown}{Y}$
大平面与短锥孔	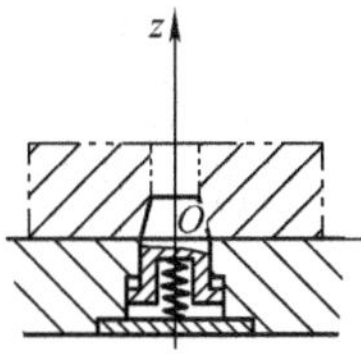	支承板	$\overleftrightarrow{Z}$、$\overset{\frown}{X}$、$\overset{\frown}{Y}$
		活动锥销	$\overleftrightarrow{X}$、$\overleftrightarrow{Y}$

第四节　定位误差

9.4　定位误差

机械加工中，工件的误差通常由以下三部分组成：第一是工件在夹具中因位置不一致而引起的误差，称为定位误差，以 Δ_D 表示；第二是安装误差和调整误差，所谓安装误差是指夹具在机床上安装时由于夹具相对于机床的位置不准确而引起的误差，以 Δ_A 表示，而调整误差是指刀具位置调整得不准确或引导刀具的误差而引起的工件误差，以 Δ_T 表示，通常这两项误差统称为调安误差，以 $\Delta_{T\text{-}A}$ 表示；第三是加工过程误差，它包括机床运动误差和工艺系统变形、磨损等因素引起的误差，以 Δ_G 表示。只有加工误差不超过给定工序尺寸公差 δ_k 时，工件才合格，即

$$\Delta_D + \Delta_{T\text{-}A} + \Delta_G \leqslant \delta_k \tag{9-2}$$

式（9-2）就是加工误差不等式。在对定位方案合理性进行分析时，可假定上述允许的最大误差各不超过工件工序尺寸公差的1/3。

一、定位误差及其组成

当一批工件用夹具来安装，以调整法加工时，它们的工序基准位置在工序尺寸方向上的变动范围有多大，该加工尺寸就会产生多大的误差。这种由于定位所引起的加工尺寸的最大变动范围就是定位误差。

定位误差由两个部分组成：一是由于工序基准和定位基准不重合而引起的基准不重合误差，以 Δ_B 表示；二是由于定位基准和定位元件本身的制造不准确而引起的定位基准位移误差，以 Δ_Y 表示。定位误差是这两部分的矢量和。

二、定位误差分析计算

计算定位误差可以判定定位误差是否在允许的范围内，定位方案是否合理。下面介绍几种典型定位方式的定位误差。

（一）工件以外圆在V形块上定位时的定位误差计算

如图9-16a所示的铣键槽工序，工件在V形块上定位，定位基准为圆柱轴心线。如果忽略V形块的制造误差，则定位基准在竖直方向上的基准位移误差

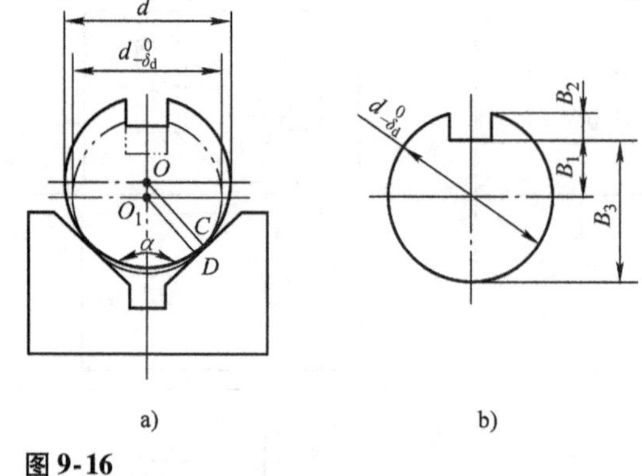

图9-16

工件在V形块上的定位误差分析

$$\Delta_Y = OO_1 = \frac{d}{2\sin\dfrac{\alpha}{2}} - \frac{d-\delta_d}{2\sin\dfrac{\alpha}{2}} = \frac{\delta_d}{2\sin\dfrac{\alpha}{2}} \tag{9-3}$$

对于图9-16中的三种尺寸标注，下面分别计算其定位误差。

当尺寸标注为 B_1 时，工序基准和定位基准重合，故基准不重合误差 $\Delta_B = 0$。所以 B_1 尺寸的定位误差为

$$\Delta_D(B_1) = \Delta_Y = \frac{\delta_d}{2\sin\dfrac{\alpha}{2}} \tag{9-4}$$

当尺寸标注为 B_2 时，工序基准为上母线。此时存在基准不重合误差，即

$$\Delta_B = \frac{1}{2}\delta_d$$

Δ_D 应为 Δ_B 与 Δ_Y 的矢量和。由于当工件轴径由最大变到最小时，Δ_B 和 Δ_Y 都是向下变化的，它们的矢量和应是相加，故

$$\Delta_D(B_2)=\Delta_Y+\Delta_B=\frac{\delta_d}{2\sin\frac{\alpha}{2}}+\frac{1}{2}\delta_d=\frac{\delta_d}{2}\left(\frac{1}{\sin\frac{\alpha}{2}}+1\right) \tag{9-5}$$

当尺寸标注为 B_3 时，工序基准为下素线。此时基准不重合误差仍然是$\frac{1}{2}\delta_d$，但当 Δ_Y 向下变化时，Δ_B 是方向朝上的，所以它们的矢量和应是相减，故

$$\Delta_D(B_3)=\Delta_Y-\Delta_B=\frac{\delta_d}{2}\left(\frac{1}{\sin\frac{\alpha}{2}}-1\right) \tag{9-6}$$

通过以上分析可以看出：工件以外圆在 V 形块上定位时，加工尺寸的标注方法不同，所产生的定位误差也不同。所以定位误差一定是针对具体尺寸而言的。在这三种标注中，以下母线作为基准标注的定位误差最小，以上母线作为基准标注的定位误差最大。

（二）工件以内孔在圆柱心轴上定位的定位误差计算

工件以内孔在过盈配合的圆柱心轴上定位时，因为无径向间隙，所以无基准位移误差。这里只分析间隙配合的定位误差。

（1）定位时孔与轴固定单边接触　如果定位心轴水平放置，由于工件的自重作用，工件与心轴一直在上素线处接触。如图 9-17 所示，铣平面工序的定位基准为孔的中心线。已知孔径为 $\phi D^{+\delta_D}_{0}$，定位心轴轴径为 $\phi d^{\ 0}_{-\delta_d}$，最小间隙为 $\Delta_{min}=D-d(D>d)$。则基准位移误差：

$$\Delta_Y=OO_2-OO_1=\frac{D_{max}-d_{min}}{2}-\frac{D_{min}-d_{max}}{2}=\frac{1}{2}(\delta_D+\delta_d) \tag{9-7}$$

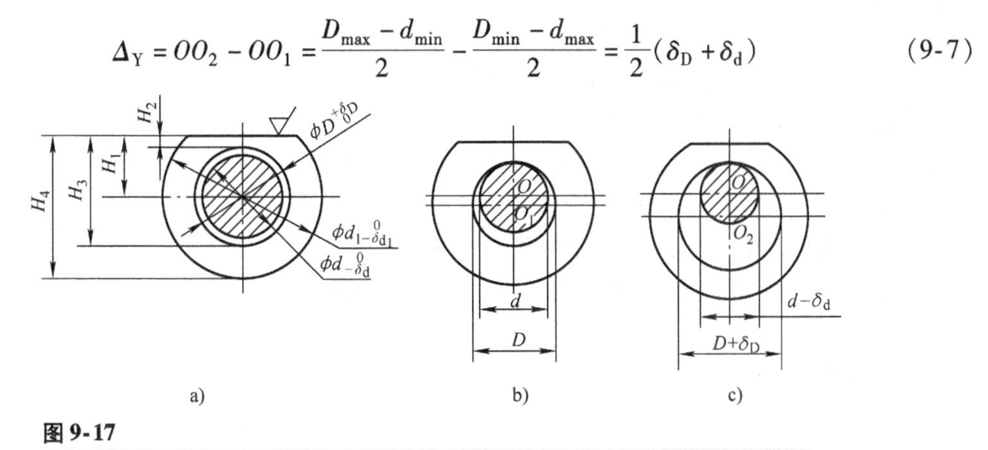

图 9-17

固定单边接触定位误差计算

下面分别计算四种标注方式下的定位误差。

当标注尺寸为 H_1 时，工序基准与定位基准重合（见图 9-17），$\Delta_B=0$，所以定位误差为

$$\Delta_D(H_1)=\Delta_Y=\frac{1}{2}(\delta_D+\delta_d)$$

当标注尺寸为 H_2 时，工序基准与定位基准不重合，$\Delta_B=\frac{1}{2}\delta_D$。所以 $\Delta_D(H_2)$应为 Δ_B 与 Δ_Y 的矢量和。因为在定位基准由一个极端位置 O_1 变到另一个极端位置 O_2 时，Δ_Y 方向是向

下的，而与此同时，工序基准(内孔上素线)相对于定位基准（孔心）的变化是向上的，Δ_Y 与 Δ_B 方向相反，则

$$\Delta_D(H_2)=\Delta_Y-\Delta_B=\frac{1}{2}\delta_d$$

当标注尺寸为 H_3 时，Δ_B 仍为$\frac{1}{2}\delta_D$，Δ_Y 与 Δ_B 同向，则

$$\Delta_D(H_3)=\Delta_Y+\Delta_B=\frac{1}{2}(\delta_D+\delta_d)+\frac{1}{2}\delta_D=\delta_D+\frac{1}{2}\delta_d$$

当标注尺寸为 H_4 时，$\Delta_B=\frac{1}{2}\delta_{d_1}$，此时 Δ_Y 与 Δ_B 无关，它们两个可以同时取得最大值。所以

$$\Delta_D(H_4)=\Delta_Y+\Delta_B=\frac{1}{2}(\delta_D+\delta_d)+\frac{1}{2}\delta_{d_1}=\frac{1}{2}(\delta_D+\delta_d+\delta_{d_1})$$

（2）定位孔与轴可以在任意方向上接触　此种情况下，定位基准可以在任意方向上变动，其最大变动量为孔径最大与轴径最小时的间隙，即最大间隙，所以

$$\Delta_Y=D_{max}-d_{min}=\delta_D+\delta_d+\Delta \tag{9-8}$$

其中，δ_D、δ_d、Δ 分别为定位孔、轴的尺寸公差和孔轴配合的最小间隙。而基准不重合误差则根据定位情况而定，由此可计算出 Δ_D。

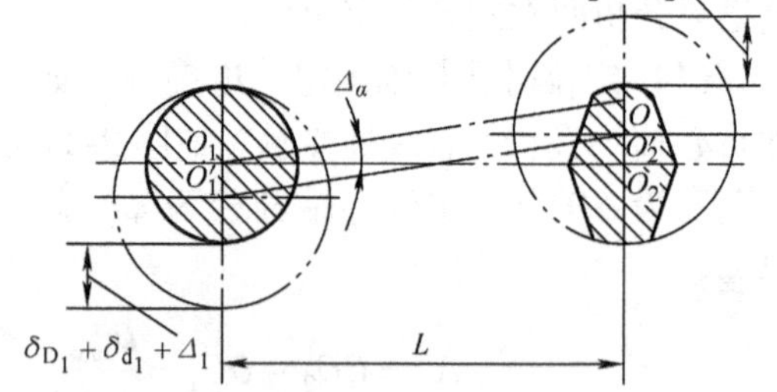

图 9-18

一面两销定位的基准位移误差

（三）工件在一面两销上的定位误差计算

如图9-18所示，夹具主定位面水平放置。工件以一面两销定位的基准位移误差包括两类，即图示平面内任意方向移动的基准位移误差 Δ_Y 和转动的基准位移误差 Δ_α（简称转角误差）。

基准位移误差等于圆柱销与孔的可能产生的最大间隙，即

$$\Delta_Y=\delta_{D_1}+\delta_{d_1}+\Delta_1 \tag{9-9}$$

因为工件可以在平面内任意转动，所以转角误差为

$$\Delta_\alpha=\pm\arctan\frac{O_1O'_1+O_2O'_2}{L}=\pm\arctan\frac{\delta_{D_1}+\delta_{d_1}+\Delta_1+\delta_{D_2}+\delta_{d_2}+\Delta_2}{2L} \tag{9-10}$$

式中　δ_{D_1}、δ_{D_2}——工件两孔直径公差；

δ_{d_1}、δ_{d_2}——两定位销直径公差；

Δ_1、Δ_2——圆销和孔定位副的最小间隙，削边销(工作面)和孔定位副的最小间隙。

第五节　工件的夹紧

工件的夹紧是指工件定位以后（或同时），还需采用一定的装置把工件压紧、夹牢在定位元件上，使工件在加工过程中，不会由于切削力、重力或惯性力等的作用而发生位置变化，以保证加工质量和生产安全。能完成夹紧功能的装置就是夹紧装置。

在考虑夹紧方案时，首先要确定的就是夹紧力的三要素，即夹紧力的方向、作用点和大小，然后再选择适当的传递方式及夹紧机构。

一、夹紧装置的组成

夹紧装置的种类很多，但其结构均由两部分组成。

1. 动力装置——产生夹紧力

机械加工过程中，要保证工件不离开定位时占据的正确位置，就必须有足够的夹紧力来平衡切削力、惯性力、离心力及重力对工件的影响。夹紧力的来源：一是人力，二是某种动力装置。常用的动力装置有液压装置、气压装置、电磁装置、电动装置、气-液联动装置和真空装置等。

2. 夹紧机构——传递夹紧力

要使动力装置所产生的力或人力正确地作用到工件上，需有适当的传递机构。在工件夹紧过程中起力的传递作用的机构称为夹紧机构。

夹紧机构在传递力的过程中，能根据需要改变力的大小、方向和作用点。手动夹具的夹紧机构还应具有良好的自锁性能，以保证人力的作用停止后，仍能可靠地夹紧工件。

图 9-19 所示是液压夹紧的铣床夹具。其中，液压缸 4、活塞 5、铰链臂 2 和压板 1 等组成了铰链压板夹紧机构。

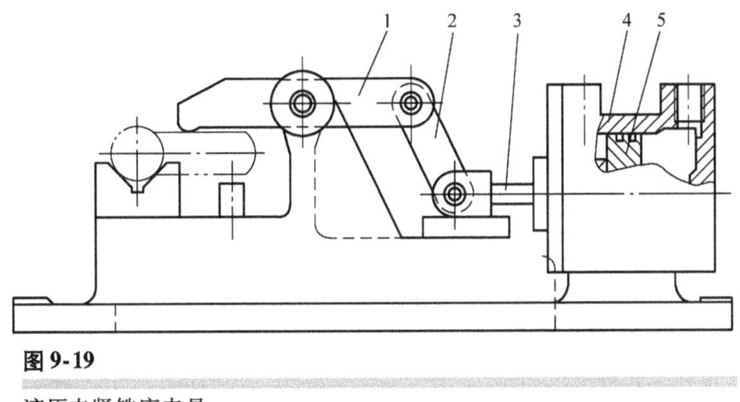

图 9-19

液压夹紧铣床夹具

1—压板　2—铰链臂　3—活塞杆　4—液压缸　5—活塞

二、对夹紧装置的基本要求

1）夹紧过程中，夹紧装置不改变工件定位后占据的正确位置。

2）夹紧力的大小适当，一批工件的夹紧力要稳定不变。既要保证工件在整个加工过程中的位置稳定不变，振动小，又要使工件不产生过大的夹紧变形。夹紧力稳定可减小夹紧误差。

3）夹紧可靠，手动夹紧要保证自锁。

4）夹紧装置的复杂程度应与工件的生产纲领相适应。工件生产批量越大，允许设计越复杂、效率越高的夹紧装置。

5）工艺性好，使用性好。其结构应力求简单，便于制造和维修。夹紧装置的操作应当方便、安全、省力。

三、夹紧力的确定

确定夹紧力的方向、作用点和大小时，要分析工件的结构特点、加工要求、切削力和其他外力作用于工件的情况，以及定位元件的结构和布置方式。

（一）夹紧力的方向和作用点的确定

（1）夹紧力应朝向主要定位面　对工件最好只施加一个夹紧力，当需施加几个方向相同的夹紧力时，夹紧力的方向应尽可能朝向主要定位面。

如图9-20a所示，工件被镗的孔与左端面有一定的垂直度要求，因此，工件以孔的左端面与定位元件的*A*面接触，限制三个自由度，以底面与*B*面接触，限制两个自由度；夹紧力朝向主要限位面*A*面。这样做有利于保证孔与左端面的垂直度。如果夹紧力改朝*B*面，则由于工件左端面与底面的夹角误差，夹紧时将破坏工件的定位，影响孔与左端面的垂直度。再如图9-20b所示，夹紧力朝向主要限位面——V形块的V形面，使工件的装夹稳定可靠。如果夹紧力改朝*B*面，则由于工件圆柱面与端面的垂直度误差，夹紧时，工件的圆柱面可能离开V形块的V形面。这不仅破坏了定位，影响加工精度，而且加工时工件容易振动。

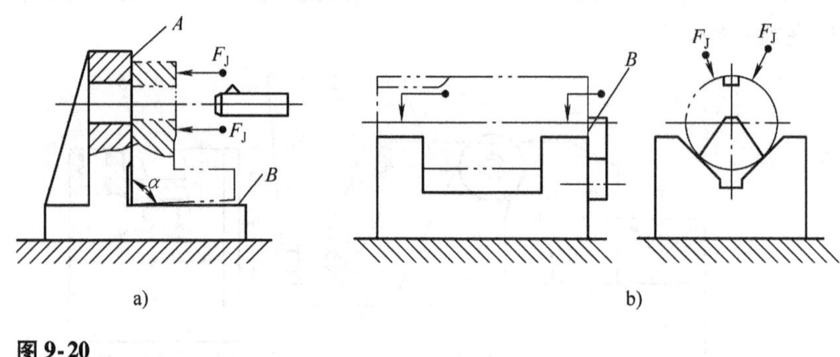

图9-20

夹紧力方向对加工的影响

对工件施加几个方向不同的夹紧力时，朝向主要限位面的夹紧力应是主要夹紧力。

（2）夹紧力的作用点应落在定位元件的支承范围内　正确方法如图9-21a、b的图所示，但如图9-21a、b的上图所示，夹紧力的作用点落到了定位元件的支承范围之外，夹紧时将破坏工件的定位，因而是错误的。

（3）夹紧力的作用点应落在工件刚性较好的方向和部位　这一原则对刚性差的工件特别重要。夹紧如图9-21c所示的薄壁箱体时，夹紧力不应作用在箱体的顶面，而应作用在刚性好的凸边上。箱体没有凸边时，可如图9-21d所示那样，将单点夹紧改为三点夹紧，使力的作用点落在刚性较好的箱壁上，以减小工件的夹紧变形。

（4）夹紧力作用点应靠近工件的加工表面　如图9-21e所示，在拨叉上铣槽，主要夹紧力的作用点距加工表面较远，故在靠近加工表面的地方设置了辅助支承，增加了夹紧力F_J。这样不仅提高了工件的装夹刚度，还可减少加工时工件的振动。

（二）夹紧力大小的估算

夹紧力的大小直接关系到工件安装的可靠性、工件和夹具的变形、夹紧动力源的选择

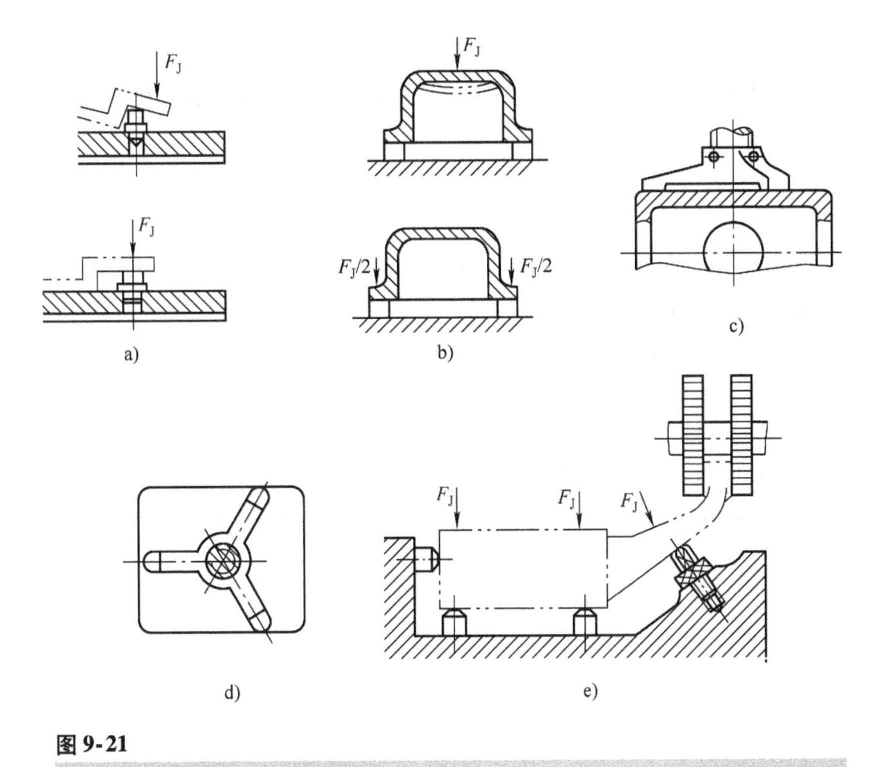

图 9-21

夹紧力作用点位置的合理选择

等。夹紧力过小会使夹紧不可靠，过大会使夹紧变形增大，因此，必须确定恰当的夹紧力。

因为切削力本身在加工过程中受切削用量、工件材料、刀具及工况等多种因素影响，并且这些影响因素又是变化的，所以夹紧力大小的计算是一个很复杂的问题，一般只做粗略估算。

确定夹紧力时，必须先知道切削力，根据工件的受力平衡算出在最不利的加工情况下，与切削力、重力、惯性力等相平衡的夹紧力，再乘以适当的安全系数，便可估算出所需的夹紧力。安全系数一般为：粗加工取 2.5 ~3，精加工取 1.5 ~2。

在实际设计中，对要求不很严的情况，可用类比法或经验法直接估算出夹紧力。对一些关键工序，当采用计算法可能有较大误差时，常常通过工艺实验来确定夹紧力的大小。

第六节　基本夹紧机构

夹紧机构的种类虽然很多，但其结构大都以斜楔夹紧机构、螺旋夹紧机构和偏心夹紧机构为基础。

一、斜楔夹紧机构

图 9-22 所示为用斜楔夹紧机构夹紧工件的实例。工件装入后，锤击斜楔大头，夹紧工件；加工完毕后，锤击斜楔小头，松开工件。由于用斜楔直接夹紧工件的夹紧力较小，且操作费时，实际生产中应用不多，多数情况下是将斜楔与其他机构联合使用。

1. 斜楔的夹紧力

图9-23a所示是在外力F_Q作用下斜楔的受力情况。建立静平衡方程式

$$F_1 + F_{RX} = F_Q$$

而
$$F_1 = F_J\tan\varphi_1,\ F_{RX} = F_J\tan(\alpha+\varphi_2)$$

所以
$$F_J = \frac{F_Q}{\tan\varphi_1 + \tan(\alpha+\varphi_2)}$$

式中 F_J——斜楔对工件的夹紧力（N）；

α——斜楔升角（°）；

F_Q——加在斜楔上的作用力（N）；

φ_1——斜楔与工件间的摩擦角（°）；

φ_2——斜楔与夹具体间的摩擦角（°）。

设$\varphi_1=\varphi_2=\varphi$，当$\alpha$很小时（$\alpha\leqslant10°$），可用下式做近似计算：

$$F_J = \frac{F_Q}{\tan(\alpha+2\varphi)}$$

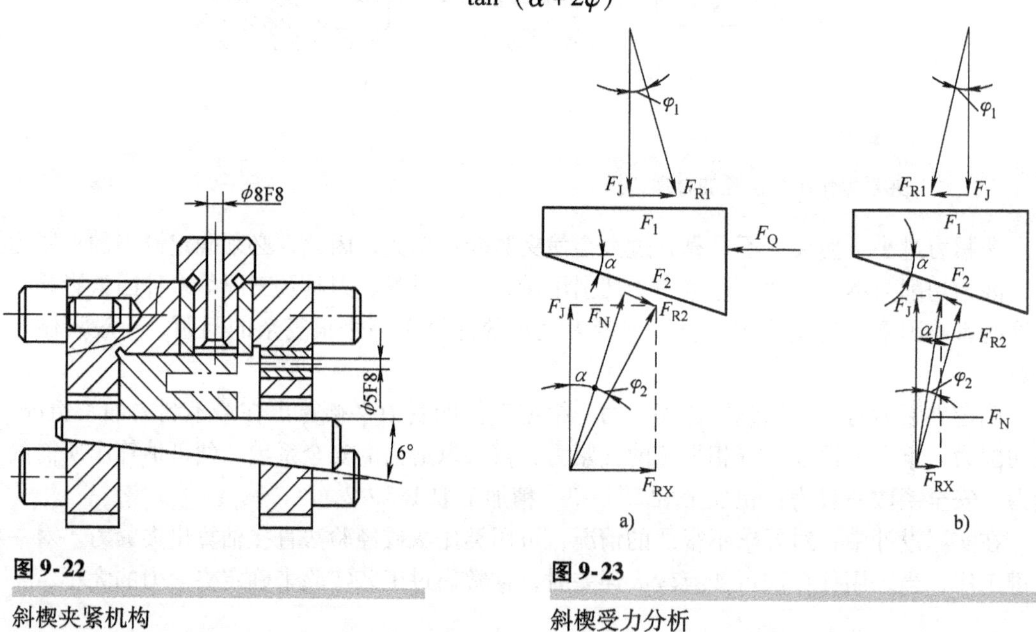

图9-22
斜楔夹紧机构

图9-23
斜楔受力分析

2. 斜楔自锁条件

图9-23b所示是作用力F_Q撤去后斜楔的受力情况。从图中可以看出，要自锁，必须满足下式：

$$F_1 > F_{RX}$$

因
$$F_1 = F_J\tan\varphi_1,\ F_{RX} = F_J\tan(\alpha-\varphi_2)$$

代入上式有
$$F_J\tan\varphi_1 > F_J\tan(\alpha-\varphi_2)$$

$$\tan\varphi_1 > \tan(\alpha-\varphi_2)$$

由于角度φ_1、α、φ_2都很小，上式可简化为

$$\varphi_1 > \alpha-\varphi_2$$

或
$$\alpha < \varphi_1 + \varphi_2$$

因此，斜楔的自锁条件是：斜楔的升角小于斜楔与工件、斜楔与夹具体之间的摩擦角之和。

为了既夹紧迅速又自锁可靠，可将斜楔前部做成大楔角（30°～40°）用于夹紧前的快速行程，后部小升角（6°～8°）用来夹紧和自锁。用气压或液压装置驱动的斜楔不需要自锁，可取 $\alpha = 15° \sim 30°$。

斜楔的扩力比（F_J/F_Q）一般不超过3，楔角越小扩力比越大。

二、螺旋夹紧机构

螺旋夹紧机构在生产中使用极为普遍。螺旋夹紧机构结构简单、夹紧行程大，特别是它具有增力大、自锁性能好两大特点，其许多元件都已标准化，很适用于手动夹紧。

1. 螺旋夹紧分析

螺旋夹紧机构可以看成升角为 α 的斜面绕在圆柱体上形成的斜楔，因此螺钉（或螺母）夹紧力的计算与斜楔相似。图9-24所示是夹紧状态下螺杆的受力情况。图中，F_2 为工件对螺杆的摩擦力，分布在整个接触面上，计算时可视为集中在半径为 r' 的圆周上。r' 称为当量摩擦半径，它与接触形式有关。F_1 为螺孔对螺杆的摩擦力，也分布在整个接触面上，计算时可视为集中在螺纹中径 d_0 处。根据力矩平衡条件

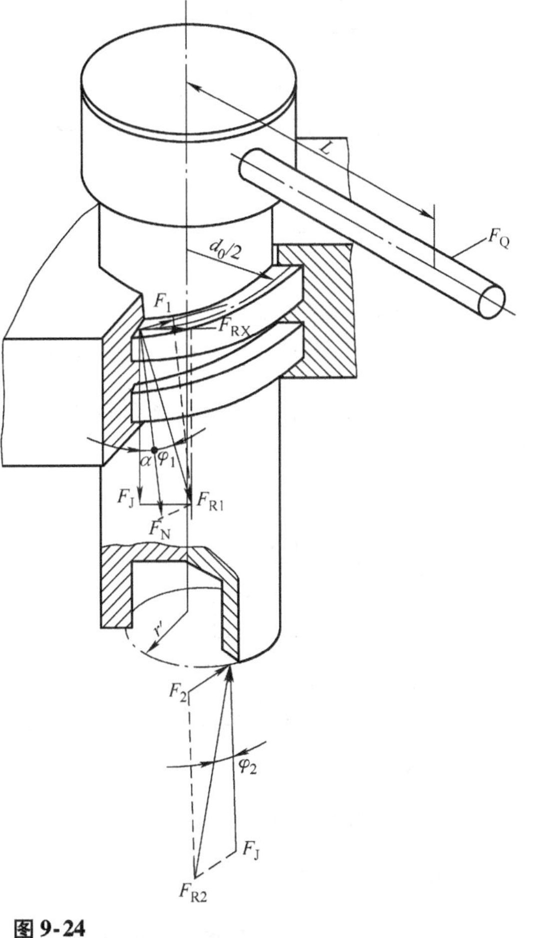

图9-24

螺旋夹紧受力分析

$$F_Q L = F_2 r' + F_{RX}\frac{d_2}{2}$$

得

$$F_J = \frac{F_Q L}{\dfrac{d_2}{2}\tan(\psi + \varphi_1) + r'\tan\varphi_2}$$

式中　F_J——夹紧力（N）；

F_Q——作用力（N）；

L——作用力臂（mm）；

d_2——螺纹中径（mm）；

ψ——螺纹升角；

φ_1——螺纹处摩擦角；

φ_2——螺纹端部与工件间的摩擦角；

r'——螺纹端部与工件间的当量摩擦半径（mm）。

标准螺旋的升角远小于摩擦角，故能保证自锁。

若取 $L = 14d_0$，$\varphi_1 = \varphi_2 = 5°$，扩力比 $F_J/F_Q = 75$。

由此可见，螺旋的扩力比（F_J/F_Q）比斜楔大得多。

2. 螺旋夹紧机构

图9-25a所示的六角头压紧螺钉是螺钉头部直接压紧工件的一种结构。为了保护夹具体不致过快磨损和简化修理工作，常在夹具体中装配一个钢质螺母。图9-25b所示为在螺钉头部装上摆动压块，可防止螺钉转动时损伤工件表面或带动工件转动。图9-25c所示为带肩螺母夹紧机构，螺母和工件之间加球面垫圈6，可使工件受到均匀的夹紧力并避免螺杆弯曲。

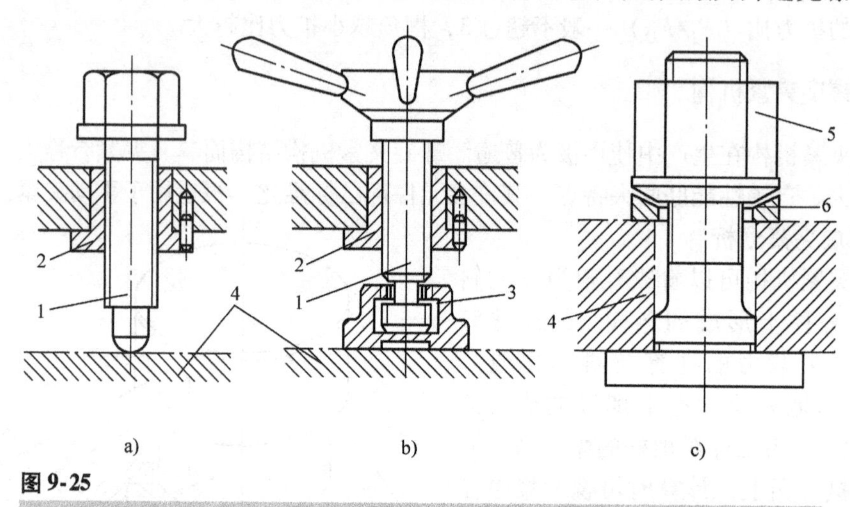

图9-25

单个螺旋夹紧机构

1—螺钉、螺杆 2—螺母套 3—摆动压块 4—工件 5—球面带肩螺母 6—球面垫圈

在实际生产中，带有快速装卸机构的螺钉-压板机构使操作更为简便，在手动操作时得到普遍应用（图9-26）。

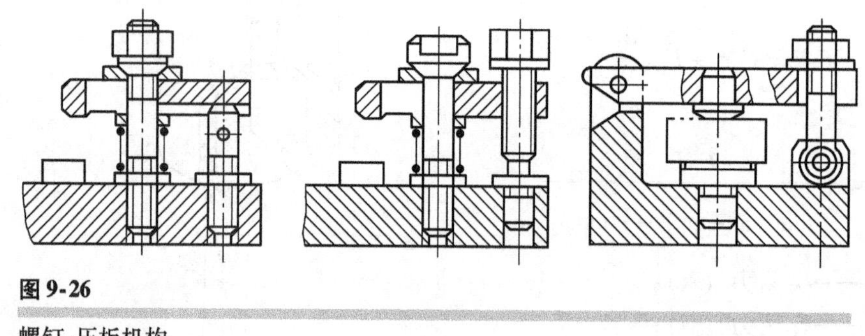

图9-26

螺钉-压板机构

三、偏心夹紧机构

用偏心件直接或间接夹紧工件的机构称为偏心夹紧机构。圆偏心夹紧机构操作方便、夹紧迅速，缺点是夹紧力和夹紧行程均不大，结构不抗振，自锁可靠性差，故一般适用于夹紧行程及切削负荷较小且平稳的场合。

1. 圆偏心轮的工作原理

图9-27所示是圆偏心轮直接夹紧工件的原理。图中，O_1是圆偏心轮的几何中心，R是

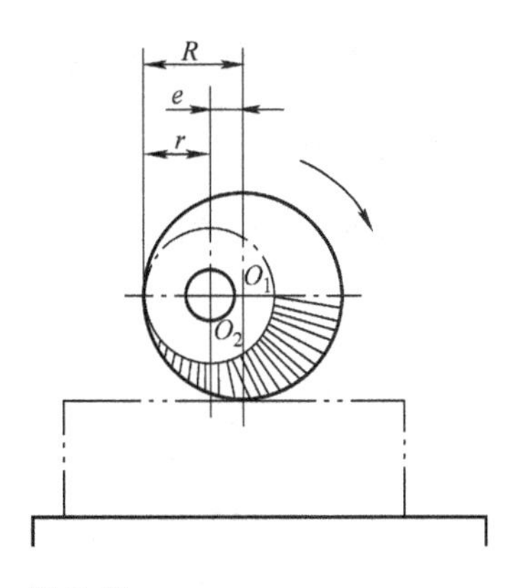

图 9-27

圆偏心轮的工作原理

它的几何半径。O_2 是偏心轮的回转中心，O_1O_2 是偏心距。

若以 O_2 为圆心、r 为半径画圆（细双点画线圆），便把偏心轮分成了三个部分。其中，细双点画线包含部分是个“基圆盘”，半径 $r=R-e$；另两部分是两个相同的弧形楔。当偏心轮绕回转中心 O_2 顺时针方向转动时，相当于一个弧形楔逐渐楔入“基圆盘”与工件之间，从而夹紧工件。

（1）圆偏心轮的夹紧行程及工作段　如图 9-28a 所示，当圆偏心轮绕回转中心 O_2 转动时，设轮周上任意点 X 的回转角为 θ_x，即工件夹压表面法线与 O_1O_2 连线间的夹角；回转半径为 r_x。并为坐标轴建立直角坐标系，再将轮周上各点的回转半径一一对应地记入此坐标系中，便得到了圆偏心轮上弧形楔的展开图。图 9-28b 表明，当圆偏心轮从 0°回转到 180°时，其夹紧行程为 $2e$。图 9-28b 还表明，轮周上各点的升角 α_x 是不等的，$\theta_x=90°$时的升角 α_p 最大（α_{max}）。升角 α_x 为工件夹压表面的法线与回转半径的夹角。在三角形△O_2MX 中

$$\tan\alpha_x=\frac{O_2M}{MX}$$

$$O_2M=e\sin\theta_x,\quad MX=H=\frac{D}{2}-e\cos\theta_x$$

式中　H——夹紧高度。

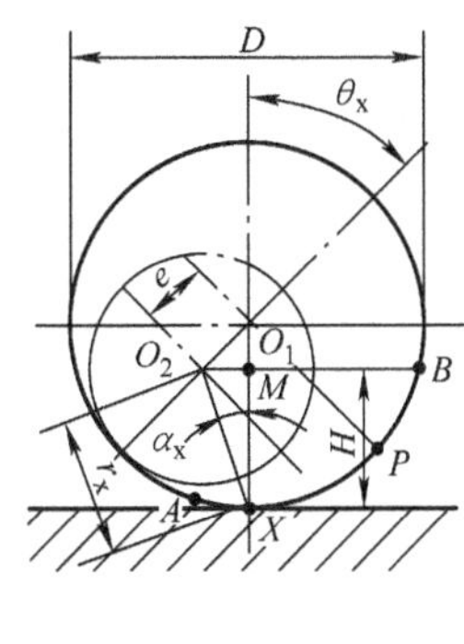

a)

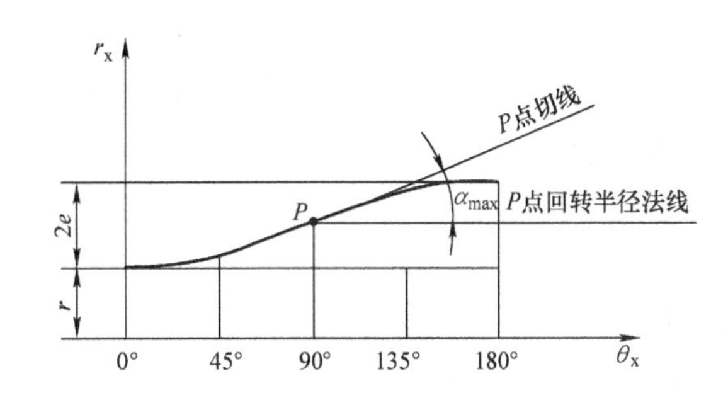

b)

图 9-28

圆偏心轮的回转角 θ_x、升角 α_x 及弧形楔展开图

所以

$$\tan\alpha_x=\frac{e\sin\theta_x}{\dfrac{D}{2}-e\cos\theta_x}$$

当 $\theta_x=90°$时

$$\tan\alpha_{max}=\frac{2e}{D}$$

在工作中，常用的工作段是 $\theta_x=45°\sim135°$。

（2）圆偏心量e的确定　如图9-28所示，设圆偏心轮的工作段为AB的圆弧段，在A点的夹紧高度$H_A=\frac{D}{2}-e\cos\theta_A$，在$B$点的夹紧高度$H_B=\frac{D}{2}-e\cos\theta_B$，夹紧行程$h_{AB}=H_A-H_B=e(\cos\theta_B-\cos\theta_A)$，所以

$$e=\frac{h_{AB}}{\cos\theta_B-\cos\theta_A}$$

式中，夹紧行程为

$$h_{AB}=s_1+s_2+s_3+\delta$$

式中　s_1——装卸工件所需的间隙，一般取$s_1>0.3\text{mm}$；

s_2——夹紧装置的弹性变形量，一般取$s_2=0.05\sim0.15\text{mm}$；

s_3——夹紧行程储备量，一般取$s_3=0.1\sim0.3\text{mm}$；

δ——工件夹压表面至定位面的尺寸公差。

（3）圆偏心轮的自锁条件

$$\alpha_{max}\leqslant\varphi_1+\varphi_2$$

式中　α_{max}——圆偏心轮的最大升角；

φ_1——圆偏心轮与工件间的摩擦角；

φ_2——圆偏心轮与回转销之间的摩擦角。

为增加自锁的可靠性，忽略φ_2的影响。

自锁条件简化为

$$\alpha_{max}\leqslant\varphi_1$$

$$\tan\alpha_{max}=\frac{2e}{D}\leqslant\tan\varphi_1=f$$

所以圆偏心轮的自锁条件是

$$\frac{2e}{D}\leqslant f$$

当$f=0.1$时，$\frac{D}{e}\geqslant20$；当$f=0.15$时，$\frac{D}{e}\geqslant14$。

（4）圆偏心轮的夹紧力

$$F_J=\frac{F_QL\cos\alpha_p}{R[\tan\varphi_1+\tan(\alpha_p+\varphi_2)]}$$

圆偏心轮上各点的升角不同，因此，各点的夹紧力不相等。处于P点时的夹紧力最小，如果此时能满足要求，则圆偏心轮上其他各点的夹紧力都能满足要求。

圆偏心轮的结构已标准化，设计时，可以根据夹紧行程计算偏心距，根据自锁条件计算D，然后根据夹具标准确定其他参数。

2. 偏心夹紧机构

偏心夹紧机构一般有圆偏心和曲线偏心两种类型，圆偏心夹紧机构因结构简单、制造容易而得到广泛的应用。图9-29所示为常见的几种圆偏心夹紧机构。图9-29a、b所示采用的是圆偏心轮，图9-29c所示采用的是偏心轴，图9-29d所示采用的是有偏心圆弧的偏心叉。

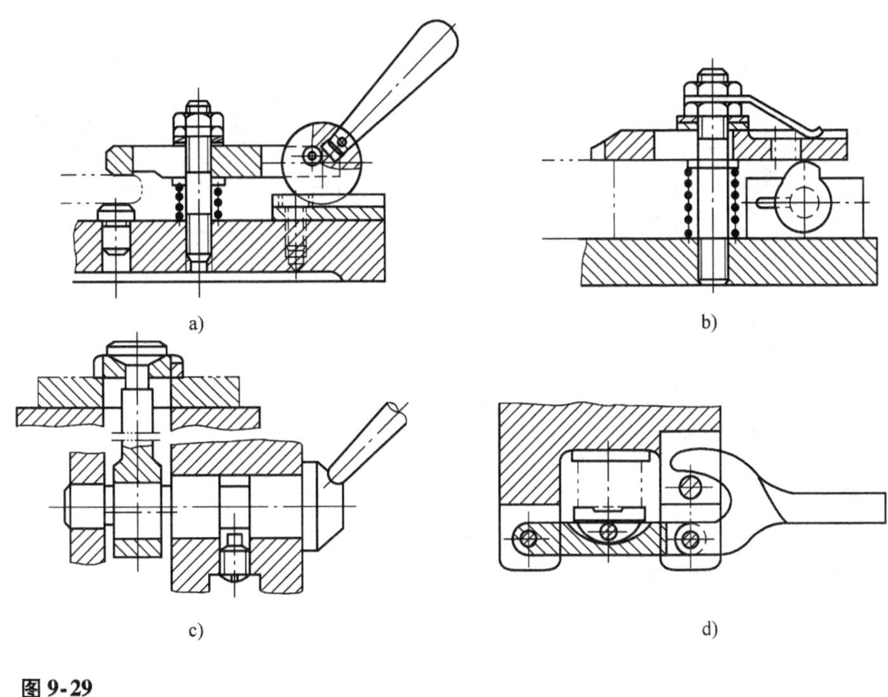

图 9-29

圆偏心夹紧机构

第七节 典型夹具

一、铣床夹具

铣床夹具包括用在各种铣床、平面磨床上的夹具，工件安装在夹具上随同机床工作台一起做进给运动。它主要用于加工零件上的平面、沟槽、缺口、花键及成形表面。在铣削加工时，切削力比较大，并且刀齿的工作是不连续的切削，易引起冲击和振动，所以夹紧力要求较大，以保证工件的夹紧可靠。因此铣床夹具要有足够的强度和刚度，夹具体也应牢固地固定在机床工作台上。

（一）铣床夹具的种类

按铣削的进给方式，可将铣床夹具分为直线进给式、圆周进给式和靠模进给式三种。

直线进给式夹具安装在铣床工作台上，随工作台一起做直线进给运动。圆周进给式铣床夹具一般在有回转工作台的专用铣床上使用，或在通用铣床上增加一个回转工作台。靠模进给式铣床夹具用于加工成形表面。其作用是使主进给运动和由靠模获得的辅助运动合成加工所需要的仿形运动。

（二）铣床夹具的结构特点

图 9-30 所示为轴端铣方头夹具，采用 V 形块定位，用螺旋压板夹紧机构夹紧。四把三面刃铣刀同时铣完两侧面后，取下楔块 5 后，将回转座 4 转过 90°，再用楔块 5 将回转座定位并锁紧，即可铣工件的另两个侧面。该夹具在一次安装中完成两个工位的加工。

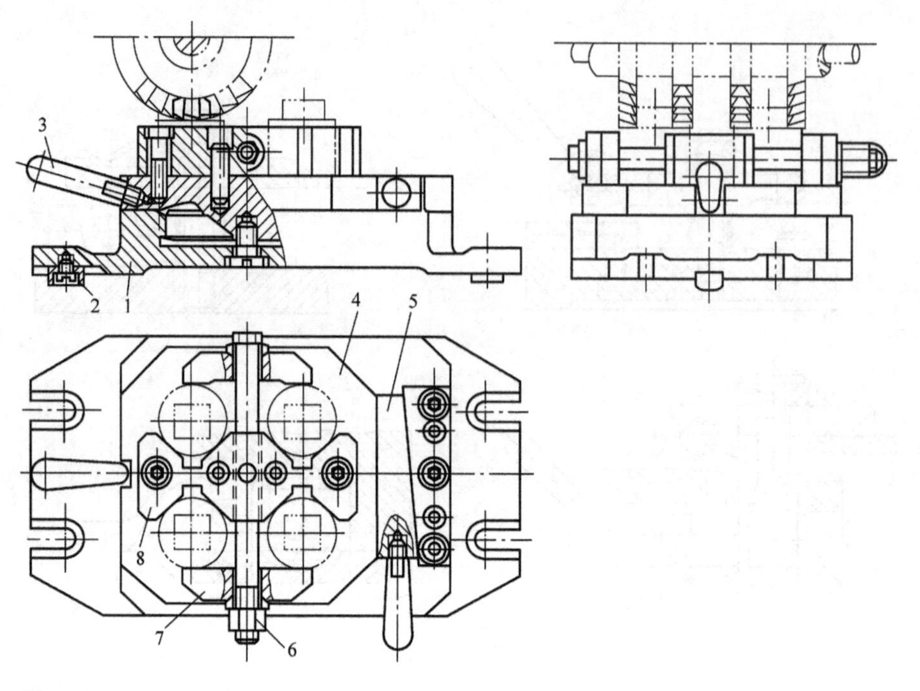

图 9-30

轴端铣方头夹具

1—夹具体 2—定位键 3—手柄 4—回转座 5—楔块 6—螺母 7—压板 8—V形块

1. 夹具的安装与定位

夹具在工作台上的安装定位可以利用定位键或定向键。

（1）定位键 定位键的结构如图 9-31 所示。安装在夹具底面的纵向槽中，一般使用两个，用开槽圆柱头螺钉固定，通过定位键与铣床工作台上 T 形槽的配合，确定夹具在机床上的正确位置。

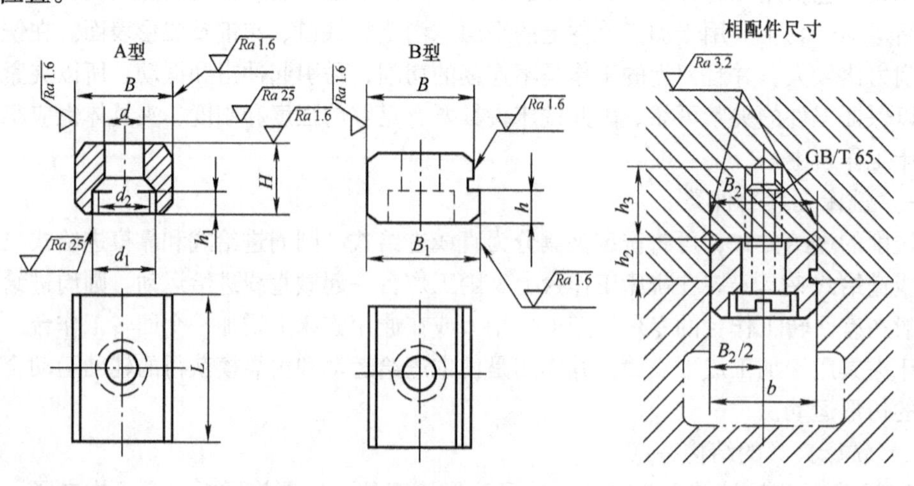

图 9-31

定位键的结构

常用的定位键的结构已标准化。对于 A 型键，其极限偏差可选 h6 或 h8；对于 B 型键，尺寸 B_1 留有 0.5mm 的磨削余量，可按 T 形槽实际尺寸配作，从而进一步提高安装精度。

（2）定向键　定向键的结构如图 9-32 所示。键与夹具体槽的配合取 H7/h6，与 T 形槽配合的尺寸 B_1 亦留有 0.5mm 的磨削余量，可按 T 形槽的实际尺寸配作，只要选择不同 B_1 尺寸的定向键定位就可以使夹具安装于不同的工作台。

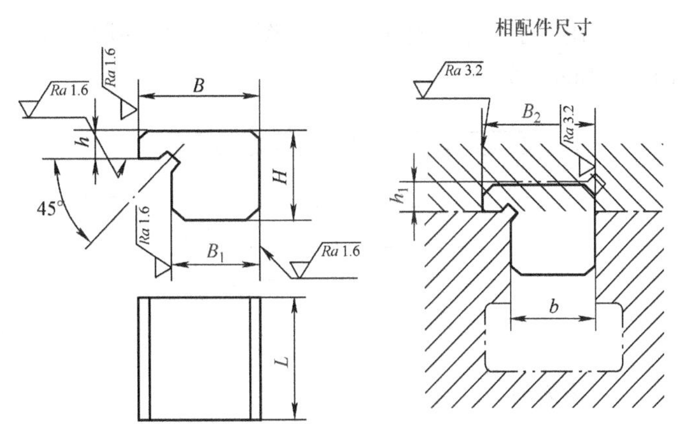

图 9-32
定向键的结构

为了提高精度，两个定位键（或定向键）间的距离应尽可能大，安装时应使键靠向 T 形槽的同一侧。

（3）夹具位置的找正　对于位置精度要求高的夹具，常不设定位键（或定向键），而通过标准样件（见图 9-33a）或夹具上的高精度加工表面（见图 9-33b）来找正的方法安装夹具。位置找正后，利用螺钉或压板将夹具夹紧在工作台上。

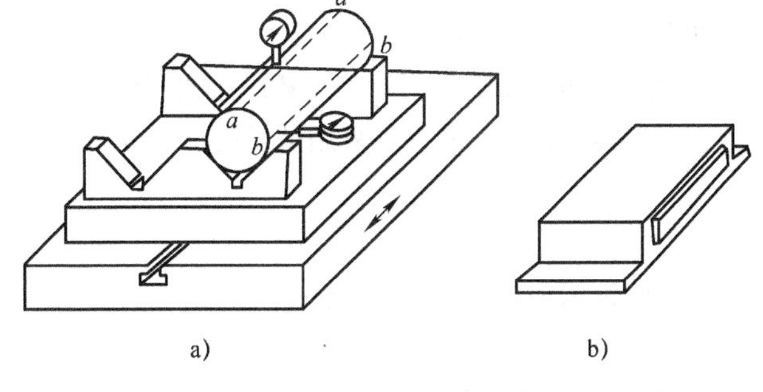

图 9-33
夹具位置的找正

2. 对刀装置对刀

确定加工中刀具与夹具或机床相对位置的过程称为对刀。铣削加工的对刀可以通过对刀装置来实现，也可以通过样件或试切来实现。

铣床夹具在工作台上安装好以后，为了使刀具与工件被加工表面的相对位置能迅速而正确地对准，在夹具上可以使用对刀装置进行对刀。对刀装置由对刀块和塞尺组成，其结构尺寸已标准化，可以根据工件的具体加工要求进行选择。

图 9-34 所示是对刀简图。

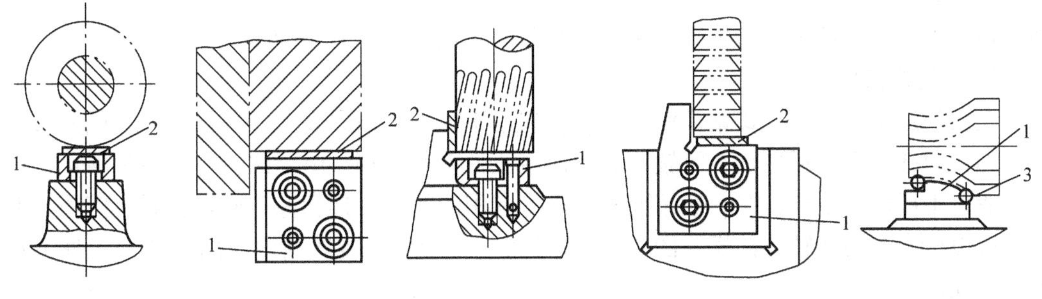

图 9-34
对刀简图
1—对刀块　2—对刀平塞尺　3—对刀圆柱塞尺

常用的对刀塞尺有平塞尺（图 9-35a）和圆柱塞尺（图 9-35b）两种，常用的厚度为1mm、3mm、5mm。

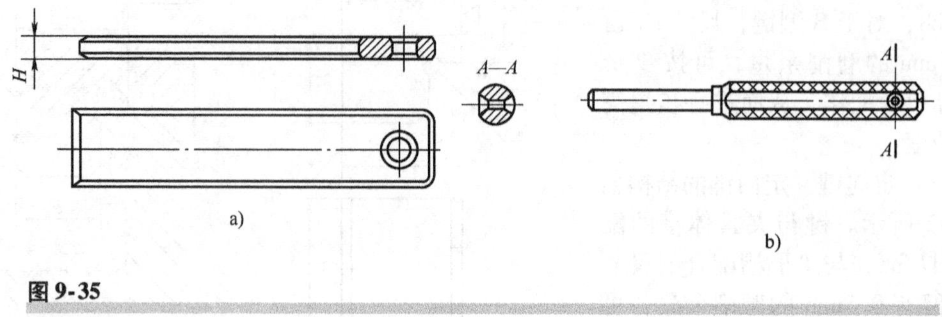

图 9-35

对刀塞尺

a）对刀平塞尺　b）对刀圆柱塞尺

采用塞尺的目的是使刀具与对刀块不直接接触，以免损坏切削刃或造成对刀块过早磨损。使用时，将塞尺放在刀具与对刀块之间，凭抽动的松紧感觉来判断，以适度为宜。

对刀块工作表面的位置尺寸一般是从定位表面注起，其值应等于工件相应尺寸的平均值再减去塞尺的厚度。其公差常取工件相应尺寸公差的1/5～1/3。

当加工精度较高时，用对刀装置已无法保证对刀精度，大多不用对刀装置。一批工件正式加工前，对安装在夹具上的首件采用试切调整；或按前批生产时留下的样件对刀。

二、钻床夹具

（一）钻床夹具的主要类型

在钻床上进行孔的钻、扩、铰、锪、攻螺纹加工所用的夹具称为钻床夹具，简称钻模。钻床夹具用钻套引导刀具进行加工，有利于保证被加工孔对其定位基准和各孔之间的尺寸精度和位置精度，并可显著提高劳动生产率。

钻床夹具的种类繁多，一般分为固定式、回转式、移动式、翻转式、盖板式和滑柱式等类型。

1. 固定式钻模

在使用过程中，夹具和工件在机床上的位置固定不变，常用于在立式钻床上加工较大的单孔或在摇臂钻床上加工平行孔系。

在立式钻床上安装钻模时，一般先将装在主轴上的定尺寸刀具（精度要求高时用心轴）伸入钻套中，以确定钻模的位置，然后将其紧固。这种加工方式的钻孔精度较高。

2. 回转式钻模

在钻削加工中，回转式钻模使用较多，它用于加工同一圆周上的平行孔系，或分布在圆周上的径向孔。它包括立轴、卧轴和斜轴回转三种基本型式。由于回转台已经标准化，并且有专业化工厂进行生产，在一般情况下可设计专用的工作夹具和标准回转台联合使用，但必要时应设计专用的回转式钻模。图 9-36 所示为一套专用回转式钻模，用其加工工件上均布的径向孔。

3. 移动式钻模

这类钻模不固定在工作台上，通过移动钻模完成对小型工件同一表面上的多个孔的加工。

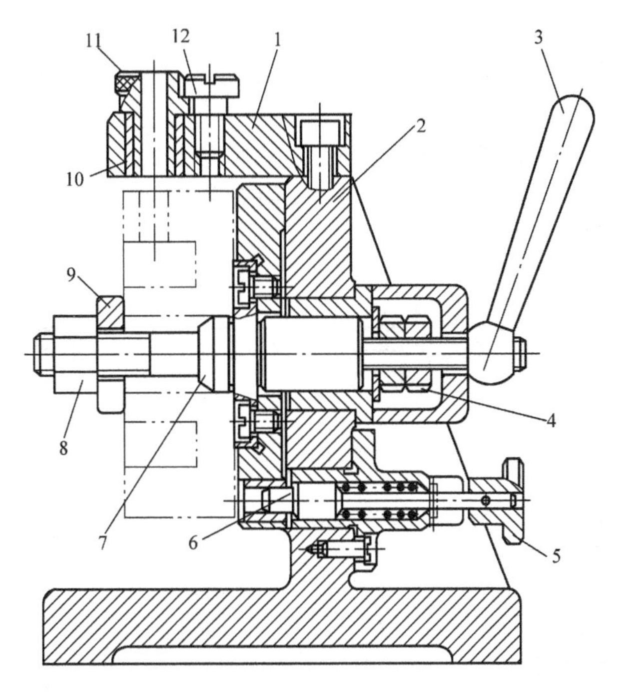

图 9-36

专用回转式钻模

1—钻模板 2—夹具体 3—手柄 4、8—螺母 5—把手 6—定位销 7—圆柱销 9—快换垫圈 10—衬套 11—钻套 12—螺钉

4. 翻转式钻模

这类钻模主要用于加工中、小型工件分布在不同表面上的孔，图 9-37 所示的钻模为加工套筒上四个径向孔的翻转式钻模。工件以内孔及端面在定位销 1 上定位，用快换垫圈 2 和螺母 3 夹紧。钻完一组孔后，翻转 60°钻另一组孔。该夹具的结构比较简单，但每次钻孔都需找正钻套相对钻头的位置，所以辅助时间较长，而且翻转费力。因此夹具连同工件的总质量不能太大，其加工批量也不宜过大。

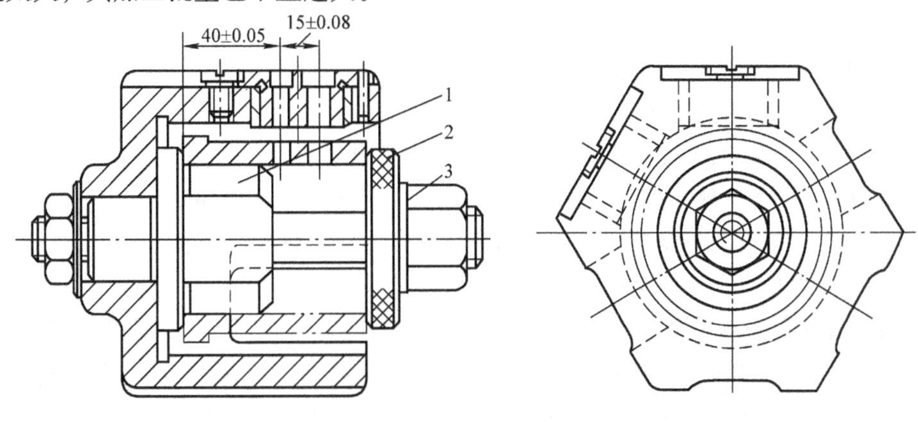

图 9-37

翻转式钻模

1—定位销 2—快换垫圈 3—螺母

5. 盖板式钻模

这类钻模没有夹具体，钻模板上除钻套外，一般还装有定位元件和夹紧装置，只要将它覆盖在工件上即可进行加工。

图9-38所示为加工车床溜板箱上多个小孔的盖板式钻模。在钻模板1上不仅装有钻套，还装有定位用的定位销2、菱形销3和支承钉4（用来完成钻模板在工件上的定位）。因钻小孔，钻削力矩小，故未设置夹紧装置。

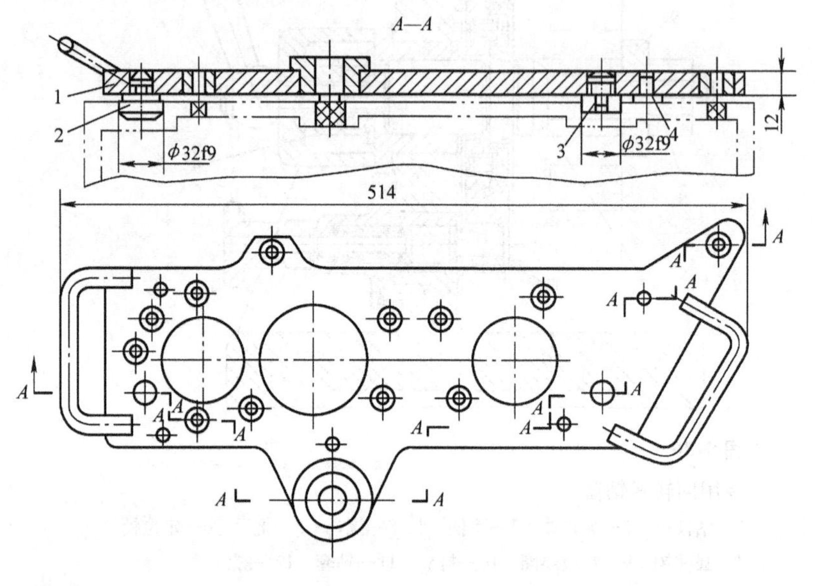

图9-38

盖板式钻模

1—钻模板 2—定位销 3—菱形销 4—支承钉

盖板式钻模结构简单，一般多用于加工大型工件上的小孔。因夹具在使用时经常搬动，故盖板式钻模所产生的重力不宜超过100N。为了减轻质量可在钻模板上设置加强肋而减小其厚度、设置减轻窗孔或用铸铝件。

6. 滑柱式钻模

滑柱式钻模是一种带有升降钻模板的通用可调夹具。图9-39所示为手动滑柱式钻模的通用结构，由夹具体1、三个滑柱2、钻模板4和传动、锁紧机构所组成。使用时，只要根据工件的形状、尺寸和加工要求等具体情况，专门设计制造相应的定位、夹紧装置和钻套等，装在夹具体的平台和钻模板上的适当位置，就可用于加工。转动手柄6经过齿轮齿条的传动和左右滑柱的导向，便能顺利地带动钻模板升降，将工件夹紧或松开。

钻模板在夹紧工件或升降至一定高度后，必须自锁。锁紧机构的种类很多，但用得最广泛的是圆锥锁紧机构（见图9-39右下角的原理图）。其工作原理如下：螺旋齿轮轴7的左端制成螺旋齿，与中间滑柱后侧的螺旋齿条相啮合，其螺旋角为45°。轴的右端制成双向锥体，锥度为1:5，与夹具体1及套环5的锥孔配合。钻模板下降接触到工件后继续施力，则钻模板通过夹紧元件将工件夹紧，在齿轮轴上产生轴向分力使锥体锁紧在夹具体的锥孔中。由于锥角小于两倍摩擦角（锥体与锥孔的摩擦系数$f=0.1$，$\varphi=6°$），故能自锁。当加工完毕，钻模板上升到一定高度时，可以使齿轮轴的另一段锥体楔紧在套环5的锥孔中，将钻模板锁紧。

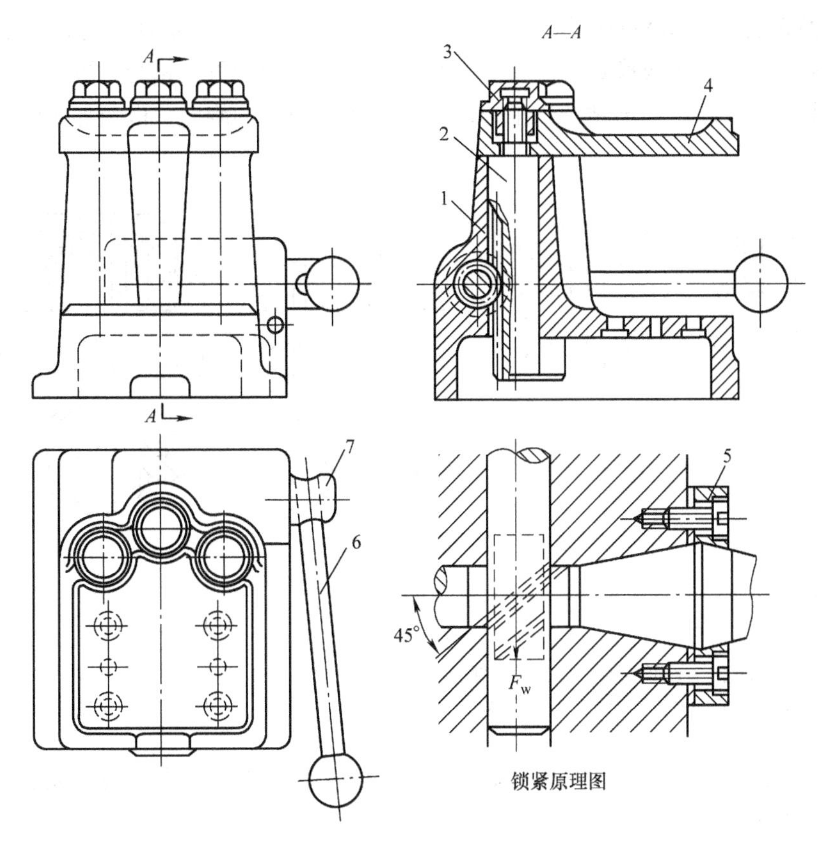

图 9-39

滑柱式钻模的通用结构

1—夹具体　2—滑柱　3—锁紧螺母　4—钻模板　5—套环　6—转动手柄　7—螺旋齿轮轴

这种手动滑柱式钻模的机械效率较低，夹紧力不大。此外，滑柱和导孔为间隙配合（一般为 H7/f7），因此被加工孔的垂直度和孔的位置尺寸难以达到较高的精度。但是其自锁性能可靠，结构简单，操作迅速，具有通用可调的优点，所以不仅广泛使用于大批量生产，而且也已推广到小批生产中。它适用于一般中、小件的加工。

（二）钻套的选择和设计

钻套和钻模板是钻床夹具的特殊元件。钻套装配在钻模板上，其作用是确定被加工孔的位置和引导刀具加工。

1. 钻套类型

按钻套的结构和使用情况，其可分为以下类型：

（1）固定钻套　如图 9-40a 所示，其配合为 H7/n6 或 H7/r6。固定钻套结构简单，钻孔精度高，适用于单一钻孔工序和小批生产，图 9-38 所示钻模上就采用了这种钻套。

（2）可换钻套　如图 9-40b 所示，当工件为单一钻孔工步的大批量生产时，为便于更换磨损的钻套，选用可换钻套。钻套与衬套之间采用 F7/m6 或 F7/k6 配合，衬套与钻模板之间采用 H7/n6 配合。当钻套磨损后，可卸下螺钉，更换新的钻套。螺钉能防止加工时钻套转动和退刀时钻套随刀具拔出。

（3）快换钻套　如图9-40c所示，当工件需钻、扩、铰多工步加工时，为能快速更换不同孔径的钻套，应选用快换钻套。快换钻套的有关配合同于可换钻套。更换钻套时，将钻套削边转至螺钉处，即可取出钻套。削边的方向应考虑刀具的旋向，以免加工时钻套随刀具自行拔出。

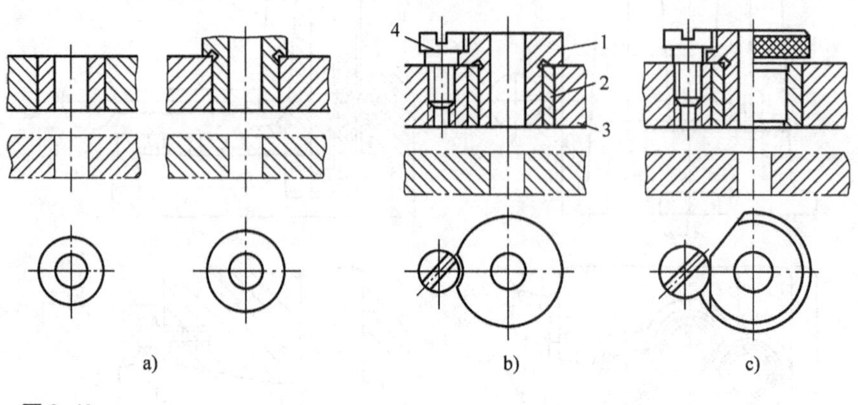

图9-40

钻套

a）固定钻套　b）可换钻套　c）快换钻套

1—钻套　2—衬套　3—钻模板　4—螺钉

以上三类钻套已标准化，其结构参数、材料、热处理方法等，可查阅有关手册。

2. 钻套的尺寸

设计钻床夹具时，在选定钻套的结构类型之后，需要确定钻套的内孔尺寸、公差及其他有关尺寸。

1）一般钻套导向孔的公称尺寸取刀具的上极限尺寸，采用基轴制间隙配合。钻孔和扩孔时其公差取F7，粗铰孔时公差取G7，精铰孔时公差取G6。若刀具用圆柱部分导向（如接长的扩孔钻、铰刀等）时，可采用H7/f7、H7/g6、H6/g5配合。

2）钻套的导向高度H增大，则导向性能好，刀具刚度高，加工精度高，但钻套与刀具的磨损加剧，如图9-41所示。一般取$H=(1\sim2.5)d$（其中d为钻套孔径）。对于加工精度要求较高的孔，或被加工孔较小、其钻头刚度较小时，应取较大值，反之取较小值。

3）排屑空隙指钻套底部与工件表面之间的空间，如图9-41所示。增大h值，排屑方便，但刀具的刚度和孔的加工精度都会降低。钻削易排屑的铸铁时，常取$h=(0.3\sim0.7)d$；钻削较难排屑的钢件时，常取$h=(0.7\sim1.5)d$。工件精度要求高时，h取小值。

（三）钻模板的选择和设计

钻模板用于安装钻套。钻模板与夹具体的连接方式有固定式、铰链式、分离式和悬挂式等几种。

（1）固定式钻模板　一般采用两个圆锥销和几个螺钉装配联接。这种结构可在装配时调整位置，钻孔导向精度高。对于简单的结构也可以采用整体的铸造或焊接结构。

（2）铰链式钻模板　当钻模板妨碍工件装卸或钻孔后需攻螺纹时，可采用如图9-42所示的铰链式钻模板。铰链式钻模板的导向精度低于固定式钻模板。

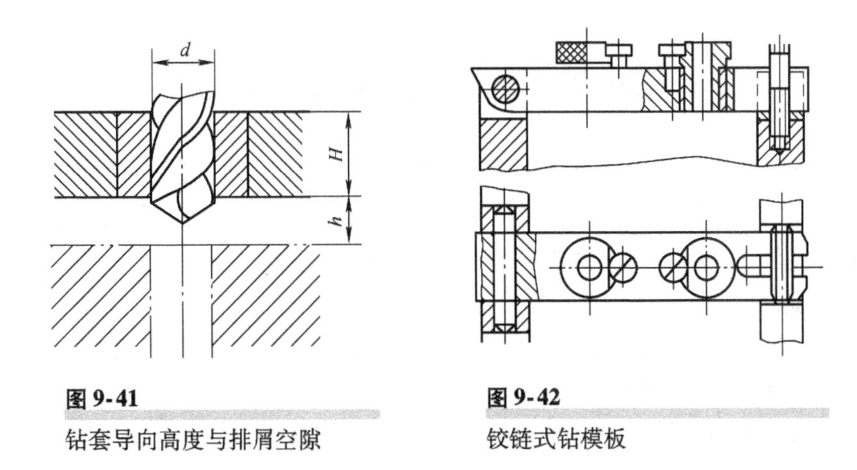

图 9-41
钻套导向高度与排屑空隙

图 9-42
铰链式钻模板

（3）分离式（可卸式）钻模板　这种钻模板是可拆卸的，由于钻模结构所限，工件每装卸一次，钻模板也要装卸一次，导向精度低（见图 9-43）。

（4）悬挂式钻模板　在立式钻床上采用多轴传动头进行平行孔系加工时，所用的钻模板就连接在传动箱上，并随机床主轴往复移动。它与夹具体的相对位置精度由滑柱保证（见图 9-44）。

（四）夹具体

钻模的夹具体没有定位和定向装置，夹具通过夹具体底面安放在钻床工作台上，可直接用钻套找正并用压板压紧（或在夹具体上设置耳座用螺栓压紧）。对于某些结构较大的钻模，要求在相对于钻头进给方向设置支脚。支脚可以直接在夹具体上做出，也可以做成装配式。支脚一般应有四个，以检查夹具安放是否歪斜。支脚的宽度（或直径）应大于机床工作台 T 形槽的宽度。装配式支脚已经标准化。

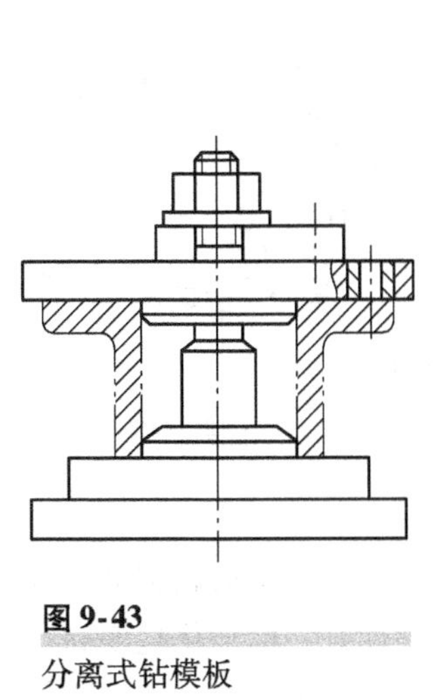

图 9-43
分离式钻模板

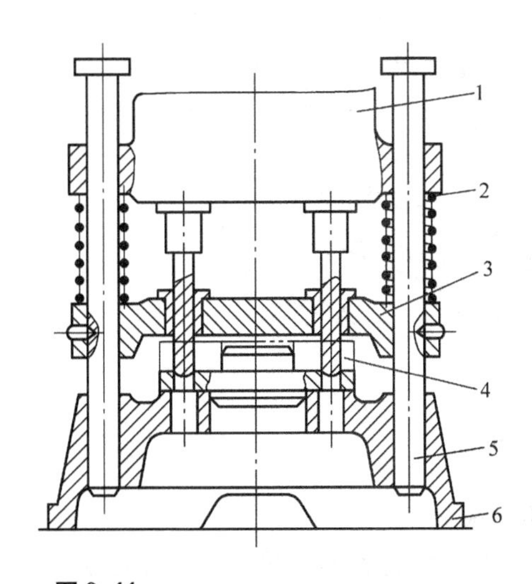

图 9-44
悬挂式钻模板
1—横梁　2—弹簧　3—钻模板　4—工件
5—滑柱　6—夹具体

第八节 数控加工系统的夹具

数控机床夹具的设计重点是提高生产率，降低生产的总成本。数控机床对夹具的要求是小型化、自动化、系列化和柔性化。数控机床的夹具系统包括下列六类：通用夹具、通用可调夹具、组合夹具、成组夹具、拼装夹具和专用夹具。

1. 通用夹具

这类夹具已标准化、系列化，如台虎钳、通用角铁、动力卡盘等，可满足简单零件的装夹。生产成本较低，但夹具的柔性化较差。图9-45所示为通用角铁在卧式加工中心上的应用，箱体工件装夹在角铁上，镗削平行孔系。

2. 通用可调夹具

常见的通用可调夹具有通用可调卡盘和通用可调台虎钳，有较广的加工范围，可装夹形状较复杂的零件。这类夹具的柔性化有所改善。

3. 组合夹具

组合夹具有良好的柔性，用于装夹形状较复杂的零件，是一种很经济的夹具。特别是孔系组合夹具，它是一种很理想的夹具。图9-46所示为箱体零件在孔系组合夹具上的装夹。使用时，应在夹具上选择一个编程零点，并注意防止刀具与夹具发生碰撞。

4. 成组夹具

开展多品种、中小批生产的企业，在数控加工单元和柔性制造系统中广泛地应用成组夹具。它是按企业的典型零件族设计的非标可重调夹具。成组夹具的柔性化良好。

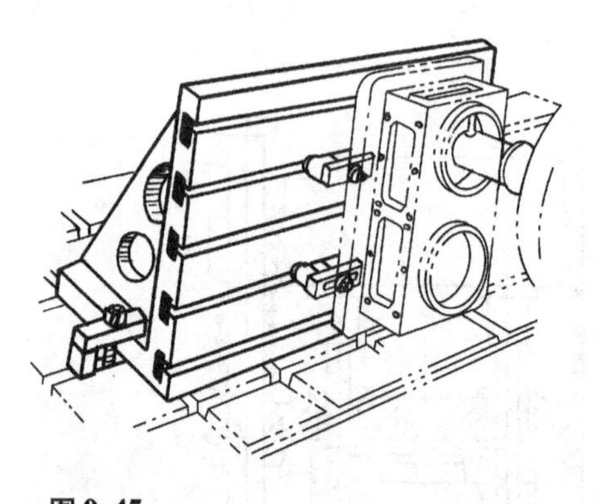

图9-45
T形槽角铁

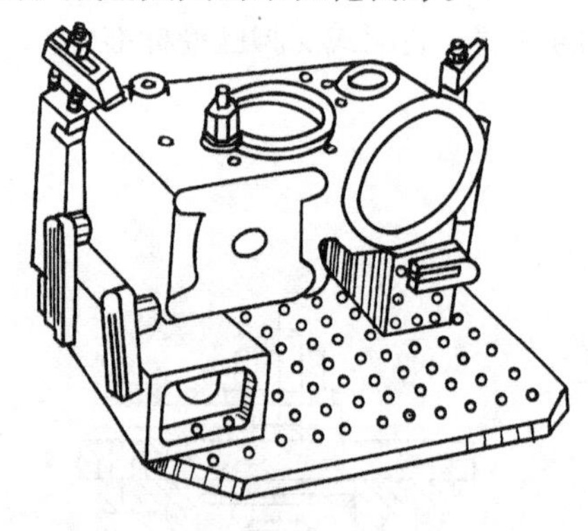

图9-46
箱体在孔系组合夹具中的定位

5. 拼装夹具

拼装夹具与组合夹具之间有许多共同点。它们都具有方形、矩形和圆形基础件。在基础件表面有网格孔系。两种夹具的不同点是组合夹具的万能性好，标准化程度高；而拼装夹具则为非标准化的，一般是为本企业产品的加工需要而设计的。拼装夹具由标准模块组成，它还包含夹紧装置系统。标准模块的基础件有网格孔系四方立柱、T形槽四方立柱、网格孔系角铁和平台等。产品不同或加工方式不同的企业，所使用的模块结构会有较大差别。在拼装夹具上允许使用专用定位元件。

图 9-47 所示为用于数控镗床的拼装夹具。主要由基础板 10 和多面体模块 8、9 组成。多面体模块常用的几何角度为 30°、60°、90°等，按照工件的加工要求，可将其安装成不同的位置。左边的工件 1 由支承 2、6、7 定位，用压板 3 夹紧。右边的工件为另一工位。

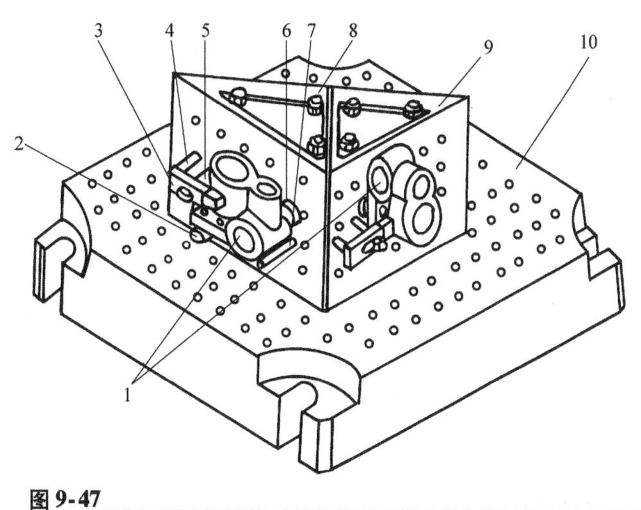

图 9-47

用于数控镗床的拼装夹具

1—工件 2、6、7—支承 3—压板 4—支承螺栓 5—螺钉

8、9—多面体模块 10—基础板

拼装夹具适用于成批生产的企业。使用模块化夹具可大大减少专用夹具的数量，缩短生产周期，提高企业的经济效益。模块化夹具的设计依赖于对本企业产品结构和加工工艺的深入分析研究，如对产品加工工艺进行典型化分析等。在此基础上，合理确定模块的基本单元，建立完整的模块功能系统。模块化夹具元件应有较高的强度、刚度和耐磨性，常用 20CrMnTi、40Cr 等材料制造。

第十章 机械加工精度

第一节 概　　述

一、机械加工精度的基本概念

机械加工精度是指零件加工后的实际几何参数（尺寸、形状和位置）与理想几何参数的符合程度。加工误差是指零件加工后的实际几何参数与理想几何参数的偏差程度。

所谓理想几何参数，是指尺寸为零件图上规定尺寸的平均尺寸；形状为几何上的理想平面、圆柱表面、圆锥表面等；各表面间的相互位置为理想的平行、垂直等。

零件的机械加工精度包含三方面的内容：尺寸精度、形状精度和位置精度。这三个方面之间有一定的联系，一般来说，形状精度应高于相应的尺寸精度；大多数情况下，相互位置精度也应高于尺寸精度；但形状精度要求高时，相应的位置精度和尺寸精度不一定要求高。

在机械加工中，加工精度的高低是以加工误差的大小来评价的。加工误差大，表明零件的加工精度低；反之，加工误差小，则表明零件的加工精度高。任何一种加工方法，不论多么精密，都不可能把零件制造得绝对准确，总会有加工误差的存在，只要将其控制在不影响机器使用性能的范围内就可以了，没有必要花费多余的工时和成本追求过高的加工精度。

机械加工经济精度是指采用某种加工方法，在正常生产条件下（采用符合质量标准的设备、工艺装备、标准技术等级的工人，不延长加工时间）所能保证的加工精度。一般情况下，零件的加工精度要求越高，其加工成本就越高，对某种加工方法来讲，在一定的精度范围内加工才是比较经济的。

二、获得加工精度的方法

（一）尺寸精度

在机械加工中，获得尺寸精度的方法有四种：试切法、调整法、定尺寸刀具法和自动获得法。

（二）形状精度

在机械加工中，获得零件形状精度的方法如下：

（1）机床运动轨迹法　它是指利用机床运动使刀尖与工件的相对运动轨迹符合加工表面形状的方法。例如，利用车床的主轴回转和刀架的进给运动车削外圆柱表面、内圆柱表面。

（2）成形法　它是指利用成形刀具对工件进行加工的方法。例如，用齿轮铣刀铣削齿轮，这种方法获得的形状精度的高低，主要取决于成形切削刃的廓形精度。

（3）仿形法　它是指刀具按照仿形装置进给对工件进行加工的方法。图 10-1 所示为在仿形车床上利用靠模和仿形刀架加工阶梯轴的情形。

（4）展成法　它是指利用工件和刀具做展成运动进行加工的方法，如滚齿、插齿、花键滚削等。

（三）位置精度

在机械加工中，获得零件表面的相互位置精度的方法如下：

（1）一次安装获得法　它是指零件在同一次安装中，加工有相互位置要求的各个表面，从而保证其相互位置精度的方法。

图 10-1
仿形车削

（2）多次安装获得法　它是指零件有关表面的位置精度由加工表面与定位基准面之间的位置精度来保证的方法。位置精度取决于机床运动之间、机床运动与工件装夹后的位置之间或机床的各工位位置之间的相互位置的正确性。

三、影响加工精度的因素

在机械加工中，由机床、夹具、刀具和工件组成工艺系统，零件在实际加工过程中，除了受工艺系统中机床、夹具、刀具的制造精度的影响外，工艺系统还受到力和热的作用而产生加工误差。另外，加工方法上还有可能存在原理误差，所以影响加工精度的因素主要有以下几个方面：

1）工艺系统的几何误差——机床误差、刀具误差、夹具误差。

2）工艺系统的受力变形——机床的受力变形、工件的受力变形、刀具的受力变形。

3）工艺系统的受热变形——机床的受热变形、工件的受热变形、刀具的受热变形。

4）加工过程中的其他误差——原理误差、调整误差、度量误差。

第二节　工艺系统几何误差对加工精度的影响

一、机床误差

10.2　工艺系统几何误差对加工精度的影响

机床误差包括机床制造误差、磨损和安装误差。机床误差项目较多，这里主要分析对零件加工精度影响较大的主轴系统回转误差、导轨误差以及传动链误差。

（一）主轴的回转精度

1. 主轴回转精度的概念

主轴的回转精度是机床的主要运动精度之一，它直接影响到工件的圆度及端面对外圆的垂直度。在理想情况下，主轴回转时，中心线在空间的位置应是不变的。但实际上，主轴系统的制造误差、受力和受热变形使主轴回转中心线的空间位置发生变化，即产生主轴漂移。主轴回转精度包括：

（1）径向圆跳动 径向圆跳动又称径向漂移，是指主轴瞬时回转中心线相对于平均回转中心线所做的公转运动，如图10-2a所示。径向圆跳动误差为Δr。

（2）轴向窜动 轴向窜动又称轴向漂移，是指主轴瞬时回转中心线相对于平均中心线在轴线方向上的变动，如图10-2b所示。轴向窜动Δx不影响加工圆柱面的形状精度，但加工端面时，工件端面与内、外圆会产生垂直度误差。加工螺纹时，会使螺纹导程产生周期误差。

（3）角度摆动 角度摆动又称为角度漂移，是指主轴瞬时回转中心线相对于平均中心线在角度方向上的偏移，如图10-2c所示。角度摆动误差$\Delta\alpha$主要影响工件的形状精度，如车削外圆时的锥度误差。

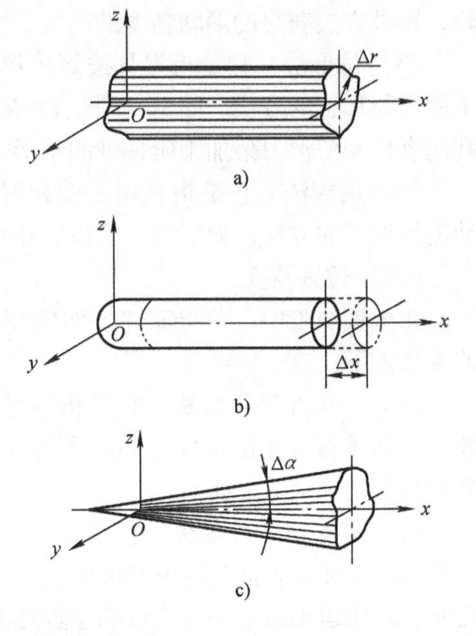

图10-2

主轴回转精度的表现形式

a）径向圆跳动 b）轴向窜动 c）角度摆动

在实际工作中，主轴回转中心线的误差运动是上述三种基本形式的合成，所以它既影响工件圆柱面的形状精度，也影响端面的形状精度，同时还影响端面与内、外圆的位置精度。

2. 影响主轴回转精度的因素

主轴是在前、后轴承的支承下进行回转的，因此，回转精度主要受主轴支承轴颈、轴承及支承轴承的表面精度影响。

对于滑动轴承主轴，影响主轴回转精度的直接因素是主轴轴颈的圆度误差、轴瓦内孔圆度误差及配合间隙。

对于滚动轴承主轴，轴承内、外圈滚道的圆度误差对主轴回转精度影响较大。对工件回转类机床（如车床），轴承内圈外滚道的圆度误差对主轴回转精度影响大；而对于刀具回转类机床（如镗床），则是轴承的外圈内滚道影响大。轴承滚动体的不一致、滚动轴承的间隙也影响主轴的回转精度。

主轴的回转精度不仅取决于轴承本身精度，而且与配合零件的精度和装配质量等也有密切关系。

3. 主轴回转精度的测量方法

在生产现场，对于一般精度的主轴是用检验棒及千分表来测量主轴径向圆跳动和轴向窜动的，如图10-3所示。对于精度较高的主轴，则多用位移传感器和高圆度的圆球来进行测量。

（二）导轨的几何精度

机床导轨是机床各部件相对位置和运动的基准。在切削成形运动中，直线运动精度主要取决于导轨精度，它的各项误差直接影响被加工工件的精度。导轨精度主要包括三个方面：

(1) 导轨在垂直平面内的直线度 其具体影响如图10-4所示，由于导轨在垂直方向上存在误差，使刀尖位置下降了ΔZ，工件的半径增大了ΔR，其相互关系为

$$(R+\Delta R)^2=\Delta Z^2+R^2$$

$$\Delta Z^2-2R\Delta R-\Delta R^2=0$$

ΔR一般很小，忽略ΔR^2项，得

$$\Delta R\approx\frac{\Delta Z^2}{2R}$$

ΔZ一般也很小，因此，由其引起的误差ΔR也很小。例如，$\Delta Z=0.1\text{mm}$，$R=25\text{mm}$，则$\Delta R=0.0002\text{mm}$。

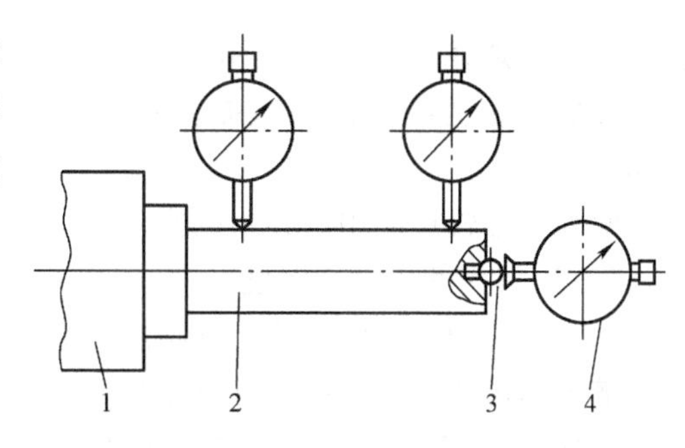

图 10-3

主轴回转精度的测量方法

1—主轴 2—心轴 3—钢球 4—千分表

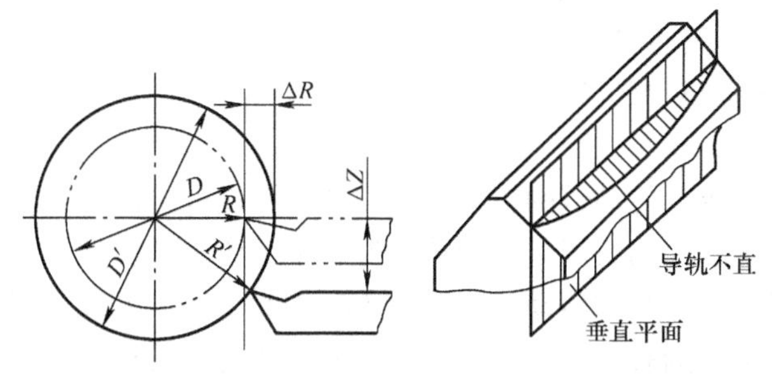

图 10-4

导轨在垂直平面内的直线度误差对车削外圆的影响

(2) 导轨在水平面内的直线度 如图10-5所示，车床导轨在水平面内的直线度误差将使刀尖在水平面内产生位移ΔY，造成工件在该处半径方向上产生误差$\Delta R'$，$\Delta R'=\Delta Y$。若$\Delta Y=0.1\text{mm}$，则$\Delta R'=0.1\text{mm}$。可见，车床导轨在水平面内的直线度误差对加工精度的影响大，而在垂直面内的直线度误差影响甚小，可忽略。

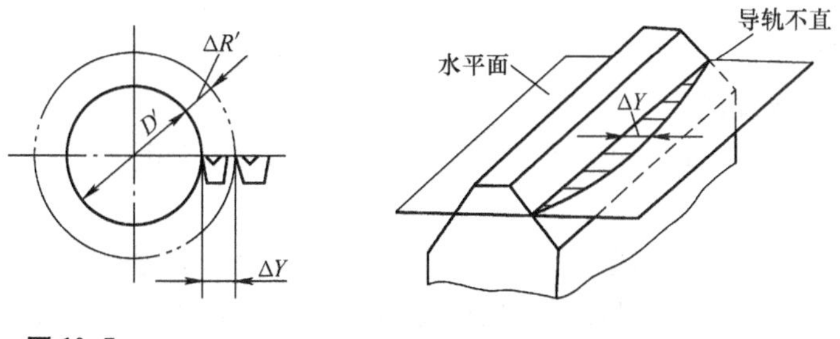

图 10-5

导轨在水平面内的直线度误差对车削外圆的影响

(3) 两导轨的平行度（导轨扭曲） 机床的导轨一般由两部分组成，如车床床身的前、后导轨。若前、后导轨不平行，溜板在移动时会发生偏斜，造成刀具与工件相对位置发生变化，引起加工误差。导轨平行度误差对加工精度的影响是很大的。

导轨除本身的制造精度外，在机床装配后，还要求导轨与主轴回转中心线平行，若有平

行度误差，则会使工件产生形状误差。当车床导轨与主轴回转中心线在水平面内不平行时，工件被加工后会产生锥度误差；若在垂直平面内不平行，则加工后工件呈双曲线回转体表面。

此外，导轨在使用过程中的磨损也会造成导轨误差，从而影响到加工精度。

（三）机床的传动链精度

机床的传动链精度简称传动精度，它是指机床各部件之间的速比关系。当成形运动要求传动链为内传动链时，传动链精度对工件的加工精度影响较大。如在滚齿机上用单头滚刀加工齿轮时，要求滚刀每旋转一周，工件转过一个齿。又如在车床上加工螺纹，要求工件每旋转一周，刀具必须移动一个导程，这些运动件之间的速比关系将直接影响加工精度。

机床传动链是由若干个传动元件依一定的相互位置关系连接而成的。因此，影响传动链精度的因素如下：

1）传动件本身的制造精度和装配精度。

2）各传动件及支承元件的受力变形。

3）各传动件在传动链中的位置。

4）传动件的数目。

各传动件的误差造成了传动链的传动误差，若各传动件的制造精度和装配精度低，则传动链精度也低。由于传动件均有误差，则传动件越多，传动链精度越低。另外，传动件的精度对传动链精度的影响，随其在传动链中的位置不同而不同，实践证明：越靠近末端的传动件，其精度对传动链精度的影响越大。因此，一般均使得最接近末端的传动件的精度比中间传动件的精度高1~2级。此外，传动件间的间隙也会影响传动链精度。

二、刀具误差

刀具误差对工件加工精度的影响主要表现为刀具的制造误差和尺寸的磨损，其影响程度随刀具种类不同而异。

（1）定尺寸刀具　如钻头、铰刀、拉刀、丝锥等，加工时，刀具的尺寸和形状精度直接影响工件的尺寸和形状精度。

（2）成形刀具　如成形车刀、成形铣刀、成形砂轮的形状精度直接影响工件的形状精度。

（3）展成加工用的刀具　如齿轮滚刀、插刀等，它的精度也影响齿轮的加工精度。

（4）普通单刃刀具　如普通车刀、镗刀等，它的精度对工件的加工精度没有直接影响，但刀具的磨损会影响工件的尺寸精度和形状精度。

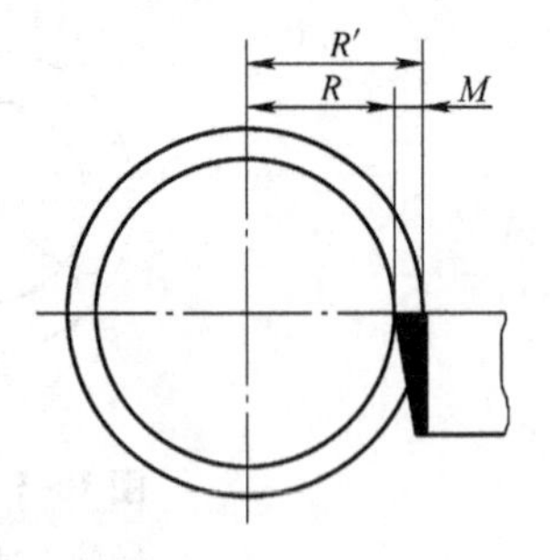

图 10-6

刀具尺寸磨损对加工精度的影响

刀具在误差敏感方向上的磨损对工件加工的尺寸精度影响较大（图10-6），这种磨损称为尺寸磨损。对于普通外圆车削来说，尺寸误差ΔR就等于尺寸磨损M。当刀具切削行程为L（单位为m）时，刀具的尺寸磨损量M（单位为μm）为

$$M = M_0 + K(L - L_0) \approx M_0 + KL \tag{10-1}$$

式中　M_0——刀具的初期磨损量（μm）；

　　L_0——初期磨损的切削行程长度（m）；

　　K——单位磨损量（μm/m）。

三、夹具误差

夹具误差包括定位误差、夹紧误差、夹具的安装误差及夹具在使用过程中的磨损等。这些误差影响到被加工工件的位置精度、形状精度和尺寸精度。

夹具精度与基准不重合误差以及定位元件、对刀装置、导向装置、对机装置的制造精度和装配精度有关。一般来说，对于IT5～IT7级精度的工件，夹具精度取被加工工件精度的1/5～1/3；对于IT8级及IT8级精度以下的工件，夹具精度可为工件精度的1/10～1/5。

第三节　工艺系统受力变形对加工精度的影响

一、基本概念

10.3　工艺系统受力变形对加工精度的影响

（一）受力变形现象

机械加工中，工艺系统在切削力、夹紧力、传动力、惯性力等外力的作用下，会发生变形，破坏了切削刃与工件间已调整好的相对位置，从而产生加工误差。例如，在车床上用卡盘装夹加工轴的外圆，可能会产生带有锥度的圆柱度误差，如图10-7a所示；在内圆磨床上磨孔时，由于内圆磨头的主轴弯曲变形，磨出的孔可能会产生带有锥度的圆柱度误差，如图10-7b所示。

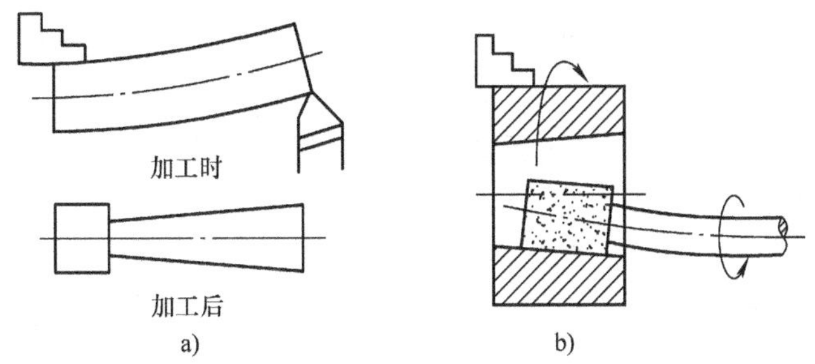

图10-7
工艺系统受力变形引起的加工误差

（二）刚度和柔度

刚度是指弹性系统受力后抵抗变形的能力，亦即使弹性系统产生单位变形沿变形方向上所需静载荷的大小，也称为系统的静刚度。

$$K=\frac{F}{Y} \tag{10-2}$$

式中　K——静刚度（N/mm）；

　　F——沿变形方向上的静载荷大小（N）；

　　Y——静变形量（mm）。

柔度是指弹性系统受到单位力作用时在受力方向上的变形，它是刚度的倒数，即

$$W=\frac{1}{K} \tag{10-3}$$

弹性系统受交变载荷时，会发生振动，其变形（振幅）大小不仅与激振力大小有关，还与激振的频率有关，把某个激振频率下产生单位振幅所需的激振力幅值称为系统在该频率时的动刚度，动刚度的倒数称为动柔度。为简便起见，本章把静刚度称为刚度。

（三）工艺系统刚度的计算

工艺系统内各组成环节在切削加工过程中，都会产生不同程度的变形，使刀具和工件的相对位置发生改变，从而产生相应的加工误差。工艺系统在某处的法向（误差敏感方向）总变形 Y_{st} 是各个组成环节在同一位置处法向变形的叠加，即

$$Y_{st}=Y_{jc}+Y_{j}+Y_{d}+Y_{g} \tag{10-4}$$

式中 Y_{st}——工艺系统的变形量；
Y_{jc}——机床的变形量；
Y_{j}——夹具的变形量；
Y_{d}——刀具的变形量；
Y_{g}——工件的变形量。

工艺系统在某处受法向力 F_y，其刚度和各组成环节的刚度为

$$K_{st}=\frac{F_y}{Y_{st}},\ K_{jc}=\frac{F_y}{Y_{jc}},\ K_{j}=\frac{F_y}{Y_{j}}$$

$$K_{d}=\frac{F_y}{Y_{d}},\ K_{g}=\frac{F_y}{Y_{g}} \tag{10-5}$$

代入式（10-3）得

$$K_{st}=\frac{1}{\dfrac{1}{K_{jc}}+\dfrac{1}{K_{j}}+\dfrac{1}{K_{d}}+\dfrac{1}{K_{g}}} \tag{10-6}$$

式中 K_{st}、K_{jc}、K_{j}、K_{d}、K_{g}——工艺系统、机床、夹具、刀具、工件的刚度。

由柔度的定义可知

$$W_{st}=W_{jc}+W_{j}+W_{d}+W_{g} \tag{10-7}$$

式中 W_{st}、W_{jc}、W_{j}、W_{d}、W_{g}——工艺系统、机床、夹具、刀具、工件的柔度。

二、工艺系统刚度的测定与分析

工艺系统刚度的测定方法有静态测定方法和工件状态测定方法。静态测定有单向加载测定法和三向加载测定法。

图 10-8 所示为最常见的单向加载测定车床刚度的方法。在车床的两顶尖间，装一根刚性很好的心轴 1，并在刀架上装加力器 5，对正心轴 1 的中点位置，4 为测力环，通过螺钉 8 加力 F_y，由千分表 9 的读数可知 F_y 的大小（测力环需标定），由千分表 2、千分表 3、千分表 7 分别读出机床主轴箱、尾座和刀架的变形量。已知刀架处的作用力为 F_y，作用于前、后顶尖处的作用力为 $F_y/2$。

实验测定时，先按一定的规律加载，逐渐加载到某一最大值（根据机床尺寸而定）然后卸载，记录对应的载荷和变形值。如此反复几次可得如图 10-9 所示的车床刚度特性曲线。

由于测得的机床部件的刚度曲线是非线性的，因此，其刚度应以刚度曲线上的斜率来

确定。

$$K=\frac{\mathrm{d}F_y}{\mathrm{d}y}$$

为简便起见，一般都取刚度曲线上最大载荷与最大变形的比值表示平均刚度，图 10-9 所示刀架的平均刚度 K_{dj} 为

$$K_{dj}=\frac{F_{ymax}}{y_{max}}=\frac{240\times1000}{52}\text{N/mm}\approx4615\text{N/mm}$$

用同样的方法可求得主轴箱部件和尾座部件的刚度。机床的刚度则是这几部分刚度叠加后的综合刚度。具体的计算公式可参见有关手册或文献。

在实际加工过程中，刀具与工件的相对位移不仅由力 F_y 引起，还要考虑力 F_x、F_z 的影响。为使机床刚度测定更符合实际情况，可采用三向加载刚度测定法。

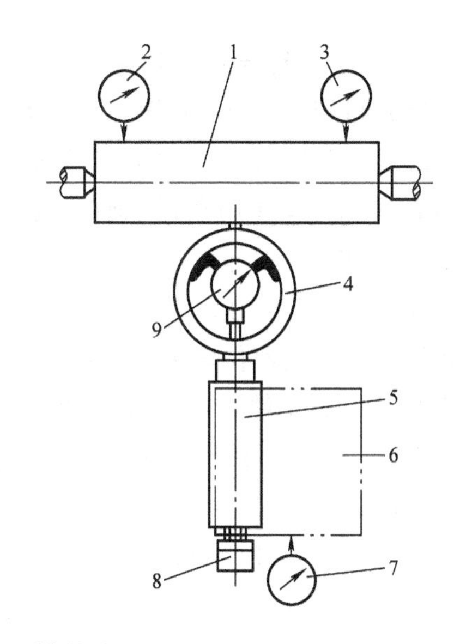

图 10-8

单向加载刚度测定

1—心轴　2、3、7、9—千分表　4—测力环　5—加力器　6—刀架　8—螺钉

三、工艺系统受力变形对加工精度的影响

如果工艺系统受力变形引起刀具相对于工件的位移量在一次进给中是常量时，只引起工件尺寸误差，可通过尺寸调整予以补偿，不会产生形状误差。但当受力变形引起刀具相对于工件的位移量不是常量时，工件将产生形状误差。下面主要讨论通过受力变形引起的工件形状误差。

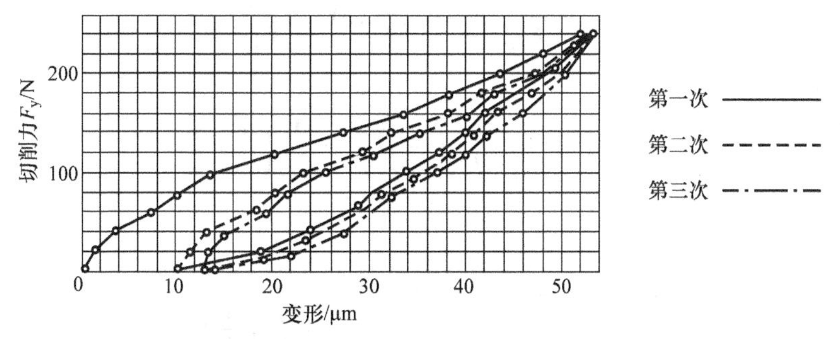

图 10-9

某车床刀架刚度特性曲线

（一）切削力对加工精度的影响

在加工过程中，刀具相对于工件的位置是不断变化的，也就是说，切削力的作用点位置和切削力的大小是在变化的。同时，工艺系统在各作用点上的刚度一般是不相同的，因此，工艺系统受力变形随加工方法、工件的安装方式不同而变化。

1. 切削力作用点位置变化产生的加工误差

现以在车床顶尖间加工光轴的情况来进行说明。设切削过程中切削力为常值，工艺系统的变形为（夹具包含在机床中）

$$Y_{st}=Y_{jc}+Y_d+Y_g$$

（1）机床的变形　如图10-10所示（此时，不考虑工件变形），工件的长度为L，径向切削力为F_y，当刀具作用在距主轴前顶尖x处，通过工件作用在主轴部件和尾座部件的力分别为F_{ct}和F_{wz}，刀架受力为F_y。此时，使主轴位置由A移到A'，尾座位置由B移到B'，刀架位置由C移到C'，工件的中心线由AB移到$A'B'$。

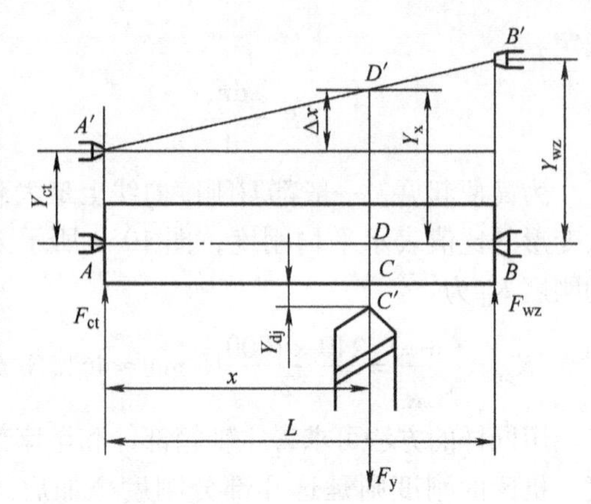

图10-10

机床变形随切削力位置变化

由图可知，在作用点x处，工件相对于刀具的位移量为

$$Y_{jc}=Y_x+Y_{dj}$$

根据图示

$$Y_x=Y_{ct}+\Delta x$$

$$\Delta x=(Y_{wz}-Y_{ct})\frac{x}{L}$$

由力的平衡得

$$F_{ct}=F_y\frac{L-x}{L},\quad F_{wz}=F_y\frac{x}{L}$$

按刚度定义有

$$Y_{ct}=\frac{F_{ct}}{K_{ct}},\quad Y_{wz}=\frac{F_{wz}}{K_{wz}},\quad Y_{dj}=\frac{F_y}{K_{dj}}$$

将各值代入整理，得机床变形量

$$Y_{jc}=F_y\left[\frac{1}{K_{dj}}+\frac{1}{K_{ct}}\left(\frac{L-x}{L}\right)^2+\frac{1}{K_{wz}}\left(\frac{x}{L}\right)^2\right] \tag{10-8}$$

机床的刚度

$$K_{jc}=\frac{F_y}{Y_{jc}}=\frac{1}{\frac{1}{K_{dj}}+\frac{1}{K_{ct}}\left(\frac{L-x}{L}\right)^2+\frac{1}{K_{wz}}\left(\frac{x}{L}\right)^2} \tag{10-9}$$

（2）工件的变形　工件的变形一般可按材料力学公式计算。工件可视为简支梁，距前顶尖x处工件的变形为

$$Y_g=\frac{F_y}{3EI}\frac{(L-x)^2x^2}{L} \tag{10-10}$$

工件的刚度

$$K_g=\frac{3EIL}{(L-x)^2x^2} \tag{10-11}$$

（3）刀具的变形　车削时，F_y引起刀具的变形很小，F_z使刀具产生弯曲，在工件的切向上产生位移，对加工精度的影响很小，也可忽略不计。

（4）工艺系统变形

$$Y_{st}=Y_{jc}+Y_g$$
$$=F_y\left[\frac{1}{K_{dj}}+\frac{1}{K_{ct}}\left(\frac{L-x}{L}\right)^2+\frac{1}{K_{wz}}\left(\frac{x}{L}\right)^2+\frac{(L-x)^2x^2}{3EIL}\right] \tag{10-12}$$

工艺系统刚度

$$K_{st}=\frac{1}{\frac{1}{K_{dj}}+\frac{1}{K_{ct}}\left(\frac{L-x}{L}\right)^2+\frac{1}{K_{wz}}\left(\frac{x}{L}\right)^2+\frac{(L-x)^2x^2}{3EIL}} \tag{10-13}$$

从式（10-12）和式（10-13）可知，工艺系统刚度是沿工件轴线上的不同位置变化的，因此各点位移量也不相同，加工后工件表面产生几何形状误差。

例 10-1　用两顶尖安装加工直径 $d=50\text{mm}$，$L=800\text{mm}$，$E=2\times10^5\text{N/mm}^2$ 的工件，设 $F_y=300\text{N}$，$K_{ct}=60000\text{N/mm}$，$K_{wz}=50000\text{N/mm}$，$K_{dj}=40000\text{N/mm}$，$I=0.05d^4$。试计算由工艺系统变形引起的加工误差。

解　由式（10-8）、式（10-10）和式（10-12）计算。工件长度方向上各点的变形 Y_{jc}、Y_g、Y_{st}见表 10-1，并画出变形曲线见图 10-11。

表 10-1　工艺系统变形量　（单位：mm）

x	0	100	200	300	400	500	600	700	800
Y_{jc}	0.0125	0.0114	0.0107	0.0103	0.0102	0.0105	0.0112	0.0122	0.0135
Y_g	0	0.0098	0.0288	0.0450	0.0512	0.0450	0.0288	0.0098	0
Y_{st}	0.0125	0.0212	0.0395	0.0553	0.0614	0.0555	0.040	0.022	0.0135

由表 10-1 可知，工件加工后最大直径差（即圆柱度误差）为

$$\Delta d=2\times(Y_{stmax}-Y_{stmin})=2\times(0.0614-0.0125)\text{mm}=0.0978\text{mm}$$

2. 切削力大小变化产生的加工误差

在机械加工过程中，加工余量不均或材料硬度不一致，也会影响工件的加工精度。

如图 10-12 所示，工件毛坯存在椭圆形的圆度误差，车削时，毛坯的长半径处有最大余量 a_{p1}，短半径处最小余量 a_{p2}。由于背吃刀量变化引起切削力变化，工艺系统变形也产生相应变化。对应于 a_{p1}，系统变形为 Y_1，对应于 a_{p2} 系统变形为 Y_2，因此，加工出的零件仍将存在椭圆形的圆度误差，这种现象称为误差复映。下面分析工件加工前后误差之间的关系。

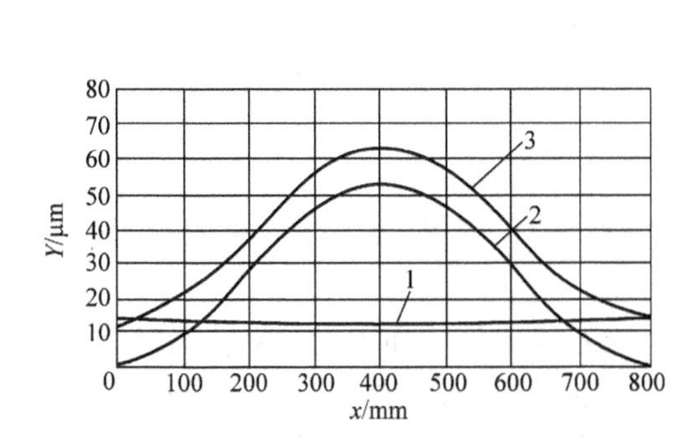

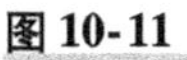
图 10-11

工艺系统变形曲线

1—机床变形　2—工件变形　3—工艺系统变形

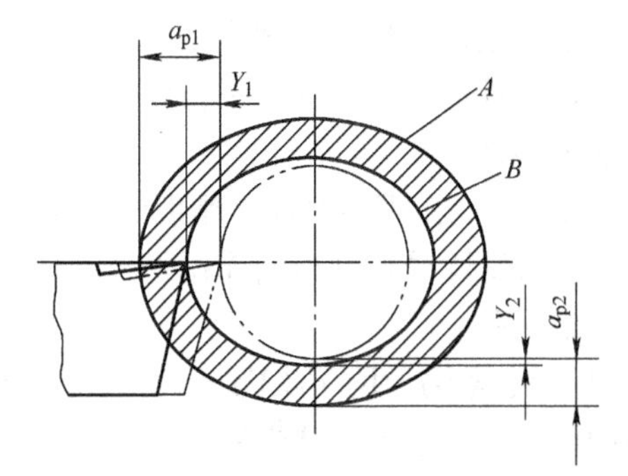

图 10-12

毛坯误差的复映

切削力可表示为

$$F_y = \lambda C_{Fc} a_p^{X_{Fc}} f^{C_{Fc}}$$

式中 λ——切削分力系数，车削通常为0.4，其余参数的意义可见第二章（F_y即为背向力 F_p）。

在一次进给中，切削条件和进给量不变，切削力只与背吃刀量a_p有关，即

$$\lambda C_{Fc} f^{C_{Fc}} = A$$

A为常数，在车削加工中，$X_{Fc}=1$，因此

$$F_y = Aa_p$$

在切削毛坯时，在最大和最小背吃刀量时产生的工艺系统受力变形为

$$Y_1 = \frac{F_{y1}}{K_{st}} = \frac{Aa_{p1}}{K_{st}},\ Y_2 = \frac{F_{y2}}{K_{st}} = \frac{Aa_{p2}}{K_{st}}$$

则工件误差

$$\Delta g = Y_1 - Y_2 = \frac{A}{K_{st}}(a_{p1} - a_{p2})$$

毛坯误差

$$\Delta m = a_{p1} - a_{p2}$$

所以

$$\Delta g = \frac{A}{K_{st}}\Delta m$$

即

$$\varepsilon = \frac{\Delta g}{\Delta m} = \frac{A}{K_{st}} = \frac{\lambda C_{Fc} f^{C_{Fc}}}{K_{st}} \tag{10-14}$$

ε称为误差复映系数，其值为小于1的正数，ε越小，Δg越小于Δm。减小进给量f或增大系统刚度K_{st}都能使ε减小。减小f可提高加工精度，但降低了生产率。如果设法增大工艺系统的刚度，不但减小Δg，而且可以在保证加工精度前提下相应增大f以提高生产率。

如果采用一次进给不能消除误差的影响而满足所要求的精度时，可进行多次进给加工。这样误差在多次复映后，总的复映系数为

$$\varepsilon_Z = \varepsilon_1 \varepsilon_2 \cdots \varepsilon_n \tag{10-15}$$

这样，ε_Z远小于1，复映误差即可达到要求精度。

以上是通过毛坯存在圆度误差说明误差复映现象。值得注意的是，如果系统刚度低时，毛坯存在圆柱度、同轴度、平行度等各种误差时，工件加工后都以一定的复映系数复映成工件的加工误差。

（二）其他作用力对加工精度的影响

工艺系统除受切削力的作用之外，还会受到夹紧力、惯性力、传动力等的作用，也会使工件产生误差。

（1）夹紧力产生的加工误差　对于刚性比较差的工件，加工时，夹紧力的作用点安排不当的话，工件会产生弹性变形。加工后，卸下工件，当弹性恢复后，就会形成形状误差。图10-13所示为用三爪装夹，加工薄壁套内孔。夹紧后，工件内孔变形为三棱形（图10-13a），内孔加工后为圆形（图10-13b）。但是，松开后弹性恢复，该孔便成为三棱形（图10-13c）。为了减小夹紧变形，可以采用图10-13d所示的大三爪，以增加接触面积，减小压强，或用开口垫套来加大夹紧力的接触面积。

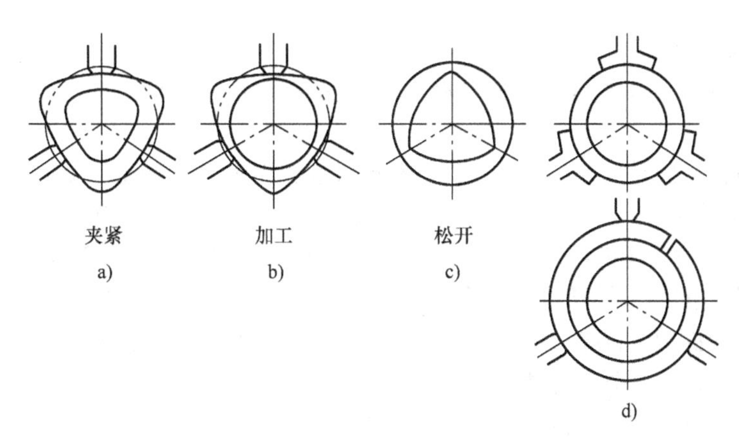

图 10-13

夹紧力引起的加工误差

(2) 惯性力产生的加工误差 在工艺系统中，由于存在不平衡构件，在高速切削过程中就会产生离心力。离心力 F_Q 在每一转中不断地改变方向，如图 10-14 所示，它在加工误差的敏感方向上的分力和切削力的方向，有时相同，有时相反，从而引起受力变形的变化，使工件产生形状误差。加工后，工件呈心脏线形。

在实际生产中，为了减小惯性力，常用对重平衡方法或降低转速，来减小由惯性力引起的加工误差。

(3) 传动力产生的加工误差 在车、磨轴类工件时，常采用单爪拨盘带动工件旋转。传动力和惯性力一样，在每一转中它的方向在不断地变化，它在 y 方向上的分力有时和 F_y 相同，有时相反，因而造成工艺系统受力变形发生变化，引起的加工误差同惯性力相似。对于形状精度要求高的工件，传动力的影响是不可忽视的，为了减小其影响，在精密磨削时，常采用双拨爪的拨盘来传动工件。

此外，工件重力也会影响加工精度，在工件质量较大时，尤其应当注意。

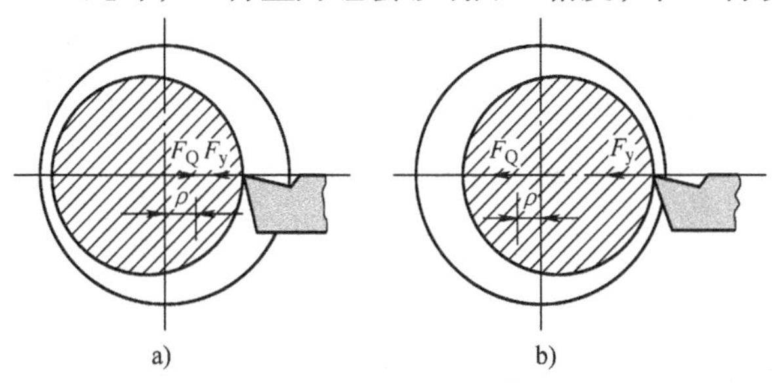

图 10-14

由惯性力引起背吃刀量的变化

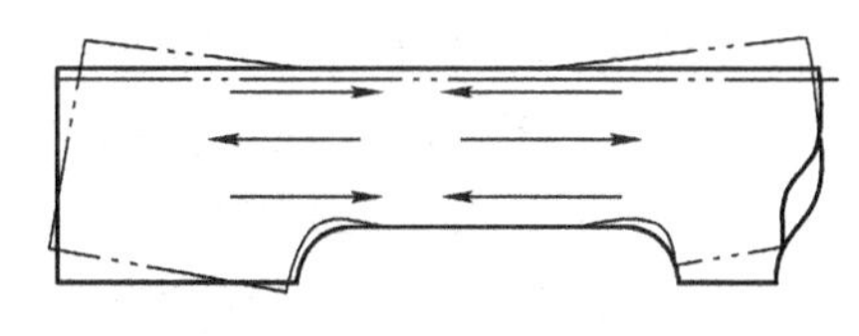

图 10-15

床身内应力重新分布引起的床身变形

四、内应力重新分布对加工精度的影响

内应力是指当外部载荷去除后，仍残存在工件内部的应力。零件内部存在内应力时，其内部组织处于一种极不稳定的平衡状态，这种组织强烈地要求恢复到一个没有应力的稳定状态，即使在常温下，零件也会缓慢地发生这种变化，直到内应力消失为止。零件在内应力消失的过程中，自身产生变形，原有精度会降低。所以，在精密零件加工过程中，应进行一系

列的消除应力处理。

内应力是由于热加工和冷加工使金属内部宏观或微观的组织发生了不均匀的体积变化而产生的。

（1）毛坯制造时产生的内应力　在毛坯的制造过程中（如铸造、锻造及焊接等工艺），由于各部分厚度不均匀，所处的位置不同，冷却的速度不均匀，而产生内应力。

图10-15所示的床身铸件铸造后，由于导轨表面冷却较快，内部冷却较慢，铸件内部产生内应力，内应力的分布是导轨表层为压应力，内部为拉应力。铸造后，内应力处于暂时的平衡状态。若导轨面加工去除一层，则破坏了原来的平衡状态，内应力重新分布从而发生弯曲变形。为了减小变形，一般在铸件粗加工后进行时效处理，消除内应力后，再进行精加工。

（2）工件冷校直时产生的内应力　细长的轴类零件，如光杠、丝杠、曲轴等刚性较差的零件，在加工和搬运过程中很容易弯曲。因此，大多数在加工过程中需要冷校直工序，冷校直后，工件也会产生内应力。

（3）工件切削时产生的内应力　工件在进行切削加工时，表层产生塑性变形，晶格扭曲、拉长，密度减小，比体积增大，因此体积膨胀，受到里层的阻碍，故表层受压应力，里层产生平衡的拉应力。但是，当受到切削热的作用时，可能会出现相反的情况。由于切削过程中产生内应力，使工件在加工后，内应力重新分布导致工件变形。对于精度要求较高的零件，粗加工后，需要消除内应力。

五、减少工艺系统受力变形的措施

减少工艺系统的受力变形，是提高加工精度的有效措施之一。这可从两个方面入手，一方面应尽量减小载荷及其变化，另一方面是提高工艺系统的刚度。

（一）提高工艺系统的刚度

（1）选用合理的零部件结构和断面形状　对于机床的床身、立柱、横梁、夹具这些对工艺系统刚度有较大影响的构件，应选用合理的结构，如采用封闭截面，则可以大大提高其刚度。合理布置肋板，如用米字形、网形、蜂窝形等。

（2）提高零部件间的接触刚度　接触刚度与零部件的表面质量有密切的关系，因此要注意接触面的表面粗糙度、形状精度及机械性质等。同时，应加预紧力使接触面产生预变形，减小间隙。

（3）尽量减小或消除部件中的薄弱环节　这样可以提高整个系统的刚度。

（4）提高工件的安装刚度　在加工细长轴时，应增加跟刀架或中心架。对于刚性差的工件，适当地增加辅助支承，能有效提高安装刚度。同样一个工件表面，可采用不同的方法进行加工。例如，在卧式铣床上铣削一角铁零件的顶面，可用圆柱铣刀加工，工件的安装如图10-16a所示。这种安装方法，刀杆和工件的刚度很差，加工过程中受力变形大。若改用面铣刀加工，工件的安装方法如图10-16b所示，用这种方法加工可以减小变形。

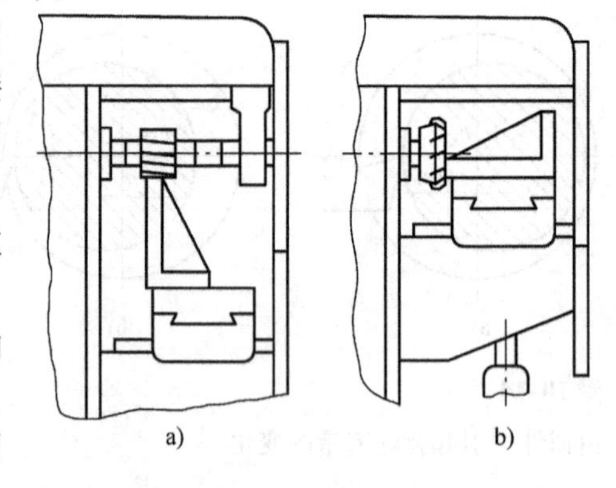

图10-16
提高工件安装刚度

（二）减小作用于工艺系统的外力

（1）降低切削用量，减小切削力　在精加工中，常采用较小的背吃刀量和较小的进给量。

（2）选用合理的刀具几何角度和刀具材料以减小切削力　如用 $\kappa_r=90°$ 刀，使 F_y 为零。

第四节　工艺系统受热变形对加工精度的影响

在机加工过程中，工艺系统受到热的作用，形成一个复杂的热场、产生热变形，原有的刀具与工件之间的正确位置关系被破坏，从而造成工件的加工误差。对于精密加工，热变形引起的加工误差占总加工误差的40%~70%。热变形不仅影响加工精度，还影响加工效率。

10.4　工艺系统受热变形对加工精度的影响

一、工艺系统的热源

工艺系统的热源可以分为两大类，即内部热源和外部热源。内部热源指的是切削过程中产生的切削热及运动部件的摩擦热；外部热源则来自切削时的外部条件，如环境温度、阳光、灯光的热辐射等。

（一）内部热源

（1）切削热　在切削过程中，消耗于切削层金属的弹性、塑性变形及刀具与工件、切屑间的摩擦能量，绝大部分转化为切削热。切削热的大小与切削力的大小及切削速度的高低有关，一般按下式估算：

$$Q=F_c v_c \tag{10-16}$$

式中各参数见第二章第四节。切削热将传到工件、刀具、切屑和周围介质中去，由于加工方法不同，传到各部分的比例也不一样。

（2）摩擦热　在机床中，各运动副在相对运动时产生的摩擦力转化为摩擦热而形成热源。如齿轮与齿轮之间、导轨之间、丝杠与螺母之间、轴与轴承之间及蜗轮与蜗杆之间因摩擦而发热。另外，动力源的能量消耗也部分地转化为热，如电动机、液压系统等工作时所产生的热。

（二）外部热源

工艺系统的外部热源主要是环境温度与热辐射。环境温度是随季节、昼夜温度的变化而变化的。此外，靠近窗口的机床，受到日光辐射的影响，以及取暖设备、灯光等也会使工艺系统产生局部的温差。

以上热源都会使工艺系统不同程度地产生变形，使工件产生加工误差。

二、工艺系统热变形对加工精度的影响

（一）机床受热变形产生的加工误差

机床受内、外热源的影响，各部分的温度将发生变化而引起变形。由于机床的类型不同，各种热源在机床上的位置不一样，加之结构复杂，所以随着机床的结构、类型的不同，热变形差异较大。

图10-17为常用机床的热变形趋势。其中，图10-17a为卧式车床的热变形趋势。加工时，主轴箱内传动元件的摩擦发热引起箱体和箱内油池温度升高。由于主轴前、后轴承发热

量不同，使得前、后箱壁的温度不同。前箱壁温度高，沿垂直方向的热变形大；后箱壁温度低，热变形小。因此，主轴中心线抬高并有倾斜。例如，C620-1型卧式车床在主轴转速为1200r/min下工作8h后，主轴的抬高量为140μm，在垂直面上的倾斜为60μm/300mm。同时，主轴箱的温度传入床身，由于床身上、下表面温度不同产生温差及不同的热变形，导致床身弯曲而中凸。上述的变形将使工件产生圆柱度误差而降低加工精度。

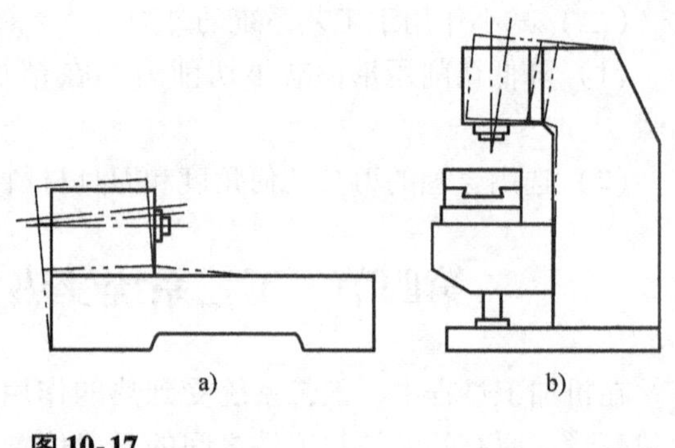

图10-17

机床的热变形趋势

图10-17b为立式铣床的热变形情况。由于主轴回转的摩擦热及立柱前、后壁温度不同，热伸长变形不同，使立柱在垂直面内产生弯曲变形而导致主轴在垂直面内倾斜。这样，加工后的工件会出现被加工表面与定位表面间的位置误差，如平行度误差、垂直度误差等。

从以上机床的热变形趋势可以看出，在机床的热变形中，对加工精度影响较大的主要是主轴系统和机床导轨两部分的变形。主轴系统的变形表现为主轴的位移与倾斜，影响工件的尺寸精度和几何形状精度，有时也影响位置精度；导轨的变形一般为中凹或中凸，影响工件的形状精度。

（二）工件热变形引起的加工误差

对于不同形状和尺寸的工件，采用不同的加工方法，工件的受热变形也不同。

在磨削或铣削薄片状零件时，由于工件单面受热，工件两边受热不均匀而产生翘曲。图10-18a所示为在平面磨床上磨削长度为L、厚度为H的板状零件。上、下表面间形成温度差，上表面温度高，膨胀比下表面大，工件向上凸起，凸起的地方在加工时被磨去（图10-18b），冷却后工件恢复原状，被磨去的地方出现下凹（图10-18c），产生平面度误差ΔH。工件越长，厚度越小，变形及误差越大。

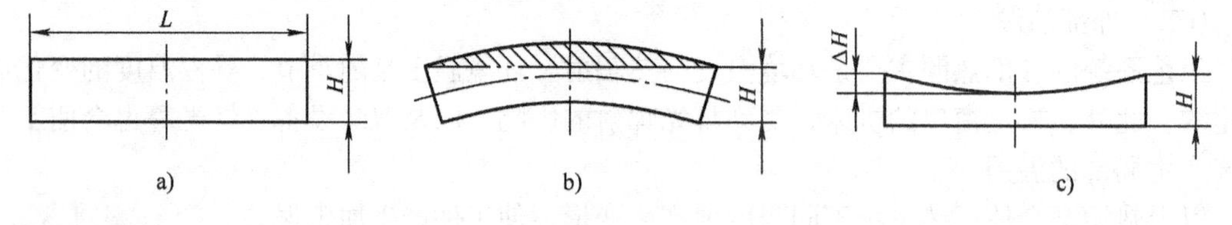

图10-18

工件单面受热的加工误差

在加工轴类零件的外圆时，切削热传入工件，可以认为在全长上及其圆周方向上热量分布较均匀，主要引起工件直径和长度的变化。变形量为

直径上的热膨胀

$$\Delta D=\alpha\Delta T_{p}D \tag{10-17}$$

长度上的热伸长

$$\Delta L=\alpha\Delta T_{p}L \tag{10-18}$$

式中 D、L——工件的直径和长度（mm）；

ΔT_p——工件在加工前后的平均温度差（℃）；

α——工件材料的热膨胀系数（1/℃）。

当加工的工件长度大而精度要求又很高时，工件的热变形对于加工精度的影响是很大的。如磨削长为3000mm的丝杠，磨削后温度升高3℃，丝杠的伸长量为

$$\Delta L = 3000 \times 1.17 \times 10^{-5} \times 3\text{mm} = 0.1\text{mm}$$

而六级丝杠的螺距误差在全长上不允许超过0.02mm。

（三）刀具受热变形引起的加工误差

刀具的热变形主要由切削热引起，虽然传到刀具的热量较少，但因刀具体积小，热容量小，所以刀具的温升可能非常高。刀具的热伸长一般在被加工工件的误差敏感方向上，其变形对加工精度的影响有时是不可忽视的。

在车床上加工长轴时，刀具连续工作时间长，随着切削时间的增加，刀具受热伸长，使工件产生圆柱度误差；在立车上加工大端面，刀具受热伸长，使工件产生平面度误差。

三、减小工艺系统热变形的措施

为了减小工艺系统热变形对加工精度的影响，除了在机床设计时采用热对称结构，合理选择机床部件的安装基准，使热变形尽量产生在被加工表面的切线方向外，在工艺上可以采取以下措施：

1. 减少热源产生的热量

（1）减小切削热或磨削热 通过控制切削或磨削的用量，合理选用刀具来减小切削热。在精加工中选用较小的切削用量，如精密加工中用研磨、微细切削等工艺方法。对于粗加工的受热变形将影响精加工的精度时，工艺上应粗、精分开安排为宜。

（2）减少机床各运动副的摩擦热 从运动部件的结构和润滑等方面采取措施，改善摩擦特性以减少发热。比如，主轴部件采用静压轴承、动压轴承等，或采用低黏度润滑油、锂基润滑脂或循环冷却润滑、油雾润滑等措施。以上措施均有利于降低主轴轴承的温升。

2. 分离、隔离热源

凡能从工艺系统分离出去的热源，如电动机、液压系统、变速箱等尽可能移出，使其成为独立的单元，远离工艺系统。对于无法分离的热源，可采用隔热材料将发热部件与工艺系统隔离开。

3. 加强冷却

要完全消除内部热源的发热是不可能的，所以对发热部件进行冷却的方法是减少工艺系统热变形的又一主要措施。目前，大型数控机床、加工中心机床普遍采用冷冻机对润滑油、切削液进行强制冷却，以提高冷却效果。在切削过程中，采用大流量切削液冷却、喷雾冷却，可减少传入工件和刀具的热量，从而减少工件和刀具的热变形。

4. 保持工艺系统的热平衡

由热变形规律可知，热变形主要发生在机床开动后的一段时间内，当达到热平衡后，热变形趋于稳定。此后，其对加工精度的影响会小一些。因此，在精加工前，先使机床空运转一段时间，等达到或接近平衡时再开始加工。对于大型精密机床，达到热平衡的时间较长。为了缩短这个时间，常采用两种方法：一是让机床高速空运转，使之迅速达到热平衡状态，

加工时再换成需要的速度；二是在机床的某个部位上设置“控制热源”，人为地给机床局部加热，使之较快地达到热平衡状态，然后停止加热。当机床发热状态随加工条件的改变而变化时，可通过“控制热源”的加热或冷却来调节，使温度的分布迅速回到稳定状态。

5. 控制环境温度

精密加工可在恒温车间内进行。

第五节 加工误差的统计分析法

前面对产生加工误差的主要因素分别进行了分析，即采用单因素分析法。在生产实际中，影响加工精度的因素往往是错综复杂的，仅用单因素分析是不够的，若利用数理统计的方法进行综合分析，从中找出误差的规律，便可以采取相应的解决措施。

10.5 加工误差的统计分析法

一、加工误差的分类

根据加工一批工件时误差出现的规律，加工误差可分为系统性误差和随机性误差两大类。

（一）系统性误差

在顺序加工一批工件时，加工误差的大小和方向保持不变或随着加工时间按一定的规律变化的误差，都称为系统性误差。前者称为常值系统性误差，后者称为变值系统性误差。

例如，由加工原理误差和机床、夹具、刀具的制造等引起的加工误差就属于常值系统性误差；而由于刀具的磨损、工艺系统的热变形引起的加工误差则是变值系统性误差。对于常值系统性误差，如果确知大小和方向，可以通过调整加以消除。对于变值系统性误差，在掌握了它的变化规律之后，可采用自动补偿的办法消除。

（二）随机性误差

在顺序地加工一批工件时，大小和方向无规则地变化的加工误差称为随机性误差。

例如，由于加工余量不均匀、材料硬度不均匀、工件的残余应力、工件定位误差等引起的加工误差属于随机性误差。随机性误差是造成工件加工尺寸波动的主要原因。当统计数量足够大时，也能找出一定的规律性，从而可以设法控制和缩小它的波动范围。

二、加工误差的分布图分析法

（一）实际分布图

由于各种误差因素的影响，同一道工序所加工出来的一批工件的加工尺寸也是在一定的范围内变化的，其最大和最小加工尺寸之差称为尺寸的分散范围。如果按一定的尺寸间隔将这一分散范围划分成若干个尺寸区间（称尺寸组），以每个区间的宽度（组距）为底，以每个区间内的工件数（频数）为纵向高度画出一个个矩形，即得到了直方图。如果以每个区间的中点（组中值）为横坐标，以区间的频数为纵坐标，得到相应的点，将这些点用直线连接起来就成为分布折线图。

直方图和折线图合称为实际分布图，在生产中是通过抽取样本后分析绘制而成的，也称为实验分布图。

（二）正态分布

在机械加工中，用调整法加工一批零件，当不存在明显的变值系统性误差因素时，其尺寸分布近似于正态分布。概率论与数理统计学已经证明：相互独立的大量微小随机变量，其总和的分布接近正态分布。用理论分布曲线来近似地代替实际分布曲线将使问题的分析大大简化。

正态分布概率分布密度为

$$y=\frac{1}{\sigma\sqrt{2\pi}}\mathrm{e}^{-\frac{(x-\mu)^2}{2\sigma^2}} \tag{10-19}$$

式中 y——概率分布密度；

x——随机变量；

μ——随机变量总体的算术平均值；

σ——随机变量总体的标准差。

由图 10-19 可以看出，正态分布曲线具有如下特点：

（1）对称性 以 $x=\mu$ 为对称轴，在 $x=\mu\pm\sigma$ 处，曲线有拐点。

（2）聚集性 正态分布曲线为单峰曲线，当 $x=\mu$ 时，y 有最大值 $y_{\max}=1/\sqrt{2\pi}\sigma$，而当 x 偏离 μ 越远，y 值越小。

（3）有界性 从理论上讲，曲线以渐近的方式逼近 x 轴，但对机械加工尺寸误差来讲，误差的绝对值实际不会超过一定界限，按小概率原理，取误差分散范围为 $-3\sigma\sim3\sigma$。

（4）曲线下与 x 轴之间所包含的面积为 1

式（10-19）中的参数 μ 决定了曲线的位置，受常值系统性误差的影响使曲线平移，如图 10-20a 所示；参数 σ 决定了曲线的形状，受随机性误差的影响使曲线发生变形，如图 10-20b所示。

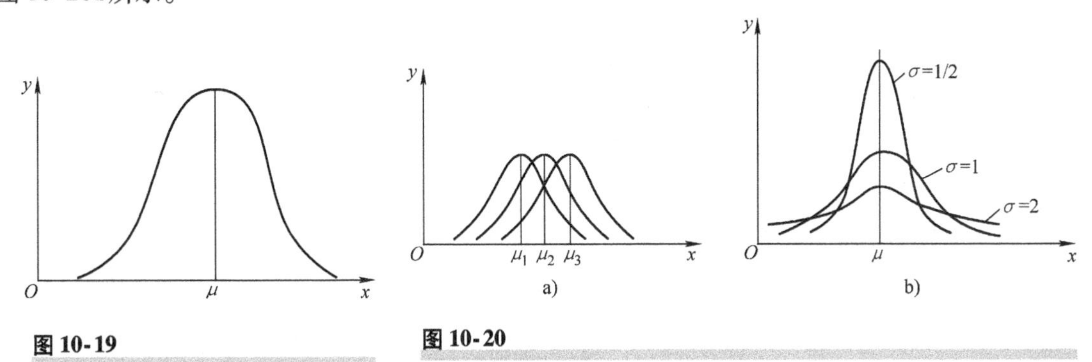

图 10-19
正态分布曲线

图 10-20
μ、σ 对正态分布曲线的影响

将正态分布密度函数积分，得到正态分布函数为

$$F(x)=\frac{1}{\sigma\sqrt{2\pi}}\int_{-\infty}^{x}\mathrm{e}^{\left[-\frac{1}{2}\left(\frac{x-\mu}{\sigma}\right)^2\right]}\mathrm{d}x \tag{10-20}$$

$F(x)$代表分布曲线上、下积分限间的面积，即工件加工尺寸落入（$-\infty$，x）区间的概率大小，式（10-20）不可积，需用查表法求 F 值。令 $z=|x-\mu|/\sigma$，变为标准正分态布，其分布函数为

$$F(z)=\frac{1}{\sqrt{2\pi}}\int_0^z e^{-\frac{z^2}{2}}dz \tag{10-21}$$

对于不同 z 值的 $F(z)$，可由表10-2查出。

当 $z=\pm3$，由表10-2查得，$F(3)=49.865\%$，$2F(3)=99.73\%$。这说明工件尺寸出现在 $\pm3\sigma$ 以外的概率仅0.27%，其值很小，可忽略不计。因此，可以认为正态分布的工件加工尺寸的分散范围是 $\pm3\sigma$。这就是所谓的 6σ 原则。

表10-2 $F(z)=\frac{1}{\sqrt{2\pi}}\int_0^z e^{-\frac{z^2}{2}}dz$ **数值表** $\left(z=\frac{|x-\mu|}{\sigma}\right)$

z	F(z)	z	F(z)	z	F(z)	z	F(z)	z	F(z)
0.00	0.0000	0.23	0.0910	0.46	0.1772	0.88	0.3106	1.85	0.4678
0.01	0.0040	0.24	0.0948	0.47	0.1808	0.90	0.3159	1.90	0.4713
0.02	0.0080	0.25	0.0987	0.48	0.1844	0.92	0.3212	1.95	0.4744
0.03	0.0120	0.26	0.1023	0.49	0.1879	0.94	0.3264	2.00	0.4772
0.04	0.0160	0.27	0.1064	0.50	0.1915	0.96	0.3315	2.10	0.4821
0.05	0.0199	0.28	0.1103	0.52	0.1985	0.98	0.3365	2.20	0.4861
0.06	0.0239	0.29	0.1141	0.54	0.2054	1.00	0.3413	2.30	0.4893
0.07	0.0279	0.30	0.1179	0.56	0.2123	1.05	0.3531	2.40	0.4918
0.08	0.0319	0.31	0.1217	0.58	0.2190	1.10	0.3643	2.50	0.4938
0.09	0.0359	0.32	0.1255	0.60	0.2257	1.15	0.3749	2.60	0.4953
0.10	0.0398	0.33	0.1293	0.62	0.2324	1.20	0.3849	2.70	0.4965
0.11	0.0438	0.34	0.1331	0.64	0.2389	1.25	0.3944	2.80	0.4974
0.12	0.0478	0.35	0.1368	0.66	0.2454	1.30	0.4032	2.90	0.4981
0.13	0.0517	0.36	0.1406	0.68	0.2517	1.35	0.4115	3.00	0.49865
0.14	0.0557	0.37	0.1443	0.70	0.2580	1.40	0.4192	3.20	0.49931
0.15	0.0596	0.38	0.1480	0.72	0.2642	1.45	0.4265	3.40	0.49966
0.16	0.0636	0.39	0.1517	0.74	0.2703	1.50	0.4332	3.60	0.499841
0.17	0.0675	0.40	0.1554	0.76	0.2764	1.55	0.4394	3.80	0.499928
0.18	0.0714	0.41	0.1591	0.78	0.2823	1.60	0.4452	4.00	0.499968
0.19	0.0753	0.42	0.1628	0.80	0.2881	1.65	0.4506	4.50	0.499997
0.20	0.0793	0.43	0.1664	0.82	0.2939	1.70	0.4554	5.00	0.49999997
0.21	0.0832	0.44	0.1700	0.84	0.2995	1.75	0.4599		
0.22	0.0871	0.45	0.1736	0.86	0.3051	1.80	0.4641		

由于总体的 μ 和 σ 是无法求得的，实际应用时用样本的均值 $\overline{X}$ 代替总体的 μ；用样本的标准差 S 代替总体的 σ。则有

$$\overline{X}=\frac{1}{n}\sum_{i=1}^{n}x_i \tag{10-22}$$

$$S=\sqrt{\frac{1}{n}\sum_{i=1}^{n}(x_i-\overline{X})^2} \tag{10-23}$$

当样本容量很小时，σ 的估计值为

$$S=\sqrt{\frac{1}{n-1}\sum_{i=1}^{n}(x_i-\overline{X})^2} \tag{10-24}$$

式中 n——样本容量；

x_i——第 i 个工件的尺寸或误差。

（三）分布图的应用

（1）判别加工误差的性质　在成批大量生产中，抽样检验后计算出$\overline{X}$和S，绘制分布图。若$\overline{X}$偏离公差带中心，则表明加工过程中，工艺系统存在常值系统性误差，如调整误差等。若样本的S较大，说明总体的σ较大，即工艺系统随机性误差较大。

（2）计算工序能力系数和判别工艺等级　一个工序加工尺寸的分散范围表明了该工序的工艺能力。对于正态分布来说，随机变量在6σ范围内的概率为99.73%，所以，一般取工序能力为6σ。工件的加工公差T与工序能力6σ的比值称为工序能力系数C_p，即

$$C_p = \frac{T}{6\sigma} \tag{10-25}$$

如果$C_p > 1$，说明公差大于尺寸分散范围，该工序具备了保证精度要求的必要条件，且具有一定的精度储备。

如果$C_p < 1$，说明公差小于尺寸分散范围，将会产生不合格品。

如果$C_p = 1$，公差同尺寸分散范围相等，但由于受到调整误差等常值系统性误差的影响，该工序将不能保证加工尺寸全部合格。

根据工序能力系数C_p的大小，将工艺分为五个等级。特级工艺：$C_p > 1.67$，工序能力过高；一级工艺：$1.33 < C_p \leqslant 1.67$，工序能力足够；二级工艺：$1 < C_p \leqslant 1.33$，工序能力勉强，必须密切注意；三级工艺：$0.67 < C_p \leqslant 1$，工序能力不足，可能出现少量不合格品；四级工艺：$C_p \leqslant 0.67$，工序能力严重不足，必须加以改进。

（3）估算合格品率或不合格品率　不合格品率包括可以修复的不合格品和不可修复的不合格品率，通过以下例题来说明。

例 10-2　在自动车床上加工一批小轴，要求尺寸为$\phi 20^{+0.14}_{-0.04}$mm，根据样本（$n = 100$）数据计算得到$\overline{X} = 20.083$mm，$S = 0.024$mm，加工尺寸呈正态分布。试计算合格品率与不合格品率。

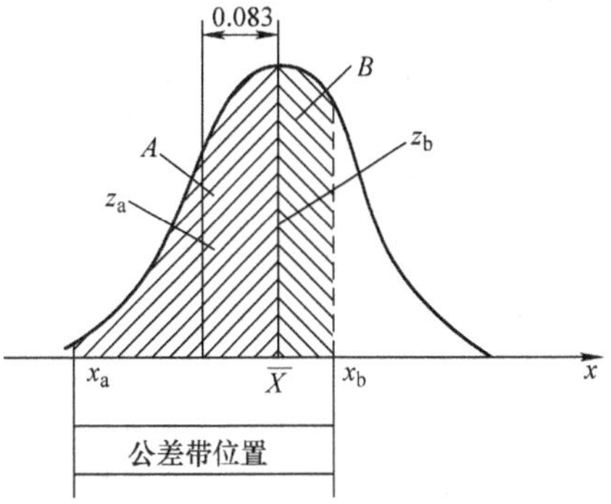

解　根据题意画出分布曲线及公差带的位置如图 10-21 所示，显然，合格品为图中A、B两影线部分面积之和，对应于公差带上、下极限位置的尺寸分别为x_b、x_a（$\sigma = S$）。

图 10-21

正态分布曲线与公差带位置示意图

$$z_b = \frac{|x_b - \overline{X}|}{\sigma} = \frac{20.14 - 20.083}{0.024} = 2.375$$

$$z_a = \frac{|x_a - \overline{X}|}{\sigma} = \frac{20.083 - 19.96}{0.024} = 5.125$$

由表 10-2 查得

$$F_b = F(2.375) = 0.4912, \quad F_a = F(5.125) = 0.5$$

$$F = F_a + F_b = 0.9912$$

所以，合格品率为99.12%，不合格品率为0.88%。产生不合格品的原因是存在常值系统性误差，即尺寸分布中心与公差带中心不重合，即调整机床时将尺寸调得偏大了。这种不合格品是可以修复的，本例中不存在不可修复的不合格品。

三、加工误差的点图法统计分析介绍

用分布曲线分析研究加工误差，由于抽取样本未考虑工件的加工顺序，所以无法把变值系统性误差和随机性误差区分开，观察不到系统性误差的变化规律，不能适时地对工艺过程进行控制。为此，可以用点图法进行加工误差的统计分析。

点图法是在一批工件的加工过程中，依次测量工件的加工尺寸，并以时间间隔为序，逐个（或逐组）记入相应图表中，以对其进行分析的方法。

（一）$\overline{X}$-R 点图

$\overline{X}$-R 点图（平均值-极差图）作法如下：

顺次地每隔一定的时间抽检一组（m 个，一般 $m=5\sim10$）工件，设每组的平均值为$\overline{X}$，极差为 R，则

$$\overline{X}=\frac{1}{m}\sum_{i=1}^{m}x_i \tag{10-26}$$

$$R=x_{\max}-x_{\min} \tag{10-27}$$

以各组序号为横坐标，各组的$\overline{X}$和 R 分别作为纵坐标，得到各组号对应的各点值并作图（见图 10-22）。

$\overline{X}$点图反映出加工过程中分布中心的位置及其变化趋势，以及系统性误差对加工过程的影响。

R 值代表了瞬时分散范围，所以，R 点图反映了加工过程中分散范围的变化趋势，即随机误差的影响。

一个稳定的工艺过程，它的分布中心和分散范围都应当保持不变或变化不大。因此，要对工艺过程进行控制，必须用$\overline{X}$和 R 两个点图。

（二）$\overline{X}$-R 控制图

在$\overline{X}$-R 点图上设置平行于横坐标的中心线及上、下控制线即可得到如图 10-23 所示的$\overline{X}$-R 控制图（该图中 $D_2=0$）。

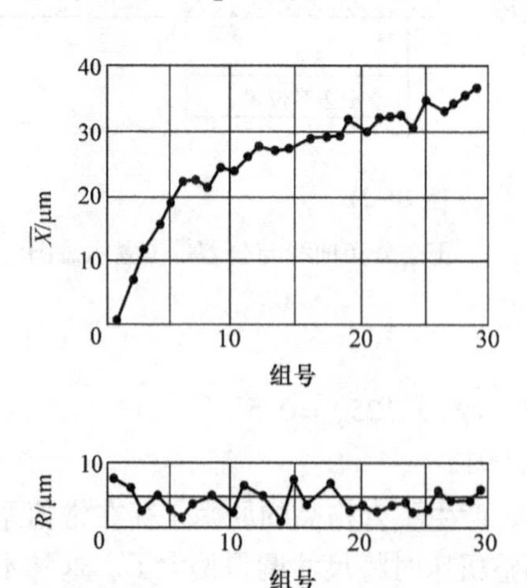

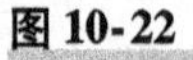

图 10-22

$\overline{X}$-R 点图

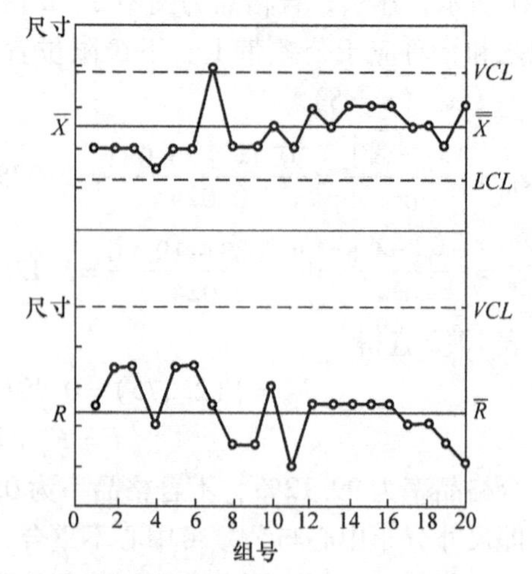

图 10-23

$\overline{X}$-R 控制图

中心线和上、下控制线的确定：

$\overline{X}$点图的中心线 $$\overline{\overline{X}}=\frac{1}{K}\sum_{i=1}^{K}\overline{X_i} \quad (10\text{-}28)$$

上控制线 $$VCL=\overline{\overline{X}}+AR \quad (10\text{-}29)$$

下控制线 $$LCL=\overline{\overline{X}}-AR \quad (10\text{-}30)$$

R 点图的中心线 $$\overline{R}=\frac{1}{K}\sum_{i=1}^{K}R_i \quad (10\text{-}31)$$

上控制线 $$VCL=D_1R \quad (10\text{-}32)$$

下控制线 $$LCL=D_2R \quad (10\text{-}33)$$

A、D_1、D_2 为系数，见表 10-3，K 为抽检的组数，m 为每组件数。

表 10-3　系数 A、D_1、D_2

m	2	3	4	5	6	7	8	9	10
A	1.8806	1.0231	0.7285	0.5768	0.4833	0.4193	0.3726	0.3367	0.3082
D_1	3.2681	2.5742	2.2819	2.1145	2.0039	1.9242	1.8641	1.8162	1.7768
D_2	0	0	0	0	0	0.0758	0.1359	0.1838	0.2232

（三）工艺过程稳定性的判别

工艺过程的稳定性是指工件的质量（精度）比较一致，没有什么波动。点子的波动有正常波动和异常波动，正常波动说明该工艺过程是稳定的；异常波动说明该工艺过程不稳定。一旦出现异常波动，就要及时寻找原因，消除产生不稳定的因素。正常波动与异常波动的标志见表 10-4。

表 10-4　正常波动与异常波动的标志

正常波动	异常波动
1. 没有点子超出控制线	1. 有点子超出控制线
	2. 点子密集在中心线附近
	3. 点子密集在控制线附近
2. 大部分点子在中心线上下波动，小部分在控制线附近	4. 连续 7 个以上点子 5. 连续 11 个点子中有 10 个以上 6. 连续 14 个点子中有 12 个以上 7. 连续 17 个点子中有 14 个以上 8. 连续 20 个点子中有 16 个以上 （4～8）出现在中心线上方或下方
3. 点子没有明显的规律性	9. 点子有上升或下降倾向
	10. 点子有周期性波动

思维导图

第十一章
机械加工表面质量

零件的机械加工质量不仅指加工精度，还包括表面质量。产品的工作性能，尤其是它的可靠性、耐久性等，在很大程度上取决于其主要零件的表面质量。深入探讨和研究机械加工表面质量，掌握机械加工中各种工艺因素对表面质量影响的规律，并应用这些规律控制加工过程，对提高表面质量，保证产品质量，具有重要意义。近年来，表面质量研究的内涵在不断扩大，并称之为表面完整性。

第一节　表面质量的含义及其对零件使用性能的影响

一、表面质量的含义

机械加工表面质量包含两个方面的内容。一方面是表面的几何特征：表面粗糙度、表面波度、表面加工纹理和伤痕；另一方面是表面层力学物理性能：表面层加工硬化、表面层金相组织的变化和表面层残余应力。

任何机械加工方法所获得的加工表面都不可能是绝对理想的表面，总存在着表面粗糙度、表面波度等微观几何形状误差。表面层的材料在加工时还会产生物理、力学性能变化，以及在某些情况下产生化学性质的变化。图 11-1 表示了加工表面层沿深度方向的变化情况，在最外层生成有氧化膜或其他化合物并吸收、渗进了气体、液体和固体的粒子，故称为吸附层。该层的总厚度通常不超过 8nm。压缩层即为塑性变形区，由切削力造成，厚度在几十至几百微米内，随加工方法的不同而不同，其上部纤维层是由被加工材料与刀具间的摩擦力造成的。切削热也会使表面层产生各种变化，如同淬火、回火一样会使材料产生相变及晶粒大小的变化等。因此，表面层的物理力学性能不同于基体，产生了如图 11-1b、c 所示的显微硬度和残余应力变化。

（一）加工表面的几何形状特征

1. 表面粗糙度

表面粗糙度是指加工表面的微观几何形状误差。如图 11-2 所示，波长与波高的比值（L_3/H_3）小于 50。

我国表面粗糙度的现行标准为 GB/T 131—2006。

标准规定，表面粗糙度等级用轮廓算术平均偏差 Ra 或轮廓最大高度 Rz 的数值大小表示，并推荐优先采用 Ra。

2. 表面波度

表面波度是指介于形状误差与表面粗糙度之间的周期性形状误差。它主要是由机械加工过程中工艺系统低频振动造成的，如图 11-2 所示，波长与波高的比值（L_2/H_2）一般为50～1000。

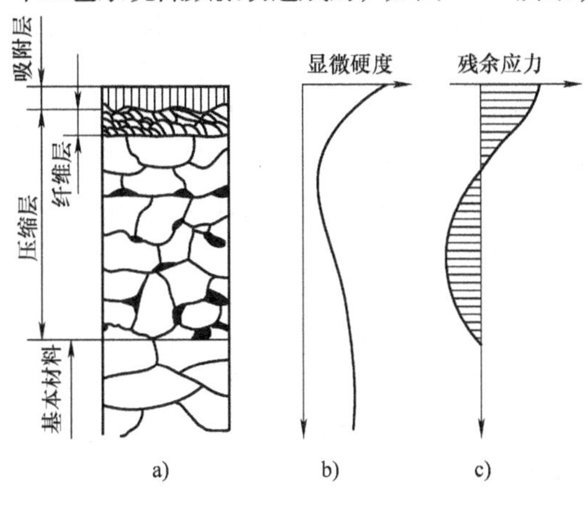

图 11-1
加工表面层沿深度方向的变化情况

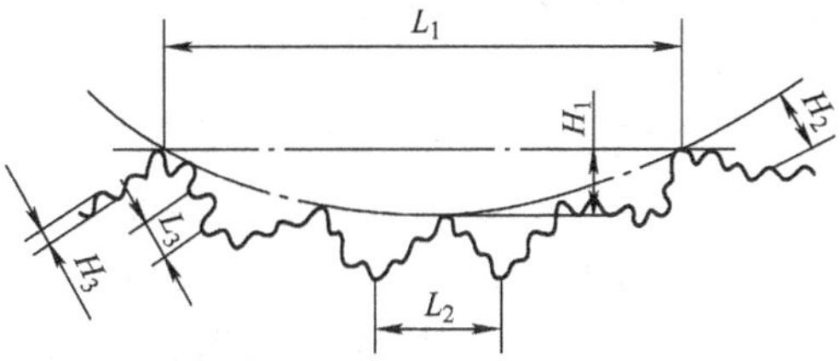

图 11-2
形状误差、表面粗糙度及表面波度的示意关系

表面波度有磨削表面波度标准 JB/T 9924—1999，尚无国家标准。

3. 纹理方向

纹理方向是指表面刀纹的方向，它取决于表面形成所采用的机械加工方法。一般来说，运动副或密封件要求纹理方向。

（二）加工表面的物理力学性能的变化

在机械加工过程中，由于力因素和热因素的综合作用，工件表面层金属的物理力学性能和化学性能将（或会）发生一定的变化。主要表现在以下几个方面：

1. 表面层因塑性变形引起的加工硬化（冷作硬化）

在机械加工过程中，工件表面层金属都会有一定程度的冷作硬化，使表面层金属的显微硬度有所提高。一般情况下，硬化层的深度可达 0.05～0.30mm；若采用滚压加工，硬化层的深度可达几毫米。

2. 表面层因力或热的作用产生的残余应力

由于切削力和切削热的综合作用，表面层金属晶格会发生不同程度的塑性变形或产生金相组织的变化，使表面层金属产生残余应力。

3. 表面层因切削热或磨削热的作用引起的金相组织变化

在机械加工过程中，切削热的作用会引起表面层金属的金相组织发生变化。在磨削淬火钢时，磨削热的影响会引起淬火钢的马氏体的分解，或出现回火组织等。

二、表面质量对零件使用性能的影响

（一）表面质量对零件耐磨性的影响

零件的耐磨性与摩擦副的材料、润滑条件及零件表面质量等因素有关。特别是在前两个条件已确定的前提下，零件表面质量就起着决定性的作用。

1. 表面粗糙度对零件耐磨性的影响

零件的磨损可分三个阶段，如图 11-3 所示。第一阶段是初期磨损阶段。由于零件表面存在微观不平度，当两个零件表面相互接触时，实际上有效接触面积只是名义接触面积的一小部分，表面越粗糙，有效接触面积就越小。在两个零件做相对运动时，开始阶段由于接触面小，压强大，在接触点的凸峰处会产生弹性变形、塑性变形及剪切等现象，这样凸峰很快就会被磨掉。被磨掉的金属微粒落在相配合的摩擦表面之间，会加速磨损过程。即使在有润滑液存在的情况下，也会因为接触点处压强过大，破坏油膜，形成干摩擦。因此，零件表面在初期磨损阶段的磨损速度很快，起始磨损量较大。随着磨损的发展，有效接触面积不断增大，压强逐渐减小，磨损将以较慢的速度进行，进入到磨损的第二阶段，即正常磨损阶段。在这之后，由于有效接触面积越来越大，零件间的金属分子亲和力增加，表面的机械咬合作用增大，使零件表面又产生急剧磨损，从而进入磨损的第三阶段，即快速磨损阶段，此时零件将不能使用。

表面粗糙度对零件表面磨损的影响很大。一般说来，表面粗糙度值越小，其耐磨性越好。但是表面粗糙度值太小，因接触面容易发生分子粘接，且润滑液不易储存，磨损反而增加。因此，就磨损而言，存在一个最优表面粗糙度值。表面粗糙度的最优数值与机器零件工况有关，图 11-4 给出了不同工况下表面粗糙度值与起始磨损量的关系曲线。

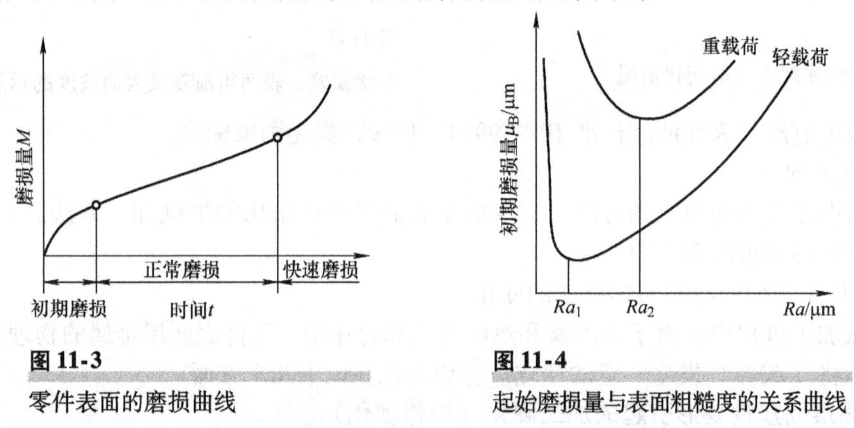

图 11-3 零件表面的磨损曲线

图 11-4 起始磨损量与表面粗糙度的关系曲线

在不同的工作条件下，零件的最优表面粗糙度值是不同的。重载荷情况下零件的最优表面粗糙度值要比轻载荷时大，$Ra_2 > Ra_1$。

就零件的耐磨性而言，最佳表面粗糙度 Ra 的值在 0.8～0.2μm 之间为宜。

2. 刀纹方向对零件耐磨性的影响

表面轮廓形状和表面加工纹理对零件的耐磨性也有影响。因为表面轮廓形状及表面加工纹理影响零件的实际接触面积与润滑情况。

轻载时，摩擦副表面纹理方向与相对运动方向一致时，磨损最小，如图 11-5 所示。

重载时，由于压强、分子亲和力和储存润滑油等因素的变化，摩擦副的两个表面纹理相垂直且运动方向平行于下表面的纹路方向时，磨损最小。而两个表面纹理方向均与运动方向一致时易发生咬合，故磨损量反而最大。

3. 冷作硬化对零件耐磨性的影响

表面层的加工硬化使零件的表面层硬度提高，从而表面层处的弹性和塑性变形减小，磨损减少，零件的耐磨性提高。但硬化过度时，会使零件的表面层金属变脆，磨损会加剧，甚至出现剥落现象。所以零件的表面硬化层必须控制在一定范围内，如图 11-6 所示。

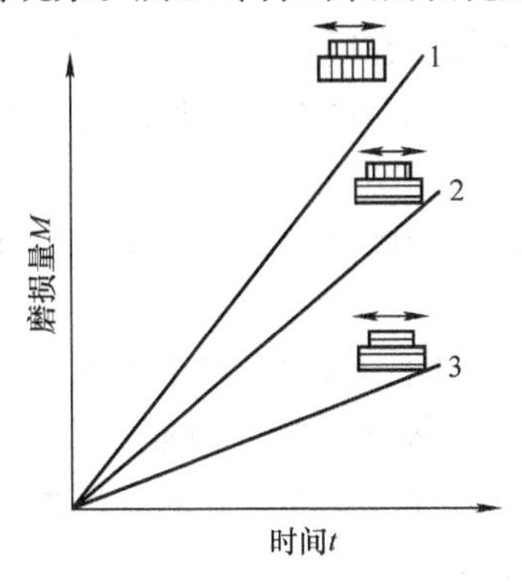

图 11-5

轻载刀纹方向对零件耐磨性的影响

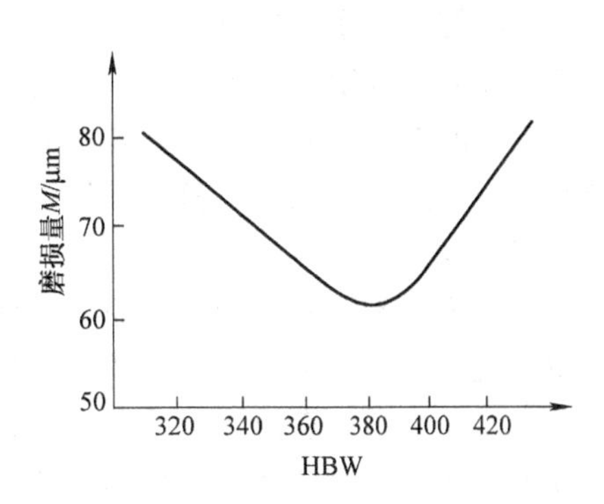

图 11-6

冷作硬化对零件耐磨性的影响

4. 残余应力对零件耐磨性的影响

表面为压应力时，耐磨性高。

（二）表面质量对零件抗疲劳性的影响

1. 表面粗糙度对零件抗疲劳性的影响

零件在交变载荷的作用下，其表面微观不平的凹谷处和表面层的缺陷处容易引起应力集中而产生疲劳裂纹，造成零件的疲劳破坏。试验表明，减小表面粗糙度值可以使零件的疲劳强度有所提高。因此，对于一些重要零件表面，如连杆、曲轴等，应进行光整加工，以减小零件的表面粗糙度值，提高其抗疲劳性，如图 11-7 所示。

2. 残余应力对抗疲劳性的影响

表面层的残余应力对零件抗疲劳性也有很大影响，当表面层为残余压应力时，能延缓疲劳裂纹的扩展，提高零件的抗疲劳性；当表面层为残余拉应力时，容易使零件表面产生裂纹而降低其抗疲劳性。

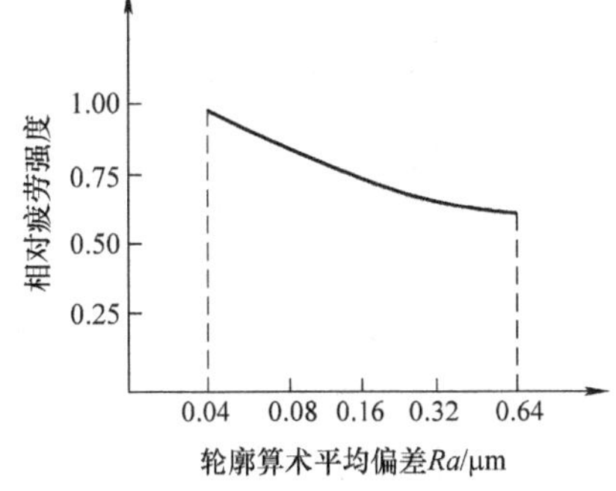

图 11-7

表面粗糙度对零件抗疲劳性的影响

3. 冷作硬化对抗疲劳性的影响

表面加工硬化对零件的抗疲劳性影响也很大。表面层的加工硬化可以在零件表面形成一个冷硬层，因而能阻碍表面层疲劳裂纹的出现，从而使零件抗疲劳性提高。但零件表面层冷硬程度过大，反而易于产生裂纹，故零件的冷硬程度与硬化深度应控制在一定范围之内。

（三）表面质量对零件耐腐蚀性的影响

零件的耐腐蚀性在很大程度上取决于零件的表面粗糙度。零件表面越粗糙，越容易积聚腐蚀性物质，凹谷越深，渗透与腐蚀作用越强烈。因此，减小零件表面粗糙度值，可以提高零件的耐腐蚀性。

表面残余应力对零件的耐腐蚀性也有较大影响。零件表面残余压应力使零件表面紧密，腐蚀性物质不易进入，可增强零件的耐腐蚀性；而表面残余拉应力则降低零件的耐腐蚀性。

（四）表面质量对零件配合精度的影响

相配零件间的配合关系是用过盈量或间隙值来表示的。在间隙配合中，如果零件的配合表面粗糙，则会使配合件很快磨损而增大配合间隙，改变配合性质，降低配合精度；在过盈配合中，如果零件的配合表面粗糙，则装配后配合表面的凸峰被挤平，配合件间的有效过盈量减小，降低配合件间连接强度，影响了配合的可靠性。因此对有配合要求的表面，必须规定较小的表面粗糙度值。

零件的表面质量对零件的使用性能还有其他方面的影响。例如，对于液压缸和滑阀，较大的表面粗糙度值会影响密封性；对于滑动零件，恰当的表面粗糙度值能提高运动灵活性，减少发热和功率损失；零件表面层的残余拉应力、压应力都会使加工好的零件因应力重新分布而在使用过程中逐渐变形，从而影响其尺寸和形状精度。

三、表面完整性的概念

近年来，随着科学技术的飞速发展，对产品的使用性能要求越来越高，一些重要零件需在高温、高速、高压等条件下工作，表面层的任何缺陷不仅直接影响零件的工作性能，而且还会引起应力集中、应力腐蚀等现象，加速零件的失效。因此，为适应科学技术发展的客观需要，在进一步深入研究表面质量的领域里提出了表面完整性的概念。其内容主要有：

（1）表面形貌　它主要用来描述加工后零件表面的几何特征，包括表面粗糙度、表面波度和纹理等。

（2）表面缺陷　它是指加工表面上出现的宏观裂纹、伤痕和腐蚀现象等，对零件的使用有很大影响。

（3）微观组织与表面层的冶金化学特性　它主要包括：

1）微观裂纹。

2）微观组织变化，包括晶粒大小和形状、析出物和再结晶等的变化。

3）晶间腐蚀和化学成分的优先溶解。

4）对氢、氧等元素的化学吸收作用所引起的脆性等。

（4）表面层物理力学性能　它主要包括表面层硬化深度和程度，表面层残余应力的大小、方向及分布情况等。

（5）表面层其他工程技术特性　这种特性主要有摩擦特性、光谱反射比、导电性和导磁性等。

由此可见，表面质量从表面完整性的角度来分析，更强调了表面层内的特性，对现代科学技术的发展有重大意义。

总之，提高加工表面质量，对保证零件的使用性能、提高零件的寿命是很重要的。

第二节　影响机械加工表面质量的因素

一、切削加工中影响表面粗糙度的因素

影响表面粗糙度的因素主要有几何因素和物理因素。

1. 几何因素

$$R_{\max} = \frac{f}{\cot\kappa_{\mathrm{r}} + \cot\kappa'_{\mathrm{r}}}$$

式中　f——进给量；

κ_{r}——主偏角；

κ'_{r}——副偏角。

考虑刀尖圆弧角：

$$R_{\max} = H = \frac{f^2}{8r_{\varepsilon}}$$

式中　f——进给量；

r_{ε}——刀尖圆弧半径。

如图 11-8 和图 11-9 所示，用刀尖圆弧半径 $r_{\varepsilon}=0$ 的车刀纵车外圆时，每完成一单位进给量f后，留在已加工表面上的残留面积的高度 $R_{\max}$即为理论表面粗糙度的轮廓最大高度 Rz。

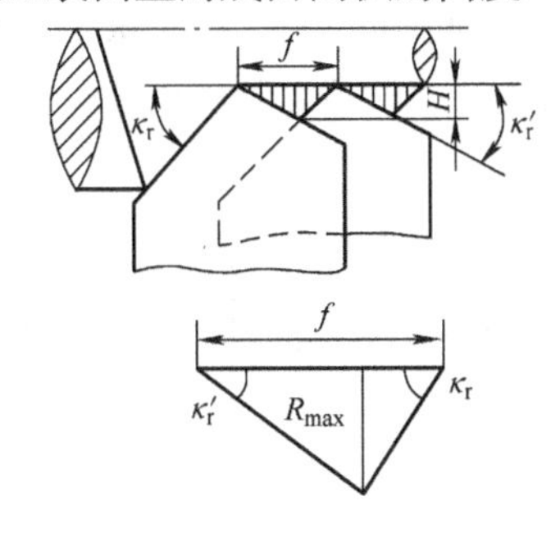

图 11-8

影响表面粗糙度的几何因素（一）

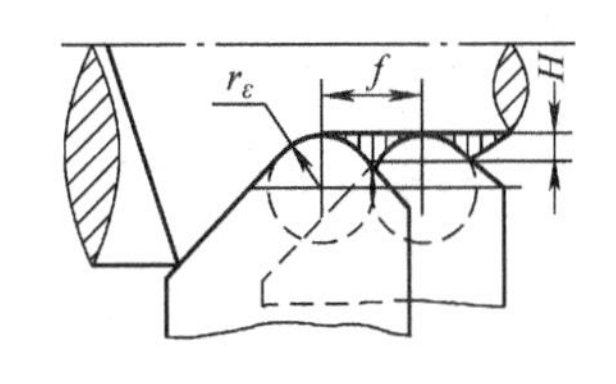

图 11-9

影响表面粗糙度的几何因素（二）

切削加工后表面的实际轮廓形状，一般都与纯几何因素所形成的理论轮廓有较大的差别，如图 11-10 所示。这是由于切削加工中发生塑性变形的缘故。

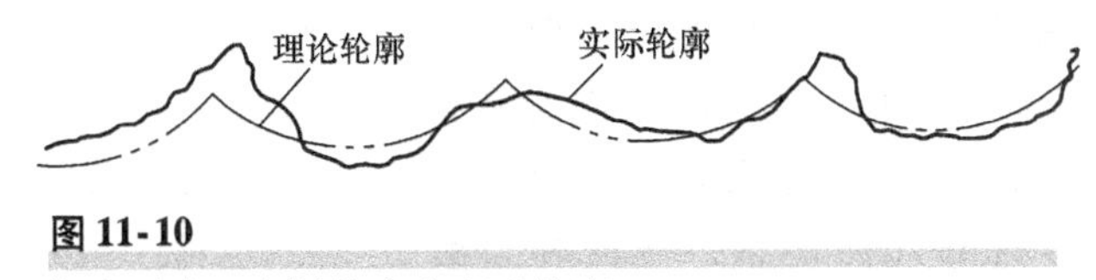

图 11-10

加工后表面实际轮廓和理论轮廓

生产中，在使用的机床精度高且材料的可加工性好、选用合理的刀具几何形状和切削用量、刀具刃磨质量高、工艺系统刚度足够的情况下，加工后实际表面粗糙度接近理论表面粗糙度。这样减小表面粗糙度数值、提高加工表面质量的措施主要是减小残留面积的高度 Rz。

2. 物理因素

多数情况下是在已加工表面的残留面积上叠加着一些不规则的金属生成物、黏附物或刻痕。它们形成的原因有积屑瘤、鳞刺、振动、摩擦、切削刃不平整、切屑划伤等。

（1）积屑瘤的影响　当金属切削刀具以一定速度切削弹塑性材料而形成带状切屑时，在前刀面上容易形成硬度很高的积屑瘤。它可以代替前刀面和切削刃进行切削，使刀具的几何角度、背吃刀量发生变化。积屑瘤由小变大后，就会在加工表面上切出沟槽。当切屑与积屑瘤之间的摩擦力大于积屑瘤与前刀面的冷焊强度，或受到冲击、振动时，积屑瘤就会脱落，以后又逐渐会生成新的积屑瘤。因此，这种积屑瘤的生成、长大和脱落将严重影响工件的表面粗糙度。

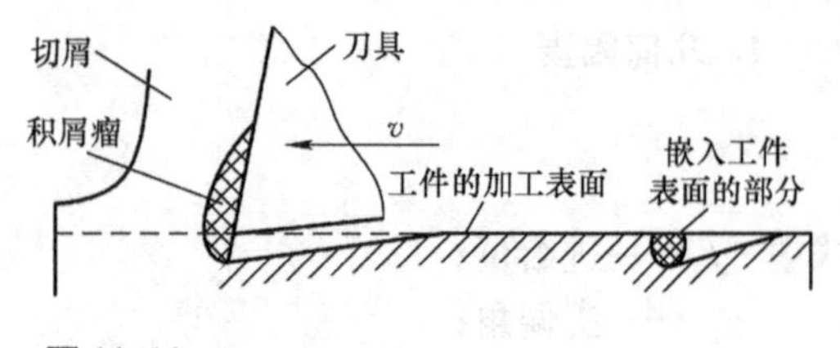

图 11-11

积屑瘤对工件表面质量的影响

同时，部分积屑瘤碎屑嵌在工件表面上，会在工件表面上形成硬质点，如图 11-11 所示。

（2）鳞刺的影响　在切削过程中，切屑与前刀面产生严重摩擦而出现了粘结现象，工件在堆积的粘结层挤压下，表面层金属塑性变形加剧，致使切削刃前方的加工表面产生导裂，当切削力超过粘结力时，切屑流出并被切离，而导裂层残留在已加工表面上形成鳞片状毛刺，也称为鳞刺。鳞刺的出现，使已加工表面更为粗糙不平。

在较低的切削速度下，用高速钢、硬质合金或陶瓷刀具切削一些常用的弹塑性材料，如低碳钢、中碳钢、不锈钢、铝合金、纯铜等，在车、刨、插、钻、拉、滚齿、车螺纹、板牙套螺纹等工序中，都有可能出现鳞刺。鳞刺的形成分为四个阶段，如图11-12a、b、c、d 所示。

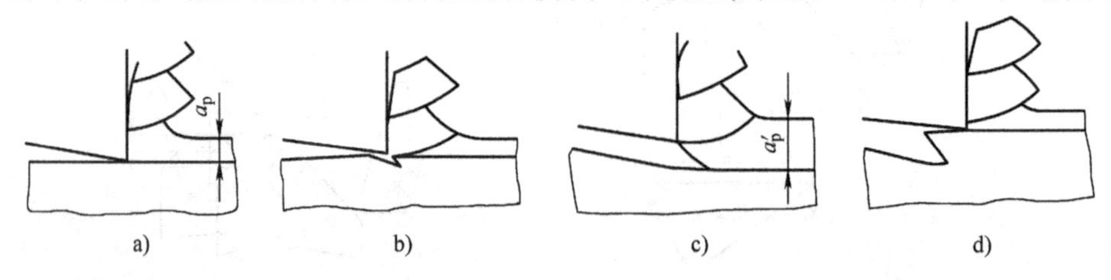

图 11-12

鳞刺形成的四个阶段

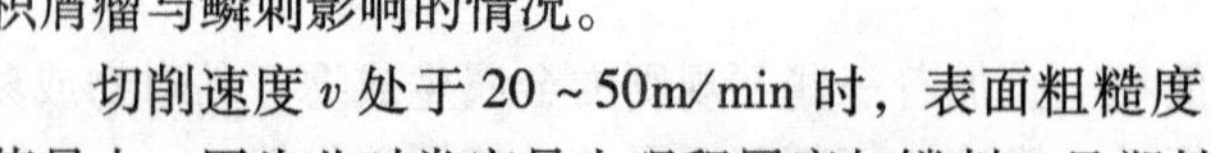
a）抹拭阶段　b）导裂阶段　c）层积阶段　d）刮成阶段

（3）振动的影响　切削加工时，工件与刀具之间经常发生振动，使工件表面粗糙度值增大。

从物理因素看，要降低表面粗糙度值主要应采取措施减少加工时的塑性变形，避免产生积屑瘤和鳞刺。对此起主要作用的影响因素有切削速度、被加工材料的性质及刀具的几何形状、材料和刃磨质量。

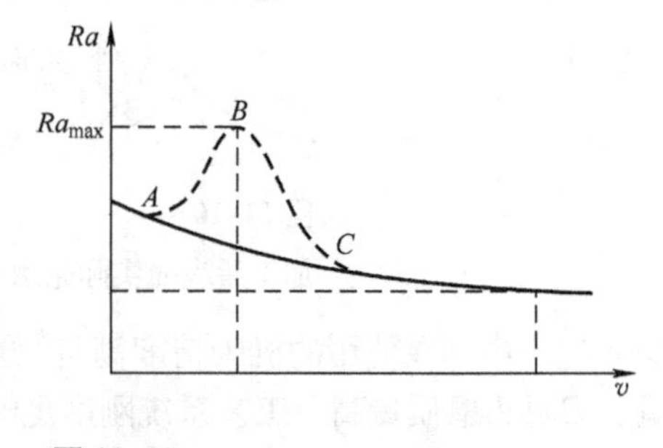

图 11-13

加工弹塑性材料时的切削速度对表面粗糙度的影响

（1）切削速度的影响　图 11-13 描述了加工弹塑性材料时不同的切削速度对表面粗糙度的影响，实线表示只受塑性变形影响的情况，虚线表示只受积屑瘤与鳞刺影响的情况。

切削速度 v 处于 20～50m/min 时，表面粗糙度值最大，因为此时常容易出现积屑瘤与鳞刺，且塑性变形较大，使加工表面质量严重恶化；当切削速度 v 超过 100m/min 时，表面粗糙度值下降，并趋于稳定。

对于脆性材料，加工表面粗糙度主要是由于脆性挤裂碎裂而成，与切削速度关系较小。切削脆性材料比切削弹塑性材料容易达到表面粗糙度的要求。

在实际切削时，选择低速宽刀精切和高速精切，往往可以得到较小的表面粗糙度值。

(2) 工件材料性质的影响　一般韧性较大的弹塑性材料，加工后表面粗糙度值较大，而脆性材料加工后易得到较小的表面粗糙度值。对于同样的材料，其晶粒组织越粗大，加工表面粗糙度值越大。

(3) 刀具几何形状、材料、刃磨质量的影响　适当增大前角，刀具易于切入工件，塑性变形小，有利于减小表面粗糙度值。前角太大，切削刃有切入工件的倾向，表面粗糙度值将会增大。负前角时，表面粗糙度值也会增大。

当前角一定时，后角越大，切削刃钝圆半径越小，切削刃越锋利；同时，增大后角还能减小后刀面与已加工表面间的摩擦和挤压。这样都有利于减小加工表面粗糙度值。但后角太大时，积屑瘤易于流到后刀面；同时，后角大容易产生切削振动，因而使加工表面粗糙度值反倒增大。

主偏角 κ_r 和副偏角 κ_r' 减小，可减小加工表面粗糙度值。

刀具材料中热硬性高的材料耐磨性好，易于保持刃口的锋利。摩擦因数小的材料有利于排屑。与被加工材料亲和力小的材料不易产生积屑瘤和鳞刺。因此，硬质合金刀具优于高速钢刀具，高速钢刀具优于碳素工具钢刀具，而金刚石刀具、立方氮化硼刀具又优于硬质合金刀具。

刀具的刃磨质量对工件的表面粗糙度影响较大。例如金刚石刀具质地细密，平刃性极高，切削刃钝圆半径 r_n 可达 0.01μm（用离子束加工），故可进行精密切削及超精密切削。硬质合金刀具的刃磨质量不如高速钢刀具，故精加工时常用高速钢刀具。

(4) 冷却、润滑的影响　切削液的冷却和润滑作用能减小切削过程中的界面摩擦，降低切削区温度，使切削区金属表面的塑性变形程度下降，抑制鳞刺和积屑瘤的产生，因此可大大减小加工表面粗糙度值。

二、磨削加工中影响表面粗糙度的因素

磨削加工时磨粒很钝，常具有很大的负前角，会使加工表面产生严重的塑性变形，形成沟槽和隆起，增大了表面粗糙度值，如图 11-14 所示。因此，砂轮的粒度、修整、速度和磨削切深、工件速度等都会对磨削时的表面粗糙度造成影响。

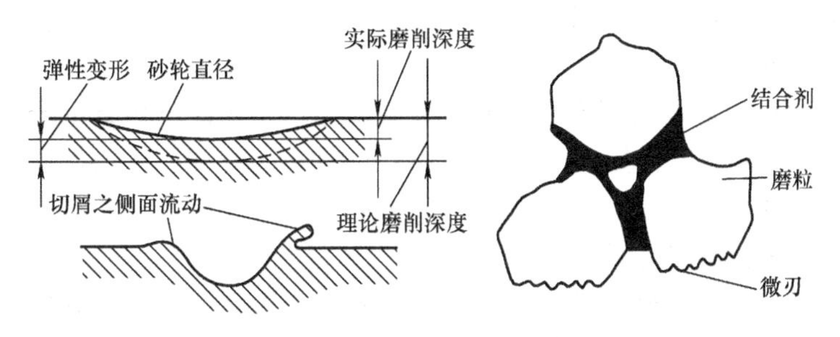

图 11-14
磨粒钝对加工表面粗糙度的影响

1. 磨削用量

(1) 砂轮速度 v_s　提高 v_s 可以增加在工件单位面积上的刻痕，使工件表面塑性变形和沟槽两侧塑性隆起残留量小，磨削表面粗糙度值可以显著减小，如图 11-15 所示。

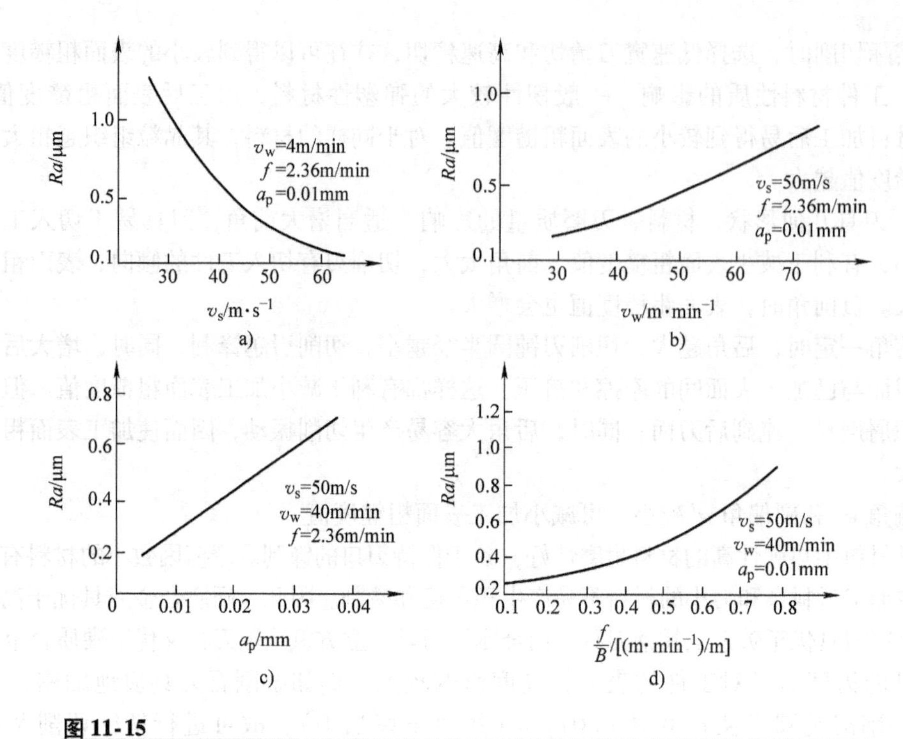

图 11-15

磨削用量对表面粗糙度的影响

（2）工件速度 v_w　在其他条件不变的情况下，v_w 提高，磨粒单位时间内在工件表面上的刻痕数减少，因而将增大磨削表面粗糙度值。

（3）磨削深度 a_p　a_p增加，磨削过程中磨削力及磨削温度都增加，磨削表面塑性变形程度增大，从而增大表面粗糙度值。为提高磨削效率，一般开始采用较大的 a_p，后期采用较小的 a_p或进行无进给磨削（光磨），以使磨削表面粗糙度值减小。

2. 砂轮的特性

（1）粒度　砂轮粒度越细，则砂轮单位面积上磨粒数越多，工件表面上刻痕密而细，则表面粗糙度值越小。粒度过细时，砂轮易堵塞，切削性能下降，表面粗糙度值反而会增大，同时还会引起磨削烧伤。

（2）砂轮的硬度　砂轮的硬度是指磨粒受磨削力后从砂轮上脱落的难易程度。砂轮太硬，磨粒钝化后仍不易脱落，使工件表面受到强烈摩擦和挤压作用，塑性变形程度增加，表面粗糙度值增大或使磨削表面产生烧伤。砂轮太软，磨粒易脱落，常会发生磨损不均匀现象，从而使磨削表面粗糙度值增大。

（3）砂轮的修整　修整砂轮是改善磨削表面粗糙度的重要因素。砂轮的修整质量与所用修整工具、修整砂轮的纵向进给量等有密切关系。砂轮的修整是用金刚石除去砂轮外层已钝化的磨粒，使磨粒切削刃锋利，降低磨削表面的表面粗糙度值。另外，修整砂轮的纵向进给量越小，修出的砂轮上的切削微刃越多，等高性越好，从而可获得较小的表面粗糙度值。砂轮修整得越好，磨出的工件的表面粗糙度值越小。

3. 冷却

采用切削液带走磨削区热量可以避免烧伤。由于高速旋转的砂轮表面会产生强大气流层，实际上没有多少切削液能进入磨削区 AB。如图 11-16 所示，切削液不易进入磨削区 AB，且大量倾注在已经离开磨削区的加工面上，这时烧伤早已发生。常见的冷却方法有在砂轮上安装带有空气挡板的切削液喷嘴，如图 11-17 所示。

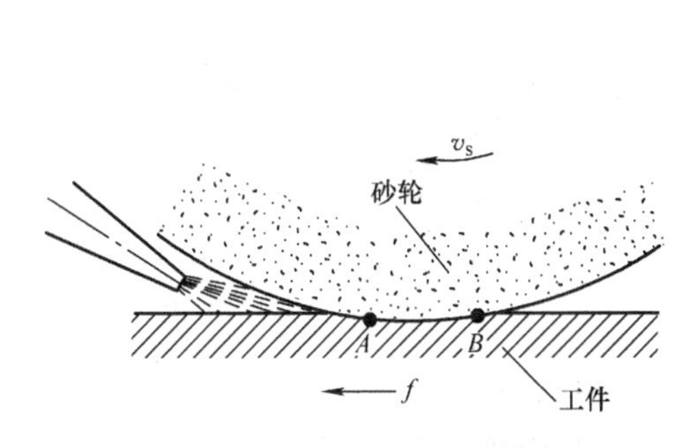

图 11-16

一般冷却方法

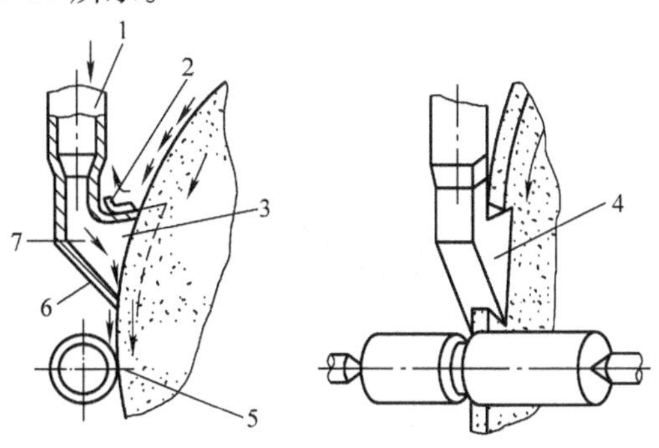

图 11-17

切削液喷嘴

1—液流导管　2—可调气流挡板　3—空腔区　4—喷嘴罩　5—磨削区　6—排液区　7—液嘴

三、影响表面层物理、力学性能变化的因素

1. 表面层的加工硬化

机械加工中，工件表面层金属受切削力的作用，产生塑性变形，晶格扭曲，晶粒间产生滑移剪切，晶粒被拉长、纤维化甚至碎化，引起表面层的强度和硬度增加，塑性降低，物理性能（如密度、导电性、导热性等）也有所变化，这种现象称为加工硬化，又称为冷作硬化或强化。

另外，机械加工时产生的切削热提高了工件表面层金属的温度，当温度高到一定程度时，已强化的金属会发生回复现象，使金属失去加工硬化中所得到的物理力学性能，这种现象称为软化。回复作用的速度大小取决于温度的高低、温度持续的时间及硬化程度的大小。机械加工时表面层金属最后的加工硬化，实际上是硬化作用与软化作用综合造成的。

加工硬化的评定指标有三项：

1）表面层的显微硬度 HV_0。

2）硬化层深度 h。

3）硬化程度 N，有

$$N=\frac{HV-HV_0}{HV_0}\times 100\%$$

式中　HV_0——工件表面层的显微硬度，如图 11-18 所示。

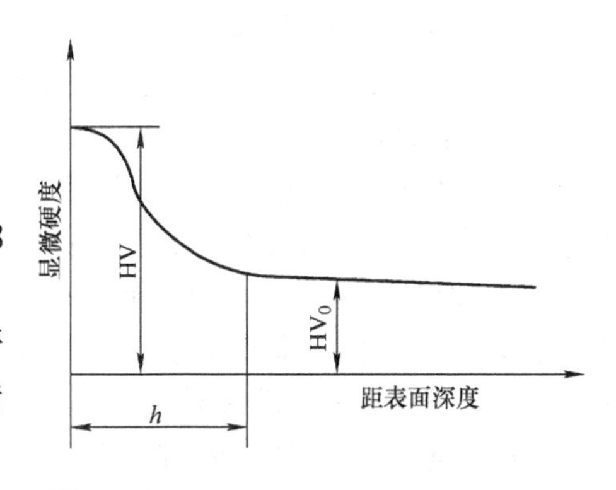

图 11-18

切削加工后表面层的显微硬度

切削力越大，塑性变形越大，硬化程度越严重，硬化层深度也越大。影响加工硬化的因素如下：

1）刀具。刀具的刃口圆角和后刀面的磨损量越大，冷作硬化程度也越大，如图 11-19 所示。

2）切削用量。进给量f、背吃刀量a_p增加，都会起增大切削力的作用，使加工硬化严重。

当变形速度很快（即切削速度很高）时，塑性变形可能跟不上，这样塑性变形将不充分，因此硬化层深度和硬化程度都减小，如图11-20所示。

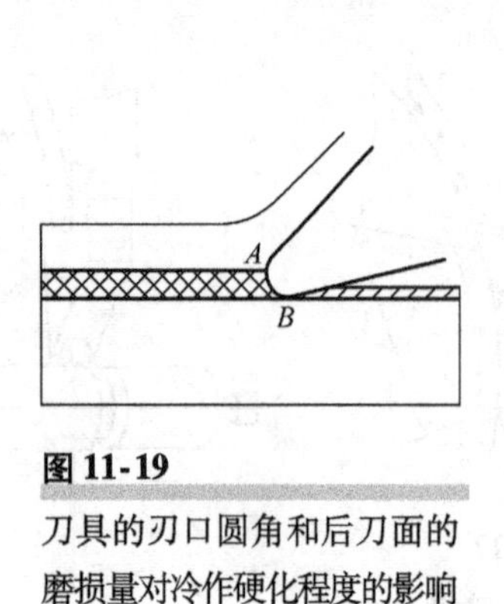

图11-19 刀具的刃口圆角和后刀面的磨损量对冷作硬化程度的影响

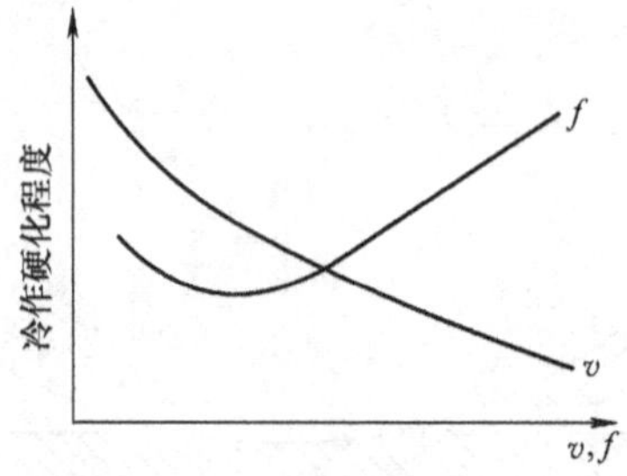

图11-20 切削速度与进给量对冷作硬化程度的影响

3）工件材料。工件材料的硬度越低，塑性越大时，冷作硬化程度也越严重。

2. 表面层的金相变化与磨削烧伤

在机械加工中，由于切削热的作用，在工件的加工区及其邻近区域产生了一定的温升。当温度超过金相组织变化的临界点时，金相组织就会发生变化。对于一般的切削加工来说，温度一般不会上升到如此高的程度。但在磨削加工时，磨粒的切削、刻划和滑擦作用，以及大多数磨粒的负前角切削和很高的磨削速度，会使得加工表面层有很高的温度，当温升达到相变临界点时，表层金属就会发生金相组织变化，从而使表面层强度和硬度降低，产生残余应力，甚至出现微观裂纹。这种现象称为磨削烧伤。

（1）烧伤的形式

1）退火烧伤。在磨削时，如果工件表面层温度超过相变临界温度Ac_3，则马氏体转变为奥氏体，如果此时无切削液，表面层金属空冷冷却比较缓慢而形成退火组织，硬度和强度均大幅度下降。这种现象称为退火烧伤。工件干磨时易发生这种烧伤。

2）回火烧伤。磨削时，工件表面层温度未达到相变温度Ac_3（一般中碳钢为720℃），但超过马氏体的转变温度（一般中碳钢为300℃），这时马氏体组织将转变为硬度较低的回火托氏体或索氏体。这种现象称为回火烧伤。

3）淬火烧伤。磨削时，如果工件表面层温度超过相变临界温度Ac_3时，则马氏体转变为奥氏体，若此时有充分的切削液，工件最外层金属会出现二次淬火马氏体组织。其硬度比原来的回火马氏体高，但很薄，只有几微米厚。其下为硬度较低的回火索氏体和托氏体。由于二次淬火层极强，表面层总的硬度是降低的。这种现象称为淬火烧伤。

图11-21中所示为高碳淬火钢在不同磨削条件下出现的三种硬度分布情况：当磨削深度为10μm时，表面由于温度效应，回火马氏体有弱化现象，与塑性变形产生的冷作硬化现象综合产生了比基体硬度低的部分，表面层与基体材料交界处（以下简称里层）由于磨削中的冷作硬化起了主要作用产生了比基体硬度高的部分；当磨削深度为20～30μm时，冷作硬化的影响减小，磨削温度起了主要作用，但磨削温度低于相变温度，产生表面层中比基体硬度低的回火组织；当磨削深度增大至50μm时，磨削区最高温度超过了相变温度，表面层由

于急冷效果产生二次淬火组织，硬度高于基体，里层冷却较慢，产生硬度低的回火组织，再往深处，硬度又逐渐上升直至未受磨削热影响的基体组织。

（2）影响磨削烧伤的因素　磨削烧伤与温度有十分密切的关系，因此一切影响温度的因素都在一定程度上对烧伤有影响，所以研究磨削烧伤问题可以从磨削时的温度入手。

1）磨削用量。当磨削深度增大时，工件表面及表面下不同深度的温度都将升高，容易造成烧伤，故磨削深度不能选得太大。在切削用量中，以磨削深度影响最大。

当工件速度 v_w 增大时，磨削区表面温度会增高，但此时热源作用时间减少，因而可减轻烧伤。但提高工件速度 v_w 会导致其表面粗糙度值变大。为弥补此不足，可提高砂轮速度 v_s。实践证明，同时提高工件速度和砂轮速度可减轻工件表面烧伤，如图11-22所示。

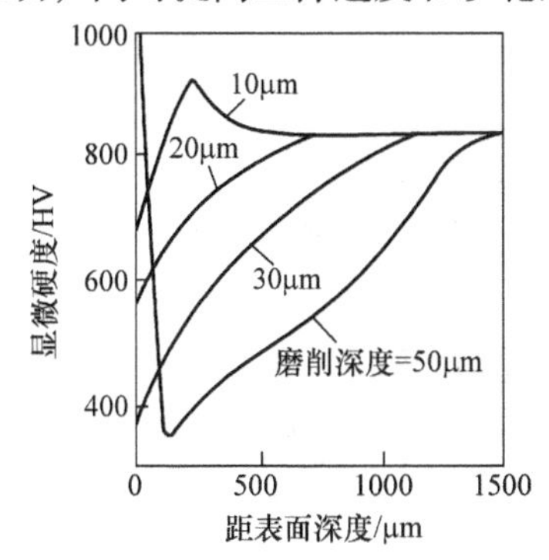

图 11-21
磨削加工表面硬度分布

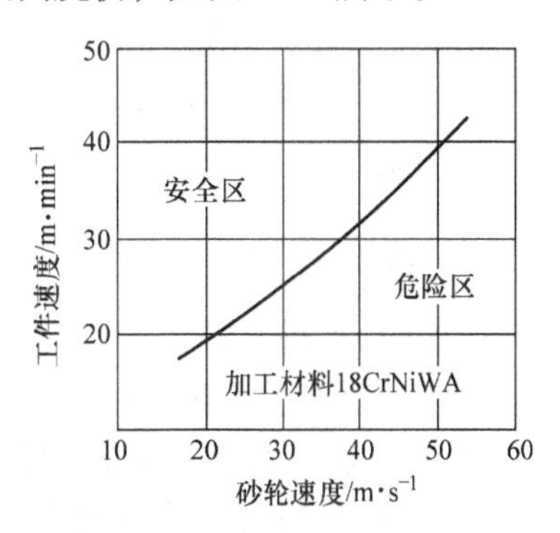

图 11-22
工件速度和砂轮速度的无烧伤临界曲线

2）工件材料。工件材料对磨削区温度的影响主要取决于它的硬度、强度、韧性和热导率。工件材料硬度高、强度高、韧性和密度大都会使磨削区温度升高，因而容易产生磨削烧伤。

3）砂轮特性。磨削时，如采用金刚石或人造金刚石及立方氮化硼砂轮，磨削性能会大大提高。

此外采用粗粒度砂轮、较软的砂轮都可提高砂轮自锐性，同时砂轮不易被切屑堵塞，因此都可避免磨削烧伤发生。

4）冷却。用切削液带走磨削区的热量可以避免烧伤。

3. 加工表面层的残余应力

机械加工中工件表面层组织发生变化时，在表面层及其与基体材料的交界处就会产生互相平衡的弹性应力。这种应力即为表面层的残余应力。表面层残余应力的产生，有以下三种原因：

（1）冷塑性变形　在切削力的作用下，已加工表面因强烈的塑性变形，表面层金属体积发生变化，此时里层金属受到切削力的影响，处于弹性变形的状态。切削力去除后，里层金属趋向复原，但受到已产生塑性变形的表面层的限制，回复不到原状，因而在表面层产生残余应力。一般说来，表面层在切削时受刀具后刀面的挤压和摩擦影响较大，使表面层产生伸长塑性变形，表面积趋向增大，但受到里层的限制，产生了残余压应力，里层则产生残余拉应力与其相平衡。

（2）热塑性变形　表面层在切削热的作用下产生热膨胀，此时基体温度较低，因此表面层热膨胀受基体的限制产生热压缩应力。当表面层的温度超过材料的弹性变形温度范围时，就会产生热塑性变形（在压应力作用下材料相对缩短）。当切削过程结束，温度下降至与基体温度一致时，因为表面层已产生热塑性变形，但受到基体的限制产生了残余拉应力，里层则产生了压应力。

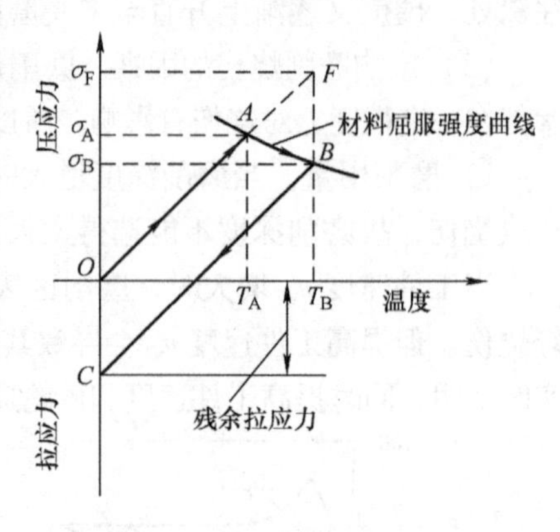

图 11-23
热塑性变形产生的残余应力

可用图 11-23 来进一步分析：当切削区温度升高时，表面层受热膨胀产生热压缩应力，该应力随着温度的升高而线性地增大（沿 OA），其值大致为

$$\sigma_{热} = \alpha E \Delta t$$

式中　α——线膨胀系数；

E——弹性模量；

Δt——温升（℃）。

当切削温度继续升高至 T_A 时，热应力达到材料的屈服强度值（A 点处），温度再升高（$T_A \to T_B$），表面层产生了热塑性变形，热应力值将停留在材料不同温度时的屈服强度值处（沿 AB），切削完毕，表面层温度下降，热应力按原斜率下降（沿 BC），直到与基体温度一致时，表面层产生拉应力，其值大致为

$$\sigma_{残} = OC = BF = \sigma_F - \sigma_B$$

式中　σ_F——若不产生热塑性变形时，表面层在温度 T_B 时的热应力值；

σ_B——材料在温度 T_B 时的屈服强度。

（3）局部金相组织变化　切削或磨削过程中，若工件被加工表面温度高于材料的相变温度，则会引起表面层的金相组织变化。

不同的金相组织有不同的密度，如马氏体密度 $\rho_M = 7.75 g/cm^3$，奥氏体密度 $\rho_A = 7.96 g/cm^3$，珠光体密度 $\rho_P = 7.78 g/cm^3$，铁素体密度 $\rho_F = 7.88 g/cm^3$。当金相组织变化时，由于密度不同，体积会发生变化。如果表面层金属膨胀则残余应力为压应力（－），反之，如果表面层金属体积缩小则产生残余拉应力（＋）。

实际机械加工后的表面层残余应力是上述三方面原因的综合结果。在一定条件下，其中某一种或两种原因可能起到主导作用。例如：在切削加工中，如果切削热不高，表面层中没有产生热塑性变形，而是以冷塑性变形为主，此时表面层中将产生残余压应力。切削热较高以致在表面层中产生热塑性变形时，由热塑性变形产生的拉应力将与冷塑性变形产生的压应力相互抵消掉一部分。当冷塑性变形占主导地位时，表面层产生残余压应力；当热塑性变形占主导地位时，表面层产生残余拉应力。磨削时一般因磨削热较高，常以相变和热塑性变形产生的拉应力为主，所以表面层常有残余拉应力。

第三节　提高机械加工表面质量的方法

提高表面质量的加工方法可分为两类，一是着重减小加工表面的表面粗糙度值，二是着重改善表面层的物理、力学性能。

一、采用光整加工方法降低表面粗糙度值

研磨是一种既简单又可靠的精密加工方法，它是利用研具和工件的相对运动，在研磨剂的作用下对工件进行光整加工和精密加工，如图 11-24 和图 11-25 所示。研磨可以达到很高的尺寸精度（0.1 ~0.3μm）和很低的表面粗糙度值（*Ra* 为 0.04 ~0.01μm）。

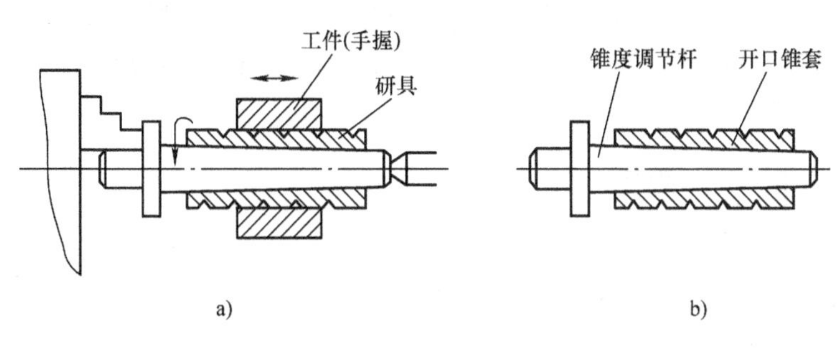

图 11-24

研磨内圆及其研具

a）研磨内圆的方法　b）内圆研具

超精加工也称为超精研，是采用细粒度的磨条在一定的压力和磨削速率下做往复运动，对工件表面进行光整加工。超精加工时，表面粗糙度 *Ra* 值可达 0.04μm 以下，如图 11-26 所示。珩磨是一种广泛用于大批大量和成批生产中孔的加工方法。珩磨能获得 IT4 ~ IT6 级的尺寸精度，圆度和圆柱度误差达 0.003 ~0.005μm，表面粗糙度 *Ra* 值可达 0.4 ~0.02μm，如图 11-27 所示。

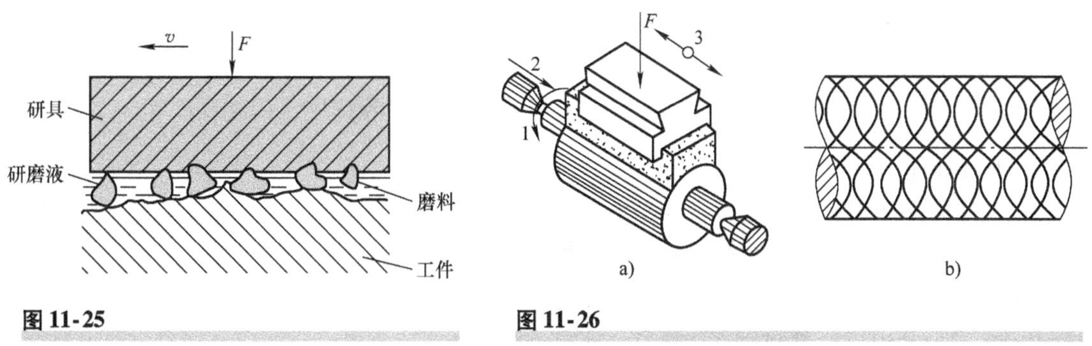

图 11-25

研磨原理

图 11-26

超精加工时表面层应力分布

a）超精加工　b）应力分布

二、采用表面强化工艺改善物理力学性能

表面强化工艺是指通过冷压加工方法使表面层金属发生冷态塑性变形，以降低表面粗糙度值，提高表面硬度，并在表面层产生残余压应力的加工过程。这种方法的工艺简单、成本低廉，在生产中应用十分广泛。用得最多的是滚压加工和喷丸强化，也有采用液体磨料强化等加工方法。

1. 滚压加工

滚压加工是利用经过淬硬和精细研磨过的滚轮或滚珠，在常温状态下对金属表面进行挤

压，将表层的凸起部分向下压，凹下部分往上挤（图11-28），逐渐将前工序留下的波峰压平，从而修正工件表面的微观几何形状。此外，它还能使工件表面金属组织细化，形成压缩残余应力。

滚压加工可降低表面粗糙度值，使 Ra 值从1.25～5μm减小到0.16～0.63μm，表面硬度一般可提高20%～40%，表层金属的疲劳强度一般可提高30%～50%。

滚压可以加工外圆、孔、平面及成形表面，通常在卧式车床、转塔车床或自动车床上应用。图11-29是弹性外圆滚压工具，工具上的弹簧主要用于控制压力的大小。

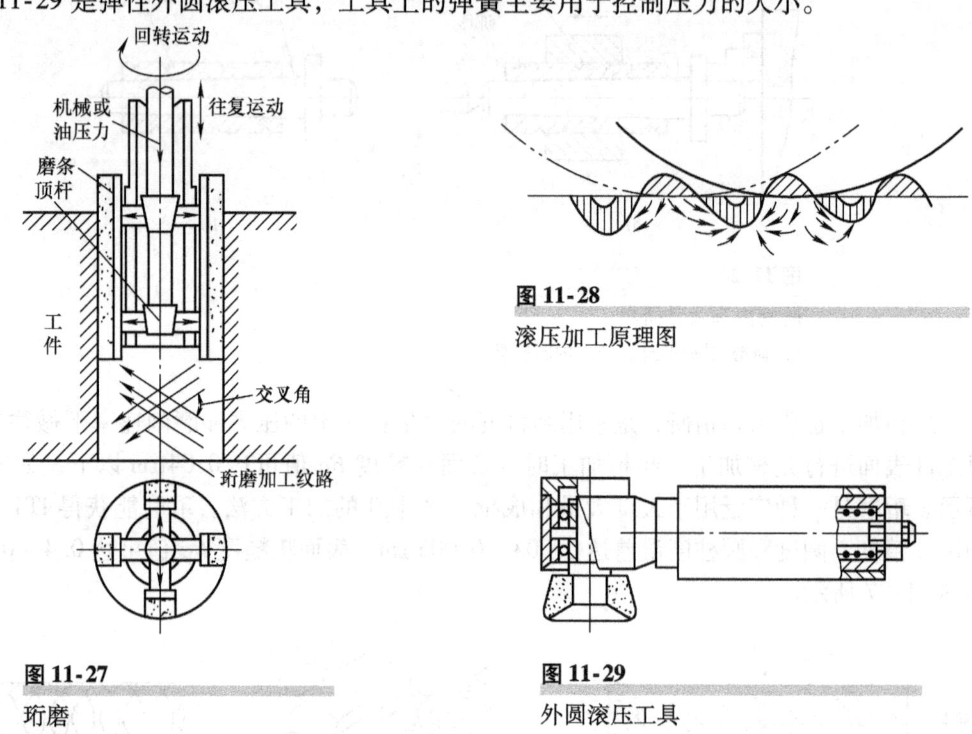

图11-28
滚压加工原理图

图11-27
珩磨

图11-29
外圆滚压工具

2. 喷丸强化

喷丸强化是利用大量快速运动的珠丸打击被加工工件表面，使工件表面产生冷硬层和压缩残余应力，可显著提高零件的疲劳强度和使用寿命。

喷丸强化主要用于强化形状复杂或不宜用其他方法强化的工件，例如板弹簧、螺旋弹簧、连杆、齿轮、焊缝等。

3. 液体磨料强化

液体磨料强化是利用液体和磨料的混合物强化工件表面的方法，如图11-30所示。液体和磨料在400～800kPa下，经过喷嘴高速喷出，射向工件表面，借磨粒的冲击作用，磨平工件表面的表面粗糙度波峰并碾压金属表面。由于磨粒的冲击和微量切削作用，使工件表面产生几十微米的塑性变形层。加工后的工件表面层具有残余压应力，提高了工件的耐磨性、耐腐蚀性和疲劳强度。

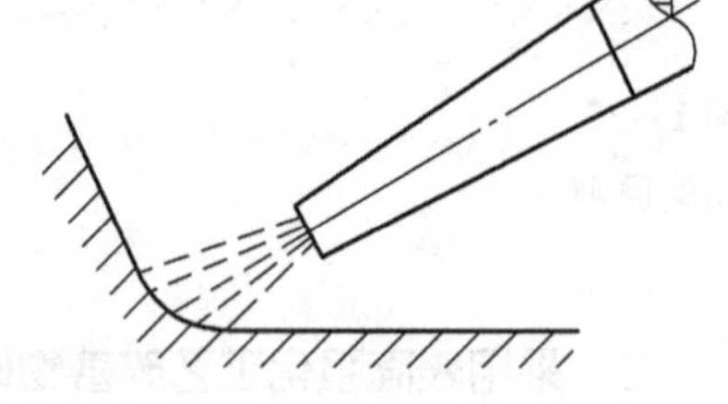

图11-30
液体磨料强化工艺

液体磨料强化工艺最宜于加工复杂型面，如锻模、汽轮机叶片、螺旋桨、仪表零件和切削刀具。

第四节 振动对表面质量的影响及其控制

一、振动对表面质量的影响

机械加工中产生的振动，一般说来是一种破坏正常切削过程的有害现象。各种切削和磨削过程都可能发生振动，当速度高、切削金属量大时常会产生较强烈的振动。

切削过程中的振动，会影响加工质量和生产率，严重时甚至会使切削不能继续进行，因此通常都是对切削加工不利的，其主要表现在以下几个方面。

（1）影响加工的表面粗糙度 振动频率低时会产生波度，频率高时会产生微观不平度。

（2）影响生产率 加工中产生振动，限制了切削用量的进一步提高，严重时甚至使切削不能继续进行。

（3）影响刀具寿命 切削过程中的振动可能使刀尖切削刃崩碎，特别是韧性差的刀具材料，如硬质合金、陶瓷等，要注意消振问题。

（4）对机床、夹具等不利 振动使机床、夹具等的零件连接部分松动，间隙增大，刚度和精度降低，同时使用寿命缩短。

振动对机械加工有不利的一面，但又可以利用振动来更好地切削，如振动磨削、振动研抛、超声波加工等都是利用振动来提高表面质量或生产率。

机械加工中产生的振动，根据其产生的原因，大体可分为自由振动、强迫振动和自激振动三大类，如图 11-31 所示。

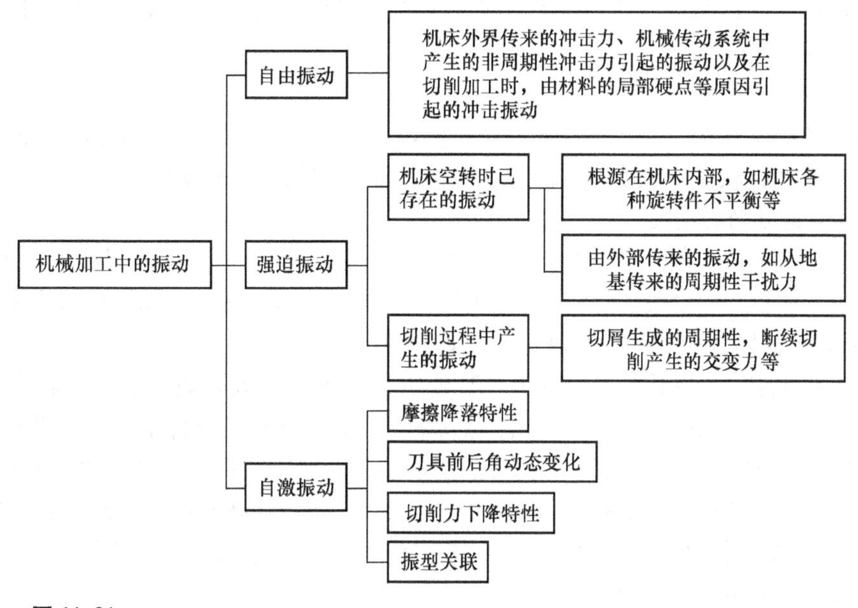

图 11-31

机械加工中振动的类型

二、自由振动

自由振动是当系统所受的外界干扰力去除后系统本身的衰减振动。振动的频率就是系统的固有频率。由于工艺系统的阻尼作用，这类振动会很快衰减。

三、强迫振动

强迫振动是由外界周期性的干扰力所支持的不衰减振动。

1. 切削加工中产生强迫振动的原因

切削加工中产生强迫振动的原因可从机床、刀具和工件三方面去分析。

机床中某些零件的制造精度不高，会使机床产生不均匀运动而引起振动。例如齿轮的齿距误差和齿距累积误差，会使齿轮传动的运动不均匀，从而使整个部件产生振动。主轴与轴承之间的间隙过大，主轴轴颈的圆度、轴承制造精度不够，都会引起主轴箱甚至整个机床的振动。另外，带接头太粗而使带传动的转速不均匀，也会产生振动。至于某些零件的缺陷，使机床产生的振动则更是明显。

在刀具方面，多刃、多齿刀具切削时，由于刃口高度的误差，容易产生振动，如铣刀等。断续切削的刀具，如铣刀、拉刀和滚刀，切削时也很容易引起振动。

被切削的工件表面上有断续表面或表面余量不均、硬度不一等，都会在加工中产生振动，如车削或磨削有键槽的外圆表面就会产生强迫振动。

当然，在工艺系统外部也有许多原因造成切削加工中的振动，例如相邻机床之间就会有相互影响，一台磨床和一台重型机床相邻，这台磨床就会受重型机床工作的影响而产生振动，影响其加工工件的表面粗糙度。

2. 强迫振动的特点

1）强迫振动的稳态过程是谐振动，只要干扰力存在，振动不会被阻尼衰减掉，去除了干扰力，振动就会停止。

2）强迫振动的频率等于干扰力的频率。

3）阻尼越小，振幅越大，谐波响应轨迹的范围越大。增加阻尼，能有效地减小振幅。

4）在共振区，较小的频率变化会引起较大的振幅和相位角的变化。

3. 消除强迫振动的途径

（1）消振与隔振　消除强迫振动最有效的办法是找出并去除外界的干扰力（振源）。如果不能去除，则可以采用隔绝的方法，如机床采用防振地基，就可以隔绝相邻机床的振动影响。精密机械、仪器采用空气垫等也是很有效的隔振措施。

（2）消除回转零件的不平衡　机床和其他机械的振动，大多数是由于回转零件的不平衡引起的，因此对于高速回转的零件要注意其平衡问题，在可能条件下，做动平衡。

（3）提高传动件的制造精度　传动件的制造精度低会影响传动的平衡性，引起振动。

（4）提高系统刚度，增加阻尼　提高机床、工件、刀具的刚度都会提高系统的抗振性。增加阻尼是一种减小振动的有效办法，在结构设计上应该考虑到，也可以采用附加高阻尼板材的方法以达到减小振动的目的。

四、自激振动

机械加工过程中，还常常出现一种形式与强迫振动完全不同的强烈振动。这是由振动过程本身引起某种切削力的周期性变化，又由这个周期性变化的切削力反过来加强和维持振动，使振动系统补充了由阻尼作用消耗的能量，这种类型的振动称为自激振动。切削过程中产生的自激振动是频率较高的强烈振动，通常又称为颤振，常常是影响加工表面质量和限制机床生产率提高的主要障碍。磨削过程中，砂轮磨钝以后产生的振动往往是自激振动。

1. 自激振动的原理

切削过程中自激振动的原理如图 11-32 所示。

它具有两个基本部分：切削过程产生交变力（ΔF），激励工艺系统；工艺系统产生振动位移（ΔY），再反馈给切削过程。维持振动的能量来源于机床的能源。

2. 自激振动的特点

1）自激振动是一种不衰减的振动。振动过程本身能引起某种力周期地变化，振动系统能通过这种力的变化，从不具备交变特性的能源中周期性地获得能量补充，从而维持这个振动。外部的干扰有可能在最初触发振动时起作用，但是它不是产生这种振动的直接原因。

2）自激振动的频率等于或接近于系统的固有频率，也就是说，由振动系统本身的参数所决定，这是与强迫振动的显著差别。

3）自激振动能否产生以及振幅的大小，取决于每一振动周期内系统所获得的能量与所消耗的能量的对比情况。当振幅为某一数值时，如果所获得的能量大于所消耗的能量，则振幅将不断增大；相反，如果所获得的能量小于所消耗的能量，则振幅将不断减小，振幅一直增加或减小到所获得的能量等于所消耗的能量时为止。若振幅在任何数值时获得的能量都小于消耗的能量，则自激振动根本就不可能产生。如图 11-33 所示，E^+ 为获得的能量，E^- 为消耗的能量，可见只有当 E^+ 和 E^- 的值相等时，振幅达到 A_0，系统才处于稳定状态。所谓稳定，就是指一个系统受到干扰而离开原来的状态后仍能自动恢复到原来状态的现象。

4）自激振动的形成和持续，是由于过程本身产生的激振和反馈作用，所以若停止切削（或磨削）过程，即使机床仍继续空运转，自激振动也就停止了。这也是与强迫振动的区别之处，所以可以通过切削（或磨削）试验来研究工艺系统或机床的自激振动。同时，也可以通过改变对切削（或磨削）过程有影响的工艺参数（如切削或磨削用量）来控制切削（或磨削）过程，从而限制自激振动的产生。

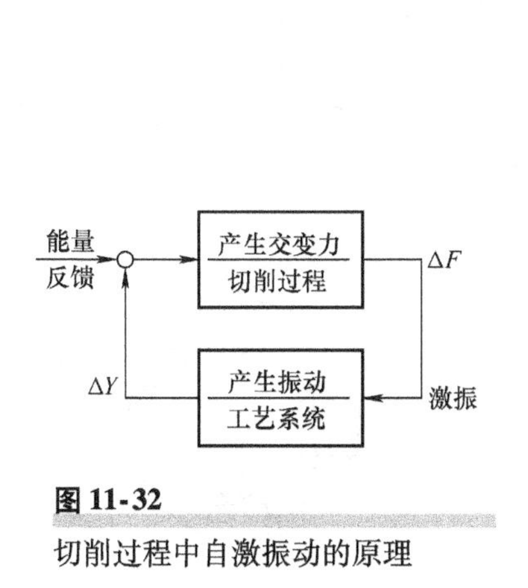

图 11-32
切削过程中自激振动的原理

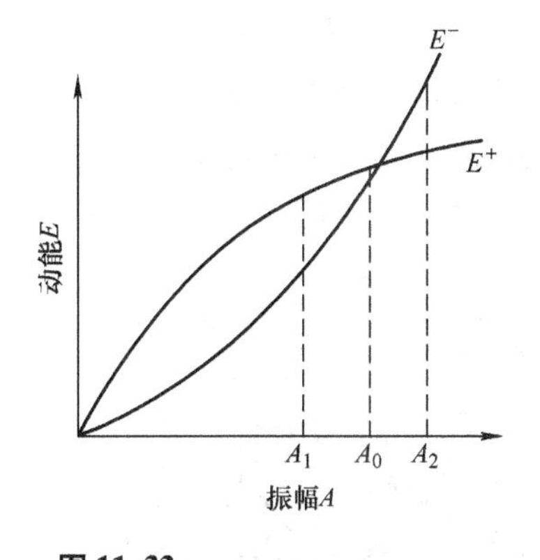

图 11-33
自激振动系统的能量关系

3. 消除自激振动的途径

（1）合理选择与切削过程有关的参数　自激振动的形成是与切削过程本身密切相关的，

所以可以通过合理地选择切削用量、刀具几何角度和工件材料等途径来抑制自激振动。

1）合理选择切削用量。如车削中，切削速度 v 在 20～60m/min 范围内，自激振动振幅增加很快，而当 v 超过此范围以后，振动又逐渐减弱了。通常切削速度 v 在 50～60m/min 时稳定性最差，最容易产生自激振动，所以可以选择高速或低速切削以避免自激振动。关于进给量 f，通常当 f 较小时振幅较大，随着 f 的增大振幅反而会减小，所以可以在满足表面粗糙度要求的条件下选取较大的进给量以避免自激振动。背吃刀量 a_p 越大，切削力越大，越易产生振动。

2）合理选择刀具的几何参数。适当地增大前角 γ_o、主偏角 κ_r，能减小切削力而减小振动。后角 α_o 可尽量取小，但精加工中由于 a_p 较小，切削刃不容易切入工件，而且 α_o 过小时，刀具后刀面与加工表面间的摩擦可能过大，这样反而容易引起自激振动。通常在刀具的主后刀面下磨出一段后角为负的窄棱面。使用"油"性非常高的润滑剂也是加工中经常使用的一种防振方法。

（2）提高工艺系统本身的抗振性

1）提高机床的抗振性。机床的抗振性能往往是占主导地位的，可以从改善机床刚性、合理安排各部件的固有频率、增大其阻尼以及提高加工和装配的质量等来提高其抗振性。图 11-34 就是具有显著阻尼特性的薄壁封砂结构床身。

2）提高刀具的抗振性。希望刀具具有高的弯曲与扭转刚度、高的阻尼系数，因此要求改善刀杆等的惯性矩、弹性模量和阻尼系数。例如硬质合金虽有高弹性模量，但阻尼性能较差，所以可以和钢组合使用。图 11-35 所示的组合刀杆就能发挥钢和硬质合金两者的优点。

3）提高工件安装时的刚度。这主要是提高工件的弯曲刚度，如细长轴的车削中，可以使用中心架、跟刀架。

（3）使用消振器装置　图 11-36 是车床上使用的冲击消振器，图中 6 是消振器座，螺钉 1 上套有质量块 4、弹簧 3 和套 2。当车刀发生强烈振动时，质量块 4 就在消振器座 6 和螺钉 1 的头部之间做往复运动，产生冲击，吸收能量。图 11-37 是镗孔用的冲击消振器。图中 1 为镗杆，2 为镗刀，3 为工件，4 为质量块（消振质量），5 为塞盖。质量块安置在镗杆的空腔中，它与空腔间保持有 0.05～0.10mm 的间隙。当镗杆发生振动时，质量块将不断撞击镗杆吸收振动能量，因此能消除振动。这些消振装置经生产使用证明，都具有相当好的抑振效果，并且可以在一定范围内调整，使用也较方便。

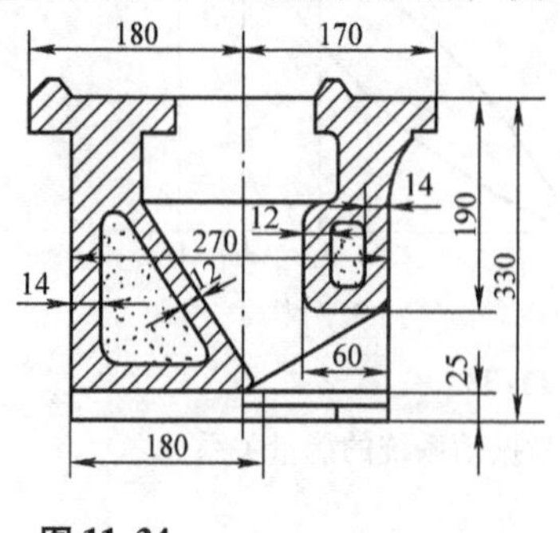

图 11-34
薄壁封砂结构床身

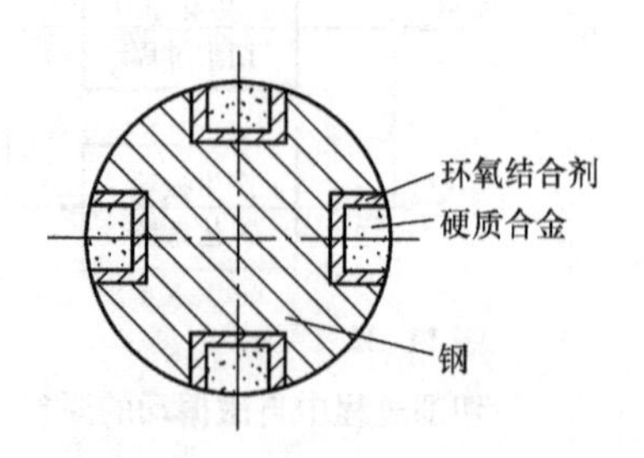

图 11-35
钢和硬质合金的组合刀杆

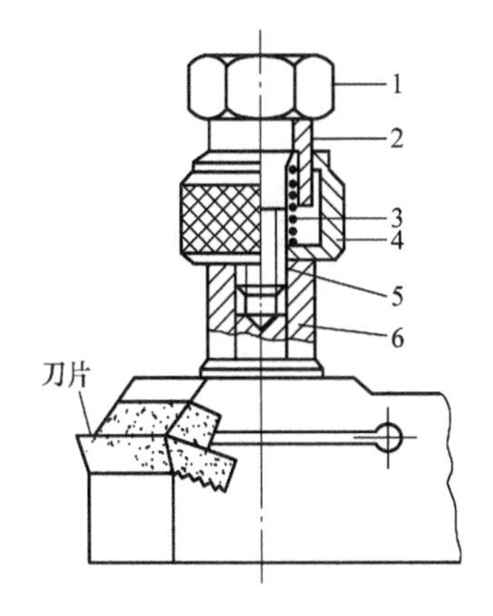

图 11-36

车床上使用的冲击消振器

1—螺钉　2—套　3—弹簧

4—质量块　5—螺孔

6—消振器座

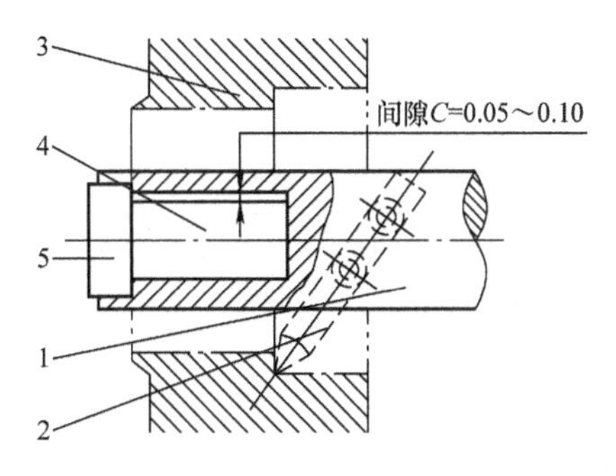

图 11-37

镗孔用的冲击消振器

1—镗杆　2—镗刀　3—工件

4—质量块　5—塞盖

第十二章
装 配 工 艺

任何机械产品都是由许多零件和部件组成的。按产品规定的技术要求，将合格零件或部件进行配合和连接，使之成为半成品或成品的工艺过程称为装配。将若干个零件装配成部件的过程称为部件装配；把零件和部件装配成最终的产品称为总装配。

装配工艺要解决的主要问题是，通过分析零件精度与产品精度的关系，选择合理的装配方法、装配过程，以便达到产品规定的精度要求。

第一节　装配工艺的制订

一、装配工作的内容

12.1　装配工艺的制订

（1）清洗　为确保装配质量和延长产品的使用寿命，零件在装配前必须经过清洗，常用的清洗方法有擦洗、浸洗、喷洗等。

（2）连接　连接在装配过程中占相当大的比重。常见为两种：可拆卸连接，如螺纹联接、销联接和键联接等；不可拆卸连接，如铆接、焊接和过盈连接等。

（3）校正与调整　这是指在装配过程中对相关零部件的相互位置的找正和相应的调整。为保证零、部件的运动精度，对运动副之间的间隙进行调整。

（4）配作　这是以已加工件为基准，加工与其相配合的另一零件，或将两个（或多个）工件组合在一起进行加工的方法。一般与校正、调整工作结合进行。

（5）平衡　对于转速高、运转平稳性要求高的机械，为防止回转件质量分布不均，产生振动，须进行平衡。平衡的方法有静平衡和动平衡两种。

（6）检验　产品装配后必须按规定的性能指标逐项检验，并进行试运转，全部合格后才可出厂。

二、制订装配工艺规程的原则与步骤

装配工艺规程就是以文件的形式将装配内容、顺序、检验等进行编制，指导装配工作及处理装配工作中所发生问题的纲领文件。

（一）制订装配工艺规程的原则

（1）确保产品质量　产品的质量最终是由装配保证的，有了合格的零件才能装出合格的产品。若装配不当，即使有高质量的零件，也不一定能装出高质量的机器。从装配过程中能发现零件在加工过程中或设计结构上存在的问题，以便进一步保证和改进产品的质量。

（2）尽量减少手工劳动量　目前装配工作中的手工劳动量是很大的，特别是刮研工作。装配工作的机械化和自动化是发展趋势，用先进的装配方法来提高装配效率而缩短装配周期。

（3）尽量减少装配工作所占的成本　这主要考虑要减少装配的投资，合理选用装配流水线或自动线，尽量减少车间的生产面积等。

（二）制订装配工艺规程的步骤

（1）研究产品装配图和验收技术要求　通过分析产品的总装配图、部件装配图，以明确产品的性能、部件的作用、工作原理和具体结构及各零、部件之间的关系。通过审查产品的装配技术要求和验收标准，明确装配中的关键技术问题，以便制订相应的技术措施。

（2）确定装配的生产组织形式　根据生产纲领及产品结构确定生产组织形式。装配的生产组织形式一般可分为固定式装配和移动式装配两种。

固定式装配是将产品或部件固定在一个工作地上进行，产品的位置不变，装配过程中所需的零、部件都汇集在固定场地的周围。工人进行专业分工，按装配顺序可进行装配，这种方式用于成批生产或单件小批生产。

移动式装配是将产品置于装配线上，这称为移动式流水装配。通过连续或间歇地移动使其顺序经过各装配工位以完成全部装配工作。连续移动即装配线连续缓慢移动，工人在装配时一面装配一面随装配线走动，装配完毕后再回到原位；间歇移动即在装配时装配线不动，工人在规定的时间内装配完后，产品（半成品）被输送到下一工位。移动式装配一般用于大批大量生产。对于大批大量的定型产品还可采用自动装配线进行装配。

（3）划分装配单元、确定装配顺序　机器中能进行独立装配的部分称为装配单元。任何机器都可以分为若干个装配单元，如合件、组件、部件。划分装配单元是为了便于组织平行流水装配，缩短装配周期。

合件是由两个或两个以上的零件接合成的整体件，装成后一般不可拆卸，它是最小的装配单元。组件是在一个基准零件上，装上若干个合件及零件的组合体，组件组装后，在以后的装配中根据需要可以拆开。部件是在一个基准零件上，装上若干个组件、合件及零件组合而成，部件一般可以完成某种功能。

在装配单元划分的基础上，确定装配顺序。确定装配顺序一般按先下后上、先内后外、先难后易、先重大后轻小的规律进行。装配顺序可用装配系统图表示。图 12-1 和图 12-2 分别为部件和产品装配系统图。

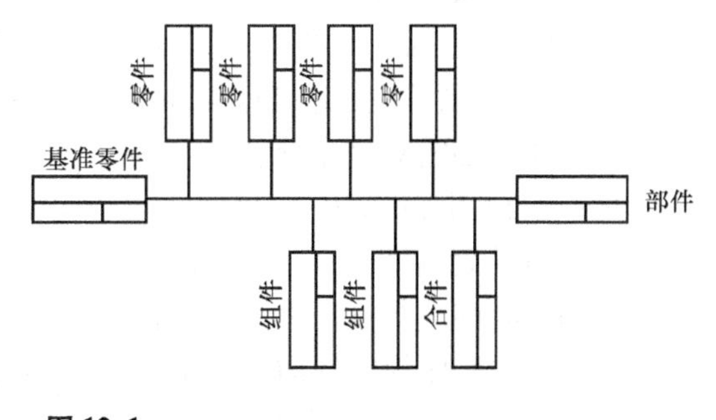

图 12-1

部件装配系统图

（4）合理选择装配方法　装配方法的选择主要根据装配的精度要求、产品结构及生产纲领而确定，具体选择将在本章第二节中详细论述。

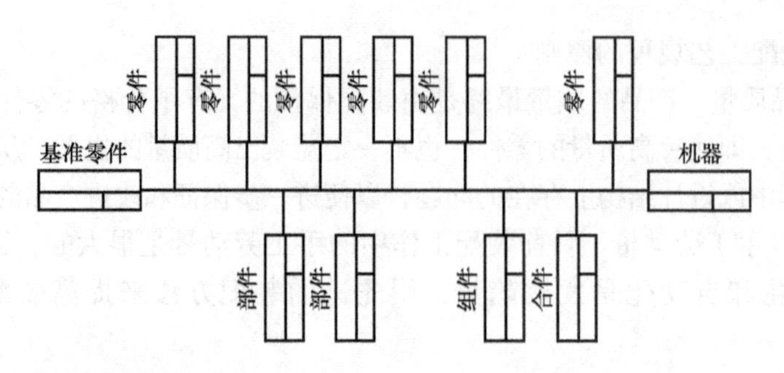

图 12-2

产品装配系统图

（5）编制装配工艺文件　单件小批生产时，通常不需制订装配工艺过程卡和装配工序卡，而用装配系统图来代替。装配时可按装配系统图结合产品装配图进行。成批生产时，通常需制订装配工艺过程卡，在装配工艺过程卡上标明工序次序、简要工序内容、所需设备名称、工人的技术等级等。大批大量生产时，应编写装配工序卡，在工序卡上有详细的工序内容，如设备名称、装配方法、操作过程等。它能直接指导工人进行装配。除了以上装配工艺文件外，还应有装配检验及试验卡片。

（三）制订装配工艺所需原始资料

1）产品的总装图和部件装配图。

2）产品验收的技术要求。

3）产品的生产纲领。

4）现有的生产条件。

第二节　保证装配精度的方法和装配尺寸链

12.2　保证装配精度的方法和装配尺寸链

一、装配精度

机械产品的装配精度是指装配后实际达到的精度。为保证产品的可靠性，提高产品精度的保持性，装配精度一般应高于产品精度标准的规定。装配精度可分为几何精度和运动精度两部分。

（一）几何精度

（1）距离精度　它是指产品中相关零、部件间的距离精度。如图 12-3 所示，卧式车床精度标准要求主轴锥孔中心线和尾座顶尖锥孔中心线对机床导轨的等高度，只许尾座锥孔中心线高0 ~0.06mm。

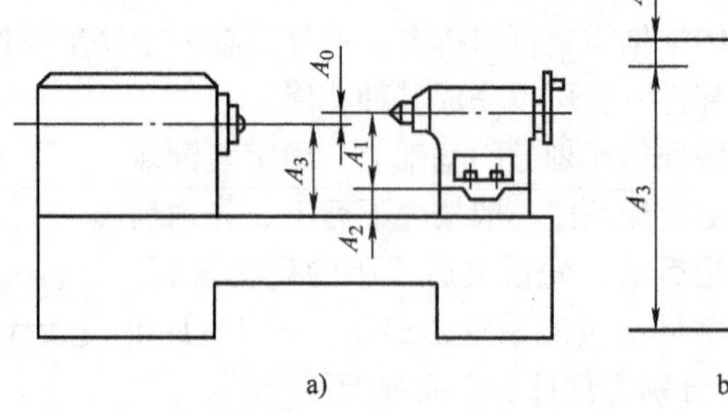

图 12-3

卧式车床主轴锥孔中心线与尾座顶尖锥孔中心线的等高度

（2）相互位置精度　它是指产品中相关零、部件间的平行度、垂直度、同轴度等。如卧式车床规定的溜板箱沿丝杠的移动路线与主轴中心线的平行度；溜板箱沿丝杠的移动路线与尾座顶尖锥孔中心线的平行度。

（二）运动精度

（1）回转精度 它是指机床中回转零件的径向圆跳动和轴向窜动。一般卧式车床主轴的径向圆跳动允许在轴端处为0.01mm，在300mm处为0.02mm；轴向窜动为0.015mm。回转精度除了与主轴组件各零件的精度有关，与装配方法也有密切关系。

（2）传动链精度 机床内联系传动链中对该项精度有规定要求。

（三）相互配合精度

配合精度是指零件配合表面间的配合质量和接触质量。配合质量影响配合性质，接触质量影响产品的接触刚度，影响机械产品的几何精度和运动精度的保持性。

二、装配尺寸链

（一）装配尺寸链的建立

装配尺寸链的建立就是在装配图上根据装配精度的要求，找出与该项精度有关的零件上相应的尺寸，并画出相应的尺寸链线图。如图12-3a所示的装配图，装配后要求主轴锥孔中心线和尾座顶尖锥孔中心线对机床导轨的等高度，只许尾座锥孔中心线高0~0.06mm。即A_0为封闭环，与该项精度有关零件的尺寸A_1、A_2、A_3为组成环。所组成的装配尺寸链如图12-3b所示。

对于每一个封闭环，通过装配关系的分析都可以查找其相应的装配尺寸链的组成。查找方法为：取封闭环两端的那两个零件为起点，沿装配精度要求的位置方向，以装配基准面为联系线索，分别查明装配关系中影响装配精度要求的那些有关零件及零件上的尺寸，直到封闭为止。所有与装配精度有关的尺寸或位置关系，就是装配尺寸链的全部组成环。

在建立装配尺寸链时应使环数最少，即最短路线原则。

在装配精度要求确定的条件下，装配尺寸链中组成环数越少，则组成环所分配到的公差就越大，使各零件的加工越容易。所以，在产品结构设计时，应尽可能地使对封闭环精度有影响的有关零件数目减到最少。

在结构确定的条件下来组成装配尺寸链时，每一个有关零件只应有一个尺寸列入装配尺寸链。图12-4a所示是装配情况，图12-4b所示的尺寸链符合组成环环数最少原则，而图12-4c所示的尺寸链不符合组成环环数最少原则，是不合理的。

（二）装配尺寸链的计算方法和解题类型

（1）装配尺寸链的计算方法 装配尺寸链的计算方法有两种：极值法，采用的计算公式为式（8-5）~式（8-10）；概率法，采用的计算公式为式（8-12）和式（8-13）。值得注意的是，上述计算公式中在计算工艺尺寸链时，组成环的尺寸是一个零件上的有关尺寸。在装配尺寸链的计算中，各组成环的尺寸是为了保证封闭环的多个相关零件上的尺寸。

（2）装配尺寸链的解题类型 在计算装配尺寸链时常遇到以下三类问题：

1）已知组成环的尺寸和公差，求封闭环的尺寸及公差。在装配工作中，这类问题用来校验产品装配后精度是否达到规定要求。这类问题计算比较简单，称为正计算。

2）已知封闭环的尺寸和公差，求组成环的尺寸和公差。这类问题用于产品设计工作中，已知装配精度要求，设计各相关零件的精度。因未知数较多，求解比较复杂，解这类问题称为反计算。

3）已知封闭环和部分组成环的尺寸和公差，求其余组成环的尺寸和公差。许多反计算

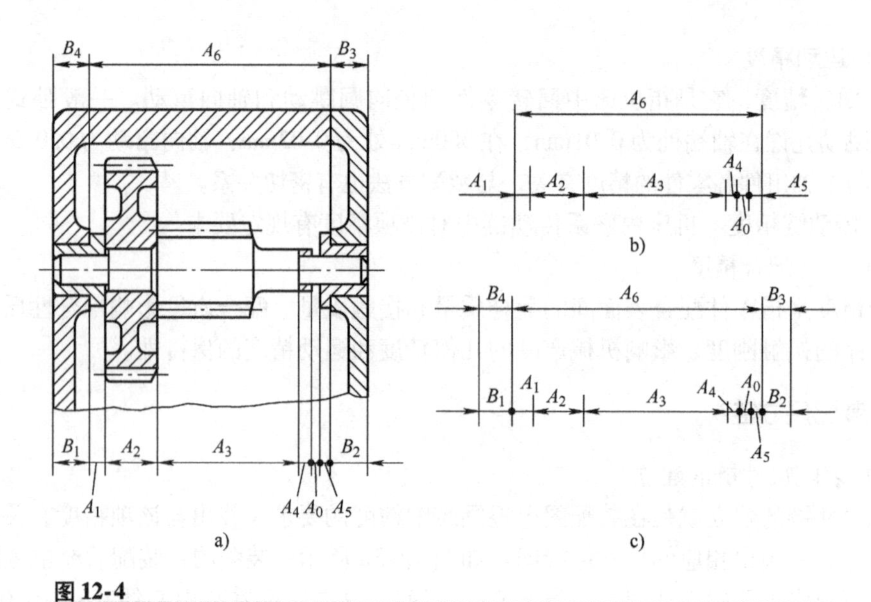

图 12-4
尺寸链环数最少原则

问题最终都转化为这类求解问题，所以称为中间计算。具体计算过程中常设定某些组成环，只留一个组成环为未知数，利用尺寸链的计算公式求出最后结果。

三、保证装配精度的方法

在机械产品的装配中，装配方法的确定，要根据产品及部件的装配精度、生产纲领、结构特点、生产条件进行综合分析。达到装配精度的方法有：互换法、选择装配法、修配法和调整法。

（一）互换法

互换法是通过零件的精度来保证装配精度的一种装配方法。装配时零件不需进行任何选择、修配或调整就可以达到规定的装配精度要求。其优点是装配工作简单、生产率高、便于组织装配流水线和协作化生产，也有利于产品的维修。

互换法是通过求解尺寸链来达到装配精度要求的，求解尺寸链的核心问题是将封闭环的公差合理地分配到各组成环上去。公差的分配方法有三种：等公差法、等精度法和经验法。

等公差法是指设定各组成环的公差相等，将封闭环的公差平均分配到各组成环上的方法。此方法计算较简单，但未考虑相关零件的尺寸大小和实际加工方法，所以不够合理。常用在组成环尺寸相差不太大，而加工方法的精度较接近的场合。

等精度法是指设定各组成环的精度相等的方法。此方法考虑了组成环尺寸的大小，但未考虑各零件加工的难易程度，使组成环中有的零件精度容易保证，有的精度较难保证。此法比等公差法合理，但计算较复杂。

经验法是指先根据等公差法计算出各组成环的公差值，再根据尺寸大小、加工的难易程度及工作经验进行调整，最后利用封闭环公差和各组成环公差之间的关系进行核算的方法。此法在实际中应用较多。

互换法可分为完全互换法和大数互换法。

（1）完全互换法（极值解法） 这种方法由于采用极值法求解尺寸链，只要零件的尺寸及公差按图样要求加工合格，装配精度就能够保证，这样就实现了零件的完全互换。此方法广泛应用于汽车、拖拉机、轴承、自行车等大批大量生产的装配中。当封闭环环数较多，而封闭环的公差较小时，不宜采用完全互换法装配。

如图12-5所示的齿轮箱部件，装配后要求轴向间隙为0.2～0.7mm，即$A_0=0^{+0.7}_{+0.2}$mm。已知其他零件的有关公称尺寸：$A_1=122$mm，$A_2=28$mm，$A_3=5$mm，$A_4=140$mm，$A_5=5$mm。试确定各组成环的大小及分布位置。

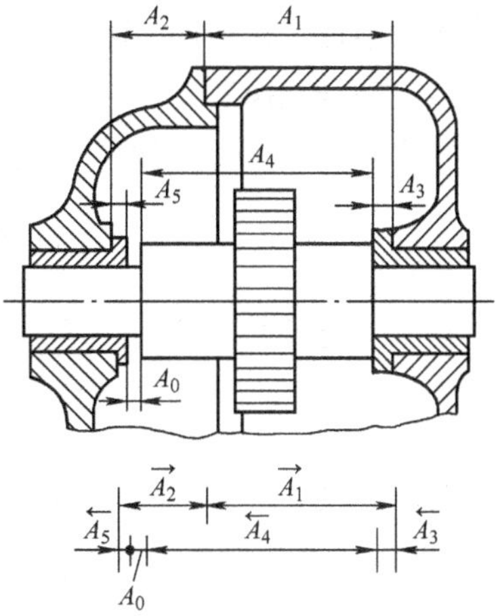

求解步骤如下：

1）画出装配尺寸链图（图12-5）并进行分析。该尺寸链由六环组成，其中A_0为封闭环，A_1、A_2为增环，A_3、A_4、A_5为减环。

2）校核各环的公称尺寸。封闭环的公称尺寸为

$$A_0=(\overrightarrow{A}_1+\overrightarrow{A}_2)-(\overleftarrow{A}_3+\overleftarrow{A}_4+\overleftarrow{A}_5)$$
$$=[(122+28)-(5+140+5)]\text{mm}=0\text{mm}$$

各环的公称尺寸符合要求。

图12-5
齿轮箱部件装配尺寸链

3）确定各组成环的公差及其分布位置。为满足封闭环公差$T_0=0.5$mm的要求，各组成环公差之和$\sum T_i \leqslant T_0=0.5$mm。先按等公差法考虑各环所能分配的平均公差$T_a$，即

$$T_a=\frac{T_0}{m}=\frac{0.5}{5}\text{mm}=0.1\text{mm}$$

其中m为组成环的环数。

再根据各环加工的难易程度和尺寸的大小调整各环的公差。考虑到A_1、A_2加工较难，公差可略大；A_3、A_4加工较易，其公差可规定较严。选A_4为协调环（在装配尺寸链中起协调作用），故确定：$T_1=0.16$mm，$T_2=0.084$mm，$T_3=T_5=0.048$mm。再按“入体原则”确定公差带的位置，则$A_1=122^{+0.16}_{0}$mm，$A_2=28^{+0.084}_{0}$mm，$A_3=A_5=5^{0}_{-0.048}$mm。

4）确定协调环的上、下极限偏差。根据极值法上、下极限偏差的计算式（8-9）和式（8-10）有

$$ES_0=ES_1+ES_2-EI_3-EI_4-EI_5$$
$$EI_4=ES_1+ES_2-ES_0-EI_3-EI_5$$
$$=[0.16+0.084-0.7-(-0.048)-(-0.048)]\text{mm}$$
$$=-0.36\text{mm}$$
$$EI_0=EI_1+EI_2-ES_3-ES_4-ES_5$$
$$ES_4=EI_1+EI_2-EI_0-ES_3-ES_5$$
$$=(0+0-0.2-0-0)\ \text{mm}=-0.2\text{mm}$$

即$A_4=140^{-0.2}_{-0.36}$mm。

在本例中由于封闭环的公差较大，分配到各组成环的公差也较大（$T_a=0.1$mm），零件

的制造精度要求不算高，所以还可以直接用等公差法进行计算。

（2）大数互换法（概率解法） 当装配精度要求较高而尺寸链的组成环又较多，如果用完全互换法装配，则会使得各组成环的公差很小，造成加工困难。其实采用完全互换法装配，所有零件同时出现极值（所有增环都达到最大值、所有减环都达到最小值，或反之）是小概率事件。采用概率法进行计算，可能存在0.27%的不合格品率，故此法称为大数互换法或不完全互换法。

现仍以图12-5为例进行计算。

$$T_a=\frac{T_0}{\sqrt{m}}=\frac{0.5}{\sqrt{5}}\text{mm}=0.22\text{mm}$$

在平均公差的基础上，再考虑各组成环加工的难易程度，调整各组成环的公差如下：

$$T_1=0.4\text{mm},\ T_2=0.2\text{mm},\ T_3=T_5=0.08\text{mm}$$

为了满足 $T_0=\sqrt{\sum_{i=1}^{m}T_i^2}$ 的要求，协调环 A_4 的公差按该式进行计算，即

$$0.5^2=0.4^2+0.2^2+0.08^2+0.08^2+T_4^2$$

则
$$T_4=0.192\text{mm}$$

按“入体原则”确定组成环的公差带位置，即 $A_1=122^{+0.4}_{0}\text{mm}$，$A_2=28^{+0.2}_{0}\text{mm}$，$A_3=A_5=5^{0}_{-0.08}\text{mm}$。

考虑到用概率法进行计算时，按对称公差算法比较方便，将各环用对称公差表示，即

$$A_0=0^{+0.7}_{+0.2}\text{mm}=0.45\text{mm}\pm0.25\text{mm}$$

$$A_1=122^{+0.4}_{0}\text{mm}=122.2\text{mm}\pm0.2\text{mm}$$

$$A_2=28^{+0.2}_{0}\text{mm}=28.1\text{mm}\pm0.1\text{mm}$$

$$A_3=A_5=5^{0}_{-0.08}\text{mm}=4.96\text{mm}\pm0.04\text{mm}$$

计算协调环 A_4 的平均尺寸，即

$$A_{0a}=(\overrightarrow{A}_{1a}+\overrightarrow{A}_{2a})-(\overleftarrow{A}_{3a}+\overleftarrow{A}_{4a}+\overleftarrow{A}_{5a})$$

$$0.45=(122.2+28.1)-(4.96+\overleftarrow{A}_{4a}+4.96)$$

$$A_{4a}=139.93\text{mm}$$

所以
$$A_4=A_{4a}\pm\frac{T_4}{2}=139.93\text{mm}\pm0.096\text{mm}$$

即
$$A_4=140^{+0.026}_{-0.166}\text{mm}$$

从上面的计算可以看出：在封闭环公差一定的情况下，利用大数互换法装配其组成环的公差比完全互换法装配时组成环的公差大（组成环的平均公差扩大了 $\sqrt{m}$ 倍），组成环零件的加工变得容易了。

（二）选择装配法

当装配精度很高，用互换法装配无法满足要求时，即组成环的公差很小，难于加工，可使用选择装配法。选择装配法就是将组成环的公差放大到经济加工精度，通过选择合适的零件进行装配，以保证达到规定装配精度的方法，简称为选配法。

（1）直接选配法　由工人凭经验从待装配的零件中选择合适的零件进行装配，装配质量在很大程度上取决于工人的技术水平和经验，装配的生产率低。

（2）分组选配法　将组成环的公差按完全互换法装配后算出放大数倍，达到经济精度公差数值。零件加工后测量实际尺寸的大小，并进行分组，相对应的组进行互换装配以达到规定的装配精度。由于组内零件可以互换，此方法又称为分组互换法。

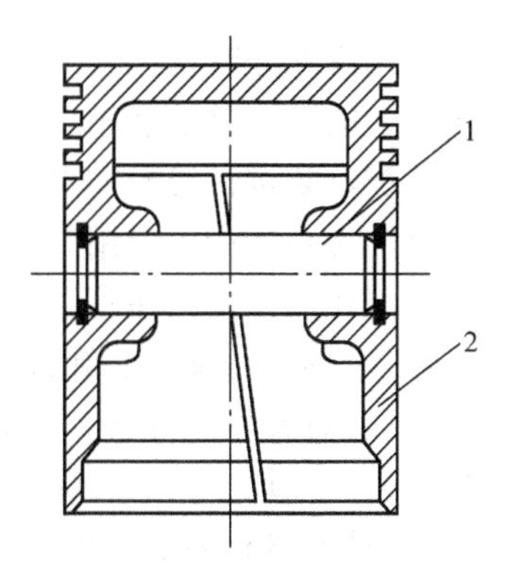

图 12-6

活塞销与活塞的装配关系

1—活塞销　2—活塞

如图 12-6 所示的活塞销与活塞的装配关系，配合要求最大过盈量为 0.0075mm，最小过盈量为 0.0025mm。若采用完全互换法的极值法计算，以等公差规定活塞销外径为 $\phi28_{-0.0100}^{-0.0075}$mm，活塞销孔的孔径为 $\phi28_{-0.0150}^{-0.0125}$mm，销与销孔的平均公差为 0.0025mm。按此公差制造是很不经济的。实际生产中将轴、孔的公差放大四倍，即活塞销为 $\phi28_{-0.010}^{0}$mm，活塞销孔为 $\phi28_{-0.0150}^{-0.0050}$mm。这样活塞销外圆用无心磨，活塞销孔可用金刚镗等高效率加工方法。加工后用精密量仪测量其实际尺寸，并按尺寸的大小分成四组，分别涂上不同的颜色加以区别，以便进行分组装配。具体分组见表 12-1。

表 12-1　活塞销与活塞销孔的分组尺寸　　（单位：mm）

组　别	标志颜色	活塞销直径	活塞销孔直径	配合情况	
				最小过盈	最大过盈
一组	白	$\phi28_{-0.0025}^{0}$	$\phi28_{-0.0075}^{-0.0050}$	0.0025	0.0075
二组	绿	$\phi28_{-0.0050}^{-0.0025}$	$\phi28_{-0.0100}^{-0.0075}$	0.0025	0.0075
三组	黄	$\phi28_{-0.0075}^{-0.0050}$	$\phi28_{-0.0125}^{-0.0100}$	0.0025	0.0075
四组	红	$\phi28_{-0.0100}^{-0.0075}$	$\phi28_{-0.0150}^{-0.0125}$	0.0025	0.0075

由表 12-1 可见，分组装配后各组的配合性质与原装配精度要求相同。

采用分组选配法，需要具备以下条件：

1）配合件的公差应相等，公差增大时要向同方向增大，增大的倍数就是要分的组数。这样分组装配后，各组的配合精度与配合性质才能符合原来的要求。

2）零件分组后，应保证装配时相配合零件在数量上能够匹配。如果各组成环的尺寸均呈正态分布，则相配合零件可以匹配，否则将产生各对应组零件数量差别太多而不能配套。不匹配的零件达到一定的数量后，可专门加工一批零件与之相匹配。

3）分组数不宜太多，否则不便管理。分组数只要使零件的制造精度达到经济加工精度就可以了。

分组选配法多用于封闭环精度要求较高的短环尺寸链。一般组成环只有 2 ~ 3 个，通常用于汽车、拖拉机及轴承制造业等大批量生产中。

（3）复合选配法　此方法是分组选配法和直接选配法的复合，即零件加工后预先测量分组，装配时在各对应组进行直接选配。这种方法可以达到比较高的装配精度。

（三）修配法

修配法是在装配过程中，通过修配尺寸链中某一组成环的尺寸，使封闭环达到规定精度要求的一种装配方法。

采用修配法时，尺寸链中各组成环尺寸均按加工经济精度制造。这样，在装配时累积在封闭环上的总误差必然超过规定的公差。为了达到规定的精度要求，需对规定的某一组成环进行修配。要进行修配的组成环称为修配环。

修配法在生产中应用广泛，主要用于成批或单件生产、装配精度要求高的情况下。

修配环的选择应注意以下原则：

1）选易于修配且装卸方便的零件。

2）若有并联尺寸链，选非公共环，否则修配后，保证了一个尺寸链的装配精度，但又破坏了另一个尺寸链的装配精度。

3）选不进行表面处理的零件，以免破坏表面处理层。

修配法解尺寸链的主要问题是如何合理确定修配环公差带的位置，使修配时有足够的而又尽可能小的修配余量。修配环被修配后对封闭环尺寸变化的影响有两种情况：一种是使封闭环尺寸变小，另一种是使封闭环尺寸变大。

（1）修配环被修配后使封闭环尺寸变小　如图12-3所示的卧式车床装配尺寸链，在装配时要求主轴锥孔中心线和尾座顶尖锥孔中心线的等高度为0～0.06mm（只许尾座高），已知$A_1=156\text{mm}$，$A_2=46\text{mm}$，$A_3=202\text{mm}$，$A_0=0^{+0.06}_{0}\text{mm}$。现采用修配法装配，确定各组成环公差及其分布。计算过程如下：

1）选择修配环。修刮尾座底板底面较方便，故选A_2作修配环。

2）根据加工经济精度确定各组成环公差，并确定除修配环以外各组成环公差带的位置。A_1、A_3两尺寸用镗模加工，取$T_1=T_3=0.1\text{mm}$，A_2尺寸采用精刨加工，取$T_2=0.1\text{mm}$，以上公差均为加工经济精度公差。按对称原则标注有$A_1=156\text{mm}\pm0.05\text{mm}$，$A_3=202\text{mm}\pm0.05\text{mm}$。

3）确定修配环公差带的位置。由尺寸链可知，修配环A_2被修配后，封闭环的实际尺寸A'_0变小（A_0为规定尺寸）。若$A'_0<A_{0\min}$，则再要修配，只能使封闭环的尺寸变得更小，无法达到装配精度的要求。因此，为保证有足够的修配余量，必须使$A'_{0\min}<A_{0\min}$；要使修配量最小，则$A'_{0\min}=A_{0\min}$。由此可得到在修配环被修配后封闭环尺寸变小的情况下确定修配环公差带位置的计算公式：

$$A'_{0\min}=A_{0\min}=\sum_{i=1}^{n}\overrightarrow{A}_{i\min}-\sum_{i=n+1}^{m-1}\overleftarrow{A}_{i\max} \tag{12-1}$$

将已知数值代入式(12-1)有

$$0=(\overrightarrow{A}_{2\min}+155.95)-202.05$$

$$A_{2\min}=46.1\text{mm}$$

所以$A_2=46^{+0.2}_{+0.1}\text{mm}$。

若考虑尾座底板装配时必须刮研，应留最小修配量。例如最小修配量为0.15mm，则$A_2=46^{+0.35}_{+0.25}\text{mm}$。

4）计算最大修配量。若A_2、A_3加工到最大，A_1加工到最小，则可能出现的最大修配量为

$$Z_{\max}=A'_{0\max}-A_{0\max}=A_{2\max}+A_{3\max}-A_{1\min}-A_{0\max}=0.39\text{mm}$$

（2）修配环被修配后使封闭环尺寸变大　计算过程与修配环被修配后使封闭环尺寸变小时相同，确定修配环公差带位置的计算公式如下：

$$A'_{0\max}=A_{0\max}=\sum_{i=1}^{n}\overrightarrow{A}_{i\max}-\sum_{i=n+1}^{m-1}\overleftarrow{A}_{i\min} \tag{12-2}$$

若选的修配环为增环时，计算出的将为 $A_{i\max}$；若修配环为减环时，计算出的将为 $A_{i\min}$。计算后再考虑修配量。

（四）调整法

调整法是在装配时用改变产品中可调件的相对位置或选用大小合适的调整件来达到装配精度的方法。

调整法可分为可动调整法、固定调整法和误差抵消调整法三种。

（1）可动调整法　通过改变零件的相对位置来达到装配精度的方法。这种方法调整比较方便，在机械产品的装配中被广泛采用。图 12-7a 所示为用调整螺钉使楔块上下移动来调整丝杠螺母副的轴向间隙；图 12-7b 为通过螺钉来调整轴承间隙。

（2）固定调整法　在装配尺寸链中加入一个零件作为调整环。该调整环零件是按一定的尺寸间隔制成一组零件，根据需要，选用其中某一尺寸的零件来作补偿。实际上是通过改变某一零件的尺寸大小来保证要求的装配精度。

图 12-8 所示的部件中，齿轮的轴向间隙量因要求得很严格（0.05～0.15mm）而无法用完全互换装配法，因此采用固定调整法，即在结构中专门加入一个固定调整垫 A_K。具体方法是加工四种调整垫，其厚度尺寸分别为

$$A_{K1}=A_{K}{}^{+0.13}_{+0.1},\quad A_{K2}=A_{K}{}^{+0.07}_{+0.03}$$

$$A_{K3}=A_{K}{}^{+0.01}_{-0.03},\quad A_{K4}=A_{K}{}^{-0.05}_{-0.09}$$

在装配时，根据空位尺寸 A_0+A_K 的大小选择合适的调整垫，使间隙尺寸 A_0 满足要求，即可保证装配精度。

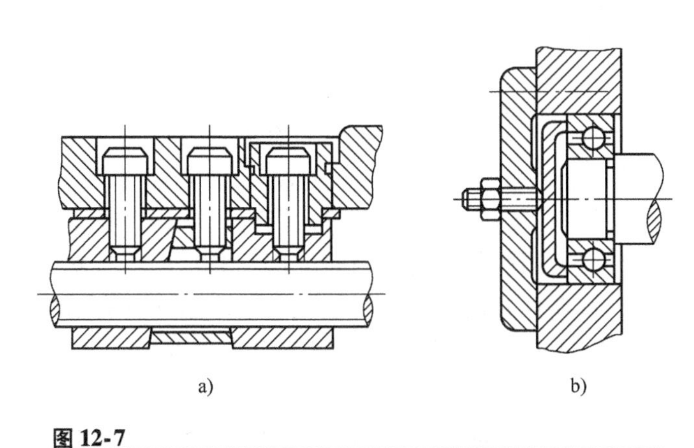

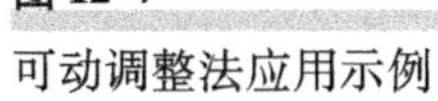

图 12-7
可动调整法应用示例

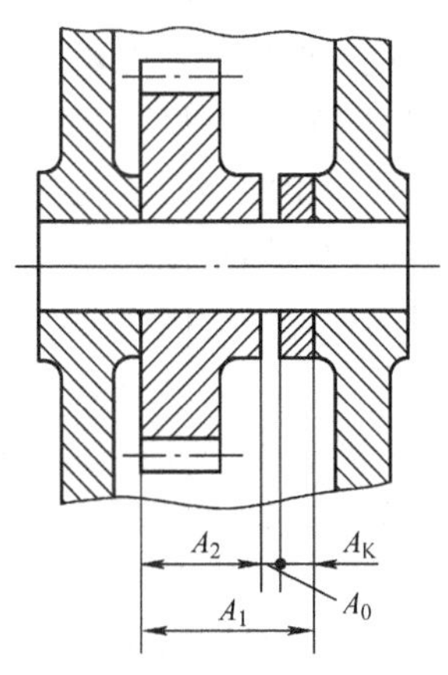

图 12-8
固定调整法示例

各种固定调整件分级尺寸的计算方法可参见有关资料。

（3）误差抵消调整法　这种方法是指利用某些组成环误差的大小和方向，在装配时，合理选择装配方向，使其相互抵消一部分，以提高装配精度的方法。如安装车床主轴时，可先分别确定主轴前、后轴承引起主轴前端定位面径向圆跳动的大小和方向，然后调整轴承的安装方向，使各自产生的径向圆跳动方向相反而抵消一部分，从而控制主轴的径向圆跳动。

第十三章
先进制造技术

第一节　工业4.0与智能制造

一、工业4.0

1. 工业4.0的概念

工业4.0（Industry4.0）是基于工业发展的不同阶段做出的划分。按照目前的共识，工业1.0是蒸汽机时代，代表性特征为蒸汽动力机械设备应用于生产；工业2.0是电气化时代，代表性特征是电机发明和电能使用，以及大规模流水线生产；工业3.0是信息化时代，应用IT技术（PLC、NC等）实现自动化生产；工业4.0则是利用信息化技术促进产业变革的时代，也就是智能化时代。

德国政府提出“工业4.0”战略，并在2013年的汉诺威工业博览会上正式推出，其核心目的是提高德国工业的竞争力，在新一轮工业革命中占领先机。该战略已得到德国学术界和产业界的广泛认同，并已上升为国家级战略。德国政府将其列为《德国2020高技术战略》中所提出的十大未来项目之一。该项目由德国联邦教育局及研究部和联邦经济技术部联合资助，德国联邦政府投入达2亿欧元，旨在提升制造业的智能化水平，建立具有适应性、资源效率及基因工程特性的智慧工厂，在商业流程及价值流程中整合客户及商业伙伴。其技术基础是网络实体系统及物联网。

德国所谓的工业4.0是指利用信息物理系统（Cyber－Physical System，CPS）将生产中的供应、制造、销售信息数据化、智慧化，最后达到快速、有效、个人化的产品供应。

2. 工业4.0的内涵

“工业4.0”概念包含了由集中式控制向分散式增强型控制的基本模式转变，目标是建立一个高度灵活的个性化和数字化的产品与服务的生产模式。在这种模式中，传统的行业界限将消失，并会产生各种新的活动领域和合作形式。创造新价值的过程正在发生改变，产业链分工将被重组。

德国学术界和产业界认为，“工业4.0”概念即是以智能制造为主导的第四次工业革命，或革命性的生产方法。该战略旨在通过充分利用通信技术和网络空间虚拟系统——信息物理系统相结合的手段，推动制造业向智能化转型。

“工业4.0”项目主要分为三大主题：

1）智能工厂，重点研究智能化生产系统及过程，以及网络化分布式生产设施的实现。

2）智能生产，主要涉及整个企业的生产物流管理、人机互动及3D技术在工业生产过程中的应用等。该计划将特别注重吸引中、小企业参与，力图使中、小企业成为新一代智能化生产技术的使用者和受益者，同时也成为先进工业生产技术的创造者和供应者。

3）智能物流，主要通过互联网、物联网、物流网整合物流资源，充分发挥现有物流资源供应方的效率，而需求方则能够快速获得服务匹配，得到物流支持。

“工业4.0”的智能制造，本质是基于CPS实现智能工厂，核心是用动态配置的生产方式实现柔性生产，关键是应用信息技术实现生产力飞速发展。信息网络技术的广泛应用，可以实时感知、采集、监控生产过程的大量数据，促进生产过程无缝衔接和企业间的协同制造，实现生产系统的智能分析和决策优化，使智能制造、网络制造、柔性制造成为生产方式变革的方向。

3. 中国制造2025战略

新一代信息技术与制造业深度融合，正在引发影响深远的产业变革，形成新的生产方式、产业形态、商业模式和经济增长点。为了加大科技创新力度，加速推进新一轮全球贸易投资新格局，在全球产业竞争中占领制高点，发达国家纷纷提出制造业国家战略。美国要重振制造业，夺回制造业的领先优势，提出《先进制造业国家战略计划》；德国在汉诺威工业博览会上正式推出了“工业4.0”战略，强调智能工厂和智能生产，把产品、机器、资源和人有机联系起来，实现产品全生命周期和全制造流程的数字化。面对新一轮工业革命浪潮，为了提高国家制造业创新能力，推进信息化与工业化深度融合，强化工业基础能力，提高我国制造业国际化发展水平，2015年3月5日，李克强总理在《政府工作报告》中首次提出了“中国制造2025”战略。

“中国制造2025”战略的基本方针和指导思想是坚持创新驱动、质量为先、绿色发展、结构优化和人才为本，走中国特色新型工业化道路，以促进制造业创新发展为主题，以提质增效为中心，以加快新一代信息技术与制造业深度融合为主线，以推进智能制造为主攻方向，以满足经济社会发展和国防建设对重大技术装备的需求为目标，强化工业基础能力，提高综合集成水平，完善多层次多类型人才培养体系，促进产业转型升级，培育有中国特色的制造文化，实现制造业由大变强的历史跨越。

二、智能制造

1. 智能制造的内涵

智能制造是将物联网、大数据、云计算等新一代信息技术与先进自动化技术、现代传感技术、控制技术、网络技术、数字制造技术相结合，通过智能化的感知、人机交互、决策和执行技术，实现设计过程、制造过程和制造装备智能化，实现工厂和企业内部、企业之间和产品全生命周期的实时管理和优化的新型制造系统。智能制造是信息技术和智能技术与装备制造过程技术的深度融合与集成，以设计与工艺技术、智能机器人技术和系统控制技术等为代表的高端装备和系统集成技术是智能制造的核心。其本质是基于信息物理系统，实现智能工厂。

2. 智能制造的特征

智能制造的特征在于实时感知、优化决策、动态执行三个方面。一是数据的实时感知：智能制造需要大量的数据支持，通过利用高效、标准的方法实时进行信息采集、自动识别，并将信息传输到分析决策系统。二是优化决策：通过面向产品全生命周期的海量异构信息的挖掘提炼、计算分析、推理预测，形成优化制造过程的决策指令。三是动态执行：根据决策指令，通过执行系统控制制造过程的状态，实现稳定、安全的运行和动态调整。

3. 智能制造的组成

智能制造由四部分组成：智能装备、智能系统、智能产品和智能服务。智能装备包括传感、控制、驱动三大核心技术，如工业机器人、智能数控系统等。智能系统是先进制造技术、信息技术和智能技术在装备产品上的集成和融合，体现了制造业的智能化、数字化和网络化。制造系统正在由原先的能量驱动型转变为信息驱动型，要求制造系统表现出更高的智能，具有自学习、自感知、自决策和自适应功能。智能产品是主体，制造业数字化、网络化、智能化是实现机械产品创新的共性使能技术，要实现产品全生命周期个性化定制与服务。

三、智能工厂

智能制造涵盖了产品智能化、装备智能化、车间智能化、工厂智能化和供应链智能化五个发展方向。

产品智能化包括实现自主决策、自适应工况、人机交换和产品的个性化定制与服务。装备的智能化是将专家的知识和经验融入感知、决策和执行的环节，赋予产品制造在线学习和知识进化能力，比如在很多机械装备中实现动态信息的制造。车间智能化表现为一个车间生产类型，生产质量，设备状态，物料配送，生产防错系统，作业指导，生产统计，产品发运等都可以实现全局的生产管控。智能车间如图13-1所示。

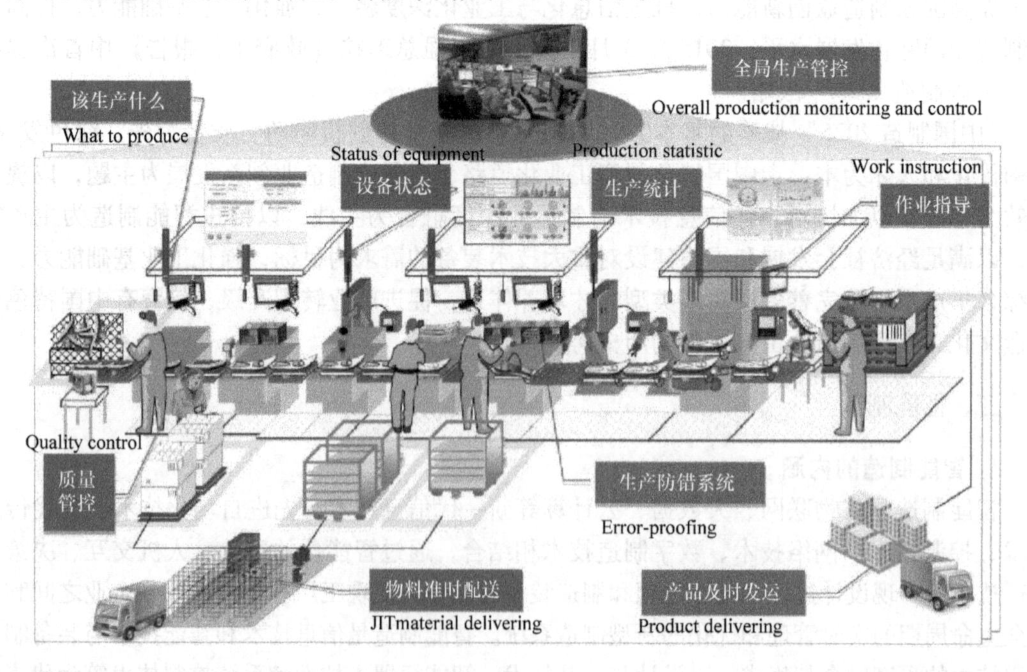

图13-1
智能车间示意图

工厂智能化包括实现智能的加工中心和生产线、智能化生产的管控、智能化的仓储和物流。当然还要实现整个生产现场的智能控制，例如很多企业已经应用了自动化的仓库、无人引导的小车（Automated Guided Vehicle，AGV）等。实现工厂智能化的过程需要重视人机互动。

智能工厂是实现智能制造的重要载体，主要通过构建智能化生产系统、网络化分布生产设施，实现生产过程的智能化。智能工厂利用物联网技术和监控技术加强信息管理服务，提高生产过程可控性、减少生产线人工干预，以及合理计划排程。同时，集初步智能手段和智能系统等新兴技术于一体，构建高效、节能、绿色、环保、舒适的人性化工厂。智能工厂如图 13-2 所示。

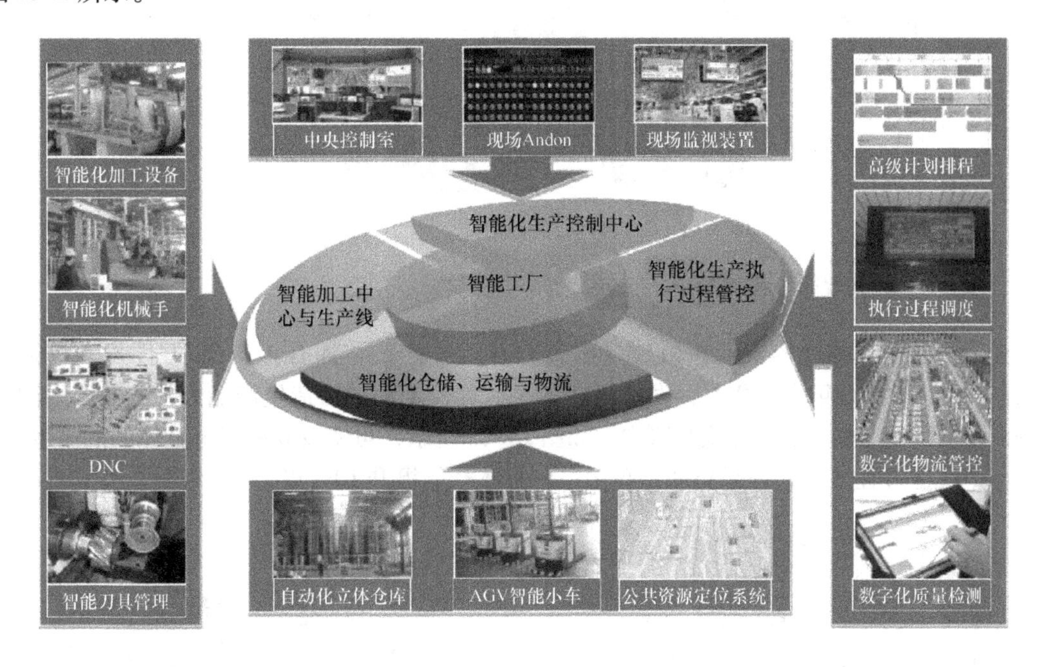

图 13-2

智能工厂示意图

智能工厂具有自主能力，可自主采集、分析、判断和规划；可通过整体可视技术进行推理预测，利用仿真及多媒体技术将实境扩增展示设计与制造过程。系统中各组成部分可自行组成最佳系统结构，具备协调、重组及扩充特性，具备自我学习和维护能力。智能工厂实现了人与机器相互协调合作，本质是人机交互。

四、智能制造案例

1. RFID 在智能制造中的应用

RFID（Radio Frequency Identification）是一种非接触式的自动识别技术，它通过射频信号自动识别目标对象并获取相关数据，广泛应用于智能制造中智能产品、数字化车间和智能物流的感知、识别、定位和联网，如图 13-3 所示。在复杂零件和托盘上安装 RFID 标签，可有效识别身份。在加工设备和线体上安装工业读写器，实现产品和设备的智能通信，为 MES（制造执行系统）等信息系统有效提供数据采集和处理。

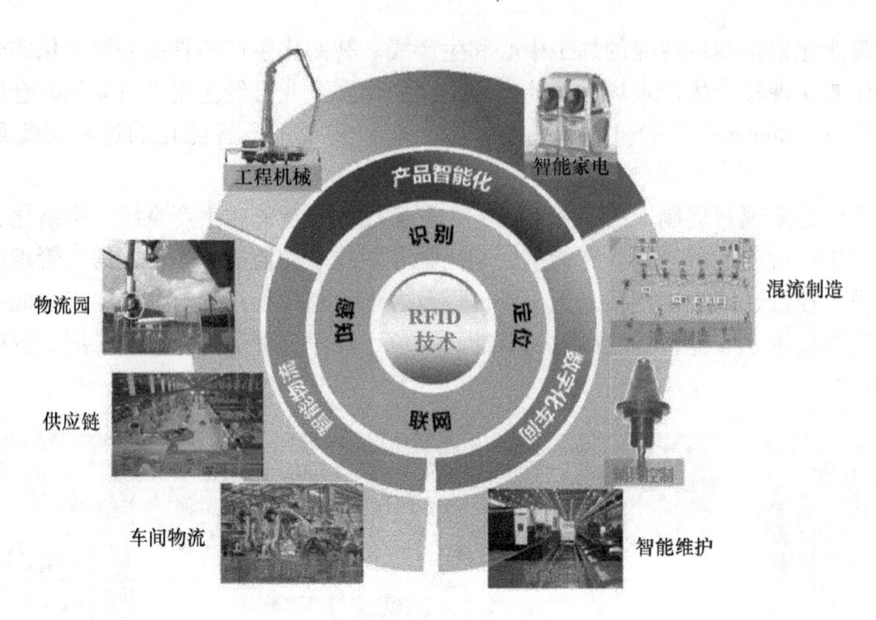

图 13-3

RFID 在智能制造中的应用

如上汽通用五菱汽车发动机缸体（缸盖）加工生产线，拥有年产 30 万件发动机缸体（缸盖）的加工能力年产 100 万台发动机缸体（缸盖）毛坯的铸造生产能力，位居国内同行第一。将 RFID 技术应用于智能制造中，如图 13-4a 所示，可实现 6 种以上缸体的混流生产，实现生产线全过程质量数据采集和过程记录，缸体产能提升 10% 以上。

a)

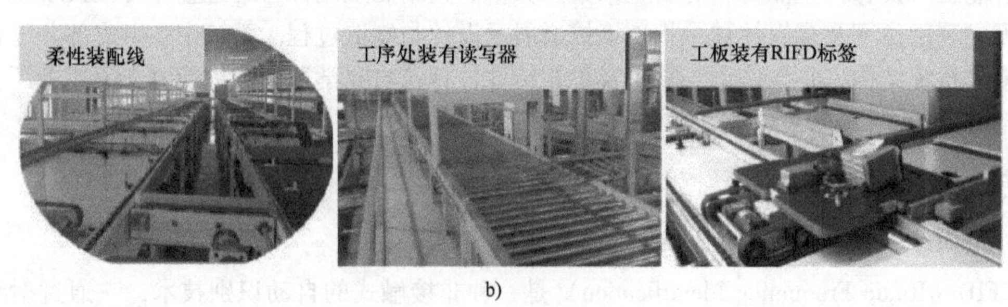

b)

图 13-4

上汽通用五菱汽车发动机缸体/美的家用空调生产线

a）发动机缸体生产线 b）空调生产线

美的家用空调是全球第二大家用空调制造企业，占据17%市场份额，其空调生产线采用如图13-4b所示智能制造系统实现装配混流制造，应用RFID技术，实现装配过程自动数据采集，使数据采集率提升至99%，每条生产线单件产品人工条码扫描时间减少5min，制造执行系统（MES）数据准确率提升至90%。

2. 智能制造案例

作为“德国制造”的一个代表，宝沃汽车实现了工业4.0智能工厂的部署。宝沃智能工厂采用全球先进的八车型柔性化生产线，在具备强大灵活生产性能的同时可实现多车型共线生产，并可进行个性定制化车型的生产及开发，集冲压、焊装、涂装、总装、检测和物流六大工艺流程于一身，如图13-5所示。

图13-5

宝沃汽车生产线

宝沃的柔性化生产拥有17种颜色系统，可实现汽油、混合动力、纯电动等左、右舵车型生产，并且其“柔性制造”可实现自行优化整体网络，并自行适应实时环境变化及客户个性化需求。整个车间拥有先进的自动化技术，近550台机器人完成冲压、传输、车身点焊、油漆喷涂等过程的作业。通过智能化生产体系，以及物联网化的生产设施，最终实现企业供应链、制造等环节的数据化、智慧化，达到高效生产及满足个性化需求的目的。

第二节　增材制造技术

一、概述

增材制造（Additive Manufacturing，AM）技术也称为材料累加制造（Material Increase Manufacturing）、快速原型（Rapid Prototyping，RP）、分层制造（Layered Manufacturing）、实体自由制造（Solid Free form Fabrication）、3D打印技术（3D Printing）等，是先进制造技术的重要分支。

增材制造技术是20世纪80年代后期，首先在美国提出并商品化的，它是综合CAD技术、数据处理技术、数控技术、测试传感技术、激光技术等多种机械电子技术和材料加工技术而形成的一种从CAD三维模型设计到实际原型/零件加工的全新制造技术，无论在制造思想上还是实现方法上都有很大的突破，是20世纪90年代以来制造技术的一次革命性变革。

美国《时代》周刊将增材制造列为“美国十大增长最快的工业”。英国《经济学人》杂志则认为增材制造将“与其他数字化生产模式一起推动实现第三次工业革命”，认为该技术将改变未来的生产与生活模式，实现社会化制造，改变制造商品的方式及世界的经济格局，进而改变人类的生活方式。

增材制造技术具有很好的前景和应用价值，由于其高度柔性和快速性，已应用于航空航天、汽车、军工、地理信息、机械、家电、生物医学、建筑、艺术品等众多领域，特别适合单件或小批量的快速制造，在产品创新中具有显著的作用。世界科技强国和新兴国家都将增材制造技术作为未来产业发展新的增长点加以培育和支持，以抢占未来科技产业的制高点。各国政府部门、企业、高等院校、研究机构纷纷投入巨资对增材制造技术进行开发和研究。

二、增材制造技术的原理

美国材料与试验协会（American Society for Testing and Materials，ASTM）F42国际委员会对增材制造给出了定义：增材制造是依据三维模型数据将材料连接制作物体的过程，相对于减材制造它通常是逐层累加过程。3D打印也常用来表示增材制造技术。从更广义的原理来看，以三维CAD设计数据为基础，将材料（包括液体、粉材、线材或块材等）自动化累加起来成为实体结构的制造方法，都可视为增材制造技术。相对于以车、铣、刨、磨为代表的减材制造和以铸、锻为代表的等材制造技术，其发展时间短但发展潜力巨大。它从原理上突破了传统制造技术受结构复杂性制约的难题，实现从材料微观组织到宏观结构的可控制造，引领制造技术向“设计-材料-制造”一体化方向发展。

增材制造技术基于离散-堆积原理，是一种“自下而上”材料累加的制造方法。基本原理和成形过程如下：先由CAD软件设计出所需零件的计算机三维曲面或实体模型，然后根据工艺要求，将其按一定厚度进行分层，把原来的三维模型变成二维平面信息（截面信息）；再将分层后的数据进行一定的处理，加入加工参数，生成数控代码；在计算机控制下，数控系统以平面加工方式有顺序地连续加工出每个薄层模型并使它们自动连接而成形，如图13-6所示。

三、增材制造的特点

（1）高度柔性化　增材制造属于数字制造，借助建模软件将产品结构数字化，驱动机器设备加工制造成器件，数字化文件可通过网络传递，实现异地分散化制造的生产模式。增材制造在计算机的管理和控制下，可以制造出任意复杂形状的零件，把可重编程、重组、连续改变的生产装备用信息方式集成到一个制造系统中，使制造成本与批量完全无关。当零件的形状、要求和批量改变时，无须重新设计、制造工装和专用工具，仅需改变CAD模型，重新调整和设置参数即可制造出新的零件。

（2）快速制造　增材制造技术是建立在高度技术集成的基础之上，减少了加工工序，从CAD设计到零件加工完毕，只需几个小时至几十个小时，对于复杂及较大的零部件也可能达到几百小时，但从总体上看，速度比传统的成形方法要快得多，缩短了加工周期。

（3）自由成形　增材制造可以根据零件的形状，把三维结构的物体先分解成二维层状

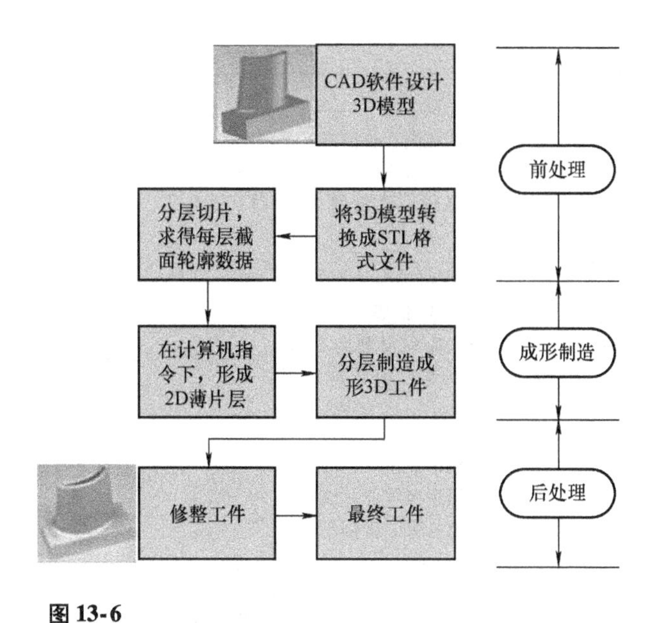

图 13-6
增材制造技术原理及过程

结构，逐层累加成形，不受专用工具的限制而自由成形，特别适于加工形状复杂、传统制造工艺难以完成的零件。

（4）使用材料广泛 增材制造技术可以进行树脂类、纸类、石蜡类、复合材料、金属材料和陶瓷材料等多种材料的成形。“从下而上”的堆积方式对于实现非均质材料、功能梯度材料成形更有优势。而且，任何高性能难成形的部件均可通过“打印”方式一次性直接制造出来，不需要通过组装、拼接等复杂过程来实现。

四、典型增材制造工艺

增材制造原理与不同的材料和工艺结合形成了多种增材制造技术与设备。自 20 世纪 80 年代美国出现第一台商用光固化成形机后，在近 40 年时间内得到了快速发展。较成熟的技术主要有光固化成形（Stereo Lithography Apparatus，SLA）、分层实体制造（Laminated Object Manufacturing，LOM）、选择性激光烧结（Selective Laser Sintering，SLS）、熔融沉积制造（Fused Deposition Modeling，FDM），电子束选区熔化（Electric Beam Selective Melting，EBSM）、三维打印技术（3D Printing，3DP）、电弧增材制造（Wire Arc Additive Manufacture，WAAM）等。典型增材制造方法见表 13-1。

表 13-1 典型增材制造方法

增材制造方法	材 料	特 点	应 用	代表性厂商及研究机构
光固化成形（SLA）	热固性液态光敏树脂	精度高、表面质量好、价格高	航空航天、生物医学等	3D System、Object、联泰、武汉湖滨机电、中瑞、西安交通大学等
选择性激光烧结（SLS）	尼龙、蜡、ABS、树脂覆膜砂、聚碳酸酯、金属和陶瓷粉末等	成形材料广泛、应用范围广、精度低、价格高	制作复杂铸件用熔模或砂芯等	3D System、北京隆源、华中科技大学、南京航空航天大学等

（续）

增材制造方法	材 料	特 点	应 用	代表性厂商及研究机构
选择性激光熔化（SLM）	金属或合金粉末	精度高、价格高、可直接制造高性能复杂金属零件、成形零件尺寸小	航空航天、珠宝首饰、模具等	Concept Laser、Renishaw、EOS、西安铂力特、华科三维、华曙高科技、华南理工大学、南京航空航天大学等
熔融沉积制造（FDM）	石蜡、尼龙、ABS、低熔点金属等低熔点丝状材料	零件强度高、精度低、成本低、结构简单、原材料利用率高，没有毒气或化学物质污染	汽车、机械、航空航天、电子、玩具等	Stratasys公司、Med Modeler公司、清华大学等
激光工程化近净成形（LENS）	金属粉末	成形效率高、可直接成形金属零件，成形零件尺寸大、价格高	航空、机械、石油、化工	Optomec、Inss Tek、西安铂力特、北京隆源、江苏永年、西北工业大学、北京航空航天大学等
电子束选区熔化（EBSM）	金属粉末	精度高、效率高、成形件尺寸小、成本很高、可成形难熔材料	航空航天、医疗、石油、化工等	Arcam、智熔系统、西安赛隆、天津清研智束、中航工业北京航空制造工程研究所、清华大学等
分层实体制造（LOM）	纸、金属箔、塑料薄膜等	成形速率高、性能不高、精度低	用于新产品外形验证	美国Helisys、日本Kira、瑞典Sparx、清华大学、华中科技大学
三维打印（3DP）	石英砂、陶瓷粉末、石膏粉末、聚合物粉末等	精度低、价格低，喷黏结剂时强度不高、喷头易堵塞	制造业、医学、建筑业等的原型验证	MIT、爱司凯科技、华中科技大学
电弧增材制造（WAAM）	金属熔丝	沉积效率高、丝材利用率高、制造周期短、成本低、成形零件尺寸大	航空、航海	RAMLAB中心、青岛卓思三维、Cranfield大学、西北工业大学、哈尔滨工业大学、天津大学等

注：表格中厂商均为知名厂商，为简化起见均采用简称。

1. 光固化成形（SLA）

SLA又称为立体光刻成形。该工艺是基于液态光敏树脂的光聚合原理工作的，如图13-7所示。树脂槽中盛满液态光敏树脂，紫外激光器按照各层截面信息进行逐点扫描，被扫描的区域固化形成零件的一个薄层。当一层固化后，工作台下移一个层厚，在固化好的树脂表面浇注一层新的液态树脂，并利用刮板将树脂刮平，然后进行新一层的扫描和固化，如此重复，直至零件成形结束。

SLA工艺的特点是精度高、表面质量好，能制造形状复杂、特别精细的零件；不足之处是设备和材料昂贵，制造过程中需要设计支撑，加工环境气味重等。

2. 选择性激光烧结（SLS）

SLS工艺利用高能量激光束在粉末层表面按照截面扫描，粉末被烧结相互连接，形成一定形状的截面。当一层截面烧结完后，工作台下降一层厚度，铺上一层新的粉末，继续新一层的烧结。通过层层叠加，去除未烧结粉末，即可得到最终三维实体。SLS工艺原理及成形零件如图13-8所示。

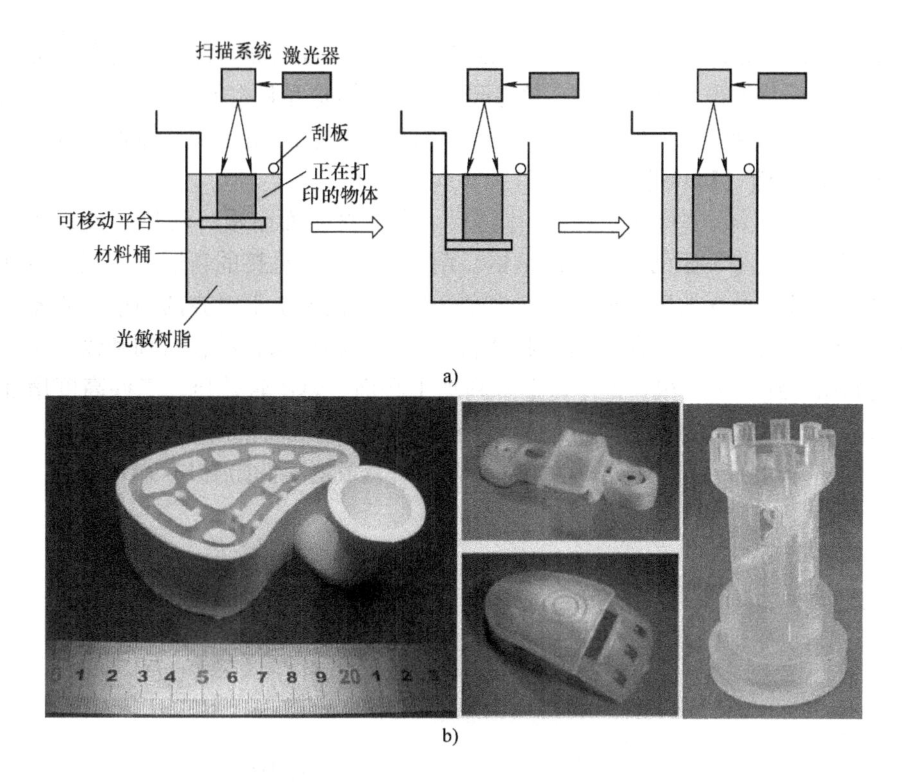

图 13-7

SLA 工艺原理及成形零件

a）工艺原理　b）成形零件

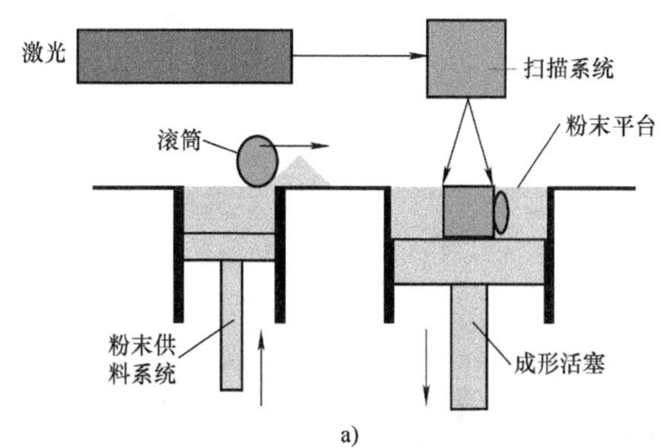

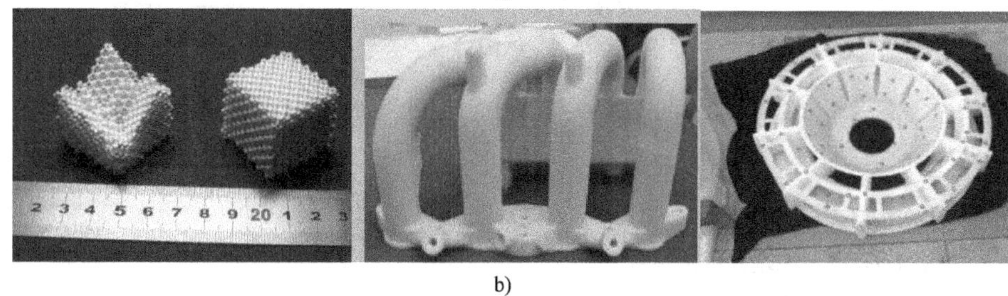

b)

图 13-8

SLS 工艺原理及成形零件

a）工艺原理　b）成形零件

SLS 成形材料广泛，成形过程中粉床充当自然支撑，可成形悬臂、内空等结构，可进行原型设计验证、模具母模、精铸熔模、铸造壳型和型芯等原型件打印等。但是，SLS 技术需要价格较为昂贵的激光器和光路系统，成本比其他方法高，这在一定程度上限制了其应用范围。

3. 分层实体制造（LOM）

LOM 工艺可加工纸、塑料薄膜等薄片材料。在片材表面涂覆一层热熔胶，加工时，热压辊热压片材，使之与下面已成形工件粘接。用激光器在刚粘接的新层上切割出零件截面轮廓和工件外框，并在截面轮廓与外框之间多余区域内切割出上下对齐的网格。激光切割完成后，工作台带动已成形工件下降，与带状片材分离。供料机构转动收料轴和供料轴，带动料带移动，使新层移到加工区域。工作台上升到加工平面，热压辊热压，工件高度增加一个料厚。再在新层上切割截面轮廓。如此反复，直至零件的所有截面粘接、切割完。最后，去除切碎的多余部分，得到分层制造的实体。LOM 工艺原理及成形零件如图 13-9 所示。

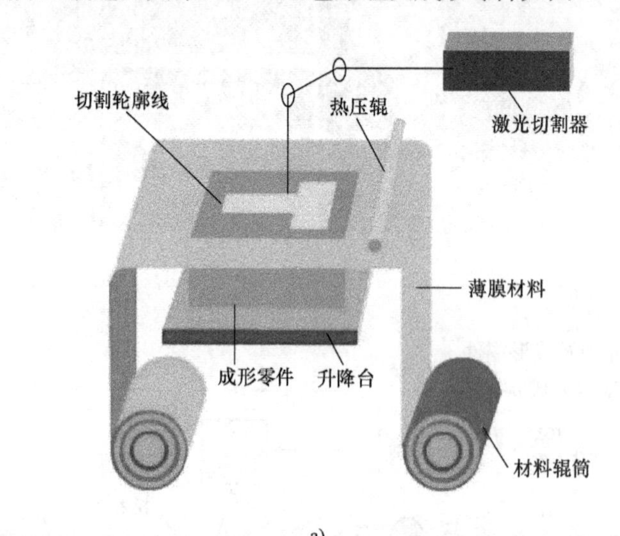

a)

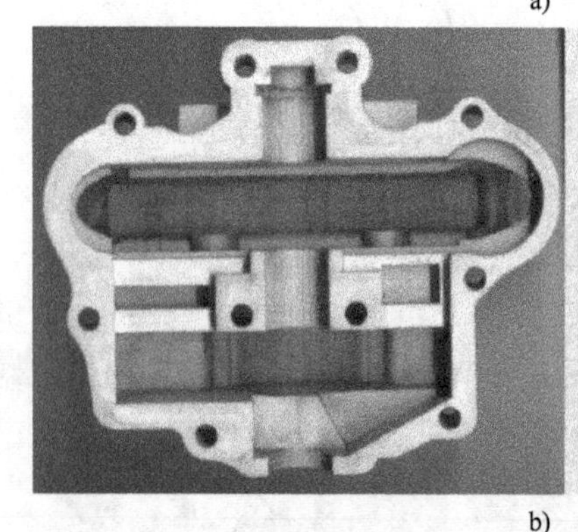

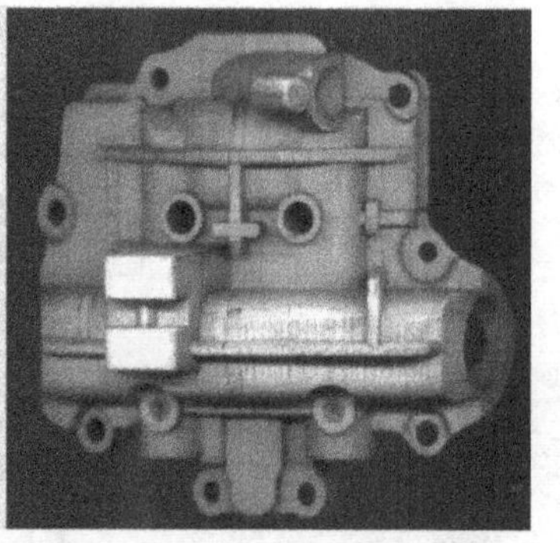

b)

图 13-9

LOM 工艺原理及成形零件

a）工艺原理 b）成形零件

LOM 工艺只需在片材上切割出零件截面的轮廓，而不用扫描整个截面，因此成形厚壁零件的速度较快，易于制造大型零件。LOM 工艺过程中不存在材料相变，因此不易引起翘曲变形，成形过程无需加支撑。

4. 熔融沉积制造（FDM）

FDM 是将电能转换为热能，使丝状塑料或金属丝挤出喷头前达到熔融状态。喷头移动由计算机控制，根据截面轮廓信息，使熔融塑料或金属成形为一定形状的二维截面，通过层层叠加，形成三维实体。FDM 无需价格昂贵的激光器和光路系统，成本较低，易于推广。该技术已由快速原型阶段进入快速制造和普及化新阶段，尤其是桌面型 FDM 设备。但是，该技术成形材料有限，精度相对较低，制约了其发展。FDM 工艺原理及成形零件如图 13-10 所示。

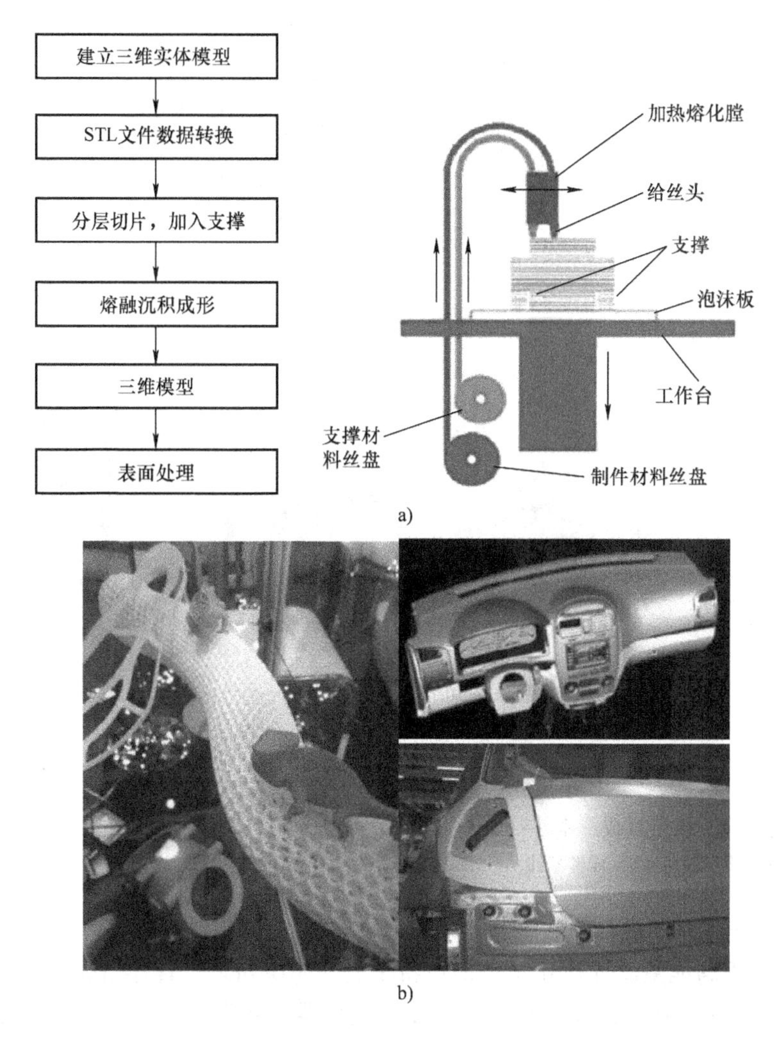

图 13-10

FDM 工艺原理及成形零件

a）工艺原理　b）成形零件

5. 激光工程化近净成形（LENS）

LENS 技术也叫激光直接制造（Laser Directive Manufacturing，LDM）。LENS 技术能直接制造出大尺寸的金属零件毛坯。LENS 技术在惰性气体保护之下，通过激光束熔化喷嘴输送的粉末流，使其逐层堆积，最终形成复杂形状的零件或模具。该方法制造的制件组织致密，具有明显的快速熔凝特征，力学性能很好，并可实现非均质和梯度材料制件的制造。目前，应用该工艺已制造出铝合金、钛合金、钨合金等半精化的毛坯，性能达到甚至超过锻件，在航天航空、造船、国防等领域具有极大的应用前景，也可应用于机械、能源等领域核心、高附加值零部件的快速修复。但该工艺难以成形精细结构，成形后的零件仍需进行最终精加工。LENS 工艺原理、设备及成形零件如图 13-11 所示。

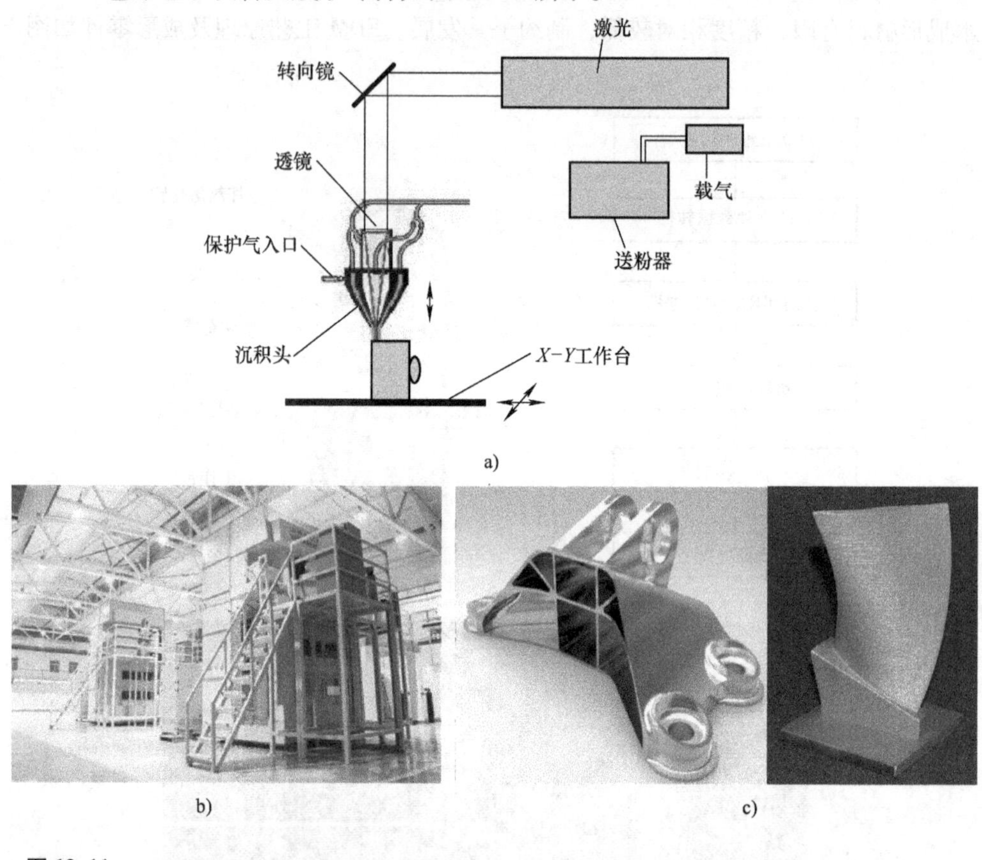

图 13-11

LENS 工艺原理、设备及成形零件

a）工艺原理 b）设备 c）成形零件

6. 选择性激光熔化（SLM）

SLM 工艺利用高能束激光熔化预先铺在粉床上的薄层粉末，逐层熔化堆积成形。为保证金属粉末材料的快速熔化，需要较高功率密度的激光器，光斑直径聚焦到几十微米到几百微米。SLM 制造的金属零件接近全致密，强度达锻件水平，精度可达 0.1mm/100mm，特别适合具有复杂内腔结构的钛合金和高温合金等制件。该工艺存在的主要问题是零件易产生翘曲变形及裂纹，成形效率相对较低，零件尺寸受限等。SLM 工艺原理及成形零件如图 13-12 所示。

7. 电子束选区熔化（EBSM）

EBSM 采用电子束为热源，成形过程在高真空环境保护下进行。通过电子束扫描、熔化

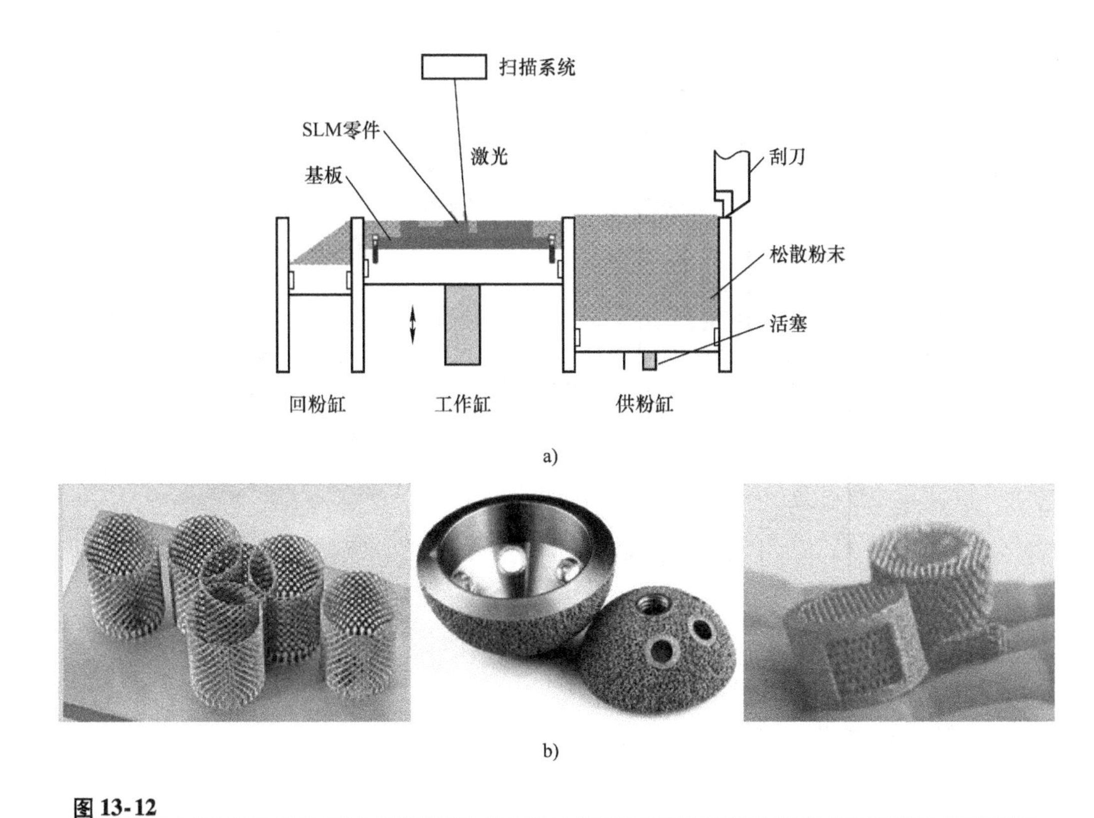

图 13-12

SLM 工艺原理及成形零件

a）工艺原理　b）成形零件

粉末材料，逐层沉积制造 3D 金属零件。EBSM 工艺利用磁偏转线圈产生变化的磁场驱使电子束在粉末层快速移动、扫描。在熔化粉末层之前，电子束可以快速扫描、预热粉床，使温度均匀上升至较高温度（>700℃），减小热应力集中，降低制造过程中成形件翘曲变形的风险；成形件的残余应力更低，可以省去后续的热处理工序。由于电子束功率大、材料对电子束能量吸收率高，EBSM 技术具有效率高、热应力小等特点，适用于钛合金、钛铝基合金等高性能金属材料的成形制造。EBSM 技术在航空航天高性能复杂零部件的制造、个性化多孔结构医疗植入体制造方面具有宽广的应用前景。EBSM 工艺原理及成形零件如图 13-13 所示。

8. 三维打印技术（3DP）

3DP 主要使用液态光敏树脂和粉末材料，工作方式类似于桌面打印机，核心部分为若干细小喷嘴组成的打印系统。如果采用液态树脂材料，成形过程类似 SLA。先由喷嘴喷出具有特定形状的一薄层树脂截面，利用紫外面光源照射使其固化；然后再由喷嘴喷出下一层截面，进而固化并与上一层粘结在一起；如此反复，直至实体制件成形完毕。当成形材料为粉末时，其成形过程类似于 SLS 工艺，但原理不尽相同。先铺一层粉，由喷嘴按照截面形状喷一层粘结剂，使成形制件截面内的粉末粘结成一体；工作台下降一个层厚，铺上一层新粉，并由喷嘴按照该层制件截面形状喷出一层粘结剂，使该层截面内的粉末发生粘结，同时与上一层制件实体粘结为一体；如此反复，直至制件成形完毕。3DP 工艺原理及设备如图 13-14

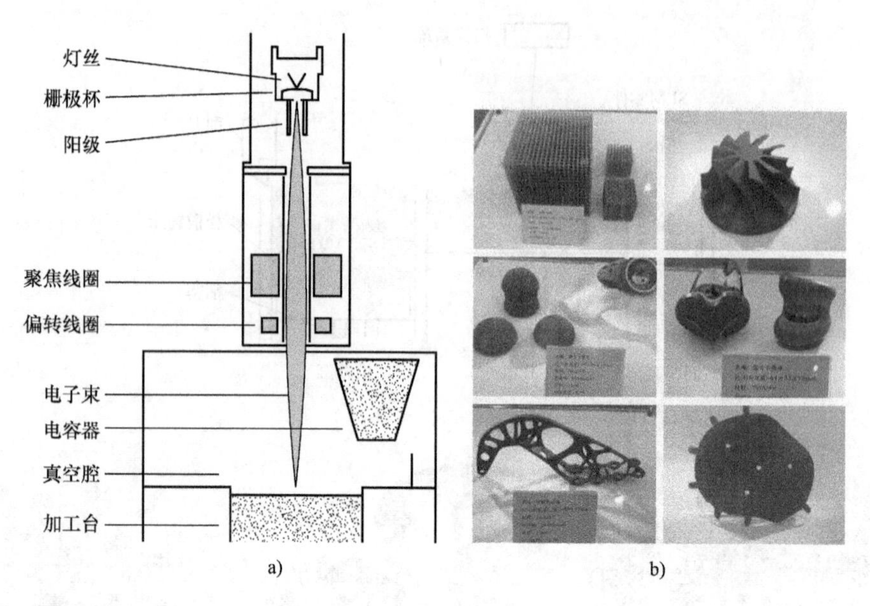

图 13-13
EBSM 工艺原理及成形零件
a）工艺原理 b）成形零件

所示。

该工艺无需激光器、扫描系统及其他复杂的传动系统，结构紧凑，体积小，可用作桌面系统，特别适合于快速制作三维模型、复制复杂工艺品等应用场合。但是，该技术成形的零件大多需要进行后处理，以增加零件强度，工序较为复杂，难以成形高性能功能零件。随着桌面型 3DP 技术的产生和应用，增材制造技术的应用范围得到了极大扩展。

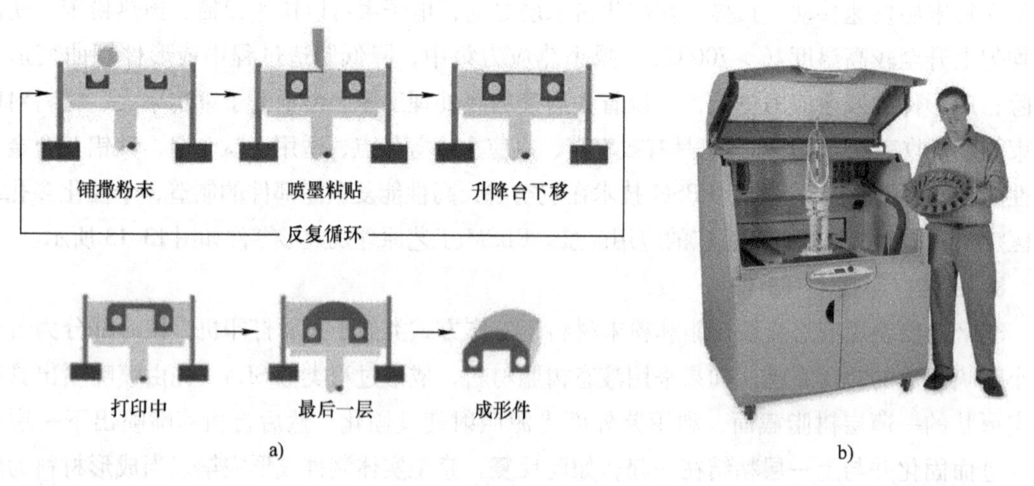

图 13-14
3DP 工艺原理及设备
a）工艺原理 b）设备

五、增材制造技术的应用

随着工艺、材料和设备的日益成熟和制造精度的提高，增材制造技术的应用范围由模型和原型制造进入产品快速制造阶段。增材制造因具有柔性成形，适用材料广，制造周期短，可实现高性能复杂结构金属零件的无模具、快速、全致密、近净成形等特点，在航空航天、医疗、计算机外设发展和创新教育等零件制造与再制造领域具有很大的应用潜力和广阔的发展空间，必将给社会生产模式与人类生活方式带来深刻影响和变革。

1. 应用于产品创新设计、验证与开发

增材制造技术的应用，为许多新产业和新技术的发展提供了快速响应能力。例如，制作飞机风洞模型，辅助新型飞机结构的创新设计与快速开发；用于汽车、家电和数码等快速更新换代行业中新产品结构的快速验证；海尔等企业均建立了增材制造技术中心。英国南安普顿大学设计并利用增材制造技术制造了世界上第一架“3D 打印”无人驾驶飞机，最高时速达 100 多公里；世界上第一辆“3D 打印”赛车“阿里翁”，已在德国的霍根海姆赛道完成测试，时速达 141 公里；2011 年 9 月，世界上第一辆“打印汽车”在加拿大亮相，最高时速可达 112 公里，百公里耗油 1. 17 升。部分增材制造模型如图 13-15 所示。

2. 应用于快速铸造

增材制造技术可用于辅助汽车发动机缸体、缸盖等复杂铸件蜡型和砂型的快速制造，如东风汽车公司、广西玉柴机器集团有限公司等相关企业均设立了专门的增材制造部门。无模铸造（Patteraless Casting Manufacturing，PCM）/3DP 具有制造时间短，制造成本低，造型材料价廉易得，型芯一体化成形，无起模斜度，易于制造含自由曲面（曲线）的大型铸型等特点，其工艺流程、装备及成形零件如图 13-16 所示。广西玉柴运用该技术生产六缸发动机缸盖，7 天内可以整体成形四气门六缸发动机缸盖砂芯。而采用传统的砂型铸造试制方法，需要 5 个月左右。应用该技术，大型发动机缸体的首次铸造只需 15 天。西安交通大学为东方汽轮机有限公司、中航工业西安航空发动机（集团）有限公司制造的空心涡轮叶片，原来从日本三菱进口，价格极高（一个叶片的价格相当于一台奥迪车），采用增材制造方法后，无需铸型型芯和型壳的装配，保证了相对精度，大大降低了成本。嘉陵摩托车发动机缸头 2 件一次成形，只需 10 天时间。

3. 应用于高性能、难加工零件制造和再制造

激光、等离子束和电弧等能束增材制造技术，已应用于航空航天、机械、能源、船舶等领域核心、高附加值零部件的制造和再制造。尤其是高性能、难加工、大型复杂的关键构件采用激光直接制造技术具有很大的优势，西北工业大学和北京航空航天大学在该领域的研究处于国际前沿。我国突破了飞机钛合金大型主承力结构件激光快速成形技术，并实现了装机应用，所做零件经过 8000h 以上的抗疲劳测试。我国制造的 C919 大型客机 Ti6Al4V 钛合金双曲面主风挡窗框，55 天完成制造，已经成功装上飞机。C919 大型客机的中央翼缘条长度超过 3m，飞机主承力梁长 5m。法国防务集团 Naval Group 和法国工程研发中心 Centrale Nantes 合作，采用电弧增材制造（WAAM）工艺成功完成了第一个完整的螺旋桨叶片的 3D 打印，并将应用于批量生产。制造出的首个全尺寸螺旋桨叶片，具有复杂形状，重量超过 300kg，为军事工业提供解决方案。美国 AeroMet 公司将激光增材制造应用于 F15 等战斗机机翼梁修复、英国 Rolls – Royce 公司将该技术用于航空发动机叶片修复，我国沈阳大陆激光

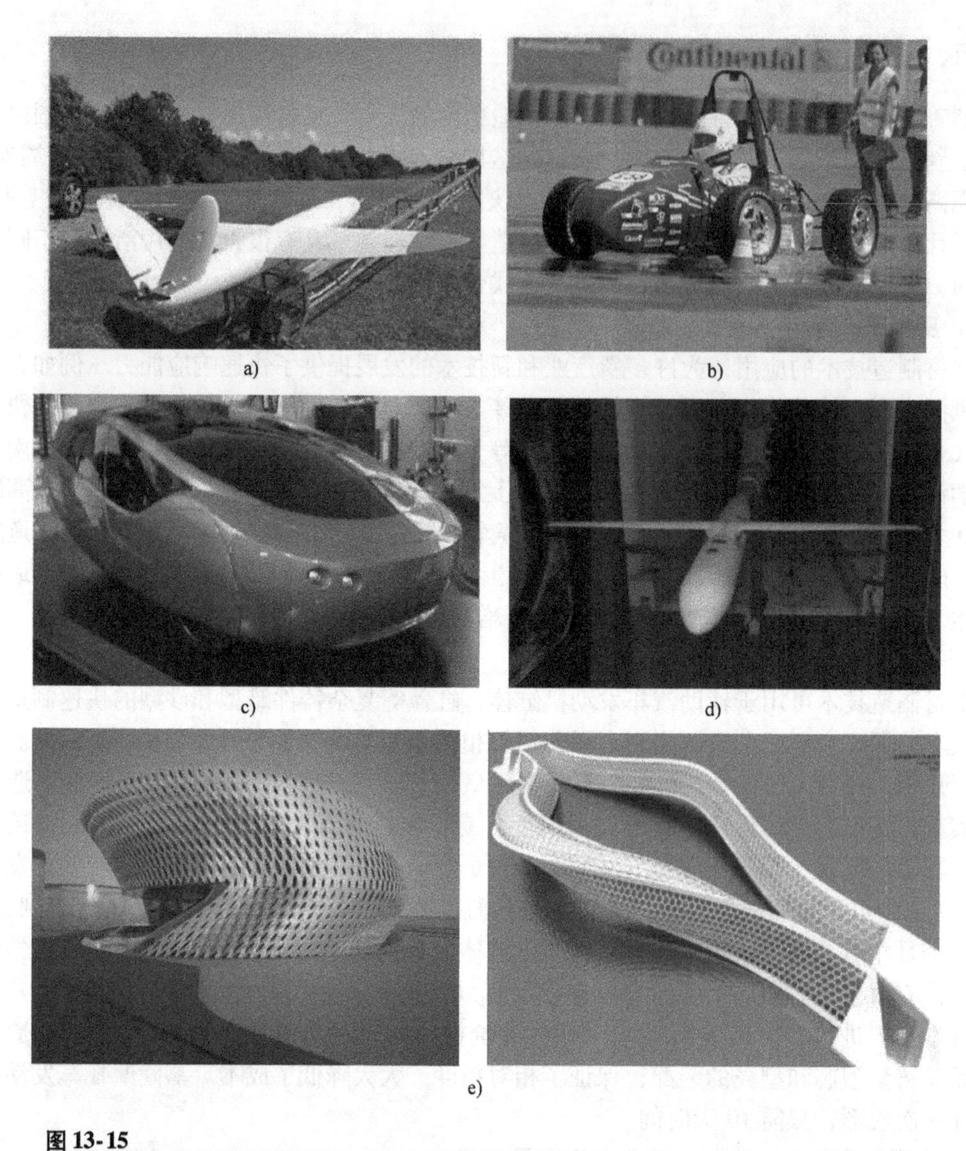

图 13-15

增材制造模型

a）增材制造的无人驾驶飞机 b）增材制造的赛车 c）第一辆“3D 打印”赛车“阿里翁”
d）气动弹性风洞试验模型 e）数字化建筑模型

技术有限公司在高功率激光加工成套设备及激光制造产品的开发，以及高速转动设备零部件激光再制造方面，具有成熟的技术。激光增材制造技术用于发动机零件的再制造，实现了复杂零件的高性能、高效率和低成本修复和再制造。图 13-17 所示为应用增材制造技术成形的高性能、难加工零件。

4. 应用于生物医学领域

生物 3D 打印增材制造技术可将生物材料和/或生物单元（细胞、蛋白质、DNA 等）按仿生形态学、生物结构或生物体功能、细胞特定微环境等要求用 3DP 技术制造出具有个性化的体外三维结构模型或体外三维生物体。它在生物假体与组织工程上的应用广泛，可为人

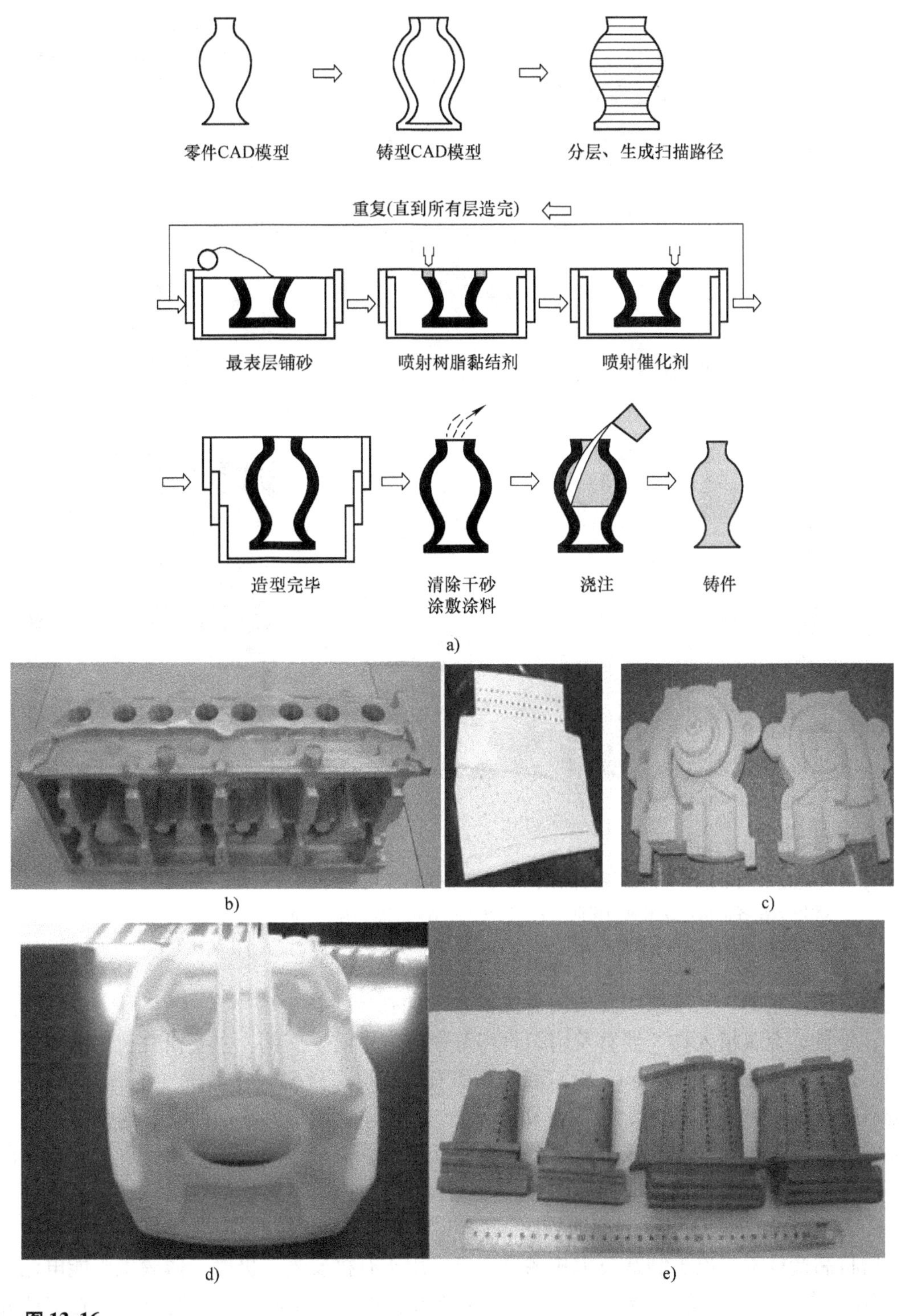

图 13-16

增材制造在快速铸造领域的应用

a）无模快速铸造工艺　b）发动机缸体陶瓷铸型　c）铸造砂型　d）摩托车发动机缸头　e）空心涡轮叶片

图 13-17

增材制造在高性能、难加工零件制造和再制造领域应用

a）C919 大型客机钛合金主风挡窗框 b）C919 大型客机主承力梁（5m）

c）电弧增材制造成形的螺旋桨叶片 d）激光成形修复的发动机零件

工定制化假体制造、三维组织支架制造提供有效的技术手段，在术前规划、体外医疗器械、齿科、骨科、金属植入物、器官及组织打印等领域应用前景广阔。主要研究机构有美国强生公司、德国贝朗医疗 B. Braun、山东威高集团有限公司、微创医疗器械（上海）有限公司、先健科技（深圳）有限公司、卡内基梅隆大学（CMU）、清华大学、西安交通大学、上海交通大学、第四军医大学等。该领域属多学科交叉领域，需求量大，个性化程度高，产品附加值高。生物增材制造原理及应用如图 13-18 所示。

5. 应用于电子信息和微纳制造领域

增材制造技术与电子制造技术相融合，可应用于有机发光二极管、薄膜太阳能电池、无芯片 RFID 标签、柔性显示器等微纳尺度功能性器件的 3D 打印。与压膜制版、光刻蚀和镀膜等工艺相比，增材制造用于电子领域不仅减少污染排放，还可提高贵重材料利用率。尤其是在微尺度结构领域，增材制造降低了组装的难度，甚至能够免去装配的步骤。在打印精度方面，传统加工制造很难达到比较高的精度，而微观的打印能够轻易地达到 10μm 以下的精

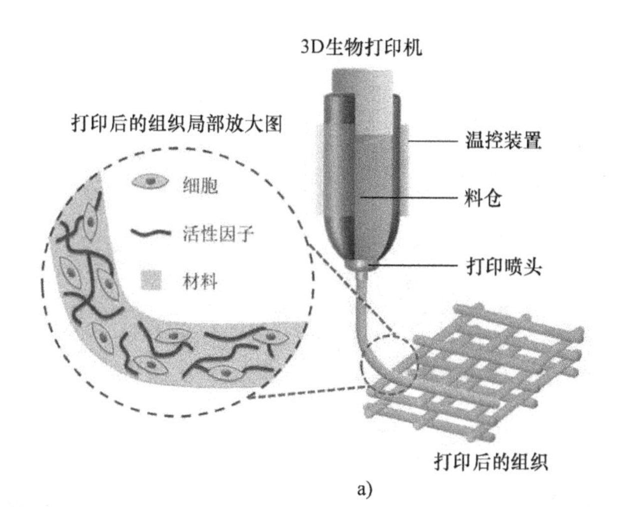

a)

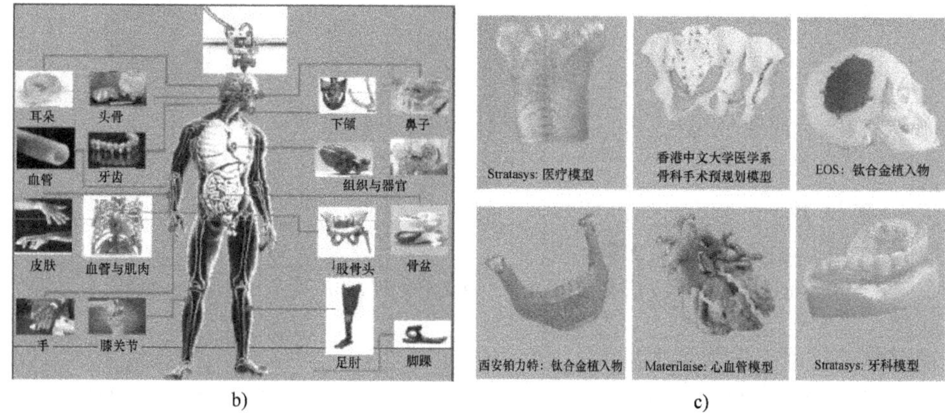

b)　　　　c)

图 13-18

生物增材制造原理及应用

a）生物组织 3D 打印原理　b）生物 3D 打印潜在应用　c）生物 3D 打印模型

度。在精密结构的 3D 打印技术领域，深圳摩方材料科技有限公司是该领域的领先者。其专有的技术称为 PμLSE（Projection Micro Litho Stereo Exposure），即“面投影微立体光刻”，通过紫外光固化树脂来成形。这种 3D 打印技术能制造小型机械部件，如微型弹簧、特殊形状的电子接插件，甚至能制造心血管支架这样极为复杂的医疗器件。微纳 3D 打印部分零件如图 13-19 所示。

六、增材制造技术的发展现状及趋势

1. 增材制造技术的发展现状

近几年来，增材制造产业不断壮大，新技术、新材料、新器件和新产品不断涌现，技术标准不断更新，增材制造技术正以前所未有的速度迅猛发展，主要表现在以下几个方面：

1）增材制造新技术不断突破。随着增材制造领域相关研究的不断深入，近年来，液态金属的喷墨打印、粉末床熔融和黏结剂喷射混合工艺的高速成形、选择性隔离烧结、连续液面生长、多射流熔融和增减材复合制造等一批新工艺、新技术获得突破。复合制造技术延伸

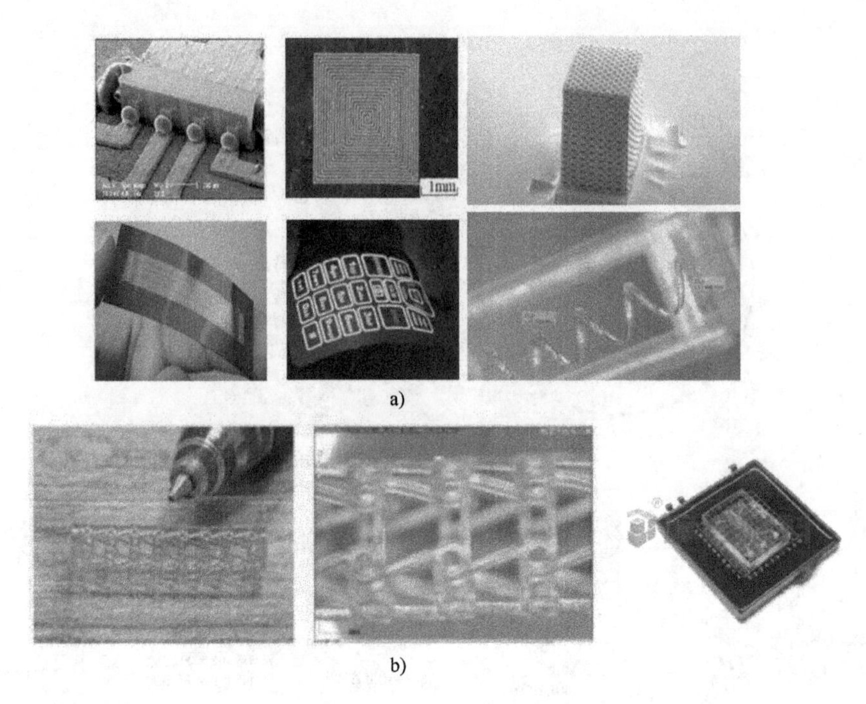

图 13-19

微纳3D打印电子器件及零件

a）微纳电子器件点阵结构及微弹簧 b）生物支架微流控芯片

了现有增材制造技术，发展潜力巨大。

2）增材制造专用材料种类逐渐增多。增材制造专用材料的类型和品质决定着增材制造产品及服务的质量。全球面临专用材料种类少、性能差、价格高的问题。近期，Stratasys、3D Systems、EOS、惠普等行业领军企业，以及巴斯夫、杜邦等材料企业纷纷布局材料领域，突破了一批新型高分子复合材料、高性能合金材料、生物活性材料、陶瓷材料等专用材料，极大拓展了增材制造材料类型，增材制造材料种类正逐渐增多。

3）增材制造装备性能不断升级。随着增材制造装备工艺技术研究的深入和制造技术的突破，出现了一批超大型、超高速、超精密的工艺装备。近期，GE公司发布的增材制造装备成形尺寸达到1.1m×1.1m×0.3m（Z轴可扩展至1m，甚至更大），推动铺粉式金属激光增材制造成形进入“米”级时代。德国EOS公司、SLM Solutions公司等推出四激光系统的新型装备，大幅提升了打印效率。澳大利亚APEE3D公司基于超声速三维沉积（SP3D）技术的金属增材制造装备，成形速度较传统金属增材制造技术提高100~1000倍。惠普公司基于MJP（Multi Jet Printing）多喷头3D打印技术的装备，成形精度达到1200像素/in，并引领了多材料全彩增材制造。深圳摩方材料科技有限公司自主研发的面投影立体光刻装备，打印精度可达微米级。

4）增材制造产品质量逐步提升。增材制造产品质量不断提升，带动增材制造从产品研发设计向零部件直接制造转变。GE公司LEAP航空发动机中的增材制造燃油喷嘴订单量已超11000台。国产C919大型客机中增材制造舱门复杂件的力学性能明显高于原有铸件。北京爱康宜诚医疗器材股份有限公司与北京大学第三医院联合研制的增材制造髋关节、椎间融合器等产品相继获得 CFDA 注册批准，推动增材制造技术与个性化、精准医疗的深度融合。

5）增材制造服务获取更加便捷。系统化和数字化正成为增材制造服务的主流方向。西门子与 Stratasys、GE、3D Hubs 公司等行业领军企业合作，推动西门子数字工厂解决方案与增材制造解决方案整合，提升了增材制造产品的全生命周期管理水平。

尽管经过 40 年左右的发展，增材制造技术取得了突飞猛进的进展，但是该领域仍有许多问题需进一步研究。目前该技术主要应用于产品研发，使用成本高，制造效率及制造精度尚不能令人满意。其工艺与装备研发尚不充分，尚未进入大规模工业应用，是传统大批量制造技术的有益补充。应通过形成协同创新的运行机制，积极科学推进，使之从产品研发工具走向批量生产模式，以技术引领应用市场发展。

2. 增材制造技术的发展趋势

1）单一材料向复合材料方向发展。单一材料种类较少和性能不足严重制约了增材制造技术的应用，将纳米材料、碳纤维材料等与现有材料体系复合，开发多功能纳米复合材料、纤维增强复合材料、无机填料复合材料、金属填料复合材料和高分子合金等复合材料，不仅赋予了材料多功能性特点，而且拓宽了增材制造技术的应用领域。

2）多材料、多工艺增材制造成为重要方向。多材料增材制造技术可融合多种增材制造工艺，实现全彩增材制造等高质量产品的一体化成形，并大幅提升成形效率。增材制造技术与机器人、数控机床、铸锻焊等多工艺技术的集成，可满足无支撑成形等严苛的工艺要求，不仅能实现复杂结构产品的增材制造，还可以助推增材制造装备的创新，实现产品的近净成形。

3）突破成形尺寸限制、成形精度更高、更智能。大型化：增材制造装备成形尺寸已经步入“米”级时代，增材制造装备大型化已成为发展趋势。微型化：现有增材制造的成形精度已经达到微米级，未来将向纳米级的成形精度发展，极大促进增材制造技术在微流控芯片制造等领域的应用。智能化：传感器、微处理器、数据存储装置等智能部件将融入增材制造装备，实现成形过程的实时记录和反馈，带动装备的智能化；采用具有特殊功能的新材料、梯度功能材料或超材料制成的零部件具备感知、执行和反馈控制等系统主动综合能力，实现智能化或不同部位性能的裁剪定制，实现材料 - 设计 - 制造 - 控制 - 测量一体化。

4）融合创新，重塑增材制造新模式。增材制造与传统的减材制造融合，提升增材制造技术的成形效率和精度，助力企业实现柔性制造，赋予现有加工中心或生产线高柔性与高效率；将增材制造装备纳入智能制造生产体系，实现生产过程的实时管理和优化，并通过云制造实现分散的社会智力资源和增材制造资源的快速集成，重塑增材制造技术及应用模式。

第十四章
绿色制造技术概述

第一节　绿色制造的基本概念

20 世纪高速发展的工业经济给人类带来了高度发达的物质文明，同时也带来了一系列严重的环境问题，如温室效应、臭氧层破坏、酸雨及土地沙漠化、森林面积减少、物种灭绝、水资源危机、城市大气污染等。环境问题不仅制约了人类社会的持续发展，也直接威胁到人类社会的安全和生存。制造业是最大的污染源之一，据统计，造成环境污染的排放物有 70% 以上来自制造业。传统的制造业一般采用“末端治理”的方法来解决产品生产过程中产生的废水、废气和固体废弃物的环境污染问题。但是“末端治理”的方法无法从根本上解决制造业及其产品产生的环境污染，而且投资大、运行成本高、消耗资源和能源。国内外经验证明，要消除或减少工业生产环境污染的根本出路在于实施绿色制造战略。从 20 世纪 90 年代以来，绿色制造技术在绿色浪潮和可持续发展思想的推动下，迅速发展并在国内外得到了广泛的应用，绿色产品也逐渐成为世界商品市场的主导产品。

一、绿色制造的概念和内涵

绿色制造（Green Manufacturing，GM），又称为环境意识的制造，是一个系统地考虑环境影响和资源效率的现代制造模式。绿色制造的目标是使得产品从设计、制造、包装、运输、使用到报废处理的整个生命周期中，对环境的负面影响最小，资源效率最高，并使企业经济效益和社会效益协调优化。这里的环境包含自然生态环境、社会系统和人类健康等。

绿色制造具有非常深刻的内涵，其要点主要有：

1）绿色制造涉及制造技术、环境影响和资源利用等多个学科领域的理论、技术和方法。它具有多学科交叉、技术集成的特点，是广义的现代制造模式。

2）绿色制造考虑两个过程：产品的生命周期过程和物流转化过程，既从原材料到最终产品的过程。通过绿色制造要实现两个目标：减少污染物排放，保护环境；实现资源优化。

3）绿色制造技术综合考虑了产品在整个生命周期过程中对环境造成的影响和损害，内容十分广泛，包括绿色设计、清洁生产、绿色再制造等现代设计和制造技术。

4）资源、环境、人口是实现可持续发展要面临的三大主要问题，绿色制造是一种充分考虑资源、环境的现代制造模式。绿色制造技术是制造业可持续发展的重要生产方式，也是实现社会可持续发展目标的基础和保障。

二、绿色制造的特征

绿色制造是一种以保护环境和资源优化为目标的现代制造模式，它与传统的制造模式具有本质的不同，主要表现为以下几方面：

1）绿色制造是面对整个产品生命周期过程的广义制造，要求在原材料供应、产品制造、运输、销售、使用、回收的过程中，实现减少环境污染、资源优化的目标。

2）绿色制造是以提高企业经济效益、社会效益和生态效益为目标，强调以人为主体，集成各种先进技术和现代管理技术，实现企业经济效益、社会效益和生态效益的协调与优化。

3）绿色制造致力于包括制造资源、制造模式、制造工艺、制造组织等方面的创新，鼓励在产品的生命周期全过程中采用新的技术方法、使用新的材料、应用新的资源。

4）绿色制造模式具有社会性。相对于传统制造模式，绿色制造需要企业投入更多的人、财、物来减少废物排放，建造宜人的工作环境，塑造良好的社会形象，保护自然生态环境。而受益的不仅仅是企业本身，还有整个社会。

三、绿色制造的生命周期概念

绿色制造是综合考虑产品整个生命周期环境影响的系统化制造技术。产品的生命周期是绿色制造中的重要概念，是与传统制造的本质区别，是绿色制造系统化概念的具体体现。产品生命周期包括了从原材料获取、选用到生产、加工、包装、运输、销售、使用、维护、废弃物处理的全过程。一般产品的生命周期模型如图 14-1 所示。

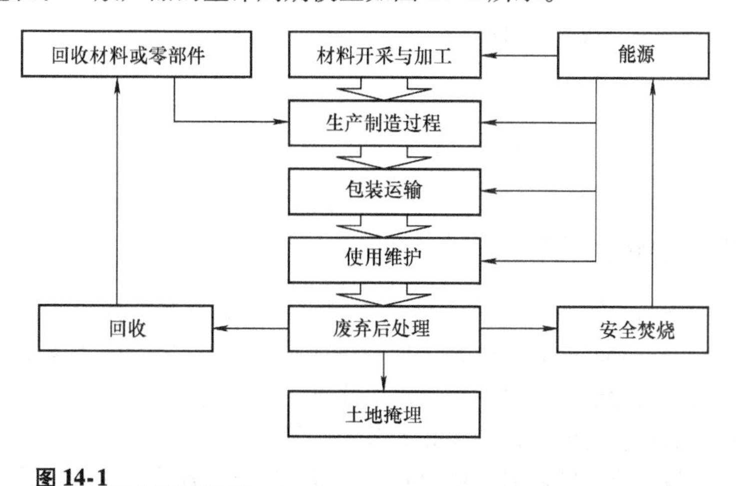

图 14-1

产品生命周期模型

生命周期评价（Life Cycle Assessment, LCA）起源于 1969 年美国中西部研究所受可口可乐委托对饮料容器从原材料采掘到废弃物最终处理的全过程进行的跟踪与定量分析。LCA

已经纳入ISO14000环境管理系列标准而成为国际上环境管理和产品设计的一个重要支持工具。根据ISO14040：1999的定义，LCA是指对一个产品系统的生命周期中输入、输出及其潜在环境影响的汇编和评价。LCA是通过定量化研究能量和物质利用及废弃物的环境排放来评估一种产品、工序和生产活动造成的环境负载，评价能源、材料利用和废弃物排放的影响及环境改善的方法。

四、绿色制造的结构体系

绿色制造的核心要素是产品在生命周期过程中，使用绿色材料和清洁能源，通过绿色设计，生产绿色产品，最终建立具有可持续性的产品生产和消费模式。绿色制造的结构体系主要由三大部分组成：绿色设计、清洁生产和绿色再制造，如图14-2所示。其中，每个部分都包含很多种技术方法，图14-2中所示为比较典型的技术方法。

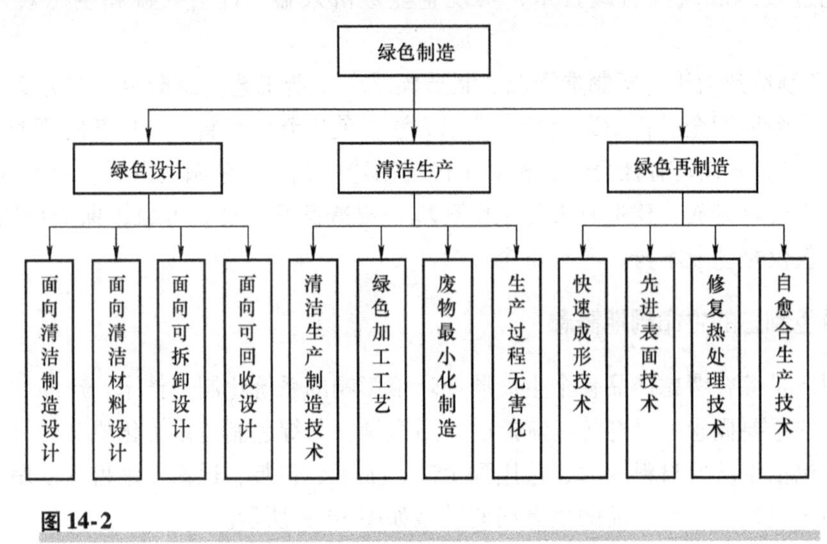

图14-2
绿色制造的结构体系框图

第二节 绿色设计

一、绿色设计的概念和内涵

绿色设计是实施绿色制造的起始环节。绿色设计（Green Design，GD）也称为面向环境的设计（Design for Environment），是系统地考虑环境影响并集成到产品最初设计过程中的技术和方法。绿色设计概念的核心是从整个产品系统的角度考虑，在整个产品的生命周期内，从原材料的提取、制造、运输、使用到废弃各个阶段对环境产生的影响。绿色设计要求在满足产品的功能、质量和成本的同时，优化各有关设计因素，使产品在整个生命周期过程对环境的影响减少到最小。

绿色设计在产品整个生命周期内，着重考虑产品环境属性（可拆卸性、可回收性、可维护性、可重复利用性等）并将其作为设计目标，在满足环境目标要求的同时，保证产品应有的功能、使用寿命、质量等。

绿色设计的原则为“3R”（Reduce，Reuse，Recycle）原则，即减少环境污染和能源消耗，产品和零部件的重新利用和回收再生循环使用。

二、绿色设计策略

在绿色设计中，为满足所设计产品特定环境特性要求而采用的技术方法称为绿色设计策略。同时，绿色设计策略也包含了绿色设计的基本原则。不同的绿色设计策略，从不同的角度分析产品的环境特性，提出减少对环境影响的技术方法。

（1）选择低环境影响材料　这种策略主要侧重于材料的选择及表面处理方式的选择，目的是为产品选择对环境影响最小的材料。

1）清洁材料。尽可能采用无毒、无害的材料。

2）可再生材料。尽可能采用可无限制使用并不需要替代的材料，减少使用非再生材料。美国环境规划署（EPA）对非再生材料的定义：200 年内不能再生的材料为非再生材料，如石油、矿物质等。

3）低含能材料。避免或减少使用需要高能量进行提取或加工的材料。

4）回收的材料。使用回收的材料是指曾经被加工过，回收后，可重新用于加工同一产品或不同产品的材料。

5）可回收材料。它是指材料回收后，能被重新加工后使用，且有应用市场的材料。

（2）减少材料的使用量　该策略的目的是采用最小的产品体积，以便产品在运输和使用过程中占用最小的空间。尽管有时设计者为了产品的质量形象，故意将产品设计得较大、较重，或者通过增加重量，提高产品的技术寿命。但多数情况下，减小产品的体积和重量是完全可能的。

1）减小产品重量。减小产品的重量，可直接减少材料的使用量，减少废物，也减少了产品在运输中消耗的能量。

2）减小产品体积。减小产品的体积，可减少产品包装材料的使用量，同时也提高了产品的储存效率和运输效率，节约能源。

（3）优化产品生产技术　该策略的目的是在生产过程中，最少量地使用辅助材料，减少能源消耗量，降低原材料的损失和废物的产生。

1）采用绿色制造技术。采用减少环境影响的生产技术，如清洁生产技术等。

2）减少加工步骤。目的是减少生产过程，如使用不需表面处理的材料。

3）降低能源消耗，使用清洁能源。目的是减少现有生产过程中能源的使用，提高能源使用效率，减小对环境的间接影响。

4）减少生产过程的废物。优化现有生产过程，改善加工工艺，使用最小废料设计，提高材料使用效益，尽可能在企业内实现废料回收。

（4）优化销售系统　这个策略保证产品以最有效的方式从工厂传输到零售商直到最终用户。这包括产品的包装、产品运输的方式及整个供给系统。

1）减少包装材料，使用清洁和可重复使用的包装材料。这也包括减少包装材料产生的废物和扩散。使用包装材料越少，节省的材料和运输中的能量就越多。

2）采用最具能效的运输方式。海运的环境影响比空运小；大批量运输比单件、小批量运输更具有能效等。

3）建立最具能效的产品供应系统，也可有效地减少对环境的影响。

（5）减少产品使用中的环境影响　在产品使用中，包括产品的维护与修理，为了实现产品的功能，除了能量消耗以外，往往要使用一定量的消耗品，如水，和其他的产品，如电池等。这一策略就是要减少产品在使用中对环境产生的影响。

1）降低能量消耗。通过选择低能耗、高能效元件或减少元件数量，可减少能源消耗和有害气体的释放。

2）使用清洁能源，如太阳能，可大大减少对环境有害气体的释放，尤其是高能耗产品。

3）在满足产品功能的条件下，尽可能减少消费品的使用。

4）设计使用最清洁的消费品，并保证在其使用中不产生潜在的、有害的废物。

5）避免产品和消耗品的误用，设置产品理想工作状态，减少能源和其他消耗品的浪费。

（6）优化产品寿命　该策略的目的就是要延长产品的使用寿命，包括产品的技术寿命和美学寿命，以及它们之间的平衡。

1）可靠性和耐用性。增加产品的可靠性和耐用性是所有产品设计技术都应遵循的基本原则，关键是采用可靠的设计，避免薄弱连接。

2）易于维护和维修可以保证产品及时地清洁、维护和修理。

3）采用模块化结构便于产品的升级和更新换代以及维护和修理。

4）采用先进的设计保证产品在一定的时间内不落后，保持产品技术寿命和美学寿命的平衡。

5）具有良好的人性化设计。

（7）优化产品回收处理系统　该策略的目的是在产品使用寿命结束后，重复使用具有使用价值的产品及元件，确保对使用后的产品采取适当、安全的回收和处理方法。使用后的产品、元件及材料的重复使用，意味着已投入的原材料和能量的节省。

1）产品的重复使用。原则是使用后的产品作为一个整体被重复使用，或用于产品原来的功能，或用于其他的目的。如设计延长产品的美学寿命，可为其他用户重复使用等。

2）重新加工和刷新。具有使用价值的元件、部件可重复使用其原来功能，用于其他同类产品的维护和维修，或用于其他的产品。

3）材料的回收。采用可拆卸设计，使用可回收材料，减少材料的种类，便于材料的回收。将不得不使用的有毒、有害材料集中于产品的特定区域，便于拆卸和处理。

4）安全焚烧。对不可能回收或重复使用的产品，最好的选择是焚烧。对有毒、有害废物要做单独的焚烧处理。在焚烧的过程中，一般可以回收热能。

三、绿色设计基本步骤和方法

绿色设计过程采用系统的方法，确定指定产品应采取的设计策略，以改善产品的环境属性，同时，也保证产品其他功能、特性的实现。绿色设计过程可分为选择产品、采用绿色设计技术和策略、产品实现三个步骤。

（一）产品选择和产品基本特性分析

一般情况下，产品的选择主要是由市场需求决定的，同时还要考虑潜在的环境影响和技术可行性。产品选定以后，应进行产品基本情况分析，并撰写分析报告。这个报告应包括以下内容：

1. 产品市场情况

1）产品的主要特征：功能、外观、质量、成本等。

2）产品的市场容量以及发展趋势。

3）其他影响产品市场的因素：相关法律、法规、标准、用户兴趣等。

4）与产品市场相关的所有环境问题。

2. 市场上同类产品分析

分析市场同类产品，尤其是竞争对手产品的环境特性及优势。

3. 企业的资源和能力

1）企业内现有的设施条件、资源条件、环境政策等。

2）能够从事绿色设计的技术和研究人员以及他们所具有的设计经验。

4. 产品的适应性

1）产品的环境属性的改善，以及新材料、新技术的不断应用。

2）用户新的需求或喜好。

5. 产品信息

1）广泛的产品描述，包括产品的功能和零部件，主要设计和生产特点，使用的材料清单，产品使用后的处理方式等。

2）生产过程的描述，包括制造产品及零部件的过程及它们的来源。

3）产品的使用时间、资源消耗、使用频率、产生的环境影响、期望的平均使用寿命。

6. 产品生命周期流程图

建立产品生命周期流程图，确定产品生命周期中的各个主要阶段，便于进行产品的生命周期分析（LCA）。

（二）产品的环境影响分析，确立设计目标和方向

根据对所选择产品的环境特性及动力的分析，建立优先发展方向，选择最适合的绿色设计策略用于产品的设计。

1. 生命周期评价步骤

1）目的和范围的确定：说明开展LCA的目的和意图、研究结果的可能应用领域，确定LCA的研究范围，保证研究的广度、深度与要求的目标一致。

2）清单分析：量化和评价所研究的产品在整个生命周期各个阶段，资源和能量使用以及环境释放的过程。

3）生命周期影响评价：将清单数据通过分类、特征化和加权，进一步与环境影响联系起来，让非专业的环境管理决策者更容易理解。

4）解释：根据规定的目的和范围，综合考虑清单分析和影响评价的发现，从而形成结论并提出建议。

2. 简化LCA过程

LCA对企业来讲，是一个非常复杂，花费很大，且十分耗时的过程。在实际应用中，一般采用简化的LCA，目的是获得产品在生命周期过程中主要的环境影响因素，确定影响因

素次序，为设计过程提供参考和建议。一般可分为三个步骤：

1）建立产品生命周期流程图。

2）进行有限的产品清单分析，主要对产品的输入数据（材料、资源、能量）和产品的输出数据（废物及扩散）进行清单分析。

3）应用LCA工具软件进行环境影响分析，确定影响因素的重要性次序。

3. 绿色设计工作小组

绿色设计过程中需要建立一个指导绿色设计的工作小组，使用上述的LCA报告或其他环境影响评估方法，分析产品的环境影响，并考虑在设计中减少这些影响的设计策略。这个工作小组应包括生产技术人员、材料专家、市场销售人员、设计人员、环境问题专家、管理者或决策者等。最后，工作小组对解决产品环境影响的各种意见和方法给出一个基本的评价。

（三）绿色产品的实现

依据绿色设计工作小组的分析，将产品的环境影响因素按优先级分类，确定绿色设计策略。应根据不同的产品、不同的环境影响要求和不同的市场需求而采用不同的设计策略。不同的绿色设计策略有时是相互促进的，有时却是相互矛盾的。如果两个绿色设计策略的环境目标是矛盾的，那么，在减少其中一个环境目标的环境负荷时，却增加了另一个环境目标的环境负荷。因此，在决定使用某些设计策略之前，还要检查不同设计策略之间是否具有相互矛盾之处。综合考虑和优化各相关环境目标，确定最佳解决方案。

通过以上的分析和研究，可以写出产品的设计大纲，进行产品的详细设计、开发和原型制造。针对产品生命周期不同阶段，应采用的绿色设计策略，以及应考虑的典型环境影响因素见表14-1。

表14-1 生命周期不同阶段典型绿色设计策略和主要影响因素

产品生命周期阶段	绿色设计策略	主要影响因素
原材料提取与加工阶段	策略1：使用低环境影响材料 策略2：减少材料使用量 策略3：优化产品生产技术	原材料 能源消耗
生产加工阶段	策略3：优化产品生产技术	辅助材料 能源消耗
包装与运输阶段	策略2：减少材料使用量 策略4：优化销售系统	包装材料 运输中的能源消耗
使用阶段	策略5：减少产品使用中的环境影响 策略6：优化产品寿命	实现功能的材料 使用中的能量消耗
废弃与处理阶段	策略7：优化产品回收处理系统	辅助物资 能源消耗

绿色设计技术是绿色制造的关键技术，是实现绿色制造的重要基础。产品在设计阶段就基本确定了产品采用何种材料、资源以及何种加工方式，同时，这也确定了产品在整个生命周期过程中的环境属性。研究表明，产品设计阶段决定了产品在生命周期中80%的环境影响。因此，采用绿色设计技术是减小产品环境影响的有效的设计方法，是实现产品绿色化的最佳途径，也是提高产品附加值的重要手段。

第三节　清洁生产

一、清洁生产的定义和内涵

清洁生产（Cleaner Production）是20世纪80年代发展起来的，也是国际社会努力倡导的改变传统生产模式的一种全新的保护环境的战略措施，其实质是一种物料和能耗最少的人类生产活动的规划和管理，将废物减量化、资源化和无害化，或消灭于生产过程之中。清洁生产考虑从原材料、生产过程到产品服务全过程的广义污染防治，可以从根本上解决工业污染的问题，即在污染前采取防止对策，而不是在污染后治理，将污染物消除在生产过程之中，实行工业生产全过程控制。简而言之，清洁生产就是在现有的技术和经济条件下，用清洁的能源和原材料、清洁工艺及无污染或少污染的生产方式，以及科学而严格的管理措施生产清洁的产品。

清洁生产是一种综合预防的环境保护策略，并持续地应用于产品生产过程和产品服务的过程中，以期减少对人类和环境的影响和伤害。对于生产过程来说，清洁生产的目的就是在生产过程中节约原材料、水资源和能源，避免有毒有害材料的使用，减少有毒有害物质排放和废弃物的产生；对于产品来说，清洁生产目标在于减少产品在整个生命周期过程中对生态环境和人类健康与安全的影响；对于产品服务而言，清洁生产是指在产品设计和服务中综合考虑环境影响因素，实现绿色设计；从可持续发展的角度讲，清洁生产是既可满足人们的需要，又合理使用自然资源和能源，并保护环境的实用生产方法和有效措施。

清洁生产要实现两个目标：①通过资源的综合利用，短缺资源的代用，二次能源的利用，以及节能、降耗、节水，合理利用自然资源，减缓资源的耗竭。②减少工业废弃物和污染物的产生和排放，促进工业产品的生产、消耗过程与环境相容，降低工业活动对人类和环境的风险，促进工业与环境的协调。

二、清洁生产的实现方法

（一）实现清洁生产的基本途径

1）改进产品设计，调整产品结构，选择绿色原材料，采用闭路循环生产方式，综合利用资源，避免对环境的不利影响，不采用对环境有害的原料，不生产对环境有害的产品。

2）改进生产工艺和设备，开发全新工艺流程，最大限度地提高生产率，减少污染排放。

3）加强生产管理，发展环保技术，减少生产中的“跑、冒、滴、漏”。

4）进行产品的生命周期评价或清洁生产审计，对症下药，提出清洁生产方案并进行可行性分析。建立企业环境管理体系，为企业持续进行清洁生产提供组织和管理保障。

（二）绿色制造工艺

绿色工艺是清洁生产的重要组成部分，是实现绿色制造的重要环节。绿色工艺是指在产品加工过程中，采用的既能提高经济效益，又能减少环境影响的工艺技术。它要求在提高生产率的同时，必须减少或消除废弃物的产生和有毒有害材料的用量，改善劳动条件，保护操作者的健康，并能生产出安全、可靠、对环境无害的产品。绿色工艺涉及诸多内容，如零件加工的绿色工艺、表面处理的绿色工艺、干式加工等。

绿色工艺要从技术入手，尽量研究和采用物料和能源消耗少、废弃物少、对环境污染小的工艺方案和工艺路线。如零件的绿色工艺主要包括加工顺序工艺优化，加工参数、切削刀具、切削液、润滑剂的使用，加工质量、热处理、金属成形（铸造、熔炼）、表面喷漆中的绿色工艺以及环境影响评估。绿色制造工艺的开发策略如图14-3所示。

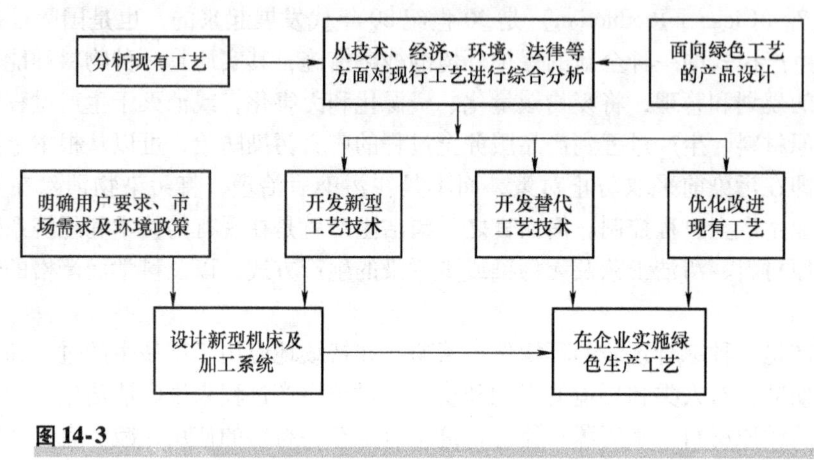

图14-3

绿色制造工艺开发策略框图

（三）绿色制造技术

1. 干式加工技术

干式加工就是在加工过程中不用切削液的加工工艺。使用这种工艺方法已有较长时间，但仅局限于铸铁材料的加工。随着刀具材料、涂层技术等的发展，干式加工的研究和应用已成为加工领域的新热点。近年来，美国在制造业广泛采用了干式加工。在欧洲，已有一半的企业采用了干式加工技术，尤其在德国，应用更为广泛。

采用干式加工方法，逐步取消切削液，可以取得经济和环境两方面的效益。在经济方面，据国外统计资料表明，使用切削液的费用约占制造总成本的16%，而切削刀具消耗的费用仅占3%~4%。因此，采用干式加工方法，可节约费用12%左右。在环境方面，切削液，尤其是雾状切削液，会对操作者的健康造成损害，同时还会产生废水，造成局部环境污染。

（1）干式车削加工技术 干式车削加工的关键问题是选择适合干式车削的刀具（如涂层刀具、PCBN、聚合金刚石等）、改进刀具几何形状和确定干式车削加工条件。在适宜的切削条件下，可提高刀具寿命，降低切削温度。如采用GE超硬磨料公司的PCBN刀具进行旋风铣削加工丝杠螺纹，钢坯在精加工之前进行淬硬处理，以硬旋风铣削取代软车削和精磨工序，都可明显提高金属切除率，加工时间也大大缩短，效率提高近100倍。

（2）干式滚切加工技术 采用干式滚切加工是实现滚齿加工绿色化的主要措施。实现干式滚切加工需要解决的关键技术问题包括提高滚切速度、快速排屑和开发高性能的高速滚刀等。

如采用硬质合金或陶瓷刀具进行完全干式加工的新型滚齿机，既可以减少加工时间，又能够节约生产成本。如汽车变速箱中的普通齿轮，用硬质合金滚刀进行干滚削，与高速钢滚刀湿滚削相比，加工费用降低了44%，加工时间缩短了48%，滚刀寿命提高了6倍，加工质量可与普通滚齿加工工艺相媲美，同时不影响随后进行的热处理和精加工。

（3）干式磨削加工技术　磨削加工时，使用油基切削液，在磨削过程中会产生油气烟雾，造成周围作业环境的恶化，同时切削液后期处理既费时成本又高。改善这种局面的方法就是采用干式磨削或新型磨削方式。

采用CBN砂轮的强冷风磨削是一种不用切削液的干式磨削工艺方法。其原理是通过热交换器把压缩冷空气经喷嘴喷射到磨削点上，并使用空气干燥装置保持磨削表面干燥。由于压缩空气温度很低，在磨削点上很少有火花出现，几乎没有热量产生，因而工件热变形极小，可得到很高的磨削精度。此外，通过设置在磨削点下方的真空泵吸入磨削产生的磨屑，所收集的磨屑纯度很高，几乎没有混入磨料和结合剂颗粒，因此，磨屑融化后的材料化学成分几乎没有变化，可直接回收使用。

2. 近净成形技术

近净成形技术是指零件成形后，仅需少量加工或不再加工，就可用作机械构件的成形技术。它是建立在新材料、新能源、机电一体化、精密模具技术、计算机技术、自动化技术、数值分析和模拟技术等多学科高新技术成果基础上，改造了传统的毛坯成形技术，使之由粗糙成形变为优质、高效、高精度、轻量化、低成本的成形技术。近净成形技术可用于铸造、焊接、塑性加工等，它正从接近零件形状向直接制成工件，即精密成形或净成形方向发展。这些工件可以直接或者稍加处理即可用于组成产品，大大减少了原材料和能源的消耗。近净成形技术通常与其他技术组合用于大批量生产。

3. 精密成形技术

精密成形技术制造出的零件接近最终形状，可以最大限度地减少机械加工量，提高生产率，达到既节约原材料和能源，又提高产品品质和外观的目标。精密成形技术包括：精密铸造（湿膜精密成形铸造、刚型精密成形铸造、高精度造芯）、精密锻压（冷湿精密成形、精密冲裁）、精密热塑性成形、精密焊接与切割。这些技术广泛地应用于汽车、家电等产品关键件的生产，如进（排）气管、转向节、精密连杆及复杂轮廓件（如汽车车身）的制造。

（四）绿色切削液

切削液是金属切削和磨削加工中大量使用的辅助消耗原料，也是产生工业废水的主要来源之一。科学、合理、清洁地使用、维护切削液，可以显著地提高切削效率，防止废水污染，减少切削液的使用成本，增加企业的经济效益和社会效益。

在切削液的使用中，为了尽可能地延长切削液的使用寿命，降低废弃切削液的处理费用，应遵循以下基本原则：

1）做好切削液的使用过程记录。如废弃切削液和回收切削液的数量等。

2）运用科学方法确定不同切削条件的切削液配方，实现切削液配方标准化。

3）选择高质量的切削液或具有兼容特性的切削液，保证切削液固有的物理、化学特性。

4）在切削液的循环使用中，始终保持切削液浓度和pH酸碱度的稳定。

5）采取有效防护措施，规范操作使用程序，防止切削液被工作环境或人为地污染。

6）建立切削液循环使用系统，及时清除切削液中的污染物和杂质。

7）避免过量使用切削液杀菌剂，以延长切削液的使用寿命，并避免可能产生的二次污染。

8）无毒、无害化处理废弃切削液。

三、绿色包装

产品包装是产品生产过程的最后环节。绿色包装技术就是从环境保护的角度出发，优化产品包装方案，使得资源消耗和废弃物产生最少。绿色包装可以分为包装材料、包装结构和包装废弃物回收处理三个方面内容。产品绿色包装的基本原则是：

1）减量化（Reduce）：减少包装材料的使用量。包装应由“求新、求异”的消费理念转向简洁包装，这样既可以降低成本，减少废弃物的处置费用，又可以减少环境污染和减轻消费者负担。

2）重新使用（Reuse）：包装材料的再利用。应尽量选择可重新使用的包装材料，多次使用，减少资源消耗。

3）循环再生（Recycle）：包装材料的回收和循环使用。包装应尽可能选择可回收、无毒、无害的材料，如聚苯乙烯产品等。

4）可降解（Degradable）：包装应尽量选择易于降解的材料，如纸等。

四、虚拟绿色制造技术

虚拟制造（Virtual Manufacturing）技术是以计算机支持的仿真技术为前提，通过高级建模、仿真和分析技术的综合应用，在计算机上完成产品的设计开发、加工制造及装配过程，为决策人员提供从设计到制造全过程的三维可视的虚拟交互环境，对产品性能和可制造性进行预测和评价，使决策人员在实际产品制造出来之前就能做出正确决策。

应用虚拟制造技术实现的虚拟制造，是现实制造系统在虚拟环境中的映射。虚拟制造技术为设计者提供了一个设计和评估产品的虚拟环境，可以分析产品设计中存在的问题，预测、评估产品的主要性能指标，确定产品加工工艺路线和产品装配方案。采用虚拟制造技术不仅可以大量节约新产品开发的投资，缩短开发周期，优化生产系统，提高生产率，而且能够保证产品的可制造性，确保产品一次开发成功。

虚拟绿色制造技术是虚拟技术在绿色制造中的应用。绿色产品的设计、制造要综合考虑各个方面的影响因素，尤其是环境方面的影响因素，有些问题难以预测，只能进行定性的分析。对于在设计中的潜在问题以及加工、装配、使用、报废处理时发生的一些具体问题，等到产品实际生产、使用或报废处理时才发现，就会造成比较大的人力、物力、财力浪费。虚拟绿色制造系统可有效解决上述问题。应用虚拟技术确定虚拟绿色制造系统的模型、解决方案、工艺流程及采用的关键技术，建立虚拟绿色制造系统环境。虚拟绿色制造系统可以实现如下主要功能：

1）实现产品的绿色设计，包括产品绿色设计的材料选择、面向拆卸的设计、产品的回收性设计和面向制造和装配的设计等。

2）实现产品加工过程仿真、装配过程仿真、工作过程或使用过程仿真、拆卸过程仿真和回收处理过程仿真等。

3）评估产品的功能性、经济性、全生命周期内对环境的影响程度，以及评价能源和资源利用率，为设计人员提供产品设计改进的依据。

生产企业实施清洁生产不仅可以减少资源消耗和环境污染，保护生态环境、自然资源和大众健康，还可以改善产品质量，降低生产成本，提高企业利润，增强产品竞争力，使企业走入良性循环，并可改善企业职工的劳动条件和工作环境，提高职工劳动积极性和生产率。此外，开展清洁生产也有利于企业树立良好的社会公众形象。国内实施清洁生产企业的经验表明，用于清洁生产的投入可以在1~3年内收回。因此，清洁生产对企业和社会来说，是一种符合可持续发展观点的双赢的战略。

第四节 绿色再制造技术

一、绿色再制造的概念和内涵

再制造（Remanufacture）是指以废旧产品作为生产毛坯，通过专业化修复或升级改造的方法来使其质量特性不低于原有新品水平的制造过程。绿色再制造是一个以产品全生命周期设计和管理为指导，以优质、高效、节能、节材、环保为目标，以先进技术和产业化生产为手段，来修复或改造废旧产品的一系列技术措施或工程活动的总称。其中再制造的产品是广义的，它既可以包括如设备、系统、设施等整个产品，也可以是其零部件；既包括硬件，也包括软件。

再制造与产品维修不同。产品维修是保持产品各机件正常运行而采取的各种措施，具有随机性、原位性和应急性等特点，常以更换零部件为主；再制造是以报废或过时机件为对象，采用高新技术，以现代化生产方式和管理手段、严格的质量标准和管理程序组织生产，使再制造产品的质量、性能等同或高于原产品，价格上更具优势。

再制造技术是为了适应可持续发展、节约资源、保护环境的需要而形成并正在发展中的新兴研究领域和新兴产业，是多个学科综合、交叉、渗透的新兴学科，相关学科有机械工程、力学、材料科学与工程、冶金工程、摩擦学、仪器科学与技术、信息与通信工程、控制科学与工程、计算机科学与技术、环境科学与工程、检测与自动化装置、模式识别与智能控制等学科领域。它主要应用在产品生命周期中的使用、维护和使用后处理阶段，如图14-4所示。

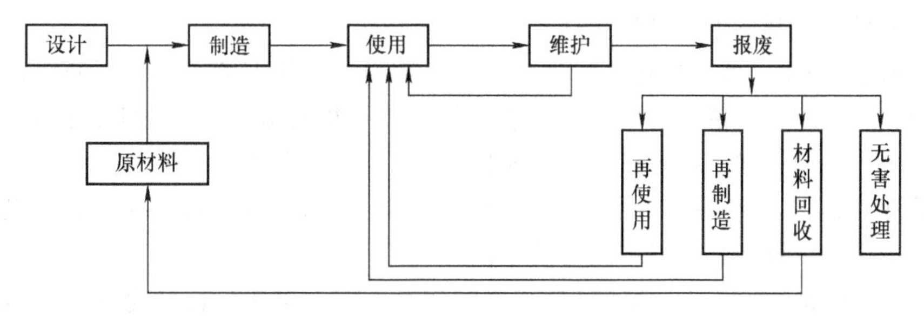

图14-4

再制造在产品生命周期过程中的流程图

二、绿色再制造技术的主要内容

绿色再制造技术主要包括以下内容：

1）再制造加工：主要针对达到物理寿命和经济寿命而报废的产品，在失效分析和寿命评估的基础上，把有剩余寿命的失效、报废零部件作为再制造的毛坯，采用先进表面技术、快速成形技术、修复热处理等加工技术，使其迅速恢复或超过原技术性能和应用价值，形成再制造新产品的工艺过程。

2）过时产品的性能升级：主要针对已达到技术寿命的产品，或是不符合可持续发展要求的产品，通过技术改造、更新，特别是通过使用新技术、新材料、新工艺等，改善产品的技术性能，延长产品的使用寿命，减少环境污染，节约能源和提升资源技术。

三、再制造产品的分类

再制造是在产品维修、报废时对可用产品或零部件的一种再生处理。再制造的产品主要体现在产品生命周期中使用、维护和废弃处理两个阶段里。在产品的使用、维护阶段，产品或零部件由于磨损、腐蚀、损伤等原因造成产品或零部件失效，需进行产品或零部件的维修和维护。

在产品的废弃处理阶段，报废的产品经过分解、检测之后，其零部件可分为四类：

1）性能符合要求的，可继续使用。

2）有表面损伤或技术落后，或经济性较差的，可通过再制造加工或改造，使性能得以恢复或升级。

3）在目前的技术条件下无法再制造或经济上已无再制造价值的，可以通过再循环过程，回收其原材料。

4）只能做环保处理的产品。

再制造的目标是改变这四部分的比例，使可再利用、再制造的比例尽量增大，使再循环利用和环保处理的比例尽量减小，使报废产品对环境的负面影响最小，资源利用率最高。

四、绿色再制造的主要技术

再制造是在报废的或过时的产品上进行的一系列修复或改造活动，恢复、保持，甚至提高原始产品的技术性能，具有很大的技术难度和特殊的约束条件。这就要求在再制造过程中必须采用比原始产品制造更先进的高新技术。主要技术有：

1）快速成形技术。快速成形技术是在计算机控制下，基于离散、堆积的原理采用不同方法堆积材料，最终完成零件的成形与制造的技术。它集机械工程、CAD、逆向工程技术、分层制造技术、数控技术、材料科学、激光技术于一身，可以自动、直接、快速、精确地将设计思想转变为具有一定功能的原型或直接制造零件，从而为零件原型制作、新设计思想的校验等方面提供了一种高效低成本的实现手段。

2）自动化表面工程技术。为了适应了再制造生产对批量化、自动化的迫切需求，表面工程技术必须从手工操作发展到自动化操作，在提高生产率的同时，进一步提高表面涂层的性能和再制造质量。该技术主要有自动化高速电弧喷涂技术、自动化纳米颗粒复合电刷镀技术、半自动化微弧等离子熔覆技术等。

3）纳米表面工程技术。纳米表面工程技术将纳米颗粒弥散分布在表面涂层内，使纳米材料与传统表面工程技术相融合，充分利用纳米颗粒的小尺寸效应，发挥纳米材料的优异效果，大大提高了再制造产品的表面性能，并可进行在线修复。该技术主要有纳米热喷涂技术、纳米减摩自修复添加剂技术等。

4）修复热处理技术。修复热处理是对失效、故障零件采用热处理方法和技术使之修复再生的技术。它采用更合理的热处理工艺对损伤失效零件进行修复，修复后的力学性能和工艺性能进一步提高和完善。该技术主要有表面淬火、非晶态镀层与高耐磨涂层、激光淬火、激光熔铸随形修复、微弧氧化与激光陶瓷金属覆层和激光熔覆镍基合金敷层等。

5）应急快速维修技术。产品制造生产线协同运行、加工等作业方式及高科技条件下，以及在战争环境中减少了受损装备的修理时间，采用先进的快速维修技术，使其迅速恢复生产能力和战斗能力，是现代企业生产及高科技条件下作战对应急维修的需求，即要求在建立应急保障体系的基础上，采用快速固化技术，以及对突发损伤的粘合、冷焊、扣合、堵漏等应急快速维修技术。

五、面向再制造的产品设计

通过再制造设计，在设计阶段就考虑产品减少环境污染和利用可持续发展的结构、性能特征；再制造过程本身不产生或产生很少的环境污染；再制造产品比制造同样的新产品消耗更少的资源和能源；能够高质量地提高产品或零部件的重新使用次数和重新使用率，从而延长产品或零部件的使用寿命，减少环保处理带来的环境污染。

为了保证产品及其零部件的再制造，应采用面向可拆卸的产品设计方法，保证从产品到组件，均容易检查、清洁、维修，以及易损坏或技术敏感的产品组件和零部件方便替代。面向再制造的产品设计应考虑以下基本原则：

1）设计产品具有分级和模块化结构，每个模块都能以最合适的方式被拆卸和重新加工。

2）零部件之间尽量采用可拆卸的连接方法，用键、销、螺纹等可拆卸连接方式取代熔、粘、焊等不可拆卸的连接方式。

3）采用标准件连接，以便产品在拆卸时，仅使用有限的工具种类，如一个产品尽量采用一种型号和尺寸的拆卸工具。

4）设计连接部位便于工作人员操作，而不必转来转去。

5）在产品相应位置，标示拆卸方法，避免毁坏零部件等。

6）确定相对易损零部件，可以容易地被替换。

7）对需要以特殊方式进行清洁和维护的零部件必须在产品上进行标示等。

六、绿色再制造过程的一般步骤

1）报废产品的清洗。清除报废产品的外部尘土、油污、锈斑、泥沙等脏物。

2）报废产品的拆卸。通过分析报废产品各零部件的结构关系，确定报废产品的拆卸路径，完成拆卸工作。

3）拆卸零部件清洗。根据零部件的材质、精密程度、表面污染物性质及零件再加工清洁度的要求，选择适宜的清洗设备、工具、工艺和清洗介质，进行清洗。

4）零部件检测。零部件清洗后，需要检测、确定零部件的技术状态，以保证再加工的质量，减少再加工的成本。常见检测内容有：零件几何形状精度、表面位置精度、表面质量、内部缺陷、机械物理性能、重量与平衡等。

5）零件分类。根据零件的几何形状、磨损状况和工艺特性的共同性进行分类。

6）再制造技术选择。根据再制造企业的技术水平、零件的磨损状况、各种再制造技术的经济性、环境特性选择适宜的再制造技术。

7）再制造。应用清洁生产方法和再制造技术进行零件的加工和维修。

8）检验。对再制造后的目标零件进行检验，看是否达到技术要求。

再制造是制造产业链的延伸，也是绿色制造的重要组成部分。再制造是一种从部件中获得最高价值的有效方法。采用绿色再制造技术，可大量恢复设备及其零部件的性能，延长使用寿命，降低产品整个生命周期中的费用，在减少原材料使用、能源消耗的同时，还大量减少了工业废弃物的回收、处理费用，以及对环境的污染。再制造产品在产品功能、技术性能、绿色性、经济性等质量特性方面不低于原型新品，其成本仅是新品的50%左右，可实现节能60%、节材70%、大气污染物排放量降低80%以上，几乎不产生固体废物，经济效益、社会效益和生态效益显著。

第五节 绿色制造技术的意义和应用前景

绿色制造技术属现代制造科学的技术前沿，开展绿色制造技术的研究和应用工作，将有力地推动制造科学的发展。绿色制造技术涉及现代制造思想的变革、可持续制造理论、21世纪制造系统的体系结构以及学科交叉、技术集成等一系列制造科学问题。美国、欧洲、日本等技术先进国家的一些国家重点实验室、大学与研究机构、国际著名公司均纷纷开展了这方面的研究，充分体现了绿色制造技术的学科前沿性和技术重要性。

绿色制造是实现可持续发展的必然需求，具有重大社会效益和生态效益。绿色制造是人类可持续发展战略在制造业的具体体现，它考虑环境和资源既要满足经济发展的需要，又使其作为人类生存的要素之一而直接满足人类长远生存的需要，从而形成了一种综合性的发展战略。

绿色制造为制造企业取得显著的经济效益带来了新的机遇。实施绿色制造，可以最大限度地提高资源利用率，减少资源消耗，从而直接降低生产成本；可以改善工作环境和条件，保护工人的安全和健康，提高工作效率；通过减少或消除环境污染，可减少或避免企业的环境责任。

1996年和1997年，国际标准化组织（ISO）推出了ISO 14000系列环境管理标准。它包括了环境管理体系、环境审核、环境标志、生命周期分析等，用于指导和规范各类企业、公司的企业环境管理和绿色产品开发。ISO 14000系列标准的发布有力推动了绿色制造技术的广泛应用。国外许多著名的企业和公司都建立了本公司的产品绿色设计准则和企业环境报告制度。实施绿色制造已是大势所趋。

中国进入新世纪以来，工业化进程显著加快，制造业水平明显提高，工业制造体系门类齐全、独立完整，已成为名副其实的制造业大国。全面推行绿色制造是建设生态文明、参与国际竞争、提高竞争力的必然选择。2015年国家实施《中国制造2025》行动纲领，明确提出了“创新驱动、质量为先、绿色发展、结构优化、人才为本”的基本方针，强调坚持把可持续发展作为建设制造强国的重要着力点，走生态文明的发展道路。同时把“绿色制造工程”作为重点实施的五大工程之一，部署全面推行绿色制造，努力构建高效、清洁、低碳、循环的绿色制造体系，有效促进了中国绿色制造技术的推广和广泛应用。

实施绿色制造战略将为我国企业突破国际绿色贸易壁垒提供有力支撑。近年来，许多国家，特别是某些发达国家以保护本国环境为由，制定了极为苛刻的产品环境指标，设置了“绿色贸易壁垒”，限制国际产品特别是发展中国家产品进入本国市场。绿色制造将为我国企业提高产品的绿色性提供有效的技术支撑。

绿色制造为相关企业的发展提供了新的机遇。制造企业实施绿色制造战略，需要大量实施工具和软件产品，这将是一个很大的市场，将会推动一类新兴产业的形成和迅速发展。

参考文献

[1] 周泽华. 金属切削原理[M]. 2版. 上海：上海科学技术出版社，1993.

[2] 陈日曜. 金属切削原理[M]. 2版. 北京：机械工业出版社，1993.

[3] 吴善元. 金属切削原理与刀具[M]. 北京：机械工业出版社，1995.

[4] 杨广勇，王育民. 金属切削原理与刀具[M]. 北京：北京理工大学出版社，1994.

[5] 韩步愈. 金属切削原理与刀具[M]. 北京：机械工业出版社，1989.

[6] 贾亚洲. 金属切削机床概论[M]. 北京：机械工业出版社，1994.

[7] 戴曙. 金属切削机床[M]. 北京：机械工业出版社，1994.

[8] 顾维邦. 金属切削机床概论[M]. 北京：机械工业出版社，1992.

[9] 施彦章，等. 金属切削机床[M]. 北京：北京理工大学出版社，1991.

[10] 吴祖育，秦鹏飞. 数控机床[M]. 上海：上海科学技术出版社，1990.

[11] 黄奇葵，钟华珍，张福润. 机械制造基础[M]. 武汉：华中理工大学出版社，1993.

[12] 张政兴. 机械制造基础[M]. 2版. 北京：中国农业出版社，1992.

[13] 王先逵. 机械制造工艺学[M]. 北京：清华大学出版社，1989.

[14] 宾鸿赞，曾庆福. 机械制造工艺学[M]. 2版. 北京：机械工业出版社，1990.

[15] 包善斐，于骏一，王龙山. 机械制造工艺学[M]. 长春：吉林科学技术出版社，1992.

[16] 徐嘉元. 机械加工工艺基础[M]. 北京：机械工业出版社，1996.

[17] 刘守勇. 机械制造工艺与机床夹具[M]. 北京：机械工业出版社，1994.

[18] 蔡光起，马正元，孙风臣. 机械制造工艺学[M]. 沈阳：东北大学出版社，1994.

[19] 黄克孚，王先逵. 机械制造工程学[M]. 北京：机械工业出版社，1989.

[20] 唐梓荣，陆翠英，张常有. 机械加工基础[M]. 北京：北京航空航天大学出版社，1991.

[21] 张根保，王时龙，徐宗俊. 先进制造技术[M]. 重庆：重庆大学出版社，1996.

[22] 王爱玲. 现代数控机床[M]. 北京：国防工业出版社，2003.

[23] 李峻勤，费仁元. 数控机床及其使用与维修[M]. 北京：国防工业出版社，2000.

[24] 吴祖育，秦鹏飞. 数控机床[M]. 2版. 上海：上海科学技术出版社，1990.

[25] 孙志永，赵砚江. 数控与电控技术[M]. 北京：机械工业出版社，2002.

[26] 张超英，罗学. 数控加工综合实训[M]. 北京：化学工业出版社，2003.

[27] 韩鸿鸾，荣维芝. 数控机床加工程序的编制[M]. 北京：机械工业出版社，2003.

[28] 田春霞. 数控加工技术[M]. 北京：机械工业出版社，2003.

[29] 周济，周艳红. 数控加工技术[M]. 北京：国防工业出版社，2002.

[30] 吴明友. 数控机床加工技术[M]. 南京：东南大学出版社，2000.

[31] ZEMKE, RON. Rapid Prototyping[J]. Training, 2002, 39(9).

[32] LAENG J, STEWART J G, LIOU F W. Laser Metal Forming Processes for Rapid Prototyping: a Review [J]. International Journal of Production Research, 2000, 38 (16).

[33] 李军，孙坚，马宏涛. 个体化钛支架在构筑颌骨三维形态中的应用[J]. 口腔颌面外科杂志，2003.

[34] 王成，韩明，陈幼平，等. 基于Windows2000快速成型SLA控制系统的研究[J]. 锻压装备与制造技术，2003.

[35] 汪成为，高文，王行仁. 灵境（虚拟现实）技术的理论、实现及应用[M]. 北京：清华大学出版社，1996.

[36] 周洪玉，王慧英，周岩. 虚拟现实及应用的研究[J]. 哈尔滨理工大学学报，2000 (4)：49-51.

[37] 王红兵. 虚拟现实技术—回顾与展望[J]. 计算机工程与应用，2001，27 (1)：48-52.

[38] 李伯民，赵波. 现代磨削技术[M]. 北京：机械工业出版社，2003.

[39] 王德泉. 砂轮特性与磨削加工[M]. 北京：中国标准出版社，2001.
[40] 袁巨龙，等. 超精密加工现状综述[J]. 机械工程学报，2007，43(1)：35-48.
[41] 庞子瑞，等. 超高速磨削的特点及其关键技术[J]. 机械设计与制造，2007(4)：160-162.
[42] 李长河，等. 超高速磨削砂轮技术发展[J]. 工具技术，2008，42(4)：7-11.
[43] 李长河，等. 高效率磨削技术发展[J]. 制造技术与机床，2008(10)：50-54.
[44] 修世超，等. 数控快速点磨削技术及其应用研究[J]. 产品与技术，2008(10)：87-91.
[45] 黄云，等. 砂带磨削的发展及关键技术[J]. 中国机械工程，2007，18(18)：2263-2266.
[46] 陈延君，等. 国内外砂带技术的发展与应用[J]. 航空制造技术，2007(7)：86-91.
[47] 王红军. 生产过程信息技术[M]. 北京：机械工业出版社，2006.
[48] 刘志峰，刘光复. 绿色制造技术[M]. 北京：机械工业出版社，1999.
[49] 刘飞，曹华军，张华，等. 绿色制造的理论与技术[M]. 北京：科学出版社，2005.
[50] 尹韶辉. 磁场辅助超精密光整加工技术 [M]. 长沙：湖南大学出版社，2009.
[51] 万丽荣，杨素，董国正，等. 双抛光轮磁流变机床设计与抛光工艺研究 [J]. 组合机床与自动化加工技术，2017 (2)：150－153.
[52] 张彤. 光电子物理及应用 [M]. 南京：东南大学出版社，2015.